普通高等教育电气信息类系列教材

三菱FX系列PLC原理及应用

(含仿真与实训)

主编　曹　弋

参编　姜宁秋　史国生　闵富红

主审　郁汉琪

机械工业出版社

本书立足于应用型人才的培养，以三菱 FX 系列 PLC 中目前流行的 FX3U 为目标机型，结合变频器和伺服控制，全面地介绍了 PLC 控制系统的组成、工作原理和编程设计方法。

本书将教程和实训结合，教程部分采用大量实例，图文并茂，并和实训内容一一对应，通过理论、仿真和实训，一步步地深入，最后通过课程设计加强工程能力的训练和培养。本书编程软件使用 GX Works2，其自带的 GX Simulator2 方便模拟仿真运行，教程篇和实训篇的内容、操作都配有微课视频，方便学生自学和课后练习。

本书可在高等院校智能制造、自动化、电气、能源机械和计算机等相关专业的教学中使用，也可作为工程技术人员的应用参考书。

图书在版编目（CIP）数据

三菱 FX 系列 PLC 原理及应用：含仿真与实训/曹弋主编. —北京：机械工业出版社，2022.9（2024.9 重印）

普通高等教育电气信息类系列教材

ISBN 978-7-111-71414-9

Ⅰ.①三…　Ⅱ.①曹…　Ⅲ.①PLC 技术-高等学校-教材　Ⅳ.①TM571.61

中国版本图书馆 CIP 数据核字（2022）第 149883 号

机械工业出版社（北京市百万庄大街 22 号　邮政编码 100037）

策划编辑：路乙达　　责任编辑：路乙达

责任校对：李　杉　王明欣　封面设计：张　静

责任印制：李　昂

北京中科印刷有限公司印刷

2024 年 9 月第 1 版第 3 次印刷

184mm×260mm · 21.5 印张 · 530 千字

标准书号：ISBN 978-7-111-71414-9

定价：69.00 元

电话服务　　网络服务

客服电话：010-88361066　机　工　官　网：www.cmpbook.com

010-88379833　机　工　官　博：weibo.com/cmp1952

010-68326294　金　书　网：www.golden-book.com

机工教育服务网：www.cmpedu.com

序　言

“PLC控制技术”课程是南京师范大学国家级一流本科专业建设点“电气工程及其自动化”的专业课程。多年来，南京师范大学“PLC控制技术”课程组在课程建设中积累了丰富的教学资源，建成了微视频库、案例程序库、习题库以及在线开放课程等。2008年，该专业出版的《电气控制与可编程控制器技术》和《电气控制与可编程控制器技术实训教程》两部教材，因其先进的设计理念和优良的实践成效，深受该专业师生欢迎，先后在100多所高校中推广使用。两部教材于2019年发行第4版，并连续五次印刷，两次获得中国石油和化学工业出版物奖（教材奖）一等奖。

近年来，南京师范大学电气与自动化工程学院深入贯彻新工科教育理念，注重与行业龙头企业深度合作，坚持以产学研之路推动创新人才培养，与南瑞集团合作共建南瑞电气与自动化学院，与三菱公司共建PLC控制技术等实验室。学院重视理论与实践教学相结合，将课程、项目、比赛、设计有机联系，通过课程教学、创新项目、指导学生比赛，以及课程设计、毕业设计等环节的深度融合，推动“学做创”一体化，有效提升了人才培养质量。学生在发表科研论文、申请专利和软件著作权以及各类竞赛中均取得优异成绩。学院产教融合、协同育人的丰富经验，为教材编写打下了坚实的基础。

本次编写的《三菱FX系列PLC原理及应用（含仿真与实训）》教材，反映了专业领域的最新进展和未来发展方向，体现了理论联系实际的教学原则，符合专业人才培养的现实需要。教材内容分为教程篇和实训篇两大部分，通过先理论、再仿真、后实训的教学过程，循序渐进地指导学生掌握PLC的综合应用，引导学生发现并解决学习和工作中的实际问题。教材资源丰富、体例新颖，建有大量的案例程序、微视频讲解和资源索引，适合翻转课堂、项目化教学等多种教学方式。相信这部凝聚专业多年教学成果的教材，一定会对学生创新实践能力的培养起到重要的推动作用。

教育部高等学校电气类专业教学指导委员会主任

胡敏强

2021年7月于南京

前　言

随着智能制造业的飞速发展，可编程控制器（PLC）作为集自动化技术、电气技术、计算机控制和通信技术于一体的通用工业控制装置，得到了广泛的应用。

三菱小型 PLC 中的 FX 系列具有操作简单、功能强大和配套齐全等优点，由于 FX2N 系列 PLC 的基本单元已经停产，为顺应技术的发展，本书以三菱 FX 系列 PLC 中目前流行的机型 FX3U 为主要介绍内容，编程软件使用的是 GX Works2，该软件自带 GX Simulator2 仿真。在实训篇中还介绍了绘图软件 SEE Electrical 和三菱学习软件，方便初学者练习。

本书立足于应用型人才培养，满足社会各领域自动化人才的需求。内容分为教程篇和实训篇两大部分。教程篇共 8 章：第 1 章为 PLC 基础知识；第 2 章为 PLC 的结构组成及软元件；第 3 章为基本指令编程；第 4 章为应用指令编程；第 5 章为步进指令及状态编程法；第 6 章为 A/D 转换、D/A 转换及变频器的应用；第 7 章为伺服控制及应用；第 8 章为 PLC 控制系统设计及应用实例。实训篇共 6 章：第 9 章为 GX Works2 软件编程及仿真；第 10 章为基本指令的编程实训；第 11 章为触摸屏及应用指令的编程及仿真；第 12 章为状态编程法的编程及仿真；第 13 章为 A/D 转换、D/A 转换、变频器和伺服控制的实训；第 14 章为课程设计。

针对本科高校与高职院校“PLC 控制技术”课程的教学，本书有以下特点：

1）教程篇注重理论基础性和系统性，实训篇注重实用性，理论与实践结合紧密，并在系统设计和实训操作部分加入了职业素养和工匠精神的元素。

2）遵循学生的学习规律，通过先理论、再仿真、最后实训的过程，一步步地深入，最后通过课程设计使学生学会 PLC 的综合应用。

3）实例丰富实用、图文并茂，对 PLC 指令的介绍都配有应用实例，并通过实训加强操作技能的培养。

4）配套完善，教程篇和实训篇都有配套微课视频资源，也有案例程序索引、微视频索引以及应用指令、内部软元件（包括部分特殊软元件）的汇总表格等，方便查找。

5）适用于翻转课堂教学、案例式教学、过程性考核等多种教学方式。

本书按 54 学时安排，使用本书的院校可根据不同的教学任务选取内容。

本书由南京师范大学电气与自动化工程学院的曹弋主编，姜宁秋、史国生、闵富红参编，并由南京工程学院郁汉琪主审。

由于编者水平有限，书中不足之处在所难免，敬请广大读者批评指正。

编　者

目　录

实 训 篇

教程篇

知识目标

通过对三菱 FX 系列 PLC 的原理、结构、编程指令和设计方法的介绍，能够达到以下目标：

1）强化学生工程伦理教育，培养学生精益求精的大国工匠精神。

2）掌握运用可编程控制器实现基本典型环节的设计和编程。

3）通过理论与实践结合操作训练，掌握控制系统的硬件设计和软件编程。

4）提高在工业控制中的分析能力和解决实际问题的应用能力。

5）了解技术前沿动态，提高系统设计的实用性和创新性。

课程要求

1）了解生产现场中的新技术，培养职业道德及法律意识，形成较强的创新意识和安全环保意识。

2）熟练掌握指令语法和编程设计思想，实现程序流程设计，能够掌握不同设计方法，并对比分析各种方法的优缺点。

3）掌握运用 PLC 控制技术专业工具软件，完成系统的软件编程任务。

4）按照电气控制操作/设计规范和技术标准，实现 PLC 控制系统的设计。

5）顺畅地完成设计原理、系统结构和使用说明等文档报告。

6）综合运用专业知识，发现、分析和解决实际工程问题，了解实现的局限性和技术发展方向。

第1章　PLC基础知识

可编程控制器（Programmable Logic Controller，PLC）是以微处理器为基础，融合了自动化技术、电气技术、计算机控制和通信技术等现代科技而发展起来的一种新型工业自动控制装置。随着计算机技术的发展，可编程控制器作为通用的工业控制计算机，其功能日益强大，性价比越来越高，已经成为当代工业自动化的主要支柱之一。

微课 1-1
PLC 的概述

1.1　PLC 的发展史

1.1.1　PLC 的产生和定义

在 PLC 诞生之前，继电器控制系统已广泛应用于工业生产的各个领域，起着重要的作用。随着生产规模的逐步扩大，继电器控制系统已越来越难以适应现代工业生产的要求。继电器控制系统通常是针对某一固定的动作顺序或生产工艺而设计，控制功能也局限于逻辑控制、定时、计数等一些简单的控制，一旦动作顺序或生产工艺发生变化，就必须重新进行设计、布线、装配和调试，造成时间和资金的严重浪费。

1968 年，美国当时最大的汽车制造商通用汽车公司（GM），为了适应汽车型号不断更新的需求而公开招标，提出用一种新型的工业控制装置来取代继电器控制装置，并提出了著名的“通用十条”招标指标：①编程简单，可在现场修改程序；②维护方便，最好是插件式；③可靠性高于继电器控制柜；④体积小于继电器控制柜；⑤可将数据直接送入管理计算机；⑥在成本上可与继电器控制柜竞争；⑦输入可以是交流 115V；⑧输出可以是交流 115V、2A 以上，可直接驱动电磁阀等；⑨在扩展时，原有系统只要很少变更即可；⑩用户程序存储器容量至少能扩展到 4KB。

1969 年，美国数字化设备公司（DEC）研制出第一台可编程控制器 PDP-14，如图 1-1 所示；而另外两家公司也分别研制出 PDQ-11 和 Modicon 084，其中 Modicon 公司的 Modicon 084 采用的梯形图语言，一直被 PLC 生产商使用至今。这种新型的工控装置，以其体积小、可靠性高、使用寿命长、易学易用、操作维护方便等一系列优点，很快就在许多行业里得到推广应用。

图 1-1　PDP-14

早期的PLC虽然采用了计算机的设计思想，但实际上只能完成顺序控制，仅有逻辑运算等简单功能，到了20世纪70年代末期至80年代初期，微处理器日趋成熟，使PLC的处理速度大大提高，增加了许多功能。在软件方面，除了保持原有的逻辑运算、计时、计数等功能以外，还增加了算术运算、数据处理、网络通信、自诊断等功能。在硬件方面，除了保持原有的开关模块以外，还增加了模拟量模块、远程I/O模块、各种特殊功能模块，并扩大了存储器的容量，而且还提供一定数量的数据寄存器。为此，美国电气制造协会将可编程逻辑控制器，正式命名为可编程控制器（Programmable Controller，PC）。但由于PC容易和个人计算机（Personal Computer，PC）混淆，故人们仍习惯地用PLC作为可编程控制器的简称。

1985年，国际电工委员会（IEC）对PLC给出如下定义："可编程控制器是一种数字运算操作电子系统，专为在工业环境下应用而设计。它采用了可编程序的存储器，用来在其内部存储执行逻辑运算、顺序控制、定时、计数和算术运算等操作的指令，并通过数字的、模拟的输入和输出，控制各种类型的机械或生产过程。可编程控制器及其有关的外围设备，都应按易于与工业控制系统形成一个整体、易于扩充其功能的原则设计。"通过定义可知，相对一般意义上的计算机，可编程控制器并不仅具有计算机的内核，它还配置了许多使其适用于工业控制的器件。PLC实质上是经过一次开发的工业控制用计算机。

PLC是按照成熟而有效的继电器控制概念和设计思想，利用不断发展的新技术、新电子器件，逐步形成了具有特色的各种系列产品，是一种数字运算操作的专用计算机。其主要具有以下的特点：

（1）可靠性高、抗干扰能力强　PLC从出现至今一直沿用并不断发展，高可靠性是其关键性能。PLC由于采用软元件代替继电器的触点，在内部电路采用了先进的抗干扰技术，并具有硬件故障的自我检测功能和软件故障的自诊断功能，出现故障时可及时发出报警信息，因此，PLC已经被公认为是最可靠的工业控制设备之一。

（2）易学易用　PLC的编程语言采用梯形图语言，表达方式与继电器电路图非常接近，易于为工程技术人员接受。其端口连接标准化，硬件扩展也比单片机方便。

（3）配套产品齐全、功能完善　目前，各家公司生产的PLC，都已经形成了大、中、小各种规模的系列化产品，可以用于各种规模的工业控制场合。用户根据需求灵活选用不同的硬件配套装置，并通过标准化的接口就可以方便地扩展，能够适用于各种不同功能、不同规模的系统。

（4）系统设计周期短、改造容易　PLC的设计和修改，都可以通过编程软件来实现，这减少了控制设备外部的接线，使控制系统设计周期大大缩短。由于PLC具有完善的自诊断和监视功能，也便于故障的迅速查找和处理；随着软件功能的提升，可以采用软件模拟运行调试（可以不用到现场），这极大地提高了调试效率。

（5）体积小、能耗低　PLC的体积和质量相比继电器大大减小，功耗也很低。采用单元体式结构的小型PLC，将包括CPU和存储器的所有单元都集中在一起，可以安装在机械内部控制运动物体，是实现机电一体化的理想控制设备。

1.1.2 PLC的发展过程

PLC的发展过程中，从4位机逐步发展到32位机，其运算速度更快，存储容量更大，智能水平更高。

自1969年第一台PLC出现并使用成功后，这种新型的工业控制装置引起了世界各国的重视。1971年，日本从美国引进了这项新技术，很快研制出了日本第一台PLC（DCS-8）。1973年，西欧国家也纷纷研制出自己的第一台PLC。我国从1974年开始研制PLC，到1977年开始应用于工控领域。

20世纪70年代中后期，PLC进入实用化发展阶段，计算机技术已全面引入PLC中，使其功能发生了飞跃。

20世纪80年代初，PLC在先进工业国家中已获得广泛应用。20世纪80年代至90年代中期，是PLC发展最快的时期，其年增长率一直保持为30%~40%。在这时期，PLC在处理模拟量、数字运算、人机接口和网络方面的性能得到大幅度提高，PLC逐渐进入过程控制领域，在某些应用上取代了在过程控制领域一度处于统治地位的分散控制系统（DCS）。

20世纪末期，PLC的发展特点是更加适应于现代工业的需要。从控制规模上来说，这个时期发展了大型机及超小型机；从控制能力上来说，诞生了各种各样的特殊功能单元，用于压力、温度、转速、位移等各种控制场合；从产品的配套能力来说，生产了各种人机界面、通信单元，使应用PLC的工业控制设备的配套更加容易。

现在，世界上有几百家PLC生产厂家，各种各样的PLC产品，按地域可分成美国、欧洲和日本三个流派产品，各流派PLC产品都各具特色。其中，美国主要有A-B公司、通用电气（GE）、罗克韦尔（Rockwell）和德州仪器（TI）等，欧洲主要有西门子（SIEMENS）公司、施耐德公司、ABB公司等，日本有三菱、欧姆龙、松下、富士等，这些生产厂家的产品占有大部分PLC的市场份额。

我国最初是在引进设备中大量使用了PLC，后来逐渐在企业的各种生产设备及产品中不断扩大了PLC的应用。经过多年的发展，国内PLC生产厂家已有几十家，包括和利时、台达、汇川、信捷等，但是目前在我国PLC应用市场中，大部分仍然被外国产品占领，本国企业处于劣势。这主要是因为我国在工控产业链的两头——底层的现场仪表（尤其是变送器和执行机构）和上层的综合自动化软件处的能力薄弱，在工控行业还需要不断提高自主研发水平，任重道远。近年来，国产PLC在小型PLC市场有所突破，面对工业自动化和原始设备制造商（OEM）的逐渐发展，根据用户的要求量身定做，对PLC、人机界面、变频器乃至低压电器进行全方位的配套服务，并发挥本土的优势。

1.1.3 PLC的应用范围和发展趋势

从应用范围和发展趋势来看，PLC在未来还将有更大的发展。

1. PLC的应用范围

目前，PLC广泛应用在机械加工、智能交通、智慧农业、化工生产、电力、建材、环保及文化娱乐等各个行业，使用情况大致可归纳为如下几类。

（1）开关量的逻辑控制　开关量的逻辑控制是PLC最基本的应用领域，既可用于单台设备的控制，又可用于多机群控制及自动化流水线。如电梯控制、高炉上料、注塑机、印刷机、组合机床、磨床、包装生产线、电镀流水线等。

（2）运动控制　PLC的运动控制发展很快，有专用的指令和控制模块，可以实现单轴或多轴位置、速度控制，实现精准位移，可以用于机械手、机器人、机床加工和装配等场合。

（3）模拟量过程控制　在工业生产过程中，为应对连续变化温度、压力、流量等模拟量，PLC 厂家生产有配套的 A/D 和 D/A 转换模块，并可以使用 PID 调节实现闭环控制系统中的模拟量过程控制。

（4）数据处理　随着大规模和超大规模集成电路等微电子技术的发展，PLC 已发展到现在的以 16 位和 32 位微处理器构成的微机化 PLC，PLC 具有数学运算（含矩阵运算、逻辑运算）、数据传送、数据转换、排序、查表、位操作等功能，可以完成大量的数据采集、分析及处理。一般用于大型控制系统，如无人控制的柔性制造系统，或者造纸、冶金、食品工业中的一些大型过程控制系统。

（5）通信及联网　随着工厂自动化网络发展的发展，各 PLC 厂商都十分重视 PLC 的通信功能，新型的 PLC 都具有多种通信接口，可以进行 PLC 与 PLC、PC 和其他智能控制设备的通信，实现多处理器等灵活的控制方式。

2. PLC 的发展趋势

随着 PLC 应用领域日益扩大，PLC 技术及其产品结构都在不断改进，功能日益强大，性价比越来越高。

（1）在产品规模方面，向超小型和超大型两极发展　一方面，各厂家大力发展速度更快、性价比更高的小型和超小型 PLC，以适应单机及小型自动控制的需要。另一方面，各厂家也向高速度、大容量、技术完善的大型 PLC 方向发展。PLC 具有越来越强的高级处理能力，如浮点数运算、PID 调节、温度控制、精确定位、步进驱动、报表统计等。

（2）向通信网络化发展　通信发展有两个趋势，一方面，PLC 网络系统已经不再是自成体系的封闭系统，而是迅速向开放式系统发展，实现信息交流，成为整个信息管理系统的一部分。另一方面，现场总线技术得到广泛的采用，PLC 与其他安装在现场的智能化设备，比如智能仪表、传感器、智能型电磁阀、智能型驱动执行机构等，通过传输介质（如双绞线、同轴电缆、光缆）连接起来，并按照同一通信协议互相传输信息，由此构成一个现场网络，各 PLC 制造商之间也在协商指定通用的通信标准，以构成更大的网络系统。

（3）向模块化、智能化发展　为满足工业自动化各种控制系统的需要，近年来，PLC 厂家先后开发了不少新器件和模块，如智能 I/O 模块、温度控制模块和专门用于检测 PLC 外部故障的专用智能模块等，这些模块的开发和应用不仅增强了功能，扩展了 PLC 的应用范围，还提高了系统的可靠性。

（4）向编程语言和编程工具方面的多样化和标准化方向发展　多种编程语言的并存、互补与发展是 PLC 软件进步的一种趋势，PLC 的发展必然朝着操作简化方向发展。

（5）向嵌入式发展　嵌入式 PLC 的发展也呈现多元化，嵌入式 PLC 的硬件、软件、人机界面、通信等各方面的功能设计灵活，易于剪裁，更贴近各种档次的机电设备的要求。嵌入式 PLC 完全基于嵌入式系统的技术基础，在市场上很容易找到。

1.2　电磁式继电器和 PLC 软继电器

1.2.1　电磁式继电器的工作原理

继电器（Relay）是一种控制电器，可在输入量（激励量）的变化达到规定要求时，使电气输出电路中的被控量发生预定的阶跃变化。它具有控制系统（又称输入回路）和被控制系统（又称输出回路）之间的互动关系。继电器通常应用于自动化的控制电路中，它实际上是用小电流去控制大电流运作的一种“自动开关”，故在电路中起着自动调节、安全保护、转换电路等作用。

继电器的种类很多，按输入信号的性质分为电压继电器、电流继电器、时间继电器、温度继电器、速度继电器、压力继电器等；按工作原理可分为电磁式继电器、感应式继电器、电动式继电器、热继电器和电子式继电器等；按输出形式可分为有触点和无触点继电器；按用途可分为控制用与保护用继电器等。

1. 电磁式继电器的结构与工作原理

电磁式继电器是应用得最早、最多的一种继电器。其结构及工作原理与接触器大体相同。由电磁系统、触点系统和释放弹簧等组成，电磁式继电器结构如图 1-2 所示。其中电磁系统由铁心、铁轭、衔铁、线圈等零件组成。触点系统由静触点、动触点、触点底座等零件组成。

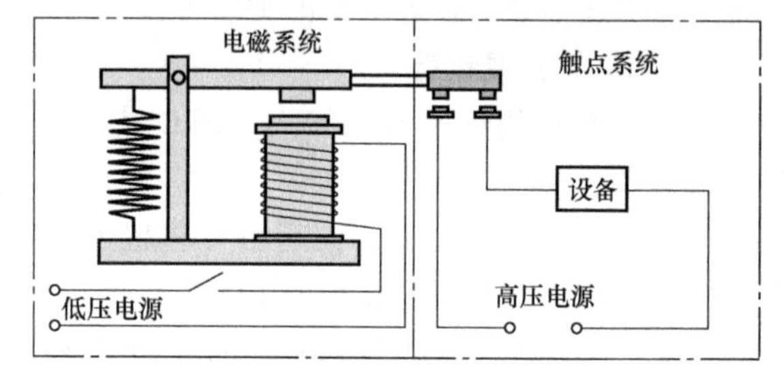

图 1-2　电磁式继电器结构图

只要在线圈两端加上一定的电压，线圈中就会流过一定的电流，从而产生电磁效应，衔铁就会在电磁力吸引的作用下克服弹簧拉力与铁心吸合，从而带动衔铁的动触点与静触点闭合。当线圈断电后，电磁铁的吸力也随之消失，衔铁就会因为弹簧的反作用力返回原来的位置，使动触点与静触点分开。这样吸合、释放就达到了控制电路的导通、切断的目的。

触点一般有动合（常开）触点和动断（常闭）触点。在继电器线圈没有带电情况下，动断触点的两端是短接的，动合触点的两端是开路的；线圈带电以后，动合触点的两端是短接的，动断触点的两端是断开的。由于继电器用于控制电路，流过触点的电流比较小（一般 5A 以下），故不需要灭弧装置。

动合触点和动断触点的图形符号如图 1-3 所示，表示在线圈没有通电的情况下触点的状态。当线圈不通电时，动合触点一直断开，动断触点一直闭合；当线圈得电，动合触点闭合，动断触点断开。

2. 电磁式继电器分类

常用的电磁式继电器有电压继电器、电流继电器和中间继电器。

（1）电压继电器　电压继电器是根据其线圈两端电压信号的大小而接通或断开电路，实际使用时，电压继电器的线圈与负载并联。常用的有欠（零）电压继电器和过电压继电器两种，如图 1-3a 所示，文字符号为 KV。

欠电压继电器：电路正常工作时，欠电压继电器吸合，当电路电压降低到某一整定值以下时（如 40%～70%额定电压），欠电压继电器释放，对电路实现欠电压保护。

过电压继电器：电路正常工作时，过电压继电器不动作，当电路电压超过某一整定值时（如 105%～120%额定电压），过电压继电器吸合，对电路实现过电压保护。

零电压继电器：当电路电压降低到 10%～35%额定电压时释放，对电路实现零电压

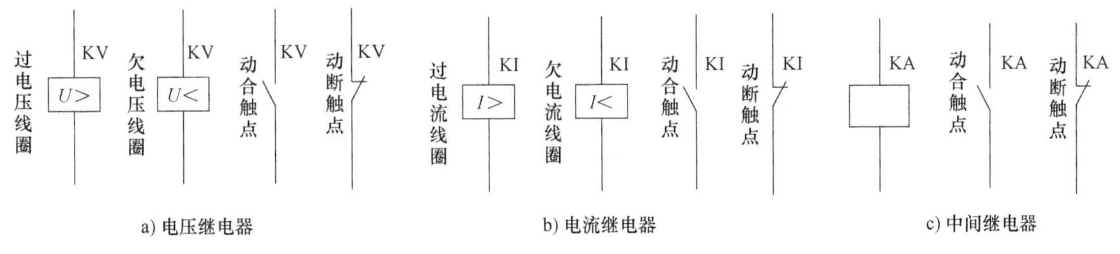

图 1-3 继电器线圈及触点的符号

保护。

(2) 电流继电器 根据线圈中电流的大小而接通和断开电路的继电器称为电流继电器。使用时电流继电器的线圈与负载串联，其线圈的匝数少而线径粗。常用的有欠电流继电器和过电流继电器两种，如图 1-3b 所示。

欠电流继电器：电路正常工作时，欠电流继电器吸合，其动合触点闭合，接通控制电路；当电路电流减小到某一整定值以下时（如 10%~20%额定电流），欠电流继电器释放，其动合触点断开，切断控制电路对电路实现欠电流保护。

过电流继电器：电路正常工作时，过电流继电器不动作，当电路电流超过某一整定值时（如 110%~400%额定电流），过电流继电器吸合，其动断触点断开，切断控制电路，对电路实现过电流保护。

(3) 中间继电器 中间继电器在控制电路中主要用来传递信号、扩大信号功率以及将一个输入信号变换成多个输出信号等，如图 1-3c 所示。中间继电器的基本结构及工作原理与电压继电器完全相同。但中间继电器的触点对数多，且没有主辅之分，各对触点允许通过的电流大小相同（多数为 5A）。因此，对工作电流较小的控制电路，可用中间继电器代替接触器实施控制。

1.2.2 PLC 软继电器

PLC 梯形图中的软元件沿用了继电器这一名称，如输入继电器、输出继电器、内部辅助继电器等，这些继电器和人们熟知的电磁继电器的工作特点十分类似，容易掌握。PLC 的继电器实际上是由电子电路、寄存器及存储器单元等组成。它们都具有继电器特性，但没有机械性的触点。为了把这种部件与传统电气控制电路中的继电器区别开来，把它们称作软继电器或软元件。

每一个软继电器与 PLC 存储器中映像寄存器的一个存储单元相对应。该存储单元如果为“1”状态，则表示梯形图中对应软继电器的线圈“通电”，其动合触点接通，动断触点断开，称这种状态是该软继电器的“1”或“ON”状态。如果该存储单元为“0”状态，对应软继电器的线圈和触点的状态与上述的相反，称该软继电器为“0”或“OFF”状态。表 1-1 给出了继电器电路图中部分符号和 PLC 梯形图符号对照关系。

软继电器和电磁式继电器相比，具有以下特点：

1) 软继电器是计算机的存储单元，某个软继电器的线圈得电，只是这个软继电器的存储单元置 1。

2) 与继电器只有几对触点相比，软继电器可以有无数多个动合、动断触点。

表 1-1 符号对照表

符号名称	继电器电路图符号	梯形图符号
动合触点		
动断触点		
线圈		

3）每个软继电器对应的存储单元是一位软元件。

4）多个软继电器也可以组合成多位使用，例如，K2Y000 表示 Y000～Y007 组合为一个 8 位的软元件。

1.3 电气控制电路与 PLC 梯形图

1.3.1 几种典型电气控制电路

由各种有触点的熔断器、断路器、接触器、继电器、按钮、行程开关等按不同连接方式用导线（电缆）连接组合而成的电路称为电气控制电路，它能实现对电力拖动系统的起动、正反转、制动、调速和保护，满足生产工艺要求，实现生产过程的自动化。在 PLC 出现以前，工业控制都是采用电气控制电路实现。

电气控制电路图包括主电路和辅助电路两个部分。其中从电源到用电设备的电路，大电流通过的部分称为主电路；辅助电路通过的是小电流，包括控制电路、照明电路、信号电路及保护电路等。

电气控制电路一般主电路、辅助电路应分开绘出，主电路在左，辅助电路在右。电气控制电路中同一电器的不同组成部分可以不画在一起，但是文字符号应标注一致。电路中所有电器的图形、文字符号必须采用国家规定的统一标准。

1. 起保停电路

起保停电路是最常用的控制电路，能实现电动机的起动、停止和保持。图 1-4 是异步电动机起保停电路的主电路和控制电路，图 1-4a 为主电路，图 1-4b 为控制电路。主电路使用接触器 KM 的动合触点控制电动机，接触器的结构和工作原理与继电器的基本相同，区别仅在于接触器是用来控制大电流负载，例如接触器可以控制额定电流为几十安至几千安的异步电动机，接触器的线圈在右边的控制电路中。

（1）起动　合上断路器 QF 引入三相电源。按下起动按钮 SB1，其动合触点闭合，电流经 SB2、SB1、FR 的动断触点流过 KM 的线圈，接触器 KM 线圈通电，主电路中 KM 的 3 个主触点和控制电路中的辅助触点同时闭合，异步电动机的三相电源被接通，电动机起动。

（2）保持　放开起动按钮 SB1 后，其动合触点断开，电流经 KM 的辅助动合触点流过 KM 的线圈，电动机继续运行。KM 的辅助动合触点实现的这种功能称为“自锁”或“自保持”，它使得继电器电路具有类似于 RS 触发器的自锁功能。

自锁功能可以避免在停电后，又重新来电时，电动机自行起动。

（3）停止　在电动机运行时按停止按钮 SB2，其动断触点断开，使 KM 的线圈失电，KM 的主触点断开，电动机的三相电源被切断，电动机停止运行，同时控制电路中 KM 的辅助动合触点断开。松开停止按钮 SB2，其动断触点闭合后，KM 的线圈仍然失电，电动机继续保持停止运行状态。

（4）线路保护环节　该环节包括短路保护、过载保护、欠电压保护等。

短路保护：短路时通过熔断器 FU1 和 FU2 的熔体熔断来切断电路，FU1 和 FU2 分别控制主电路和控制电路，分断能力不同，短路时可以使电动机立即断电。

过载保护：通过热继电器 FR 实现。当负载过载或电动机断相运行时，FR 动作，其动断触点 FR 使控制电路断开，KM 线圈失电，KM 的主触点切断电动机主电路使电动机断电停转。

欠电压保护：通过接触器 KM 的自锁触点来实现。当电源电压消失或者电源电压严重下降（一般为<85%额定电压），使接触器 KM 由于铁心吸力消失或减小而释放，这时电动机停转，接触器动合触点 KM 断开并失去自锁。欠电压保护作用是：①可以防止电压严重下降时电动机在负载情况下的低电压运行；②避免电动机同时起动而造成电压的严重下降。

图 1-4 的控制电路具有记忆功能，被称为“起动-保持-停止”电路，简称为“起保停”电路。

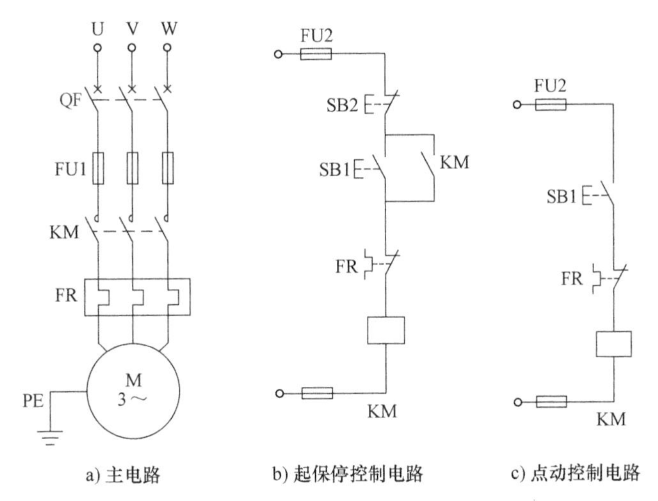

图 1-4　异步电动机起保停及点动控制电路

2. 点动控制

点动的含义是当按下起动按钮后，电动机通电起动运转，松开按钮时，电动机就断电停止转动，即点一下，动一下，不点则不动。点动控制电路没有自锁触点，由点动按钮兼起动、停止按钮作用，因而点动控制不另设停止按钮。图 1-4b 所示的起保停电路是长动控制，电动机起动后就长期运行，必须设有自锁触点，并另设停止按钮。

点动控制电路是将图 1-4b 控制电路中的 KM 自锁动合触点去掉，按下点动按钮 SB1，KM 闭合，电动机起动运行；松开按钮 SB1，电动机断电停止转动，如图 1-4c 所示。

3. 互锁控制

互锁控制是指生产机械或自动生产线不同的运动部件之间互相制约，又称为联锁控制。

例如，机床的正反转不能同时进行，因此加互锁使正转运行时反转不可能起动。如图 1-5 所示，主电路中 KM1 接通则电动机正转，KM2 接通则电动机反转，KM1 和 KM2 不能同时接通，否则会造成电源相间短路，因此，在右边的控制电路中，需要当KM1动作后不允许KM2动作，则将KM2的动断触点串联于KM1的线圈电路中，KM1的动断触点串联于KM2的线圈电路中，这就是“非”的关系，从而实现互锁控制。

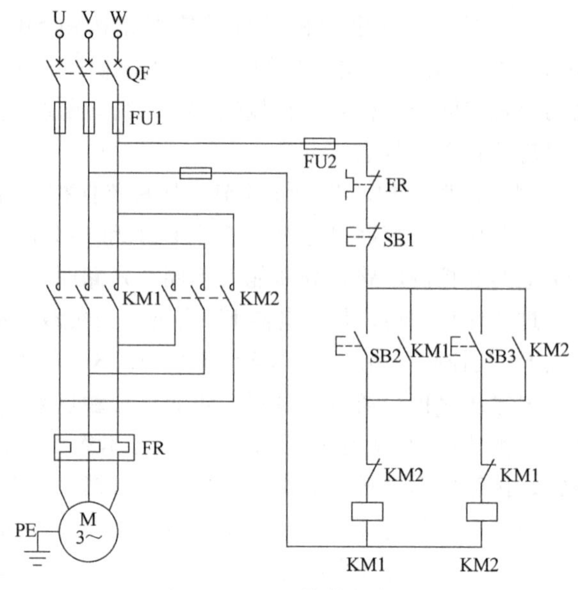

图1-5　正反转控制电路

互锁控制是要求甲接触器动作时，乙接触器不能动作，则需将甲接触器的动断触点串联在乙接触器的线圈电路中。

4. 顺序控制

在一些简易的顺序控制装置中，加工顺序按照一定的程序依次转换，依靠顺序控制电路完成，顺序控制又称为步进控制。

例如，机床的主轴起动必须先让油泵电动机起动使变速箱有充分的润滑，然后再起动主电动机。图1-6为顺序起动控制电路，接触器KM1控制油泵电动机的起停，接触器KM2控制主电动机，将KM1的动合触点串联到KM2线圈电路中，只有当KM1先得电，KM2才能得电，这就是“与”的关系，起到顺序控制的作用。

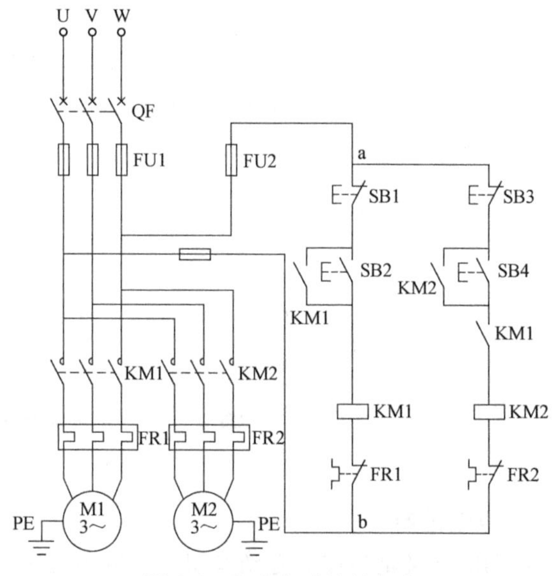

图1-6　顺序起动控制电路

顺序控制是要求甲接触器动作后乙接触器方能动作，则需将甲接触器的动合触点串联在乙接触器的线圈电路中。

5. 多地点控制

有些生产设备为了操作方便，常需要在两个以上的地点进行控制。例如，电梯的升降控制可以在轿厢里面控制也可以在每个楼层控制；有些生产设备可以由中央控制台集中管理，也可以在每台设备调试检修时就地进行控制。

多地点控制必须在每个地点有一组按钮，所有各组按钮的连接原则必须是：动合起动按钮要并联，动断停止按钮应串联。图1-7就是实现三地控制的电路。

图1-7中的SB4和SB1、SB5和SB2、SB6和SB3为一组装在一起，固定于生产设备的三个地方；起动按钮SB4、SB5和SB6并联，停止按钮SB1 、SB2和SB3串联。

多地点控制是指有多个起动信号动合触点并联，任意一个起动信号都可以起动；多个停止信号动断触点串联，任意一个停止信号都可以停止。

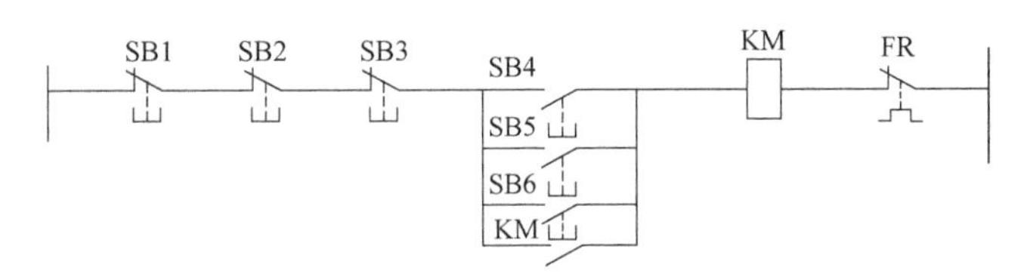

图 1-7 三地控制的控制电路

1.3.2 PLC 梯形图的实现

PLC 通过程序实现控制，图 1-8 给出了 PLC 起保停控制电路的接线图和梯形图，该 PLC 控制系统与图 1-4b 所示的继电器电路的功能相同。

图 1-8a 为 PLC 的 I/O 接线图，起动按钮 SB1 和停止按钮 SB2 的动合触点分别接在编号为 X000、X001 的 PLC 输入端，输入端口与 PLC 的 0V 连接（漏型），交流接触器 KM 的线圈接在编号为 Y000 的 PLC 输出端，与外部交流 220 电源连接。

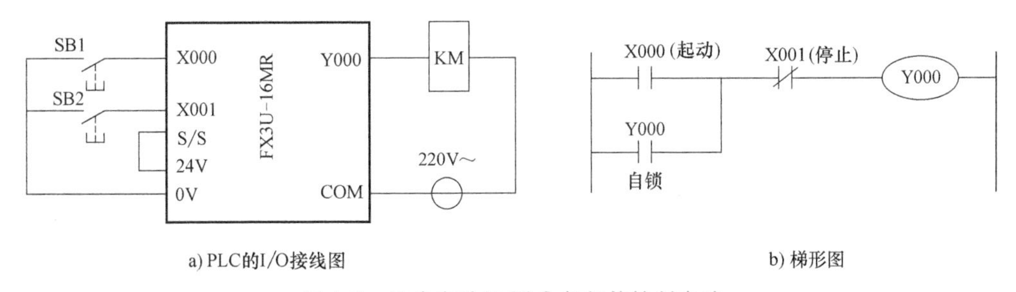

a) PLC的I/O接线图 b) 梯形图

图 1-8 异步电动机 PLC 起保停控制电路

图 1-8b 是起保停控制电路梯形图。梯形图是 PLC 的图形化程序。梯形图中的软元件 X000 与接在输入端子 X000 的 SB1 的动合触点和输入映像存储器 X000 相对应，梯形图中的软元件 Y000 与输出映像存储器 Y000 以及接在输出端子 Y000 的 KM 相对应。该梯形图的工作过程是，当起动按钮 SB1 按下时，X000 置 1，梯形图运行后 Y000 置 1，并联在 X000 触点上的 Y000 是动合触点且自锁。按下停止按钮 SB2，X001 置 1，回路中的 X001 的动断触点断开，Y000 置 0，接触器 KM 使电动机断电停止。

注意：PLC 的输入端口都是使用动合触点。

1.4 PLC 循环扫描和分时工作方式

PLC 的工作原理与计算机的工作原理基本上是一致的，可以简单地表述为在系统程序的管理下，通过运行应用程序完成用户任务。但计算机与 PLC 的工作方式有所不同，计算机一般采用等待命令的工作方式。如常见的键盘扫描方式或 I/O 扫描方式。当键盘有键按下或 I/O 口有信号时则中断转入相应的子程序，而 PLC 在装入了用户程序后，就成为了一种专用机，它采用循环扫描的方式进行工作。

1.4.1 PLC 分时处理和扫描工作方式

PLC 系统正常工作时要完成如下的任务：

1）PLC 内部各工作单元的调度、监控。

2）PLC 与外部设备间的通信。

3）用户程序所要完成的工作。

PLC 中的 CPU 有两种基本的工作状态，即运行（RUN）状态和停止（STOP）状态。CPU 运行状态是执行应用程序的状态，停止状态一般用于程序的编制与修改。除了 CPU 监控到致命错误强迫停止运行以外，CPU 运行与停止方式可以通过 PLC 的外部开关或通过编程软件的运行/停止指令加以选择控制。图 1-9 给出了 PLC 运行和停止两种状态不同的扫描处理过程，由图可知，在这两个不同的工作状态中，扫描处理过程所要完成的任务是不尽相同的。

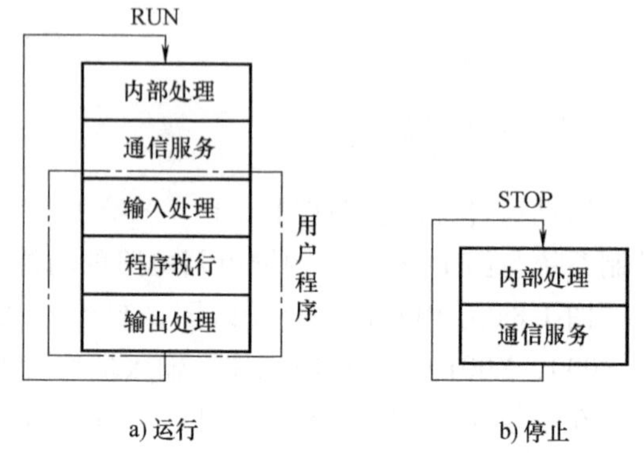

图 1-9　工作状态示意图

PLC 对系统工作任务管理及应用程序执行是以循环扫描方式完成的，如图 1-10 所示。循环扫描执行过程可分为输入处理、程序执行、输出处理三个阶段。

1. 输入处理阶段

输入处理阶段也称为输入采样阶段。在输入处理阶段，PLC 以扫描方式将所有输入端的输入信号状态（ON/OFF 状态）读入到输入映像寄存器中寄存起来，称为对输入信号的采样。接着转入程序执行阶段，在程序执行期间，即使输入状态变化，输入映像寄存器的内容也不会改变。输入状态的变化只能在下一个工作周期的输入采样阶段才被重新读入。

2. 程序执行阶段

在程序执行阶段，PLC 对程序按顺序进行扫描。每扫描到一条指令时所需要的输入状态或其他元素的状态，分别由输入映像寄存器或输出映像寄存器中读入，然后进行相应的逻辑或算术运算，运算结果再存入专用寄存器。若执行程序输出指令时，则将相应的运算结果存入输出映像寄存器。

3. 输出处理阶段

该阶段也称输出刷新阶段。在所有指令执行完毕后，输出映像寄存器中的状态就是将要输出的状态。在输出刷新阶段将其转存到输出锁存电路，再经输出端子输出信号去驱动用户输出设备，这就是 PLC 的实际输出。

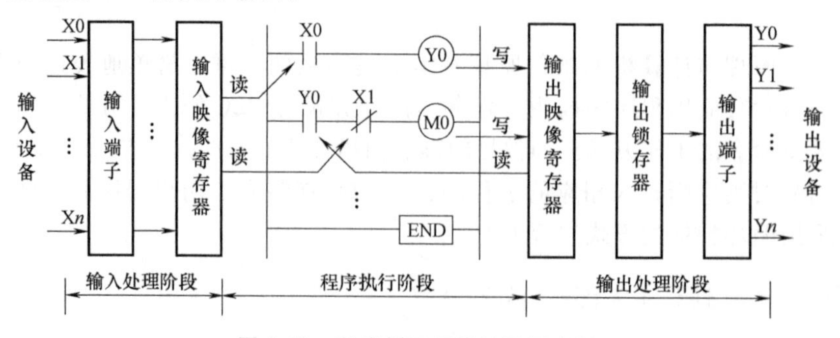

图 1-10　程序循环扫描过程示意图

这三个阶段是分时完成的。为了连续地完成 PLC 所承担的工作，操作系统按照顺序周而复始地完成这一系列的工作。这种工作方式即循环扫描工作方式。

当进入运行工作流程时，PLC 通电后系统内部处理后进入用户程序服务（即循环扫描处理用户程序）状态，每个扫描周期处理用户程序的过程除上述三个阶段以外，还有信息的处理与服务、刷新监视定时器 D8000（开机后由 ROM 送入的）扫描时间和系统状况自诊断处理。

一般说来，一个扫描过程中，执行程序指令的时间占了绝大部分。指令执行所需的时间与用户程序的长短、指令的种类和 CPU 执行速度有很大关系。

1.4.2　输入/输出滞后时间

输入/输出滞后时间又称为系统响应时间，是指 PLC 外部输入信号发生变化的时刻起至它控制的有关外部输出信号发生变化的时刻止之间的时间间隔。它由输入电路的滤波时间、输出模块的滞后时间和因扫描工作方式产生的滞后时间三部分所组成。由于输入/输出模块滤波器的时间常数，输出继电器的机械滞后以及执行程序时按工作周期进行等原因，会使输入/输出响应出现滞后现象。

输入模块的 *RC* 滤波电路用来滤除由输入端引入的干扰噪声，消除因外接输入触点动作时产生抖动引起的不良影响。滤波时间常数决定了输入滤波时间的长短，其典型值为 10ms 左右。

输出模块的滞后时间与输出所用的开关元件的类型有关。继电器型输出电路的滞后时间一般在 10ms 左右；双向晶闸管型输出电路在负载接通时的滞后时间为 1ms 以下，负载由导通到断开时的最大滞后时间为 10ms 以下；晶体管型输出电路的滞后时间为 0.2ms 以下。

因扫描工作方式引起的滞后时间最长可达到两、三个扫描周期。PLC 总的响应延迟时间一般只有几十毫秒，对一般工业控制设备来说，这种滞后现象是允许的。要求输入/输出信号之间的滞后时间尽量短的系统，可以选用扫描速度快的 PLC 或采取其他措施。

在图 1-11 所示梯形图中的 X000 是输入继电器接口，用于接收外部输入信号。Y000、Y001、Y002 是输出继电器，用来将输出信号传送给外部负载。波形图中高电平表示“1”状态，低电平表示“0”状态。

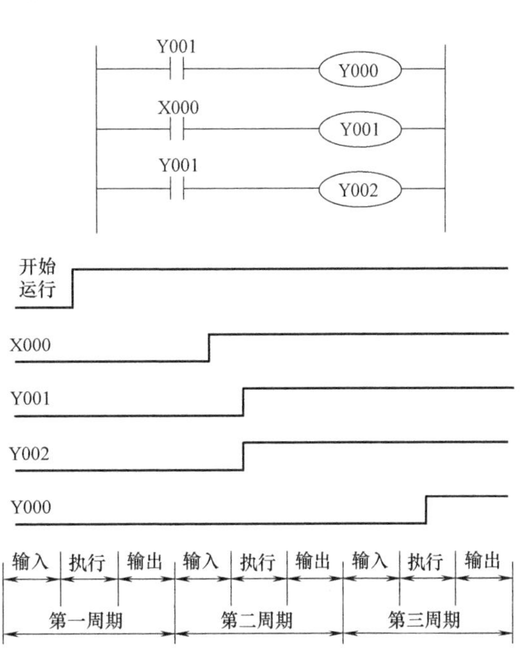

图 1-11　PLC 的输入/输出延迟

在波形图中，在第一个扫描周期内各数据锁存器均为“0”状态；在第二个扫描周期的输入处理阶段，输入继电器 X000 的输入锁存器变为“1”状态。在程序执行阶段，Y001、Y002 依次接通，它们的输出锁存器都变为“1”状态；第三个扫描周期的程序执行阶段，第一行的 Y001 动合触点在第三个扫描周期中接通，Y000 的输出锁存器接通，其接通的响应延迟达两个多扫描周期。

如果交换梯形图中第一行和第二行的位置，Y000接通的延迟时间将减少一个扫描周期，可见延迟时间可以使用程序优化的方法减少。

也有少数系统对响应时间有特别的要求，这时就需要考虑选择扫描时间快的PLC，或采取使输出与扫描周期脱离的中断控制方式来解决。

1.5 PLC系统与继电接触器系统工作原理的差别

继电接触器系统是电磁开关为主体的低压电器，用导线依一定的规律连接起来的，接线表达了各电器之间的关系，即接线逻辑。要想改变逻辑关系就要改变接线关系，显然是比较麻烦的。而PLC是计算机，在它的接口上接有各种电器，而各种电器之间的逻辑关系是通过程序来表达的，即程序逻辑，改变这种关系只要重新编排原来的程序即可，比较方便。

PLC的梯形图和继电器控制电路图非常相似，但是这二者之间在运行时序问题上，有着根本的不同。继电器的所有触点的动作是和它的线圈通电或断电同时发生的。但在PLC中，由于指令的分时扫描执行，指令是按照顺序一行行执行，因此同一个电器的线圈工作和它的各个触点的动作并不同时发生。这就是所谓的继电接触器系统的并行工作方式和PLC的串行工作方式的差别。这种差别，使得梯形图和继电器控制电路图的运行结果不一定相同。

习　　题

1-1　PLC有哪些特点？与单片机相比有什么优点？

1-2　说明国产PLC的品牌和优势。

1-3　电磁式继电器主要由哪几部分组成？说明其工作原理。

1-4　说明动合触点和动断触点的功能和使用方法。

1-5　说明互锁环节和顺序控制环节控制电路的特点和设计方法。

1-6　PLC的扫描周期包括哪些阶段？说明每个阶段的功能。

第2章　PLC的结构组成及软元件

三菱电机自动化有限公司是目前制造生产 PLC 的企业之一，三菱 PLC 比较早进入我国市场，在市场上有很大的份额，其 FX 系列 PLC 可视为一种典型的小型 PLC，它的梯形图编程具有简单直观的特点。

2.1　三菱 PLC 的不同型号

PLC 的分类可以按照产品系列来分类，也可以按照结构类型和应用规模来进行分类。三菱 PLC 的产品系列目前可以分成 FX 系列、iQ-F 系列、L 系列、Q 系列和 iQ-R 系列，以及用于安全扩展的 QS/WS 系列。

2.1.1　FX 系列

FX 系列 PLC 是三菱公司推出的小型 PLC 产品，它将电源模块、CPU 模块和 I/O 模块集成为一个单元结构。FX 系列 PLC 的第一代产品 FX0S 和 FX0N 系列于 2006 年停产，第 2 代产品包括 FX1S/FX1N 系列和 FX2N 系列，也已经在 2013 年停产，目前在生产的第 3 代产品是 FX3 系列，包括 FX3S、FX3U 和 FX3G 系列。另外，每代产品中还有 FX1NC/FX2NC/FX3UC 系列 PLC，它们体积更小，价格更低。

微课 2-1
FX3U 系列
PLC 的结构

本书主要介绍 FX3U 系列 PLC，如图 2-1 所示为 FX3U-16MR 型 PLC。

FX3U 系列 PLC 的特点有：

1）CPU 性能优，运算速度快（其执行基本指令速度为 0.065μs/条，应用指令 0.642μs~数百微秒/条）。

2）存储器容量达到 64KB，还有快闪存储器可以提供 64KB 程序容量。

3）I/O 点数可达 256 点，通过网络扩展的 I/O 点数最大可达到 384 点。

4）基本单元（晶体管型输出）内置了 3 轴独立最高 100kHz 的定位功能，并且增加了新的定位指令，可以实现简易的位置控制功能。

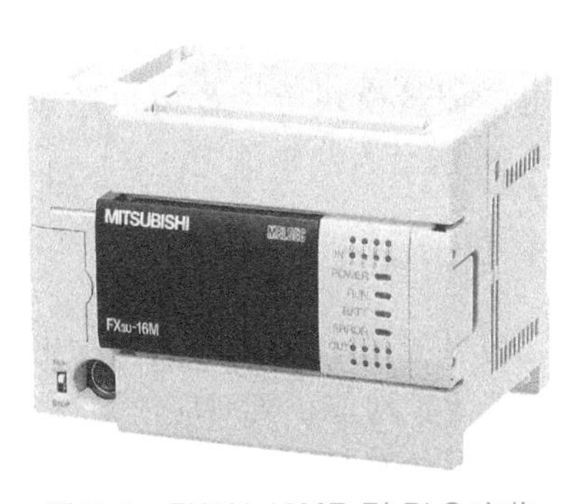

图 2-1　FX3U-16MR 型 PLC 实物

5）通信功能增强，其内置的编程口可以达到115.2KB/s的高速通信，而且最多可以同时使用3个通信口（包括编程口在内）

6）能够兼容FX2N系列PLC的全部功能。

2.1.2 iQ-F系列

iQ-F系列是将要替代FX系列的第4代产品，它于2015年推入市场，以FX5U、FX5UC和FX5UJ为代表，具有高速化的系统总线，其CPU具有丰富的内置功能，包括内置高速计数定位功能、A/D转换和D/A转换等，并具有以太网端口和内置SD存储器，图2-2所示为FX5U系列PLC。

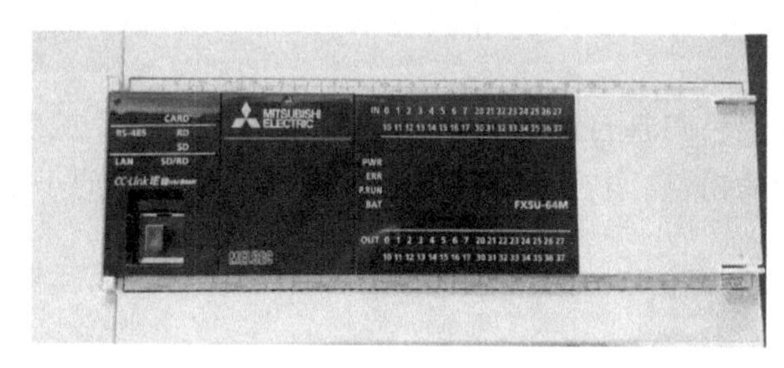

图2-2 FX5U系列PLC

iQ-F系列可根据控制内容构建出通过CC-Link实现的高速网络、以太网、Modbus、Sensor Solution等网络。

2.1.3 L系列

L系列PLC机身小巧，是介于FX系列和Q系列之间的一种模块化中型PLC，可实现多样化控制，集高性能、多功能、大容量于一身。配备有各种I/O功能，I/O点数可达到8192点，扩展的最大模块数达到40块；配套有分支/扩展模块、电源模块、模拟I/O模块、计数器模块、定位模块、信息模块和控制网络模块等。

2.1.4 Q系列

Q系列是全能模块化中大型PLC，具有可适用于多种用途的CPU类型，包括基本型、高性能型、过程CPU、运动CPU、C语言控制CPU和冗余CPU，可以多CPU运行，满足高速度，高精度、大容量的数据处理和控制，其I/O点数可达8192点。包括了基座单元、电源模块、I/O模块、模拟I/O模块、脉冲I/O模块、计数器模块、信息模块、控制网络模块和电能测量模块等。各模块通过基座单元连接，图2-3a所示是Q系列PLC的多个模块，图2-3b所示为基座单元。

2.1.5 iQ-R系列

iQ-R系列PLC是一类模块化PLC，其CPU包括各种嵌入功能，内置以太网，并具有强化内置定位功能，可对应简易运动控制，此外还有高速系统总线、高速中断和配置数据库。配置的模块有基座单元、电源模块、I/O模块、模拟I/O模块、运动定位高速计数器模块和信息/网络模块等，可以实现多CPU架构，并通过基座单元实现数据交换，具有成本低、效

a) 多个模块

b) 基座单元

图 2-3　Q 系列 PLC

率高的特点。

2.1.6　QS/WS 系列

QS/WS 系列 PLC 可用于中到大型系统的安全控制，包括安全 CPU 模块、安全主机板单元、安全网络和安全 I/O 模块等。

2.2　PLC 的类型

微课 2-2 FX3U 的硬件结构

2.2.1　按硬件结构分类

PLC 是专门为工业生产环境设计的，为了便于在工业现场安装和扩展，方便接线，其结构与普通计算机有很大区别，按硬件结构分类常见的有单元式和模块式结构。

1. 单元式结构

单元式结构包括基本单元、扩展单元、扩展模块及功能模块。基本单元是把 CPU、RAM、ROM、I/O 接口及与编程器或 EPROM 写入器相连的接口、输入/输出端子排、电源、显示灯等都装配在一起的整体装置。图 2-4 所示为单元式 PLC 外形图。

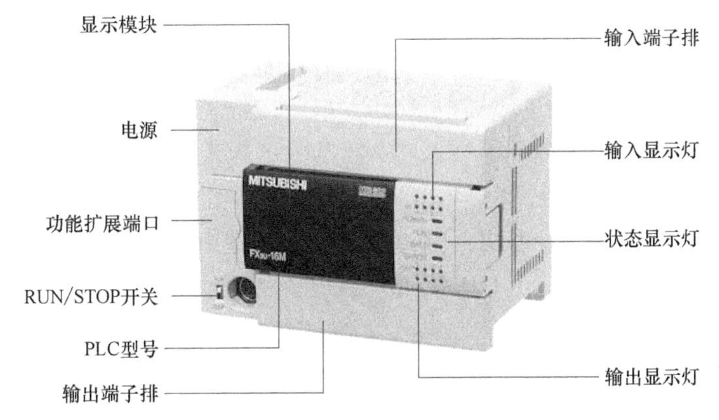

图 2-4　单元式 PLC 外形图

当基本单元要进行 I/O 接口扩展，或者功能扩展时需要配置扩展单元、扩展模块及功能模块，它们采用电缆连接，都安装在 DIN 导轨上。

单元式结构的特点是结构紧凑、体积小、成本低、安装方便，缺点是I/O点数是固定的，一般用于规模较小的系统。同一系列的PLC产品，通常都有不同接口数的基本单元、扩展单元，扩展模块可供选择，单元和模块的品种越多，系统配置就越灵活。

三菱的FX系列和iQ-F系列产品都是单元式结构。

2. 模块式结构

模块式结构又叫积木式结构，这种结构形式的特点是把PLC的每个工作单元都制成独立的模块，如CPU模块、电源模块、I/O模块和网络通信模块等，用一块带有插槽的基座单元（实质上就是计算机总线），把这些模块按控制系统的需要选取后插到插槽上，就构成了一个完整的PLC，其系统构成非常灵活，安装、扩展、维修都很方便，缺点是体积比较大。

三菱的L系列、Q系列和iQ-R系列产品都是模块式结构。

2.2.2 按其他分类

根据不同工业生产过程的应用要求，按照PLC的结构形式、功能和I/O点数可大致将PLC分类为小型、中型和大型。

1. 按I/O点数分类

一般将一路信号称作一个I/O点，将PLC的I/O点总和称为PLC的总点数。小型PLC I/O点数一般在256点以下，用户程序存储器容量达到8KB；中型PLC I/O点数一般在256~2048点，用户程序存储器容量达到64KB；大型PLC I/O点数一般在2048点以上，用户程序存储器容量可以超过64KB。

2. 按机型档次分类

PLC还可以按功能分为低档机、中档机及高档机。低档机用于逻辑控制、顺序控制或少量模拟量控制的单机控制系统。中档机一般还具有较强的模拟I/O、算术运算、数据传送和比较、数制转换、远程I/O、子程序、通信联网等功能，适用于复杂控制系统。高档机具有更强的通信联网功能，可用于大规模过程控制或构成分布式网络控制系统，实现工厂自动化。

PLC按硬件结构划分及按I/O点数规模划分是有一定联系的，小型机一般都是单元式结构，大型机一般都是模块式结构并具有很大的内存容量。

2.3 PLC基本单元结构

FX3U系列PLC是单元式结构，其基本单元主要由中央处理器（CPU）、存储器（RAM、ROM）、输入/输出接口（I/O接口）及电源等几大部分构成。单元式PLC的硬件结构如图2-5所示。

2.3.1 中央处理器

中央处理器（CPU）是PLC的核心，它在系统程序的控制下完成逻辑运算、数学运算、协调系统内部各部分工作等任务。一般PLC的CPU采用通用的8位或16位微处理器、单片机或双极型行位片式微处理器。微处理器的档次越高，CPU的位数越多，PLC的运算速度

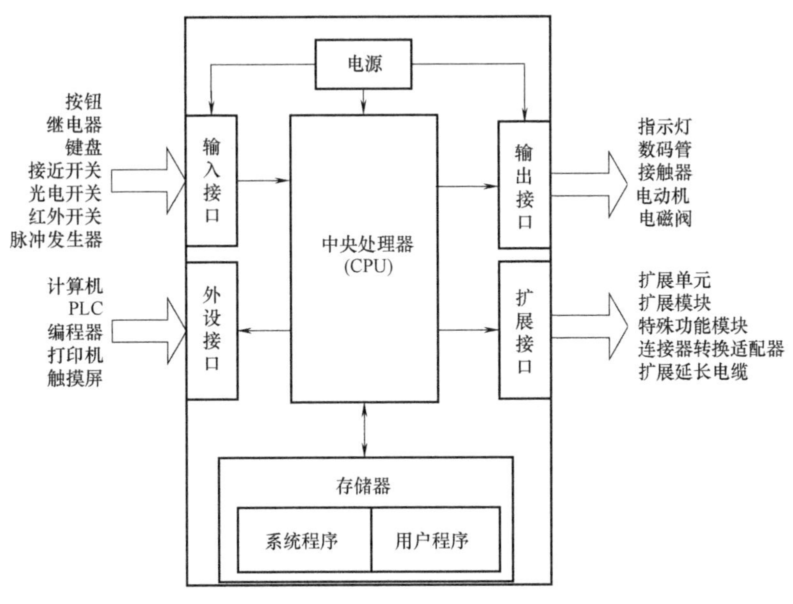

图 2-5　单元式 PLC 的硬件结构

越快，指令功能也越多。

2.3.2　存储器

存储器是 PLC 存放系统程序、用户程序及运算数据的单元。PLC 的存储器可分为只读存储器（ROM）、随机读写存储器（RAM）和快闪存储器（Flash ROM）。

1. 只读存储器

只读存储器（ROM）用来存放永久保存的系统程序，通常不能修改。PLC 的操作系统存放在只读存储器中，由制造厂家固化，负责解释和编译用户编写的程序、监控 I/O 接口、自诊断、循环扫描 PLC 中的程序等功能。

2. 随机读写存储器

随机读写存储器（RAM）的特点是写入与擦除都很容易，但在掉电情况下存储的数据会丢失，一般用来存放可以由用户任意修改或增删的用户程序及系统运行中产生的临时数据。为了能使用户程序及某些运算数据在 PLC 断电后也能保持，机内随机读写存储器还专门配备了锂电池。

FX3U 系列 PLC 的内置 RAM 为 64000 步，用参数设定还可以设定为 2000/4000/8000/16000/32000 步。

3. 快闪存储器

快闪存储器（Flash ROM）可以多次擦除改写内容，又可以长久保持数据，它安装在基本单元的存储器盒中，是基本单元程序的扩充，如图 2-6 所示。

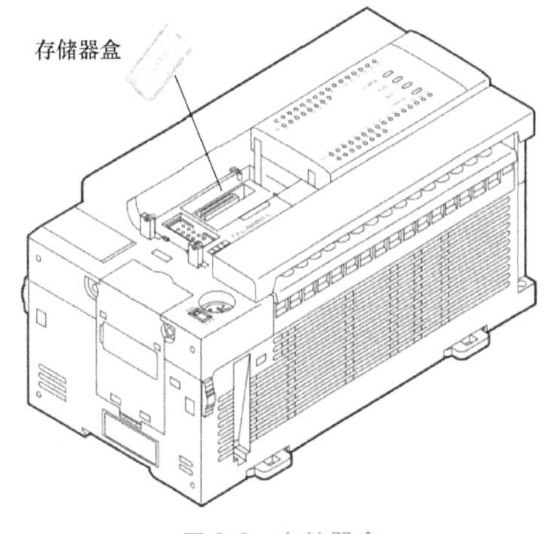

图 2-6　存储器盒

快闪存储器容量根据存储器盒的型号而不同，FX3U-FLORM-64L/FX3U-FLORM-64 是 64000 步，FX3U-FLORM-16 是 16000 步。

2.3.3 I/O 接口及性能指标

PLC 的 I/O 信号可以是开关量或模拟量，I/O 接口用于连接工业控制现场各类信号。生产现场对 PLC 的 I/O 接口的要求：一是要有较好的抗干扰能力，二是能满足工业现场各类信号的匹配要求，因此厂家为 PLC 设计了不同的接口单元。

1. 输入接口

输入接口用来接收生产过程的各种参数，并存放于输入映像寄存器（也称输入数据暂存器）中。其作用是把现场的开关量信号变成 PLC 内部处理的标准信号，开关量输入接口按可接收的外信号电源的类型不同，分为直流和交流输入单元。

FX3U 系列的 PLC 直流输入可以为源型输入和漏型输入两种，方便适应不同工程设计需要。图 2-7a 为漏型输入，S/S 端与 24V 端连接，X 端与 0V 端连接；图 2-7b 为源型输入，S/S 端与 0V 端连接，在 X 端与 24V 端连接。

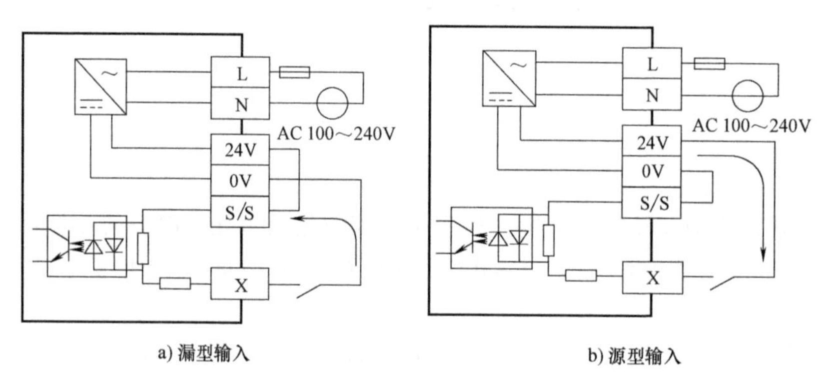

图 2-7　输入接口

图 2-7 中输入电路的一次电路与二次电路用光电耦合器隔离，二次电路采用 *RC* 滤波电路，防止输入触点的颤振，消除输入电路混入的噪声干扰，并转换为标准的信号。FX3U 系列 PLC 各模块的输入技术指标见表 2-1。

表 2-1　FX3U 系列 PLC 各模块的输入技术指标

输入接口号	X000～X005	X006、X007	X010 以上
输入阻抗/kΩ	3.9	3.3	4.3
输入信号电流/mA	6/DC 24V	7/DC 24V	5/DC 24V
ON 输入感应电流/mA	3.5 以上	4.5 以上	3.5 以上
OFF 输入感应电流/mA	1.5 以下		
输入回路隔离	光电耦合器		
输入响应时间	约 10ms		
输入形式	漏型/源型		

2. 输出接口

输出接口的作用是把 PLC 内部的标准信号转换成现场执行机构所需要的信号。PLC 运行程序后输出的控制信息刷新输出映像寄存器（也称输出数据暂存器），由输出接口输出，通过机外的执行机构完成工业现场的各类控制。输出接口通常有三种形式：继电器型输出，晶体管型输出和晶闸管（SSR）型输出。

（1）继电器型输出　其电路如图 2-8a 所示，当接通继电器的线圈吸合，触点与外部电路构成回路。继电器输出可以是直流或交流，利用继电器的触点和线圈将 PLC 的内部电路与外部负载电路进行机械隔离，因此响应时间较长。

（2）晶体管型输出　其电路如图 2-8b 所示，只能是直流输出，也有漏型输出和源型输出两种。通过开关晶体管的通断来控制外部电路，采用光电耦合器进行隔离，响应时间较短。

（3）晶闸管（SSR）型输出　其电路如图 2-8c 所示，只能是交流输出，内部电路与输出负载之间采用光电晶闸管进行隔离，响应时间较短。

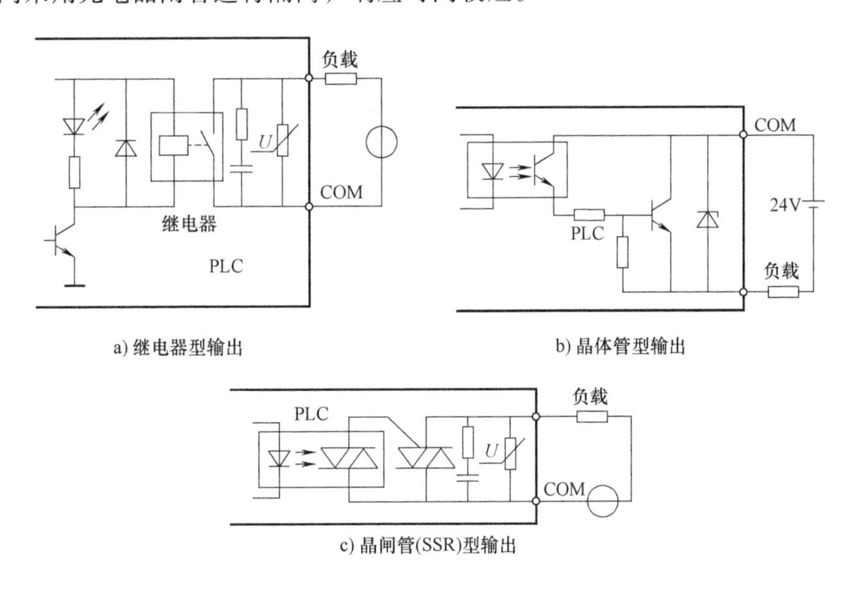

a) 继电器型输出　　b) 晶体管型输出

c) 晶闸管(SSR)型输出

图 2-8　输出接口

从图 2-8 可以看出，各类输出接口中也都具有光电耦合电路，FX3U 系列 PLC 的输出技术指标见表 2-2。

表 2-2　FX3U 系列 PLC 的输出技术指标

输出类型		继电器型输出	晶体管型输出	晶闸管（SSR）型输出
外部电源		AC 240V，DC 30V 以下	DC 5～30V	AC 85～240V
最大负载	电阻负载	2A/1 点 8A/4 点共享 8A/8 点共享	0.5A/1 点 0.8A/4 点共享 1.6A/8 点共享	0.3A/1 点 0.8A/4 点
	感性负载	80V·A	15W/DC 24V	36W/AC 240V
最小负载		DC 5V，2mA	—	—
开路漏电流		—	0.1mA 以下，DC 30V	1mA/AC 100V， 2mA/AC 200V①

（续）

输出类型		继电器型输出	晶体管型输出	晶闸管(SSR)型输出
外部电源		AC 240V，DC 30V 以下	DC 5～30V	AC 85～240V
响应时间	OFF 到 ON	约 10ms	Y000～Y002：5μs 以下/10mA 以上 Y003 及以上：0.2ms 以下/200mA 以上	1ms 以下
	ON 到 OFF	约 10ms	Y000～Y002：5μs 以下/10mA 以上 Y003 及以上：0.2ms 以下/200mA 以上	10ms 以下
隔离方式		机械隔离	光电耦合器隔离	光电晶闸管隔离

① 晶闸管（SSR）型输出的产品存在开路漏电流，因此在输出断开时负载可能会保持动作，因此选择 0.4V·A 以上/AC 100V，1.6V·A 以上/AC 200V 的负载，低于这个负载时应并联浪涌吸收器。

2.3.4 模拟量 I/O 模块

输入和输出有时会是模拟量，但 FX3U 系列基本单元不具备模拟量 I/O 接口，需要扩展模拟量 I/O 模块，可以使用 FX3U 系列的特殊功能模块，见表 2-3。

表 2-3 FX3U 系列的特殊功能模块

分类	型号	名称	范围
特殊功能模块	FX3U-4AD	4 通道模拟量输入	电压：DC －10～10V，电流：DC －20～20mA
	FX3UC-4AD	4 通道模拟量输入	电压：DC －10～10V，电流：DC －20～20mA
	FX3U-4DA	4 通道模拟量输出	电压：DC －10～10V，电流：DC 0～20mA
特殊适配器	FX3U-4AD-ADP	4 通道电压电流模拟量输入	电压：DC 0～10V，电流：DC 4～20mA
	FX3U-4DA-ADP	4 通道电压电流模拟量输出	电压：DC 0～10V，电流：DC 4～20mA
	FX3U-4AD-PT-ADP	4 通道温度传感器输入	温度：－50～250℃
	FX3U-4DA-PT-ADP	4 通道温度传感器输出	K 型温度：－100～1000℃ J 型温度：－100～1000℃

也可以使用 FX2N 系列的特殊功能模块，其中 FX2N-2AD、FX2N-4AD、FX2NC-4AD 和 FX2N-8AD 分别用于 2 通道、4 通道和 8 通道输入，FX2N-2DA、FX2N-4DA 分别用于 2 通道和 4 通道输出，以及 FX2N-4AD-TC、FX2N-4AD-PT、FX2N-2LC 用于温度传感器输入。

2.3.5 电源及性能指标

FX3U 系列 PLC 的电源为 AC 220V，也有用 DC 24V 供电的，为 PLC 各工作单元供电。另外，PLC 还内置了锂电池作为后备电源，提供停电保持的电源，包括程序内存中内置 RAM 的参数、程序、软元件注释和文件寄存器，软元件中辅助继电器、定时器、计数器、扩展寄存器和采样跟踪的结果以及继续时钟等。

2.4 FX3U 系列 PLC 的型号体系和系统构成

在选择 PLC 时，需要考虑 PLC 的型号系列、容量、电源和 I/O 点数等因素。

2.4.1　FX3U 系列 PLC 的型号体系

FX3U 系列 PLC 包括了基本单元、扩展单元、扩展模块和功能模块。

1. FX3U 系列 PLC 基本单元型号

FX3U 系列 PLC 基本单元型号如图 2-9 所示，按照 I/O 点数有 16 点、32 点、48 点、64 点、80 点和 128 点。其中输入和输出点数对半平分。

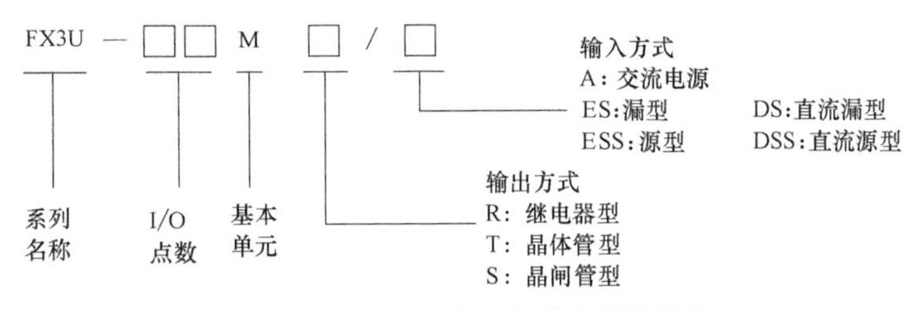

图 2-9　FX3U 系列 PLC 基本单元型号

其中晶体管型输出方式包括漏型和源型，电源包括直流和交流，基本单元的型号种类见表 2-4。

表 2-4　FX3U 系列 PLC 基本单元的型号种类

输出方式			输入点数	输出点数	I/O 总点数
继电器型输出	晶闸管型输出	晶体管型输出			
FX3U-16MR/ES-A FX3U-16MR/DS	FX3U-16MS/ES FX3U-16MS/DS	FX3U-16MT/ES(S) FX3U-16MT/DS(S)	8	8	16
FX3U-32MR/ES-A FX3U-32MR/DS	FX3U-32MS/ES FX3U-32MS/DS	FX3U-32MT/ES(S) FX3U-32DT/DS(S)	16	16	32
FX3U-48MR/ES-A FX3U-48MR/DS	FX3U-48MS/ES FX3U-48MS/DS	FX3U-48MT/ES(S) FX3U-48MT/DS(S)	24	24	48
FX3U-64MR/ES-A FX3U-64MR/DS	FX3U-64MS/ES FX3U-64MS/DS	FX3U-64MT/ES(S) FX3U-64MT/DS(S)	32	32	64
FX3U-80MR/ES-A FX3U-80MR/DS	FX3U-80MS/ES FX3U-80MS/DS	FX3U-80MT/ES(S) FX3U-80MT/DS(S)	40	40	80
FX3U-128MR/ES-A	—	FX3U-128MT/ES(S)	64	64	128

2. FX2N 系列 PLC 扩展单元型号

当基本单元的 I/O 点数不够时，通常采用添加扩展单元的办法解决，FX3U 系列 PLC 仍然是选用 FX2N 系列 PLC 的扩展单元。扩展单元内部电源有交流电源和直流电源两种，输出也包括继电器型、晶体管型和晶闸管型三种方式，其型号如图 2-10 所示。

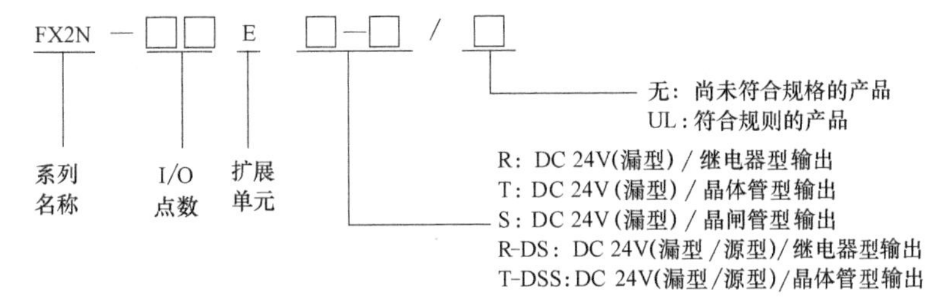

图 2-10　FX2N 系列 PLC 扩展单元型号

扩展单元按照点数分类有 32 点的和 48 点的，对应的 I/O 点数分别是 16 点和 24 点。

【例 2-1】 说明 FX3U-16MR/ES-A 型号的含义。

FX3U-16MR/ES-A 型号的 PLC 是继电器型输出，交流电源，漏型输入的基本单元，有 8 个输入点、8 个输出点。

3. FX2N 系列 PLC 扩展模块型号

扩展模块也可以对 I/O 点数进行扩展，与扩展单元不同的是，扩展模块没有自带电源，可以单独扩展输入或者输出点数，FX3U 系列 PLC 仍然可选用 FX2N 系列 PLC 的扩展模块，其型号如图 2-11 所示。

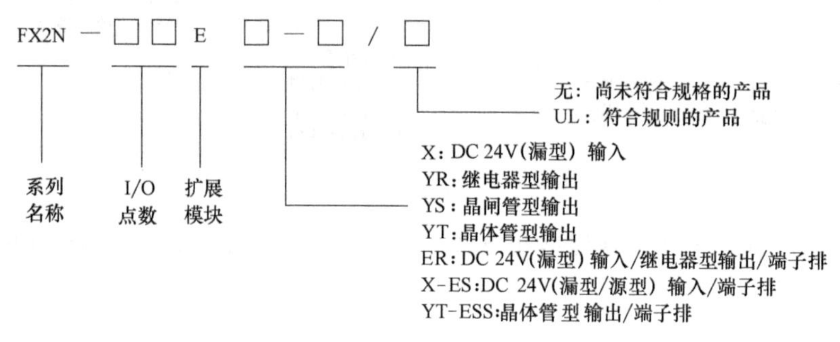

图 2-11 FX2N 系列 PLC 扩展模块型号

2.4.2 FX3U 系列 PLC 的系统构成

系统的整体构成通过基本单元与扩展单元、扩展模块以及功能模块的连接实现，在构成系统时要考虑消耗的电流和 I/O 点数的因素。FX3U 系列 PLC 扩展系统时分别在 PLC 的左侧和右侧进行扩展，在左侧通过功能扩展板连接特殊适配器，在右侧连接扩展单元、扩展模块和特殊功能模块，最多可连接 8 台特殊功能模块/单元。

1. 基本单元的供电范围

基本单元和扩展单元是带有电源的，因此可以向其他模块供电。

2. 最大 I/O 点数

FX3U 系列 PLC 的最大 I/O 点数见表 2-5，系统总的 I/O 点数是基本单元和其他扩展设备的 I/O 点数和，从而确定可扩展多少个单元。从表 2-5 中可以看出，单独的输入点数最大为 248，I/O 点数和最大为 256，加上远程网络的点数最大为 384。

表 2-5 最大 I/O 点数表

基本单元+扩展设备输入最大点数	248	基本单元+扩展设备 I/O 最大点数	256
基本单元+扩展设备输出最大点数	248		
远程 I/O 点数	224	基本单元+扩展设备+远程 I/O 最大点数	384

2.5 FX3U 系列 PLC 的软元件及功能

PLC 的软元件是可以进行读写操作的存储器单元，每种软元件的名称以不同字母开头表示不同类型，并编写号码以区分存储单元的地址。

FX3U 系列 PLC 软元件有输入继电器（X）、输出继电器（Y）、辅助继电器（M）、状态继电器（S）、定时器（T）、计数器（C）、数据寄存器（D）、变址寄存器（V、Z）、扩展寄存器（R）、扩展文件寄存器（ER）、指针（P、I）和嵌套（N）。

2.5.1　位元件

位元件只有两种不同的状态，线圈通电或者是断电，使用“1”（ON）和“0”（OFF）来表示这两种状态。位元件包括输入继电器（X）、输出继电器（Y）、辅助继电器（M）和状态继电器（S）。每个位元件的线圈“◯”表示存储单元，当线圈通断时，动合触点“┤├”和动断触点“┤/├”动作，动合、动断触点可以在程序中无限次地使用。

1. 输入/输出继电器（X/Y）

输入/输出继电器的地址号是按照 X000～X007、X010～X017、Y000～Y007、Y010～Y017…分配八进制的编号，扩展单元和扩展模块的编号是从基本单元开始，按连接顺序进行八进制的连续编号。输入/输出继电器最大点数为 248 点，地址范围是 X000～X367 和 Y000～Y367。

【例 2-2】 写出 FX3U-48MR 基本单元扩展 FX3U-32ER 单元的地址范围。

FX3U-48MR 基本单元有 48 个 I/O 点，输入和输出点数都是 24，输入地址范围是：X000～X007，X010～X017，X020～X027；如果再扩展 FX3U-32ER 扩展单元，则 FX3U-32ER 的输入继电器地址范围是：X030～X037，X040～X047。输出的地址范围也是 Y030～Y037，Y040～Y047。

输入端是 PLC 接收外部开关信号的端口，输入继电器由外部输入端口驱动，但不能用程序来驱动。输出端是 PLC 向外部负载发送信号的端口，PLC 内部输入输出继电器与外部的连接如图 2-12 所示。

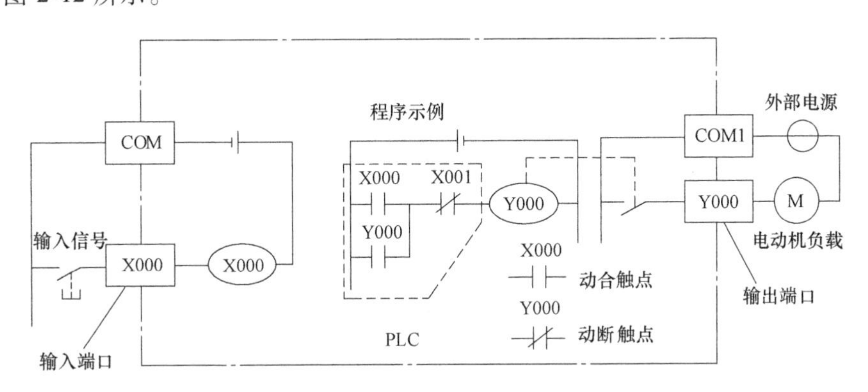

图 2-12　PLC 内部输入输出继电器与外部的连接

PLC 在每个扫描周期有输入处理、程序执行和输出处理三个过程，对 I/O 接口的处理是在输入/输出处理阶段，采用成批输入/输出方式（也称集中刷新方式）。

在图 2-12 中，当按下按钮时，在输入处理阶段将 X000 读入内部输入继电器，X000 线圈置 1（ON）；在程序处理阶段 X000 动合触点闭合，程序运行到最后一行，输出继电器 Y000 线圈置 1（ON）；在输出处理阶段，将 Y000 输出继电器内容送到输出端，电动机起动。

2. 辅助继电器（M）

辅助继电器可用于中间状态存储及信号变换，每个辅助继电器的线圈可以被 PLC 内的其他软元件的触点驱动，但是既不能读取外部的输入，也不能直接驱动外部负载，其地址按十进制编号。

PLC 内的辅助继电器可分为普通用途、停电保持用途及特殊用途三大类，各种辅助继电器的地址分配见表 2-6。

表 2-6　辅助继电器的地址分配

普通用途（非停电保持）	停电保持用途		特殊用途
	停电保持用(可变)	停电保持专用(固定)	
M0～M499 500 点	M500～M1023 524 点	M1024～M7679 6656 点	M8000～M8511 512 点

注：普通用途的辅助继电器 M0～M499 也可以通过参数更改为停电保持用途，停电保持用途的辅助继电器 M500～M1023 可以通过参数更改为非停电保持用途。

1）普通用途辅助继电器为 M0～M499，在 PLC 运行中电源断电时线圈全部变为 OFF 状态。

2）停电保持继电器 M500～M7679，可以利用 PLC 的后备电池进行供电来保持停电前的状态。

【例 2-3】　停电保持辅助继电器应用于滑台往复运动机构时如图 2-13a 所示，梯形图如图 2-13b 所示。

采用停电保持继电器 M600 及 M601 存储电动机的右行（正转）和左行（反转）方向，以防止停电后不能继续按原方向前行。其分析如下：

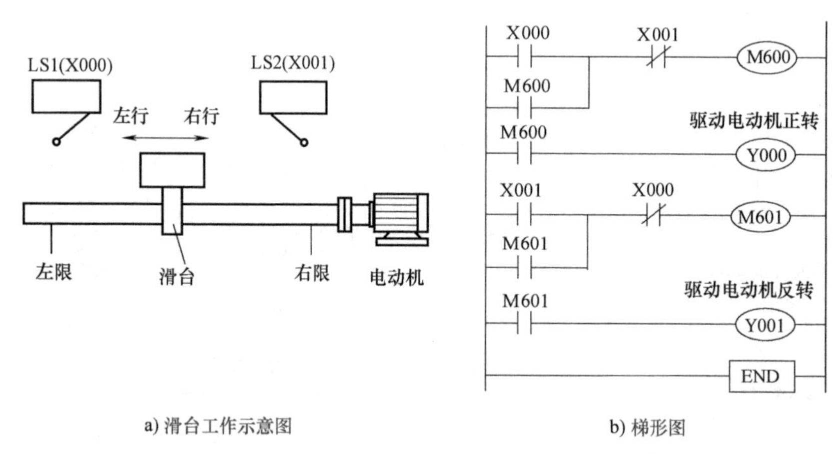

a) 滑台工作示意图　　b) 梯形图

图 2-13　停电保持辅助继电器应用于滑台往复运动机构

X000 和 X001 分别是左右限位开关，当向左行的滑台压到 X000 时，反向右行 M600 线圈得电，即 Y000 线圈得电，电动机正转；当向右行的滑台压到 X001 时，反向左行 M601 线圈得电，即 Y001 得电，电动机反转；滑台实现往复运行。因此在停电时必须保持 M600 和 M601 的状态，滑台才能在再次得电后继续按原来的方向运行。

程序中使用了起保停电路，M600 和 M601 的左右行不能同时，因此采用互锁的控制方式。

3）特殊辅助继电器　M8000～M8511 是提供专用的特殊功能的辅助继电器，很多是由厂家设定的特殊功能。特殊辅助继电器有两种类型：触点使用型和线圈驱动型。触点使用型是其线圈由 PLC 系统程序在运行时驱动，在程序中只能使用其触点而不能使用其线圈；线圈驱动型由用户程序驱动线圈后，使 PLC 做特定的操作，用户不能使用其触点。对于几个常用的触点使用型特殊辅助继电器，图 2-14a 和图 2-14b 所示即为其输出时序图。

M8000（运行监视器）与特殊数据寄存器 D8000 配合使用，D8000 中为设定的最大扫描周期（出厂时为 200ms），当扫描周期小于 200ms 时 M8000 触点一直闭合，因此 M8000 用于运行监视时一般可以视为运行时一直接通，停止运行时断开，M8001 正好与其相反。

M8002（初始化脉冲）仅在 PLC 运行开始的第一个扫描周期让触点接通一次，M8003 与 M8002 正好相反。

M8011～M8014 分别为 10ms、100ms、1s 和 1min 时钟脉冲触点，一个周期内，它们的触点接通和断开的时间各占 50%。

特殊辅助继电器的相应功能见附录 B。

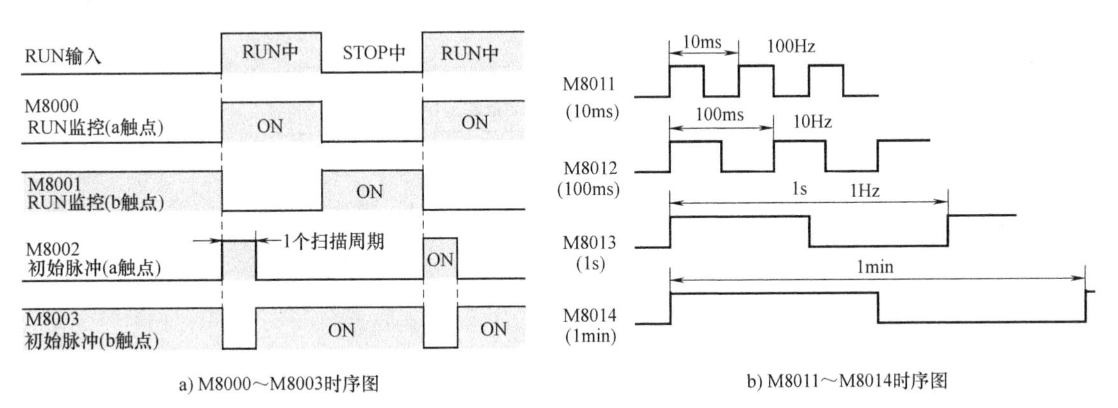

图 2-14　特殊辅助继电器输出时序图

3. 状态软元件（S）

状态软元件（也称状态继电器，简称状态）主要用于状态编程在状态转移图（STL 图）中使用，在第 5 章中会详细介绍，也可以作为辅助继电器使用；FX3U 系列 PLC 有 4096 个状态软元件，编号采用十进制。其分类、地址编号及用途见表 2-7。

表 2-7　状态软元件表

普通用途		停电保持用途		状态报警器用 100 点
初始状态继电器 10 点	非停电保持状态继电器 490 点	停电保持用(可变) 400 点	停电保持用(固定) 3096 点	
S0～S9	S10～S499	S500～S899	S1000～S4095	S900～S999

2.5.2　定时器

定时器相当于继电器电路中的时间继电器，可在程序中用于定时控制，定时器分为普通用途定时器和积算型定时器。

FX3U 系列 PLC 可提供多达 512 个定时器，其地址和功能分类见表 2-8，从表中可以看出定时器的时钟脉冲有三种：1ms、10ms、100ms，设定值乘以计时单位（1ms、10ms、100ms）即是当下定时器的最大计时范围值。根据基础的时钟脉冲，定时器的定时范围为0.001~3276.7s。定时器不用作定时用时，也可作为数据寄存器使用。

表 2-8 定时器地址和功能分类

100ms 型 0.1~3276.7s	10ms 型 0.01~327.67s	1ms 积算型 0.001~32.767s	100ms 积算型 0.1~3276.7s	1ms 型 0.001~32.767s
T0 ~ T199，200 点其中 T192~199 用于子程序	T200~T245，46 点	T246~T249，4 点，执行中断保持用	T250~T255，6 点，保持用	T256~T511，256 点

每个定时器占有三个存储单元，一个是位元件，表示定时器线圈，还有两个分别是16位的字元件，表示设定值和当前值。字元件的最高位（第15位）为符号位，设定值字元件存放程序赋值的定时设定值；定时器当前值用加法计算脉冲数，当结果达到设定值时，定时器的线圈得电，其动合触点和动断触点相应动作。图2-15所示为定时脉冲为100ms时的定时器工作示意。

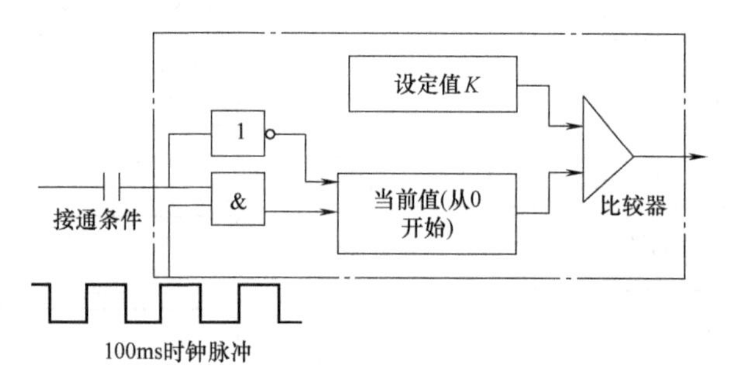

图 2-15 定时脉冲为 100ms 时的定时器工作示意

在子程序和中断子程序中，要使用T192~T199的定时器，在执行线圈指令或END指令的时候进行计时。

1. 普通用途定时器（T）

T0~T245、T256~T511是普通用途定时器，当定时器的接通条件成立时计时开始，条件不成立时，定时器的当前值清零，定时器线圈也为0。

【例 2-4】 根据梯形图画出定时器T200的波形图。

从表2-8中得出T200为普通用途10ms型定时器，定时器T200的梯形图和波形图如图2-16所示。

微课 2-3
普通定时器的波形图

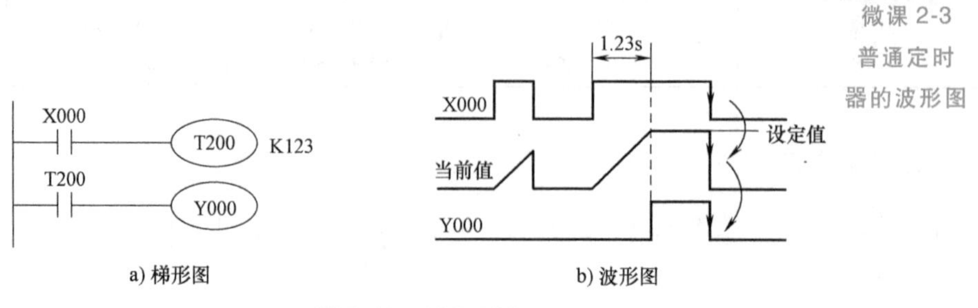

图 2-16 例 2-4 图

图 2-16 中直接使用 K123 指定定时器 T200 的设定值，因此定时时间为 123×10ms = 1230ms = 1.23s，当 X000 接通时，T200 定时器开始计时，每隔 10ms 发送脉冲，则当前值从零开始加 1，当前值等于 123 时 T200 线圈接通，T200 动合触点闭合，Y000 线圈接通。当 X000 断开或者停电时，定时器的当前值清零，线圈断开。对于普通用途定时器，没有停电保持功能，只要 X000 断开定时器的当前值就清零。

2. 积算型定时器

积算型定时器也占有三个存储单元，当前值字元件具有停电保持功能，当前值具有累计功能，因此要消除当前值的记忆必须使用专门的复位指令 RST 清零。

微课 2-4
积算型定时器的波形图

【例 2-5】 根据梯形图画出积算型定时器 T250 的波形。

如图 2-17 所示，100ms 积算型定时器 T250 的设定值为 345，因此定时时间为 345×100ms = 34.5s，当 X001 接通时，T250 定时器开始计时，每隔 100ms 发送脉冲，则当前值加 1，当 X001 断开或者停电时，定时器停止计时，但当前值并不清零而是保持不变，当 X001 接通，当前值继续增加，当前值等于设定值 345 时定时器 T250 线圈接通，Y001 线圈接通。积算型定时器具有停电保持功能，因此当 X002 接通时使用 RST 使当前值清零。

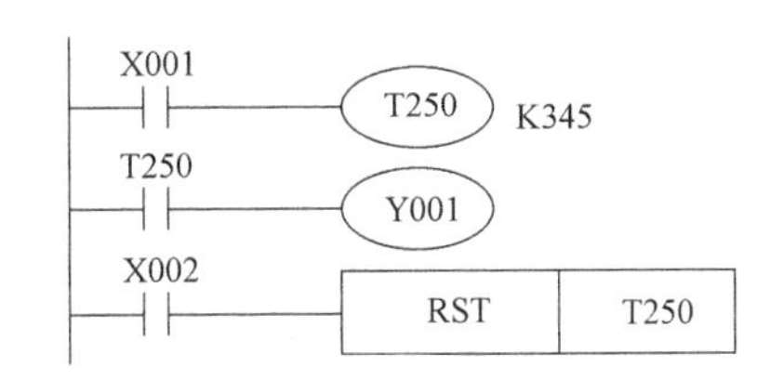

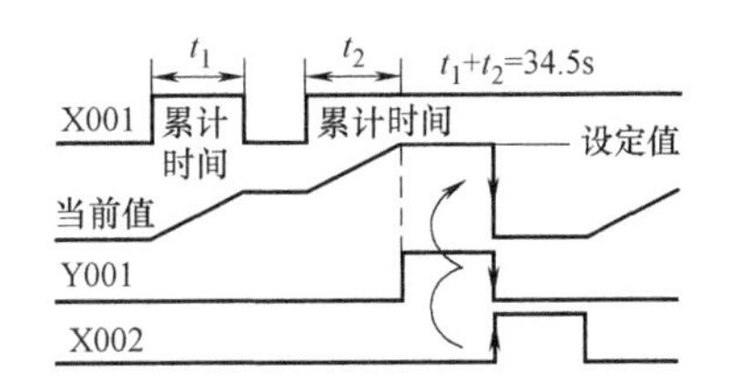

图 2-17　例 2-5 图

定时器动作有一定的误差，有 $t=T+T_0-\alpha$，其中，t 为误差时间；T 为定时器设定时间；T_0 为扫描周期；α 为定时器时钟周期（1ms、10ms、100ms）。当定时时间到时，可能需要下一个扫描周期才能运行到相应的定时器程序行，因此误差时间 t 与程序安排的顺序有关，如果定时器的触点在线圈之前，则最大误差为 $2T_0$。

2.5.3　普通计数器和高速计数器

计数器（C）可分为内部计数器（也称普通计数器）和外部信号计数器（也称高速计数器）两类。普通计数器是对机内组件（X、Y、M、S、T 和 C）的信号计数，因而是低速计数器，通常输入信号从 ON 到 OFF 的持续时间转换成频率后在 10kHz 以下。若需要对高于机器扫描频率的外部信号进行计数，则使用高速计数器，采用中断处理与扫描时间无关，能执行几千赫兹。

计数器在程序中用来对信号进行计数，每个计数器和定时器一样也有三个存储单元，一个是位元件，表示计数器线圈，还有两个 16 位的字元件，表示设定值和当前值。

普通计数器可分为 16 位增计数型计数器和 32 位增/减双向型计数器两类，又可分为普通用途和停电保持用途两种，其地址以十进制数分配，地址和功能分类见表 2-9。不用作计数的计数器也可作为数据寄存器使用。

表 2-9 普通计数器的地址和功能分类

计数器类型	16 位增计数型计数器		32 位增/减双向型计数器	
	普通用途 100 点 C0～C99	停电保持型(电池保持) 100 点 C100～C199	普通用途 20 点 C200～C219	停电保持型(电池保持) 15 点 C220～C234
设定值范围	1～32767		-2147483648～2147483647	
当前值变化	计数值到后保持不变		计数值到后仍然变化(环形计数器)	
输出	当前值到设定值后触点动作并保持		增计数时当前值到设定值后触点动作并保持,减计数时计数值到设定值后触点复位	
当前值寄存器	16 位		32 位	
复位	执行 RST 指令时计算器的当前值清零,输出触点复位			

注：普通用途计数器利用外围设备的参数设定，可变为停电保持型。

1. 16 位增计数型计数器

【例 2-6】 16 位增计数型计数器 C0 对输入信号 X011 的信号进行计数的工作过程如图 2-18 所示，计数器 C0 的设定值为 10 次。

微课 2-5
16 位计数器
运行过程

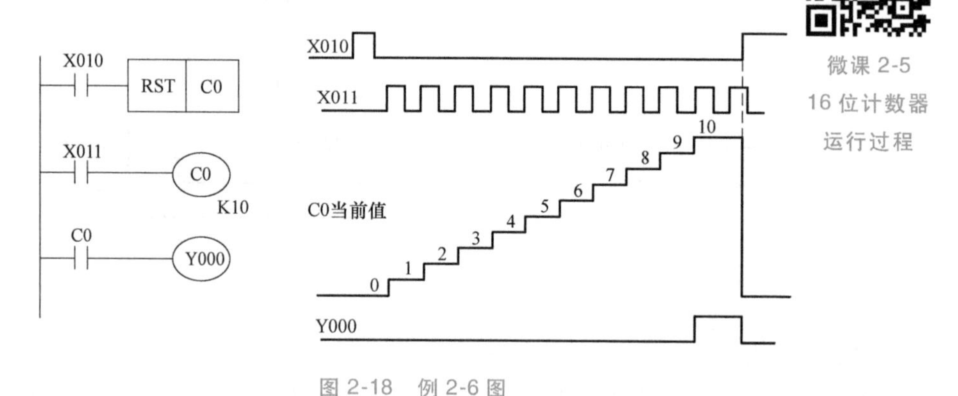

图 2-18 例 2-6 图

本例中 X011 动合触点每接通一次，计数器 C0 当前值加 1，当 X011 第 10 次脉冲到时计数器的当前值为 10，与设定值相等，C0 计数器的线圈接通触点动作，Y000＝ON，这时即使 X011 再动作，C0 当前值也保持不变，当前线圈和触点动作状态也不变。由于计数器的当前值寄存器具有记忆保持功能，因而计数器必须使用复位指令 RST 对当前值寄存器清零。图 2-18 中，X010 动合触点接通则计数器 C0 复位，如果停电则计数器当前值回复为零。

如果本例中使用停电保持型计数器 C100，则在停电时计数器停止计数，但当前值、输出触点和复位状态都保持不变。

如果使用 MOV 指令等对当前值写入超过设定值的数据，当有下一个计数输入时，Y000＝ON，当前值寄存器内容为设定值。

2. 32 位增/减双向型计数器

32 位增/减双向型计数器是环形增/减计数器，其设定值及当前值寄存器均为 32 位，32 位中的首位为符号位。C200～C234 每个增/减计数的计数方向由特殊辅助继电器 M8200～M8234 一一对应来设定，例如 C200 对应 M8200，当 M8200 接通（置 1）时，C200 为减计数计数器，M8200 断开（置

微课 2-6
32 位增减计数
器运行过程

0）时，C200为增计数器。

【例2-7】 32位增/减双向型计数器C200对输入信号X014的信号进行计数的工作过程如图2-19所示，计数器C200的设定值为-5。

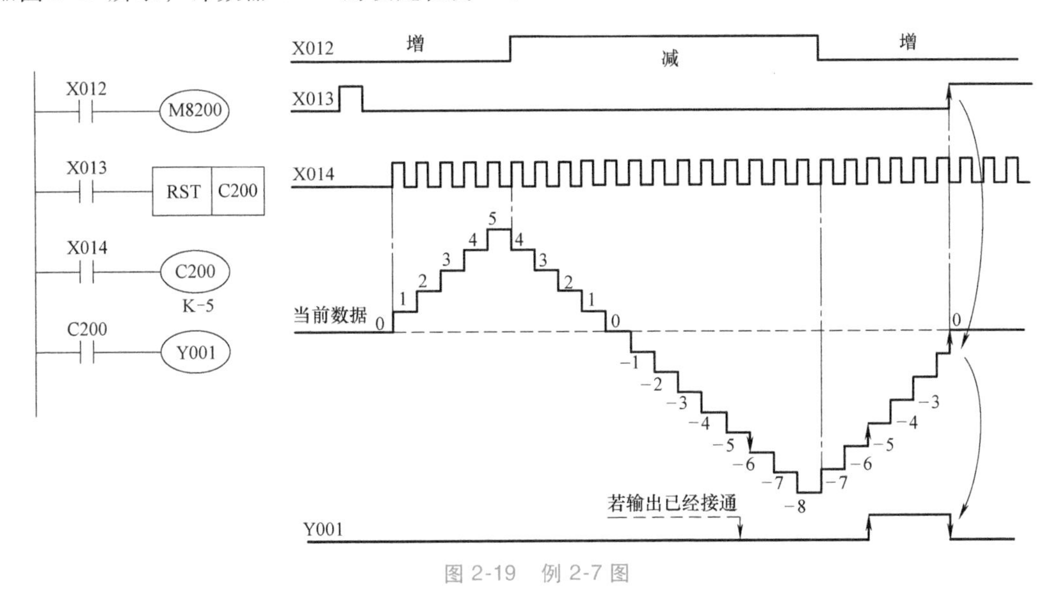

图2-19　例2-7图

本例中X013接通，C200当前值清零，M8200开始为0，则对X014的输入脉冲加1计数；当X012接通，M8200置1，为减计数，则当X014发脉冲信号时当前值不断减1，当C200的当前值由-5变为-6时，C200线圈置0，则Y001置0；X012断开，M8200置0，为增计数，则X014发送脉冲信号时当前值不断加1，当计数器C200的当前值由-6增加为-5时，C200线圈接通，触点动作，Y001置1。

32位增减双向型计数器为环形计数器，从2147483647起再加1时，当前值就变成-2147483648；同理，从-2147483648起再减1，则当前值变为2147483647。

3. 高速计数器

高速计数器（HSC）是用来对高于机器扫描频率的外部高速信号进行计数的，包括单相单计数（C235~C245）、单相双计数（C246~C250）和双相双计数（C251~C255）共21个计数器，根据计数方法的不同可以分为硬件计数器和软件计数器两种，提供了可以选择外部复位端子和外部启动端子开始计数的功能。其主要特点有以下几点。

1）对外部信号计数时使用8个高速计数器输入端（X000~X007），这些输入端是专门用于接收高频信号的，计数器的计数、启动、复位及数值控制功能都采取中断方式工作。

2）高速计数器均为32位增/减双向型计数器，都具有停电保持功能，计数频率很高，其中有6点单相计数器最高计数频率为100kHz，2点为10kHz。

3）高速计数器都可以通过软件完成启动、复位，由特殊辅助继电器设置计数方向，还可通过机外信号实现启动、复位、设置计数方向等控制。

4）高速计数器除了普通计数器计数方式以外，还具有专门的控制指令，有高速计数器比较置位/复位指令HSCS/HSCR和高速计数器区间比较指令HSZ。

表2-10为高速计数器和各输入端之间的对应关系，表中U表示增计数输入，D表示减

计数输入，A 表示 A 相输入，B 表示 B 相输入，R 表示复位输入，S 表示启动输入。X000～X005 为计数脉冲的输入或启动/复位信号，X006 和 X007 只能作为启动信号。使用特殊辅助继电器 M8235～M8255 设定增/减计数方向。

表 2-10　高速计数器和各输入端之间的对应关系

中断输入	单相(无启动/复位)单输入 M8235～M8240 定增/减计数方向						单相(带启动/复位)单输入 M8241～M8245 定增/减计数方向					单相双计数输入 M8246～M8250 定增/减计数方向					双相双计数输入 M8251～M8255 定增/减计数方向				
	C235	C236	C237	C238	C239	C240	C241	C242	C243	C244	C245	C246	C247	C248	C249	C250	C251	C252	C253	C254	C255
X000	U/D						U/D			U/D		U	U		U		A	A		A	
X001		U/D					R			R		D	D		D		B	B		B	
X002			U/D					U/D			U/D		R		R			R		R	
X003				U/D				R			R			U		U			A		A
X004					U/D				U/D					D		D			B		B
X005						U/D			R					R		R			R		R
X006										S					S					S	
X007											S					S					S

当不带机外信号实现启动、复位时，单相单计数、单相双计数和双相双计数是对输入端 X000～X005 的脉冲进行计数，由程序启动和复位计数器，单相单计数和单相双计数由特殊辅助继电器确定增/减计数方向，双相双计数自动执行增/减计数，特殊辅助继电器用来监控计数方向。表 2-11 为三种计数器的输入信号和计数方式。

表 2-11　不带机外信号实现启动、复位的三种计数器的输入信号和计数方式

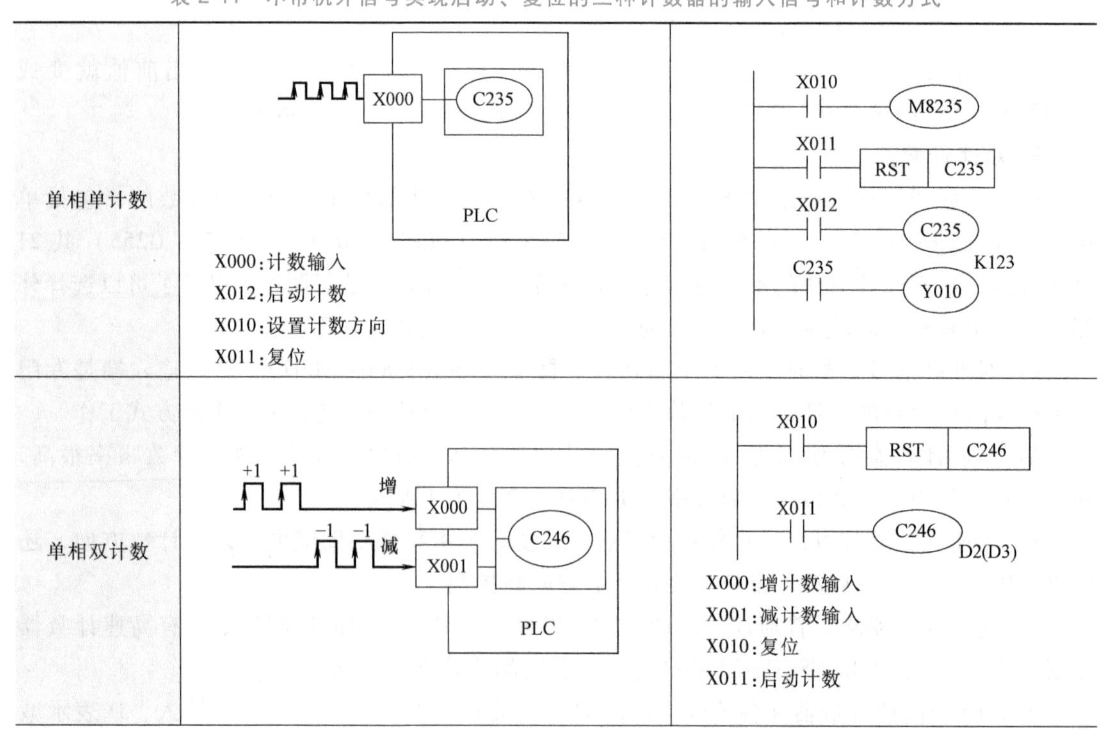

单相单计数	X000 C235 PLC X000:计数输入 X012:启动计数 X010:设置计数方向 X011:复位	X010 M8235 X011 RST C235 X012 C235 K123 C235 Y010
单相双计数	+1 +1 增 X000 −1 −1 减 X001 C246 PLC	X010 RST C246 X011 C246 D2(D3) X000:增计数输入 X001:减计数输入 X010:复位 X011:启动计数

（续）

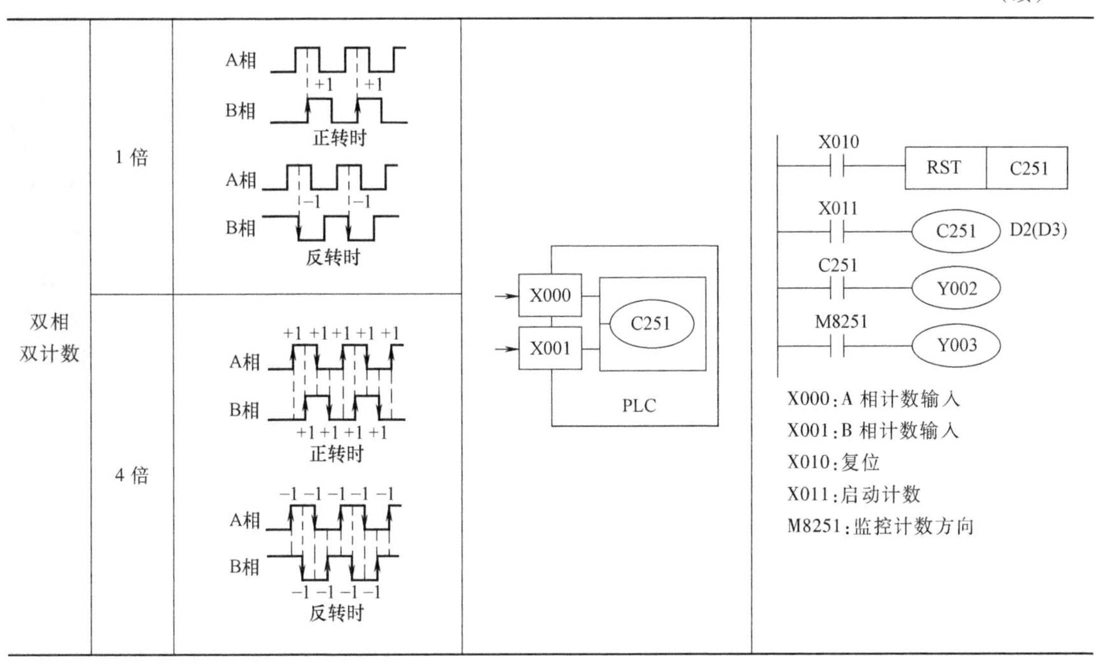

双相双计数	1倍	A相 +1 +1 B相 正转时 A相 -1 -1 B相 反转时	X000 X001 C251 PLC	X010 RST C251 X011 C251 D2(D3) C251 Y002 M8251 Y003 X000：A相计数输入 X001：B相计数输入 X010：复位 X011：启动计数 M8251：监控计数方向
	4倍	+1 +1 +1 +1 +1 A相 B相 +1 +1 +1 +1 正转时 −1 −1 −1 −1 −1 A相 B相 −1 −1 −1 −1 反转时		

当需要带机外信号实现启动/复位时，则在PLC的输入端使用机外信号接入，单相单计数、单相双计数和双相双计数都可以使用软件启动/复位的同时使用机外信号。图2-20所示为带机外信号启动/复位的双相双输入计数器，这是1倍的减计数器，使用机外信号X005复位，X007启动，在梯形图中也使用了X012和X013进行复位和启动。

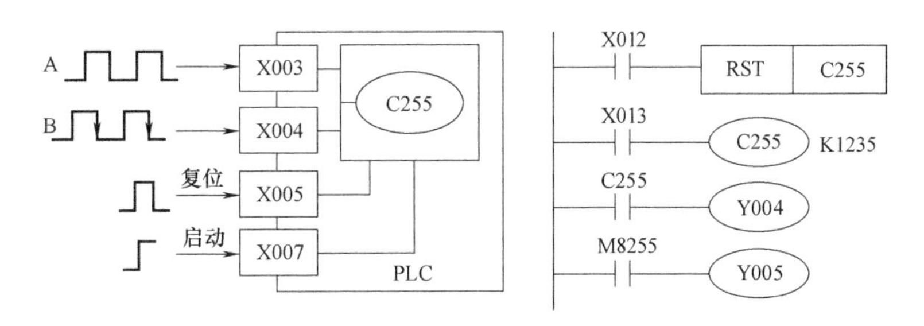

图2-20　带机外信号启动/复位的双相双输入计数器

2.5.4　数据寄存器

1. 数据寄存器（D）

数据寄存器是用来保存16位二进制数（字）的软元件，按用途可分为普通用途数据寄存器、特殊用途数据寄存器、变址寄存器和文件寄存器，两个16位的寄存器可以构成32位数据寄存器。其分类及地址号（以十进制数分配）见表2-12。

一个数据寄存器（16位）处理的数值范围为-32768~32767，最高位为符号位，其数据表示方法如图2-21a所示。寄存器的数值读出与写入一般采用应用指令，也可以用人机界面、显示模块和编程工具直接进行读出/写入。在程序中不使用的定时器和计数器也可作为16位或32位的数据寄存器使用。

表 2-12　数据寄存器分类及地址号

数据寄存器					文件寄存器（保持）
普通用途	停电保持用（电池保持）	停电保持用（电池保持）	特殊用途	变址	
D0～D199 200 点	D200～D511 312 点	D512～D7999 7488 点	D8000～D8511 512 点	V0(V)～V7 Z0(Z)～Z7 16 点	D1000 以上的通用停电保持寄存器以 500 点为单位，最大 7000 点

以两个相邻的数据寄存器表示 32 位数据（高位为大号，低位为小号），例如 D0（D1）的表示方法如图 2-21b 所示，可处理-2147483648～2147483647 的数值。在指定 32 位时，如果指定低位（如 D0），则高位（如 D1）被自动占用。一般使用时低位建议采用偶数软元件编号。

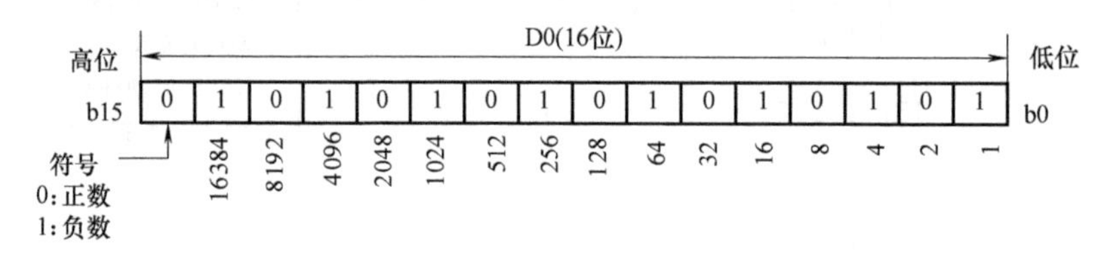

a) 16位数据寄存器的数据表示方法

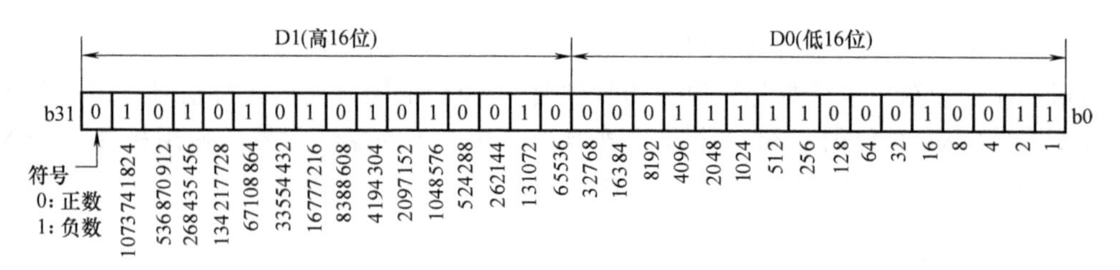

b) 32位数据寄存器的数据表示方法

图 2-21　16 位、32 位数据寄存器的数据表示方法

图 2-22 所示为将计数器 C20 的当前值送到 D10 数据寄存器。

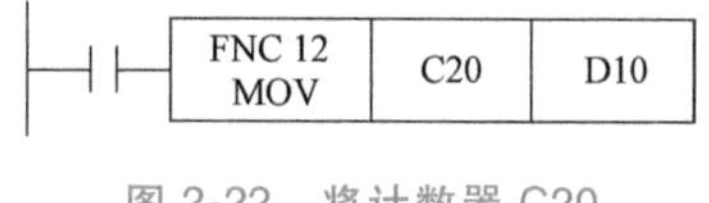

图 2-22　将计数器 C20 当前值送到 D10

（1）普通用途数据寄存器　普通用途数据寄存器中一旦写入数据，只要不再写入其他数据就不会变化。但是在 RUN 模式变成 STOP 时或停电时，所有数据会被清除为 0。如果驱动特殊的辅助继电器 M8033，则可以保持。而停电保持用的数据寄存器在 RUN 模式变成 STOP 时或停电时，可保持其内容。

利用外围设备的参数设定，可改变普通用途与停电保持用数据寄存器的分配。而且在将停电保持用数据寄存器（D512～D7999）用于普通用途时，在程序的起始步应采用复位（RST）或区间复位（ZRST）指令将其内容清除。

（2）特殊用途数据寄存器　特殊用途数据寄存器是指写入特定目的的数据，或事先写入特定的内容，范围是 D8000～D8511。其内容在每次电源接通时置位为初始值，利用系统只读存储器写入，有的也可以用程序设定。特殊用途的数据寄存器将在附录 B 中介绍。

【例 2-8】 对 D8000 中的 WDT 时间进行初始设定为 250ms，梯形图如图 2-23 所示。

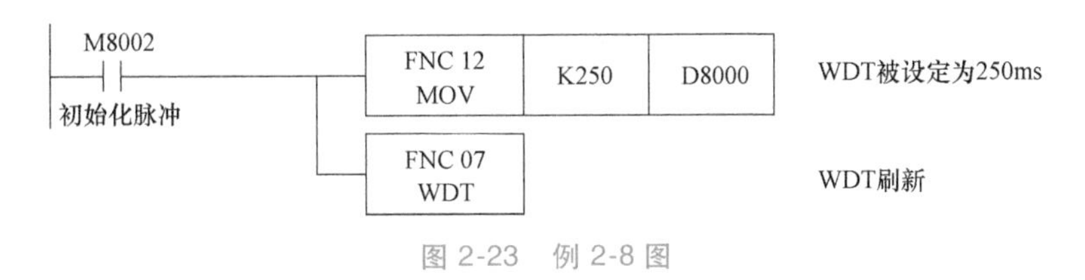

图 2-23 例 2-8 图

使用 WDT 指令（WATCH DOG TIMER）当 PLC 的运算周期超过 D8000 中规定的某一值（出厂一般设定为 200ms）时，M8000 触点会断开，CPU 产生出错显示灯亮，PLC 停止工作。

程序中将 D8000 中的时间设定为 250ms，然后使用 WDT 指令刷新，当程序运行周期超过 250ms 时，PLC 停止工作。

（3）变址寄存器（V、Z） 变址寄存器和普通用途数据寄存器一样是 16 位数据寄存器，主要用于运算操作数地址的修改，变址寄存器一共有 16 个，即 V0～V7、Z0～Z7。

变址寄存器 V 和 Z 是用来改变软元件的地址，称为软元件的变址，可以用变址寄存器进行变址的软元件有：X、Y、M、S、P、T、C、D、K、H、KnX、KnY、KnM、KnS（Kn□为位组合组件，在 2.5.7 节介绍），其中 K、H 为常数。

注意，对软元件的变址常数不能在同类的不同软元件之间变址，例如，16 位软元件 C199Z0，当 Z0=1，则是 32 位计数器 C200，因此不允许。

用变址寄存器进行 32 位数据运算时，要用指定的 Z0～Z7 和 V0～V7 组合修改运算操作数地址，即：（V0，Z0），（V1，Z1），…，（V7，Z7），低位为 Z，高位为 V，变址寄存器组合如图 2-24 所示。

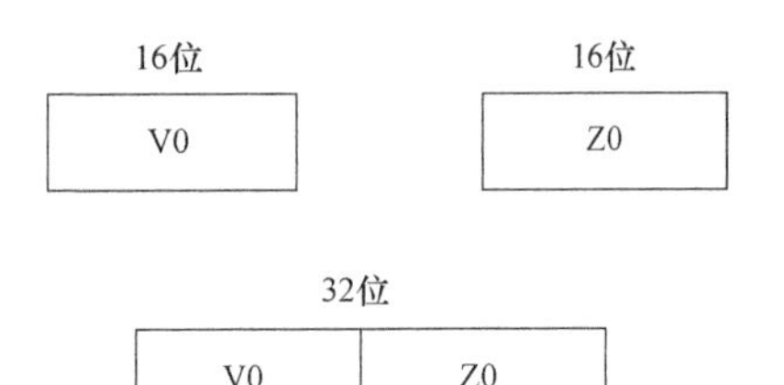

图 2-24 变址寄存器组合

【例 2-9】 当 V0 = 10 时写出下面的变址软元件范围。

当 V0=10 时的 K20V0，表示十进制常数是 K30（20+10=30）；当 V0=10 时的 D10V0，表示 D20（10+10=20）；当 Z0=1 时的 Y020Z0，表示 Y021（20+1=21）。

（4）文件寄存器 文件寄存器是对相同软元件编号的数据寄存器设定初始值的软元件。根据设定的参数，可以将数据寄存器区域内 D1000（包括 D1000）以上的数据寄存器设为文件寄存器，最多设定 7000 点的文件寄存器。

当 PLC 上电或 RUN 运行时，在内置存储器或是存储器盒中设定的文件寄存器区域，会被一并传送到系统 RAM 的数据内存区域中。

2. 扩展寄存器（R）和扩展文件寄存器（ER）

扩展寄存器是用来扩展数据寄存器的软元件，具有后备电池进行停电保持。此外，FX3U 基本单元在使用存储器盒时，扩展寄存器的内容也可以保存在存储器盒内的扩展文件寄存器中。扩展寄存器和扩展文件寄存器的编号按十进制数分配，见表 2-13。

在程序中可通过 MOV 和 FMOV 对一部分的扩展寄存器进行初始化，也可以在程序中使用应用指令 INITR（FNC 292）/INITER（FNC 295）进行初始化，如图 2-25a 所示，将数据

表 2-13　扩展寄存器和扩展文件寄存器的编号及分类表

类别	扩展寄存器(电池保持)	扩展文件寄存器(文件用)
存储容量	R0～R32767,32768 点	ER0～ER32767,32768 点
存储位置	内置 RAM(电池后备区域)	存储器盒(闪存)
访问方法	程序中读出/写入	仅专用指令可以
显示模块	可以	可以

寄存器 D10 内容送到 R20。而存储器盒中的扩展文件寄存器的数据与 PLC 的内置 RAM 的数据传送则使用 LOADR 和 SAVER 指令，如图 2-25b 所示，将存储器盒中 ER1～ER4000 的内容读出传送到 RAM 中的扩展寄存器 R1～R4000 中。

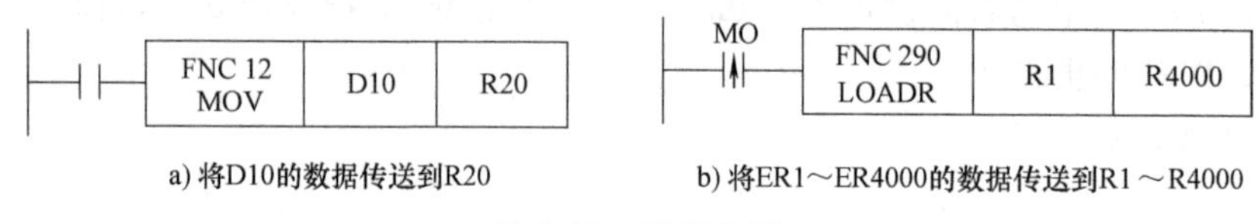

a) 将D10的数据传送到R20　　b) 将ER1～ER4000的数据传送到R1～R4000

图 2-25　数据传送

2.5.5　指针

指针（P、I）用作跳转、中断等程序的入口地址，按用途可分为分支用指针（P）和中断用指针（I）两类，指针与跳转、子程序、中断程序等指令一起应用。其中中断用指针又可分为输入中断用、定时器中断用和计数器中断用三种。其地址号采用十进制数分配，见表 2-14。

表 2-14　指针种类及地址分配

分支用指针	中断用指针					
	输入中断用		定时器中断用		计数器中断用	
	指针	中断禁止	指针	中断禁止	指针	中断禁止
P0～P62,P64～P4095 4095 点 P63 为 END 跳转用	I00□(X000) I10□(X001) I20□(X002) I30□(X003) I40□(X004) I50□(X005)	M8050 M8051 M8052 M8053 M8054 M8055	I6□□ I7□□ I8□□	M8056 M8057 M8058	I010 I020 I030 I040 I050 I060	M8059

1）分支用指针用于条件跳转，在子程序调用指令（CJ 或 CALL）中使用，在编程时指针编号不能重复使用，编程时指针写在梯形图左母线的左边。指针 P63 仅指向 END，不能编程。

2）中断用指针常与中断返回指令 IRET、开中断指令 EI、关中断指令 DI 一起使用。注意，输入端口 X000～X007 用于高速计数器、输入中断和脉冲等，但不能重复使用这些输入端口。

3）定时器中断用指针用于每隔指定的中断循环时间（10～99ms）执行中断子程序，不受 PLC 运算周期影响。

4）计数器中断用指针是根据高速计数器用比较置位指令（DHSCS）比较结果，执行中断子程序，用于优先控制利用高速计数器的计数结果的程序。

2.5.6　常数

1. 十进制常数（K）

K用来表示十进制常数，能够表示的范围为-32768~32767（16位）或-2147483648~2147483647（32位）。

2. 十六进制常数（H）

H用来表示十六进制常数，能够表示的范围为0~FFFF（16位）或0~FFFFFFFF（32位）。

3. 实数常数（E）

E用来表示实数常数（浮点数数据），便于执行高精度的浮点数运算，主要用于指定应用指令操作数的数值。实数的指定范围为$-2^{128}\sim-2^{-126}$、0和$2^{-126}\sim2^{128}$。

在程序中，实数有普通表示和指数表示两种，例如普通表示12.6578为E12.6578，指数表示以（数值）$\times10^n$指定，例如1623以E1.623+3指定。

图2-26所示为使用DEMOV传送实数3.5到D0，3.5用E3.5表示。

4. 字符串（“ABC”）

FX3U系列PLC在应用指令的操作数中可以直接指定字符串常数，即以“”框起来的半角字符，字符串最多可以指定32个字符，如图2-27所示就是使用$MOV指令传送字符串常数“OK”到D0。

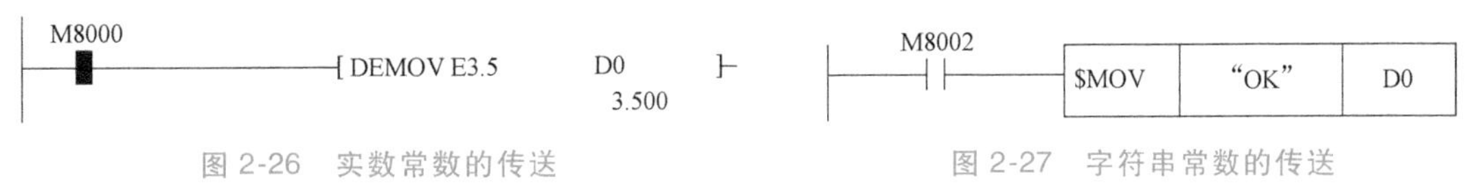

图2-26　实数常数的传送　　　图2-27　字符串常数的传送

2.5.7　软元件总结

1. 清除软元件内存

可以使用特殊辅助继电器对所有的软元件进行处理，其中M8031用于清除不保持区软元件，M8032用于清除保持区软元件。

【例2-10】　使用M8031清除不保持区软元件内容。

M8031接通则会清除不保持区的所有软元件，如图2-28所示，M8000接通时，Y000、M0、M600为ON，K10送入D0；当X000接通时，除了M600，其余软元件都清零。

2. 软元件的分类（按位数）

（1）位元件　X、Y、M、S四类为位元件，其中X只能使用触点，不能使用线圈，位元件触点可以使用无限次。

（2）位复合元件　T、C在PLC中占有三个存储单元，因此称为位复合元件，线圈为位元件，当前值和设定值都是字元件，不做定时器和计数器时T、C也可以作为数据寄存器使用，因此T、C也可算为字元件。

T、C的设定值可以用数据寄存器来间接指定，如图2-29所示，使用D5作为定时器的

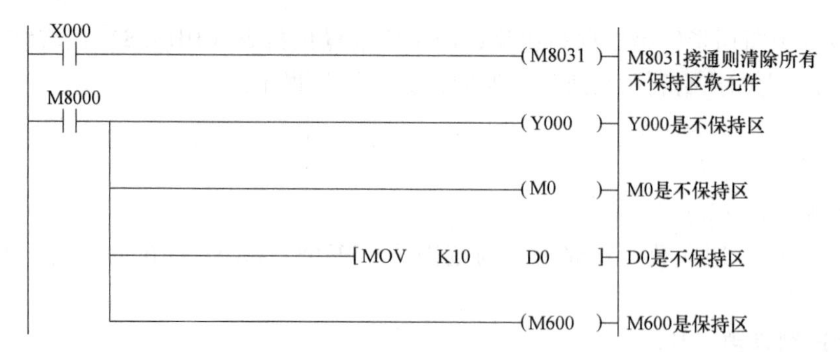

图 2-28　使用 M8031 清除软元件内容

设定值。

（3）字元件　字元件包括 16 位的字元件和 32 位的双字元件，二者最高位都是符号位，双字元件一般只指出低位字元件的地址号，建议用偶数作为双字元件的低位字元件号，例如 D2（D3）。

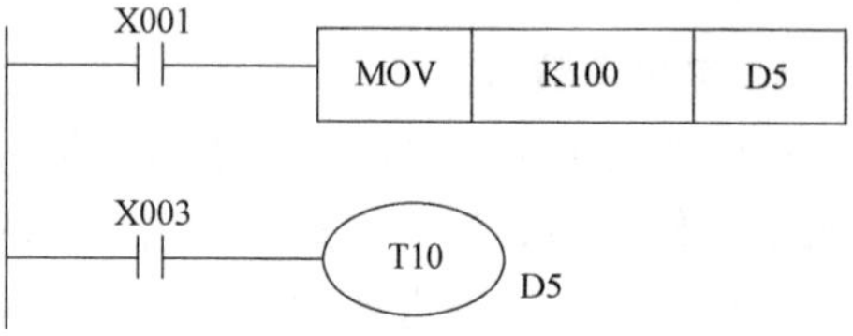

图 2-29　使用 D5 作为定时器的设定值

3. 位组合元件（Kn□）

位组合元件使用位元件 X、Y、M 和 S 组合而成，可以方便地实现对批量位元件的处理。例如可以采用 4 个位元件的状态来表示一个十进制数据 BCD 码（也称 8421 码）。

位组合元件用 KnX、KnY、KnM、KnS 等形式表示，Kn 指有 n 组 4 位的组合元件。例如 K1X000 表示 X000~X003 共 4 位 X 输入继电器的组合，若 n=2，即 K2M0，则是由 M0~M7 共 8 个连号的辅助继电器组成，同理，K8X000 构成了 32 位的双字输入元件。位组合元件最多是 32 位。

注意，对位组合元件变址时，不能修改 V 与 Z 本身或位数指定用的 Kn 本身。例如，Z0=2，K4M0Z0 表示 M2~M33，而 K0Z0M0 无效。

4. 字元件的位数据（D□. b）

对指定的数据寄存器或特殊数据寄存器，字元件的位可以作为位数据使用，即使用 D□. b 指定字元件的位，D□是字元件地址编号，b 是位编号 0~F（十六进制数）。

例如，图 2-30 所示的梯形图中，D0. F 表示指定数据寄存器 D0 的第 16 位，当接通时，D0. 3 表示 D0 的第 4 位置 1，位数据的范围是 0~F。

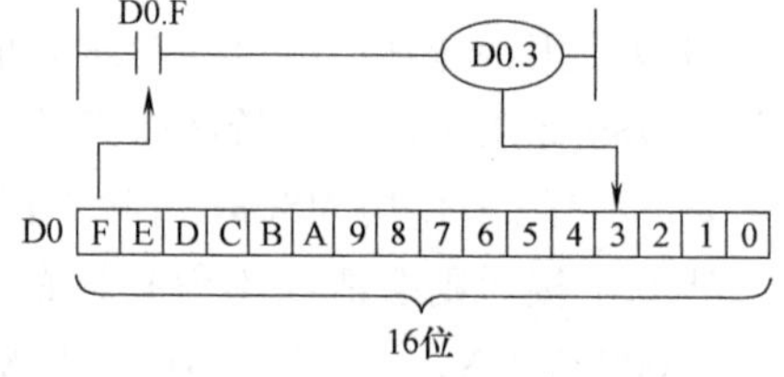

图 2-30　字元件的位数据

注意，对指定的字元件，其地址编号和位编号不能执行变址，对其他字元件如 T、C、V、Z 都不能采用其位数据。

5. 字符串数据的处理

从指定的软元件（可以是位元件和字元件）开始，到 NUL 代码（00H）为止，以字节为单位可视为一个字符串。

末尾有 00H 或 0000H 能够识别为字符串数据，如图 2-31a 所示；不能识别为字符串数据的例子（末尾没有 00H 或 0000H），如图 2-31b 所示。

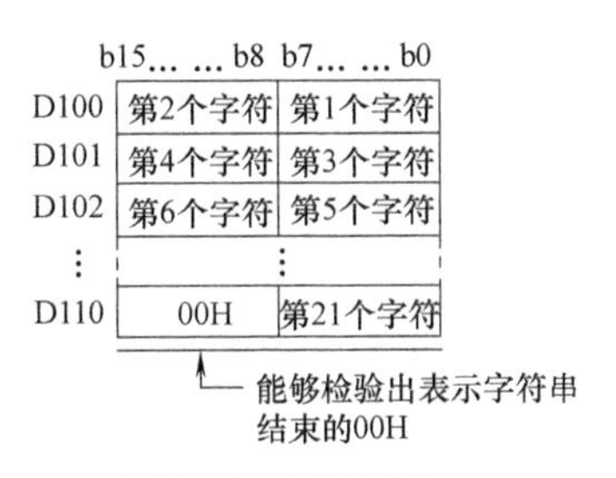

a) 能够识别为字符串数据

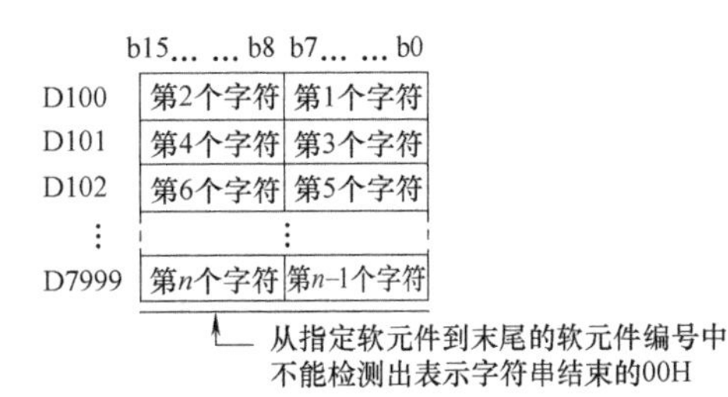

b) 不能识别为字符串数据

图 2-31　字元件保存字符串

6. 缓冲存储器的直接指定（U□\G□）

FX3U 系列 PLC 基本单元右侧可最多连接八个特殊功能模块或单元，其编号为 U0~U7。指定连接的特殊功能模块或特殊单元内的缓冲存储器（BFM）方法是 U□\G□，U□表示特殊功能模块或单元号，G□表示指定的特殊功能模块或特殊单元内的缓冲存储器号，□指定范围为 0~32766。

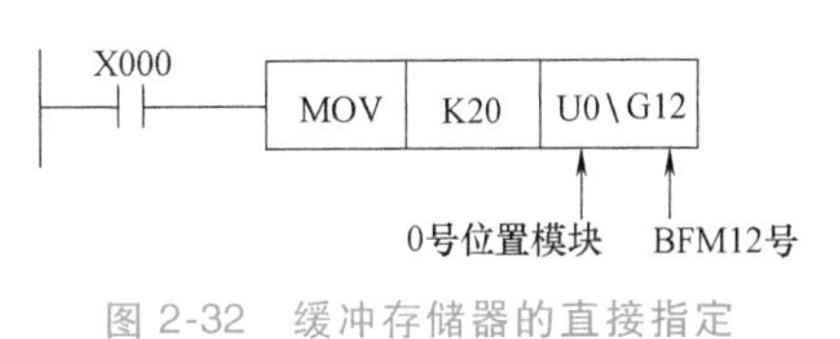

图 2-32　缓冲存储器的直接指定

图 2-32 所示为将十进制数 20 送到 U0\G12，U0\G12 表示 0 号位置模块的 12 号缓冲存储器。

2.6　编程语言

应用程序的编制需使用 PLC 生产厂方提供的编程语言，至今为止还没有一种能适合于各个厂家 PLC 的通用编程语言，但由于各国 PLC 的发展过程有类似之处，PLC 的编程语言及编程工具都大体差不多。

三菱 PLC 常见的几种编程语言包括梯形图（Ladder Diagram）、指令表（Instruction List）、顺序功能图（Sequential Function Chart）、结构化梯形图（Structured Ladder/FBD）、结构文本（Structured Text）语言和 C 语言等。对于简单工程可以使用梯形图、顺序功能图和结构文本语言；对于结构化工程则可以使用梯形图、结构化梯形图、顺序功能图和结构文本语言。这些编程语言按照形式又可以分为图形语言和文本语言。

2.6.1　梯形图（Ladder Diagram）

梯形图是最常用的图形编程语言，是由继电器电路图演变而来的，因此非常直观，在第 3 章及后面的章节会详细介绍。

2.6.2　顺序功能图（Sequential Function Chart）

顺序功能图（SFC）常用来编制顺序控制类程序，包括状态梯形图和状态转移图，顺序功能编程法可将一个复杂的控制过程分解为一些小的工序，顺序功能图以便于理解的方式表现各种工序和整个控制流程，本书将在第 5 章详细介绍顺序编程思想及方法。

2.6.3 结构化梯形图（Structured Ladder/FBD）

结构化梯形图是将程序划分为若干小的处理单位以形成分层结构，可将多个程序汇总为一个程序，以便作为库进行保存，便于共享程序资源，提高程序的再利用性，实现分工作业、多人编程，从而提高开发效率。

结构化梯形图由触点、线圈、功能和功能块组成，需要使用函数、功能模块（FB）和操作符。

结构化梯形图在使用 GX Works2 软件创建工程时，通过选择工程类型为“结构化工程”，程序语言为“结构化梯形图/FBD”来创建。

微课 2-7
结构化梯形图介绍

【例 2-11】 使用结构化梯形图编写定时器程序，如图 2-33 所示。

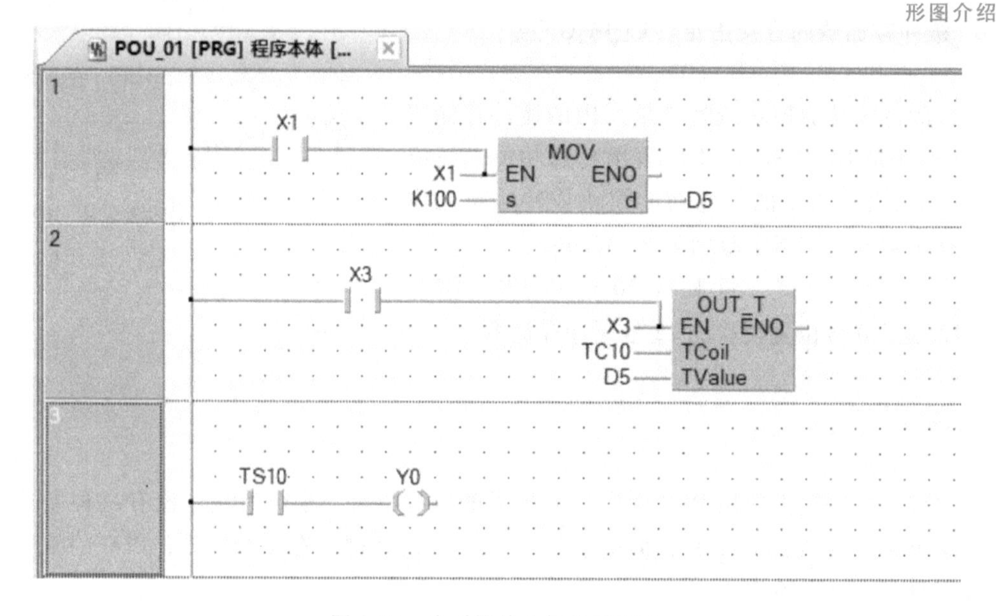

图 2-33 定时器的结构化梯形图

程序的功能是当 X1 接通，将 K100 送到 D5，X3 接通则开始定时，定时时间到则 Y000 线圈接通。

可以看到程序分成三块（Block），使用了功能块 MOV 将 K100 送到 D5，OUT_T 功能块设置定时器 TC10，TC10 的设定值 TValue 接 D5，定时器 TC10 的触点 TS10 控制 Y0。

2.6.4 结构文本（Structured Text）语言

结构文本语言（ST 语言）是一种应用于 PLC 编程的语言，语法类似 Pascal 语言，采用简洁的方法书写程序。

1. 直接创建 ST 语言程序

ST 语言在使用 GX Works2 软件创建工程时，通过选择工程类型为“结构化工程”，程序语言为“ST”来创建。

例如，起保停的梯形图使用 ST 语言，使用 X1 起动，X0 停止，则运算表达式非常简洁：

Y0:=(X1 OR Y0)AND(NOT X0);

2. 在梯形图中插入 ST 模块

在编写梯形图时，也可以直接将某个功能或者程序段使用 ST 语言来编写，在工具栏中单击 HST （内嵌 ST 框插入）按钮来插入 ST 模块。

【例 2-12】 在梯形图中内嵌 ST 框，进行初始化赋值和运算，程序编写如图 2-34 所示。

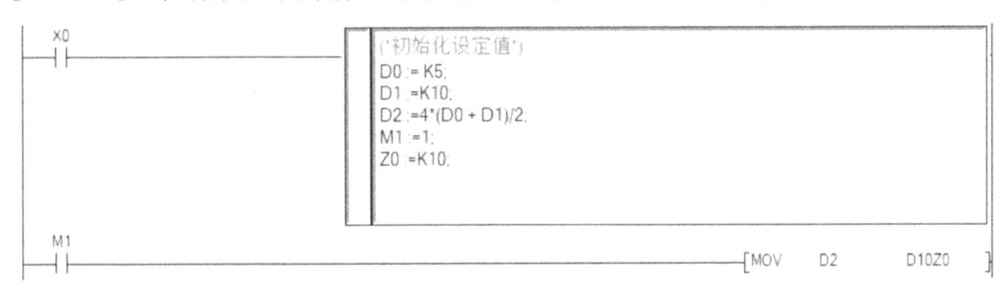

图 2-34　梯形图中内嵌 ST 框

ST 框中的程序用于初始化数据，第一行为注释语句，后面分别对 D0、D1、M1、Z0 进行初始化。

在梯形图中插入的内嵌 ST 框，当 X000 接通时，运行内嵌 ST 框的程序，这种组合方式编程能够提高编程效率，使程序更简洁。

2.6.5　功能块图（Function Block Diagram）

功能块（FB）是一种实现特定函数功能的程序块，实现在程序中的重复调用。在 GX Works2 软件中，可以通过拖拽将功能块库中的功能块添加到程序中。

1. 功能块图的构成

功能块图包括已经定义的函数、功能块（FB）和操作符，如图 2-35 所示，操作符 EQ（等于）和函数 INT_TO_WORD_E（整数转换成字）都是功能块。另外，也可以自定义功能块，自定义的功能块包括结构化梯形图和 ST 语言构成的功能块。

2. 创建功能块图

在使用 GX Works2 软件创建工程时，通过选择工程类型为“结构化工程”，程序语言为“结构化梯形图/FBD”来创建功能块图。

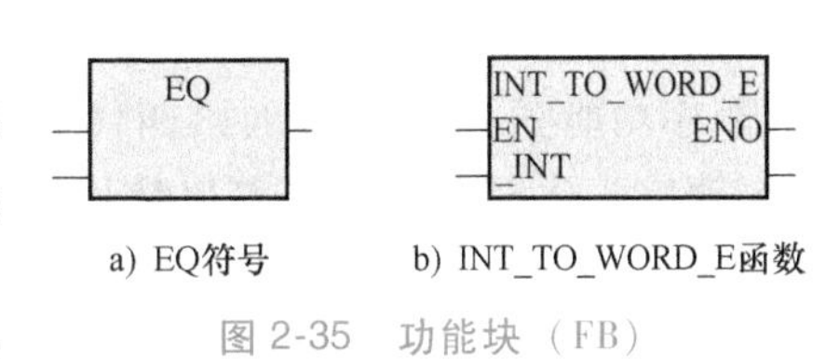

a) EQ符号　　b) INT_TO_WORD_E函数

图 2-35　功能块（FB）

【例 2-13】 使用功能块图实现模块化编程，将起保停程序作为功能块，当有两台电动机起、停时，由于控制方式相同，就可以直接调用该模块实现两台电动机的起、停控制。

创建如图 2-36a 所示的功能块，名称为“起停 FB”，使用操作符 OR 和 AND 进行功能运算，并使用函数 NOT 进行取反运算。图 2-36b 所示为创建的模块中的三个标签类型，“起动”和“停止”为 VAR_INPUT 类型，“电动机”为 VAR_OUTPUT 类型。

在程序本体中添加两台电动机的功能块，并分别设置两台电动机“起动”标签接 X0 和 X2，两个“电动机”标签分别接 Y0 和 Y1，“停止”标签都接 X1；在程序本体中添加两个 FB 功能块“起停 FB_1”和“起停 FB_2”，程序本体“POU_01”的程序和标签如图 2-37 所示。

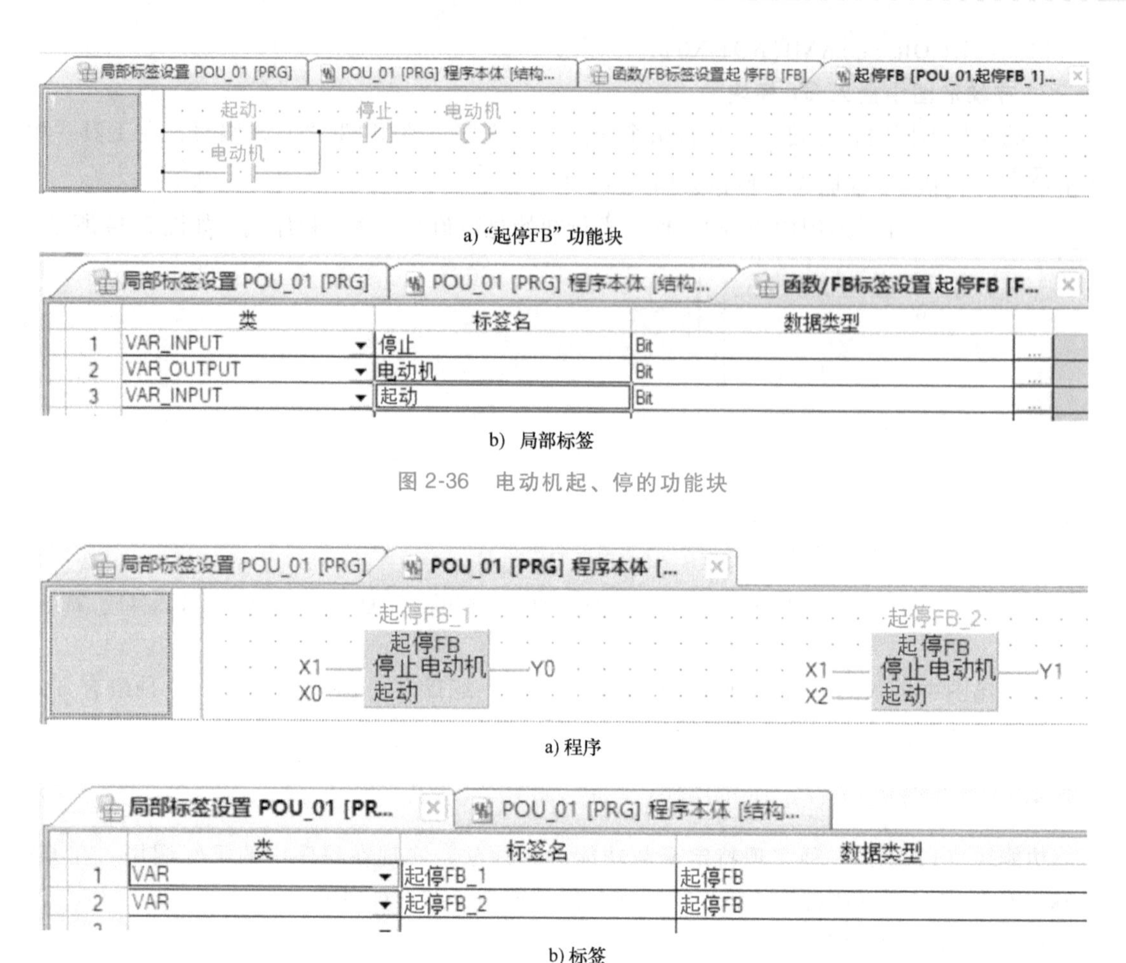

a) “起停FB” 功能块

b) 局部标签

图 2-36　电动机起、停的功能块

a) 程序

b) 标签

图 2-37　程序本体 “POU_01”

使用功能块编程，可以只需要一个功能块就可以实现两台电动机的起动和停止。

对于三菱 PLC，这几种语言都可以使用，FX3U 中小型 PLC 使用的编程语言主要是梯形图和顺序功能图，FX 系列的第四代产品 FX5U 系列则更多的使用结构化梯形图、功能块图和 ST 语言，Q 系列 PLC 还可以使用高级语言（如 C 语言）。

2.7　FX3U 系列 PLC 与 FX5U 系列、FX2N 系列 PLC 的区别

FX 系列的 PLC 目前常用的是 FX3U 系列和 FX2N 系列，FX2N 系列虽已停产但以前也有众多用户，在表 2-15 和表 2-16 中列出了 FX3U 系列 PLC 与 iQ-F 系列的 FX5U 系列 PLC 的功能区别和软元件区别，表 2-17 中列出了 FX3U 系列 PLC 和 FX2N 系列 PLC 的对比。

表 2-15　FX3U 系列 PLC 与 FX5U 系列 PLC 的功能区别

FX3U 系列 PLC	FX5U 系列 PLC
系统总线 10B/ms 的通信速度	具有高速系统总线，实现了 1.5KB/ms 的通信速度
最大可扩展 8 个扩展模块	最大可扩展 16 块智能扩展模块

(续)

FX3U 系列 PLC	FX5U 系列 PLC
无模拟量通道,必须要外加扩展模块	内置两个模拟量输入通道和一个模拟量输出通道
串口通信,无以太网接口	内置以太网接口
最大脉冲为 100Hz	4 轴 200kHz 高速定位功能
8KB 内存,扩展存储器盒	64KB 内存,内置 SD 卡槽,在 CPU 模块电源接通或复位时将 SD 卡内的文件传送到 CPU 模块
采用 GX Work2 或 GX Developer 编程	采用 GX Work3 编程
编程语言使用梯形图和 SFC	编程语言使用梯形图和 SFC 外,增加使用标签、FB 功能块

表 2-16 FX3U 系列 PLC 与 FX5U 系列 PLC 的软元件区别

FX3U 系列 PLC			FX5U 系列 PLC	
辅助继电器	普通型	M0~M7679,共 7680 个	内部继电器	M0~M7679,共 7680 个,其中 M500~M7679 默认锁存 1
	特殊型	M8000~M8511,共 512 个	连接继电器	B0~BFF,共 256 个
			连接特殊继电器	SB0~SB1FF,共 512 个
			锁存继电器	L0~L7679,共 7680 个
状态继电器	普通状态	S0~S4095,共 4096 个	步进继电器	S0~S4095,共 4096 个,其中 S500~S4095 默认锁存 1
	信号报警器	S900~S999,共 100 个	报警器	F0~F127,共 128 个
定时器	普通型	T0~T511,共 512 个	定时器	T0~T511,共 512 个
	积算型	T250~T255,共 6 个;T246~T249,共 4 个	累积定时器	ST0~ST15,共 16 个,默认锁存 1
计数器	16 位	C0~C99,共 100 个普通型 C100~C199,共 100 个停电保持型	计数器	C0~C255,共 256 个,其中 C100~C199 默认锁存 1
	32 位	C200~C219,共 20 个普通型加/减计数器;C220~C234,共 15 个停电保持型加/减计数器	长计数器	LC0~LC63,共 64 个,其中 LC20~LC63 默认锁存 1
数据寄存器	16 位普通型	D0~D7999,共 8000 个	数据寄存器	D0~D799,共 800 个
	文件寄存器	D1000~D7999,区域参数设定,最多 7000 个	文件寄存器	R0~R32767,共 32768 个
	16 位特殊用途	D8000~D8511,共 512 个		
	16 位变址型	V0~V7,Z0~Z7,共 16 个	变址寄存器	Z0~Z19,共 20 个
			长变址寄存器	Z20~Z23,共 4 个
	扩展寄存器	R0~R32767(内置于 RAM 中)	连接寄存器	W0~W1FF,共 512 个
	扩展文件寄存器	ER0~ER32767(存储器盒,即闪存)	连接特殊寄存器	SW0~SW1FF,共 512 个

表 2-17　FX3U 系列 PLC 与 FX2N 系列 PLC 的对比

FX3U 系列 PLC	FX2N 系列 PLC
基本指令运行时间为 0.065μs/条，应用指令执行的时间为 0.642μs/条	基本指令运行时间为 0.08μs/条，应用指令执行时间为 1.25μs/条
I/O 点通过网络连线扩展，可以达到 384 点	I/O 点最多可控制 256 点
增加了一个 RS-422 标准接口，可以同时使用 3 个通信接口	2 个通信接口
最大脉冲为 100Hz，可以控制 3 轴定位控制器	可以控制 2 轴定位控制器
8KB 内存之外，有扩展寄存器和存储器盒	8KB 内存
内部辅助继电器有 7680 个	内部辅助继电器有 3072 个
状态继电器有 4096 个	状态继电器有 900 个
定时器有 512 个	定时器有 250 个
常数增加了实数和字符串	常数只有整数
增加了 S/S 端口，可以支持源型输入和漏型输入	输入接 COM 口

习　　题

2-1　选择题（单选题）

（1）三菱 FX3U-32MR 基本单元的输入输出点个数为（　　）。

A. 32 个输入，32 个输出　　B. 16 个输入，16 个输出

C. 输入输出个数之和为 32 的任意组合　　D. 32 个输入，0 个输出

（2）PLC 输出接口通常有三种形式，响应速度最慢的是（　　）。

A. 继电器型输出　　B. 晶体管型输出　　C. 晶闸管型输出

（3）FX3U 系列基本单元的可扩展连接的最大输入点为：（　　）。

A. 输入点数最多可达到 248 个　　B. 输入和输出点数之和最多可达到 248 个

C. 输出点数最多可达到 384 个　　D. 输入点数最多可达到 256 个

（4）M8013 的功能是产生（　　）的周期振荡。

A. 10ms　　B. 100ms

C. 1s　　D. 1min

（5）位组合元件 K4Y000 所指的软元件范围是（　　）。

A. Y000～Y003　　B. Y000～Y008

C. Y000～Y020　　D. Y000～Y017

（6）当（V0）= 10，K10V0 是指（　　）。

A. K100　　B. K20　　C. V20　　D. V100

（7）定时器 T0 的设定值可以使用（　　）。

A. C0　　B. H1　　C. D0　　D. V0

（8）16 位的字元件是（　　）。

A. T、M、D　　B. T、M、R　　C. V、R、T　　D. Y、ER、D

（9）字元件的位数据正确的是（　　）。

A. V0.1　　B. D0.30　　C. D0.15　　D. D1.F

（10）关于字符串数据，错误的是（　　）

A. 字符串常数使用“”括起来　　B. 字符串常数是半角字符

C. 字符串常数长度没有限制　　　　　　D. 字符串数据末尾有 00H

2-2　简述 FX3U 的基本单元、扩展单元和扩展模块的功能用途。

2-3　说明 FX2N32ET-ESS 型号的 PLC 是什么类型，如果在 FX3U-32MR 基本单元上扩展，则输入输出单元范围是多少。

2-4　FX3U 系列 PLC 的定时器有哪几类？普通型和积算型定时器有什么区别？

2-5　FX3U 系列 PLC 的每个计数器占有几个单元？32 位增减计数器如何工作？

2-6　字符串和实数分别使用 MOV 指令的哪种形式？

2-7　FX3U 系列 PLC 的高速计数器的外启动是什么意思？说明双相双输入计数器 C251 的工作方式。

2-8　根据图 2-38 所示的包含定时器的梯形图，说明定时器 T245 定时时间是多少，当 X001 和 X003 动作时，定时器的工作过程是怎样的。

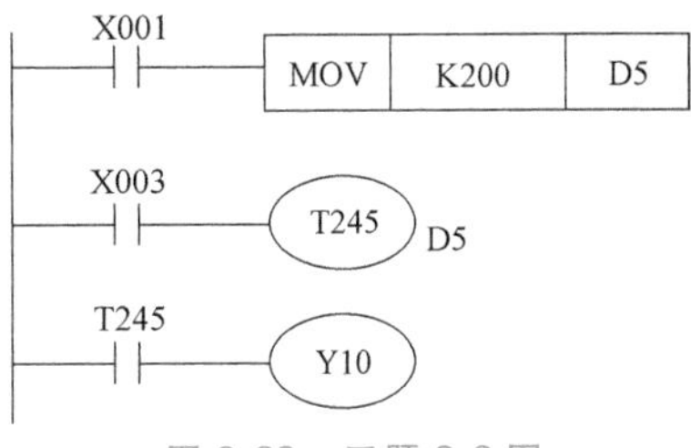

图 2-38　习题 2-8 图

2-9　根据图 2-39 所示的结构化梯形图，说明其工作过程，EQ 表示输入相等则输出为 ON。

2-10　根据下面的 ST 语言，说明当输入 X0 和 X1 分别接通时 Y0 的结果。

Y0：=X0 AND NOT(X1 OR X2)；

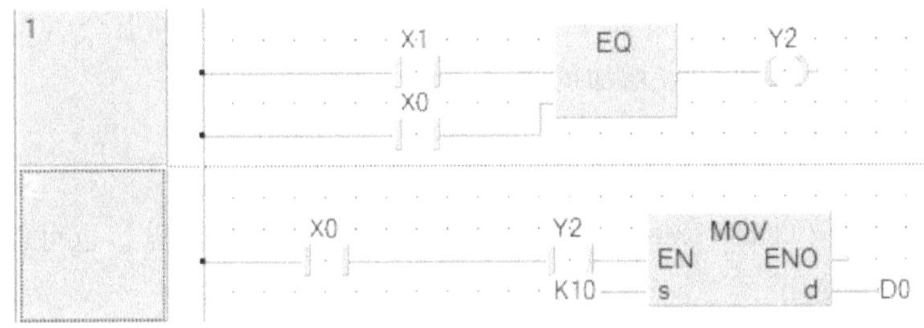

图 2-39　习题 2-9 图

第3章　基本指令编程

3.1　基本指令

基本指令可以用于编制出开关量控制系统的用户程序。FX3U 系列 PLC 有基本指令 29 条，其中 27 条基本指令是 FX 系列 PLC 都有的，还有 2 条基本指令（MEP、MEF）是 FX3U、FX3UC 和 FX3G 系列 PLC 增加的。

3.1.1　逻辑取和线圈输出指令

LD（Load）、LDI（Load Inverse）指令是连接在左母线上的触点，也可以与后面介绍的 ANB、ORB 指令配合使用。

OUT（输出）是对输出继电器、辅助继电器、状态、定时器、计数器以及 D□.b 进行线圈驱动的指令，但不能用于输入继电器。

1. 指令助记符及功能

LD、LDI、OUT 指令的功能、梯形图表示和对象软元件见表 3-1。

表 3-1　逻辑取和线圈输出指令

助记符	名称	功能	梯形图表示	对象软元件
LD	取	逻辑运算开始的动合触点	对象软元件	X、Y、M、S、T、C、D□.b
LDI	取反	逻辑运算开始的动断触点	对象软元件	X、Y、M、S、T、C、D□.b
OUT	输出	线圈驱动指令	对象软元件	Y、M、S、T、C、D□.b

注：对特殊辅助继电器、32 位计数器、状态软元件、D□.b 不能进行变址修饰（V、Z）；变址修饰和 D□.b 为 FX3U、FX3UC 所特有。

基本指令运行步数为 1～5 步，根据软元件不同，运行步数也不同。LD 和 LDI 的运行步数对于 X、Y、M、T、C、S 都是 1 步，对 M1536～M3583、M8256～M8511、S1024～S4095

步数为 2 步，对于 M3548～M7679 步数为 3 步；OUT 指令对于 C200～C255 运行步数为 5 步，其余软元件都是 1～3 步。

2. 指令动作说明

1）OUT 指令可多次并联连续使用。图 3-1 所示为某梯形图和指令表，图中的 OUT M100 和 OUT T0 是线圈的并联使用，定时器和计数器线圈的 OUT 指令后需要加上设定值，设定值用十进制数（K）直接指定。

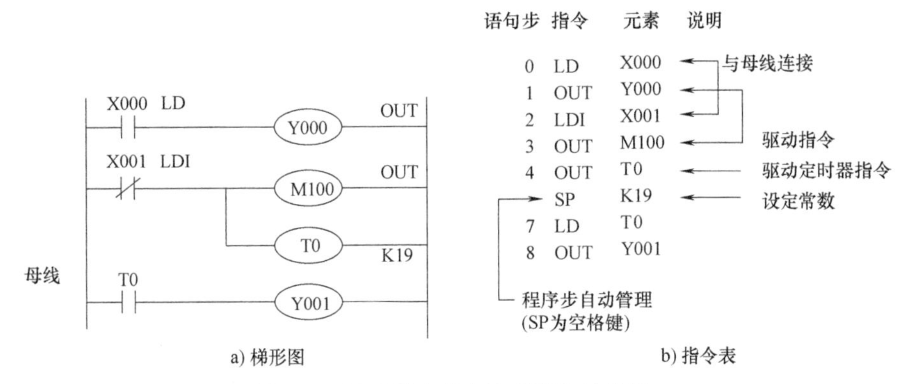

图 3-1　OUT 指令的多次并联连续使用

2）LD、LDI 和 OUT 指令中使用的软元件可以用变址寄存器进行修饰。特殊辅助继电器、32 位计数器、状态软元件、D□. b 不能变址修饰。变址修饰的使用如图 3-2 所示。

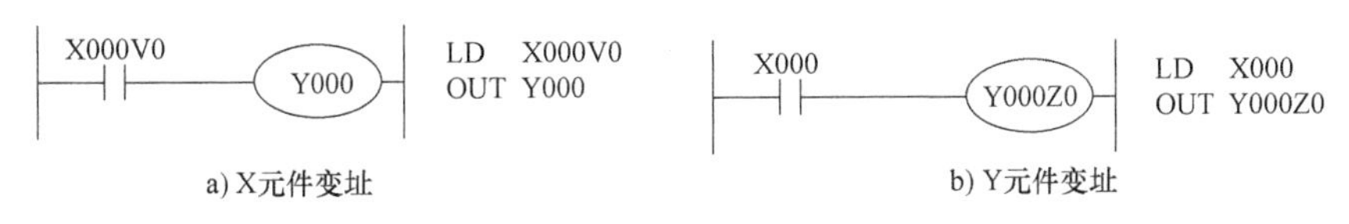

图 3-2　变址修饰的使用

3）LD、LDI 和 OUT 指令中使用的软元件可以指定数据寄存器的位，指定方法如图 3-3 所示。

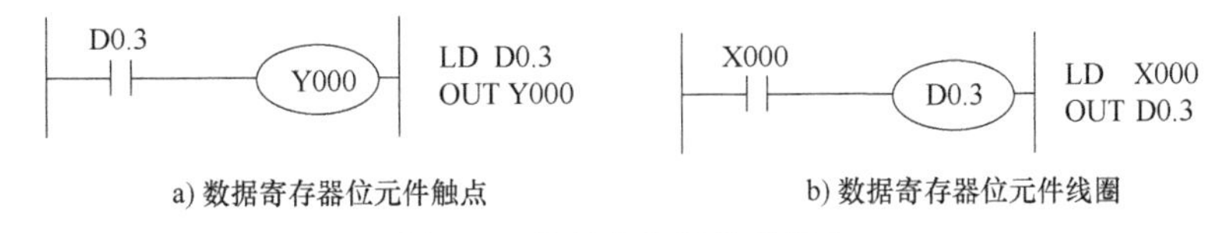

图 3-3　数据寄存器位的指定

3.1.2　触点的串联和并联指令

AND（And）、ANI（And Inverse）指令为单个触点的串联连接指令。AND 用于动合触点，ANI 用于动断触点。串联触点的数量不受限制。

OR（Or）、ORI（Or Inverse）指令是单个触点的并联连接指令。OR 用于动合触点，ORI 用于动断触点。

1. 指令助记符及功能

AND、ANI、OR、ORI 指令的功能、梯形图表示和对象软元件见表 3-2。

表 3-2　触点的串联和并联指令

助记符	名称	功能	梯形图表示	对象软元件
AND	与	动合触点串联	对象软元件	X、Y、M、S、T、C、D□.b
ANI	与反转	动断触点串联	对象软元件	X、Y、M、S、T、C、D□.b
OR	或	动合触点并联	对象软元件	X、Y、M、S、T、C、D□.b
ORI	或反转	动断触点并联	对象软元件	X、Y、M、S、T、C、D□.b

2. 指令动作说明

1）在 OUT 指令后还可以对其他线圈使用 OUT 指令，称之为纵接输出或连续输出。例如，图 3-4 中就是在 OUT M101 之后，通过触点 T1 对 Y004 线圈使用 OUT 指令，这种纵接输出可多次重复。

2）触点的串联和并联指令是用来描述单个触点与别的触点或触点组成的电路的连接关系的，如图 3-4 所示，T1 的触点和左边的电路是串联关系，对应于 AND 指令。图 3-5 中

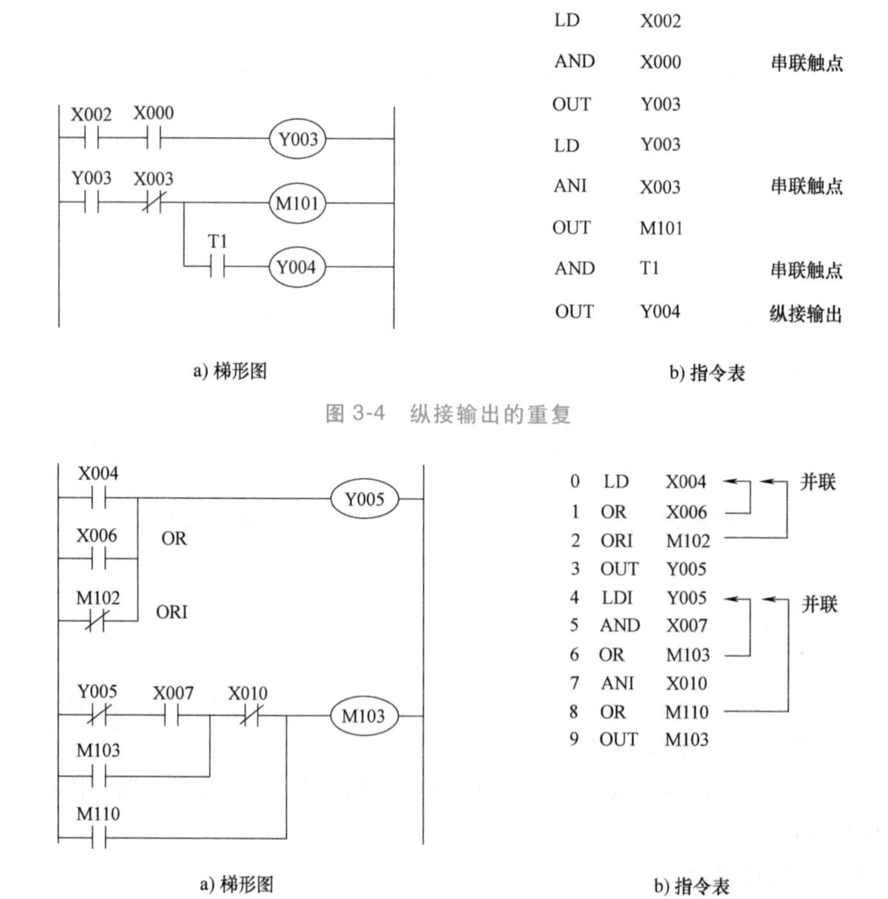

图 3-4　纵接输出的重复

图 3-5　串联和并联指令的使用

M110 的动断触点和前面的 4 个触点连接为一个整体，M110 的动合触点并联在该整体两端，所以 M110 的动合触点对应于 OR 指令。

3）串联触点的数量不受限制，并联触点的个数也没有限制，即触点的串联和并联指令可以多次连续使用。

【例 3-1】 设需要用双按钮控制电动机的起动，按下起动按钮 X000 或 X001，电动机起动；按下停止按钮 X002，电动机停止运行。

程序的梯形图和指令表如图 3-6 所示。

X000 和 X001 为起动，X002 为停止，Y000 动合触点并联，实现自锁功能。X000、X001、Y000 并联使用 OR 指令，X002 使用 ANI 指令。

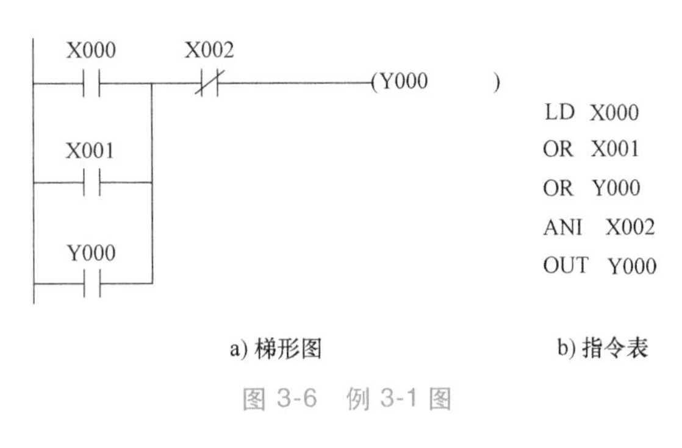

图 3-6　例 3-1 图

3.1.3　串联回路块和并联回路块指令

由两个以上的触点串联的回路称为串联回路块，ORB（Or Block）为串联回路块的并联指令。由两个以上的触点并联的回路称为并联回路块，ANB（And Block）为并联回路块的串联指令。

1. 指令助记符及功能

ORB、ANB 的功能、梯形图表示和对象软元件见表 3-3。

表 3-3　串联回路块和并联回路块指令

助记符	名称	功能	梯形图表示	对象软元件
ORB	回路块或	串联回路块的并联		无
ANB	回路块与	并联回路块的串联		无

2. 指令动作说明

1）ORB 和 ANB 指令是不带软元件的指令。串联回路块和并联回路块内部第一个触点，在指令程序中要用 LD 或 LDI 指令表示，如图 3-7 所示。

2）串联回路块分支结束用 ORB 指令表示，有多个串联回路块并联时，可对每个回路块使用 ORB 指令，对并联回路数没有限制，如图 3-7b 中所示理想的程序。

3）对多个串联回路块的并联，也可成批使用 ORB 或 ANB 指令，但考虑到在指令程序中 LD、LDI 指令的重复使用限制在 8 次，因此 ORB 和 ANB 指令的连续使用次数也应限制在 8 次。如图 3-7b 中所示不理想的程序。

4）并联回路块分支的结束用 ANB 指令表示，有多个并联回路块串联时，可对每个电路块使用 ANB 指令，对并联电路数没有限制，如图 3-8 所示。

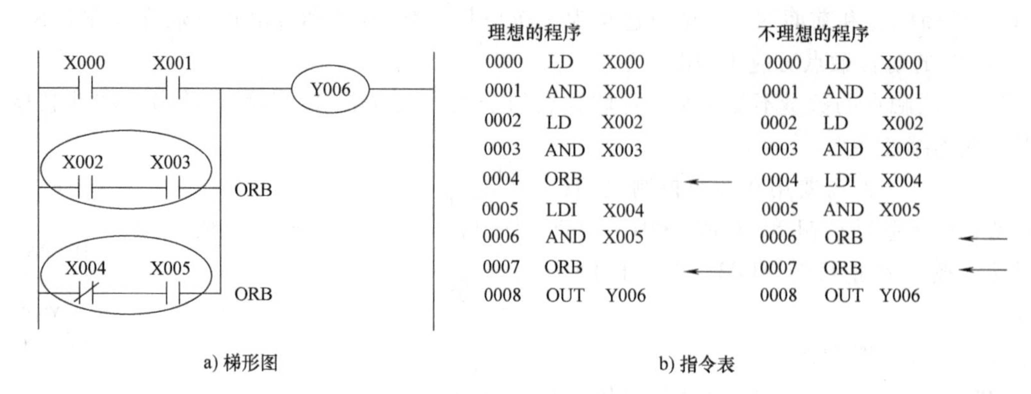

图 3-7 串联回路块的并联指令

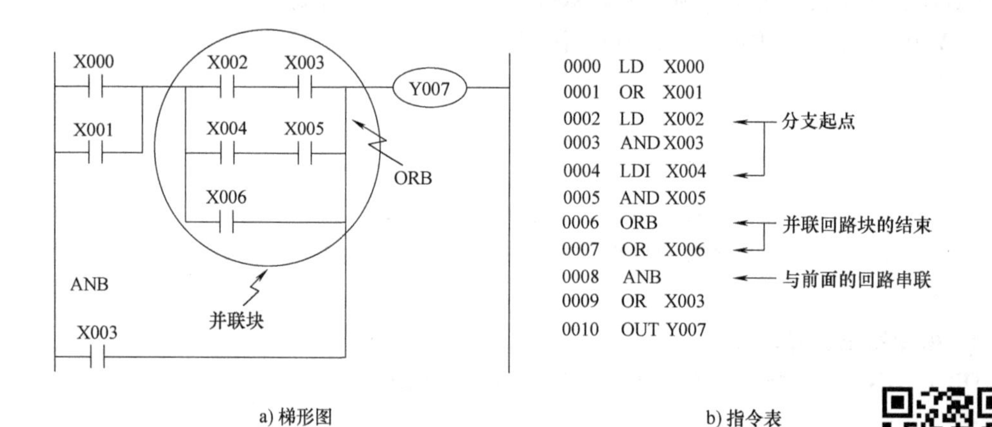

图 3-8 并联回路块的串联指令

微课 3-1 用三个开关控制一个照明灯

【例 3-2】 用三个开关控制一个照明灯，任何一个开关都可以控制照明灯的点亮和熄灭。其输入输出分配见表 3-4。

由题意可知，当一个开关处于闭合状态，照明灯点亮；当两个开关处于闭合状态，照明灯熄灭。根据控制要求列出真值表见表 3-5。

表 3-4 例 3-2 的输入输出分配表

输入		输出	
X000	开关 1	Y000	照明灯
X001	开关 2	—	—
X002	开关 3	—	—

表 3-5 例 3-2 的真值表

X000	X001	X002	Y000
0	0	0	0
0	0	1	1
0	1	0	1
0	1	1	0

（续）

X000	X001	X002	Y000
1	0	0	1
1	0	1	0
1	1	0	0
1	1	1	1

由表 3-5 可知，Y000 有四组高电平逻辑，所以梯形图中有 4 个逻辑行，将这四行用 ORB 指令进行合并，其梯形图程序如图 3-9 所示。

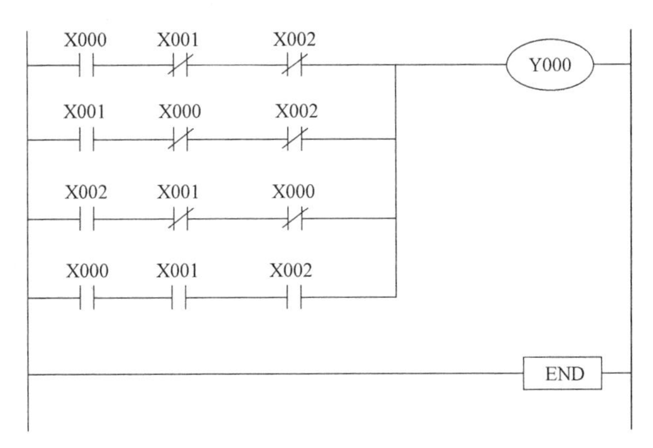

图 3-9　例 3-2 的梯形图程序

3.1.4　栈操作指令

栈存储器在 PLC 中被称为栈的内存，用于记忆运算的中间结果、保护现场数据。MPS（PUSH 进栈）、MRD（READ 读栈）、MPP（POP 出栈）是用于编写多重分支输出回路的栈操作指令。

1. 指令助记符及功能

MPS、MRD 和 MPP 指令的功能、梯形图表示和对象软元件见表 3-6。

表 3-6　栈操作指令

助记符	名称	功能	梯形图表示	对象软元件
MPS	进栈	将连接点数据压入栈	MPS	无
MRD	读栈	读栈存储器栈顶数据	MRD	无
MPP	出栈	取出栈存储器栈顶数据	MPP	无

2. 指令动作说明

1）栈操作指令用于多重分支输出电路时，将连接点数据先存储，便于连接后面电路时读出该数据。

2）在 FX 系列 PLC 中，有 11 个用来存储运算中间结果的存储区域，称为栈存储器。栈的存储是先进后出。栈存储器如图 3-10 所示，使用一次 MPS 指令，便将此刻的中间运算结果送入栈的第一层，而将原存在栈第一层的数据往下移一层，下面的数据也依次向下一层递进。

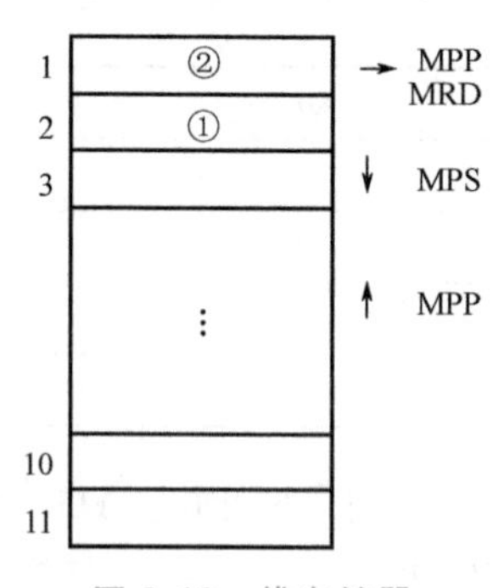

图 3-10　栈存储器

MRD 指令是读出栈存储器最上层的最新数据，此时栈内的数据不移动。可对多重分支输出电路多次使用，但不能超过 24 行。

使用 MPP 指令是取出栈存储器最上层的数据，并使栈下层的各数据顺次向上一层移动。

3）MPS 和 MPP 必须成对使用，而且连续使用应少于 11 次。

图 3-11 给出的梯形图需使用 MPS 指令编程。如果改用图 3-11b 给出的梯形图，其控制功能一样，但是不需要使用 MPS 指令，占用程序空间较少。

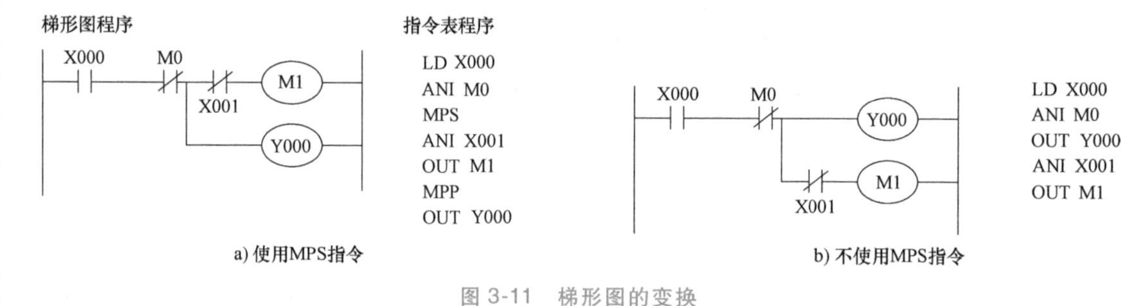

图 3-11　梯形图的变换

图 3-12 给出了一层栈的应用实例，其中有并联回路块和串联回路块。

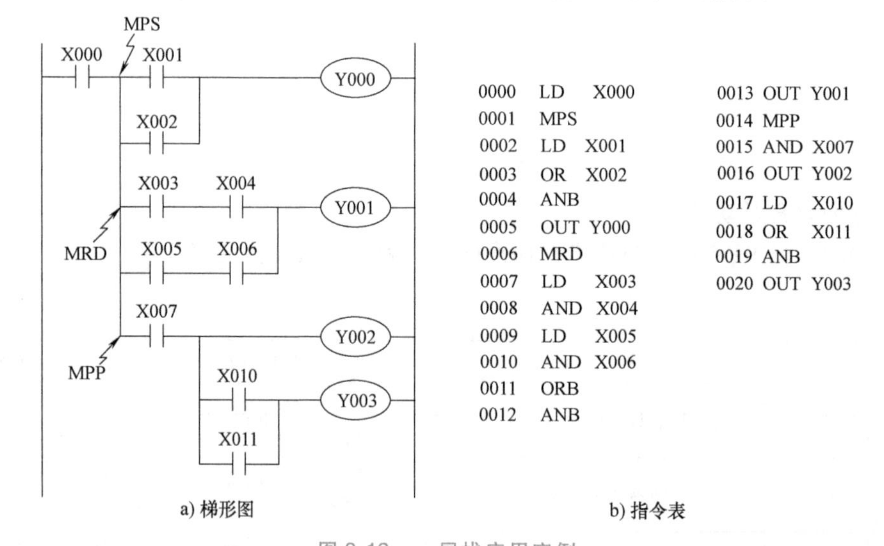

图 3-12　一层栈应用实例

图 3-13 为两层栈的应用实例。

3.1.5　边沿检测指令和脉冲输出指令

边沿检测指令包括 LDP、ANDP、ORP 和 LDF、ANDF、ORF，脉冲输出指令包括 PLS 和 PLF，而运算结果脉冲化指令 MEP 和 MEF 使用更加灵活。

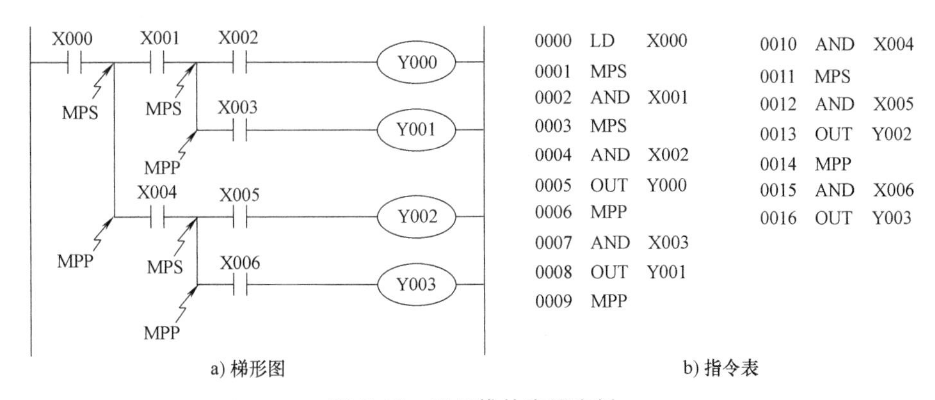

图 3-13　两层栈的应用实例

1. 指令助记符及功能

边沿检测指令和脉冲输出指令的功能、梯形图表示和对象软元件见表 3-7。

表 3-7　边沿检测指令和脉冲输出指令

助记符	名称	功能	梯形图表示	对象软元件
LDP	取脉冲上升沿	检测到上升沿运算开始	对象软元件	X、Y、M、S、T、C、D□.b
LDF	取脉冲下降沿	检测到下降沿运算开始	对象软元件	X、Y、M、S、T、C、D□.b
ANDP	与脉冲上升沿	上升沿检出的串联	对象软元件	X、Y、M、S、T、C、D□.b
ANDF	与脉冲下降沿	下降沿检出的串联	对象软元件	X、Y、M、S、T、C、D□.b
ORP	或脉冲上升沿	上升沿检出的并联	对象软元件	X、Y、M、S、T、C、D□.b
ORF	或脉冲下降沿	下降沿检出的并联	对象软元件	X、Y、M、S、T、C、D□.b
PLS	上升沿脉冲	上升沿微分输出	PLS 对象软元件	Y、M（特 M 除外）
PLF	下降沿脉冲	下降沿微分输出	PLF 对象软元件	Y、M（特 M 除外）
MEP	上升沿时导通	运算结果上升沿脉冲化		无
MEF	下降沿时导通	运算结果下降沿脉冲化		无

注：1. 对特殊辅助继电器、32 位计数器、状态软元件、D□.b 不能进行变址修饰（V、Z）。
　　2. 变址修饰和 D□.b 为 FX3U、FX3UC 所特有。
　　3. 特殊辅助继电器不能作为 PLS 和 PLF 的对象软元件。

2. 指令动作说明

1）LDP、ANDP、ORP 指令是检测上升沿的触点指令，仅在指定位软元件的上升沿（从 OFF 改变到 ON）时，接通 1 个扫描周期。LDF、ANDF、ORF 指令是检测下降沿的触点指令，仅在指定位软元件的下降沿（从 ON 改变到 OFF）时，接通 1 个扫描周期。

2）PLS、PLF 为脉冲输出指令。PLS 指令使操作组件在输入信号上升沿时产生一个扫描周期的脉冲输出。PLF 指令则使操作组件在输入信号下降沿产生一个扫描周期的脉冲输出。PLS、PLF 指令可以在输入信号作用下，使操作组件产生一个扫描周期的脉冲输出，相当于对输入信号进行了微分。

3）利用 LDP、MEP 和 PLS 指令驱动线圈，具有同样的动作效果。如图 3-14 所示，三种梯形图都在 X010 由 OFF→ON 变化时，使 M6 接通一个扫描周期后变为 OFF 状态。

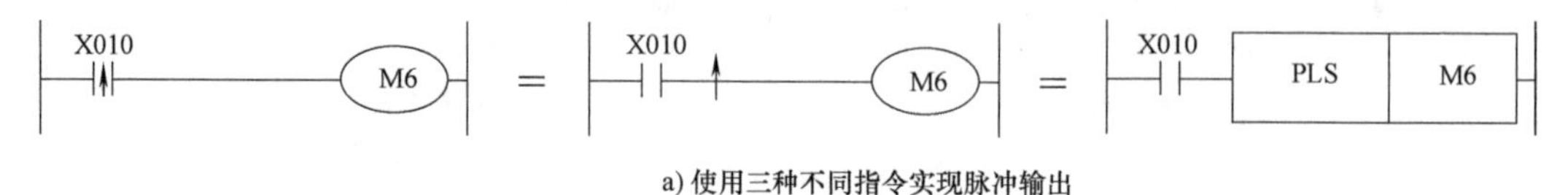

a) 使用三种不同指令实现脉冲输出

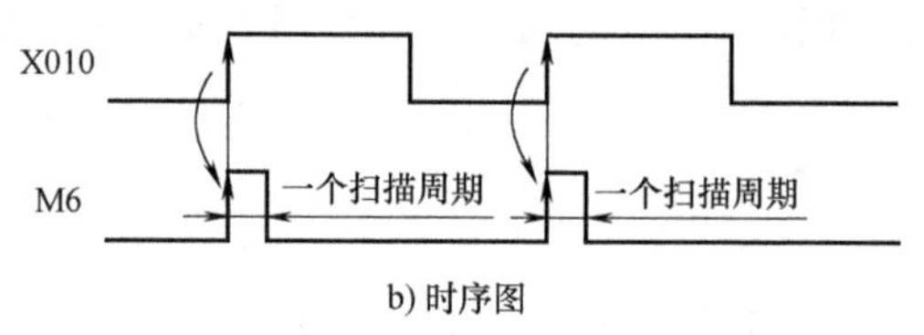

b) 时序图

图 3-14　脉冲输出和时序图

图 3-15 的两个梯形图也具有同样的动作效果，都在 X020 由 OFF→ON 变化时，只执行一次传送指令 MOV。

图 3-15　两种取指令均在 OFF→ON 变化时，执行一次 MOV 指令

图 3-16 的两个梯形图中都是在 X000 由 OFF→ON 变化时，使 M0 接通一个扫描周期后变为 OFF 状态。图 3-16a 左边的梯形图中，M0 接通后在下一个扫描周期，M1 动断触点断开使 M0 断开只接通一个扫描周期，如图 3-16b 所示。

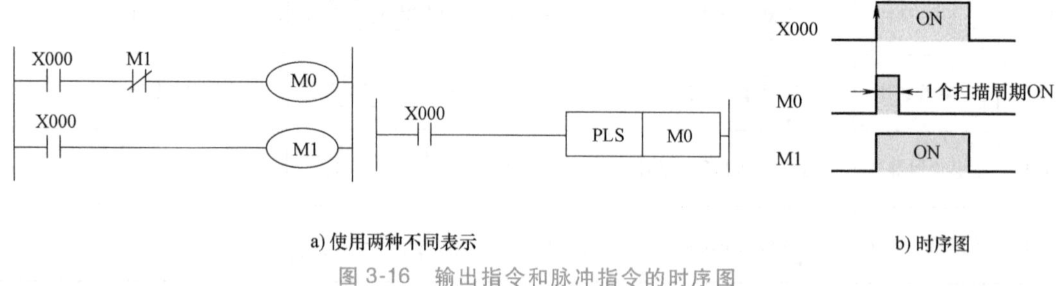

a) 使用两种不同表示　　b) 时序图

图 3-16　输出指令和脉冲指令的时序图

4）到 MEP 指令为止，该指令左侧触点电路的逻辑运算结果从 OFF→ON 时变为导通。到 MEF 指令为止，左侧触点电路的逻辑运算结果从 ON→OFF 时变为导通。使用 MEP 和 MEF 指令，在串联了多个触点的情况下，非常容易实现脉冲化处理。

MEP 的梯形图、指令表和时序图如图 3-17 所示，当 X000 和 X001 都为 ON 上升沿脉冲才触发。

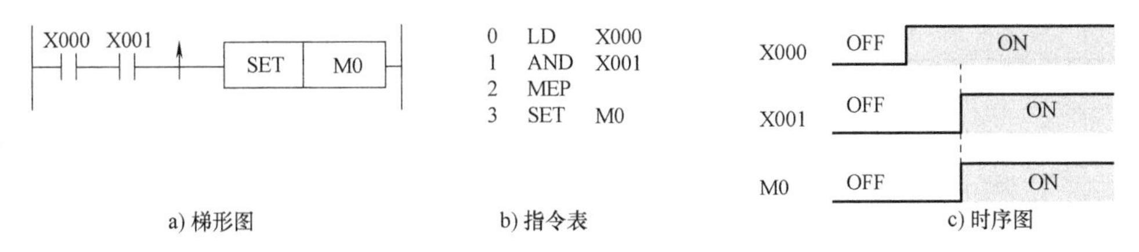

图 3-17 MEP 指令的梯形图、指令表和时序图

MEF 的梯形图、指令表和时序图如图 3-18 所示，当 X000 和 X001 都为 ON 上升沿脉冲才触发。

注意，在子程序以及 FOR—NEXT 等指令中，用 MEP、MEF 指令对用变址修饰的触点进行脉冲化，触点可能无法正常动作。MEP、MEF 指令不能与左母线连接。

图 3-18 MEF 指令的梯形图、指令表和时序图

【例 3-3】 用单按钮实现电动机起、停控制，梯形图和时序图如图 3-19 所示。

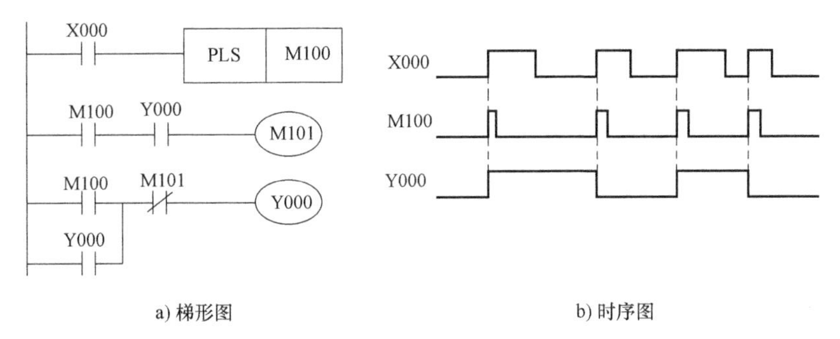

图 3-19 用单按钮实现电动机起、停控制的梯形图和时序图

当 X000 接通时，M100 接通一个扫描周期，M100 动合触点闭合，Y000 = ON；在下一个扫描周期，M100 动合触点断开，Y000 自锁保持 Y000 = ON；当下一次 X000 接通时，M100 又接通一个扫描周期，M101 = ON，M101 动断触点断开，Y000 = OFF；再下一个扫描周期时，M100 动合触点断开，M101 = OFF，Y000 一直保持为 OFF，直到 X000 再接通。

可以看出，使用一个按钮 X000，可以实现 Y000 对应电动机的起动和停止。

3.1.6 主控指令和主控复位指令

主控指令 MC（Master Control）用于公共串联触点的连接，主控复位指令 MCR（Master Control Reset）是 MC 指令的复位指令，用来表示主控区的结束。

1. 指令助记符及功能

主控指令和主控复位指令的功能、梯形图表示和对象软元件见表 3-8。

表 3-8　主控指令和主控复位指令

助记符	名称	功能	梯形图表示	对象软元件
MC	主控	连接到公共触点	MC N 对象软元件	Y、M（特殊辅助继电器 M 除外）
MCR	主控复位	解除连接公共触点	MCR N	无

2. 指令动作说明

1）MC 和 MCR 指令常用于当在多个线圈同时受到一个或一组触点控制的情况，若在控制电路中都串联同样的触点，将多占存储单元，应用主控指令可以解决这一问题。主控指令 MC 控制的操作组件的动合触点（即嵌套 N*i* 触点）要与主控指令后的母线垂直串联，是控制一组梯形图电路的总开关。当主控指令控制的操作组件的动合触点闭合时，激活所控制的一组梯形图电路。如图 3-20a 所示。

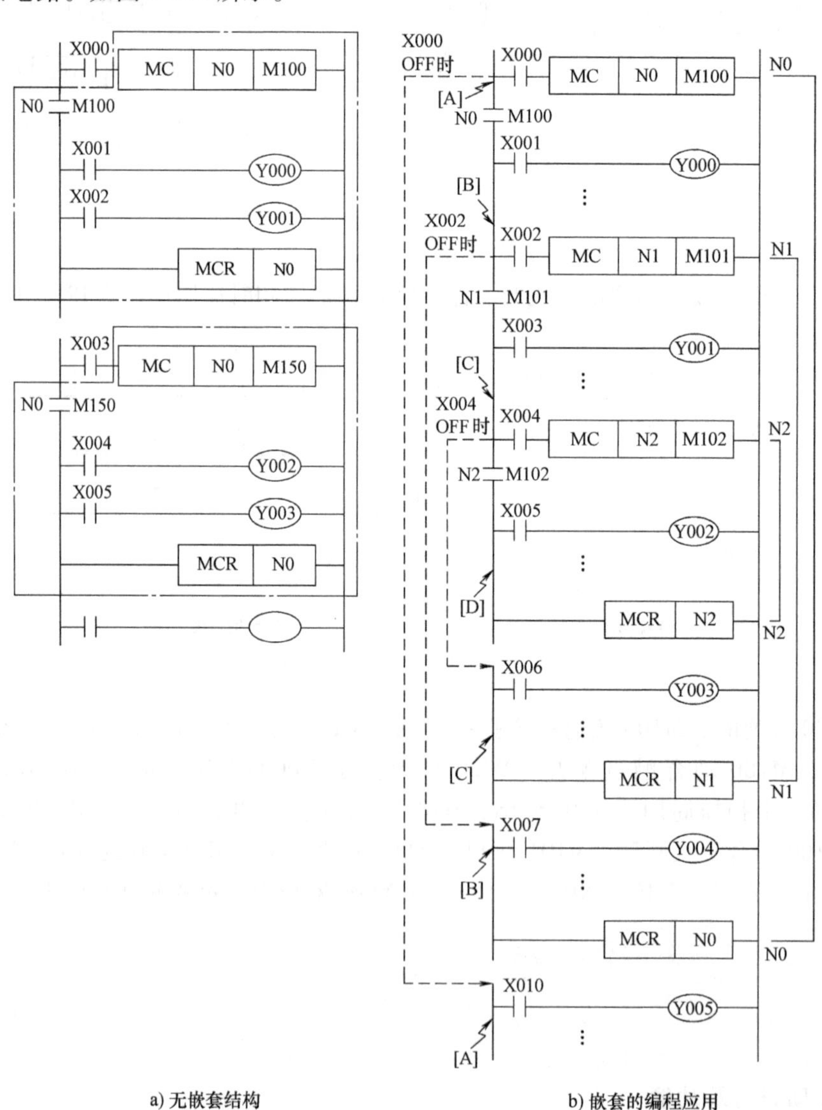

图 3-20　主控指令和主控复位指令的应用

2）若X000接通，则M100为ON，就执行MC至MCR之间的梯形图电路的指令。若X000断开，则跳过主控指令控制的梯形图电路，这时MC/MCR之间的梯形图电路根据软元件性质不同有以下两种状态。保持状态的软元件：积算定时器、计数器、置位/复位指令驱动的软元件，保持X000断开前状态不变；变为OFF的软元件：非积算定时器、OUT指令驱动的软元件。

3）在没有嵌套结构的多个主控指令程序中，可以都用嵌套级号N0来编程，N0的使用次数不受限制。

微课3-2
主控编程

4）有嵌套的主控结构，使用MC指令时，嵌套等级N的编号依次从N0→N7增大，嵌套等级最大8级（N7）。返回时通过MCR指令，从大的嵌套级开始逐级返回，如图3-20b所示，有N0、N1和N2级嵌套。

【例3-4】 分别利用栈操作指令和主控指令实现电动机Y-△起动控制，控制要求：①按下正转按钮SB1，电动机以Y联结正向起动，5s后转换成△联结运行；②按下反转按钮SB2，电动机以Y联结反向，起动，5s后转换成△联结运行；③SB3为停止按钮。图3-21给出了Y-△起动主电路接线图，KM1和KM2控制电动机正反转，KM3和KM4分别用于Y-△控制，根据控制要求给出了输入输出分配，见表3-9。

表3-9 例3-4输入输出表

输入		输出	
X000	正向启动	Y000	KM1:正向运行
X001	反向启动	Y001	KM2:反向运行
X002	停止	Y002	KM3:Y联结接触器
		Y003	KM4:△联结接触器

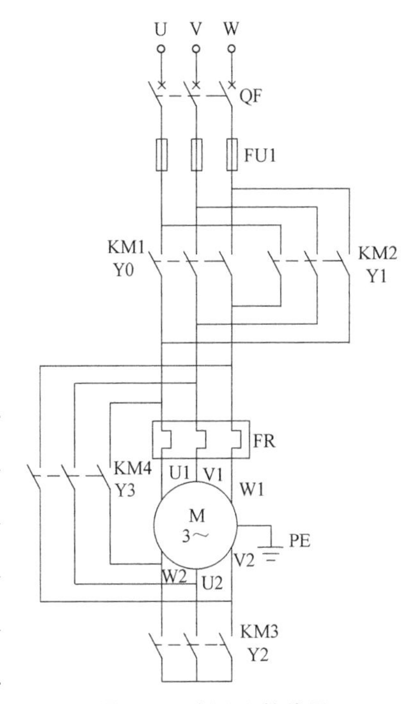

图3-21 例3-4接线图

图3-22a为栈操作指令实现电动机Y-△起动控制梯形图，图3-22b为主控指令实现电动机Y-△起动控制梯形图，当满足主控条件时执行主控结构中的指令，不满足条件就跳过，可以看出主控程序设计更加模块化。

3.1.7 置位和复位指令

SET（置位）指令是使指定的位软元件接通并保持置1（ON），RST（复位）指令是使指定的位软元件断开并保持置0（OFF），或者清除相应字软元件或寄存器的当前值（清零）。

1. 指令助记符及功能

置位和复位指令的功能、梯形图表示和对象软元件见表3-10。

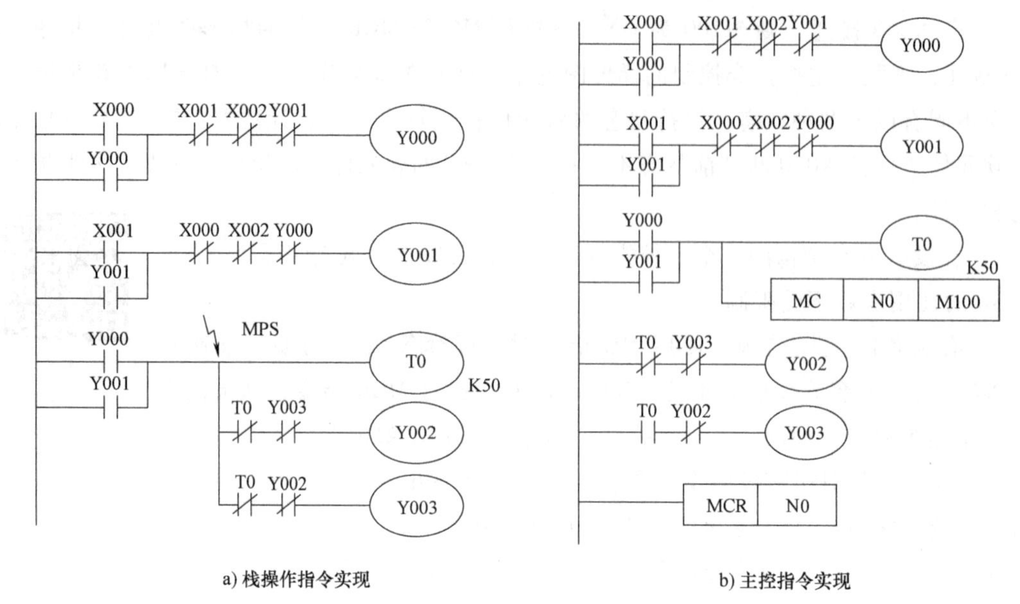

图 3-22　例 3-4 控制梯形图

表 3-10　置位和复位指令

助记符	名称	功能	梯形图表示	对象软元件
SET	置位	位软元件接通并保持	SET 对象软元件	Y、M、S、D□. b
RST	复位	位软元件断开并保持或者清除字软元件当前值或寄存器	RST 对象软元件	Y、M、S、D□. b、T、C、D、R、V、Z

注：对特殊辅助继电器、32 位计数器、状态软元件、D□. b 不能进行变址修饰（V、Z）；变址修饰和 D□. b 为 FX3U、FX3UC 所特有。

2. 指令动作说明

1）SET 指令是对输出继电器、辅助继电器、状态软元件和数据寄存器的指定位进行线圈驱动。RST 指令对输出继电器、辅助继电器、状态软元件和数据寄存器的指定位进行复位，RST 指令还可以清除积算定时器、计数器、数据寄存器、扩展寄存器和变址寄存器的当前数据。

2）对同一软元件，SET、RST 可多次使用，不限制使用次数，但最后执行者有效。SET 和 RST 指令的应用如图 3-23 所示。图 3-23a 中置位指令执行条件 X000 接通后若再次变为 OFF，Y000 仍置位为 ON 并保持。X001 接通后若再次变为 OFF，Y000 仍被复位为 OFF 后并保持，Y000 的时序图如图 3-23b 所示。

3）对数据寄存器 D、变址寄存器 V、Z 的内容清零，既可以用 RST 指令，也可以用常数 K0 经传送指令清零，效果相同。

4）SET 和 RST 指令中使用的软元件可以用变址寄存器进行修饰。

【例 3-5】　用 SET 和 RST 指令实现双按钮控制电动机起保停功能。

梯形图的功能与一般的起保停电路相同。当 X000 按钮按下，Y000 接通并保持，X001 接通 Y000 停止。梯形图和时序如图 3-24 所示。使用 SET 指令使 Y000 接通不需要自锁，必须使用 RST 才能断开 Y000。

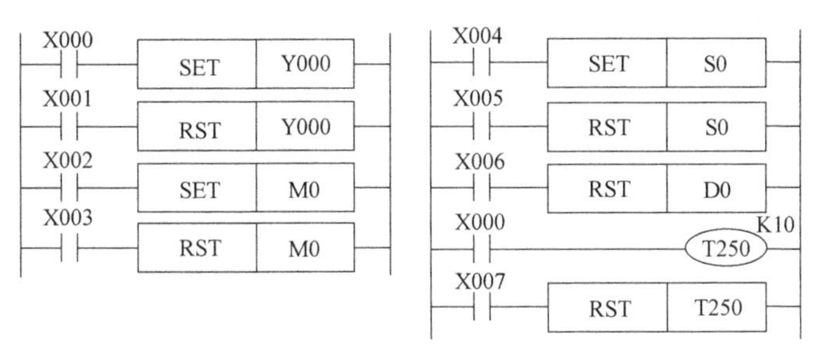

a) 置位/复位指令梯形图

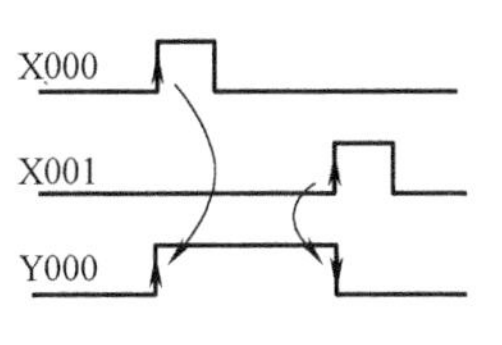

b) Y000的时序图

图 3-23　SET 和 RST 指令的应用

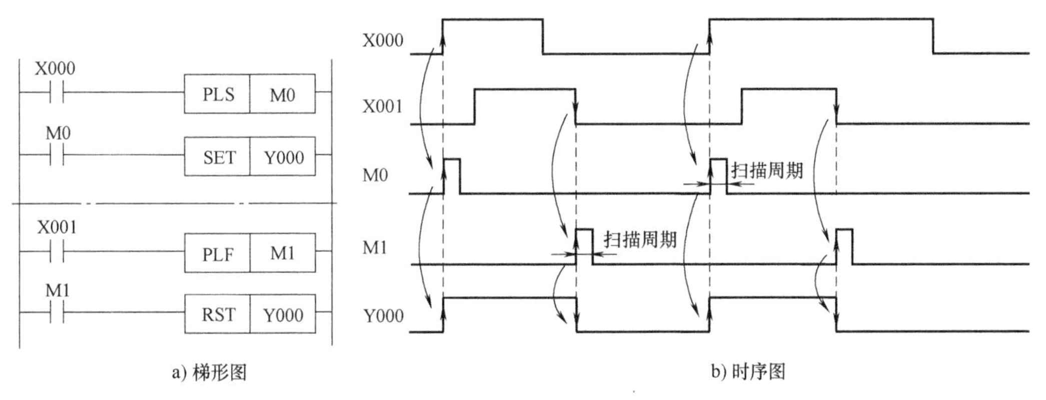

a) 梯形图　　b) 时序图

图 3-24　用置位/复位指令实现双按钮控制电动机起保停功能

3.1.8　其他指令

INV（Inverse）指令是将 INV 指令执行前的运算结果进行取反，NOP（Non Processing）指令是空操作指令，END（End）指令是表示整个程序结束。

1. 指令助记符及功能

取反、空操作和结束指令的功能、梯形图表示和对象软元件见表 3-11。

表 3-11　取反指令、空操作指令和结束指令

助记符	名称	功能	梯形图表示	对象软元件
INV	取反	运算结果取反	INV	无
NOP	空操作	无操作	NOP 无操作	无
END	结束	程序结束	END	无

2. 指令动作说明

1）INV 指令是根据它左边触点的逻辑运算结果进行取反，无操作数，如图 3-25 所示。使用 INV 指令编程时，可以在 LD、LDI、LDI、LDF、AND、ANI、ANDP、ANDF、OR、

ORI、ORP、ORF 指令的位置后编程，也可以在 ORB、ANB 指令回路中编程，但不能单独并联使用，也不能与母线单独连接。

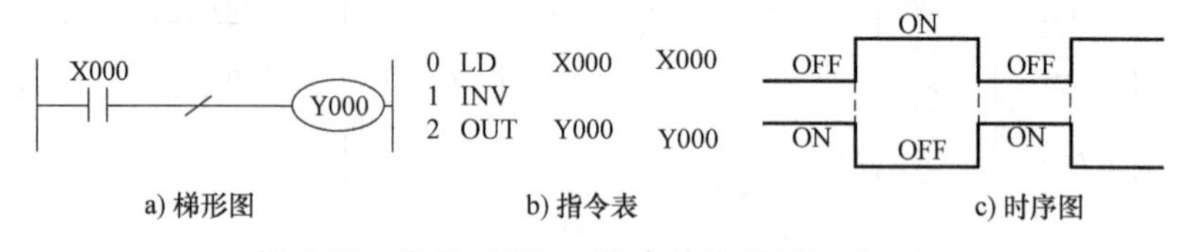

图 3-25　取反（INV）指令的梯形图和时序图

图 3-26 的输出逻辑表达式为 $Y000=X000\cdot\overline{(\overline{X001\cdot X002}+\overline{X003\cdot X004}+\overline{X005})}$，对应逻辑关系的梯形图如图 3-26 所示，X005 的指令后面加 INV 后，就变成了串联电路块，需要使用 ORB 连接，而不是原来的 OR X005。

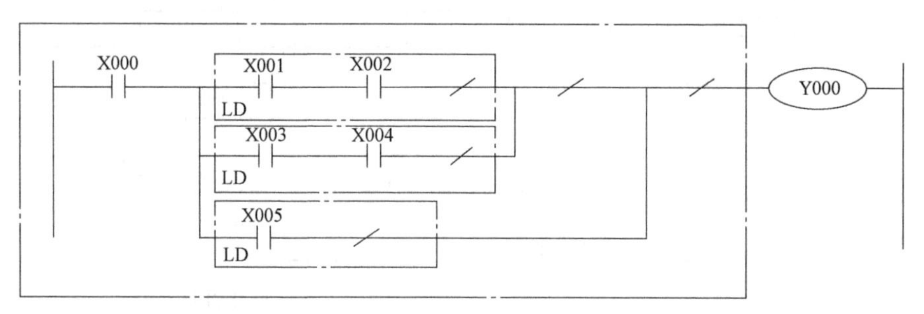

图 3-26　INV 指令在 ORB、ANB 指令的复杂回路中的编程

2）NOP 空操作指令就是使该步不操作。在程序中加入空操作指令，在变更程序或增加指令时可以使步序号不变化。

3）END 为程序结束指令，PLC 执行程序到 END 指令结束，然后进入输出处理工作。

3.2　编程规则

3.2.1　梯形图的编程规则

梯形图作为一种编程语言，绘制时有一定的规则。当出现语法错误不能编译时，GX Work 2 编程软件会出现编译出错的提示，如图 3-27 所示。在编辑梯形图时，应遵循以下几个基本规则。

1）梯形图以左母线为起点，右母线为终点，从左向右分行绘出。每一行起始的触点群构成该行梯形图的“执行条件”，与右母线连接的应是输出线圈、功能指令。一行写完，自上而下依次再写下一行。注意，线圈不能直接与左母线连接，必须通过触点连接，如图 3-28 所示。

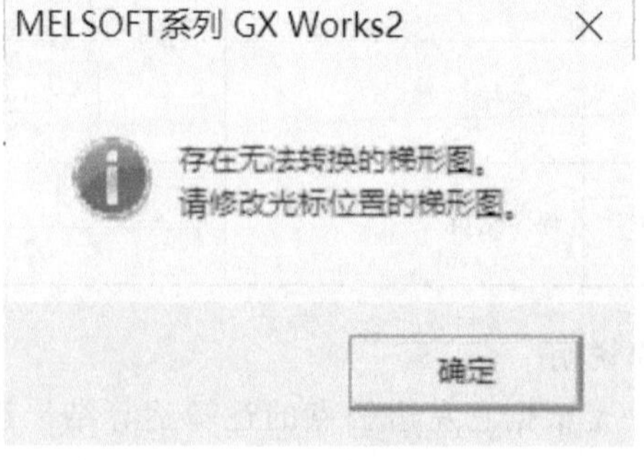

图 3-27　编译出错提示

微课 3-3
编程规则

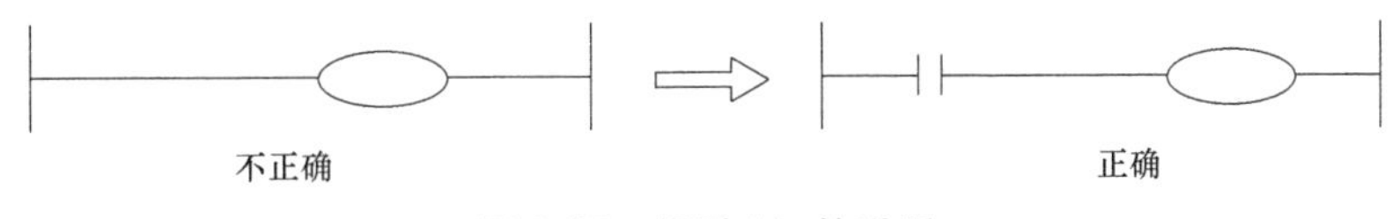

图 3-28　规则 1）的说明

2）不包含触点的分支应放在垂直方向，不可水平方向设置，如图 3-29 所示将不可编程梯形图重新编排成了可编程梯形图。

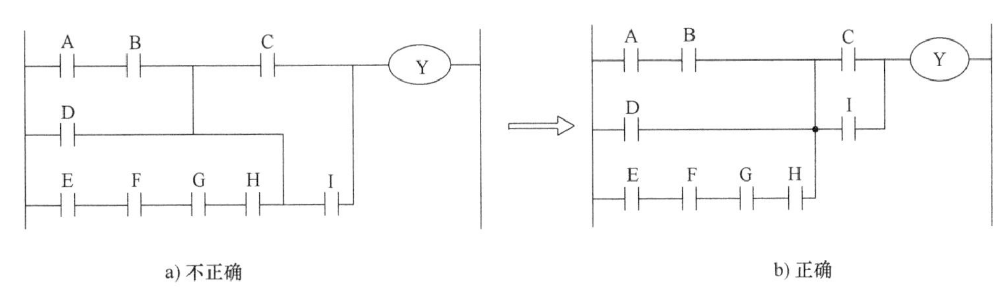

图 3-29　规则 2）说明

3）T 形结构的梯形图不能被编译，如图 3-30 所示将 T 形结构拆成两行。

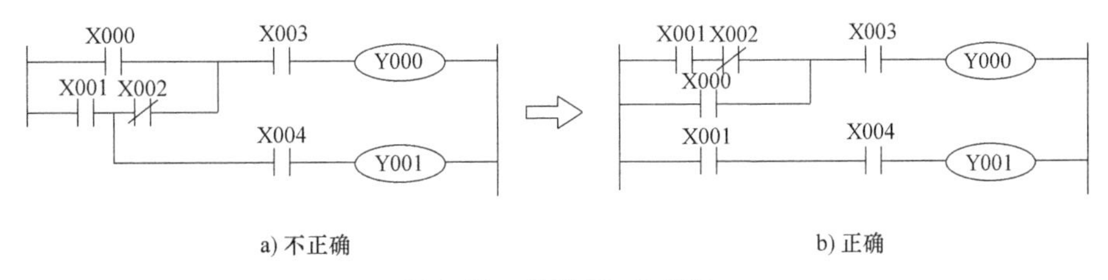

图 3-30　规则 3）的说明

3.2.2　梯形图和指令表之间的转换

掌握梯形图对应的指令表，可以方便地修改和编辑程序，能更好地理解程序中指令运行的相互关系，掌握指令的运行顺序。

1）利用 PLC 基本指令对梯形图编程时，必须要按信号单方向从左到右、自上而下的流向原则进行编写。图 3-31 阐明了梯形图的编程顺序。

2）在处理较复杂的触点结构时，如回路块的串联并联或栈相关指令，指令表的表达顺序为：先写出参与因素的内容，再写出参与因素间的关系。

【例 3-6】　将指令表转换为梯形图，对应的指令表和梯形图如图 3-32 所示。

处理复杂结构的程序时，例如 ANB 和 ORB 指令前，可以先由 LD 指令找出各回路块，再根据 ANB 和 ORB 指令确定回路块之间的逻辑关系；当含有栈相关指令时，MPS 表示多重输出连接点的第一行，MRD 表示多重输出连接点的中间行，MPP 表示多重输出连接点的最后一行。

3.2.3　双线圈输出问题

在梯形图的同一程序中，某个线圈的输出条件可能非常复杂，但应是仅有一个且可以集

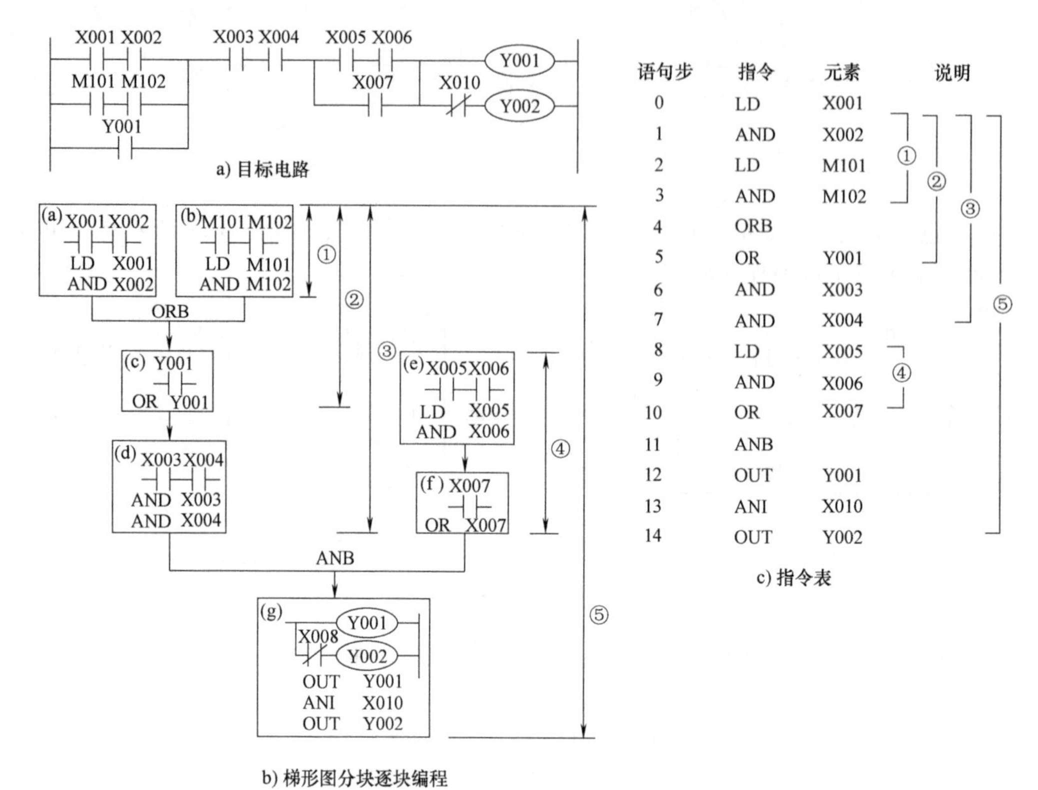

语句步	指令	元素
0	LD	X001
1	AND	X002
2	LD	M101
3	AND	M102
4	ORB	
5	OR	Y001
6	AND	X003
7	AND	X004
8	LD	X005
9	AND	X006
10	OR	X007
11	ANB	
12	OUT	Y001
13	ANI	X010
14	OUT	Y002

c) 指令表

图 3-31　梯形图的编程顺序

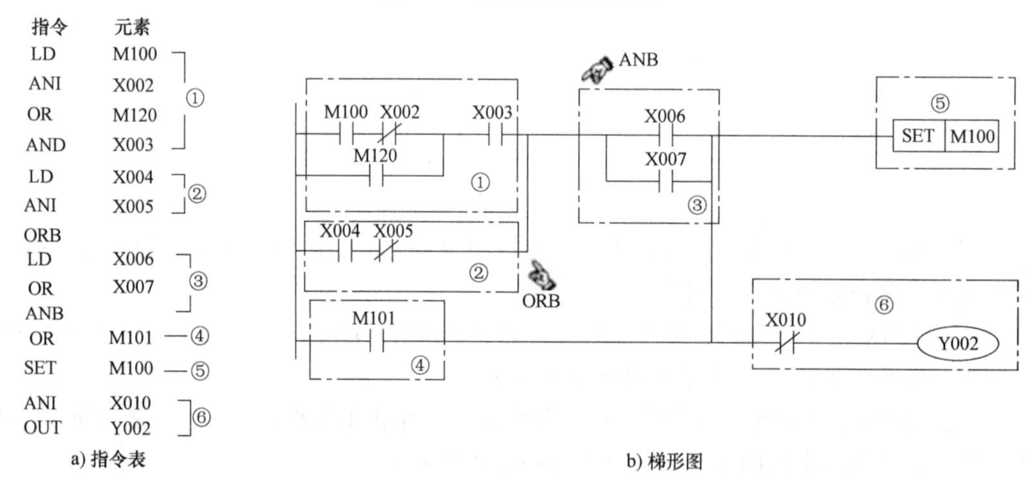

指令	元素
LD	M100
ANI	X002
OR	M120
AND	X003
LD	X004
ANI	X005
ORB	
LD	X006
OR	X007
ANB	
OR	M101
SET	M100
ANI	X010
OUT	Y002

a) 指令表

图 3-32　指令表转换成梯形图

中表达的。如果在同一程序中同一组件的线圈使用两次或多次，称为双线圈输出。

1. 双线圈输出的动作

PLC 程序扫描执行的原则规定是：前面的输出无效，最后一次输出才是有效的。

微课 3-4
双线圈输出问题

如图 3-33 所示的梯形图中 Y003 线圈出现两次，第一次 Y003=ON，第二次 Y003=OFF；则一次扫描周期结束时运行结果 Y003=OFF，Y004=ON 会被送到输出寄存器。Y003 出现双线圈输出，则第一次的 Y003 线圈无效。

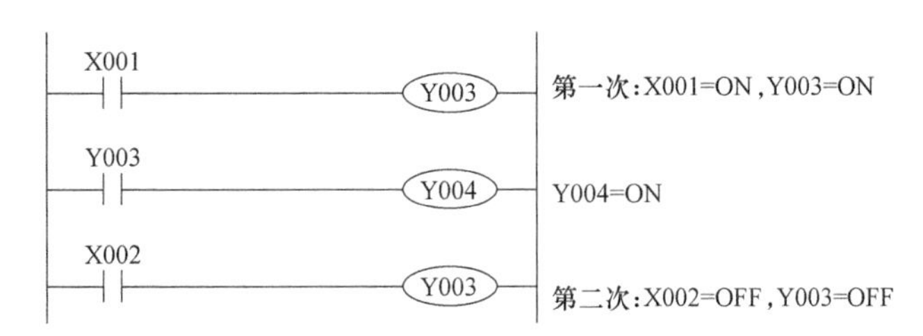

图 3-33　双线圈输出的程序分析

但是，作为这种事件的特例，同一程序的两个不可能同时执行的程序段中可以有相同的输出线圈。

2. 双线圈输出的解决方法

双线圈输出并不是语法错误，而是程序的逻辑错误。

双线圈可以采用两种方法解决，如图 3-34 所示，图 3-34b 的方法是将线圈 Y000 的所有条件都并联在一起，只有一个 Y000 线圈；图 3-34c 采用中间继电器 M100 和 M101 分别表示不同的条件，并将 M100 和 M101 并联控制线圈 Y000。

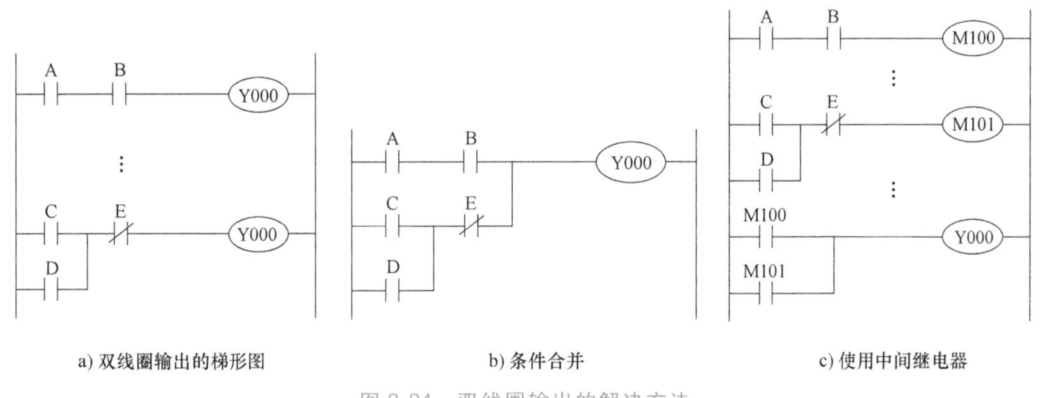

图 3-34　双线圈输出的解决方法

3.3　典型基本环节

典型基本环节是采用基本指令实现的，经过长期验证过的程序设计环节，可以作为典型的基本单元在程序中使用，本节将讨论一些典型基本环节的编程。

3.3.1　起动与停止控制

起动与停止是梯形图中最基本的控制电路，可以用于实现任何事件的控制。根据起动和停止的优先情况，一般分为关断优先和起动优先电路。

1. 关断优先电路

关断优先电路为关断信号优先，如前面介绍的起保停电路，它是最常见的一种典型电路，其梯形图如图 3-35a 所示，X001 为起动按钮，X000 为停止按钮，当停止按钮 X000 的动断触点断开，即使 X001 起动按钮接通，线圈 Y000 也不能接通，因此关断输入信号 X000 优先，为关断优先电路。

微课 3-5
起动与停止控制

2. 起动优先电路

起动优先电路如图 3-35b 所示，当起动按钮 X001 接通，则停止按钮 X000 断开，线圈 Y000 也不能关断。

起动优先电路是以起动输入信号优先的，可以看出关断优先电路更加安全，对于不同的起、停需求应采用不同的方式。

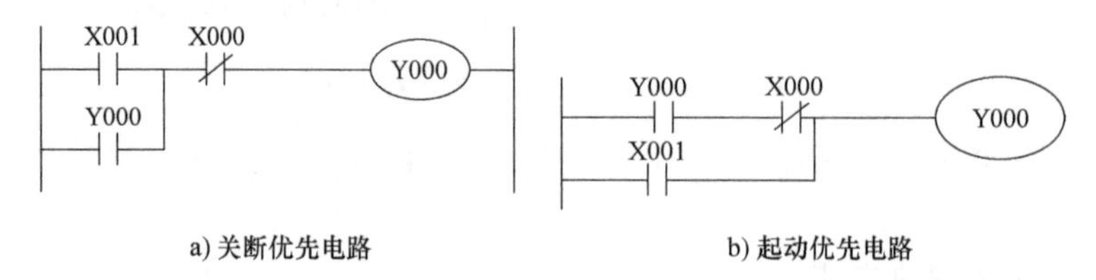

图 3-35　起动与停止控制的梯形图

3.3.2　互锁和联锁环节

1. 互锁环节

互锁环节要求两个输出不能同时接通，即在两个线圈电路中分别串联对方接触器的动断触点。

【例 3-7】　电动机的正反转控制梯形图如图 3-36a 所示。

X002 为停止按钮，X000 和 X001 是起动按钮。可以看出 Y000 和 Y001 线圈是关断优先的，X000 和 X001 是正反转起动按钮，在梯形图中互锁，Y000 和 Y001 不能同时接通，因此动断触点也互锁。

2. 联锁环节

联锁环节中，一个线圈接通的条件是另一个线圈必须接通，因此采用前一个线圈的动合触点串联在后一个线圈的回路中的方式，联锁环节经常用于顺序控制等情况。

【例 3-8】　两台电动机顺序起动控制梯形图如图 3-36b 所示。这也是关断优先的，Y000 的动合触点是 Y001 的起动信号，X002 为停止按钮。Y000 线圈接通后 Y001 线圈才能接通，因此是联锁关系，Y000 动合触点串联在 Y001 线圈回路中。

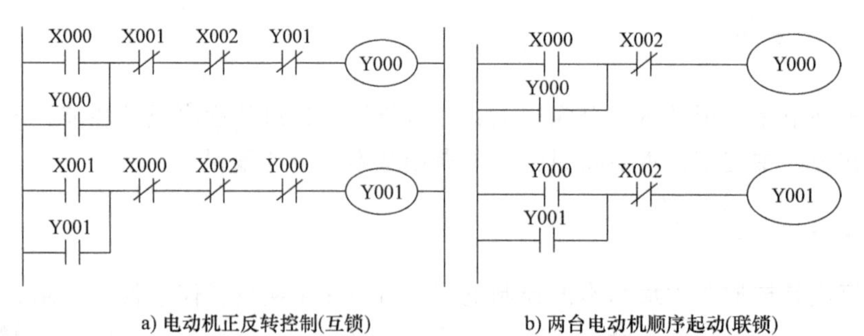

图 3-36　互锁和联锁环节

3.3.3　延时起动和延时停止电路

1. 延时起动的实现

【例 3-9】　使用定时器实现延时 5s 起动电动机，其梯形图如图 3-37a 所示。

X000为起动按钮，X001为停止按钮。当起动按钮按下，辅助继电器M0接通并保持，同时T0开始定时，其定时时间为5s。当T0定时时间到时，T0动合触点闭合，Y000得电并保持，T0的动断触点断开，M0失电同时T0当前值清零。当停止按钮按下，Y000立即失电。

当X000按下5s后Y000接通，时序图如图3-37b所示。

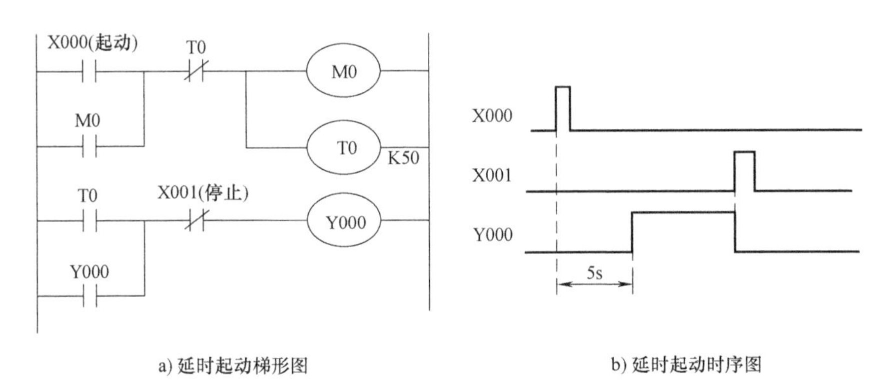

a) 延时起动梯形图　　b) 延时起动时序图

图3-37　延时起动的实现

2. 延时停止的实现

某些主设备（如大型变频调速电动机）在运行时需要用风扇冷却，停机后风扇应延时一段时间才能停止，这可以用延时停止环节来实现。

【例3-10】　使用定时器实现延时5s停止电动机，梯形图如图3-38a所示。

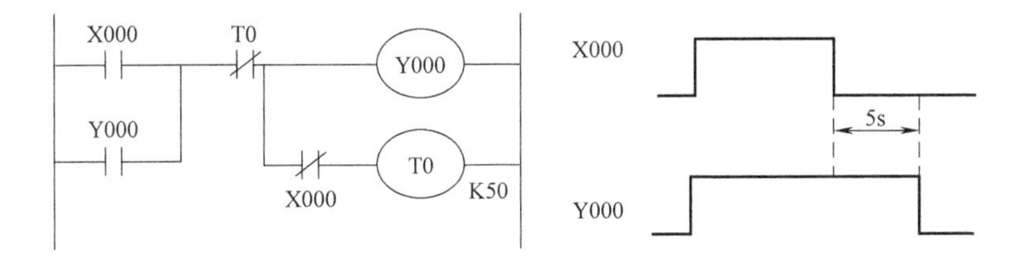

a) 延时停止梯形图　　b) 延时停止时序图

图3-38　延时停止的实现

当X000接通时，X000动合触点闭合，Y000得电并保持，同时X000动断触点断开，T0没有得电。当X000动合触点断开时，X000动断触点接通，T0开始定时，其定时时间为5s。当T0的定时时间到时，T0的动断触点断开，Y000失电。

X000断开延时5s后Y000失电，时序图如图3-38b所示。

3.3.4　脉冲序列和方波信号产生

1. 脉冲序列

【例3-11】　由一个定时器产生周期为5s的脉冲序列的梯形图如图3-39a所示。

当X000接通时，T0开始定时，5s时间到则T0的动合触点闭合而使得Y000接通；在下一次扫描周期，由于T0的动断触点断开，T0的当前值清零，T0的动合触点断开，因此

Y000只接通了一个扫描周期；在下一次扫描周期，T0的动断触点重新闭合，T0再次开始定时，重复之前的过程。

Y000输出周期为5s的脉冲序列，时序图如图3-39b所示。

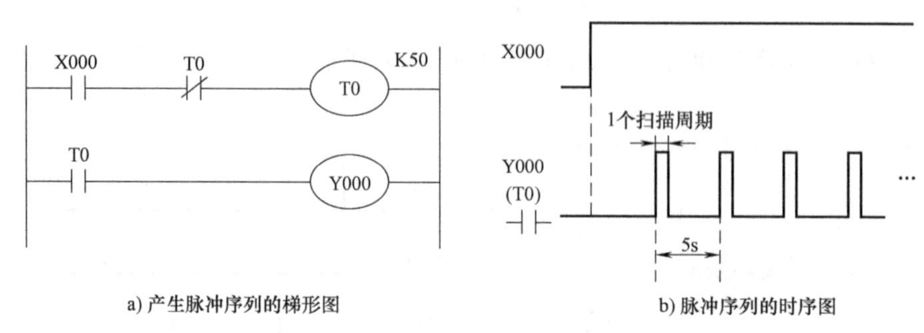

图3-39　由一个定时器产生周期为5s的脉冲序列

将定时器的动断触点与定时器线圈串联，可以产生只接通一个扫描周期的脉冲序列。

微课3-6
单定时器构成方波信号

2. 单定时器构成的方波信号

方波信号是很常用的信号，可以用来实现周期性的起、停控制，例如灯的闪烁。

【例3-12】　用一个定时器可以产生接通和断开时间相同的方波信号，其梯形图如图3-40a所示，本例设接通和断开时间均为0.5s。

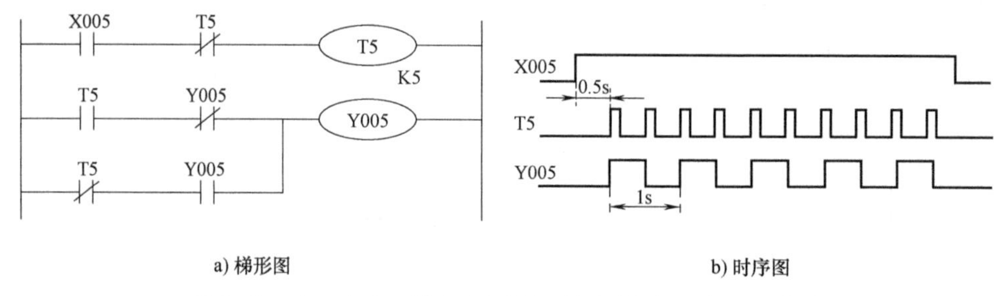

图3-40　由一个定时器产生接通和断开时间相同的方波信号

从【例3-11】可知，定时器T5动断触点与线圈串联，T5产生0.5s间隔的脉冲序列，时序图如图3-40b所示。

第一次T5=ON时Y005线圈接通，Y005=ON；T5只接通一个扫描周期，下一个扫描周期T5线圈断开，T5动断触点接通，Y005动合触点接通自保持，Y005=ON；一直到第二次T5=ON，T5动断触点断开，Y005=OFF，下一个扫描周期T5线圈断开，Y005线圈无法接通，Y005=OFF；因此Y005接通0.5s，断开0.5s，产生方波。

由一个定时器产生的方波信号，接通和断开的时间相等。

微课3-7
双定时器构成方波信号

3. 双定时器构成的方波电路

【例3-13】　双定时器可以产生接通和断开的时间不同的方波信号，其梯形图如图3-41a所示，本例设接通时间为4s，断开时间为2s。

当X000接通时Y001=ON，同时T0开始定时；T0定时4s时间到，则T0动合触点闭合使得T1开始定时，同时T0动断触点断开，Y001=OFF，时序图如图 3-41b 所示，Y001 接通了 4s 后断开。

当 T1 定时 2s 时间到，则 T1 动断触点断开，T0=OFF，T0 动合触点断开，使 T1 只接通一个扫描周期；下一个扫描周期，T0 动断触点闭合，Y001=ON；T1 的动断触点闭合，T0 再次定时，重复之前的过程。

Y000 输出周期为 T0 和 T1 定时时间之和，其中接通时间为 T0 的定时时间 4s，断开的时间为 T1 的定时时间 2s。

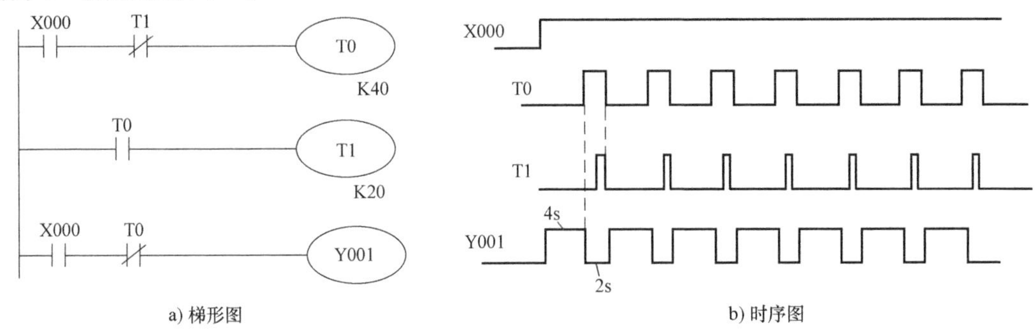

图 3-41　双定时器产生接通和断开时间不同的方波信号

3.3.5　计数器的应用

1. 计数器与定时器配合定时

每个定时器的定时时间都有一个最大值，如 100ms 的定时器最大定时时间为 3276.7s。若工程中所需的延时时间大于选定的定时器最大定时时间时，需要将定时器进行延时扩展。

【例 3-14】　利用计数器配合定时器获得长延时，其梯形图如图 3-42a 所示，梯形图的第一行程序，定时器 T1 动断触点与线圈串联，因此由【例 3-11】可知，T1 产生 10s 间隔的脉冲序列；定时器 T1 每 10s 使其动合触点接通一个扫描周期，也使计数器 C1 当前值加 1，当 C1 计到设定值 100 时（相当于延时 100×10s=1000s），C1 动合触点闭合，将 Y010 接通。X001 是计数器 C1 的复位条件。

微课 3-8
计数器与定时器配合延长定时

从 X000 接通为始点的延时时间是：定时器的时间设定值×计数器的设定值。

2. 计数器实现单按钮控制电动机起、停

【例 3-15】　使用计数器实现单按钮控制电动机起、停，其梯形图如图 3-42b 所示。

微课 3-9
计数器实现单按钮起停

当 X000=ON 时，M0=ON，使 Y000 接通并自锁，计数器 C0 当前值加 1；当 X000 断开后第二次接通时，C0 再加 1，此时 C0 线圈接通，C0 动断触点断开 Y000；M8002 在第一个扫描周期将计数器清零。

使用计数器计数两次，可以实现单按钮控制电动机起、停。

3.3.6　二分频电路

二分频电路的应用场合也比较多，例如可以使用二分频电路图实现单按钮控制电动机起、停。

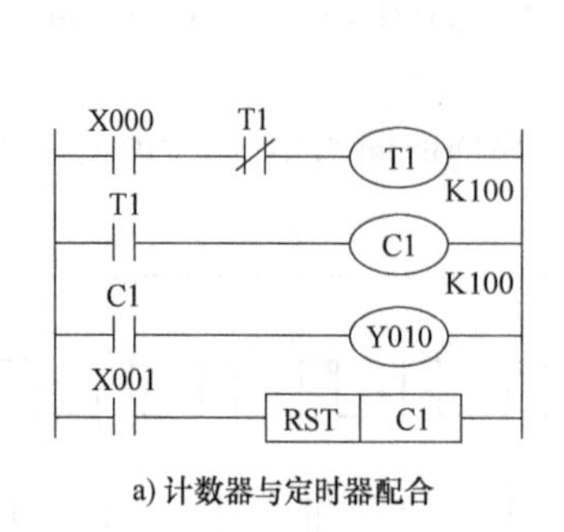

a) 计数器与定时器配合

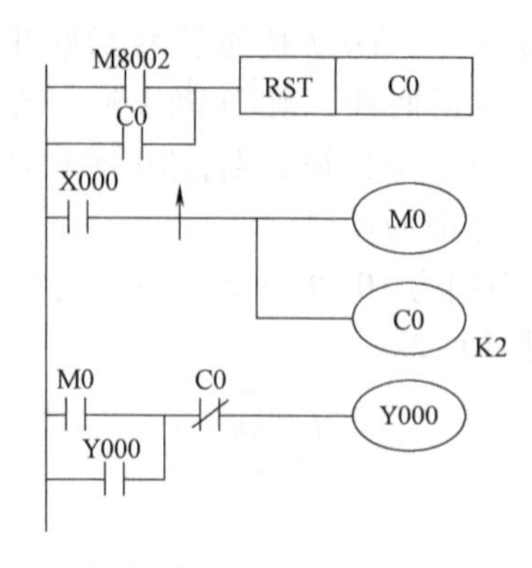

b) 计数器实现单按钮控制电动机起、停

图 3-42　计数器的应用

【例 3-16】　设计一个二分频电路图，实现单按钮控制电动机起、停，梯形图如图 3-43a 所示。

单按钮信号从 X000 输入，时序图如图 3-43b 所示。PLS 指令使 M101 产生接通一个扫描周期的脉冲序列，通过二分频电路实现 Y010 的接通和断开。

M101 第一次接通时，M101 动合触点闭合，使 1 号支路接通，2 号支路断开，Y010 置 1；M101 接通一个扫描周期，当下一次扫描周期时，M101 置 0，又使 2 号支路接通，1 号支路断开，使 Y010 保持置 1。当 M101 第二个脉冲到来时，M101 动断触点断开，使 2 号支路断开，而 1 号支路中 Y010 动断触点是断开的，因此 1 号支路也断开，Y010 置 0；下一个扫描周期，M101 置 0，但是 Y010 置 0，因此 1 号支路和 2 号支路都断开，Y010 仍为 0，直到 M101 第三个脉冲到来。

Y010 产生的信号，完成了输入信号的二分频，也可以实现单按钮控制电动机起、停。

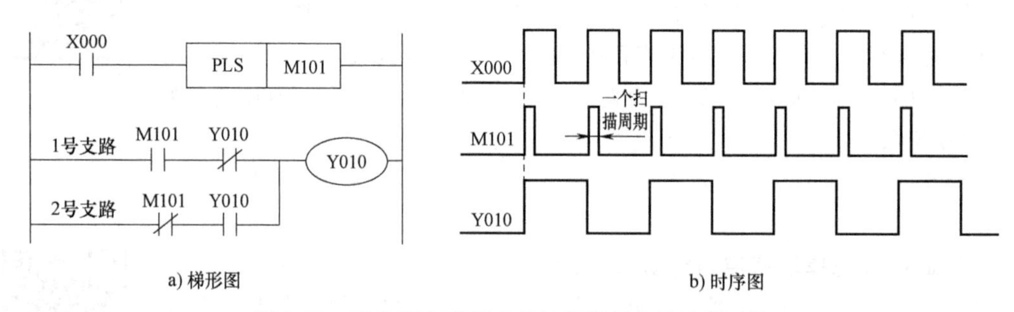

a) 梯形图　　b) 时序图

图 3-43　二分频电路实现单按钮控制电动机起、停

3.4　基本指令实例

3.4.1　编程设计方法

1. 经验设计法

“经验设计法”顾名思义就是依据设计者的经验进行设计。经验设计法主要依据以下步骤：

1）依据起保停电路模式确定起动和停止的条件，以及是否需要自锁。

2）利用经过反复检验的典型结构，例如互锁、联锁、脉冲和方波等环节。

3）对于复杂控制关系，找出关键点，使用中间继电器表示各关键点。关键点分为位置类逻辑和时间类逻辑。位置类逻辑的关键点为空间位置点，时间类逻辑的关键点为转换时间点。

4）最后检查补充遗漏的功能，修改程序进行完善。

2. 时序图设计法

对于有些按照时序或者动作变化的控制逻辑，例如交通信号灯的控制，可以先画出时序图再进行设计，主要按照以下步骤：

1）分析逻辑关系，画出时序图或动作顺序图。

3）根据时序图或动作顺序图，得出时间关键点。

4）根据时序或动作顺序关系，绘制梯形图。

5）验证程序逻辑关系，结合经验设计法分析正确性。

3.4.2　小车往复运动控制程序

微课 3-10
小车往复运动

【例 3-17】　用 PLC 设计一个小车往复运动控制程序，小车运行位置如图 3-44 所示。

小车开始停在 SQ1 的初始位置，当按下起动按钮后，小车前进，到达 SQ2 停止运行；在 SQ2 停留 2s 后，小车后退，到达 SQ1，小车停止运行，停留 5s 后再次前进；直到 SQ3 停止运行，停留 3s 后返回，直到 SQ1 停止。再次按下起动按钮，开始下一个往复运行。

对 PLC 的输入输出和其他机内软元件的安排见表 3-12，T0～T2 分别由行程开关 SQ2、SQ1、SQ3 的接通开始定时。

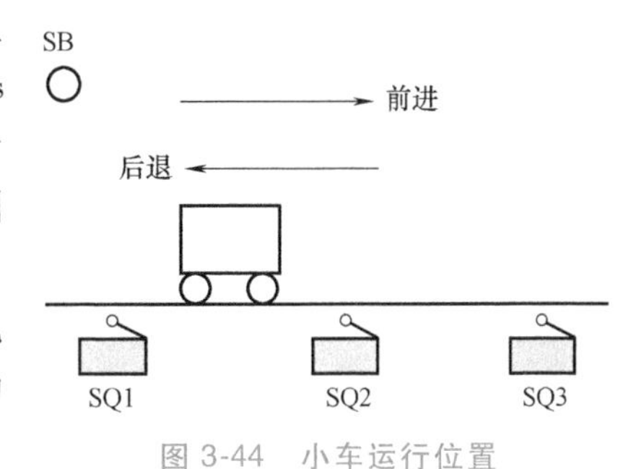

图 3-44　小车运行位置

表 3-12　例 3-17 元件分配功能表

输入	输出	其他机内软元件	
X000：起动按钮 SB	Y000：前进接触器	M0：第一次前进	T0：停留 2s 定时
X001：行程开关 SQ1	Y001：后退接触器	M1：第一次后退	T1：停留 5s 定时
X002：行程开关 SQ2	—	M2：第二次前进	T2：停留 3s 定时
X003：行程开关 SQ3	—	M3：第二次后退	—

设计方法：用中间辅助继电器 M0～M3 表示关键点，M0～M3 线圈可以用起保停电路实现，确定其起动和停止条件，以及是否需要自锁。

设计关键点 M0～M3 的线圈：M0 的起动条件为起动按钮 SB 接通，停止条件为行程开关 SQ2 接通。M1 的起动条件为 T0 定时时间到，停止条件为行程开关 SQ1 接通。M2 的起动条件为 T1 定时时间到，停止条件为行程开关 SQ3 接通。M3 的起动条件为 T2 定时时间到，停止条件为行程开关 SQ1 接通。

根据题意完成 Y000、Y001 的程序控制设计，将控制条件并联，避免出现双线圈输出。Y000 为小车前进，由 M0 和 M2 控制，Y001 由 M1 和 M3 控制。小车往复运动控制梯形图如图 3-45 所示。

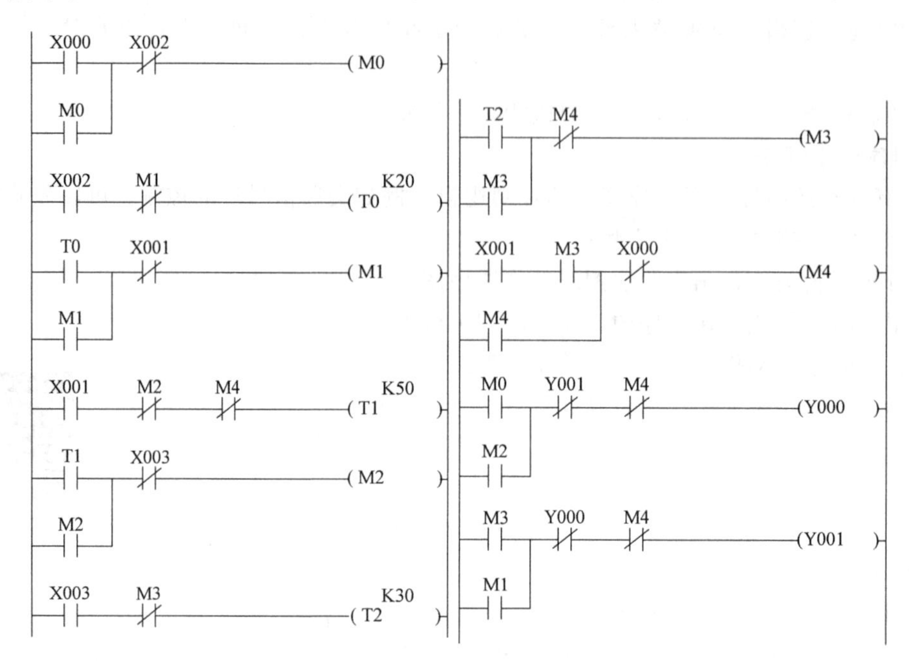

图 3-45　小车往复运动控制梯形图

3.4.3　抢答器控制程序

【例 3-18】　设计有五个参赛队的抢答比赛抢答器。

抢答比赛使用的抢答器包括的装置设备有主持人总台及各个参赛队分台，总台设有总台灯、总台扬声器、总台开始按钮及总台复位按钮。分台设有分台灯及分台抢答按钮。

比赛规则为：各队抢答必须在主持人给出题目，按总台开始按钮后的 10s 内进行，如提前抢答，抢答器将给出“违例”信号。10s 时间到，还无人抢答，抢答器将给出应答时间到信号，该题作废。在有人按分台按钮抢答情况下，抢答的队必须在 30s 内完成答题。如 30s 内还没有答完，则按答题超时处理。一个题目回答终了后，主持人按下复位按钮，抢答器恢复原始状态，为下一轮抢答做好准备。

设计方法：确定几个关键点，使用中间继电器 M1、M2、M3 表示关键点，并使用起保停电路实现各线圈控制。

1. 输入输出及其他机内软元件的安排

输出主要包括灯光及声音信号，在以下情况会接通：正常抢答，扬声器及某台灯接通；违例，扬声器及某台灯加总台灯接通；无人应答及答题超时，扬声器加总台灯接通。输入输出以及其他机内软元件的安排见表 3-13。

2. 程序设计

（1）设计各关键点程序　各关键点由辅助继电器 M1、M2 和 M3 表示，如图 3-46 所示。

表 3-13　例 3-18 安排表

输入	输出	其他机内软元件	
X000:总台复位按钮	Y000:总台扬声器	M0:主控触点	M4:扬声器起动信号继电器
X001~X005:分台按钮	Y001~Y005:各台灯	M1:应答开始	T1:应答时限 10s
X010:总台开始按钮	Y014:总台灯	M2:抢答	T2:答题时限 30s
		M3:答题	T3:扬声器时限 1s

1） M1 表示应答开始，当主持人总台按下按钮 X010，M1=1，表示可以开始应答。

2） M2 表示有人按下抢答按钮，当 X001~X005 中任意一个接通，表示有分台按钮按下，则 M2=1。

T1 为应答时限定时器，主持人按下 X010 按钮后，T1 开始定时，定时过程中若 M2 接通，M2 动断触点断开，T1 定时停止。所以 M2 动合触点如果闭合，则表示已有人抢答。

3） M3 表示答题时间正常，T2 为答题时限定时器，M2 接通后 M3 接通，同时 T2 开始定时，T2 定时时间到则 M3 断开表示答题超时。M2=1 且 T2 动断触点接通表示答题没有超时。

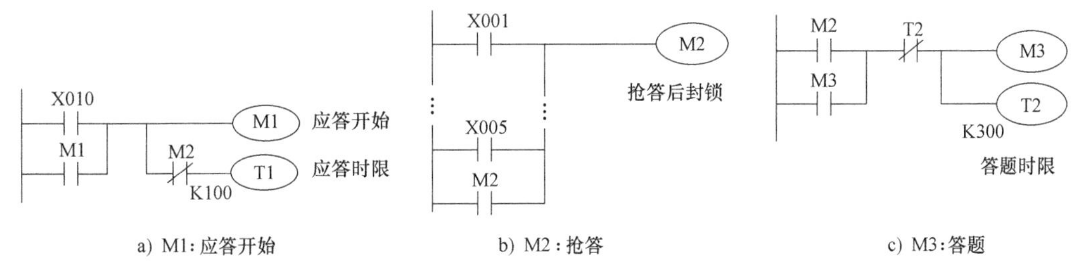

图 3-46　例 3-18 关键点的程序设计

（2）设计各分台灯 Y001~Y005 的梯形图　各分台灯接通条件中串联 M2 的动断触点，体现了抢答器的竞时封锁原则，在已有人抢答之后按分台按钮 X001~X005 是无效的。梯形图程序如图 3-47 中①部分所示。

（3）设计总台灯 Y014 的梯形图　由图 3-47 中②部分可知，总台灯的工作条件含有四个分支：

1） M2 的动合触点和 M1 的动断触点串联：主持人未按开始按钮即有人抢答，违例。

2） T1 的动合触点和 M2 的动断触点串联：应答时间到无人抢答，本题作废。

3） T2 的动合触点和 M2 的动合触点串联：答题超时。

4） Y014 动合触点：自锁。

（4）设计总台扬声器 Y000 的梯形图　总台扬声器和总台灯控制条件基本相同，不同的是缩短扬声器的时间（设定为 1s），在扬声器的接通条件中使用定时器 T3 控制，其梯形图如图 3-47 中③部分所示。

（5）解决复位功能　考虑到主控触点指令具有使主控触点后的所有输出断开的作用，将主控触点 M0 及相关电路加在已设计好的梯形图前部，实现所有输出复位，其梯形图程序如图 3-47 中部分④所示。

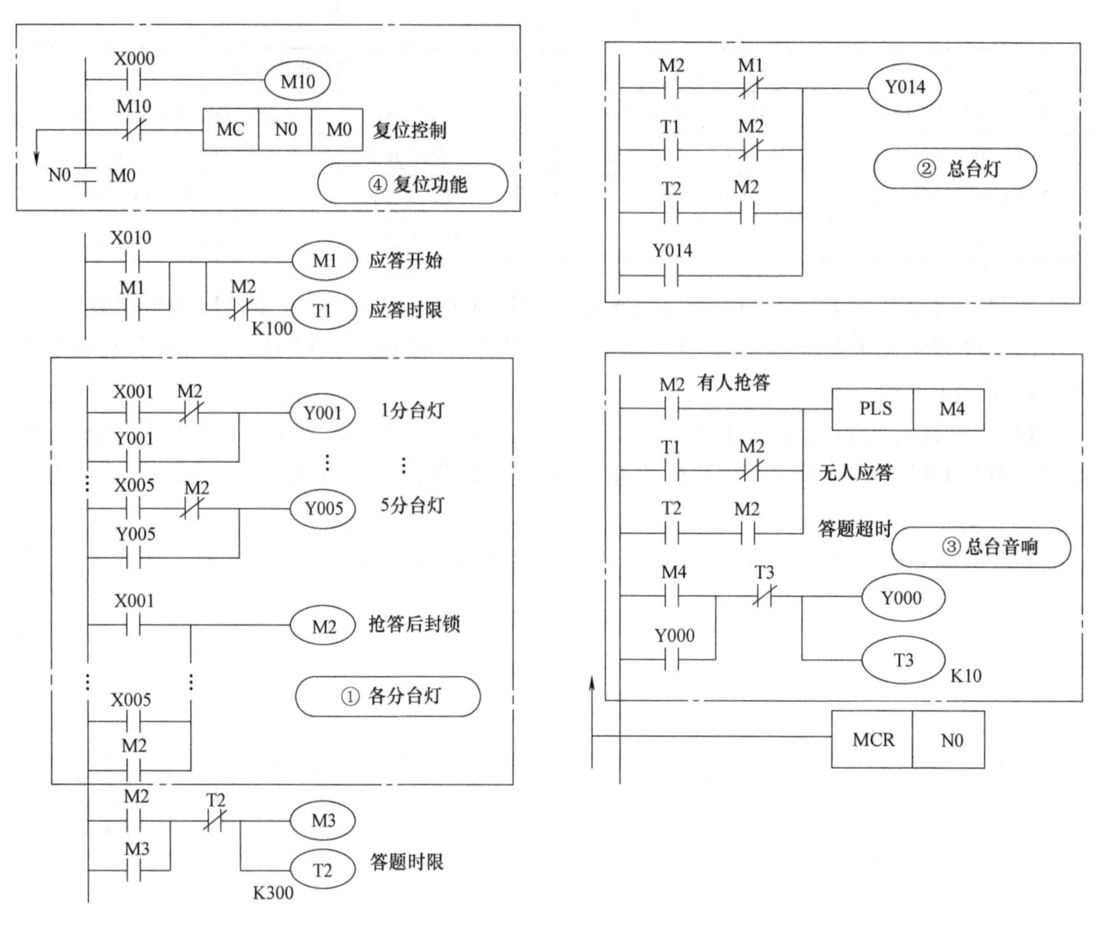

图 3-47　抢答器控制梯形图

3.4.4　三台带式输送机的顺序控制程序

微课 3-11
三台带式输
送机顺序控制

【例 3-19】　设计三台带式输送机的顺序控制程序，三台带式输送机的工作示意如图 3-48 所示。

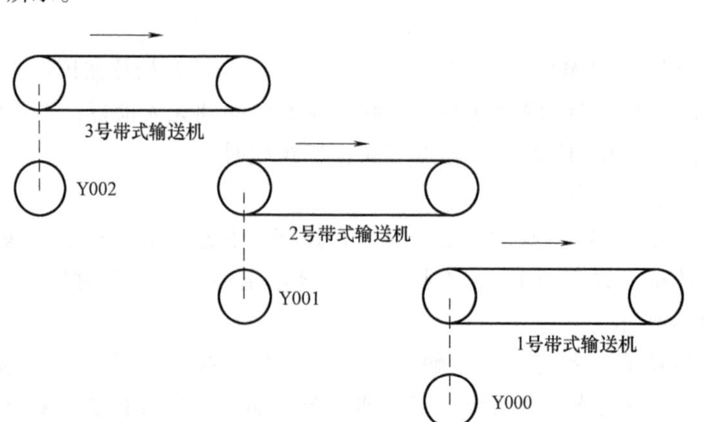

图 3-48　三台带式输送机的工作示意图

为了避免物料在1号和3号带式输送机上堆积，三台带式输送机的控制顺序如下：按下起动按钮，1号带式输送机开始运行，5s后2号带式输送机自动起动，再过5s后3号带式输送机自动起动；按下停止按钮，3号带式输送机立即停机，5s后2号带式输送机自动停机，再过5s后1号带式输送机自动停机。

设计方法：先实现关键时间点T1～T4的程序设计，然后将相关条件并联控制Y000～Y002。

输入输出以及其他机内软元件的安排见表3-14。

表3-14　例3-19安排表

输入	输出	其他机内软元件	
X000:起动按钮SB1	Y000:1号带式输送机	M0:开机	M1:停止
X001:停止按钮SB2	Y001:2号带式输送机	T1:起动后5s	T3:停止后5s
	Y002:3号带式输送机	T2:起动后10s	T4:停止后10s

M0表示开机，M1表示停止。根据题意，确定Y000～Y002的起动和停止条件，再用起保停电路实现输出Y000～Y002。具体控制梯形图如图3-49所示。

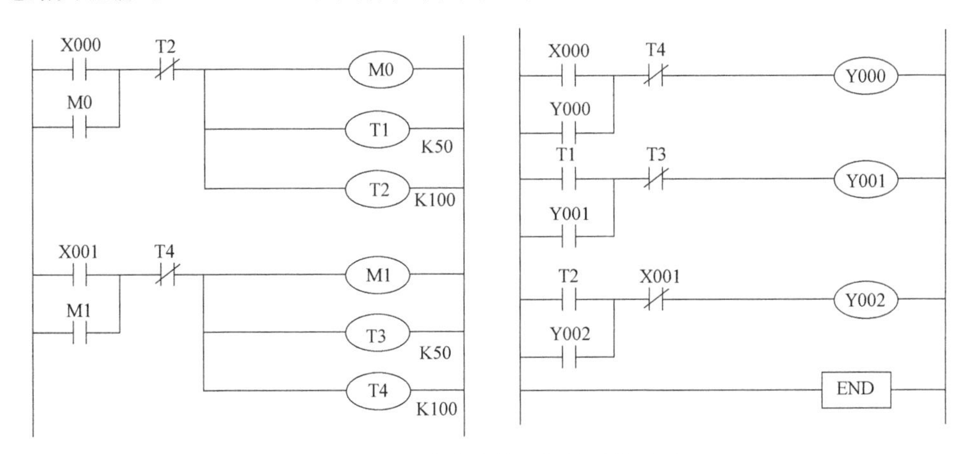

图3-49　三台带式输送机控制梯形图

3.4.5　十字路口交通信号灯控制程序

【例3-20】　设计十字路口交通信号灯控制程序。

采用时序图设计法，先画出时序图，再找出每个灯状态变化的关键“时间点”，按照时间顺序进行控制。图3-50是交通信号灯的时序图，找出灯的状态发生变化的每个“时间点”。

1. 输入输出及其他机内软元件的安排

十字路口南北向及东西向均设有红、黄、绿三个交通信号灯，六个灯依一定的时序循环往复工作。输入输出及其他机内软元件的安排见表3-15。

2. 梯形图设计

1）依图3-50所列各“时间点”的先后顺序实现顺序控制，绿灯1（Y000）、黄灯1（Y001）和红灯1（Y002）通过定时器和计数器实现控制的梯形图分别如图3-51a、b、c所示。

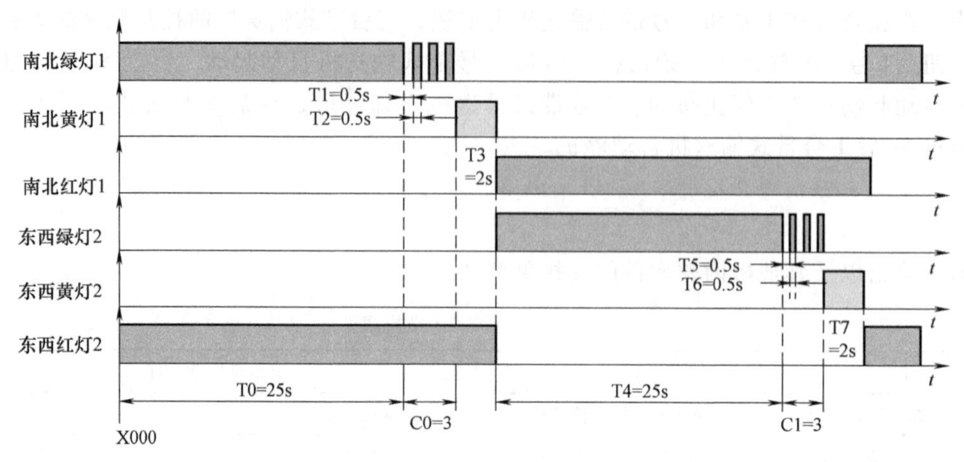

图 3-50　交通信号灯时序图

表 3-15　例 3-20 安排表

输入	输出	定时器	计数器
X000:启动按钮	Y000:南北绿灯 1	T0:绿灯 1 定时器	C0:绿灯 1 频闪 3 次计数器
	Y001:南北黄灯 1	T1、T2:构成周期为 1s 的振荡器	C1:绿灯 2 频闪 3 次计数器
	Y002:南北红灯 1	T3:黄灯 1 亮 2s 定时器	
	Y003:东西绿灯 2	T4:绿灯 2 定时器 25s	
	Y004:东西黄灯 2	T5、T6:构成周期为 1 秒的振荡器	
	Y005:东西红灯 2	T7:黄灯 2 亮 2s 定时器	

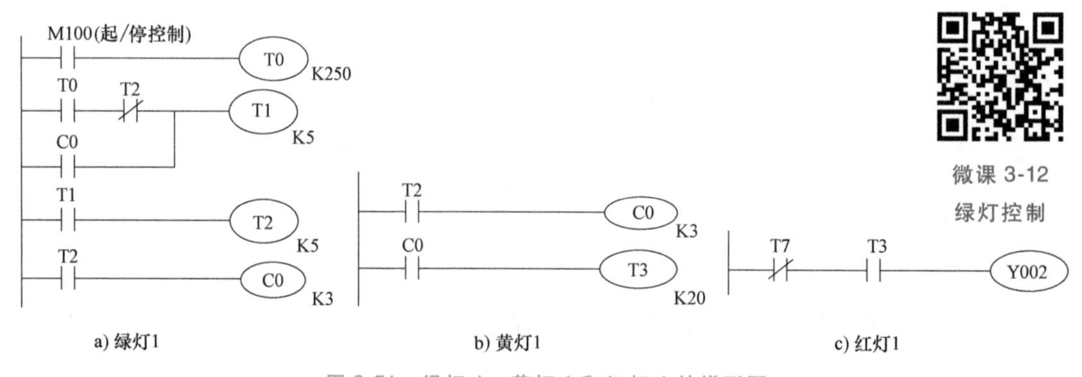

微课 3-12
绿灯控制

图 3-51　绿灯 1、黄灯 1 和红灯 1 的梯形图

① 绿灯 1 亮 25s 闪 3 次的控制程序如图 3-51a 所示。T0 定时 25s 控制绿灯 1 常亮 25s。T1、T2 构成周期为 1s 的振荡器，使绿灯 1 闪烁，T1 定时 0.5s 后，绿灯 1 亮，T2 定时 0.5s 后，绿灯 1 灭。C0 为绿灯 1 的频闪计数器，T2 为 C0 的计数信号，C0 计数到 3，绿灯 1 灭。注意，C0 的动合触点的功能是三次计数到，则使 T1 的线圈一直为 ON。

绿灯 2 的控制程序和绿灯 1 的控制程序相似。

② 黄灯 1 亮 2s 的控制程序如图 3-51b 所示。C0 计数到 3，黄灯 1 亮。T3 定时 2s 后，使黄灯 1 灭。黄灯 2 的控制程序和黄灯 1 的相似。

③ 红灯 1 亮 30s 的控制程序如图 3-51c 所示。从时序图中可知，红灯 1 从黄灯 1 亮 2s 后 T3 导通开始亮，到黄灯 2 定时器 T7 时间到灭，共计 30s。红灯 2 的控制程序和红灯 1 的相似。

2）各灯的输出梯形图，以“时间点”为工作条件绘出输出为 Y000～Y005 的各灯线圈，对应梯形图如图 3-52 中①部分所示。

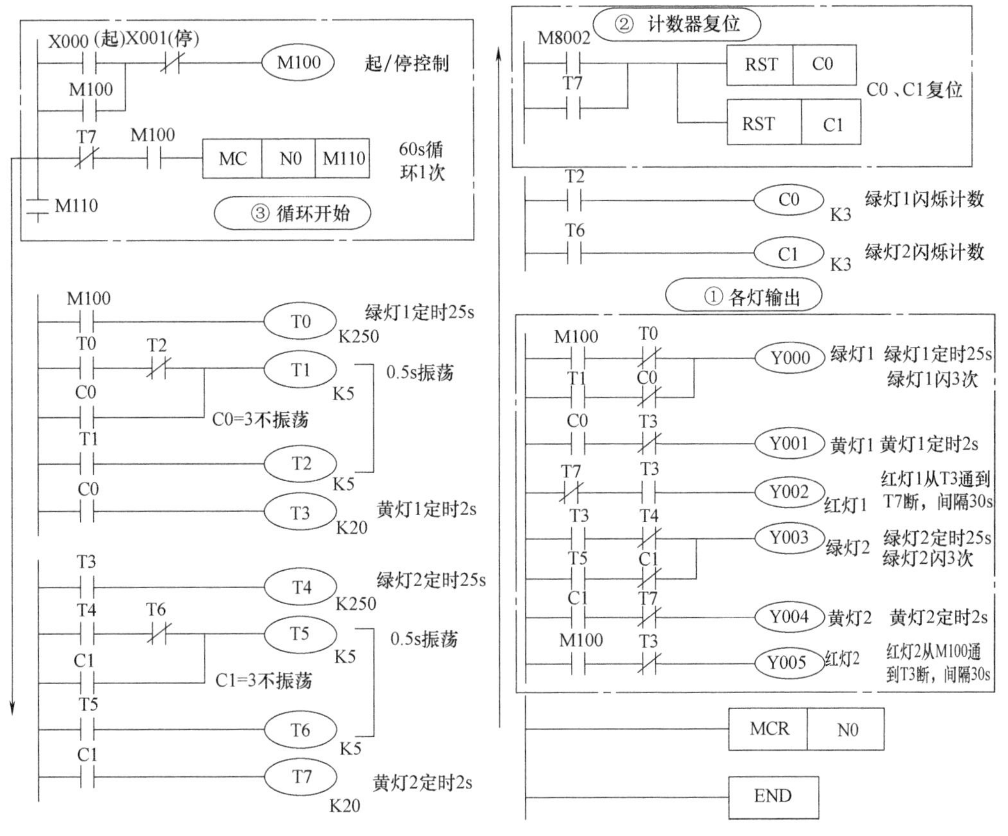

图 3-52 交通信号灯控制梯形图

3）计数器 C0 和 C1 的复位，初始化和循环结束复位。M8002 为初始脉冲，对 C0 和 C1 进行初始化清零。T7 定时时间到，则一个循环周期结束，对 C0 和 C1 进行循环复位，对应梯形图如图 3-52 中②部分所示。

4）增加主控环节实现一个循环的过程，当定时器 T7 时间到，T7 的动断触点作为条件与主控指令串联，实现所有定时器和输出清零。对应梯形图如图 3-52 中③部分所示。

习 题

3-1 选择题（单选题）

（1）置位指令 SET 可以对（　　）元件执行。

A. Y、M、S　　B. Y、M、D　　C. X、Y、M　　D. Y、T、C

（2）以下指令中，不带操作数的是（　　）。

A. MC　　B. OR　　C. MPS　　D. ANI

（3）基本指令 MPP 是（　　）。

A. 入栈指令　　B. 出栈指令　　C. 读栈指令　　D. 主控指令

（4）OUT 指令对于（　　）是不能使用的。

A. 输入继电器　　B. 输出继电器　　C. 辅助继电器　　D. 状态继电器

（5）并联回路块的串联使用的指令是（　　）。

A. LDI　　B. ANB　　C. ORB　　D. ANR

3-2　写出图 3-53 所示梯形图对应的指令表。

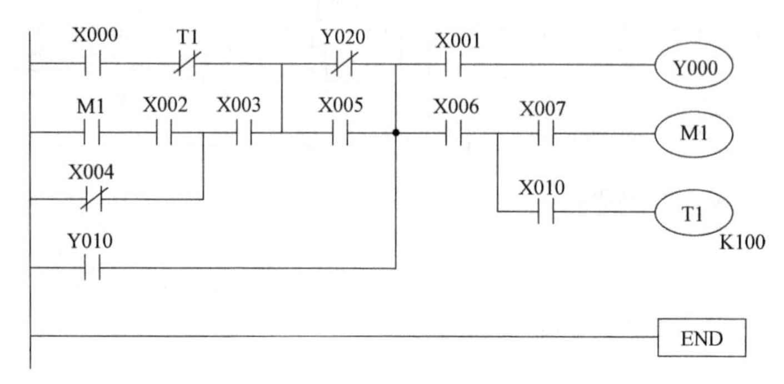

图 3-53　习题 3-2 图

3-3　画出与下列指令表对应的梯形图。

LD　X000
OR　Y000
ANI　X001
MPS
AND　M100
OUT　Y000
MPP
LD　X010
OR　Y001
ANI　X011
MPS
AND　M101
OUT　Y001
MRD
ANI　M102
OUT　Y002
MPP
LD　X020
OR　Y002
ANI　X021
OUT　Y003

3-4　画出图 3-54 中 M206 的波形。

3-5　分析图 3-55 程序具有什么功能，画出 M1、M2、Y001 和 Y002 的波形。

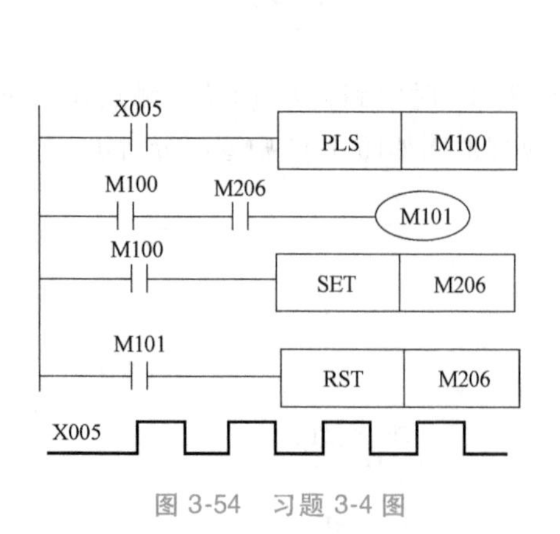

图 3-54　习题 3-4 图

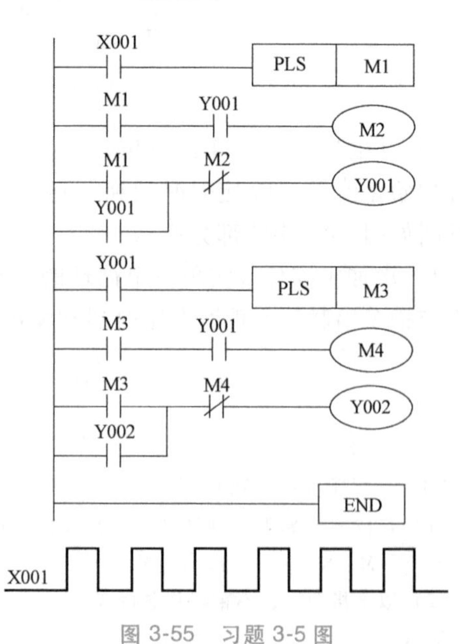

图 3-55　习题 3-5 图

3-6　用主控指令画出图3-56的等效梯形图，并写出指令表程序。

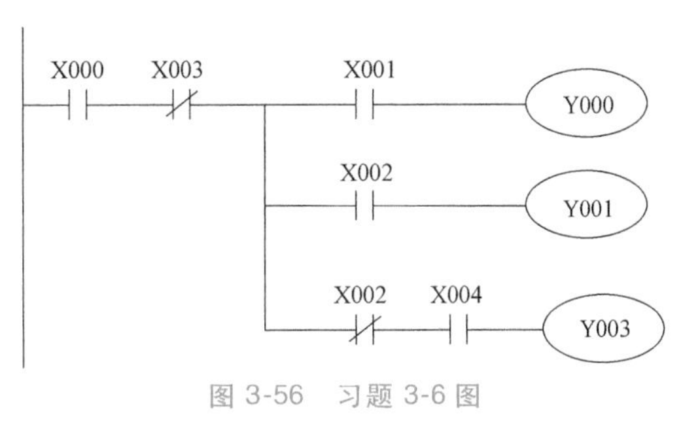

图3-56　习题3-6图

3-7　使用梯形图实现设计一盏灯的控制，使其每次亮0.5s后灭0.5s，亮灭共3次。

3-8　使用M8013实现10s闪灯，亮灭为1次/s。

3-9　设计一个四组抢答器，任一组抢先按下按键后，显示器能及时显示该组的编号并使蜂鸣器发出响声，同时锁住抢答器，使其他组按下按键无效。抢答器有复位开关，复位后可重新抢答。

3-10　用接在X000的光电开关检测带式输送机上通过的产品，有产品通过时X000为ON，如果在10s内没有产品通过，由Y000接的外部报警设备发出报警信号，用X001接的开关解除报警信号。画出梯形图，并将它转换为指令表。

3-11　某大厦管理人员想统计进出大厦的人数，因此在唯一的大门里设置了两个光电检测器，如图3-57a所示，当有人进出时就会遮住光信号，检测器就会输出“1”状态信号；光不被遮住时，信号为“0”。两个检测器A和B的信号的变化顺序将能确定人走动的方向。设以检测器A为基准，当检测器A的光信号被人遮住时，检测器B发出上升沿信号，就可以认为有人进入大厦，如果此时B发出下降沿信号则可认为有人走出大厦，如图3-57b所示。当检测器A和B都检测到信号时，计数器只能减少一个数字；当检测器A或B只有其中一个检测到信号时，不能认为有人出入；当其中一个检测器状态不改变时，另一个检测器的状态连续变化几次，也不能认为有人出入了大厦，如图3-57c所示，相当于没有人进入大厦。

用PLC实现上述控制要求，设计一段程序，统计出大厦内现有人数，达到限定人数（例如500人）时发出报警信号。

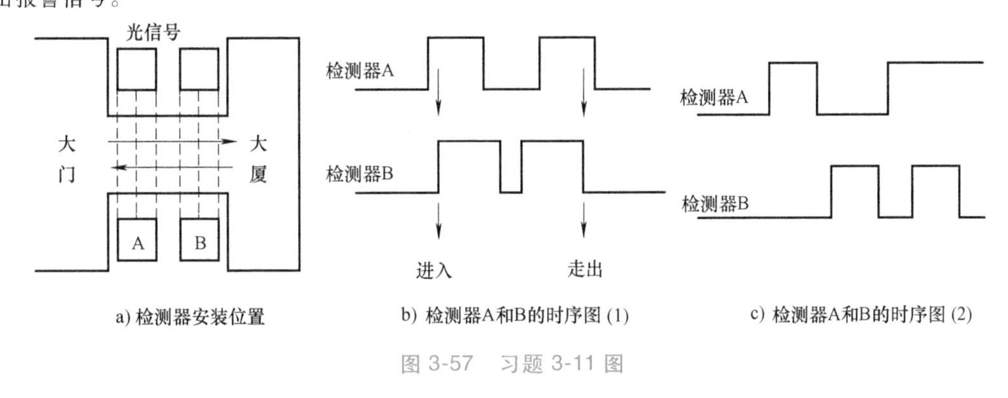

a) 检测器安装位置　　b) 检测器A和B的时序图 (1)　　c) 检测器A和B的时序图 (2)

图3-57　习题3-11图

3-12　设计一个节日礼花弹引爆程序。礼花弹用电阻点火引爆器引爆。为了实现自动引爆，以减轻工作人员频繁操作的负担，保证安全，提高动作的准确性，因此采用PLC控制，要求编制以下控制程序：1~6号礼花弹引爆间隔0.1s，引爆完后停10s，接着7~12号礼花弹引爆，间隔0.1s，引爆完后又停10s，接着13~18号礼花弹引爆，间隔0.1s，引爆完后再停10s，接着19~24号礼花弹引爆，间隔0.1s。引爆用一个引爆起动开关控制。

3-13　用PLC构成门铃控制系统，按钮接X000，门铃蜂鸣器接Y000，要求按门铃按钮后，门铃响2s，停止3s，响5次后停止。

3-14　设计满足如图3-58所示的输入输出关系的梯形图，其中X000~X002分别接输入按钮。

3-15　阅读图3-59所示的程序，画出X000、M0、M1、M2、M3、C0和Y000的波形，说明程序能够实现几分频功能。

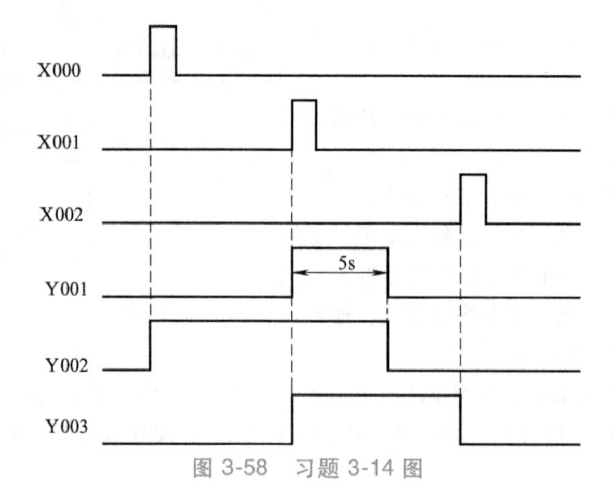

图 3-58 习题 3-14 图

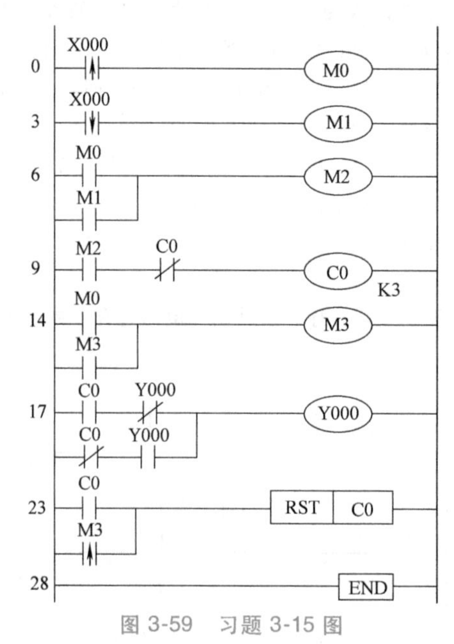

图 3-59 习题 3-15 图

第4章　应用指令编程

4.1　应用指令概述

FX3U 系列 PLC 除了基本指令以外，还有丰富的应用指令可以进行各种数据处理。

1. 应用指令的说明

应用指令可直接表达本指令所要做的操作，应用指令范围为 FNC00～FNC295。图 4-1 是 16 位应用指令的梯形图表示形式，图 4-1a 是本书使用的方框表示应用指令的形式，M8002 的动合触点是执行应用指令的条件，第一个方框 MOV 表示应用指令助记符，第二个方框中的 K300 表示源操作数（有的指令有几个源操作数，可用 Si 表示，有的指令没有源操作数），第三个方框中的 D100 表示目标操作数。源操作数和目标操作数后括号内的点，表示可以对指定的软元件地址变址或对指定数据变数据。图 4-1b 是编程软件中用方括号表示应用指令的形式，助记符、源操作数、目标操作数之间要用空格隔开。

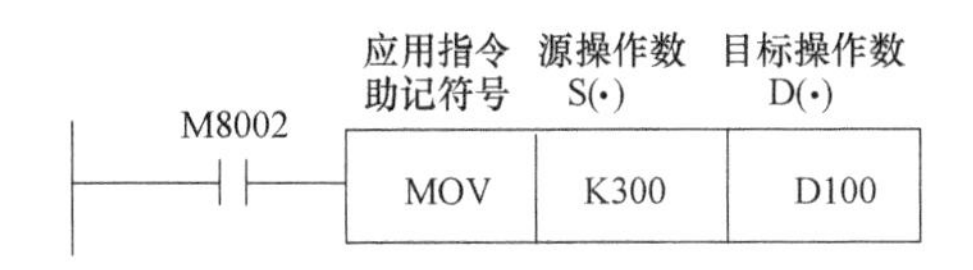

a) 本书使用的方框表示应用指令的形式

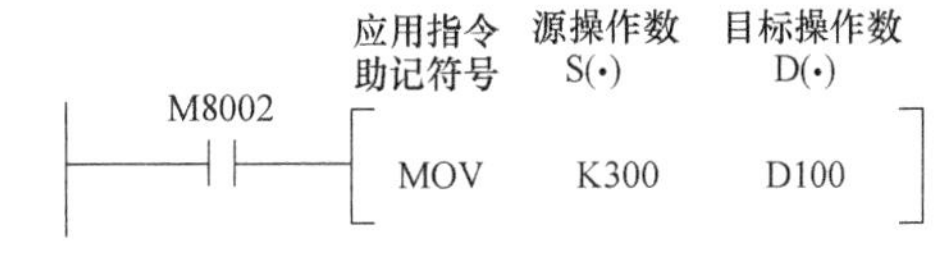

b) 编程软件中用方括号表示应用指令的形式

图 4-1　16 位应用指令的梯形图表示形式

图 4-1 给出的是传送指令的表示方法，其操作意义是：当 PLC 运行第一个扫描周期，M8002 接通，传送指令仅执行一次，将源操作数 K300 送往目标操作数的数据寄存器 D100 中。应用指令的表示方式的优点是直观明了，与单片机的指令格式相似。

2. D 指令和 P 指令

同一条应用指令，有的只能是 16 位操作，有的既可进行 16 位操作也可进行 32 位操作。若指令允许 32 位操作数，其指令助记符前要加“D”，为 D 指令。图 4-2a、b 为加法（ADD）指令的 16 位操作，图 4-2c、d 即为 DADD 指令，它将第一源操作数 S1 指定的（D11，D10）中 32 位数据与第二源操作数 S2 指定的（D13，D12）中 32 位数据相加，求得的 32 位之和存入（D15，D14）中。32 位操作数的高 16 位数据寄存器（如 D11）地址可以省略不写，

微课 4-1
D 指令和
P 指令

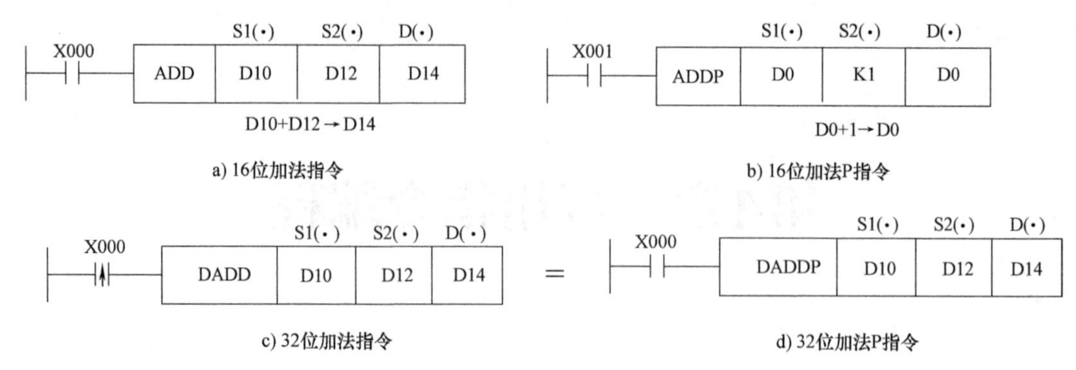

a) 16位加法指令　b) 16位加法P指令　c) 32位加法指令　d) 32位加法P指令

图 4-2　应用指令的不同形式

只写低 16 位数据寄存器地址即可。

应用指令分连续执行指令和脉冲执行指令，若不使用边沿触点作为执行条件，也可使用指令助记符后加“P”的脉冲执行指令，简称 P 指令。若指令后不带“P”，称为连续执行指令。如图 4-2b、d 中，ADDP 和 DADDP 是 P 指令，脉冲指令仅执行一个扫描周期，可以实现只执行一次的操作，图 4-2c 使用 X000 的上升沿指令，与图 4-2d 的功能相同。在很多运算类的应用指令中要注意 P 指令的使用，避免每个扫描周期都计算。

在本书后面介绍的指令表格中，P 指令列和 D 指令列，带“○”的就是允许相应指令，带“—”的则是不允许。

3. 软元件的变址或指定数据的变数据

有些应用指令的源操作数 S 和目标操作数 D 旁边带有“（·）”符号，表示操作数指定的软元件地址可以变址。16 位变址或变数据可以选用 V0～V7 和 Z0～Z7 中的一个变址寄存器实现，32 位变址或变数据可以各用 V 和 Z 中一个相同地址的软元件进行组合实现。如图 4-3a 所示为 16 位的 V0～V7 和 Z0～Z7 的组合。图 4-3b 所示为 MOV 指令源操作数和目标操作数变址，当 V0＝K25，Z0＝K15 时，X000 动合触点闭合一次，MOVP 指令执行一次操作，将 K100V0＝K125 传送到 D10Z0＝D25 中。

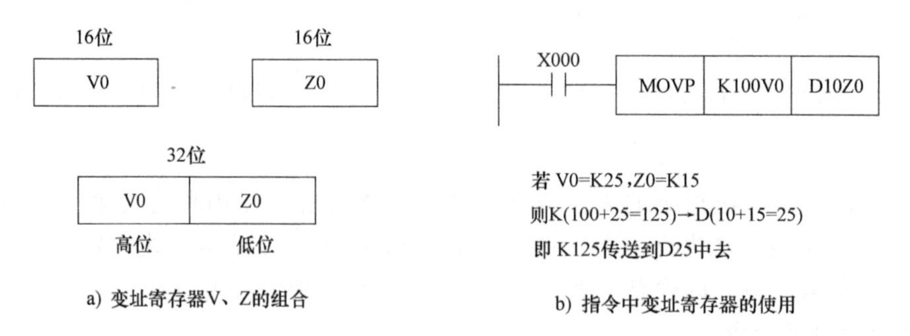

a) 变址寄存器V、Z的组合　b) 指令中变址寄存器的使用

图 4-3　变址和变数据的应用

4.2　数据比较类指令

FX3U 系列 PLC 的数据比较类指令中，整数比较类指令有 2 条，触点比较类指令有 18 条，浮点数比较类指令有 2 条，见表 4-1。

表 4-1　数据比较类指令和触点比较类指令

指令类别	指令名称	FNC NO	指令符号	功能	D 指令	P 指令
整数比较类指令	比较	10	CMP	两个整数比较，执行比较结果	○	○
	区间比较	11	ZCP	与上、下限数据进行区间比较	○	○
触点比较类指令	左母线触点数据比较相等	224	LD=	S1=S2，触点闭合	○	—
	左母线触点数据比较大于	225	LD>	S1>S2，触点闭合	○	—
	左母线触点数据比较小于	226	LD<	S1<S2，触点闭合	○	—
	左母线触点数据比较不等于	228	LD<>	S1≠S2，触点闭合	○	—
	左母线触点数据比较小于等于	229	LD<=	S1≤S2，触点闭合	○	—
	左母线触点数据比较大于等于	230	LD>=	S1≥S2，触点闭合	○	—
	串联触点数据比较相等	232	AND=	S1=S2，触点闭合	○	—
	串联触点数据比较大于	233	AND>	S1>S2，触点闭合	○	—
	串联触点数据比较小于	234	AND<	S1<S2，触点闭合	○	—
	串联触点数据比较不等于	236	AND<>	S1≠S2，触点闭合	○	—
	串联触点数据比较小于等于	237	AND<=	S1≤S2，触点闭合	○	—
	串联触点数据比较大于等于	238	AND>=	S1≥S2，触点闭合	○	—
	并联触点数据比较相等	240	OR=	S1=S2，触点闭合	○	—
	并联触点数据比较大于	241	OR>	S1>S2，触点闭合	○	—
	并联触点数据比较小于	242	OR<	S1<S2，触点闭合	○	—
	并联触点数据比较不等于	244	OR<>	S1≠S2，触点闭合	○	—
	并联触点数据比较小于等于	245	OR<=	S1≤S2，触点闭合	○	—
	并联触点数据比较大于等于	246	OR>=	S1≥S2，触点闭合	○	—
浮点数比较类指令	浮点数比较	110	ECMP	两个二进制浮点数比较	○	○
	浮点数区间比较	111	EZCP	与上下限浮点数进行区间比较	○	○

4.2.1　整数比较类指令

1. 比较指令

比较指令 CMP（Compare）是将源操作数 S1（·）与 S2（·）中的常数或指定软元件中的数据进行比较，比较结果使目标操作数 D（·）指定的对应位元件动作。

CMP 指令如图 4-4 所示，S1（·）和 S2（·）的操作数范围是 K、H、KnX、KnY、

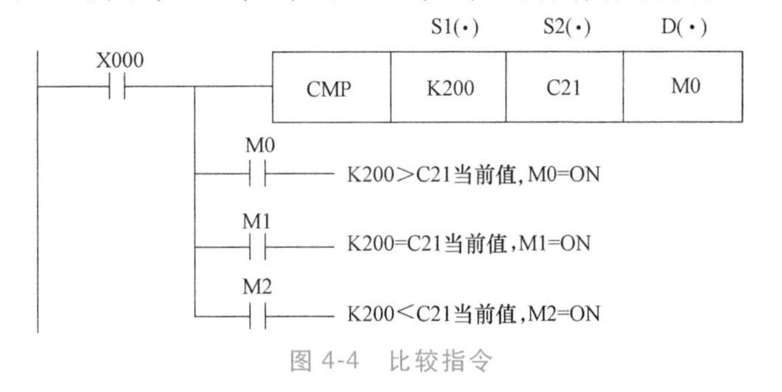

图 4-4　比较指令

KnM、KnS、T、C、D、V、Z、U□\G□，D（·）的操作数范围是Y、M、S、D□.b。若目标位软元件指定M0时，以M0起始地址的M0～M2三个连续地址号的位元件会被自动占用。

注意：在程序中不能随便使用指定的三个位元件，应先对目标操作数清零。

【例4-1】 使用比较指令实现占空比可变的方波。

将计数器C0的当前值与可变常数K5Z0进行比较，使Y000产生占空比可变、周期为3s的方波的梯形图如图4-5a所示。

微课4-2
比较指令实现占空比可变的方波

当程序运行后，C0对M8012的0.1s时钟脉冲计数，计数设定值30（即3s）自动复位。利用比较指令，使C0的当前值与K5Z0（K15）比较，当（C0）>K5Z0时，M0=ON，使Y000导通，当（C0）≤K5Z0时，M0=OFF，Y000断开，Y000产生周而复始的方波。改变Z0中的数值，可以改变Y000输出脉冲的占空比，图4-5b是程序中Y000输出的方波波形。

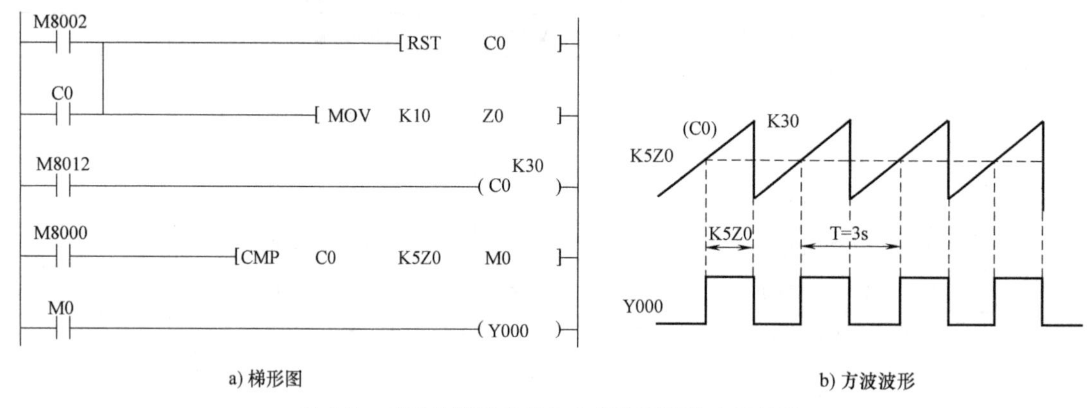

图4-5 使用比较指令产生占空比可变的方波输出

2. 区间比较指令

区间比较指令ZCP（Zone Compare）可实现区间比较大小。

ZCP指令如图4-6所示。S1（·）、S2（·）和S（·）的操作数范围是K、H、KnX、KnY、KnM、KnS、T、C、D、V、Z、U□\G□，D（·）的操作数范围是Y、M、S、D□.b。该指令是将S（·）中指定数据与上、下限两个源数据S2（·）和S1（·）中指定数据比较，图中是将C20的当前值与K100和K200比较，比较结果使D（·）中指定的三个连号的位元件M3、M4、M5中某一个位元件动作，不能占用目标操作数指定的三个位元件。

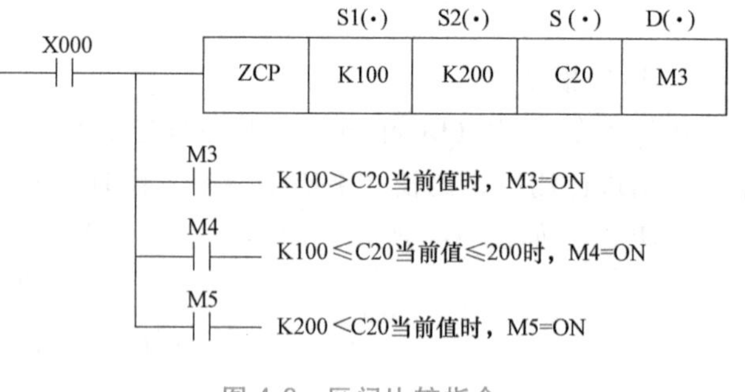

图4-6 区间比较指令

注意：S1（·）指定的内容应小于或等于S2（·）指定内容，否则S2（·）会被看作与S1（·）一样大，例如在S1（·）=K100，S2（·）=K90时，则S2（·）指定值会被看作K100进行操作。

【例 4-2】 使用区间比较指令实现方波输出，图 4-7 所示为其梯形图及方波波形。

ZRST 指令对 M0～M2 清零，定时器 T1 定时到 90s 便自动复位，重新开始定时；区间比较指令将 T1 的当前值与上、下限值比较，若（T1）<K300，M0＝ON，Y001 导通；若 K300≤（T1）≤K600，M1＝ON，Y002 导通；若（T1）>K600，M2＝ON，Y003 导通，周而复始。

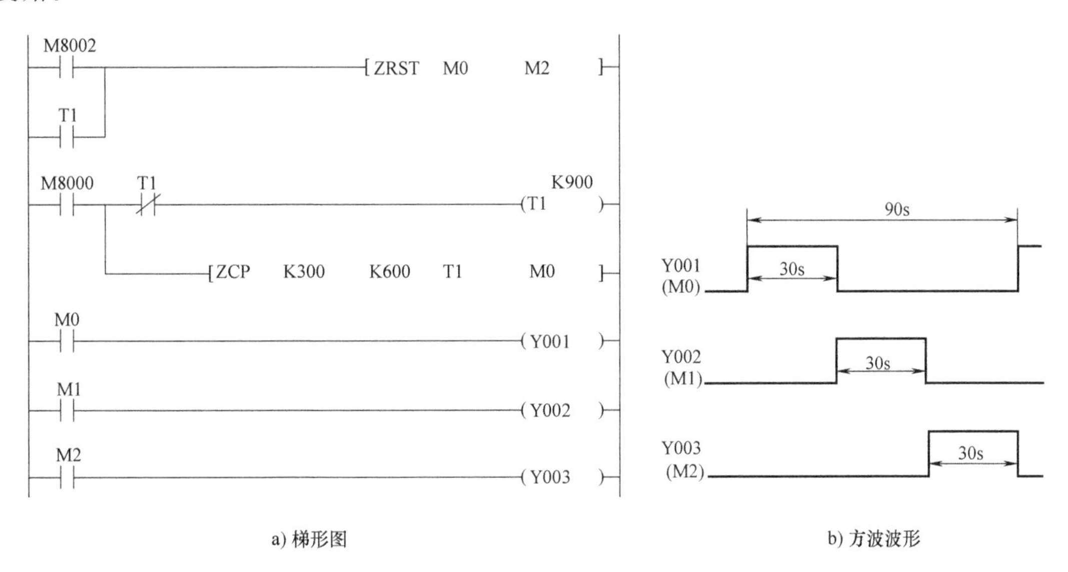

a) 梯形图　　b) 方波波形

图 4-7　使用区间比较指令实现方波输出

4.2.2　触点比较类指令

触点比较类指令在程序中可看作一个触点，具有开关的通断性质。触点比较类指令执行时可根据两个源操作数 S1（·）和 S2（·）进行各种比较，满足比较条件时，触点比较类指令等效开关闭合接通，其中，S1（·）和 S2（·）的范围是 K、H、KnX、KnY、KnM、KnS、T、C、D、V、Z。

触点比较类指令在程序中连接的位置可分为与左母线连接、串联、并联三类。在指令表中分别使用“LD+关系符”“AND+关系符”和“OR+关系符”表示。

微课 4-3
触点比较类指令

【例 4-3】 对于与左母线连接的触点的比较类指令的应用，图 4-8 为其梯形图和指令表。

C10 对 M8012 的 0.1s 时钟脉冲计数，计数到设定值 100 时自动清零重新计数。当 C10 当前值小于 K50 时，Y010 导通；当 C10 当前值大于或等于 K50 时，Y010 关断，Y011 导通。周而复始上述过程。

【例 4-4】 对于串联触点的比较类指令的应用，其梯形图如图 4-9 所示。

T0 定时器产生每隔 10s 接通一个扫描周期脉冲，当 X000＝ON，T0 当前值小于 K50 时，Y001 导通；当 T0 当前值大于或等于 K50 时，Y001 截止，其动断触点接通，为 Y002 导通做好准备；当 T0 当前值大于或等于 K60 时，Y002 导通。

【例 4-5】 对于并联触点比较类指令的应用，其梯形图如图 4-10 所示。

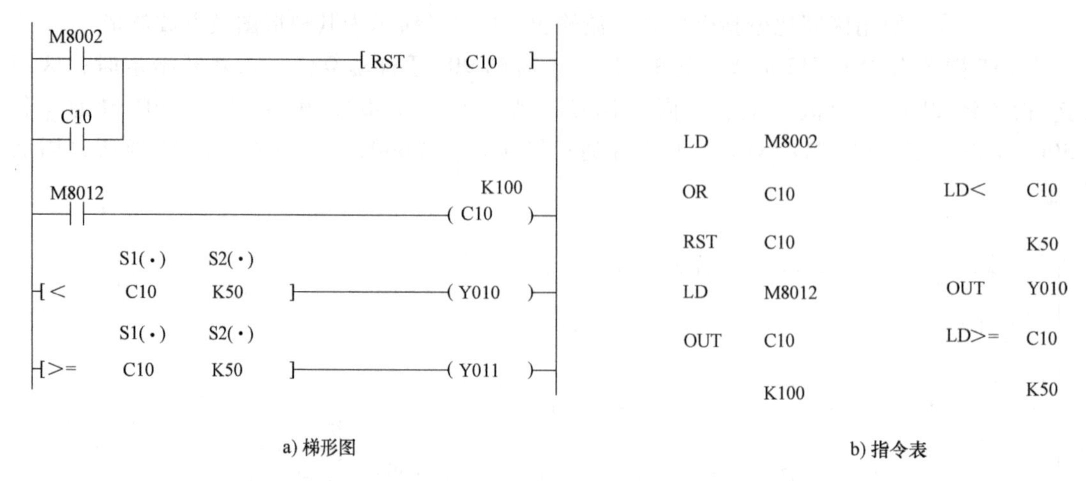

图 4-8　与左母线连接的触点的比较类指令

当 X001＝ON 或者 T0 当前值小于或等于 K40 时，Y001 导通；当 X002＝ON 或者 T0 大于或等于 K70 时，Y002 导通。周而复始上述过程。

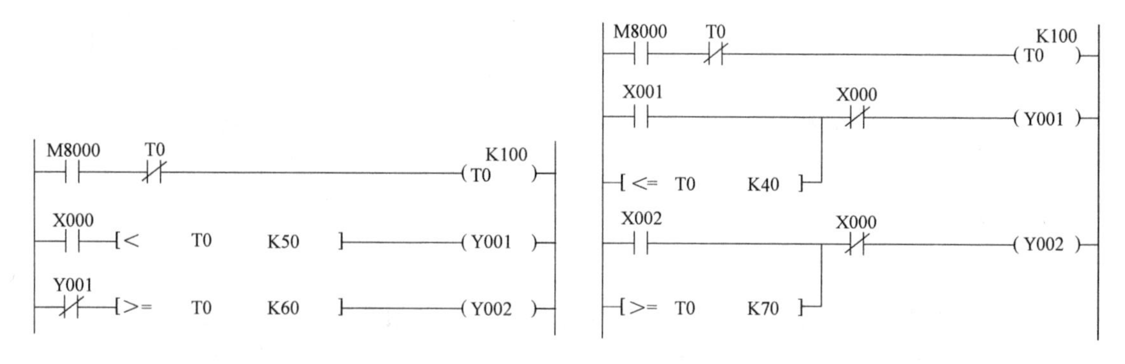

图 4-9　串联的触点比较类指令的应用　　　　图 4-10　并联的触点比较类指令的应用

4.2.3　浮点数比较类指令

二进制浮点数的表示如图 4-11 所示，一般采用一对连号的数据寄存器进行存放。

$$二进制浮点值=\frac{\pm(2^0+A22\times2^{-1}+A21\times2^{-2}+\cdots+A0\times2^{-23})\times2^{(E7\times2^7+E6\times2^6+\cdots+E0\times2^0)}}{2^{127}}$$

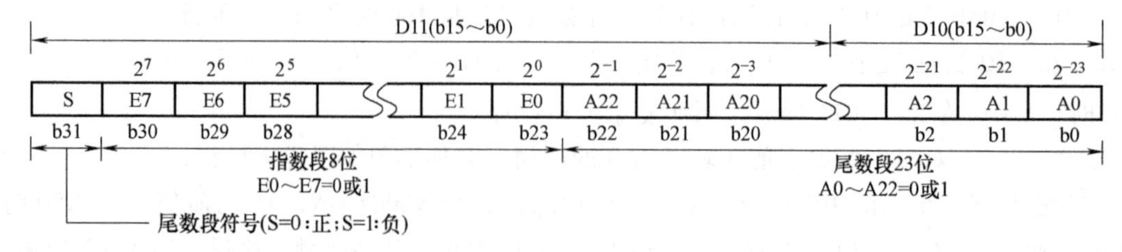

图 4-11　二进制浮点数的表示

例如：A22＝1，A21＝0，A19～A0＝0；E7＝1，E6～E1＝0，E0＝1，则有

$$二进制浮点值=\frac{\pm(2^0+1\times2^{-1}+0\times2^{-2}+1\times2^{-3}+\cdots+0\times2^{-23})\times2^{(1\times2^7+0\times2^6+\cdots+1\times2^0)}}{2^{127}}$$

$$=\frac{\pm1.625\times2^{129}}{2^{127}}$$

$$=\pm1.625\times2^2$$

浮点数比较类指令 ECMP 和浮点数区间比较指令 EZCP 的应用，与比较指令 CMP、区间比较指令 ZCP 基本相同，使用说明如图 4-12 所示。

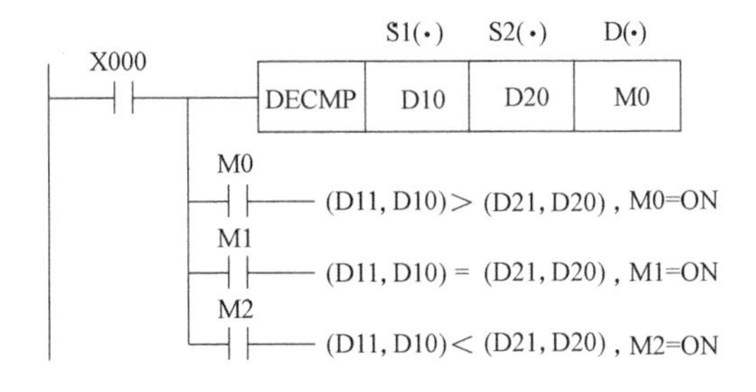

a) 浮点数比较类指令使用说明

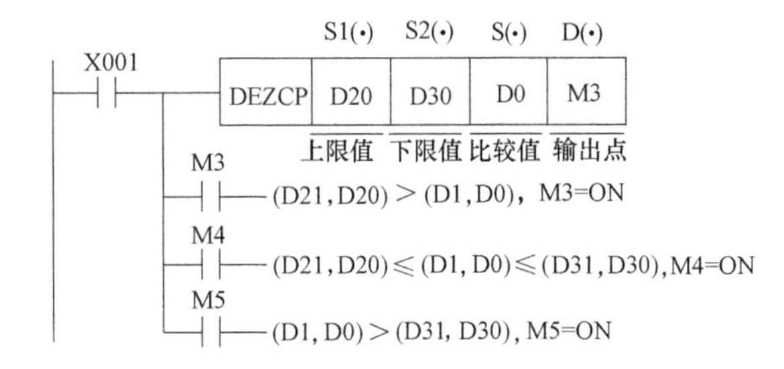

b) 浮点数区间比较类指令使用说明

图 4-12　浮点数比较指令和浮点数区间比较指令使用说明

浮点数比较类指令会将参与比较的常数自动转换为 32 位二进制浮点数，因此浮点数比较指令和浮点数区间比较指令前面一定要加“D”。其中，DECMP 指令中 S1（·）和 S2（·）的操作数范围是 K、H、E、D、R、U□\G□，D（·）的操作数范围是 Y、M、S、D□.b；DEZCP 指令中 S1（·）、S2（·）和 S（·）的操作数范围是 K、H、E、D、R、U□\G□，D（·）的操作数范围是 Y、M、S、D□.b。

4.2.4　数据比较类指令的综合应用

【例 4-6】　使用数据比较类指令实现智能家居监控的梯形图如图 4-13 所示。

控制要求：①6：30 电铃（Y000）每秒响一次，响六次后自动停止。②9：00~17：00 启动住宅报警系统（Y001）。③18：00 开园内照明（Y002 接通）。④20：00 关园内照明（Y002 断开）。

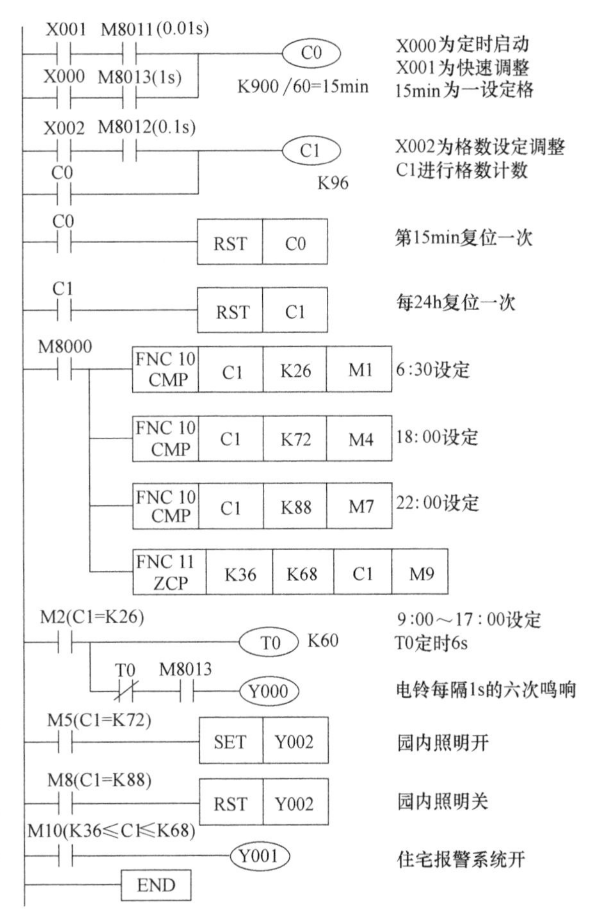

图 4-13　使用数据比较类指令实现智能家居监控

使用计数器制作数字钟，构成 24h

可设定定时时间的控制器，C0 对 M8013 计数 900 次构成 15min 计时，C1 对 C0 计数 96 次，实现 24h 计时。X000 为启、停开关；X001 为 15min 快速调整开关，M8011 每 0.01s 使 C0 加 1，X002 为格数设定的快速调整开关，M8012 每 0.1s 使 C1 加 1，可以快速调整数字钟。

使用 CMP 指令确定计数器 C1 分别为 26、72、88 时，对应的 M2、M5 和 M8 接通；使用 ZCP 指令，当 36<C1<68 时，使 M10 接通；分别实现电铃（Y000）响，住宅报警系统开（Y001）、园内照明开（Y002 接通）和园内照明关（Y002 断开）。

4.3 数据传送与转换类指令

数据传送与转换类指令所涉及的数据均为带符号位的 16 位或 32 位二进制数，具体内容见表 4-2。

表 4-2 数据传送与转换类指令

指令类别	指令名称	FNC NO	指令符号	功能	D 指令	P 指令
数据传送类指令	传送	12	MOV	将源数据传送到指定的目标元件中	○	○
	移位传送	13	SMOV	将源数据移位构成一个新的新操作数	—	○
	取反传送	14	CML	将源数据取反传送到目标元件中	○	○
	数据块传送	15	BMOV	将 n 个源字数据传送到 n 个目标元件中	—	○
	多点传送	16	FMOV	将 1 个源数据传送到 n 个目标元件中	○	○
数据转换类指令	数据交换	17	XCH	两个目标软元件中数据进行交换	○	○
	BIN 码转换 BCD 码	18	BCD	二进制码转换成 BCD 码	○	○
	BCD 码转换 BIN 码	19	BIN	BCD 码转换成二进制码	○	○
	高低八位转换	147	SWAP	将 16 位源数据进行高低八位交换	—	○
	BIN 码转换格雷码转换	170	GRY	二进制码转换成格雷码	○	○
	格雷码转换 BIN 码	171	GBIN	格雷码转换成二进制码	○	○

4.3.1 数据传送类指令

数据传送类指令有传送指令、移位传送指令、取反传送指令、数据块传送指令和多点传送指令，是数据处理类程序中使用十分频繁的指令。

1. 传送指令

传送指令 MOV（Move）的使用说明如图 4-14 所示，其中，S（·）的操作数范围是 K、H、KnX、KnY、KnM、KnS、T、C、D、V、Z、U□\G□，D（·）的操作数范围是 KnY、KnM、KnS、T、C、D、V、Z、U□\G□。

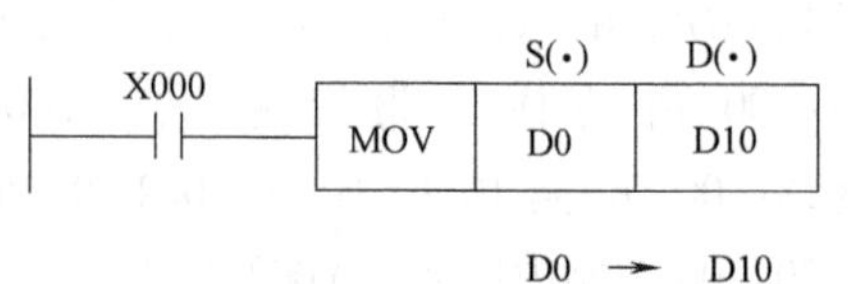

图 4-14 传送指令的使用说明

当 X000=ON 时，MOV 指令在每个扫描周期都将源操作数 S（·）指定的 D0 中数据送到目标操作数

D（·）指定的 D10 中。当 X000 断开，D10 中数据保持不变。

微课 4-4
传送指令控制电机起动

【例 4-7】 应用传送指令控制三相异步电动机Y/△起动，当 X000=ON，Y000=ON，Y002=ON 时，梯形图如图 4-15 所示。

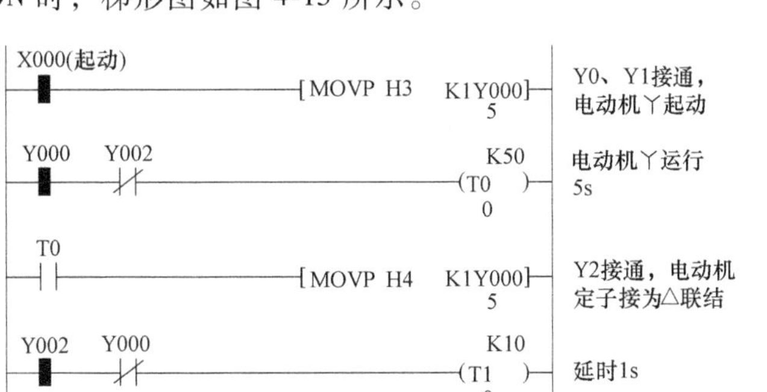

图 4-15　应用传送指令控制三相异步电动机Y/△起动

设起动按钮接 X000，停止按钮接 X001；电动机定子电源接触器 KM1 接 Y000，电动机定子Y联结接触器 KM2 接 Y001，电动机定子△联结接触器 KM3 接 Y002。

依电动机Y/△起动控制要求，X000=ON 后由传送指令将 H3 送到 K1Y000，使 Y000、Y001 为 ON，电动机以Y联结起动，当定时 5s，转速上升到额定转速时，由传送指令将 H4 送到 K1Y000，断开 Y000、Y001，接通 Y002，准备进行定子△联结。延时 1s 后再由传送指令将 H5 送到 K1Y000，使 Y000、Y002 接通，电动机定子△联结，电动机全压运行。按停止按钮 X001 时，将 H0 传送到 K1Y000，电动机停止。

2. 移位传送指令

SMOV（Shift Move）指令可将源操作数的正 16 位二进制码按 4 位一组分成 4 组并自动转换成 BCD 码。移位传送指令的使用要素见表 4-3。

表 4-3　移位传送指令的使用要素

指令名称	指令代码位数	助记符	操作数使用范围					程序步数
			S(·)	m1	m2	D(·)	n	
移位传送	FNC13（16）	SMOV SMOVP	KnX、KnY、KnM、KnS、T、C、D、V、Z、U□\G□	K、H=1~4	K、H=1~4	KnY、KnM、KnS、T、C、D、V、ZU□\G□	K、H=1~4	11 步

注：若指令中源操作数为负以及 BCD 码的值超过 9999 将出错。

移位传送指令的使用说明如图 4-16 所示，m1 为源操作数的起始值，m2 为组个数，n 为目的操作数的起始值。SMOV 指令执行过程是将源操作数的二进制（BIN）码自动转换为 BCD 码。图 4-16 中，将 D1 的第 4 组开始的 2 组 BCD 数据（S 和 4），送到 D2 的第 3 组开始的 2 组共 8 个位单元中，D2 中未被移位传送的数值不变。

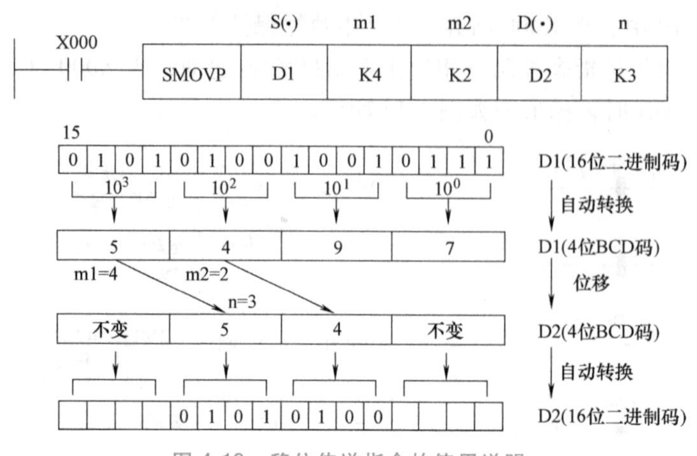

图 4-16　移位传送指令的使用说明

移位传送指令也可以在配合的特殊辅助继电器 M8168＝ON 时进行扩展应用，如图 4-17 所示。当 X000＝ON，移位传送指令在执行中，不再对源操作数进行 BCD 码变换，而是直接将二进制码的源操作数以 4 位为单位，从 m1 指定的第四个 4 位起，将 m2 指定的两个 4 位二进制码直接送到目标元件 D2 中第 n＝3 组起，覆盖第 3、第 2 两组 4 位二进制码。

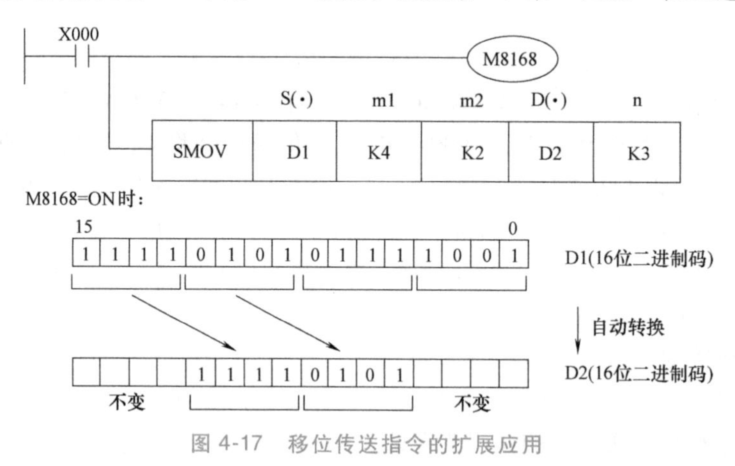

图 4-17　移位传送指令的扩展应用

3. 取反传送指令

取反传送指令 CML（Complement）可实现按位取反，其使用说明如图 4-18a 所示，将源操作数 D0 中的二进制码按位取反（0→1，1→0）传送到目标操作数指定的软元件中去。其中，S（·）的操作数范围是 K、H、KnX、KnY、KnM、KnS、T、C、D、V、Z、U□\G□，D（·）的操作数范围是 KnY、KnM、KnS、T、C、D、V、Z、U□\G□。若将 K、H 用于源操作数，则自动变换成二进制码按位取反后传送到目标操作数指定的软元件中去。

【例 4-8】　取反指令 CML 的应用如图 4-18b 所示。

当 X000＝ON 时，传送指令将 H0AA（K170）送到 D0 中，即 $(D0)=(10101010)_{BIN}$，并由取反传送指令将（D0）中数据按位取反送到 K2Y000 中，即 $(K2Y000)=(01010101)_{BIN}=K85$。

4. 数据块传送指令

数据块传送指令 BMOV（Block Move）也称为成批数据传送指令，数据块传送只有 16

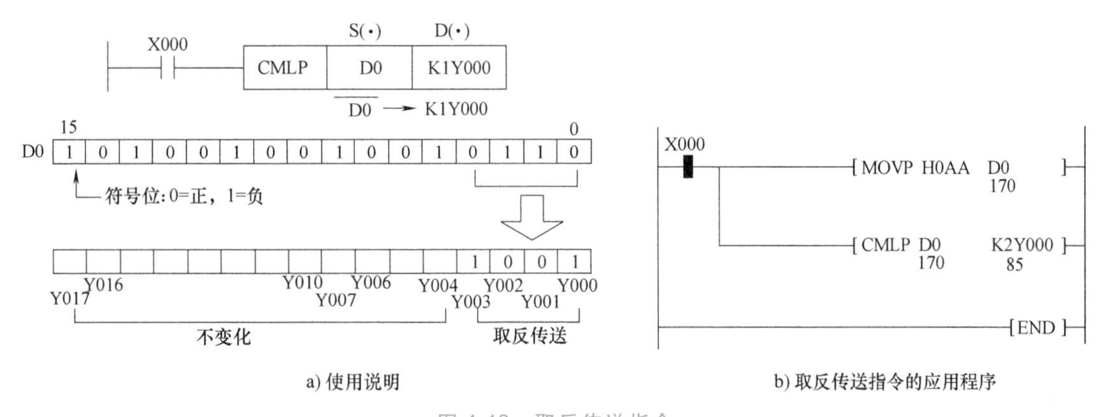

a) 使用说明　　b) 取反传送指令的应用程序

图 4-18　取反传送指令

位操作数指令，其使用说明如图 4-19 所示。其中，S（·）的操作数范围是 KnX、KnY、KnM、KnS、T、C、D、V、Z、U□\G□，D（·）的操作数范围是 KnY、KnM、KnS、T、C、D、V、Z、U□\G□，n 的操作数范围是 K、H≤512。

图 4-19a 中，当 X000=ON，将源操作数指定的 D5 开始的 n=3 个软元件中的 16 位二进制码，传送到目标操作数指定的 D10 开始的 n=3 个软元件中，如果软元件地址号超出允许的地址号范围，数据仅传送到允许的地址号范围内。

传送的源操作数与目标操作数软元件地址号范围若有重叠时，为了防止源数据没有传送就被改写，PLC 自动确定传送顺序，例如，当源操作数指定软元件地址号大于目标操作数软元件地址号，按图 4-19b 所示的①~③顺序传送数据，反之，按图 4-19b 所示的③~①顺序传送数据。

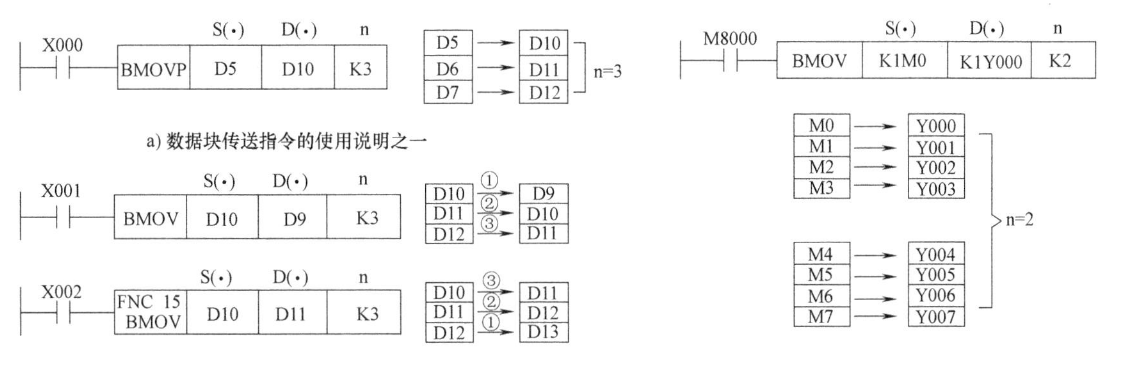

a) 数据块传送指令的使用说明之一

b) 数据块传送指令的使用说明之二　　c) 数据块传送指令的使用说明之三

图 4-19　数据块传送指令使用说明

若数据块传送的是位组合元件的数据，源操作数与目标操作数中的位元件要采用相同的 Kn 位字长，如图 4-19c 所示。

5. 多点传送指令

多点传送指令 FMOV（Fill Move）可将源操作数指定的常数或某个软元件中的内容，向目标操作数指定的 n 个软元件中传送，n 个软元件中的内容都一样，如图 4-20a 所示。其中，S（·）的操作数范围是 K、H、KnX、KnY、KnM、KnS、T、C、D、V、Z、U□\G□，D（·）的操作数范围是 KnY、KnM、KnS、T、C、D、V、Z、U□\G□，n 的操作数范围是 K、H≤512。

如果目标操作数指定的软元件地址号超出允许的范围，数据仅传送到软元件允许的地址号范围内。

【例 4-9】 如图 4-20b 所示为多点传送的实例。

当 X000=ON，传送指令将常数 K100 送入 D0 中，并由多点传送指令将 D0 中数据传送到 D10~D14 的五个数据寄存器中。

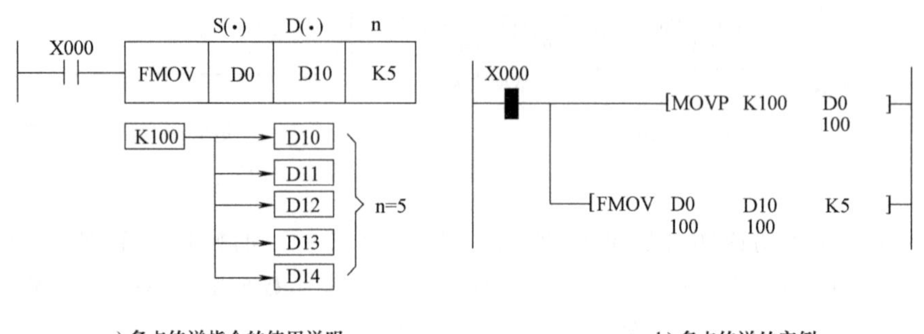

图 4-20 多点传送指令的使用说明和实例

4.3.2 数据转换类指令

1. 数据交换指令

数据交换指令 XCH（Exchange）可将被指定的两个目标软元件中的数据进行交换。其使用说明如图 4-21a 所示，其中，D1（·）和 D2（·）的操作数范围是 KnY、KnM、KnS、T、C、D、V、Z、U□\G□。当 X000=ON，执行 XCHP 指令后，两个目标软元件 D10 和 D11 中的数据交换为 130 和 100。注意，使用 XCHP 只执行一次数据交换。

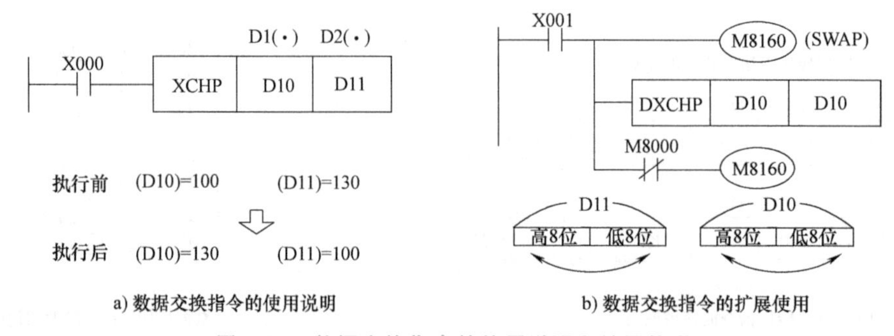

图 4-21 数据交换指令的使用说明和扩展使用

数据交换指令可在特殊辅助继电器 M8160=ON 时，实现软元件中数据的高、低八位交换，即扩展使用，如图 4-21b 所示，当 X001=ON，则 M8160 接通，32 位数据交换指令使两个 16 位数据的高、低八位数据交换，要求两个目标软元件应为同一地址号（地址号不同，错误标号 M8067 接通，不执行指令），交换后应使 M8160=OFF。

【例 4-10】 数据交换指令 XCH 的应用如图 4-22 所示。

当程序运行后，D10=K200，D20=K100，当 X000=ON，执行数据交换指令，将两个目标软元件的数据进行了交换，使 D10=K100，D20=K200。

2. BIN码转换BCD码指令

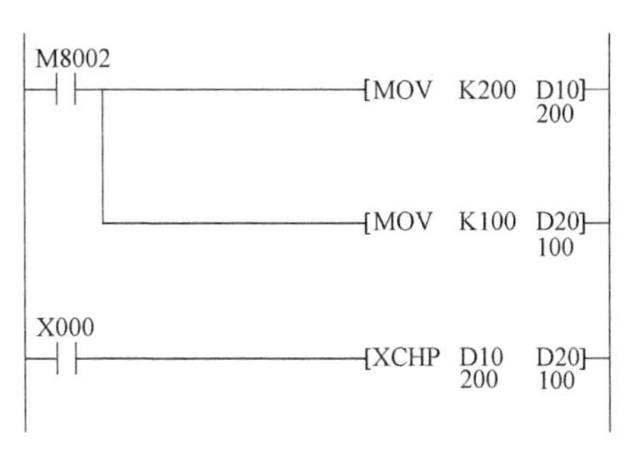

图4-22　数据交换指令应用

BIN码转换BCD（Binary Code to Decimal）码指令（BCD指令）是将源操作数指定软元件中的二进制码转换成十进制码（BCD码）送到目标操作数指定的软元件中，源操作数指定的软元件中的二进制码不变。BIN码转换BCD码指令的使用说明如图4-23所示，当X000=ON，指令将D12中的二进制码转换成BCD码送到目标元件Y000~Y007中，可用于驱动两位BCD数码管。其中，S（·）的操作数范围是KnX、KnY、KnM、KnS、T、C、D、V、Z、U□\G□，D（·）操作数范围是KnY、KnM、KnS、T、C、D、V、Z、U□\G□。

如果使用的是16位BCD指令，转换的BCD码若超出0~9999的范围，将会出错；如果是32位DBCD指令，转换的BCD码若超出0~99999999的范围，将会出错。

3. BCD码转换BIN码指令

BCD码转换BIN（Binary）码指令（BIN指令）是BCD指令的逆转换，它将源操作数指定软元件中的BCD码转换为二进制码送到目标操作数指定的软元件中，源操作数指定软元件中的BCD码不变。对于源操作数中的数据范围，16位操作为0~9999；32位操作为0~99999999。

BIN指令的使用说明如图4-24所示，当X010=ON时，指令根据源操作数指定的X000~X017接收的四位BCD码转换成二进制码送到目标操作数指定的D12中。其中，S（·）的操作数范围是KnX、KnY、KnM、KnS、T、C、D、V、Z、U□\G□，D（·）的操作数范围是KnY、KnM、KnS、T、C、D、V、Z、U□\G□。

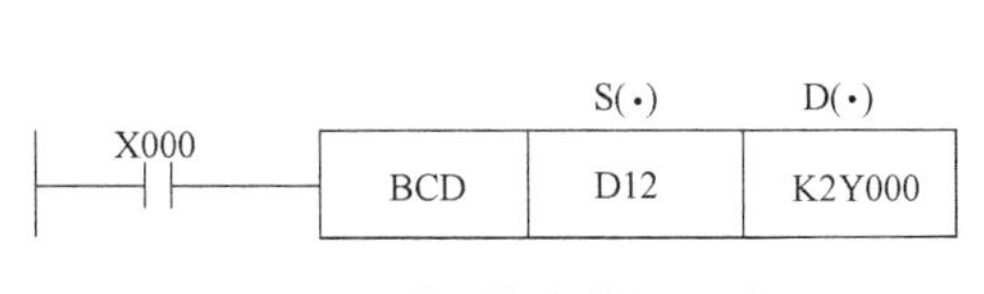

图4-23　BCD指令的使用说明

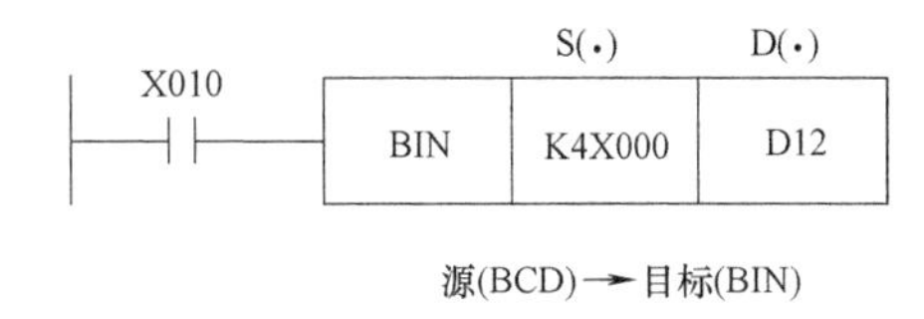

图4-24　BIN指令的使用说明

如果源操作数指定软元件中数据不是BCD码，则表示运算错误的M8067=ON，运算错误锁存M8068=OFF，指令不工作。

【例4-11】　BIN指令的应用如图4-25所示。

在采用数字开关向PLC输入BCD码时，用BIN指令将输入的BCD码转换为二进制码；若要输出BCD码，要用BCD指令将二进制码转换为BCD码。图4-25a所示是用数字开关向PLC输入BCD码，PLC接收并将输入的BCD码从输出口输出，驱动四位数码管的接线原理图，图4-25b是PLC接收数字开关的BCD码并显示BCD码的程序。当数字开关从K4X000输入十进制数0567，由BIN指令将接收的数据转换成二进制码（11101101）$_{BIN}$存入D1中，并由BCD指令将D1中的二进制码转换成（0000010101100111）$_{BCD}$送到K4Y000，驱动四位BCD数码管显示数字0567。

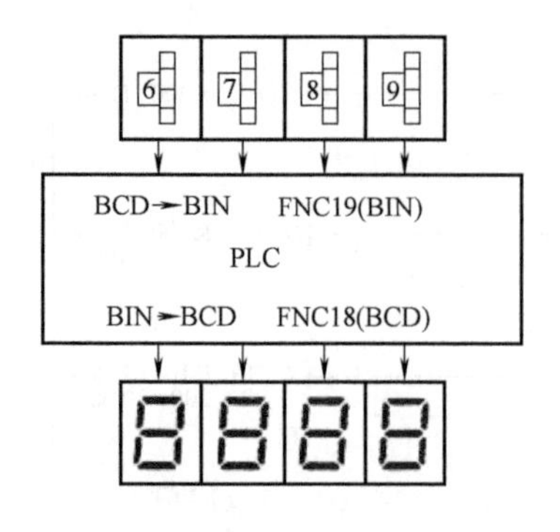

a) PLC接收并输出BCD码的接线原理

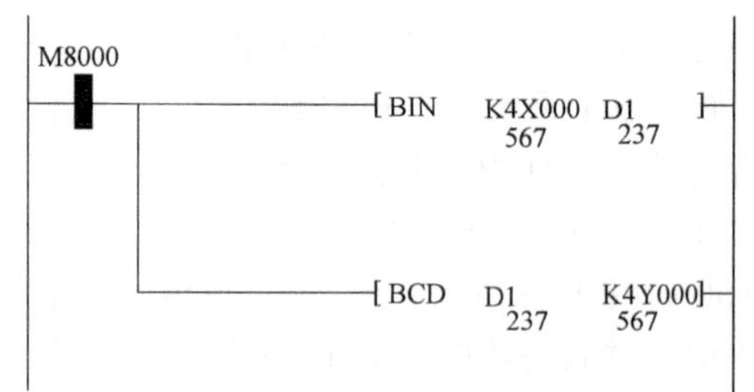

b) PLC接收并显示BCD码的程序

图 4-25　BIN 与 BCD 指令的应用

微课 4-5
BCD 码移位传送

【例 4-12】　三位 BCD 码数字开关通过移位传送指令 SMOV，实现数据从高到低的顺序组合。图 4-26a 是三位 BCD 码数字开关与 PLC 的连接，移位传送指令的应用程序如图 4-26b 所示。

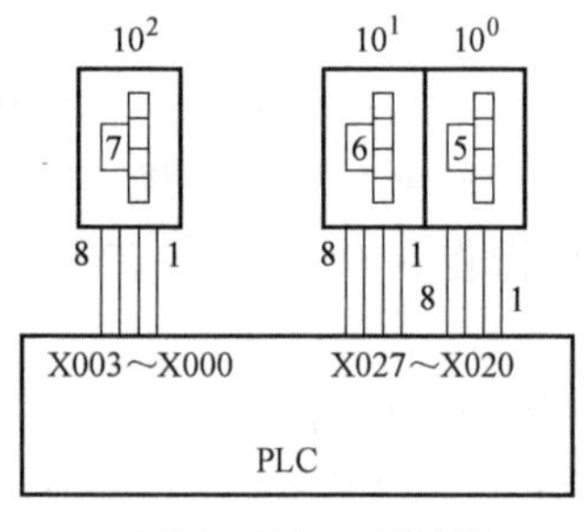

a) 数字开关与PLC的连接

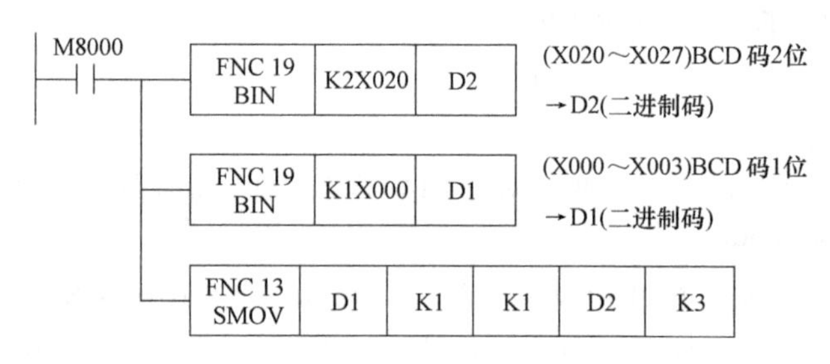

b) 移位传送指令的应用程序

软元件	7	6	5	4	3	2	1	0
X000	0	0	0	0	0	1	1	1
X010	0	0	0	0	0	0	0	0
X020	0	1	1	0	0	1	0	1

c) X软元件

软元件	F	E	D	C	B	A	9	8	7	6	5	4	3	2	1	0	
D0	0	0	0	0	0	0	0	0	0	0	0	0	0	0	0	0	0
D1	0	0	0	0	0	0	0	0	0	0	0	0	0	1	1	1	7
D2	0	0	0	0	0	0	1	0	1	1	1	1	1	1	0	1	765

d) D软元件

图 4-26　例 4-12 图

数字开关经 X020～X027 输入的 2 位 BCD 码 $(01100101)_{BCD}$ 表示 65，经过 BIN 指令转换为二进制码存入 D2 中的低八位，则 D2 中为 $(01000101)_{BIN}$；而数字开关经 X000～X003 输入的 0111 以二进制码存入 D1 中的低四位。移位传送指令将 D1 中最低位的 7，即 $(0111)_{BCD}$ 传送到 D2 中的第 3 位，表示为 765，并自动转换为二进制码 $(010111111\ 01)_{BIN}$ 存入到 D2 中，如图 4-26d 所示。

4. 高低八位转换指令

高低八位转换指令 SWAP 可以对 16 位或 32 位二进制整数数据进行高低八位字节的交换，其说明如图 4-27 所示，图 4-27a 为 16 位高低八位转换，当 X000＝ON 时，16 位指令将 D10 中数据的高八位与低八位字节交换。图 4-27b 为 32 位高低八位转换，当 X001＝ON 时，32 位指令将 D11、D10 中数据各自的高八位与低八位字节交换。其中，S（·）的操作数范围是 KnY、KnM、KnS、T、C、D、V、Z、U□\G□。

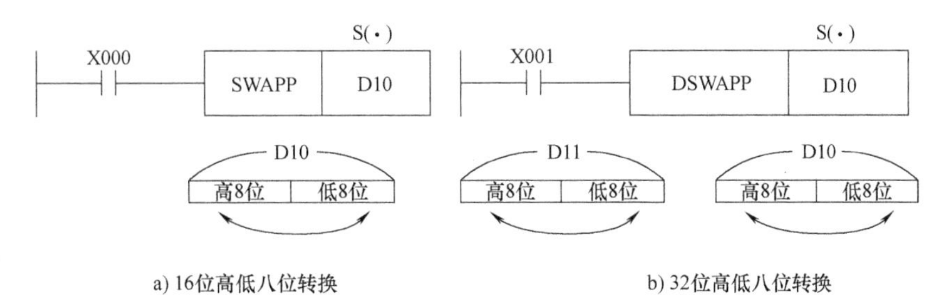

图 4-27　高低八位转换指令的说明

注意：SWAP 指令与数据交换指令 XCH（FNC17）的高低八位交换的功能相同。

【例 4-13】　SWAP 指令的应用。

图 4-28 所示为 16 位 SWAP 指令的应用程序，当 M8000 = ON，由传送指令将 K256，即 $(0000000100000000)_{BIN}$ 送入 D1，X000 = ON，16 位 SWAP 指令执行后，D1 中的结果是 K1，即 $(0000000000000001)_{BIN}$。

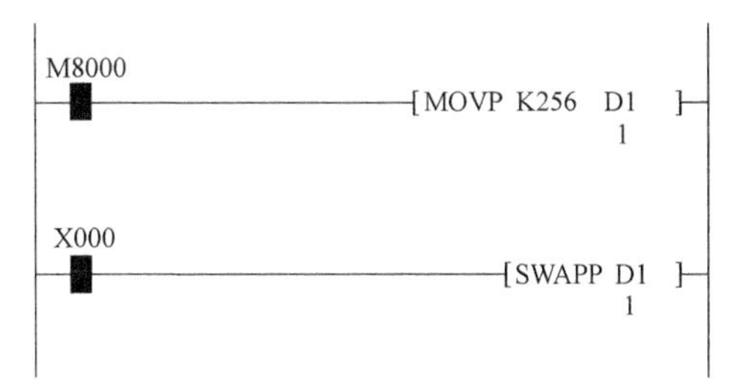

图 4-28　16 位 SWAP 指令的应用程序

4.4　循环与移位类指令

FX3U 系列 PLC 的循环与移位类指令有循环移位、线性移位和先进先出（FIFO）读写三类指令。对于移位类指令，如果没有使用 P 指令，则在每个扫描周期都执行一次循环移位操作，因此一般都使用 P 指令，指令见表 4-4。

表 4-4　循环与移位类指令一览表

指令类别	指令名称	FNC NO	指令符号	功能	D 指令	P 指令
循环移位类指令	循环右移	30	ROR	循环右移	○	○
	循环左移	31	ROL	循环左移	○	○
	带进位循环右移	32	RCR	带进位位循环右移	○	○
	带进位循环左移	33	RCL	带进位位循环左移	○	○
线性移位类指令	位右移	34	SFTR	位右移	—	○
	位左移	35	SFTL	位左移	—	○
	字右移	36	WSFR	字右移	—	○
	字左移	37	WSFL	字左移	—	○
先进先出读写类指令	FIFO 写入	38	SFWR	“先进先出”写入	—	○
	FIFO 读出	39	SFRD	“先进先出”读出	—	○

4.4.1　循环移位类指令

循环移位类指令有不带进位和带进位的循环左、右移指令，总计四条。这类指令的功能是对目标操作数进行单或双字节环形移动。循环移位类指令中，D（·）的操作数是 KnY、

KnM、KnS、T、C、D、V、Z、U□\G□，n 的操作数是 K、H、D、R，16 位的移位 n≤16，32 位的移位 n≤32。

（1）不带进位的循环左、右移指令　不带进位的循环移位指令 ROR（Rotation Right）和 ROL（Rotation Left）是将 16 位或 32 位数据进行 n 位循环移位。图 4-29 所示是 16 位循环右移指令的使用说明，当 X000=ON，16 位 RORP 指令执行一次移位，将 D（·）指定的 D0 中的数据向右移 n=4 位，最后 4 位循环移向最高位，且同时存于进位标志 M8022 中。

图 4-30 所示是 16 位循环左移指令的使用说明，当 X001=ON 时，16 位 ROLP 指令执行一次移位，将 D（·）指定的 D0 中的数据向左移 n=4 位，最后 4 位循环移向最低位，且同时存于进位标志 M8022 中。

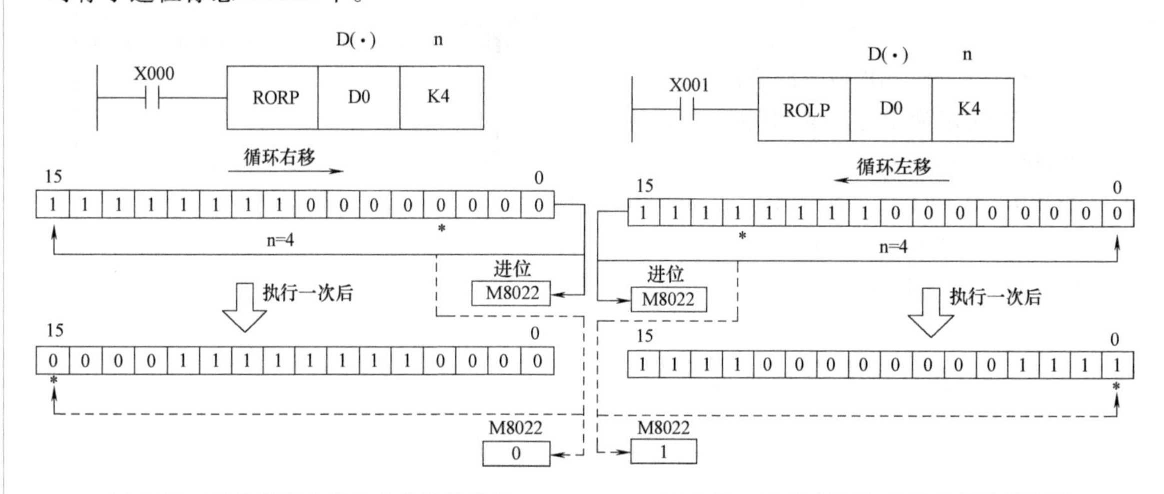

图 4-29　16 位循环右移指令的使用说明　　图 4-30　16 位循环左移指令的使用说明

注意：若 D（·）指定的是 Kn+位软元件构成的字时，只有 K4（16 位指令）或 K8（32 位指令）有效。例如 K4Y000，K8M0。

【例 4-14】　用循环左、右移指令实现控制某广告牌上的八个彩灯，梯形图如图 4-31 所示。

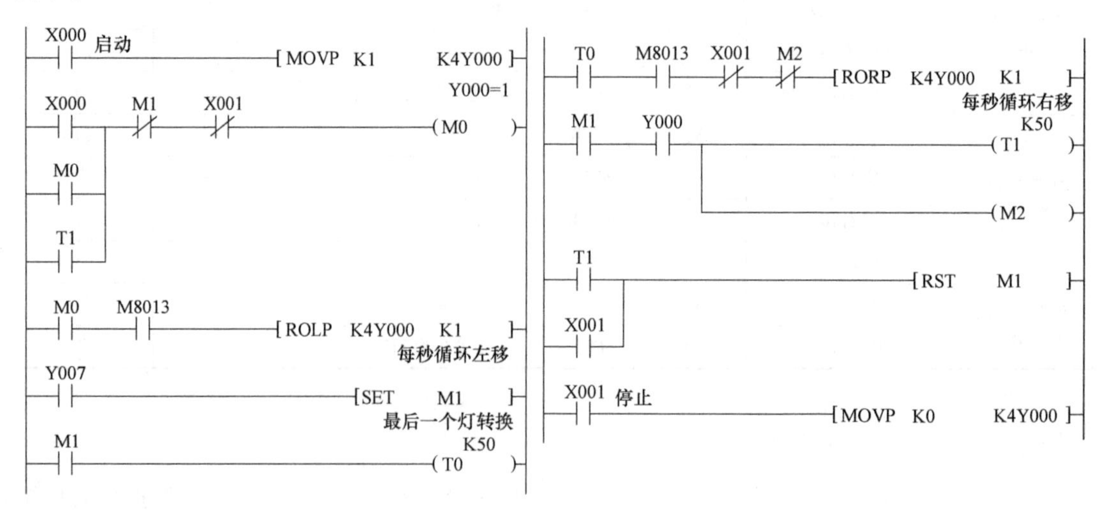

图 4-31　例 4-14 梯形图

使用 Y000~Y007 为八个彩灯，当 X000=ON 时，灯先以正序（左移）使用 M8013 每隔 1s 依次点亮，当 Y007 亮后，停 5s；然后以反序（右移）每隔 1s 依次点亮，当 Y000 亮后，停 5s，重复上述过程。当 X001 为 ON 时，停止工作。

（2）带进位的循环左、右移位指令　带进位循环移位指令 RCR（Rotation Right with Carry）和 RCL（Rotation Left with Carry），将进位标志 M8022 的状态与数据一起进行向左或右循环移 n 位。图 4-32a 所示是 16 位带进位循环右移指令的使用说明，若进位标志 M8022 的状态为 ON，当 X000=ON 时，RCRP 指令执行一次移位，将 M8022 的状态连同 D（·）指定元件中的数据向右循环移 4 位，最后从低位移出的状态存入到 M8022 中。

图 4-32b 所示是 16 位带进位循环左移指令的使用说明，若进位标志 M8022 状态为 OFF，当 X001=ON 时，RCLP 指令执行一次，将 M8022 状态连同 D（·）指定软元件中的数据向左循环移 4 位，最后从高位移出的状态存于 M8022 中。

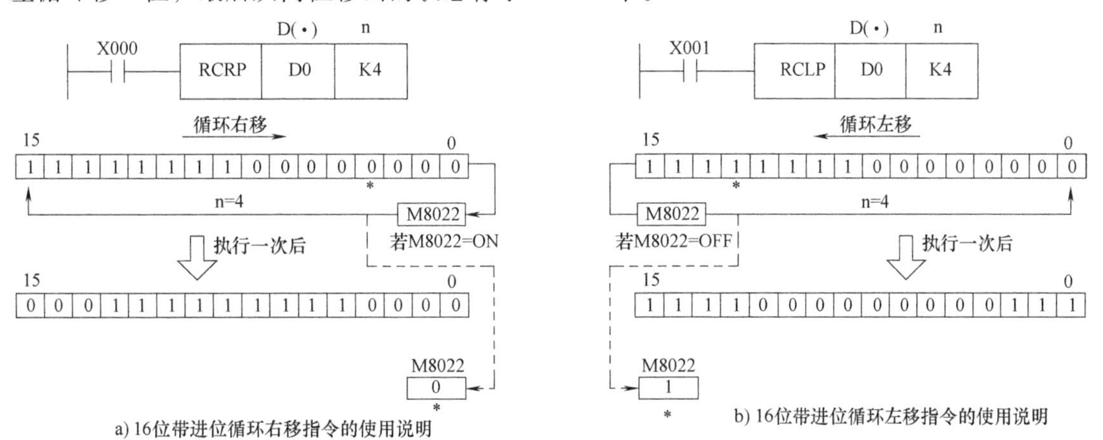

图 4-32　16 位带进位循环移位指令的使用说明

微课 4-6
循环移位
指令实现
彩灯亮灭

注意：若 D（·）指定的是 Kn+位软元件构成的字时，只有 K4（16 位指令）或 K8（32 位指令）有效。例如 K4Y000，K8M0。

【例 4-15】　用带进位循环左、右移指令实现控制某广告牌上 16 个彩灯顺序亮灭，梯形图如图 4-33 所示。

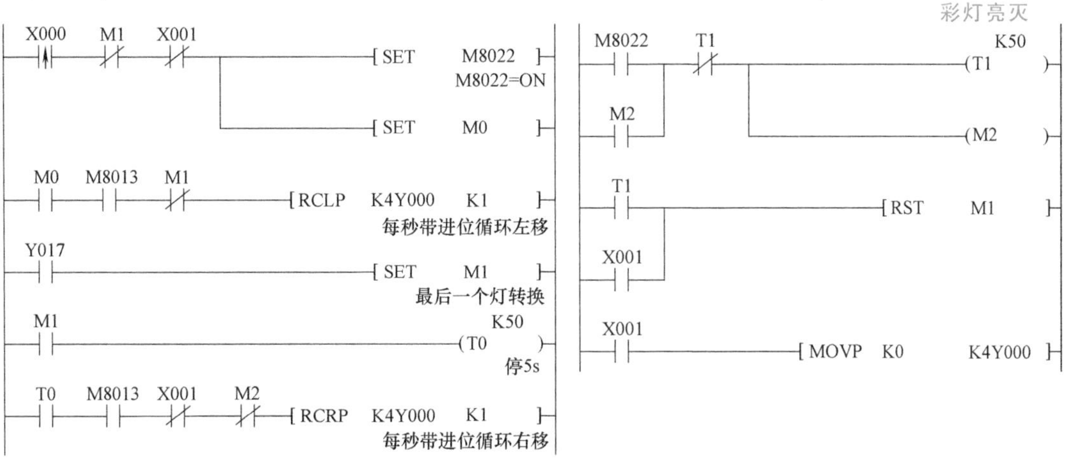

图 4-33　例 4-15 梯形图

图中，当X000为ON时，进位M8022=1，灯先以正序（左移）每隔1s依次点亮，当Y017亮后，停5s；然后以反序（右移）每隔1s依次点亮，当M8022=1后，停5s，重复上述过程。当X001为ON时，停止工作。

4.4.2 线性移位类指令

线性移位类指令有位左移、右移和字左移、右移四条指令，用于将源数据移入到目标操作数据，可进行位或字的线性移位，移出的部分将丢失。

线性移位类指令可用于二进制数据的倍乘或倍除处理，以形成新的数据，或形成某种需要的控制字。

（1）位右、左移指令　位右移SFTR（Shift Right）、左移指令SFTL（Shift Left）的使用要素与说明见表4-5。

表4-5　位右移、左移指令的使用要素与说明

指令名称	指令代码位数	助记符	操作数使用范围				程序步
			S(·)	D(·)	n1	n2	
位右移	FNC 34 (16)	SFTR、SFTRP	X、Y、M、S、D□. b	Y、M、S	n1：K、H n2：K、H、D、R n2≤n1≤1024		SFTR、SFTRP，9步
位左移	FNC 35 (16)	SFTL、SFTLP					SFTL、SFTLP，9步

线性移位类指令的功能是将S（·）指定的n2个位元件中的数据从左端或右端移入D（·）所指定的n1个位元件中，首尾端移出的n2个数据丢失。注意，n2≤n1≤1024。

图4-34a是位右移指令的使用说明，当X010=ON时，SFTRP指令执行一次，将S（·）

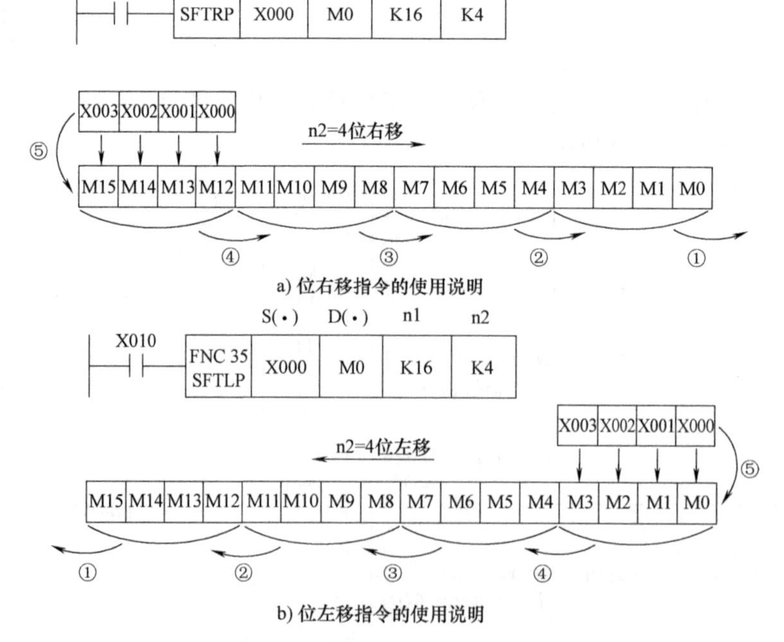

a) 位右移指令的使用说明

b) 位左移指令的使用说明

图4-34　线性移位类指令的使用说明

指定的 n2=4 个位元件中数据移到 D（·）指定的 n1=16 个位元件的高四位中，且 D（·）指定的位元件中数据依次向右移四位，低四位 M3～M0 中数据移出丢失。图 4-34b 中位左移指令的移位原理也类同。

微课 4-7
线性移位类指令实现广告牌控制

SFTL 指令常被用来实现顺序步进功能。

【例 4-16】 用 SFTL 指令实现广告牌上“欢迎光临”四个字顺序点亮，梯形图如图 4-35 所示。

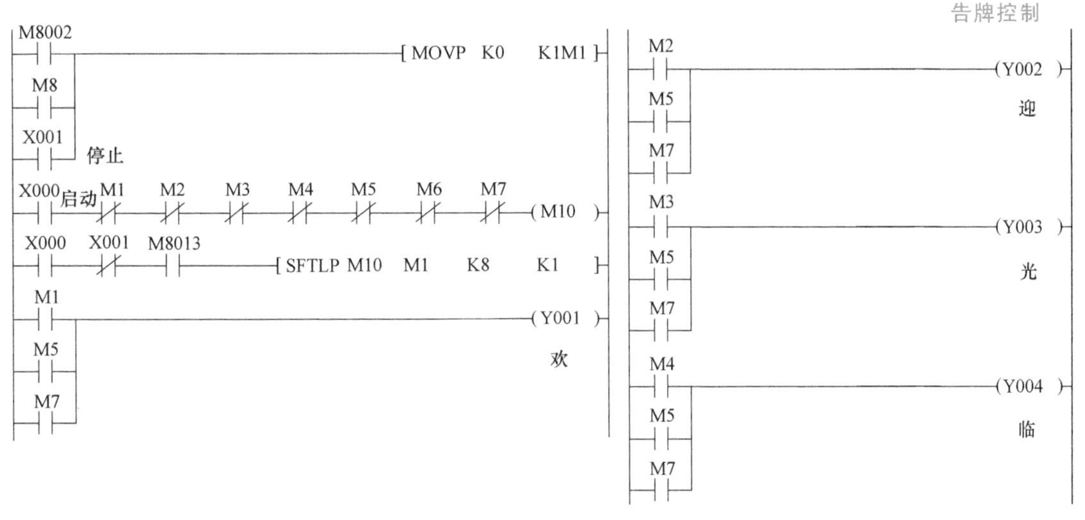

图 4-35　例 4-16 梯形图

图中，M8002 接通将 M1～M4 清零，当 X000=ON，M10=1，SFTL 指令构成移位寄存器，驱动广告牌上“欢迎光临”四个字先每秒亮一个字，再全亮，再四个字灭 1s 同时亮 1s，重复上述过程。

使用 M8013 每秒执行一次 SFTL 指令，将 M10=ON 送到 M1，移位实现 M1～M4 依次为 ON。

（2）字右、左移指令　字右移指令 WSFR（Word Shift Right）与字左移指令 WSFL（Word Shift Left）是以字数据为单位进行移动的。

图 4-36a 是字右移指令的使用说明，字移位指令的功能是将 S（·）指定的 n2 个字元件中数据从左端或右端移入 D（·）指定的 n1 个字元件中，首尾端移出的 n2 个字数据溢出。S（·）的操作数范围是 KnX、KnY、KnM、KnS、T、C、D、V、Z、U□\G□，D（·）的操作数范围是 KnY、KnM、KnS、T、C、D、V、Z、U□\G□，n1 的操作数是 K、H，n2 的操作数是 K、H、D、R；注意，n2≤n1≤512。

图 4-36a 中，当 X000=ON 时，WSFRP 指令执行一次，将 S（·）指定的 n2=4 个字元件中数据移到 D（·）指定的 n1=16 个字元件的高四位中，且 D（·）指定的字元件中数据依次向右移 n2=4 个字，最低 4 个字数据溢出。图 4-36b 为字左移指令的使用说明，移位原理类同。

【例 4-17】 WSFR 指令实现显示一幅 10s 的动画，梯形图如图 4-37 所示。

假设图像数据预先存放于 D1～D10 中，使用 BMOVP 指令将 D1～D10 数据送到 D21～D30，字右移指令在秒脉冲作用下，将 D0=0 的数据移动到 D21～D30 中，数据依次右移，

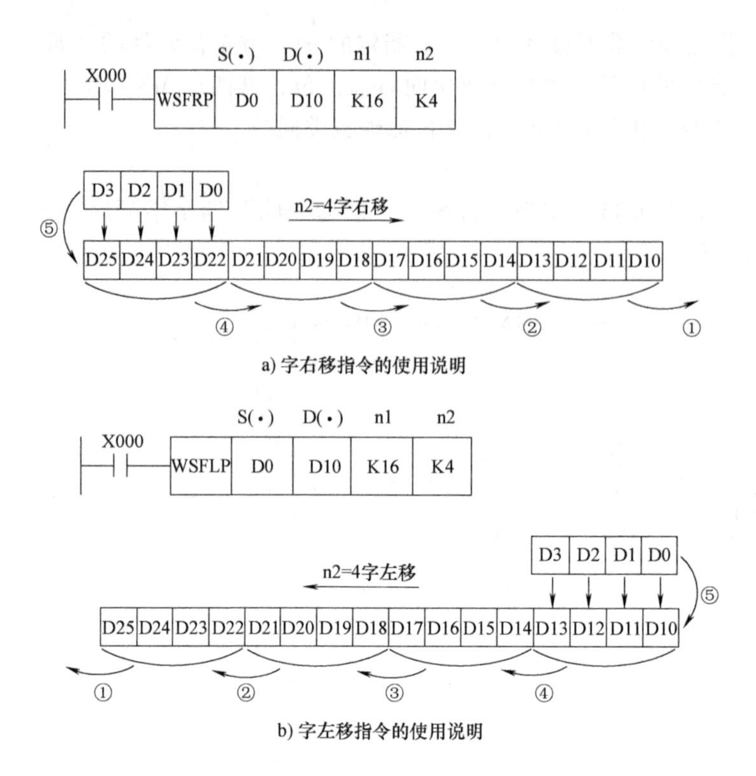

图 4-36　字移位指令使用说明

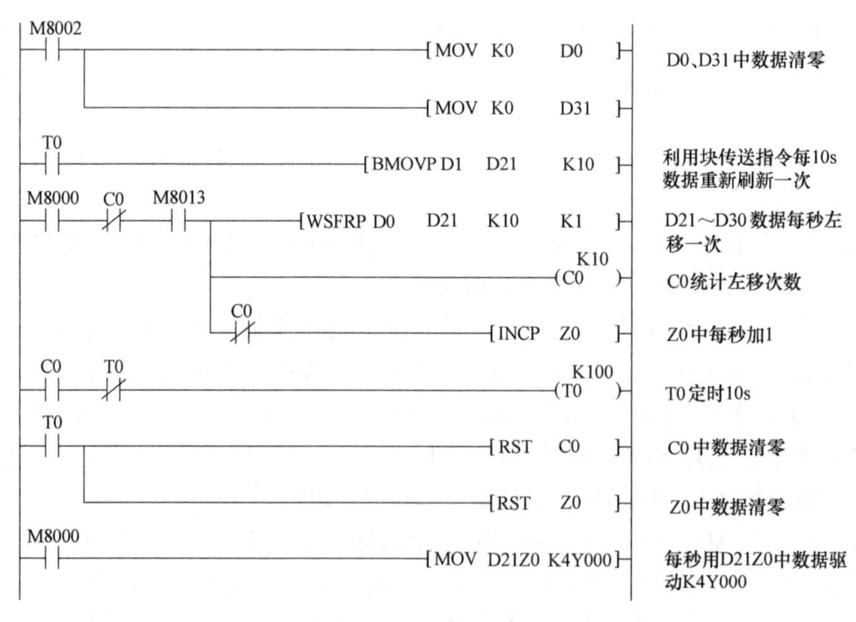

图 4-37　例 4-17 梯形图

从 Y000～Y017 输出，驱动图案中的 LED，呈现出一幅动画。

动画显示完毕间隔 10s 重复上述过程的显示。10s 后用 D31＝0 的数据熄灭全部图像的 LED。

4.4.3 先进先出读写类指令

先进先出（FIFO）读写类指令，包括 SFWR 和 SFRD 两条指令，可用于产品数据登记管理。

SFWR 指令是先进先出写入指令，其使用说明如图 4-38a 所示，图中 n=10 表示 D（·）指定 D1～D10 连续地址软元件，且 D1 不写入数据，只作为写入数据的统计指针，初始应置 0。当 X000=ON，SFWRP 指令执行一次，将 S（·）所指定的 D0 中数据写入到 D（·）指定的 D2 中，指针 D1 的内容每次加 1，D1=1。若改变 D0 的数据，X000 再次为 ON，SFWRP 指令可再次将 D0 中新的数据写入 D（·）所指定的 D3 中。依此类推，当 D1 内的数据超过 n-1 时，则上述操作不再执行，进位标志 M8022 置 1，表示写入已满。

其中，S（·）的操作数范围是 KnX、KnY、KnM、KnS、T、C、D、V、Z、R、U□\G□，D（·）的操作数范围是 KnY、KnM、KnS、T、C、D、V、Z、R、U□\G□，n 的操作数是 K、H，2≤n≤512。

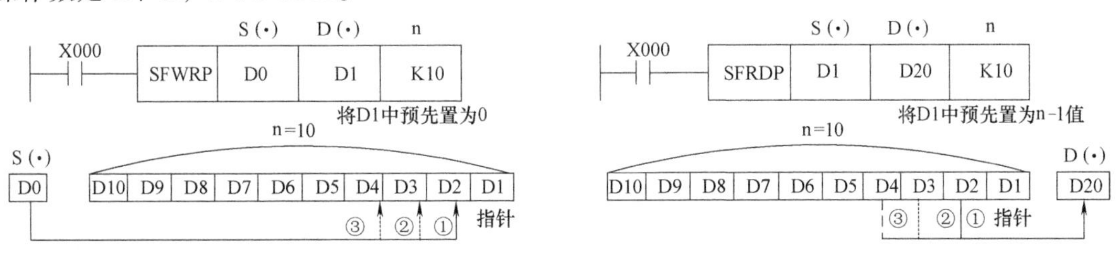

图 4-38　先进先出读写类指令的使用说明

SFRD 指令是先进先出读出指令，其使用说明如图 4-38b 所示。图中 n=10 表示 S（·）指定 D1～D10 连续地址软元件，且 D1 中内容只被指定作为数据读出个数的统计指针，初始应置 n-1=9。当 X000=ON 时，SFRDP 指令执行一次，将 S（·）指定的 D2 内的数据读到 D（·）指定的 D20 中，指针 D1 的内容每次减 1，D1=8，D3～D10 的数据向右移一个字。X000 再次为 ON 时，D2 的数据（即原 D3 中的内容）就读到 D20 中，依此类推，当 D1 的内容减为 0 时，则上述读操作不再执行，零位标志 M8020 置 1，表示数据读出结束。

【例 4-18】 图 4-39 所示是将输入的 100 个产品数据通过先进先出读写类指令写入和读出的梯形图。

当 X020=ON 时，将输入口 K4X000 接收的产品数据送到 D100 中，通过 SFWRP 指令将 D100 中数据依次写入到 D202～D301 中保存，D201 指针自动加 1，直至 D201=100 写满结束。当 X021=ON，通过 SFRDP 指令将 D202～D301 中保存的数据先进先出读到 D310 中，D201 指针自动减 1，直至 D201=0 结束。将 D310 的产品数据传送到 K4Y000 驱动外部 4 个 BCD 数码管进行数据显示。从图 4-39 可知从 K4X000 送到 D100 的数为 1234，从 D310 送出的数为 5678。

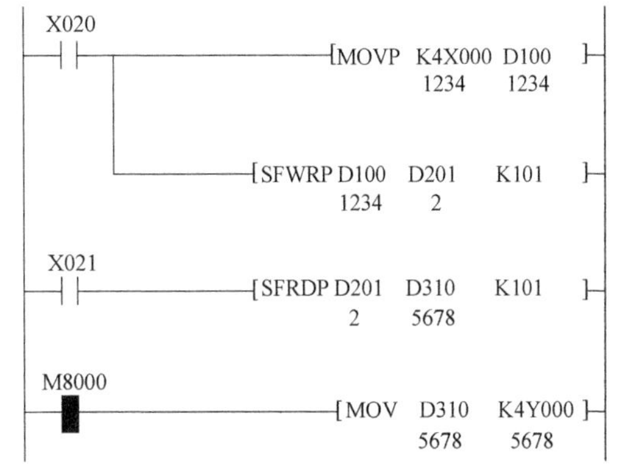

图 4-39　例 4-18 梯形图

4.4.4 循环与移位类指令综合应用

【例 4-19】 使用循环移位类指令实现图 4-40 所示的拱门台阶彩灯的控制，梯形图如图 4-41 所示。

控制要求：拱门的彩灯和台阶的彩灯同时每秒由内向外和由上向下一层层点亮，全部点亮 2s 后，再每秒由外向内和由下向上一层层熄灭，全部熄灭 2s 后，再重复以上过程。

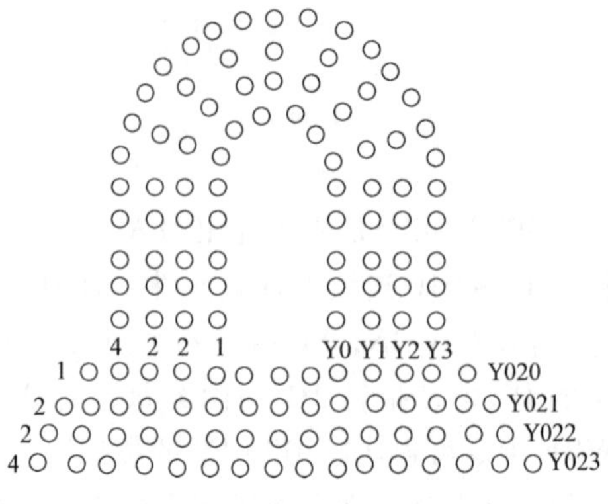

图 4-40 拱门台阶彩灯

图 4-41 中，X000 接启动按钮，X001 接停止按钮。上方 4 道拱门彩灯由 PLC 的 Y000 ~ Y003 控制，下方 4 层台阶彩灯由 PLC 的 Y020 ~ Y023 控制。使用 ROR 指令和 ROL 指令实现每秒循环右移和左移。

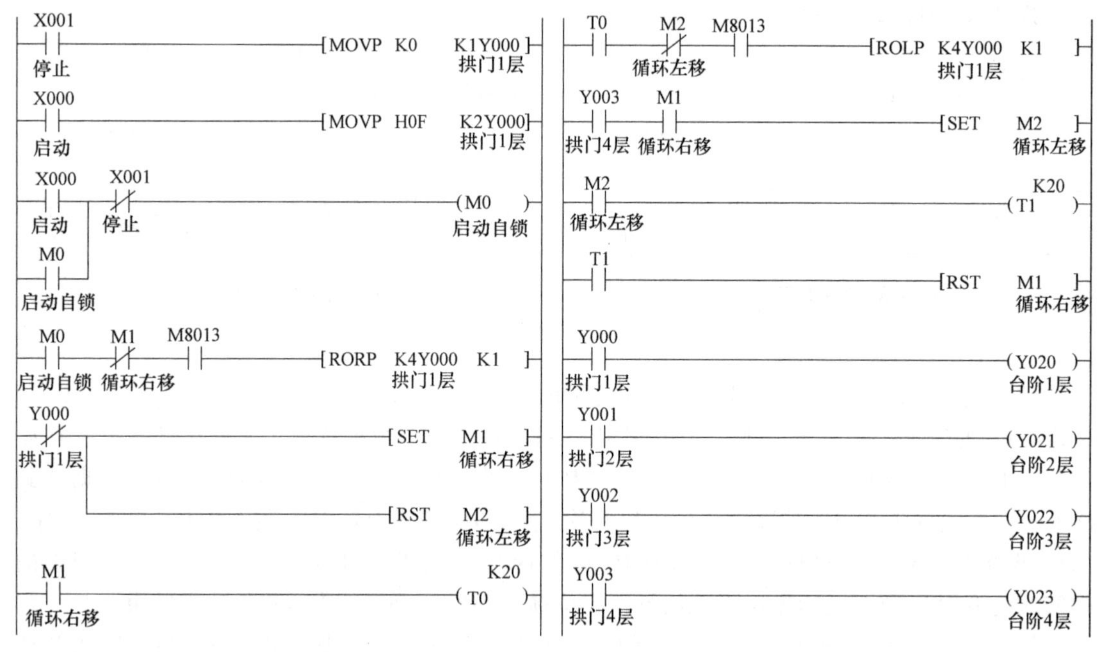

图 4-41 例 4-19 梯形图

4.5 数据处理类其他指令

数据处理类其他指令见表 4-6。

4.5.1 解码和编码指令

1. 解码指令

解码指令 DECO（Decode）又称译码指令，它的功能是将源操作数 S（·）指定的常数或软元件中起始 n 位的二进制数转换为十进制数 Q，使目标操作数 D（·）指定的 2^n 位有效范围中对应的 Q 位置 1。

表 4-6 数据处理类其他常用指令

指令类别	指令名称	FNC NO	指令符号	功能	D 指令	P 指令
数据处理类其他指令 1	成批复位	40	ZRST	对指定的同类区间元件成批复位	—	○
	解码	41	DECO	解码	—	○
	编码	42	ENCO	编码	—	○
	求 ON 位总和	43	SUM	对数据中“1”的位求总数	○	○
	ON 位判别	44	BON	对指定位判别是否为 ON	○	○
	求平均值	45	MEAN	对 n 个数据求平均值	○	○
	报警器置位	46	ANS	对故障报警器进行置位	—	—
	报警器复位	47	ANR	对故障报警器进行复位	—	○
	BIN 开方	48	SOR	求正数(BIN)的二次方根	○	○
数据处理类其他指令 2	数据合计值	140	WSUM	算出连续数据合计值	○	○
	字节单位的数据分离	141	WTOB	将连续 16 位数据按照字节单位分离	—	○
	字节单位的数据结合	142	BTOW	将连续 16 位数据的低 8 位结合	—	○
	16 位数据的 4 位结合	143	UNI	将连续的 16 位数据的低 4 位结合	—	○
	16 位数据的 4 位分离	144	DIS	将 16 位数据以 4 位为单位分离	—	○
数据处理类其他指令 3	数据表的数据删除	210	FDEL	将数据表的数据删除	—	○
	数据表输入	211	FINS	将数据插入到数据表指定单元中	—	○
	读取后入的数据	212	POP	读取 SFWR 指令写入的最后数据	—	○
	16 位数据带进位右移	213	SFR	指定软元件中的 m 位数据 n 位右移	—	○
	16 位数据带进位左移	214	SFL	指定软元件中的 m 位数据 n 位左移	—	○

使用说明如图 4-42 所示，图 4-42a 中源操作数和目标操作数指定的均是位元件，当 X010=ON 时，解码指令执行一次，将 S（·）指定的 X000 起始的 3 位连续的位元件中的二进制数 011 转换为十进制数 $Q=2^1+2^0=3$，对 D（·）指定的 M10 起始的 2^n 位有效目标位元件范围内的第 3 位的位元件（不含目标位元件的位本身）M13 置 1，其他位均置 0。其中，S（·）的操作数是 K、H、X、Y、M、S、T、C、D、V、Z、R、U□\G□，D（·）的操作数是 Y、M、S、T、C、D、V、Z、R、U□\G□，n 的操作数是 K、H，1≤n≤8，

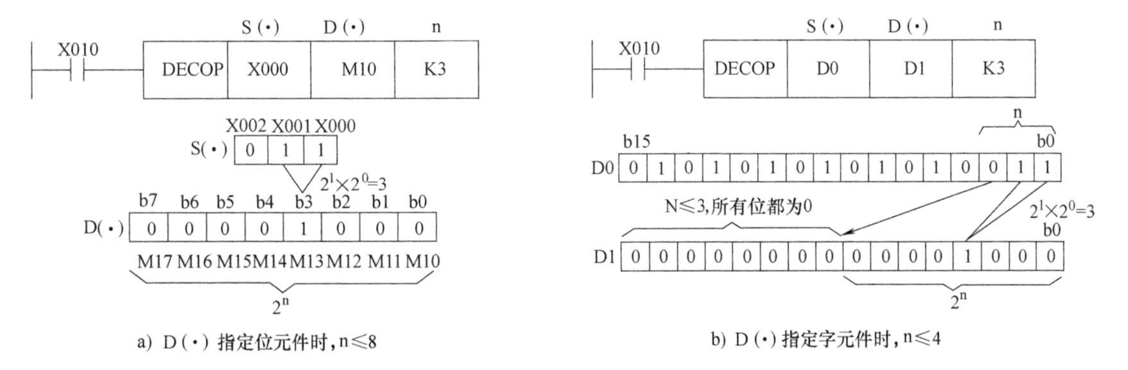

a) D(·) 指定位元件时，n≤8　　b) D(·) 指定字元件时，n≤4

图 4-42 解码指令的使用说明

参数 n 表示 S（·）指定的位元件或字元件中有 n 位，D（·）指定的位元件或字元件中有 2^n 位的有效范围。

注意：D（·）指定位元件时，n≤8，可对 D（·）可指定的 256 个位元件范围内的某位解码置 1；若 n=0 时，指令不执行；n 在 1~8 以外时，出现运算错误。

图 4-42b 中，源操作数和目标操作数指定的均是字元件，当 X010=ON 时，解码指令执行一次，将 S（·）指定的 D0 中低 3 位二进制数 011 转换为十进制数 Q=3，对 D（·）指定的 D1 中 2^n 位有效范围的第 3 位（不含目标位元件的位本身）置 1，有效范围内的其他位均置 0。若解码的源数据 Q=0 时，则 b0 位为 1。

注意：D（·）指定字元件时，n≤4，可对 D（·）指定的字元件的 $2^4=16$ 位范围的某位解码置 1；若 n=0，指令不执行；n 在 1~4 以外时，出现运算错误。

【例 4-20】 解码指令 DECO 应用于控制花式喷泉喷水的控制程序时，梯形图如图 4-43 所示。

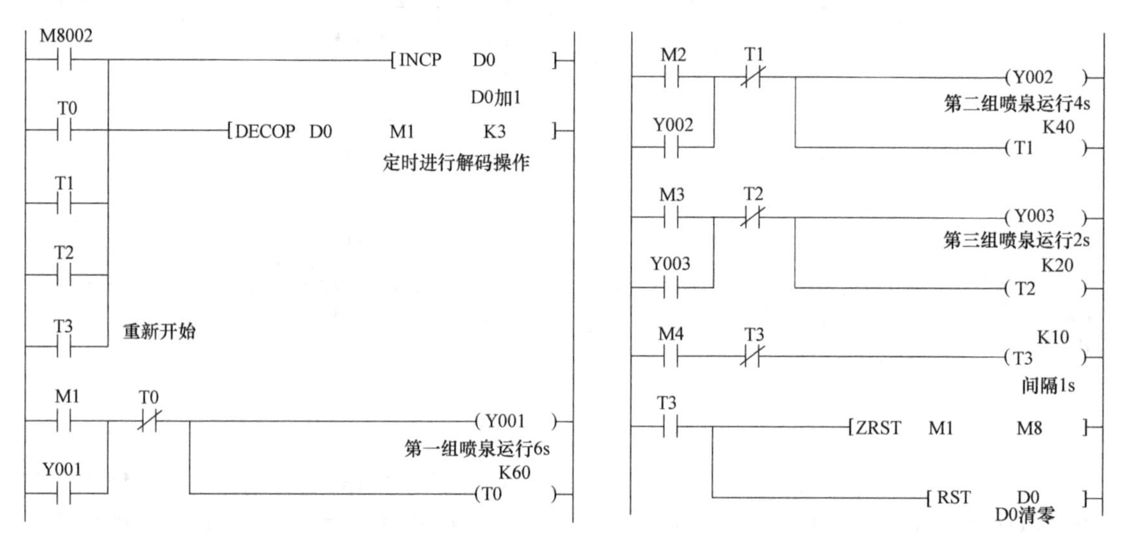

图 4-43 例 4-20 梯形图

当程序执行后，M8002=ON，使 D0 中加 1，经解码指令译码，M1=1，第一组喷泉 Y001 运行，由 T0 定时运行 6s 后停止工作；而 T0 动合触点闭合，D0 加 1（D0 中为 2），经解码指令译码，使 M2=1，第二组喷泉由 T1 定时运行 4s 后停止；第三组喷泉由 T2 定时运行 2s 后停止；然后，T3 定时 1s 后对 M1~M8 清零，RST 指令对 D0 中数据清零，并重复上述过程。

2. 编码指令

编码指令 ENCO（Encode）是解码指令 DECO 的逆操作，它是将源操作数 S（·）指定的软元件内 2^n 位中对应的最高置 1 位的位号编成二进制码，存放于目标操作数 D（·）指定软元件的 n 位中，使用说明如图 4-44 所示。其中，S（·）的操作数范围是 X、Y、M、S、T、C、D、V、Z、R、U□\G□，D（·）的操作数范围是 T、C、D、V、Z、R、U□\G□，n 的操作数是 K、H，2≤n≤512。参数 n 表示 S（·）指定的位元件或字元件中有 2^n 位有效范围，D（·）指定的字元件中有 n 位有效位范围。

图 4-44a 中，源操作数 S（·）指定的是位元件，当 X005=ON 时，编码指令执行一次，

指令根据源操作数 S（·）指定的 M10 为首地址的 $2^3=8$ 个连号位元件 M10~M17 中，最高置 1 位是 M13，其位号为 b3，以二进制码 011 形式将位号存放到目标 D（·）指定的 D10 的低 3 位中；如果最高置 1 位是 M10，则对应位号为 b0，D（·）指定的 D10 的低 3 位存放 0。

注意：当源操作数中均无 1，会出现运算错误；源操作数指定的是位元件时，n 应≤8，即 S（·）能够指定的位元件长度≤256；若 n=0 时，程序不执行；n>8 时，出现运算错误。

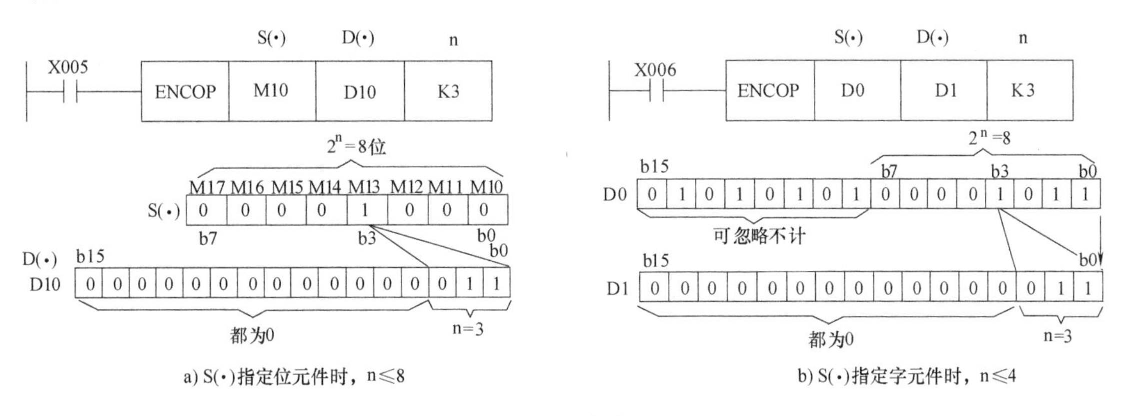

图 4-44　编码指令的使用说明

图 4-44b 中，S（·）指定的是字元件，当 X006=ON 时，编码指令执行一次，指令根据源操作数 S（·）指定字元件 D0 中的 $2^3=8$ 设为有效范围，将该范围内最高且置 1 的 b3 位，以二进制码 011 存放到 D1 的低 3 位中。

注意：当源操作数中无 1，运算出现错误。源操作数指定的是字元件时，n 应≤4，即 S（·）指定的字元件中位的最大有效范围为 $2^n=2^4=16$ 位；若 n=0 时，程序不执行；n 在 1~4 以外时，出现运算错误。

【例 4-21】 编码指令 ENCO 应用于控制花式喷泉喷水的控制程序，使用 BCD 数码管显示号码。

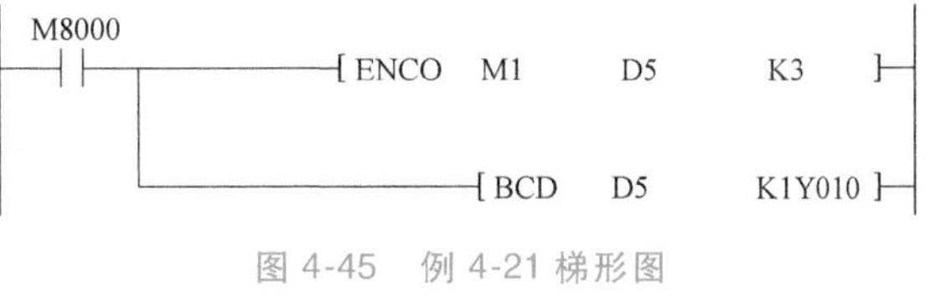

图 4-45　例 4-21 梯形图

图 4-45 是在图 4-43 中增加的编码指令，将三组喷泉的工作状态编码于 D5 中，通过 BCD 指令驱动 K1Y010 连接的 BCD 数码管显示正在工作的喷泉号码。例如，当第一组喷泉工作时，编码指令源操作数 M7~M1 中，M1=1，则 D5 中低 3 位二进制数为 001，通过 BCD 指令使 D5=0001 驱动 K1Y010 输出显示为“1”，显示时间为 6s。

4.5.2　数据统计运算指令

1. 成批复位指令

成批复位指令 ZRST（Zone Reset）也称为区间复位指令，该指令具有使同类的一批地址区间的软元件成批复位的功能，通常在程序开始时使用 M8002 进行软元件初始化复位。

使用说明如图 4-46a 所示，M8002=ON，对 M500~M599 区间的 100 个位元件、C235~

C255 区间的 21 个 32 位字元件、S0～S127 区间的 128 个状态元件成批复位。其中，D1（·）和 D2（·）的操作数范围是 Y、M、S、T、C、D、R、U□\G□。

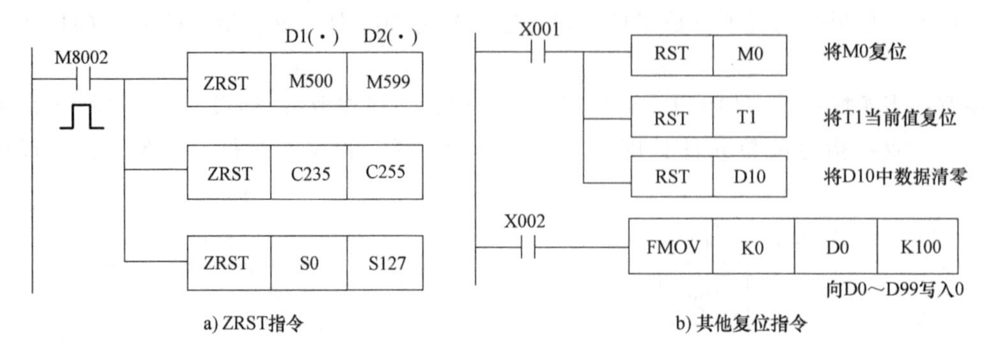

图 4-46　复位指令使用说明

注意：

1）目标操作数 D1（·）和 D2（·）指定的软元件必须为同类地址范围的软元件，D1（·）指定的软元件地址号应小于或等于 D2（·）指定的软元件地址号，否则只有 D1（·）指定的软元件被复位。

2）该指令虽为 16 位处理指令，但是可在 D1（·）、D2（·）中指定 32 位计数器。不过不能混合指定，即在 D1（·）中指定了 16 位计数器后，不能在 D2（·）中指定 32 位计数器。

其他复位指令的使用如图 4-46b 所示，ZRST 指令与多个 RST 复位指令功能相同，使用 MOV 指令和 FMOV 指令将常数 K0 传送给软元件也可以实现相同的功能。

2. 求 ON（置 1）位总和指令

求 ON 位总和指令 SUM 可以对源操作数 S（·）指定的常数或软元件中数据为“1”的位求总和，并将求的和以二进制数形式送入 D（·）指定的软元件中保存。

该指令的使用说明如图 4-47 所示，图中 X000=ON 时，指令对 S（·）指定的 D0 中为 1 的位求和为 9，以二进制码 1001 存入目标元件 D2 中。若 D0 中全为 0，则零标志 M8020 动作。其中，S（·）的操作数范围是 K、H、KnX、KnY、KnM、KnS、T、C、D、V、Z、R、U□\G□，D（·）的操作数是 KnY、KnM、KnS、T、C、D、V、Z、R、U□\G□。

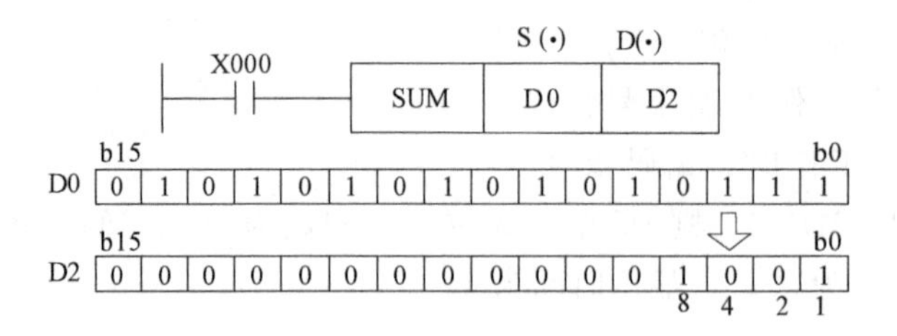

图 4-47　求 ON 位总和指令的使用说明

3. ON 位判别指令

ON 位判别指令 BON（Bit On Check）也称对源软元件指定位的状态判别指令，可用来判断源操作数 S（·）指定软元件的第 n 位是否为 1，若为 1 则使目标操作数 D（·）指定的位元件为 ON，否则为 OFF。

指令使用说明如图 4-48 所示。图中，当 X000=ON 时，指令执行一次，判断 S（·）指定的 D10 中第 15 位是否为 1，若为 1 则 M0 为 ON，否则 M0 为 OFF。X000 变为 OFF 时，M0 保持原状态不变。其中，S（·）的操作数是 X、Y、M、S、T、C、D、V、Z、R、U□\G□，D（·）的操作数是 T、C、D、V、Z、R、U□\G□，n 的操作数是 K、H，2≤n≤512。

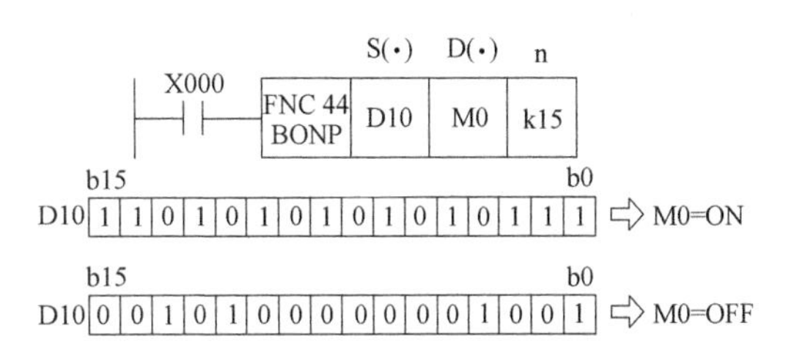

图 4-48　ON 位判别指令的使用说明

4. 求平均值指令

求平均值指令 MEAN 是对 S（·）指定的 n 个软元件的数据求和后除以 n，得到二进制整数平均值，存入目标操作数 D（·）指定的软元件中，余数舍去。

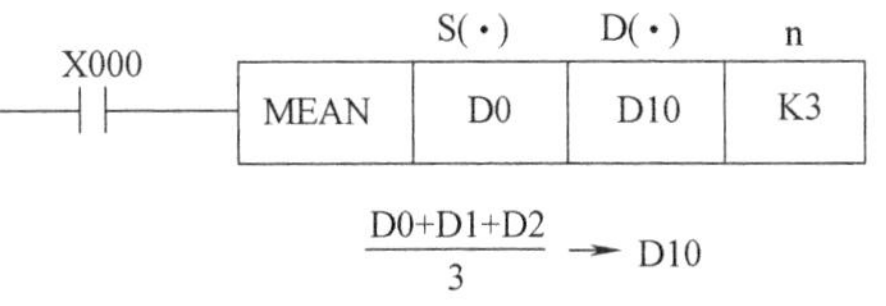

图 4-49　求平均值指令的使用说明

求平均值指令的使用说明如图 4-49 所示，当 X000=ON 时，指令将 D0～D2 中数据求和，除以 3，得到的二进制整数平均值送入 D10 中。其中，S（·）的操作数是 X、Y、M、S、T、C、D、V、Z、R、U□\G□，D（·）的操作数是 T、C、D、V、Z、R、U□\G□，n 的操作数是 K、H，2≤n≤512。

若指令中指定的 n 超出规定的地址号范围时，n 值自动减小。n 在 1～64 以外时，会发生错误。

微课 4-8 SUM、BON、MEAN 三指令应用

【例 4-22】　SUM、BON、MEAN 三指令的综合应用编程，梯形图如图 4-50 所示。

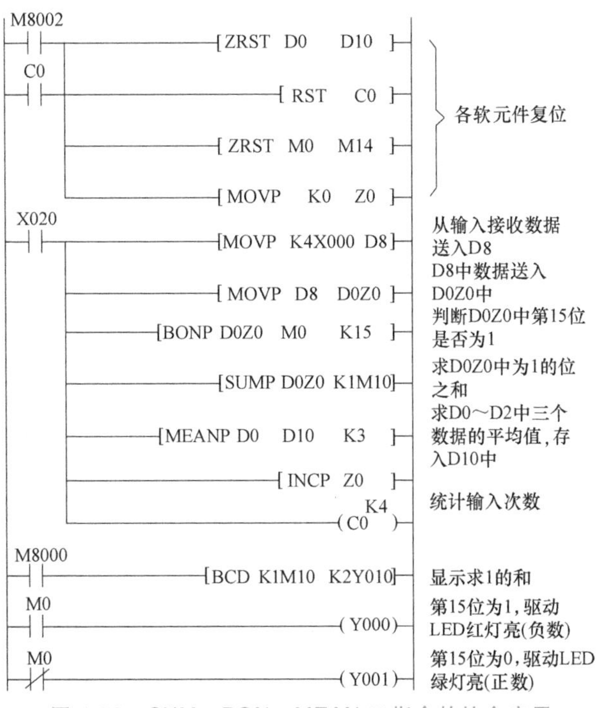

图 4-50　SUM、BON、MEAN 三指令的综合应用

从 K4X000 接收数据，每输入一个数据即存入到 D0Z0 中，ON 位判别指令 BON 对数据的第 15 位（符号位）判别是否为 1，若 M0=1，表示为负数，LED 红灯亮。反之 M0=0 表示为正数，LED 绿灯亮；求 1 位总和指令 SUM 对二进制数据中为 1 的个数求和，并将求和值通过 K2Y010 驱动两位 BCD 数码管进行显示；求平均值指令 MEAN 对三次输入的数据求出平均值。

5. 二进制开方指令

二进制（BIN）开方指令 SQR（Square Root）可将 S（·）指定的常数或数据寄存器中的二进制数正数进行开方（开二次方），存入 D（·）指定的数据寄存器中。若源数据为负数，则错误标志 M8067 动作，指令不执行。

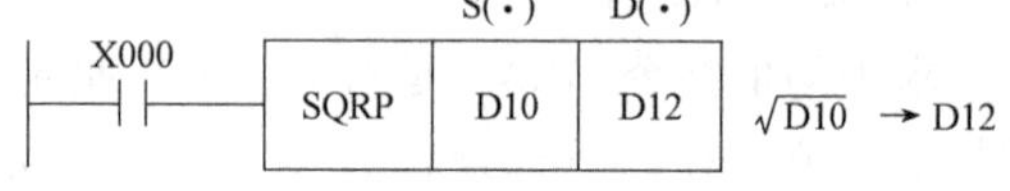

图 4-51　BIN 开方指令的使用说明

二进制开方指令的使用说明如图 4-51 所示，X000=ON，对 S（·）指定的数据寄存器 D10 中的二进制数进行开方，将开方结果舍去小数取整值存入 D12 中。开方出现小数时，借位标志 M8021 为 ON；开方结果为 0 时，零标志 M8020 为 ON。其中，操作数 S（·）范围为 K、H、D、R、U□\G□，操作数 D（·）范围为 D、R、U□\G□。

6. 数据合计值指令

数据合计值指令 WSUM（Word Sum）是对源操作数指定的 n 个连续 16 位或 32 位软元件中的二进制数据求合计值，存放于目标操作数指定的软元件中。

图 4-52 为数据合计值指令的使用说明。其中，操作数 S（·）和 D（·）范围为 T、C、D、R、U□\G□，操作数 n 范围为合计点数 K、H、D、R。图 4-52a、b 是 16 位指令的使用说明，将 D0~D5 连续 6 个单元中数据计算合计值，并以 32 位二进制数据的形式存放于 D（·）指定的 D11 和 D10 中。

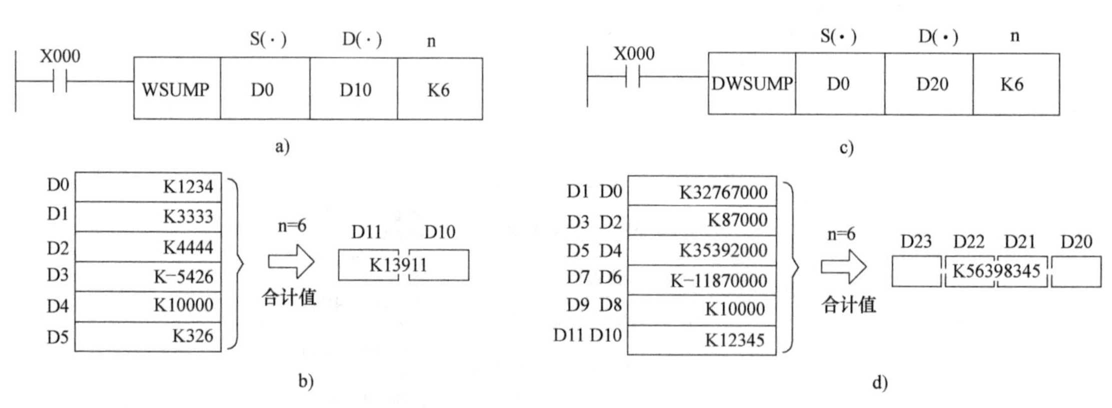

图 4-52　数据合计值指令的使用说明

图 4-52c、d 是 32 位指令的使用说明，将 D1、D0~D11、D10 连续 6 个 32 位单元中数据计算合计值，并以 64 位二进制数据形式存放于 D（·）指定的 D20~D23 四个连续的 16 位软元件中。32 位数据合计值指令使用时应注意，因 FX3U 系列 PLC 不能处理 64 位数据，求和值的 64 位二进制数据最大不能超过 32 位数据范围，即不能超出 −2147483648 ~ 2147483647 范围（即高 32 位数据为 0）。

注意：当 S（·）指定的连续软元件地址超出了有效地址的范围，或者 n 小于或等于

0，都会使出错标志 M8067 置 1。

4.5.3　数据表处理类指令

FX3U 系列 PLC 提供了多个数据表处理类指令，可以对数据表中的数据进行删除、插入、移位等操作。

数据表的第一个软元件保存的是数据表的元素个数。图 4-53a 是数据表的数据删除指令的梯形图程序形式，数据表的数据删除指令 FDEL（Data Table Delete）用于删除数据表中的一个数据，其余数据逐个向上移动。D（·）指定的是数据表个数，D（·）+1 指定的是起始软元件。其中，操作数 S（·）和 D（·）范围为 T、C、D、R、U□\G□，操作数 n 范围为 K、H、D、R。

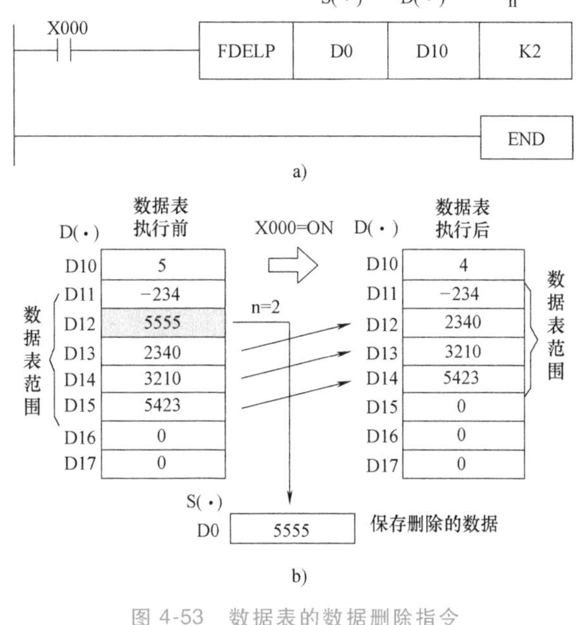

图 4-53　数据表的数据删除指令

图 4-53b 为操作说明。D10 中的“5”是表格的元素个数，当 X000 = ON 时，指令根据 n = 2，将 D（·）指定的起始软元件 D10 后的第 2 个单元 D12 中数据“5555”删除，并将“5555”保存在 S（·）指定软元件 D0 中，D（·）指定的第 n+1 = 3 开始的数据表软元件数据逐个向上移动，且 D（·）指定的起始软元件 D10 中保存的数据个数减 1 变为 4。

注意：在 D（·）指定的起始软元件后的第 n 号的位置比元素个数更大时；n≤0 或 n 的值超出了数据表 D（·）指定的软元件范围时；D（·）指定的起始软元件中保存的数据数为 0 或 D（·）指定的软元件超出了相应的地址范围时都会运算出错，出错标志 M8067 置 1。

4.6　算术与逻辑运算类指令

本节将介绍二进制整数算术运算类指令、逻辑运算类指令，浮点数转换、运算类指令和字符串运算类指令。

4.6.1　二进制整数算术与逻辑运算类指令

1. 使用要素

二进制整数算术运算类指令中的操作数最高位为符号位。指令的运算操作会影响几个特殊辅助继电器的状态，M8020 为零标志位（ADD 和 SUB 运算），M8021 为借位标志，M8022 为进位标志（ADD 和 SUB 运算），M8304 为零标志位（SUB 和 DIV 运算），M8306 为进位标志（DIV 运算）。二进制整数算术与逻辑运算类指令见表 4-7。

表 4-7　二进制整数算术与逻辑运算类指令

指令名称	指令符号	FNC NO	功能	操作数使用范围 S1(·)	操作数使用范围 S2(·)	操作数使用范围 D(·)	D 指令	P 指令
加法	ADD	20	两个数值加法运算	K、H、KnX、KnY、KnM、KnS、T、C、D、V、Z、R、U□\G□		KnY、KnM、KnS、T、C、D、V、Z、R、U□\G□	○	○
减法	SUB	21	两个数值减法运算				○	○
乘法	MUL	22	两个数值乘法运算	K. H、KnX、KnY、KnM、KnS、T、C、D、Z（限 16 位运算）、R、U□\G□		KnY、KnM、KnS、T、C、D 、Z（限 16 位运算）R、U□\G□	○	○
除法	DIV	23	两个数值除法运算				○	○
加 1	INC	24	指定软元件数据加 1	—		KnY、KnM、KnS、T、C、D、Z、R、U□\G□	○	○
减 1	DEC	25	指定软元件数据减 1				○	○
与	AND	26	两个数值逻辑与运算	K、H、KnX、KnY、KnM、KnS、T、C、D、V、Z、R、U□\G□		KnY、KnM、KnS、T、C、D、V、Z、R、U□\G□	○	○
或	OR	27	两个数值逻辑或运算				○	○
异或	XOR	28	两个数值逻辑异或运算				○	○
补码	NEG	29	求出源操作数的补码（各位取反+1）	—		KnY、KnM、KnS、T、C、D、Z、R、U□\G□	○	○

若使用连续执行型指令时，则每个扫描周期都会执行运算，需要注意 P 指令的使用。

2. 使用说明

（1）加法指令的使用说明　加法指令 ADD（Addition）是将两个源操作数指定的常数或软元件中的二进制数相加，计算的和送到目标操作数指定的软元件中。加法指令的四种形式在 4.1 节的图 4-2 中已经介绍过。

（2）减法指令的使用说明　减法指令 SUB（Subtraction）是将两个源操作数指定的常数或软元件中的二进制数相减，计算的差送到目标操作数指定的软元件中，如图 4-54 所示。

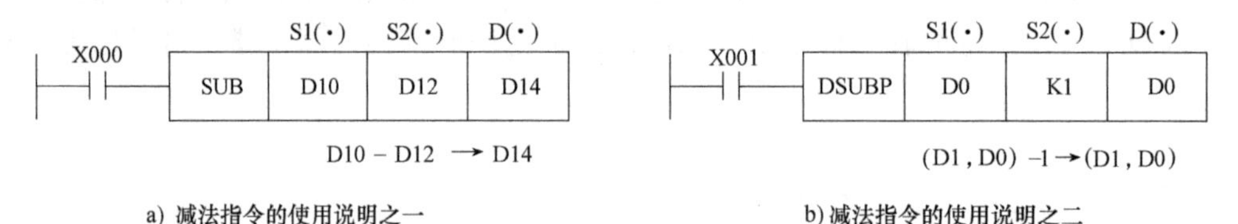

a) 减法指令的使用说明之一　　b) 减法指令的使用说明之二

图 4-54　减法指令的使用说明

图 4-54a 中，当 X000 = ON 时，每个扫描周期都将 D10 ~ D12 的结果送入 D14 中。

图 4-54b 中，源操作数和目标操作数可以指定用相同的软元件地址号，当 X001 经 OFF→ON 变化一次，DSUBP 指令就使（D1，D0）中的数据减 1，这与后面介绍的减 1 指令 DEC 功能相同，其差别是用减法指令实现减 1 时，会影响零位、借位和进位标志状态。

（3）乘法指令的使用说明　乘法指令 MUL（Multiplication）是将指定的常数或软元件中的二进制数相乘，求得的积送到目标操作数指定的软元件中去。

乘法指令有 16 位和 32 位两种，图 4-55a 中，当 X000 = ON，每个扫描周期都计算一次乘法，16 位乘法指令的目标操作数应是 32 位。图 4-55b 中，当 X001 产生 OFF→ON，将

（D1，D0）×（D3，D2）的 64 位乘积送入（D7，D6，D5，D4）中一次。

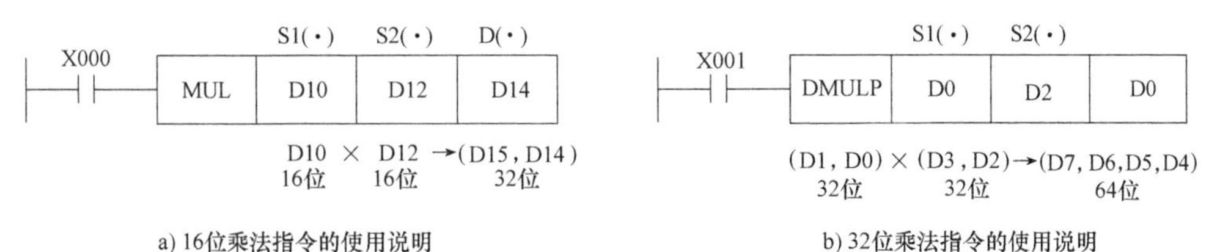

a) 16位乘法指令的使用说明　　b) 32位乘法指令的使用说明

图 4-55　乘法指令的使用说明

注意，在 32 位乘法指令中，尽量不要用位组合软元件作为目标操作数指定的软元件，因 K 限于≤8 的取值，只能存放低 32 位的结果；另外，变址寄存器 Z 不能在 32 位指令中指定为目标软元件，只能在 16 位指令中作为源操作数指定软元件。

【例 4-23】　使用乘 2 的方法实现 16 个灯的左移位循环，梯形图如图 4-56 所示。

使用乘 2 的方法实现 Y000～Y017 共 16 个灯的左移位，当 X000=ON 时，使用 MOV 指令将 Y000=ON，通过乘 2 的方法，使用 M8013 每秒进行移位，通过 0000，0000，0000，0001→0000，0000，0000，0010，实现灯左移，最后当 Y017=ON 时，重新开始置 Y000=ON。

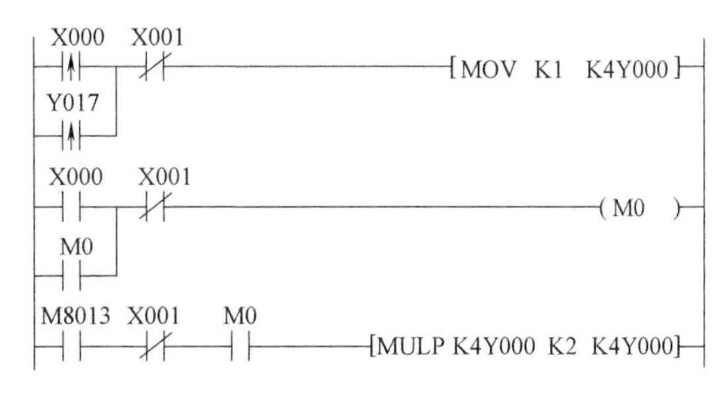

图 4-56　例 4-23 图

（4）除法指令的使用说明　除法指令 DIV（Division）是将 S1（·）作为被除数，S2（·）作为除数，商送到目标操作数 D（·）指定的软元件中，余数送到 D（·）+1 指定的软元件中。被除数为负数时，余数为负数。

除法指令有 16 位和 32 位指令两种。图 4-57a 中，当 X000=ON，程序每扫描一次，执行一次除法指令，将 D0÷D2 的商存入 D4 中，余数存放在 D5 中。图 4-57b 中当 X001 经 OFF→ON 变化一次，将（D1，D0）÷（D3，D2），求得的商放在（D5，D4）中，余数放在（D7，D6）中。

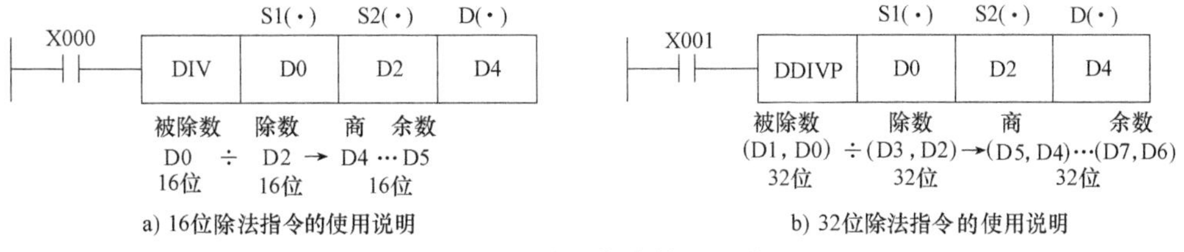

a) 16位除法指令的使用说明　　b) 32位除法指令的使用说明

图 4-57　除法指令的使用说明

（5）加 1 和减 1 指令的使用说明　加 1 指令 INC（Increment）和减 1 指令 DEC（Decrement），可将目标操作数指定的软元件中数据自动加 1 和减 1，需要注意使用 P 指令，否则会在每个扫描周期都计算。图 4-58a 所示是加 1 的 P 指令，图 4-58b 所示是减 1 的 P 指令，当输入信号触点经 OFF→ON 变化一次，目标操作数自动加 1 或减 1。

加 1 和减 1 指令的操作对零位、进位、借位标志没有影响。

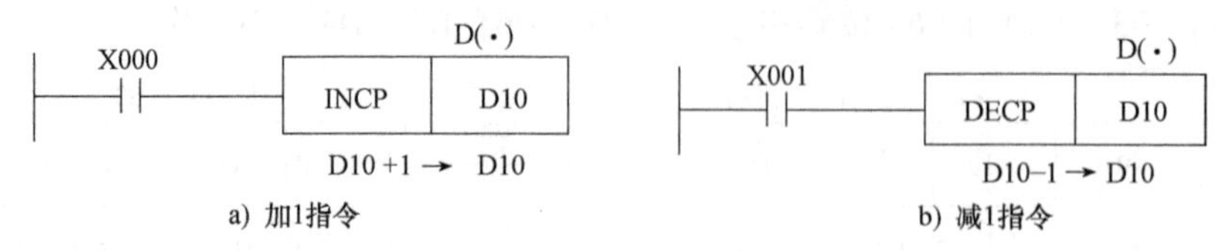

图 4-58 加 1 和减 1 指令

【例 4-24】 算术运算类指令的应用编程。

微课 4-9 算术运算指令

图 4-59 是算术运算类指令实现算式 $\sqrt{\frac{25X}{18}}+3$ 运算的梯形图。式中“X”表示从 K2X000 接收数据（≤255），运算结果送 K4Y000 驱动四位 BCD 数码管进行显示。梯形图中 X020 为启、停开关。

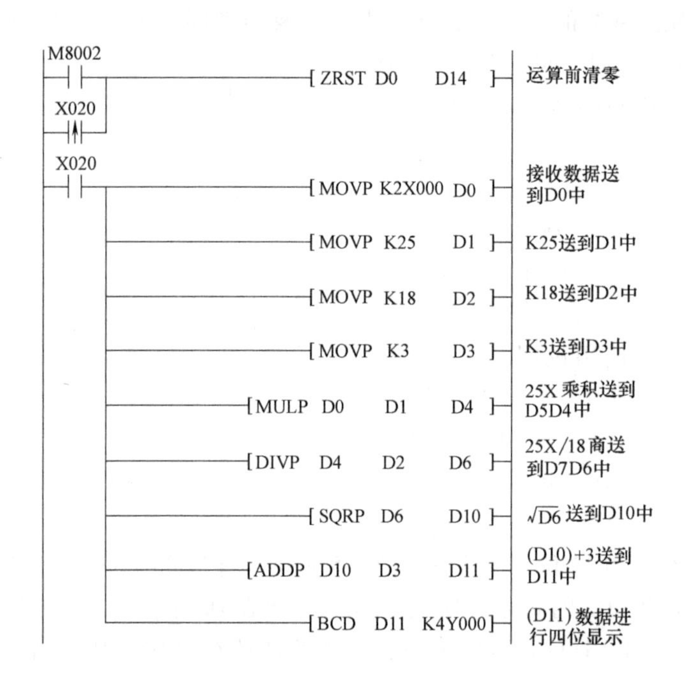

图 4-59 例 4-24 图

（6）逻辑运算类指令 逻辑运算类指令包括：与 AND、或 OR、异或 XOR 三条指令。逻辑运算不产生进位。32 位的逻辑运算符分别为 DAND、DOR、DXOR。

逻辑运算类指令字与 WAND、字或 WOR 和字异或 WXOR 指令的使用说明如图 4-60 所示。其中，S1（·）和 S2（·）范围为 K、H、KnX 、KnY、KnM、KnS、T、C、D、V、Z、R、U□\G□，D（·）范围为 KnY、KnM、KnS、T、C、D、V、Z、R、U□\G□。

4.6.2 浮点数转换和运算类指令

浮点数转换类指令有二进制浮点数与二进制和十进制整数互相转换指令、二进制浮点数与字符串互相转换指令；浮点数运算类指令有加、减、乘、除、开方、指数运算、三角函数运算、反三角函数运算等。浮点数转换和运算类指令见表 4-8。

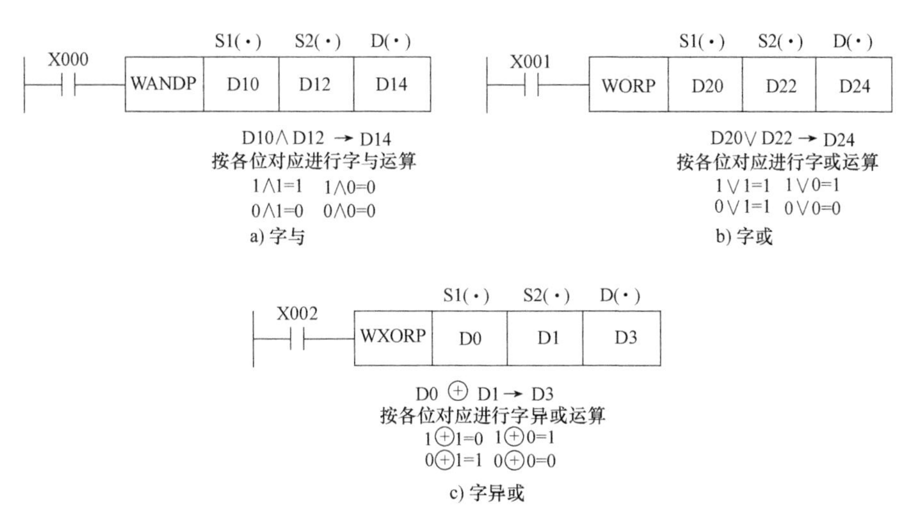

图 4-60 字与、字或、字异或指令的使用说明

表 4-8 浮点数转换和运算类指令

指令类别	指令名称	FNC NO	指令符号	功能	D 指令	P 指令
浮点数转换类指令	转换为二进制浮点数	49	FLT	二进制整数→二进制浮点数	○	○
	转换为二进制整数	129	INT	二进制浮点数→二进制整数	○	○
	转换为十进制浮点数	118	EBCD	二进制浮点数→十进制浮点数	○	○
	转换为二进制浮点数	119	EBIN	十进制浮点数→二进制浮点数	○	○
	二进制数转换为字符串	116	ESTR	二进制浮点数→字符串的转换	○	○
	字符串转换为二进制数	117	EVAL	字符串→二进制浮点数的转换	○	○
浮点数运算类指令	二进制浮点数加法	120	EADD	求两个二进制浮点数之和	○	○
	二进制浮点数减法	121	ESUB	求两个二进制浮点数之差	○	○
	二进制浮点数乘法	122	EMUL	求两个二进制浮点数之积	○	○
	二进制浮点数除法	123	EDIV	求两个二进制浮点数之商	○	○
指数、对数开方指令	二进制浮点数指数运算	124	EXP	二进制浮点数指数运算	○	○
	二进制浮点数开方运算	127	ESQR	二进制浮点数开二次方	○	○
	自然对数运算	125	LOGE	二进制浮点数自然对数运算	○	○
	常用对数运算	126	LOG10	二进制浮点数常用对数运算	○	○
	符号翻转	128	ENEG	使二进制浮点数数据的符号翻转	○	○
三角函数运算	正弦运算	130	SIN	二进制浮点数 sin 运算	○	○
	余弦运算	131	COS	二进制浮点数 cos 运算	○	○
	正切运算	132	TAN	二进制浮点数 tan 运算	○	○
	反正弦运算	133	ASIN	二进制浮点数 arcsin 运算	○	○
	反余弦运算	134	ACOS	二进制浮点数 arccos 运算	○	○
	反正切运算	135	ATAN	二进制浮点数 arctan 运算	○	○
角度转换	角度转换成弧度	136	RAD	二进制浮点数角度→弧度的转换	○	○
	弧度转换成角度	137	DEG	二进制浮点数弧度→角度的转换	○	○

1. 浮点数转换类指令

FLT（Float）指令是二进制整数转换为二进制浮点数的指令，常数K、H在各浮点数运算类指令中会自动转换。指令的使用说明如图4-61所示，其中，S（·）和D（·）范围为D、R、U□\G□。

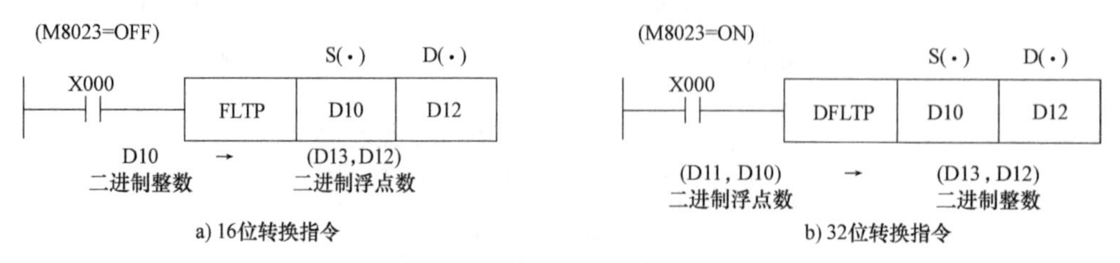

图4-61　FLT指令的使用说明

该指令在M8023作用下可实现可逆转换。图4-61a是16位转换指令，若M8023=OFF，当X000=ON时，将D10中的16位二进制整数转换为二进制浮点数，存入（D13，D12）中；图4-61b是32位指令，若M8023=ON，当X000=ON时，将（D11，D10）中的二进制浮点数转换为32位二进制整数（小数点后的数舍去）存入（D13，D12）中。FLT指令在M8023=ON时的逆转换与INT指令实现二进制浮点数转换为二进制整数的功能相同。

DEBCD指令和DEBIN则是实现二进制浮点数与十进制浮点数互相转换的指令。

【例4-25】　使用DEBIN指令将十进制数3.14转换为二进制浮点数，梯形图如图4-62所示。

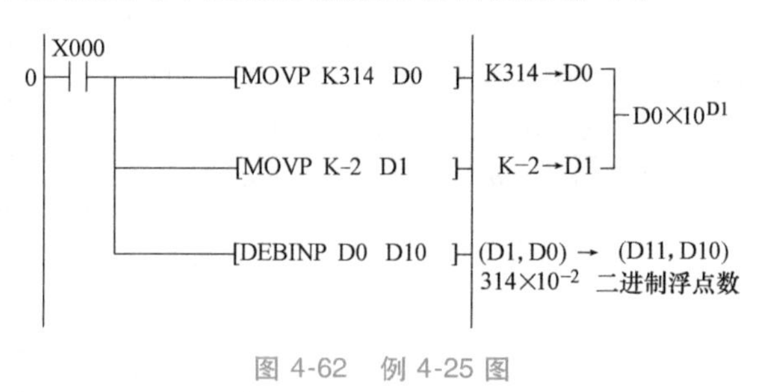

图4-62　例4-25图

当X000=ON，程序中用两条传送指令将十进制数3.14以十进制浮点数格式$314e^{-2}$（即314×10^{-2}），分别送入（D1，D0）中（也可用浮点数传送指令DEMOV实现这一转换），然后执行DEBIN指令，将（D1，D0）中的十进制浮点数转换为二进制浮点数存放于（D11，D10）中。

2. 浮点数运算类指令

浮点数运算类指令包括加、减、乘、除，使用的指令分别为DEADD、DESUB、DEMUL和DEDIV，其中S（·）范围为D、R、U□\G□、K、H、E，D（·）范围为D、R、U□\G□。另外，浮点数还有开方运算、指数运算、三角函数运算等，这些运算中，S（·）范围为D、R、U□\G□、E，D（·）范围为D、R、U□\G□。

二进制浮点数指数运算指令可以对二进制浮点数进行以e为底的指数运算，在指数运算中，将底e作为2.71828进行运算，其指令的梯形图如图4-63a所示。当X010=ON，指令根据S（·）+1，并对S（·）指定软元件中的二进制浮点数进行指数运算，结果保存到D（·）+1、D（·）指定的软元

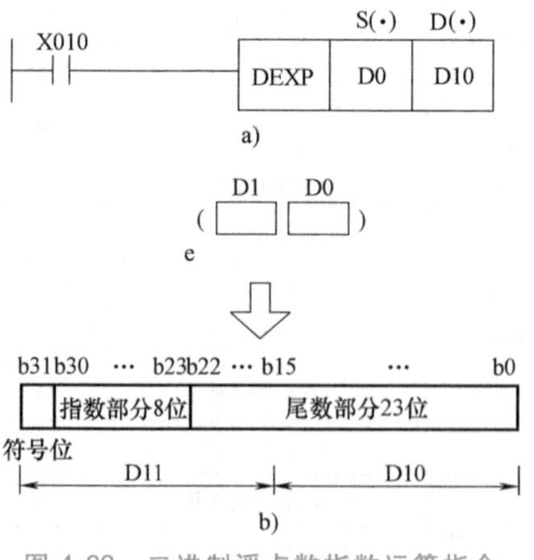

图4-63　二进制浮点数指数运算指令

件中。图 4-63b 是指数运算指令执行的过程。若指数运算的结果不在 $2^{-126}\leqslant$运算结果$<2^{128}$ 或$-2^{128}\leqslant$运算结果$<-2^{126}$ 范围内，出错标志位 M8067 为 ON，则产生错误代码 K6706 保存在 D8067。

【例 4-26】　DEXP 指令的运算，当 X001＝ON 时运行过程梯形图如图 4-64 所示。

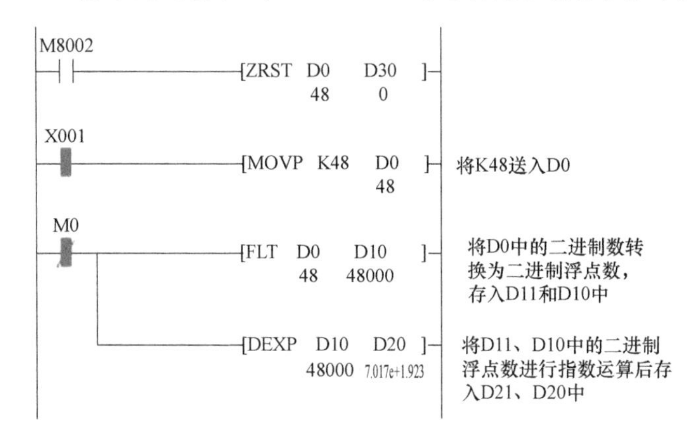

图 4-64　例 4-26 图

当 X001＝ON，传送指令将 K48 送入 D0 中，则将 D0 中数据转换为二进制浮点数，存入（D11，D10）中，然后进行指数运算，其结果的二进制浮点指数（7.017e+1.923）存放在（D21，D20）中。

4.6.3　字符串运算类指令

FX3U 系列 PLC 提供了字符串运算类指令，见表 4-9。

表 4-9　字符串运算类指令一览表

指令类别	指令名称	FNC NO	指令符号	功能	D 指令	P 指令
字符串转换类指令	转换为二进制数据	201	VAL	字符串→二进制数据	○	○
	二进制数据转换为字符串	200	BIN	二进制数据→字符串	○	○
	连接字符串	202	$ +	连接两个字符串为一个字符串	—	○
	检测字符串长度	203	LEN	检测字符串长度	—	○
子字符串运算指令	从字符串的右侧取出	204	RIGHT	从字符串的右侧取出子字符串	—	○
	从字符串的左侧取出	205	LEFT	从字符串的左侧取出子字符串	—	○
	从字符串中取子字符串	206	MIDR	从字符串中取子字符串	—	○
	替换任意的子字符串	207	MIDW	替换任意的子字符串	—	○
字符串	字符串传送	209	$ MOV	字符串传送	—	○
	字符串检索	208	INSTR	字符串检索	—	○

1. 字符串转换为二进制数据和检测字符串长度指令

这些指令对应的浮点数运算为 EVAL。

（1）字符串转换为二进制数据　VAL（Value）指令将字符串转换成二进制数据，说明如图 4-65 所示，将用 S（·）指定开始的软元件中保存的字符串转换为 16 位二进制数据，然后将所有位数保存到D1（·）指定的软元件中，将小数部分位数保存到D1（·）+1指定的软元件中，将二进制数据保存到D2（·）指定开始的软元件中。当指定字符串“-123.45”时，D1（·）和D2（·）指定的软元件保存的内容如图4-65b所示。其中，S（·）和D1（·）的范围为T、C、D、R，D2（·）的范围为KnY、KnM、KnS、T、C、D、R。

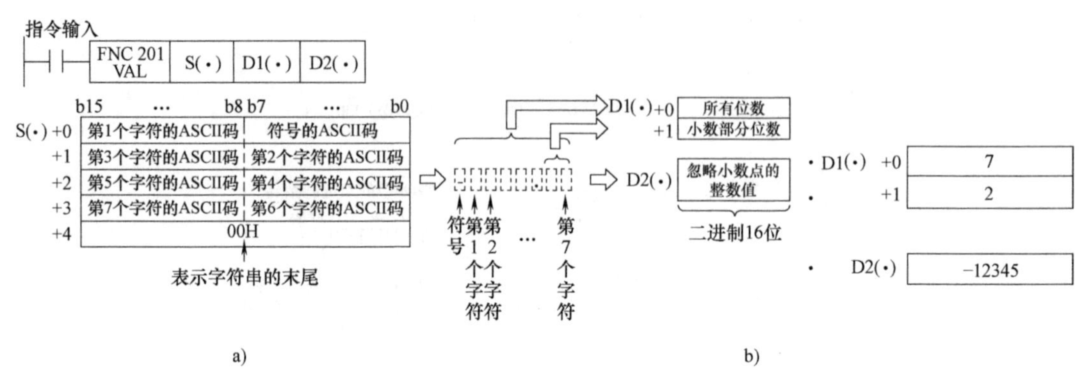

图4-65 VAL指令的转换说明

（2）检测字符串长度 LEN（Length）指令的说明如图4-66所示，检测出S（·）指定开头的字符串的长度，保存到D（·）指定的软元件中，以字节为单位，从S（·）指定的软元件开始到第一个保存“00H”的软元件为止。设有字符串“ABCDEFGHI”，则长度为9，保存到D（·）指定的软元件中就是K9。其中，S（·）范围为KnX、KnY、KnM、KnS、T、C、D、R、U□\G□，D（·）范围为KnY、KnM、KnS、T、C、D、R、U□\G□。

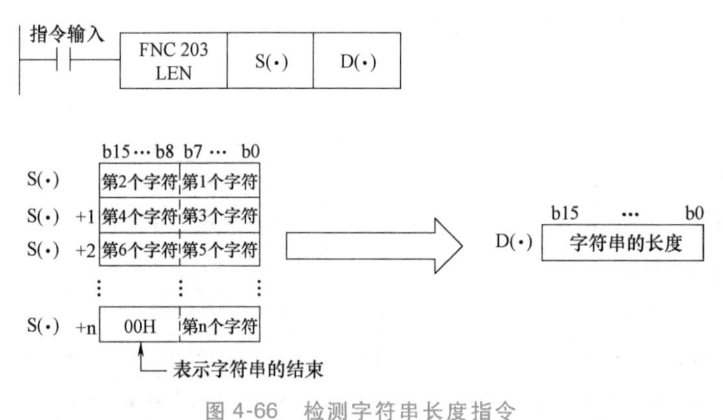

图4-66 检测字符串长度指令

2. 从字符串中取子字符串指令和替换任意子字符串指令

从字符串中取子字符串指令是从字符串中取出指定的子字符串，LEFT和RIGHT指令可分别从字符串的左右侧取，MIDR指令是在字符串中间取指定的子字符串，MIDW指令可实现从字符串中替换任意子字符串。

如图4-67所示，使用LEFT指令从S（·）指定开始的软元件中保存的字符串数据的左侧，取出n个字符的数据，保存到D（·）指定开始的软元件中，取出字符串时会在最后自动附加“00H”。图中，当n=7时，从字符串“ABCDEF12345”左侧取7个子字符串为“ABCDEF1”。

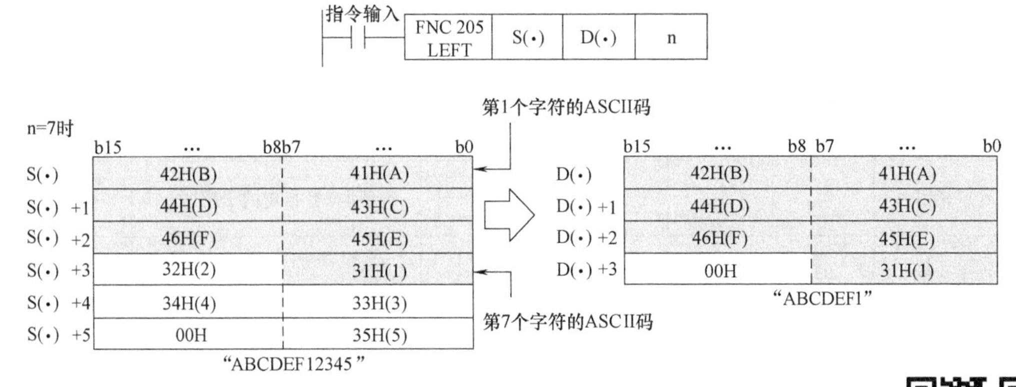

图 4-67 从字符串左侧取子字符串

3. 字符串传送和检索

$ MOV 指令用于传送字符串，INSTR（Instring）指令是从指定字符串中检索字符串。

微课 4-10
字符串
运算指令

【例 4-27】 字符串运算类指令的应用，梯形图如图 4-68 所示。

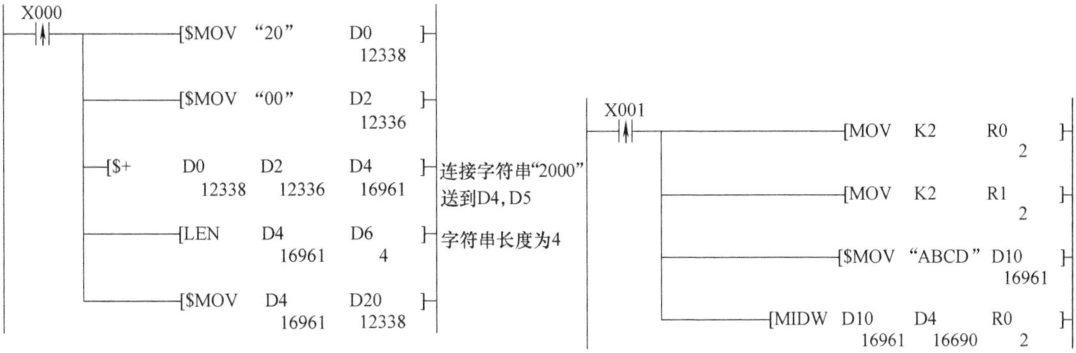

X000
[$MOV "20" D0 12338]
[$MOV "00" D2 12336]
[$+ D0 12338 D2 12336 D4 16961] 连接字符串"2000"送到D4, D5
[LEN D4 16961 D6 4] 字符串长度为4
[$MOV D4 16961 D20 12338]

X001
[MOV K2 R0 2]
[MOV K2 R1 2]
[$MOV "ABCD" D10 16961]
[MIDW D10 16961 D4 16690 R0 2]

图 4-68 例 4-27 图

当 X000 = ON，$ MOV 指令实现字符串传送，$ +指令连接 D0 和 D2 字符串，结果"2000"保存到（D4，D5）中，LEN 指令检测字符串 D4 的长度。

当 X001 = ON，使用 MIDW 指令实现字符串替换，D10 为替换的字符串"ABCD"的开始单元，D4 为被替换的字符串"2000"的开始单元，R0 作为替换字符的起始位置为 2，而 R0+1 的单元 R1 作为替换字符串的长度为 2；将 D10 开始中的字符串"ABCD"中取 R1 指定 2 个字符串"AB"，替换"2000"字符串中 R0 指定的位置 2 开始"00"，因此替换后的 D4 字符串为"2AB0"。

4.7 程序流程控制类指令

应用程序流程控制类指令可以实现程序的模块化，适合复杂程序的编写。其中条件跳转指令可根据执行条件改变程序的执行顺序，子程序调用指令可以调用指定的某个子程序去执行后返回。

程序流程控制类指令见表 4-10，注意有些指令是直接与左母线连接的。

表 4-10　程序流程控制类的指令

指令名称	FNC NO	指令符号	指令格式	功能	D 指令	P 指令
条件跳转	00	CJ	CJ Pn	跳转到指针入口处执行程序	—	○
子程序调用	01	CALL	CALL Pn	调用指针指定的子程序	—	○
子程序返回	02	SRET	SRET	子程序执行结束返回主程序	—	—
中断返回	03	IRET	IRET	中断子程序执行结束返回主程序	—	—
中断允许	04	EI	EI	主程序区允许响应中断请求	—	—
中断禁止	05	DI	DI	主程序区禁止响应中断请求	—	—
主程序结束	06	FEND	FEND	主程序结束	—	—
监视定时器刷新	07	WDT	WDT	监视定时器刷新	—	○
循环	08	FOR	FOR S	循环条件满足开始执行循环程序	—	—
循环结束	09	NEXT	NEXT	循环程序执行结束返回	—	—

4.7.1　条件跳转指令

微课 4-11
条件跳转指令

条件跳转指令 CJ 有 128 个跳转指针，即 P0～P127（跳转指针号可变址修改），其中 P63 指向 END 所在步，不用标记。

CJ（Conditional Jump）指令可用于跳过不需要执行的程序段，跳转到 P0～P127 指针指定的某处入口执行，可以有选择地执行程序，缩短程序执行周期。

条件跳转指令如图 4-69 所示，该程序中有两条条件跳转指令，其操作数是指向左母线上标注的以指针 Pn 为入口的地址，若跳转条件不满足，就不执行条件跳转指令，而是顺序往下执行程序。在图中，入口地址标号在左母线左边，当 X000＝ON，每个扫描周期都执行条件跳转指令，跳至标号 P8 地址处开始执行程序，因 X000＝ON 就不执行 CJ P9 条件跳转指令，而执行该指令下面开始的程序，直至 END 结束。当 X000＝OFF 就执行 P9 地址处的程序。

条件跳转指令需要注意以下几点：

1）在同一程序位于因跳转而不被同时执行程序段中的同一线圈，不被视为双线圈。

2）可以有多条条件跳转指令使用同一标号，例如在图 4-70a 中，当 X020＝ON，X021＝ON，都可以跳到 P9 处执行。指令表程序中标号需占一行。

3）跳转可以向下，也可以向上。向上跳转如图 4-70b 所示，需要注意如果 X024 接通约

200ms 以上，会造成该程序的执行时间超过了 D8000 中警戒时钟设定值，发生监视定时器 M8000 断开，报警出错。

4）跳转可用来执行程序初始化工作，如图 4-70c 所示。在 PLC 运行的第一个扫描周期中，条件跳转指令 CJ P7 不执行，执行初始化程序，而在第二个扫描周期，才执行条件跳转指令。

5）条件跳转指令在主控区执行的情况如图 4-71 所示，条件跳转指令可以跳过整个主控区（MC～MCR）；CJ P1 执行时从主控区外跳到主控区内，跳转独立于主控操作，即主控指令 MC N0 M0 中 M0 无论状态如何，均按 ON 处理；CJ P2 在主控区内跳转时，只有当 M0=ON，条件跳转指令才能跳转；CJ P3 从主控区内跳到主控区外时，只有当 M0=ON 时，才可以跳转到主控区外，这时 MCR N0 可视为无效；CJ P4 从一个主控区内跳到另一个主控区内，当主控指令 MC N0 M1 中 M1=ON 时，该区条件跳转指令跳转到下一个主控区时，本区 MCR N0 可被忽略，下一个主控区指令 MC N0 M2 中 M2 状态均看作 ON。

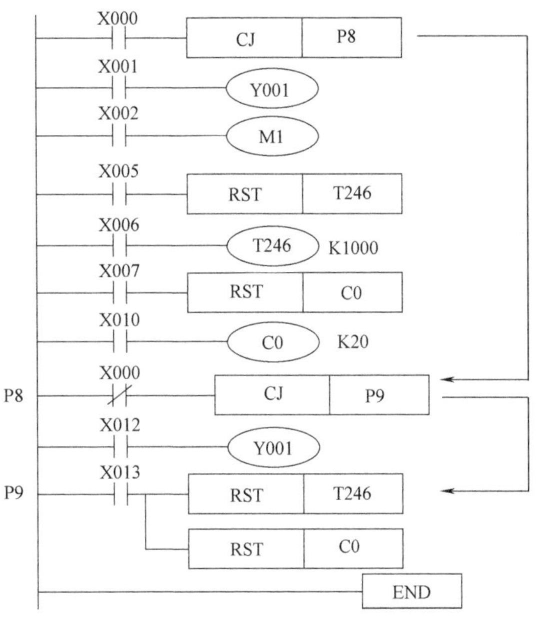

图 4-69　条件跳转指令

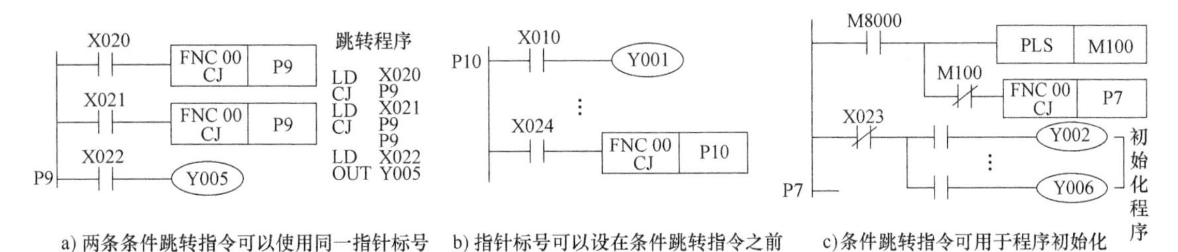

a) 两条条件跳转指令可以使用同一指针标号　b) 指针标号可以设在条件跳转指令之前　c) 条件跳转指令可用于程序初始化

图 4-70　条件跳转指令的使用注意事项

【例 4-28】　使用条件跳转指令 CJ 实现手动和自动程序，梯形图如图 4-72 所示。

在工业控制中经常使用条件跳转指令，用来根据条件选择执行不同的程序段。同一套设备在不同的条件下，需运行自动及手动两种工作方式，这就要在程序中编写两段程序，一段用于手动，一段用于自动。这种使用跳转的方式，可以使程序按功能进行模块划分。

图 4-72 中，输入继电器 X000 为手动/自动转换开关。当 X000 置 1 时，跳转到 P0 口执行自动程序，置 0 时，执行手动程序后跳到 END 结束。CJ P63 表示跳转到 END，END 前面不需要设置入口地址。

4.7.2　子程序调用及返回指令

1. 子程序调用及返回指令的使用要素与说明

子程序是实现特定的控制目的相对独立的程序，其调用及返回指令等见表 4-11。

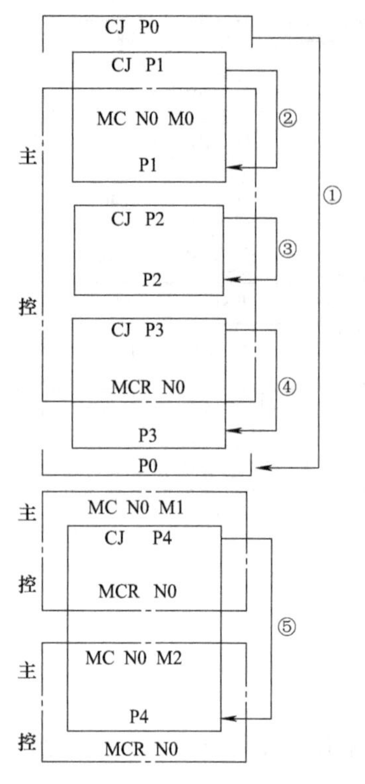

图 4-71　主控区与条件跳转指令的关系

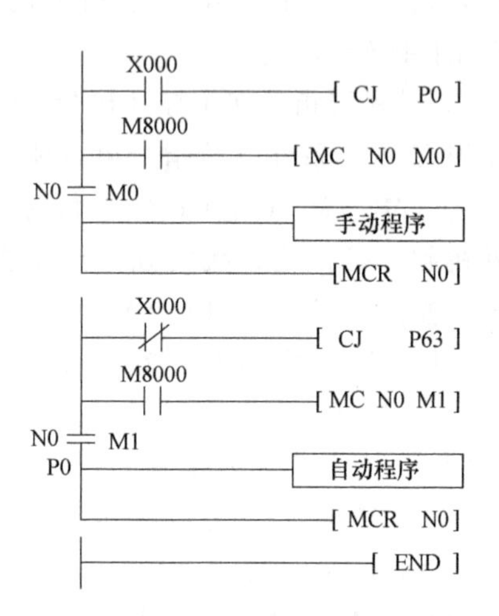

图 4-72　例 4-28 图

表 4-11　子程序调用及返回指令使用要素

指令名称	FNC NO	助记符	操作数使用范围 D(·)	D 指令	P 指令
子程序调用	01	CALL	指针 P0~P62，P64~P127 可嵌套 5 级	—	○
子程序返回	02	SRET	无	—	—
主程序结束	06	FEND	无	—	—
监视定时器刷新	07	WDT	无	—	—

子程序既可以在主程序中调用，也可以在另一个子程序中调用，在主程序中调用则调用的子程序必须安排在主程序结束指令 FEND（First End）之后，以指针 Pn 为入口地址，子程序必须以返回指令 SRET（Subroutine Return）结束。区分主程序后多个独立的子程序时，每个标号与和它最近的一个子程序返回指令 SRET 构成的是一个子程序。

图 4-73 中，当 X000=ON 时，执行一次 CALLP 指令，调用 P1 指针标号与最近的子程序返回指令 SRET 之间的子程序。若主程序带有多个子程序或子程序中嵌套有子程序时，子程序可依次列在主程序结束指令之后，并以不同的标号相区别。图 4-73 中有两个子程序，子程序①中又嵌套了子程序②调用指令，当子程序①执行中 X010=ON 时，第二个 CALLP 指令转去调用标号为 P5 的子程序②，执行到子程序②返回指令 SRET 处，返回到子程序①调用指令下面的程序继续执行，直到执行子程序①返回指令 SRET 处，再返回到主程序的 CALLP 下面的程序顺序执行到主程序结束指令 FEND。

FX 系列 PLC 规定子程序内允许嵌套使用子程序调用指令的次数为 4 次，整个程序嵌套可多达 5 次。另外，在子程序和中断子程序中若需用到定时器，只能使用定时器 T192～T199 或 T246～T249。不同的 CALL 指令的入口 Pn 可以重复，但是 CALL 指令和 CJ 指令跳转的入口 Pn 不能重复。

2. 子程序调用的执行过程及在程序编制中的意义

在图 4-73 中，当 X000＝ON 并保持不变时，每当程序执行到 CALLP P1 指令时，都会转去执行指针为 P1 开始的子程序①，执行到 SRET 指令即返回原断点继续执行原程序。而当 X000＝OFF 时，PLC 仅执行主程序。

子程序可以按一定的条件有选择地实现不同的功能，并可以多次调用。在编程时，将一些相对独立的功能或者通用的功能都编制成子程序，可以实现功能模块化，缩短程序长度。

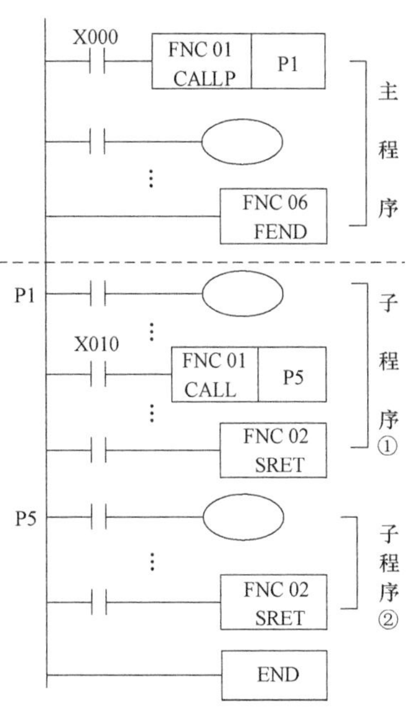

图 4-73　子程序在梯形图中的表示

4.7.3　中断指令

中断是 PLC 响应各种中断请求的一种工作方式。

1. 中断指令使用要素与说明

中断指令包含中断允许、中断禁止和中断返回，均为无操作数指令。其中，中断允许、中断禁止指令用于安排主程序中指定的某段程序区内是否允许响应中断请求，中断返回指令应安排在中断子程序的结束处。三条指令的说明见表 4-12。

表 4-12　中断指令的说明

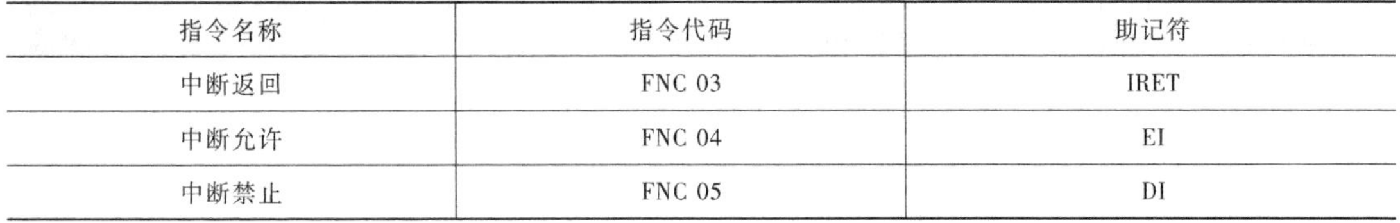

指令名称	指令代码	助记符
中断返回	FNC 03	IRET
中断允许	FNC 04	EI
中断禁止	FNC 05	DI

主程序在执行过程中，当在中断允许指令 EI（Interruption Enable）与中断禁止指令 DI（Interruption Disable）或到 FEND 指令之间（称为开放中断响应区，简称开中断区）有中断请求信号时，则响应中断请求转去执行中断指针指定的子程序。如果在主程序只有中断允许指令 EI，则从 EI 指令到 FEND 指令的全过程都允许中断子程序响应中断请求。由于中断请求是机内外突发随机事件信号，时间很短，因此中断子程序的执行不受主程序运行周期的约束。中断子程序运行到中断返回指令，返回到主程序响应中断的断点，继续执行主程序，中断子程序的结果会影响主程序中的某些运算结果。

FX3U 系列 PLC 有 15 个中断指针，见表 4-13。中断指针又可分为输入中断指针 6 个，定时器中断指针 3 个，计数器中断指针 6 个。这三类中断的格式及表示意义如图 4-74 所示。中断指针是中断子程序的入口标号，每个中断子程序指针标号在主程序结束指令后面不能重复使用。

表 4-13　中断指针种类及地址分配

<table>
<tr><th rowspan="2">分支用指针</th><th colspan="3">中断用指针</th></tr>
<tr><th>输入中断用</th><th>定时器中断用</th><th>计数器中断用</th></tr>
<tr><td>P0～P127
128点</td><td>I00□（X000）
I10□（X001）
I20□（X002）
I30□（X003）
I40□（X004）
I50□（X005）
6点</td><td>I6□□
I7□□
I8□□
3点</td><td>I010
I020
I030
I040
I050
I060
6点</td></tr>
</table>

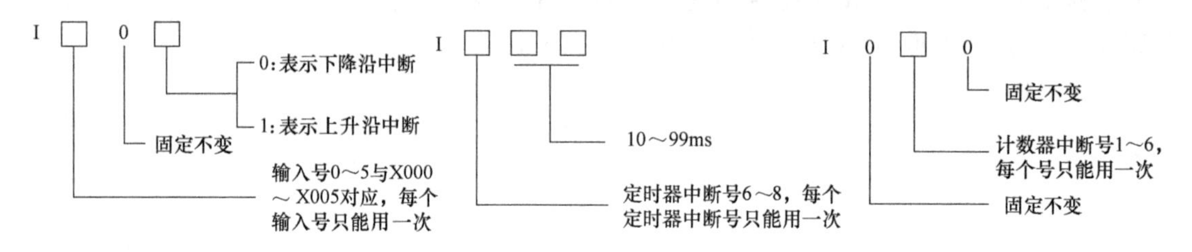

a) 输入中断用指针的格式及表示意义　b) 定时器中断用指针的格式及表示意义　c) 计数器中断指针格式及表示意义

图 4-74　三类中断的格式及表示意义

输入中断响应 X000～X005 发出的中断信号，可用于机外突发随机事件发出的中断请求。定时器中断是机内定时指针自动定时中断，定时时间可在 10～99ms 之间选取，一旦定时时间到，自动执行定时器中断子程序，可用于周期性重复执行的场合，不受循环扫描周期的影响。计数器中断是利用机内高速计数器对外部计数的当前值与设定值进行比较，在满足比较条件时，执行计数器中断子程序。

当一个程序中有多个中断子程序时，对多个突发事件出现的中断请求按规定的优先秩序处理，称为中断优先权。FX3U 系列 PLC 三类中断中，其优先权由中断指针号的大小决定，即指针号小的优先响应。因此，输入中断指针号整体上小于定时器中断指针号和计数器中断指针号，即输入中断的优先权较高。

另外，在主程序中还可以设置“线圈型”特殊辅助继电器 M8050～M8059 实现对应的中断子程序是否允许响应的选择。这 10 个特殊辅助继电器和 15 个中断指针的对应关系见表 4-14。当特殊辅助继电器被置 1 时，其对应的中断子程序响应将被禁止执行。

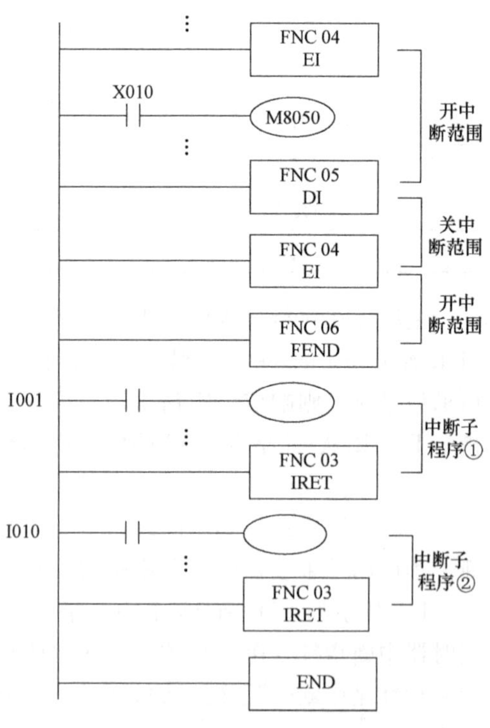

图 4-75　中断指令使用说明梯形图

中断指令在梯形图中的使用说明如图 4-75 所示。从图中可以看出，EI、DI 指令之间的程序

表 4-14　特殊辅助继电器与中断指针对应关系

中断类别	地址号 · 名称	动作 · 功能
输入中断	M8050 = ON, I00□中断禁止	在 EI 与 DI 指令开放的中断响应程序区,若中断指针对应的特殊辅助继电器为 ON,则该中断子程序被禁止执行 例如 M8050 = ON 时, I00□的中断子程序被禁止执行
	M8051 = ON I10□中断禁止	
	M8052 = ON I20□中断禁止	
	M8053 = ON I30□中断禁止	
	M8054 = ON I40□中断禁止	
	M8055 = ON I50□中断禁止	
定时器中断	M8056 = ON I6□□中断禁止	
	M8057 = ON I7□□中断禁止	
	M8058 = ON I8□□中断禁止	
计数器中断	M8059 = ON	I010 ~ I060 中断禁止

是允许中断区域，在主程序中如果有 M8050 ~ M8059，还可以控制是否允许中断，X010 = ON 则设置禁止中断。中断子程序安排在主程序结束指令 FEND 之后，I001 和 I010 开始的程序段是中断子程序，每个子程序最后均要中断返回指令 IRET。

若主程序后有多个中断子程序时，每个中断指针标号与其最近的一处中断返回指令 IRET 之间的程序即为一个中断子程序；并且规定在一个中断子程序中可实现不多于二级的中断嵌套。

2. 中断指令的应用编程

中断功能不能软件仿真，只能在 PLC 系统上来完成。

【例 4-29】　使用外部输入中断响应程序的梯形图编程，如图 4-76 所示。

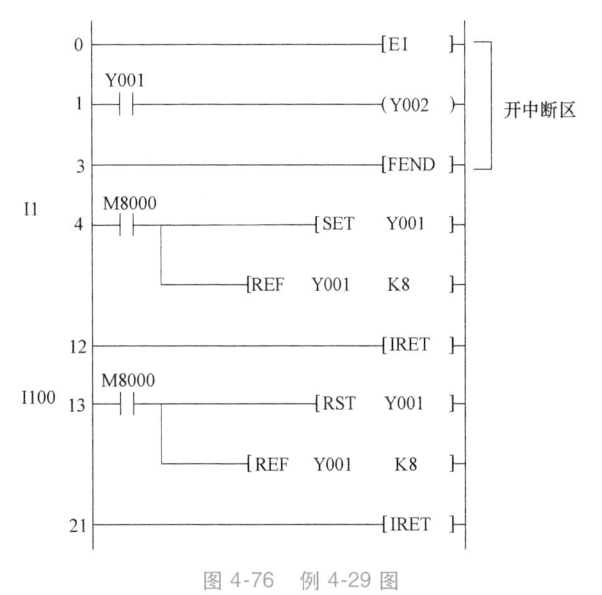

图 4-76　例 4-29 图

在主程序 EI 指令至 FEND 指令间为允许中断区，当 X001 接收到外部中断上升沿信号时，标号为 I1（I001）的中断子程序执行，使 Y001 接通，并通过刷新指令 REF（FNC 50）使 Y001 保持 ON，中断子程序结束；子程序中 Y001

的改变使主程序中 Y002=ON；当 X001 接收到外部中断下降沿信号时，标号为 I100 的中断子程序执行，使 Y001 复位，并通过刷新指令 REF 使 Y001 保持 OFF，中断子程序结束，使主程序中 Y002=OFF。

程序中 REF 是刷新指令，用于在某段程序处理时对指定的输入口读取最新数据信息，或在某一操作结束后立即将结果从指定的输出口输出。其格式如图 4-77 所示，其中，D（·）的范围为 X、Y，而且指定的软元件首地址必须是 10 的倍数，即为 X000，X010，…及 Y000，Y010，Y020，…；*n* 的范围为 K、H，应为 8 的倍数，即 K8（H8），K16（H10），…，K256（H100），…，否则会出错。

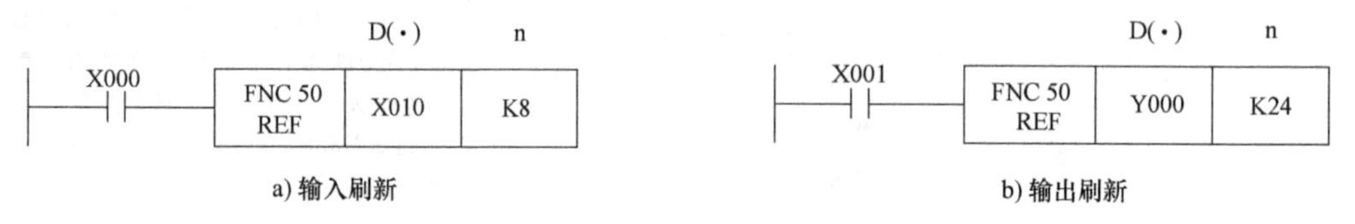

图 4-77　刷新指令的使用说明

【例 4-30】　用定时中断实现 16 个 LED 灯的亮、灭。

如图 4-78 所示，该程序可将接于 Y000～Y017（K4Y000）的 16 个 LED 灯，每秒使 4 个为 ON 的一组灯左或右移一次。当 M8002 使 Y0～Y17 中的 Y0～Y3 为 ON，其余均为 OFF，并允许中断；若 M8057 为 OFF，允许 I750 入口的定时器中断子程序每 50ms 执行一次，D1 加 1，当 D1=K20 时即 20×50=1000ms 为 1s，触点指令接通，若 X002=OFF，ROL 指令使一组灯左移一次，若 X002=ON，ROR 指令使一组灯右移一次，同时 D1 中内容清零，开始下次的 1s 计数。若主程序中 X000=ON，使 M8057=ON，则 I750 定时器中断子程序禁止执行。

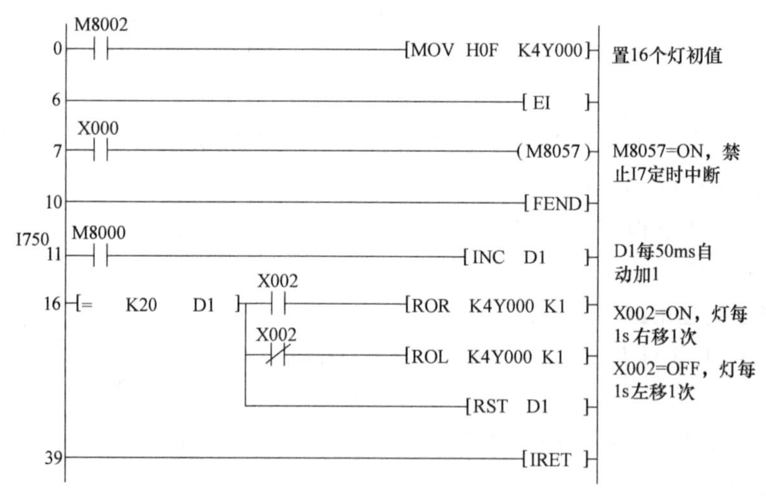

图 4-78　例 4-30 图

3. 高速计数器中断的应用编程

FX3U 系列 PLC 有 21 个 32 位的高速计数器（C235～C255），在第 2 章的表 2-10 中介绍过。高速计数器编程时需要用高速计数器的专有指令，包括比较置位指令 DHSCS（FNC 53）、比较复位指令 DHSCR（FNC 54）、区间比较指令 DHSZ（FNC 55）等，在 4. 8. 1 节中详细介绍。

4.7.4 循环指令

循环指令 FOR 与 NEXT 可以指定某段程序重复循环执行 n 次，循环操作数可以为 K、H、KnX、KnY、KnM、KnS、T、C、D、V、Z、R、U□/G□。

循环指令用于某段程序需要反复操作的场合，可以简化程序，使整个程序简明扼要，提高程序执行效率。FOR 与 NEXT 指令直接与左母线连接，可以在 FOR 指令前面加循环的条件。如对某一取样数据做一定次数的加权运算，控制输出口按一定的规律做重复的输出动作或重复的运算等。

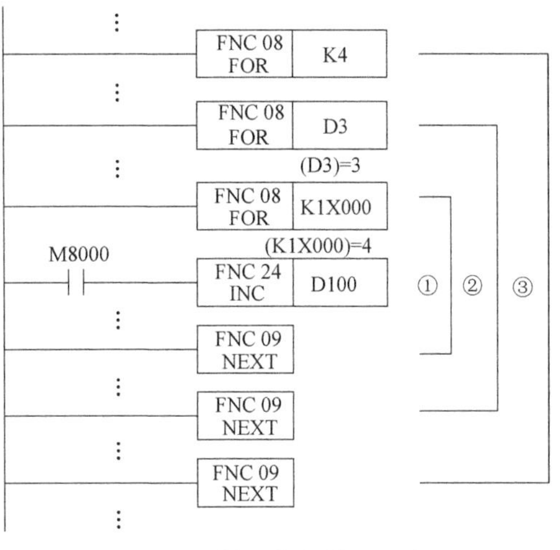

图 4-79 循环指令的使用说明

图 4-79 所示是循环指令的使用说明，图中是循环的嵌套，有三条 FOR 指令和三条 NEXT 指令相互对应，在梯形图中 FOR 指令与和它相距最近的 NEXT 指令为一组循环，这样的嵌套可达五层。FOR 指令中的循环数若由十进制 K 值给出，则 K 取值范围为 1～32767，若给定为-32767～0 时，K 按 1 处理。该程序中①的内层循环程序是向数据存储器 D100 中加 1，循环值从输入端设定为 4；②的中层循环值 D3 中预先设定为 3；③的最外层循环值为 4。嵌套循环程序的执行从最内层开始，共循环了 48 次。

微课 4-12
循环指令

【例 4-31】 用循环指令 FOR 与 NEXT 实现从键盘输入 5 个十进制数求平均值，梯形图如图 4-80 所示。

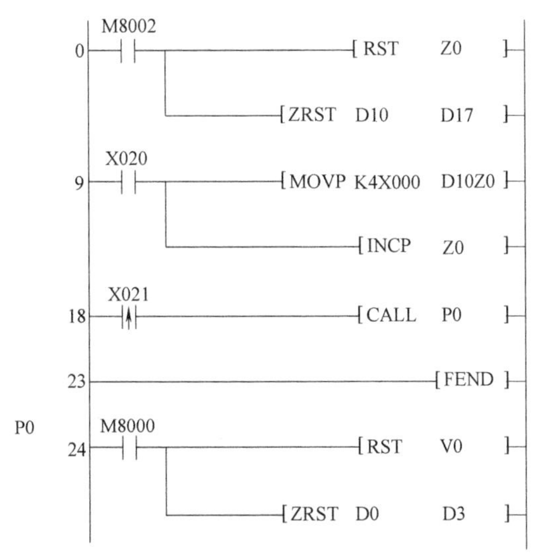

图 4-80 例 4-31 图

当 X020=ON，从 X000~X017 依次输入 5 个十进制数，存于 D10~D14 中，Z0 自动加 1。当按下 X021 产生上升沿时，调用 P0 入口的子程序，由循环指令将 D10~D14 中数据每次通过 V0 变址，进行求和，程序中采用了 32 位求和指令 DADD，结果放在（D1，D0）。由除法指令 DDIV 求（D1，D0）中累加和的平均值存放于（D17，D16）中。

4.8 其他应用指令

4.8.1 高速处理类指令

本节将介绍高速处理类指令，其中 SPD、PLSY、PWM 和 PLSR 指令将在第 7 章的 7.2.2 节中介绍。高速处理类指令见表 4-15。

表 4-15 高速处理类指令

<table>
<tr><th rowspan="2">指令名称</th><th rowspan="2">FNC NO</th><th rowspan="2">指令符号</th><th colspan="3">操作数使用范围</th><th rowspan="2">D 指令</th></tr>
<tr><th>S1(·)</th><th>S2(·)</th><th>D(·)</th></tr>
<tr><td>比较置位</td><td>53</td><td>HSCS</td><td rowspan="2">K、H、KnX、KnY、KnM、KnS、T、C、D、Z、R、U□/G□</td><td rowspan="2">C235~C255
高速计数器地址</td><td>Y、M、S、D□.b
I010~I060
计数器中断指针</td><td>○</td></tr>
<tr><td>比较复位</td><td>54</td><td>HSCR</td><td>Y、M、S、D□.b
[可同 S2(·)]</td><td>○</td></tr>
<tr><td rowspan="2">区间比较</td><td rowspan="2">55</td><td rowspan="2">HSZ</td><td>S1(·)/S2(·)</td><td>S(·)</td><td rowspan="2">Y、M、S 、D□.b</td><td rowspan="2">○</td></tr>
<tr><td>K、H、KnX、KnY、KnM、KnS、T、C、D、Z、R、U□/G□</td><td>C235~C255</td></tr>
</table>

比较置位指令 HSCS（Set by High Speed Counter）、比较复位指令 HSCR（Reset by High Speed Counter）、区间比较指令 HSZ（Zone Compare for HSC）可以用于对高速计数器的当前计数值与设定值或设定区间数据进行比较，其比较结果使指定的位元件置位、复位或调用中断子程序。

1. 高速处理类指令的使用说明

图 4-81 所示为高速计数器比较置位、比较复位指令的使用说明。指令中 S1（·）指定比较设定值，S2（·）指定高速计数器，D（·）指定进行置位操作的软元件。图 4-81a 中程序运行时，即启动了 C235 对 X000 端脉冲进行加或减计数（由 M8235 状态决定），比较

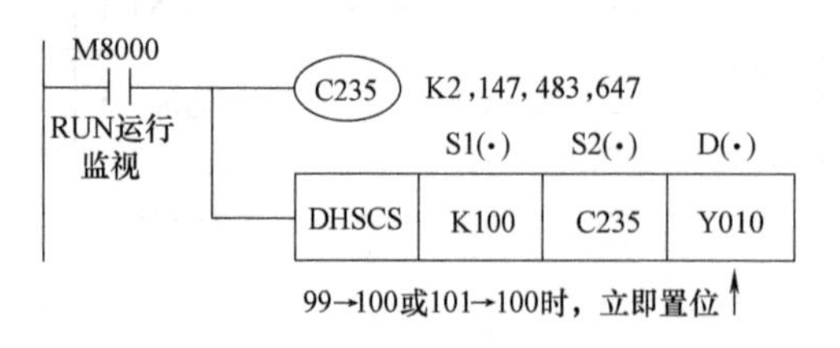

a) 高速计数器比较置位指令使用说明

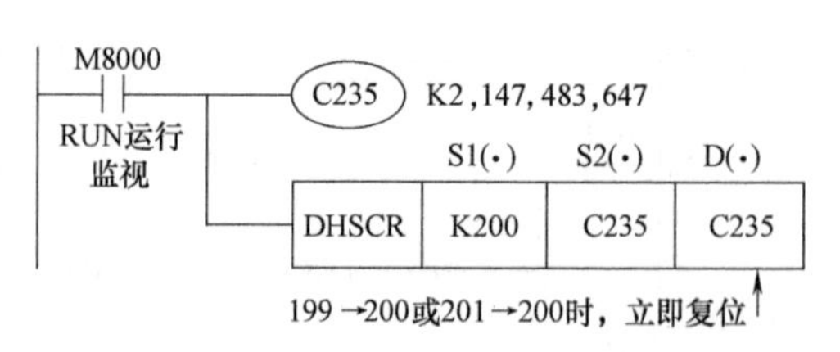

b) 高速计数器比较复位指令使用说明

图 4-81 高速计数器比较置位、比较复位指令的使用说明

置位指令根据 S2（·）指定的 C235 的当前值决定是否动作，若 C235 当前值由 99 变为 100 或由 101 变为 100 时，Y010 立即置 1。同理，图 4-81b 中在执行比较复位指令时，S2（·）指定的 C235 的当前值由 199 变为 200 或由 201 变为 200 时，使 C235 本身立即复位。

图 4-82 是高速计数器区间比较指令的使用说明。高速计数器的区间比较指令可以根据 S（·）指定的某个高速计数器当前值与上限 S1（·）和下限 S2（·）进行比较，使 D（·）指定的三个连号的位元件中的某一个动作。

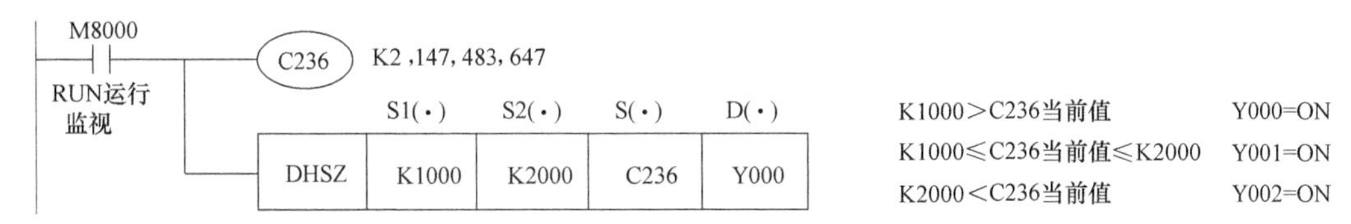

图 4-82　高速计数器区间比较指令的使用说明

【例 4-32】　高速计数器比较置位指令 HSCS 的应用。

C255 为 2 相双计数输入，如图 4-83 所示，可以接收 X003 和 X004 两个输入端的 A、B 脉冲输入（两个脉冲的相位决定了加或减计数），并有 X007 实现外启动的控制，X005 实现外复位的控制。

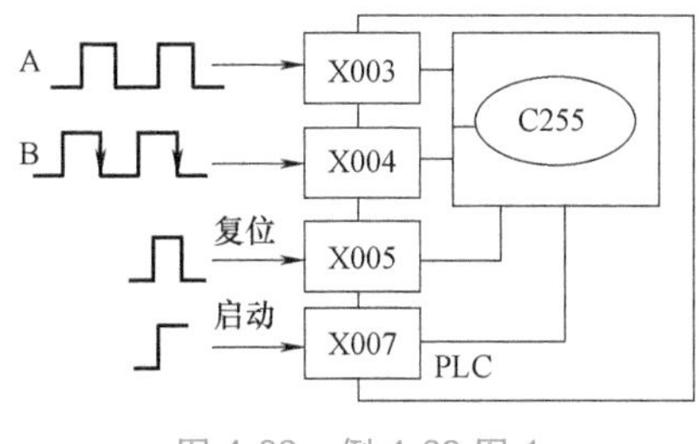

图 4-83　例 4-32 图 1

图 4-84 中，进入允许中断区，若 X010 = OFF，M8059 = OFF，比较置位指令将 C255 高速计数器接收脉冲的当前计数值与 K500 进行比较，若相等则自动转入 I010（程序中为 I10）入口的中断子程序执行一次，使 Y000 = ON 后返回，并使主程序中 Y010 每 2s 接通一个扫描周期；当 C255 的当前值与比较置位指令 DHSCS 中设定的 K5000 进行比较，若相等则自动转入 I020（程序中为 I20）入口的中断子程序执行一次，使 Y000 = OFF 后返回，则主程序中 Y010 = OFF。若不需要执行计数中断子程序，可使 X010 = ON，即 M8059 = ON。C255 设定值设为最大值 2147483647。

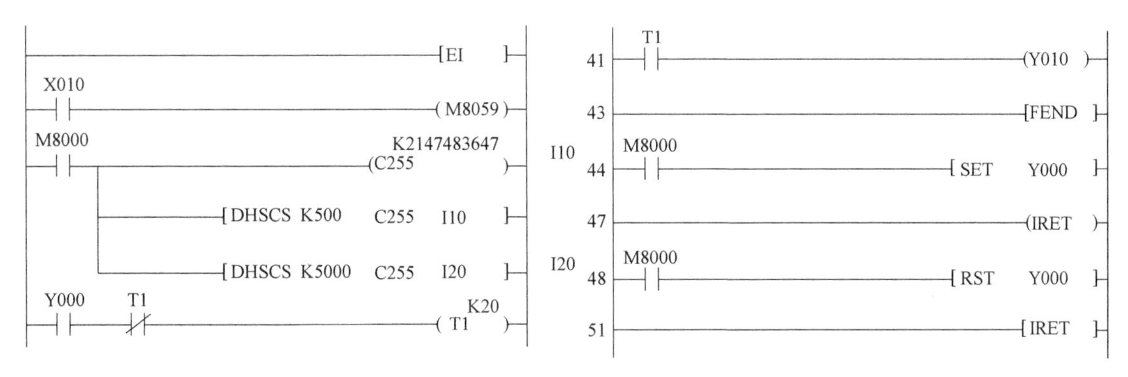

图 4-84　例 4-32 图 2

2. 高速计数器比较指令的应用说明

1）特殊辅助继电器 M8025 是高速计数器比较指令的外部复位标志。在 M8025 = ON 后，对于外带复位功能的高速计数器，如 C255 的外部复位端若送入复位脉冲，可使 C255 在计数中立即复位。

2）在同一程序中，如多处使用高速计数器控制指令，其被控对象输出继电器编号的高2位应相同，以便在同一中断处理过程中完成控制。例如，若使用Y000时，在其他地方应尽量选用Y000~Y007范围的软元件。

3）高速计数器比较指令在没有外来计数脉冲时，可使用传送类指令修改计数器的当前值或设定值，指令所控制的触点状态不会变化。若在有外来脉冲时使用传送类指令修改当前值或设定值，则在修改后的下一个扫描周期脉冲到来后执行比较操作。

4.8.2 方便类指令

方便类指令可以利用最简单的顺控程序进行复杂控制。该类指令有10条，见表4-16，其中IST指令在第5章的5.4.5节中介绍。

表4-16 方便类指令

指令名称	FNC NO	指令符号	功能	D指令	P指令
初始化状态	60	IST	对状态和有关的特殊辅助继电器进行初始化	—	—
数据检索	61	SER	检索表中相同值个数、最大值、最小值位置	○	○
凸轮控制绝对值式	62	ABSD	与区间值比较决定指定对应元件置位	○	—
凸轮控制增量式	63	INCD	用一对计数器产生n点输出	—	—
示教定时器	64	TTMR	测定按键按下时间作为定时器的设定值	—	—
特殊定时器	65	STMR	用于产生四种特殊的定时器	—	—
交替输出	66	ALT	用于产生交替接通断开的信号	—	○
斜坡信号	67	RAMP	与模拟量输出结合可实现软启、停	—	—
旋转工作台控制	68	ROTC	对台上工件位置检测，控制转到出口处	—	—
数据排序	69	SORT	对指定的排序表，按列号将数据从小到大排序	—	—

1. 数据检索指令

数据检索指令SER（Data Search）可以进行同一数据、最大值、最小值检索。其中，S1（·）范围为KnX、KnY、KnM、KnS、T、C、D、R、U□/G□，S2（·）范围为K、H、KnX、KnY、KnM、KnS、T、C、D、V、Z、R、U□/G□，D（·）范围为KnY、KnM、KnS、T、C、D、R、U□/G□，n范围为K、H、D、R（1~256/16位、1~128/32位）。

数据检索指令的使用说明如图4-85所示。图中，S1（·）指定被检索软元件的起始号；n指定被检索软元件的个数；S2（·）指定的软元件存放检索的数据。当X010=ON时，在从D100为起始的n=10个软元件D100~D109中，检索与D0中相同的数据（设为K100）、最大值、最小值，并将其检索结果的内容存入D10~D14的五个连续地址的软元件中。D100起始的10个连号的软元件中的数据与S2（·）指定的K100构成的数据检索存储表见表4-17。

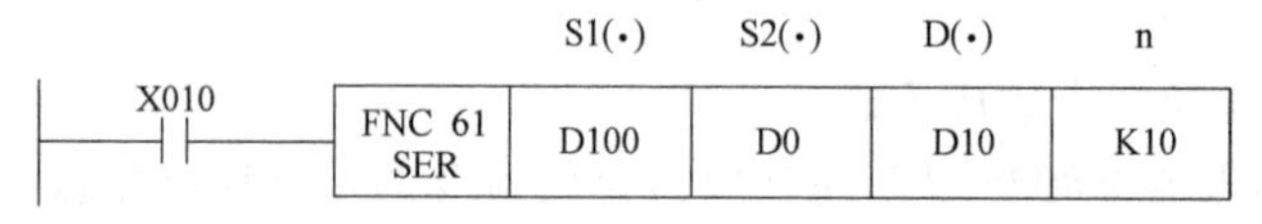

图4-85 数据检索指令的使用说明

表 4-17　数据检索存储表

被检索软元件	被检索数据	比较数据	数据位置	最大值	同一数据	最小值
D100	D100=K100	D0=K100	0		相同	
D101	D101=K111		1			
D102	D102=K100		2		相同	
D103	D103=K98		3			
D104	D104=K123		4			
D105	D105=K66		5			最小
D106	D106=K100		6		相同	
D107	D107=K95		7			
D108	D108=K210		8	最大		
D109	D109=K88		9			

表 4-18 是检索结果的内容存放表，以 D（·）指定的 D10 为起始的 5 个连续软元件中，分别存入检索的相同数据个数、首末次位置、最小值位置、最大值位置。如果没有相同数据时，则 D10~D12 存入 0；若最大值、最小值有多个时，分别保存最后的位置。

表 4-18　检索结果的内容存放表

软元件号	内容	备　注
D10	3	相同数据个数
D11	0	相同数据首次出现位置
D12	6	相同数据末次出现位置
D13	5	最小值最终位置
D14	8	最大值最终位置

2. 示教定时器指令

示教定时器指令 TTMR（Teaching Timer）可以测定按钮按下的时间，乘以 n 指定的倍率存入定时器的设定值软元件中。其中，D（·）的范围为 D、R，n 的范围为 K、H、D、R（n=0~2）。

该指令的使用说明如图 4-86 所示，图 4-86a 是指令的梯形图形式，TTMR 指令的 D（·）指定的数据寄存器有两个，当 X010 接通，其闭合的时间存入 D301，乘以 n 指定的倍率存入 D300 中，用 MOV 指令将 D300 送到 D10 作为 T10 的新定时时间。图 4-86b 是 X010

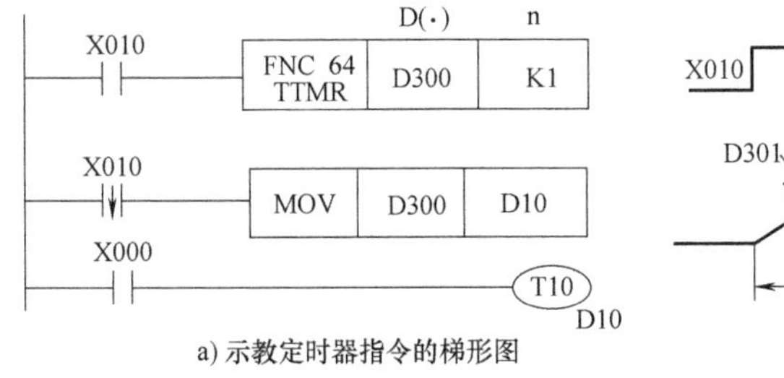

a) 示教定时器指令的梯形图

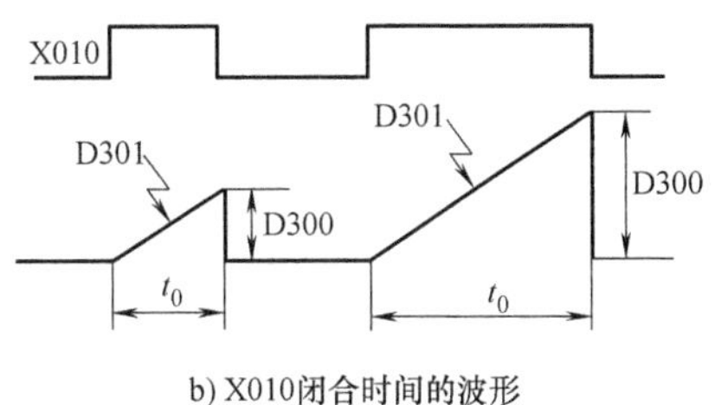

b) X010闭合时间的波形

n	D300
K0	$10^0 t_0$
K1	$10^1 t_0$
K2	$10^2 t_0$

c) 实际D300中的值

图 4-86　示教定时器指令的使用说明

闭合时间的波形；图 4-86c 是根据 n 指定的倍率存入 D300 中的设定值。应注意的是，当 X010 为 OFF 时，D301 被复位，而 D300 的数据不变。

【例 4-33】 示教定时器指令 TTMR 的应用。

如图 4-87 所示，示教定时器指令为 5 个定时器的数据寄存器修改设定时间，5 个定时器 T0～T4 的计时单位均是 100ms，其定时设定值在 D0～D4 中。程序运行后，可通过 BCD 码转换 BIN 码指令将输入 X000～X003 的数据转换为二进制码送入变址寄存器 Z0 中作为 D0Z0 的变址。当 X010 闭合，执行示教定时器指令，闭合时间存入 D10 中，当 X010 断开，立即将 D10 中的示教时间传送到指定的 D0Z0 中，实现对某个定时器的设定时间的修改。

3. 特殊定时器指令

特殊定时器指令 STMR（Special Timer）可以根据输入信号使指定的 4 个连号的位元件构成延时断开定时器、前沿和后沿脉冲定时器、闪烁定时器。图 4-88 是特殊定时器指令的使用说明及工作波形图。其中，S（·）范围为 T0～T199（100ms/定时），D（·）范围为 Y、M、S、D□.b，m 范围为 K、H、D、R（0～32，767）。

m 是 S（·）指定定时器的设定值，m=K100 为 10s；D（·）指定 M0 为起始号的 4 个连续位元件 M0～M3，其中：M0 为延时断开定时器，当输入信号为 ON，M0 立即接通，输入信号由 ON 变 OFF 后，M0 由 ON 延时 10s 变 OFF；M1 为输入信号后沿延时脉冲定时器，当输入信号由 ON 变 OFF 后，产生一个 10s 脉宽的单脉冲；M2 为输入信号前沿脉冲定时器，当输入信号由 OFF 变 ON 后，立即产生 10s 脉宽的单脉冲；M3 为滞后输入信号 10s 变化的脉冲定时器。图 4-88c 是利用 M2 和 M3 构成闪烁脉冲的定时器。

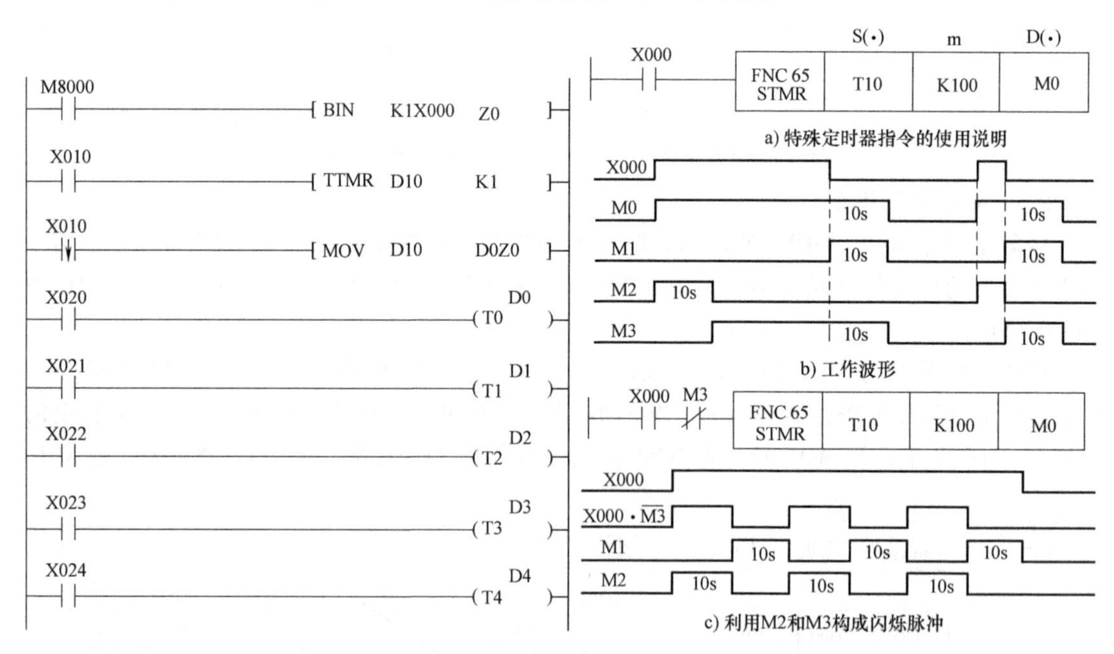

图 4-87 例 4-33 图

图 4-88 特殊定时器指令的使用说明及工作波形

注意：X000 置于 OFF 时，设定时间后的 M0、M1、M3 变为 OFF，T10 也复位。在程序中由特殊定时器指令指定的定时器不能重复使用。

4. 交替输出指令

微课 4-13
交替输
出指令

交替输出指令 ALT（Alternate）在每次执行条件由 OFF→ON 的上升沿，D（·）中指定软元件的状态按二分频变化。ALT 指令可以实现多级分频输出、单按钮起/停、闪烁动作等功能。

交替输出指令的使用说明及应用如图 4-89 所示，其中，D（·）范围为 Y、M、S、D□. b。图 4-89a 是由交替输出指令构成的二分频程序及输出波形；图 4-89b 为四分频程序及输出波形；图 4-89c 是单按钮起/停程序，程序中 Y000 和 Y001 分别驱动停止和起动指示灯，当按下按钮使 X000 第一次闭合时，M0 的动合触点闭合，动断触点断开，使输出 Y001 闭合，起动指示灯亮，再次按下按钮使 X000 第二次闭合时，M0 的动合触点断开，动断触点闭合，使输出 Y000 闭合，停止指示灯亮；图 4-89d 是闪烁脉冲程序及输出波形，当 X006 闭合时，定时器 T2 的触点每隔 1s 瞬间闭合一次，使输出 Y007 交替出现 ON/OFF 变化，产生序列脉冲。

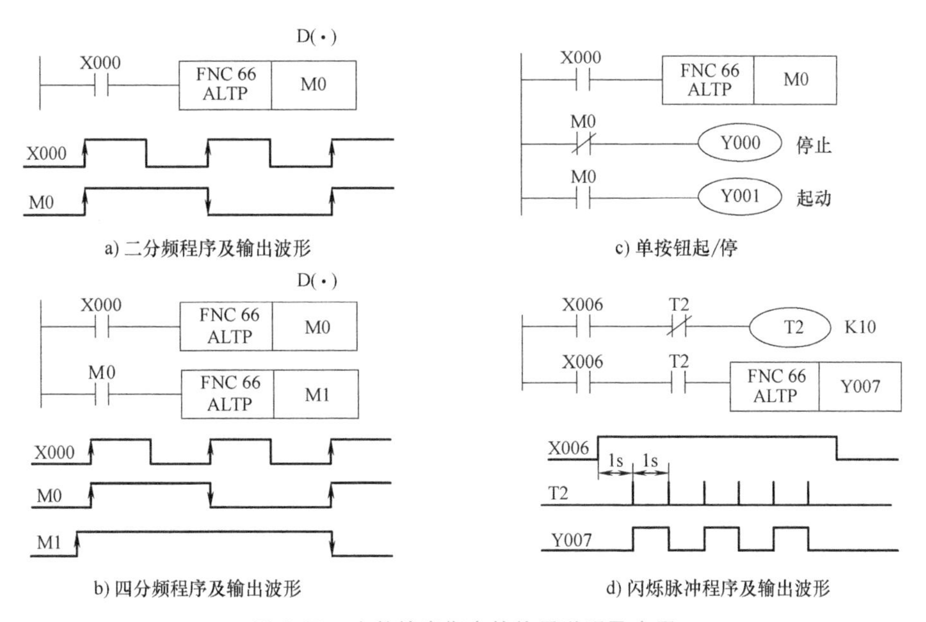

图 4-89　交替输出指令的使用说明及应用

5. 斜坡信号指令

斜坡信号指令 RAMP 可以产生不同斜率的斜坡信号，若与模拟输出组合，可以输出缓冲起动/停止信号。指令的使用说明及产生的波形如图 4-90 所示，其中，S1（·）、S2（·）和 D（·）范围为 D、R，n 范围为 K、H、D、R（0~32767）。

图 4-90a 是指令的梯形图，S1（·）指定 D1 中为斜坡信号的起始值，S2（·）指定 D2 中为斜坡信号的结束值，n 为扫描次数，在每个扫描周期中，将按照 n 中指定的次数进行等分的值依次加到 S1（·）指定的软元件中，然后将加的和保存到 D（·）指定的软元件中；图 4-90 中，D1 和 D2 中数据应预先写入；D（·）指定以 D3 为起始号的两个连号的数据寄存器 D3、D4。D3 中存放的是从 D1 的值到 D2 的值的变化数据，其数值变化的快慢取决于 n 次扫描周期时间，D4 存放当前扫描次数（0→n）；应将每次扫描周期的时间（该扫描时间要稍大于实际程序的扫描时间，即默认每次扫描时间为 1ms）预先写入 D8039 中，

再使恒周期扫描方式辅助继电器 M8039=ON，使 PLC 处于恒定扫描周期方式。若 D8039 中写入的值为 1ms，则 n 次扫描周期时间=1ms×n。若 X000 变为 OFF 时，指令处于运行中断状态，D3、D4 中数据保持不变；若 X000 再变为 ON 时，D3、D4 中内容被清除，D3、D4 从初始值开始记录数据。

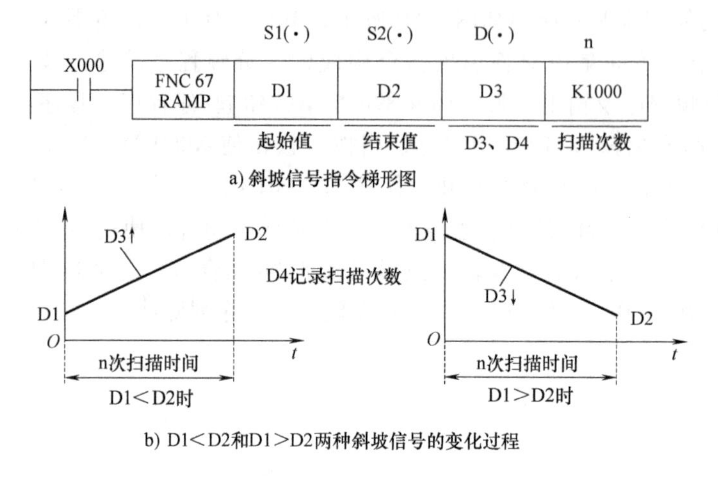

a) 斜坡信号指令梯形图

b) D1<D2和D1>D2两种斜坡信号的变化过程

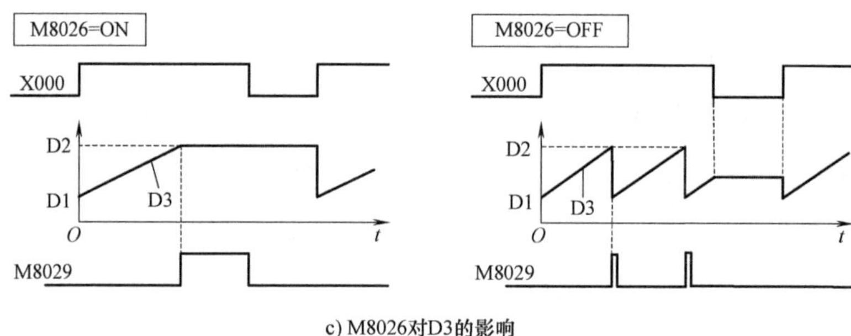

c) M8026对D3的影响

图 4-90　斜坡信号指令的使用说明及产生的波形

图 4-90b 是 D1<D2 和 D1>D2 两种情况下斜坡信号变化的过程。

图 4-90c 中，D3 变化数据受斜坡信号标志继电器 M8026 影响，若 M8026=ON，在 X000=ON 期间，D3 从 D1 变化到 D2 仅一次，并且 D3 中变化值保持不变，D4=1；若 M8026=OFF，在 X000=ON 期间，D3 从 D1 变化到 D2 后立即回到起始值 D1，即重复变化，D4 则记录扫描的次数。斜坡信号变化结束，“指令执行结束”标志继电器 M8029=ON，D3 的值恢复到 D1 的起始值。

6. 数据排序指令

数据排序指令 SORT 可以对数据从小到大排序，使用说明如图 4-91 所示，其中，S（·）和 D（·）的范围为 D、R，m1（行）的范围为 K、H（1~32），m2（列）的范围为 K、H（1~6），n 的范围为 K、H、D、R，指定列号 1~m2。

图 4-91 中，数据排序指令按 n 指定的列号，将新的排序表存入 D（·）指定的数据寄存器中。图 4-91a 是指令的梯形图，图 4-91b 左侧的是从 D100 开始的 m1（行）×m2（列）的源数据表（5×4），当 X010=ON 时，以 S（·）指定的 D100 为首地址，按 n=D0=K2 指定的第 2 列，将数据从小到大排列，新的排序表存入 D（·）指定的以 D200 为首地址的 m1

×m2 排序表中（图 4-91b 右侧的）。若 n 指定的列号为 K3，则对源数据表中第 3 列数据从小到大排序，如图 4-91c 所示。

注意：该指令在程序中只能使用一次，当 X010=ON 时，指令按行扫描直至数据排序结束，使结束标志 M8029=ON，指令停止运行。运行中不能改变指令操作数和表数据的内容。再运行时，应将 X010 置于 OFF 一次。

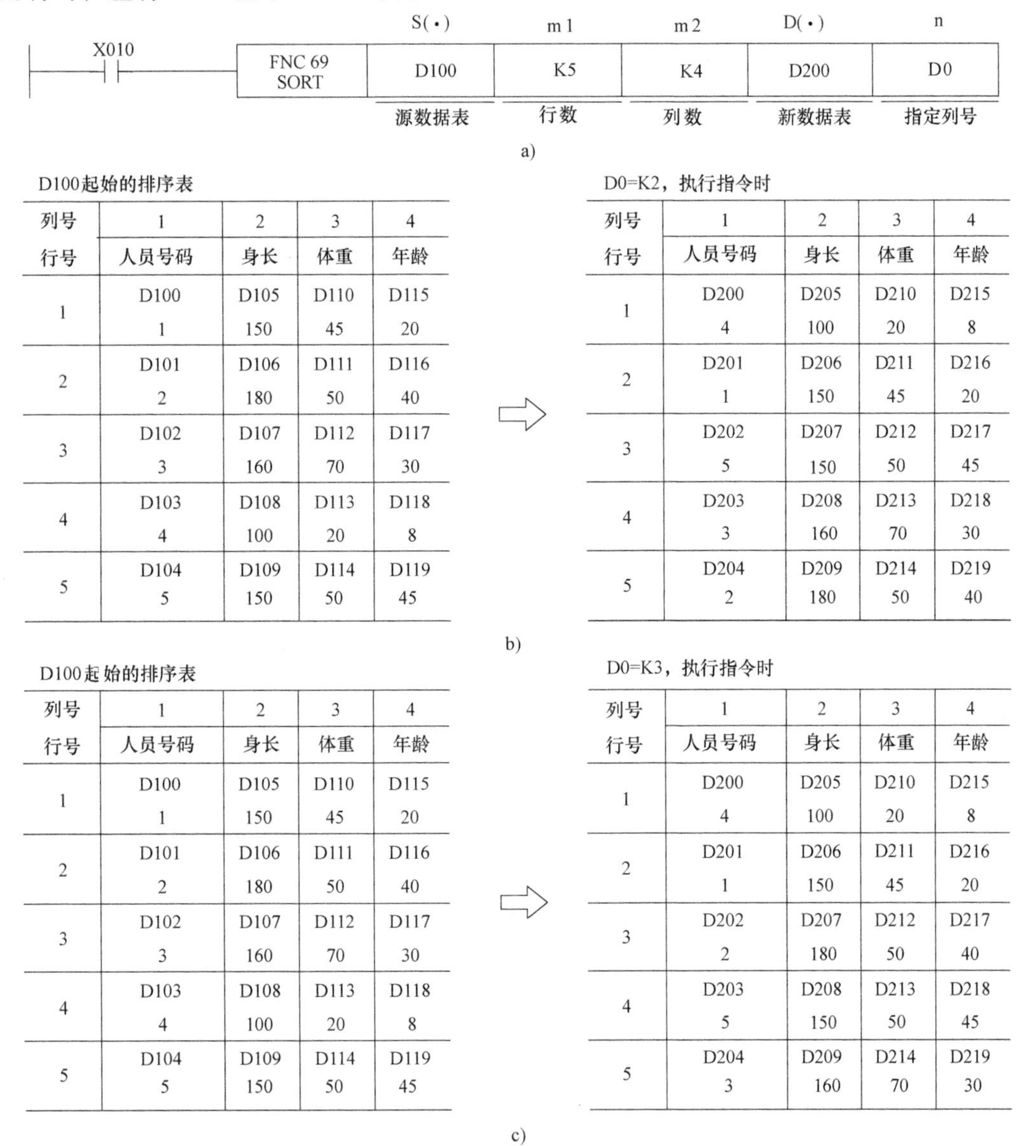

D100起始的排序表

列号	1	2	3	4
行号	人员号码	身长	体重	年龄
1	D100 1	D105 150	D110 45	D115 20
2	D101 2	D106 180	D111 50	D116 40
3	D102 3	D107 160	D112 70	D117 30
4	D103 4	D108 100	D113 20	D118 8
5	D104 5	D109 150	D114 50	D119 45

D0=K2，执行指令时

列号	1	2	3	4
行号	人员号码	身长	体重	年龄
1	D200 4	D205 100	D210 20	D215 8
2	D201 1	D206 150	D211 45	D216 20
3	D202 5	D207 150	D212 50	D217 45
4	D203 3	D208 160	D213 70	D218 30
5	D204 2	D209 180	D214 50	D219 40

b)

D100起始的排序表

列号	1	2	3	4
行号	人员号码	身长	体重	年龄
1	D100 1	D105 150	D110 45	D115 20
2	D101 2	D106 180	D111 50	D116 40
3	D102 3	D107 160	D112 70	D117 30
4	D103 4	D108 100	D113 20	D118 8
5	D104 5	D109 150	D114 50	D119 45

D0=K3，执行指令时

列号	1	2	3	4
行号	人员号码	身长	体重	年龄
1	D200 4	D205 100	D210 20	D215 8
2	D201 1	D206 150	D211 45	D216 20
3	D202 2	D207 180	D212 50	D217 40
4	D203 5	D208 150	D213 50	D218 45
5	D204 3	D209 160	D214 70	D219 30

c)

图 4-91　数据排序指令的使用说明

4.8.3　时钟数据处理指令

时钟数据处理指令可以对 PLC 内部时钟数据进行比较、区间比较、加/减运算、时分秒与秒互相转换、时钟数据读出/写入等处理，也可以对 PLC 内部计时器的数据进行修正。时钟数据处理指令见表 4-19。

表 4-19　时钟数据处理指令

指令名称	FNC NO	指令符号	功能	D 指令	P 指令
时钟数据比较	160	TCMP	两个时钟数据比较	—	○
时钟数据区间比较	161	TZCP	对上、下限时钟数据进行区间比较	—	○
时钟数据加法	162	TADD	两个时钟数据进行加法运算	—	○
时钟数据减法	163	TSUB	两个时钟数据进行减法运算	—	○
时分秒转换为秒	164	HTOS	将时分秒数据转换为秒数据	○	○
秒转换为时分秒	165	HTOH	将秒数据转换为时分秒数据	○	○
时钟数据读出	166	TRD	将 PLC 内部实时计时器数据读出	—	○
时钟数据写入	167	TWR	将时钟数据写入 PLC 内部实时计时器	—	○
计时表	169	HOUR	对输入触点闭合计时，达到设定时间，指定位元件动作	○	—

1. 时钟数据比较指令

时钟数据比较指令 TCMP（Time Compare）可以将时钟数据与设定的时分秒数据比较，其比较结果决定 D（·）指定的三个连号的位元件状态。图 4-92 所示是时钟数据比较指令的使用说明。其中，S1（·）、S2（·）和 S3（·）范围为 K、H、KnX、KnY、KnM、KnS、T、C、D、V、Z、R、U□/G□，S（·）范围为 T、C、D、R、U□/G□（占 3 点），D（·）范围为 Y、M、S、D□. b（占 3 点）。

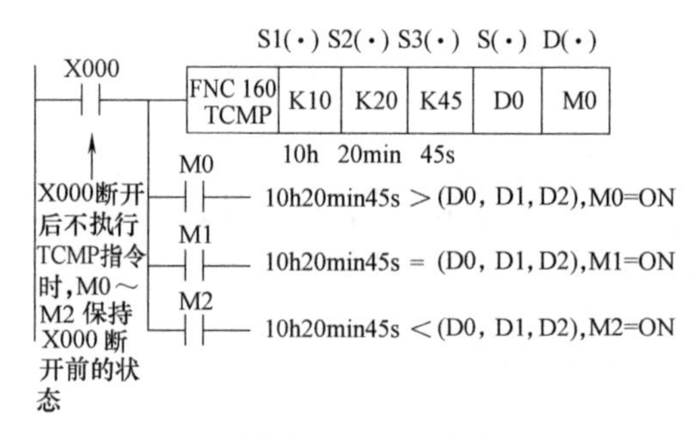

图 4-92　时钟数据比较指令的使用说明

图 4-92 中，当 X000 = ON 时，指令根据 S（·）指定软元件为起始的 3 个连续软元件 D0（h）、D1（min）、D2（s）的数据与 S1（·）、S2（·）、S3（·）中指定的常数或软元件中设定的对应值比较，根据比较结果是小于、等于、大于，使 D（·）指定的三个位元件中某一个动作。

S1（·）中设定值为“h”，应在 0～23 范围内指定；S2（·）中设定值为“min”，应在 0～59 范围内指定；S3（·）中设定值为“s”，应在 0～59 范围内指定。S（·）中指定的连续 3 个软元件中的时钟数据范围也与相同。

指令中 S（·）也可以指定 PLC 内部特殊用途数据寄存器中 D8015（h）、D8014（min）、D8013（s）实时计时器的时间进行比较。

2. 时钟数据区间比较指令

时钟数据区间比较指令 TZCP（Time Zone Compare）可以将 S（·）指定软元件中的时钟数据与设定的上、下限时钟数据比较。该指令的使用说明如图 4-93 所示，其中，S1（·）、S2（·）和 S（·）范围为 T、C、D、V、Z、R、U□/G□，[S1（·）≤S2（·）]，其比较时刻 D（·）范围为 Y、M、S、D□. b。

当 X001 = ON 时，指令根据 S（·）指定起始号的 3 个连续软元件中的 h、min、s 数据与 S2（·）、S1（·）指定的上、下限时钟数据进行区间比较，比较的结果使 D（·）指

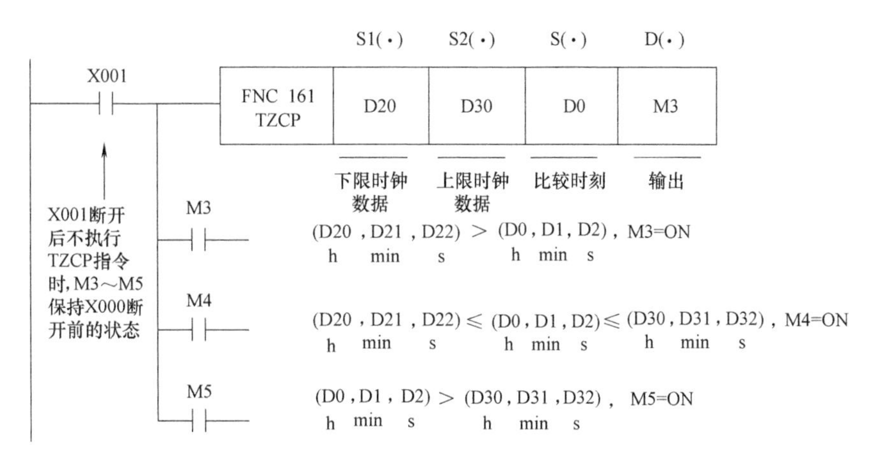

图 4-93　时钟数据区间比较指令的使用说明

定的 3 个连号的位元件中的某一个动作。

3. 时钟数据读出与写入指令

时钟数据读出和写入指令 TRD（Time Read）和 TWR（Time Write）可以对 PLC 中内置的 D8013~D8019 实时计时器中的参数进行实时读写。图 4-94 是时钟数据读出和写入指令的使用说明。其中，S（·）和 D（·）范围为 T、C、D、R、U□/G□（占连续 7 个单元）。

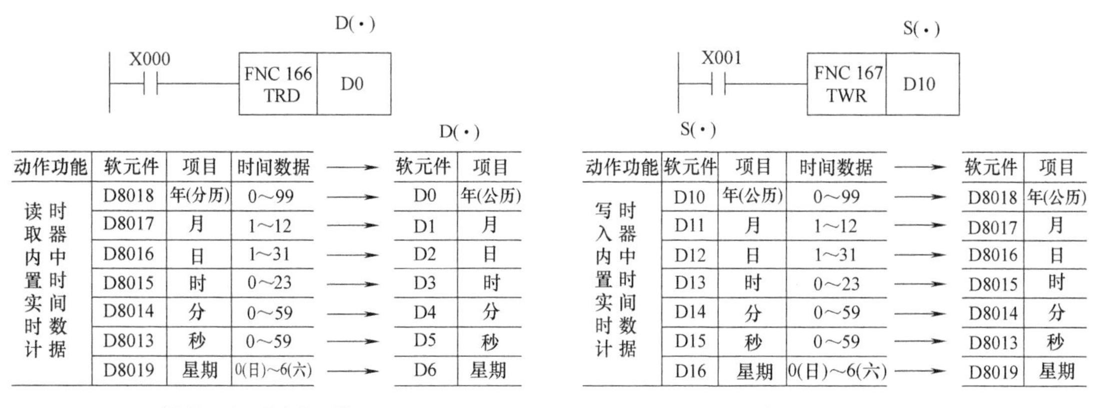

动作功能	软元件	项目	时间数据	→	软元件	项目
读取内置实时时间计时器中数据	D8018	年(分历)	0~99	→	D0	年(公历)
	D8017	月	1~12	→	D1	月
	D8016	日	1~31	→	D2	日
	D8015	时	0~23	→	D3	时
	D8014	分	0~59	→	D4	分
	D8013	秒	0~59	→	D5	秒
	D8019	星期	0(日)~6(六)	→	D6	星期

a) 时钟数据读出指令使用说明

动作功能	软元件	项目	时间数据	→	软元件	项目
写入内置实时时间计时器中数据	D10	年(公历)	0~99	→	D8018	年(公历)
	D11	月	1~12	→	D8017	月
	D12	日	1~31	→	D8016	日
	D13	时	0~23	→	D8015	时
	D14	分	0~59	→	D8014	分
	D15	秒	0~59	→	D8013	秒
	D16	星期	0(日)~6(六)	→	D8019	星期

b) 时钟数据写入指令使用说明

图 4-94　时钟数据读出和写入指令的使用说明

图 4-94a 中，当 X000=ON 时，时钟数据读出指令将 PLC 内置的实时计时器（D8013~D8019）的秒、分、时、日、月、年、星期 7 个数据读出，存入 D（·）指定 D0 为起始号的 7 个连续软元件中。

图 4-94b 则是时钟数据写入指令根据 S（·）指定 D10 为起始号的 7 个连续软元件中的时间数据写入到 PLC 内置的实时计时器（D8013~D8019）中。

注意：

1）特殊数据寄存器 D8018（年）通常以公历后 2 位存储，如 80~99（相当于 1980~1999），00~79（相当于 2000~2079），也可以切换为公历 4 位显示，切换不影响当前时间。切换方法如图 4-95 所示，D8018 将在第二个运算周期开始显示 4 位

M8002
初始脉冲
FNC 12
MOV
K2010
D8018

图 4-95　D8018 切换为 4 位显示方法

公历年份 2010。

2）执行时钟数据写入指令 TWR 时，PLC 中内置实时计时器的时间数据会立即变更为新的时间。因此，应提前接通 X001。

【例 4-34】 时钟数据写入指令 TWR 的应用。

梯形图如图 4-96 所示。

在 X000 接通瞬间，将 D0～D6 中的数据写入 PLC 内置的实时计时器 D8013～D8019 中，使其设定为 2020 年 12 月 31 日 23 时 59 分 59 秒星期四。程序在数据写入后立即使 X001 接通，可利用 PLC 内置的实时时钟 M8017 进行±30s 的修正操作，即 OFF→ON 的上升沿修正 PLC 内当前的秒数，若在 0～29s 内，修正秒数为 0，若在 30～59s，向分进位，秒数为 0。

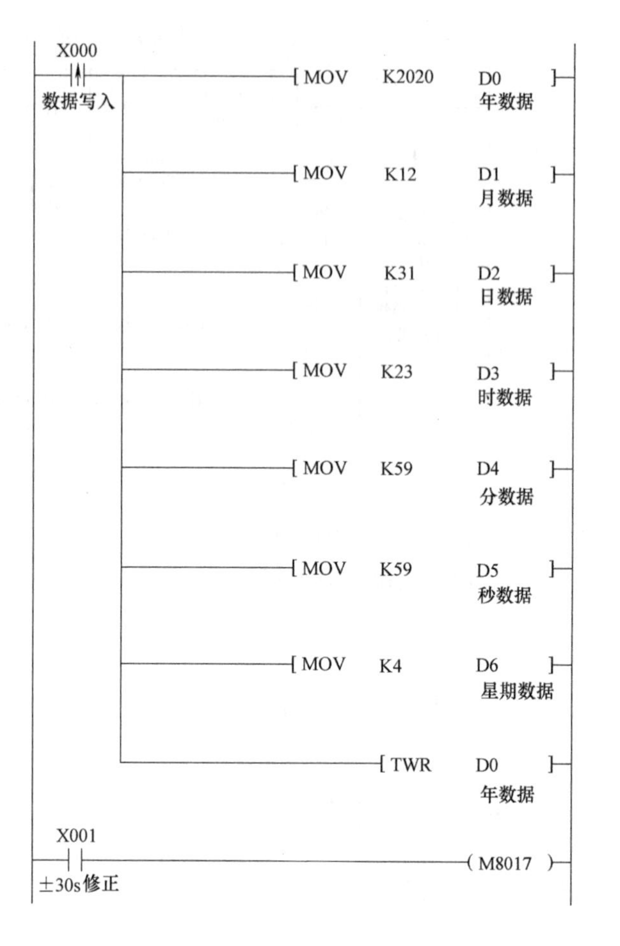

图 4-96 例 4-34 图

4. 时分秒与秒互相转换指令

HTOS（Hour to Second）指令将时分秒数据转换为秒数据，HTOH 指令将秒数据转换为时分秒数据。

【例 4-35】 将 PLC 内的实时时钟的时分秒数据转换为秒数据。

梯形图如图 4-97a 所示。

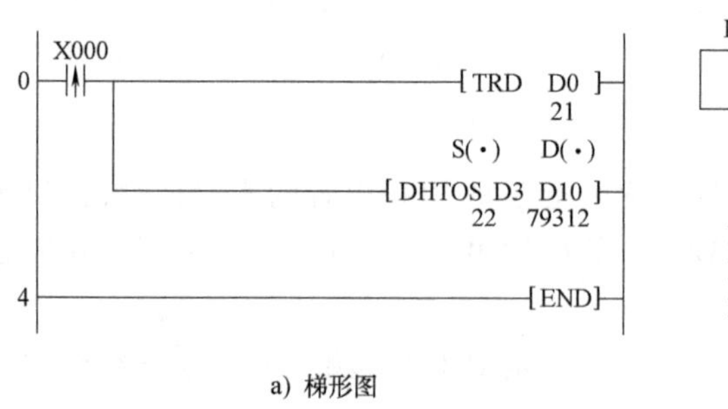

a）梯形图

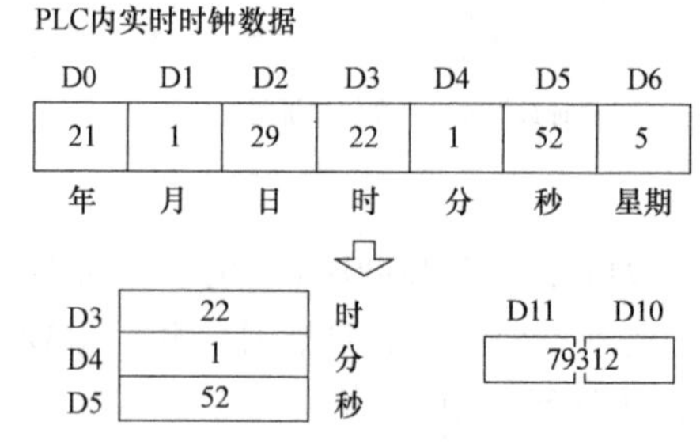

b）转换过程

图 4-97 例 4-35 图

当 X000=ON，TRD 指令将 PLC 内实时时钟数据读到 D0～D6 中，并通过 DHTOS 指令将 D3～D5 中的时分秒数据转换为秒的二进制数据存入 D11 和 D10 中。图 4-97b 是转换过程的说明。

【例 4-36】 使用时钟数据处理指令控制某小区路灯，要求使用 TRD 指令读取 PLC 内的实时时钟。

梯形图如图 4-98 所示。

小区路灯熄灯的时间区间是 6：10～19：30。程序中利用 M8002 的初始脉冲，将关灯时间 6：10 和开灯时间 19：30 的时、分数据分别送入 D10、D11 和 D20、D21 中，而 D12 和 D22 中的秒数默认为 0，可以省略。

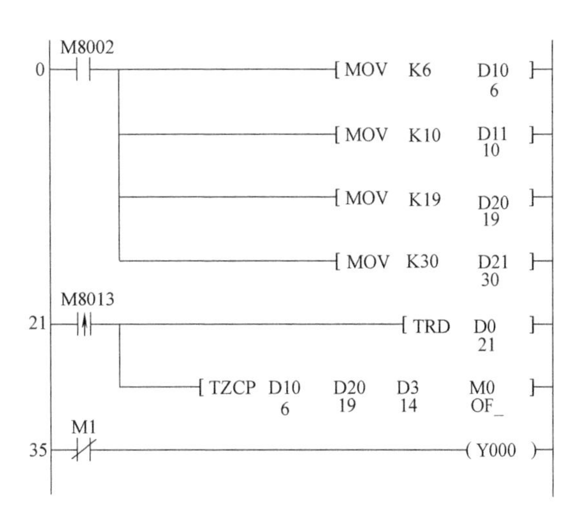

图 4-98 例 4-36 图

程序中用秒脉冲 M8013 驱动 TRD 指令读取 PLC 内部实时计时器的数据存放于 D0～D6 中，其中 D3～D5 中是与 PLC 内部实时计时器中同步的时分秒数据，通过时钟数据区间比较指令 TZCP 中关灯、开灯时间设定值比较，若 D3～D5 中时间在 D10～D11 和 D20～D21 之间，则 M1＝ON，而 M1 的动断触点断开，Y000＝OFF，路灯在这时间里熄灭；其他时间里，路灯是亮的。

【例 4-37】 使用时钟数据处理指令实现智能家居控制程序。通过输入不同密码实现打开室内照明、起动空调和启动院内监控系统，并实现到早晨 6：00 自动关闭院内监控系统。

梯形图如图 4-99 所示。

密码从 K2X000 输入，若输入密码与 H35 比较相等则打开室内照明，X020 用于关闭照明；若输入密码与 H57 比较相等则起动空调；若输入的密码与 H87 比较相等则启动院内监控系统。

早晨 6：00 自动关闭监控系统电源，程序是使用时钟数据读出指令 TRD 将 PLC 内部 D8013～D8019 中的年、月、日、时、分、秒、星期的实时数据读到 D0～D6 中，通过时钟数据比较指令 TCMP 将 D3～D5 中的时、分秒与 6 时、0 分、0 秒比较，若相等，M11＝ON，关闭监控系统。

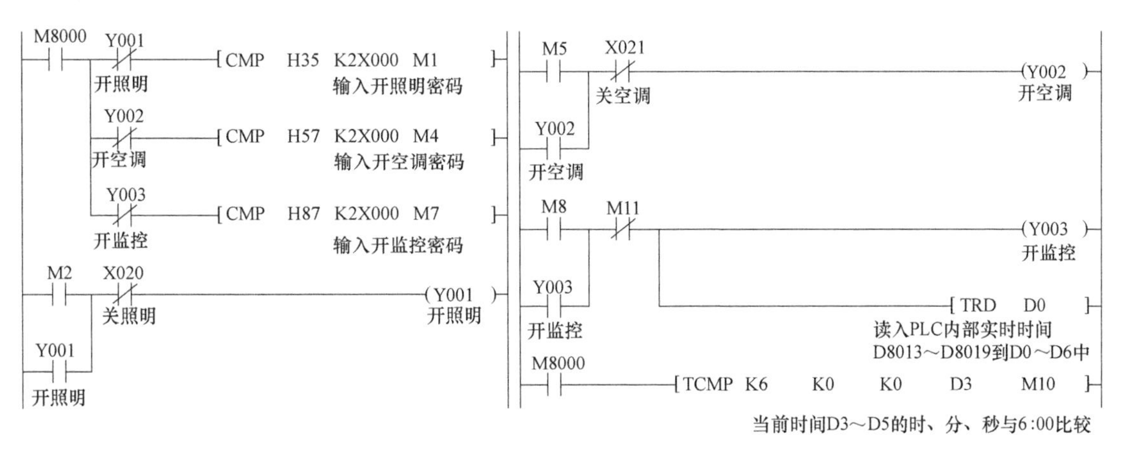

图 4-99 例 4-37 图

4.9 外部设备I/O类指令

本节将介绍FX系列PLC中一些常用的外部设备I/O类指令和外部模拟设备读/写指令，其中FROM和TO指令将在第6章6.1节中介绍，常用的外部设备I/O类指令和外部模拟设备读/写指令见表4-20。

表4-20 外部设备I/O类指令

指令类别	指令名称	FNC NO	指令符号	功能	D指令	P指令
外部设备I/O类指令	七段译码	73	SEGD	将4位十六进制数译成七段显示器码显示	—	○
	带锁存的七段译码	74	SEGL	可驱动一组或两组4位带锁存的七段显示器码显示	—	○
	箭头开关	75	ARWS	使用位数移动和增减各位数值用的箭头开关输入数据	—	—
	ASCII数据输入	76	ASC	将半角/英文数字字符串转换成ASCII码	—	—
	ASCII码打印	77	PR	将ASCII码的数据并行输出到Y端口	—	—
	缓存(BFM)读出	78	FROM	可读取右侧总路线上特殊单元/模块中指定的BFM数据	○	○
	缓存(BFM)写入	79	TO	可将PLC中数据写入到特殊单元/模块中指定的BFM中	○	○
外部模拟设备读/写指令	模拟量模块读出	176	RD3A	将FXON-3A模块指定通道的模拟数据读到PLC指定单元	—	○
	模拟量模块写入	177	WRD3A	将PLC指定常数或单元中数据写入到FXON-3A模块指定通道中转换为模拟量输出	—	○

1. 七段译码指令

七段译码指令SEGD（Seven Segment Decoder）可驱动一个七段数码管显示16进制数据。图4-100是七段译码指令的使用说明，其中，S（·）范围为K、H、KnX、KnY、KnM、KnS、T、C、D、V、Z、R、U□/G□，D（·）范围为KnY、KnM、KnS、T、C、D、V、Z、R、U□/G□。

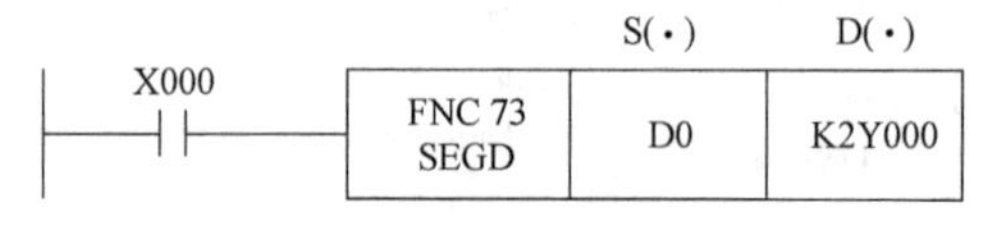

图4-100 七段译码指令的使用说明

图4-100中，当X000=ON，根据S（·）指定字元件D0中低4位（只用低四位）的十六进制数据，译成七段码存于D（·）指定Y000~Y007，驱动1位七段数码管显示。

七段数码管的译码表见表4-21，表中a~h控制七段数码管每个管的亮灭，对应D（·）的位元件Y000~Y007，也可以使用字元件的低八位。

表 4-21　七段数码管译码表

S(·)		七段码组合数字	D(·)								显示数据
十六进制	二进制		h	g	f	e	d	c	b	a	
0	0000		0	0	1	1	1	1	1	1	0
1	0001		0	0	0	0	0	1	1	0	1
2	0010		0	1	0	1	1	0	1	1	2
3	0011		0	1	0	0	1	1	1	1	3
4	0100		0	1	1	0	0	1	1	0	4
5	0101		0	1	1	0	1	1	0	1	5
6	0110	a	0	1	1	1	1	1	0	1	6
7	0111	f g b	0	0	1	0	0	1	1	1	7
8	1000	e c	0	1	1	1	1	1	1	1	8
9	1001	d h	0	1	1	0	1	1	1	1	9
A	1010		0	1	1	1	0	1	1	1	A
B	1011		0	1	1	1	1	1	0	0	b
C	1100		0	0	1	1	1	0	0	1	C
D	1101		0	1	0	1	1	1	1	0	d
E	1110		0	1	1	1	1	0	0	1	E
F	1111		0	1	1	1	0	0	0	1	F

2. 带锁存的七段译码指令

带锁存的七段译码指令 SEGL（Seven Segment with Latch）是驱动一组或二组四位“带锁存七段译码显示器”显示的指令，仅适用于晶体管型输出的 PLC，占用 8 个或 12 个输出口，且指令在程序中可以使用两次。图 4-101 是指令的使用说明，其中，S（·）范围为 K、H、KnX、KnY、KnM、KnS、T、C、D、V、Z、R、U□/G□，D（·）范围为 Y，占用 8~12 个连号输出口，n 范围为 K、H，n=0~7。

图 4-101a 所示是指令的梯形图，若是驱动一组四位锁存七段数码管，将 S（·）指定的 D0 的四位数值转换成 BCD 数据，采用时分方式，从 D（·）指定的 Y000~Y003 依次将每一位数输出到带 BCD 译码的七段数码管中，按指定的第二个 4 位 Y004~Y007 中的数据作为显示器的选通信号，也依次以时分方式输出，锁定为 4 位数 Y000~Y003 的七段码显示。

指令中 n 的选择应根据 PLC 的晶体管型输出的正负逻辑与带锁存七段译码显示器接收数据的逻辑、选通的逻辑是否一致，以及是控制 4 位一组显示器还是控制 4 位二组显示器来选择数据。若 PLC 的输出晶体管为源型（发射极输出），内部逻辑为 1 时，输出口信号为高电平，称为输出正逻辑；若 PLC 的输出晶体管为漏型（集电极输出），内部逻辑为 1 时，输出口信号则为低电平，称为输出负逻辑。

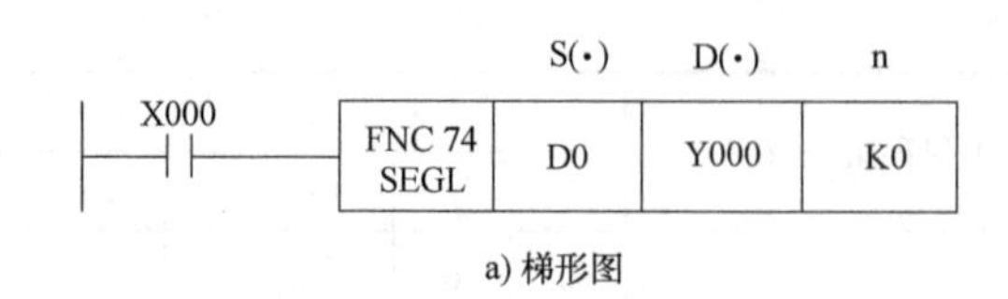

a) 梯形图

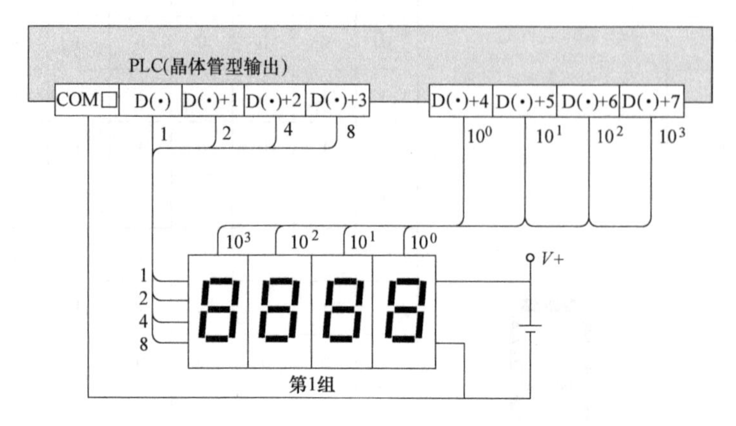

b) 连接七段数码管

图 4-101　带锁存的七段译码指令的使用说明

习　　题

4-1　应用指令梯形图表示形式为

```
 | X000
 |--| |------[DADDP D10 D12 D14]
```

其中“X000”“DADDP”“D10”“D12”“D14”分别表示什么意思？说明该指令的操作功能。

4-2　特殊辅助继电器 M8022 是什么功能？总结一下它在哪些应用指令中使用。

4-3　如果 Z0 中值为 15，则 K20Z0、D10Z0、X5Z0、K2Y005Z0、Y003Z0、V0Z0、K4Z0Y000、D10.6Z0 是否表示正确？若正确说明表示的数据内容。

4-4　FX 系列 PLC 有哪些中断源？如何使用？这些中断源所引出的中断在程序中如何表示？试比较中断子程序和普通子程序的异同点。

4-5　16 位二进制数除法指令 DIV 运算的商存放在哪里？占多少位？余数存放在哪里？占多少位？

4-6　用 CMP 指令编程，X000 为脉冲输入，当脉冲数小于 5 时，Y000 为 ON；当脉冲数大于等 5 时，Y001 为 ON。

4-7　三台电动机依次间隔 6s 起动，各运行 12s 后自动停止，循环往复。编写满足控制要求的程序。

4-8　试用比较指令，设计一个密码锁控制电路。密码输入为四键，若输入 HA5 密码正确后 2s 开照明；输入密码 H97 正确后 3s 开空调的程序。

4-9　试用触点比较指令编程，实现四台电动机相隔 10s 起动，各运行 25s 停止，循环往复。

4-10　程序如图 4-102 所示，试分析：(1) 当 X001=OFF 时，若 X000=X002=ON，调用的 P0 子程序具有什么功能？Y000 处于什么状态？若 X000=OFF，X002=ON，调用的 P1 子程序具有什么功能？Y001 处于什么状态？(2) 当 X001=X002=ON 时，调用的 P2 子程序具有什么功能？Y002 处于什么状态？

4-11　分析图 4-103 所示程序：(1) 当 X010=OFF 时，D0 中数据每多少毫秒加 1？当 D0 中为 1000 时，时间为多少秒？Y000~Y003 是如何输出的？(2) 当 X001=OFF 时，Y000~Y003 是如何输出的？当 D0 中数据为 1000 时，时间为多少秒？

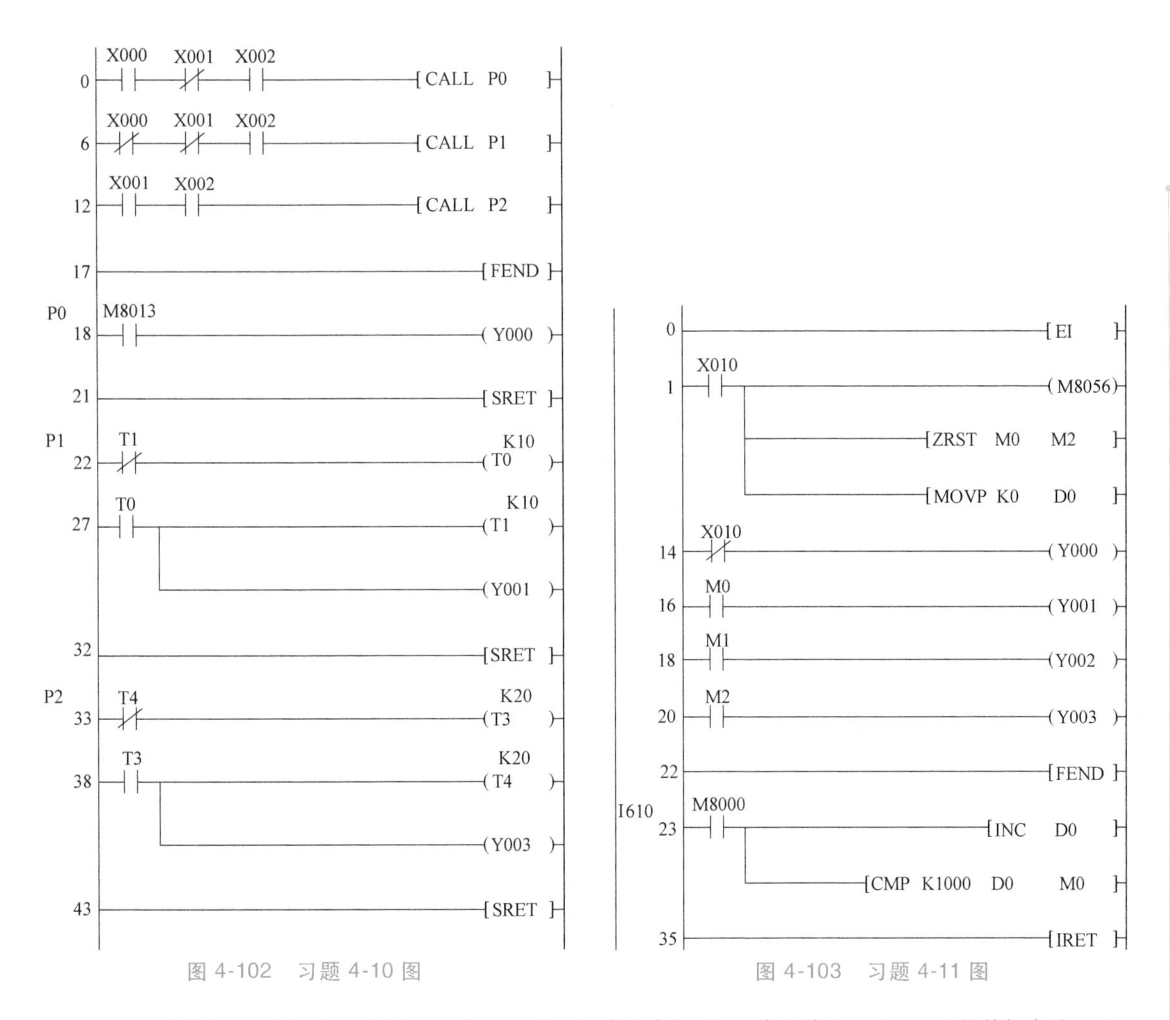

图 4-102　习题 4-10 图　　图 4-103　习题 4-11 图

4-12　编写具有时间中断子程序的程序，中断子程序要求每 20ms 读取输入口 K2X000 的数据存放于 D0 中，用先进先出写指令将 1s 读取的 50 个数据存放于 D2～D51 中，并通过主程序计算每 1s 的平均值，存放于 D100，并用 4 位 BCD 数码管显示 D100 中的平均值，程序应能停止和重复运行。

4-13　编写一个具有两个计数中断子程序的程序，要求当 X010＝OFF 时，C235 当前计数值等于 500 时，执行 I010 入口的计数中断子程序，使 Y000＝ON，主程序中的 Y010 每 2s 产生一个扫描周期的脉冲；当 C235 当前计数值等于 5000 时，执行 I020 入口的计数中断子程序，使 Y000＝OFF，主程序中的 Y010＝OFF。当 X010＝ON 时，Y000＝OFF，Y010＝OFF。

4-14　编写一个用 C0～C2 对 M8013 计数，并用 C0～C2 的当前值通过 K2Y000、K2Y010、K2Y020 驱动六位显示器显示时分秒的程序。

4-15　编写一个用一个按键按下的次数，通过解码指令选择 5 台电动机中对应的 1 台起动，按键再按下 1 次，运行的电动机停止的程序。

4-16　试用 SFTL 指令构成移位寄存器，实现广告牌字灯的控制。HL1～HL4 这 4 个广告牌字灯是“欢迎光临”，每步间隔为 1s。其控制流程要求见表 4-22。

4-17　试用 DECO 指令实现某喷水池花式喷水控制：第一组喷嘴 10s→二组喷嘴 5s→均停 1s→重复上述过程。

4-18　采用 PLC 的晶体管型输出驱动 4 位带锁存的七段译码显示器，使用 SECL 指令编程时，（1）若已知 PLC 输出为漏型，七段译码显示器的数据输入和选通脉冲信号为负逻辑，且是 4 位一组，则选取 n 是多少？若是 4 位二组，应选取 n 是多少？（2）若已知 PLC 输出为源型，七段译码显示器的数据输入和选通脉冲信号均为正逻辑，且是 4 位一组，则选取 n 是多少？若是 4 位二组，应选取 n 是多少？

表 4-22　习题 4-16 表

流程	1	2	3	4	5	6	7
HL1	×	×				×	
HL2	×		×			×	
HL3	×			×		×	
HL4	×				×	×	

第5章　步进指令及状态编程法

三菱 PLC 提供了符合 IEC 1131-3 标准的顺序功能表（Sequential Function Chart，SFC）语言，采用状态编程法实现编程。状态编程法也叫功能表图编程法，它对顺序控制的编程比梯形图要更加结构清晰。

本章将介绍 FX3U 系列 PLC 的状态编程法，包括步进指令、状态的三要素和状态编程流程，然后介绍状态编程的语法规则，最后介绍几个典型状态编程的应用实例。

5.1　状态编程法概述

状态编程法采用的元件是表示“状态”的软元件 S（也称状态继电器），采用的指令是简单的步进顺序控制指令（Step Ladder，STL）。

5.1.1　状态软元件和步进指令

1. 状态软元件

在 SFC 图中，将每个状态软元件视作一个加工工序，状态软元件包括初始状态和工作状态。步进顺序控制指令（STL）只对状态软元件 S 有效，在第 2 章中介绍了 FX3U 系列 PLC 的状态软元件，共有 4096 个状态软元件，见表 5-1。

表 5-1　FX3U 系列 PLC 的状态软元件表

普通用途		停电保持用(可变)	停电保持用(固定)	
初始状态继电器 10 点	非停电保持状态继电器 490 点	400 点	状态报警器用 100 点	其他用途 3096 点
S0～S9	S10～S499	S500～S899	S900～S999	S1000～S4095

（1）初始状态　状态软元件 S0～S9 共 10 个作为初始状态，用双框[S0]表示。

初始状态用于 SFC 图的开始，当有单独的多个流程时，初始状态可以使各流程块相互分离。从指令表逆转换到 SFC 图时应可以识别初始状态，否则不能执行逆转换。

（2）普通状态　S10～S499 为非停电保持普通状态，S500～S4095 是作为停电保持用的普通状态，普通状态用单框表示。状态软元件的序号大小和工序的顺序无关。

S10～S19 用作特殊目的，在应用指令 LST 中作为初始复原状态，当特殊继电器 M8043

置1，使所用的复原状态自动复位。

2. 步进指令

FX系列PLC的步进指令只有两条，分别是STL指令和RET指令，其功能见表5-2。

表5-2 步进指令

指令助记符、名称	功能	步进梯形图的表示	程序步
STL	状态触点生成指令	——[STL S20]	1
RET	返回指令	——[RET]	1

STL指令用于生成状态触点，RET指令为状态程序结束（返回）指令，当梯形图和SFC程序块混合在一起时，在每个SFC程序块的最后都需要RET指令表示该程序块的结束。

5.1.2 状态

状态可以看成加工流程中运行的工序，每个状态完成会进入下一个工序。

1. 状态的三要素

每个状态应该具备三部分，称为状态的三要素。图5-1所示为普通状态S20的SFC图，S20为电动机下降动作，S21为夹紧动作，可以看到状态S20的三要素：

（1）输出驱动　状态S20输出驱动为Y000（OUT Y000）。

（2）转移条件　当X001接通时（LD X001）转移到下个状态，TRAN表示转移。

（3）转移目标　S20的转移目标为状态S21（SET S21）。

三要素中的顺序是先输出驱动，再经转移条件转移到转移目标。如果状态没有输出驱动也可以，但是转移条件和转移目标必不可少。

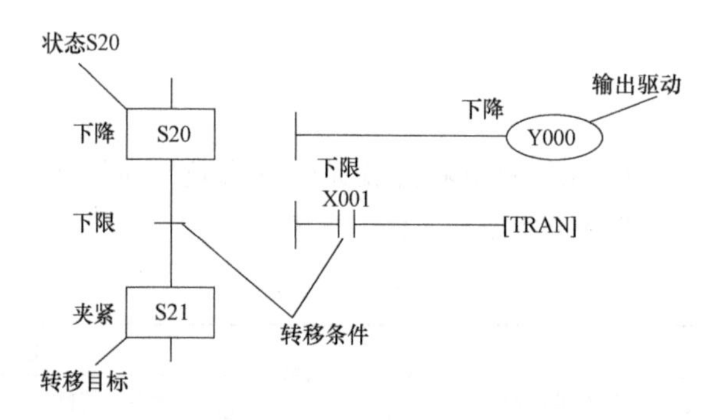

图5-1 状态S20的SFC图

2. 状态的详细动作

状态S20的详细动作为：当状态S20接通（S20为ON）时，Y000接通；当满足转移条件X001=ON时转移到S21；当S21状态接通（S21为ON），同时上一个状态S20断开（S20为OFF），Y000断开。

在图5-1中，S20为加工中的下降功能，则在S20接通时，Y000驱动下降电动机；当下降到下限时，下限行程开关X001接通，夹紧工作状态S21接通，同时S20断开，Y000断开，下降状态工作结束。进入S21工作流程的步骤和S20一样。

3. 状态编程法的特点

状态编程法在执行过程中始终只对处于工作中的状态执行输出，不工作的状态的输出均无效。状态编程法最大的优点在于，编程时只需要考虑每一步工作状态的逻辑控制与输出，以及步与步之间的转换条件。因此，状态编程法具有流程化的编程特点，编程思路清晰。

如图 5-1 中，当状态 S20 工作时，包括 S21 在内的所有其他状态都断开（OFF）；当状态 S21 工作时，包括 S20 在内的其他状态也都断开，每次只有一个状态在工作。

5.1.3　SFC 图和 STL 图

状态编程法提供了两种功能图表述程序，一种是顺序功能表（Sequential Function Chart，SFC）图，工程上也称为状态转移图，另一种是顺序梯形图（Sequential Ladder Diagram，即 STL 图），工程上称为状态梯形图。这两种功能图是对应的，可以互相转换。

1. SFC 图

SFC 图的编程思想是将控制过程的一个周期分为若干个阶段，每个阶段简称为“步”（Step），步与步之间通过指定的条件进行转换，来完成全部的控制过程。

图 5-2 为 SFC 图，左框中的为状态支路，反映了各状态的顺序流程，第一个双框为初始状态 S0，最后的方框为状态 S24，状态 S24 结束箭头指向回到第一个 S0 状态；右框为每个状态的输出驱动和转移条件，当选择左边某个状态时，则在右边相应显示其输出驱动，当在左边选择某个转移条件时，在右边也出现转移条件，并以“TRAN”表示结束转移。

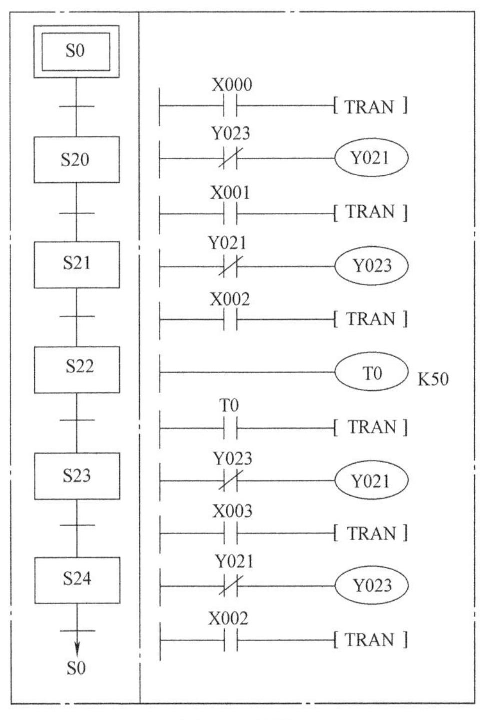

图 5-2　SFC 图

2. STL 图

STL 图是描述 SFC 图的梯形图程序，在进行状态编程时，一般先绘出 SFC 图，再转换成 STL 图或指令表程序。

图 5-3a 的 STL 图是由图 5-2 的 SFC 图转换来的，只显示了包括状态 S20 的部分 STL 图，其他状态相同。使用 STL S20 创建状态 S20，后面的两行指令是输出驱动和转移目标，都是和左母线直接相连的，当状态 S20 接通（S20 为 ON）则后面的梯形图就直接运行，当状态 S20 断开（S20 为 OFF）则后面的梯形图就不运行；当 X001 = ON 时，就转移执行状态 S21，而状态 S20 断开。在 STL 图中使用 STL 指令生成状态触点，在状态流程结束时使用 RET 指令返回。

3. 指令表

STL 图使用指令表描述时，如图 5-3b 所示。

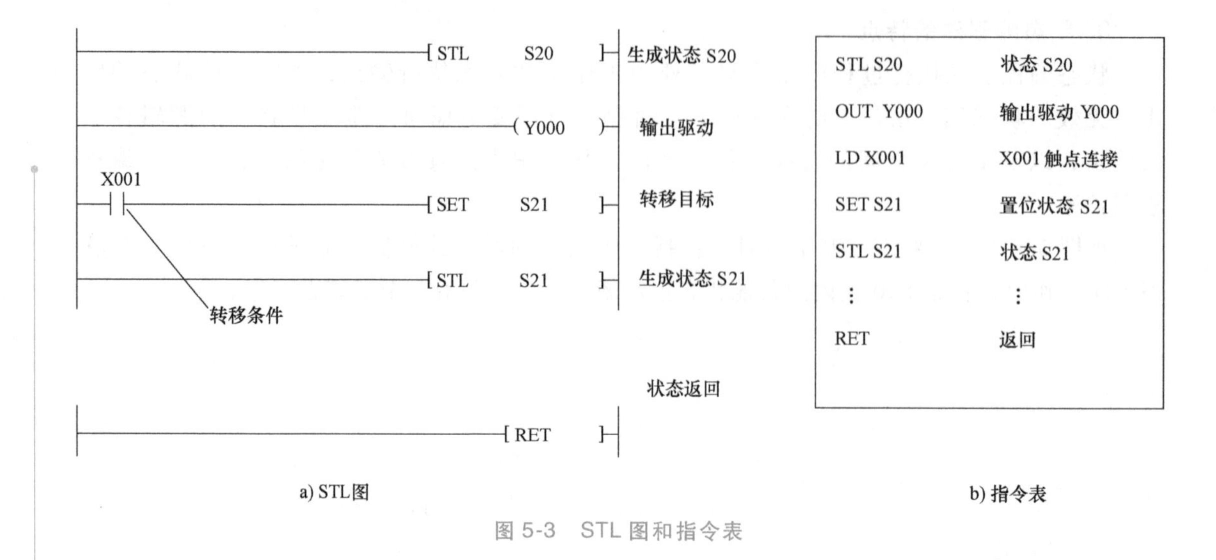

a) STL图　　b) 指令表

图 5-3　STL 图和指令表

5.2　单流程结构

状态编程法按照流程的基本结构分成单流程结构和多流程结构。

单流程结构就是由一系列的状态（步）组成顺序执行的单条流程，因此每一个状态的后面只能有一个转移的条件，且仅转向一个状态。

5.2.1　创建 SFC 图的步骤

创建 SFC 图很像绘制程序流程图，设计思想是将一个复杂的控制过程分解为若干工序，每个工序对应一个状态 Si。创建 SFC 图的步骤为：

1）根据工作要求分解出若干个工序。

2）将每个工序分配对应的状态，并确定每个状态的三要素。

3）绘制每个状态，初始状态用双框，其他状态用单框，然后按照流程连接每个状态，并在两个状态之间添加转移条件。

5.2.2　一个简单的实例

下面通过一个台车往返控制的简单实例，详细介绍 SFC 图的创建过程。

【例 5-1】　使用状态编程法实现台车的往复运动控制，台车的工作示意图如图 5-4 所示。

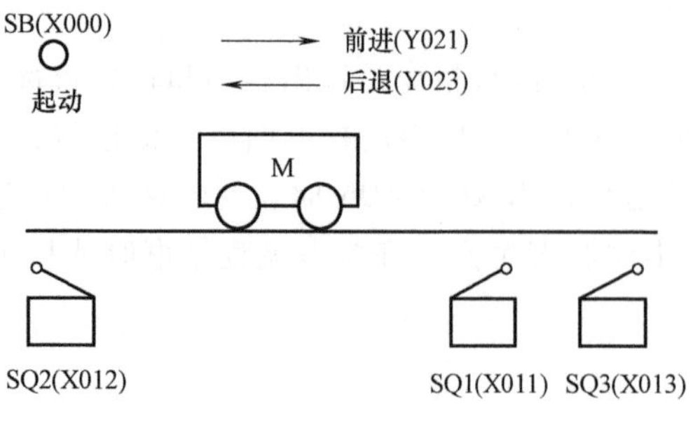

图 5-4　台车的工作示意

微课 5-1　台车往返状态编程

工作过程为：按下起动按钮 SB（X000），电动机 M 正转（Y021），台车前进，碰到限位开关 SQ1（X011）后，电动机 M 反转（Y023），台车后退；台车后退碰到限位开关 SQ2（X012）后，台车电动机 M 停转，台车停车定时（T0）5s 后，第二次前进，碰到限位开关 SQ3（X013），再次后退。当后退再次碰到限位开关 SQ2（X012）时，台车停止。

1. 初始状态

第一步创建初始状态，初始状态用 S0~S9 软元件。

由于初始状态 S0 的起动需要在程序运行开始时预先驱动，一般可以使用特殊辅助继电器 M8002 在 PLC 上电的第一个扫描周期，使初始状态 S0 置位，如图 5-5 所示。

图 5-5 初始状态置位

2. 创建 SFC 图

1）绘制工序流程图，按照台车的往复运动过程分成初始工序、第 1 工序、第 2 工序、停止工序、第 3 工序、第 4 工序。

2）给每个工序分配一个对应的状态软元件，初始状态用 S0，其他工序使用非停电保持的 S20~S24，每个状态软元件的名称都必须不同，状态软元件的三要素见表 5-3。

表 5-3 每个状态软元件的三要素

工　序	状态软元件	输出驱动	转移条件	转移目标	功能
0:初始工序	S0	无	X000(SB)	S20	接通电源
1:第 1 工序	S20	Y021	X011(SQ1)	S21	台车第一次前进
2:第 2 工序	S21	Y023	X012(SQ2)	S22	台车第一次后退
3:停止工序	S22	定时器 T0	T0 时间到	S23	定时器 T0 延时 5s
4:第 3 工序	S23	Y021	X013(SQ3)	S24	台车第二次前进
5:第 4 工序	S24	Y023	X012(SQ2)	S0	台车第二次后退

3）根据表 5-3 绘制出流程图，如图 5-6a 所示，将对应工序用状态软元件表示，绘制出 SFC 图，如图 5-6b 所示。

在状态 S20 工作时驱动 Y021，当转换到状态 S21 时，状态 S20 自动断开，因此状态编程法不需要考虑关断上一个状态的输出驱动软元件。在 SFC 图最后需要使用 RET 指令结束。

3. STL 图

将例 5-1 的 SFC 图转换成 STL 图，如图 5-7 所示。

根据上面的实例，总结出状态编程法具有以下特点：

1）SFC 图以便于理解的方式表现各工序和整个控制流程，使顺序控制变得简单。

2）无论多么复杂的过程均能分化为若干个小的工序（状态），给局部程序的编写带来方便。

3）应掌握每个状态的三要素：输出驱动、转移条件和转移目标。

4）SFC 图容易理解，可读性强，能清晰地反映全部控制工艺过程。即使第三方人员也能轻易理解工序的动作，便于维护。

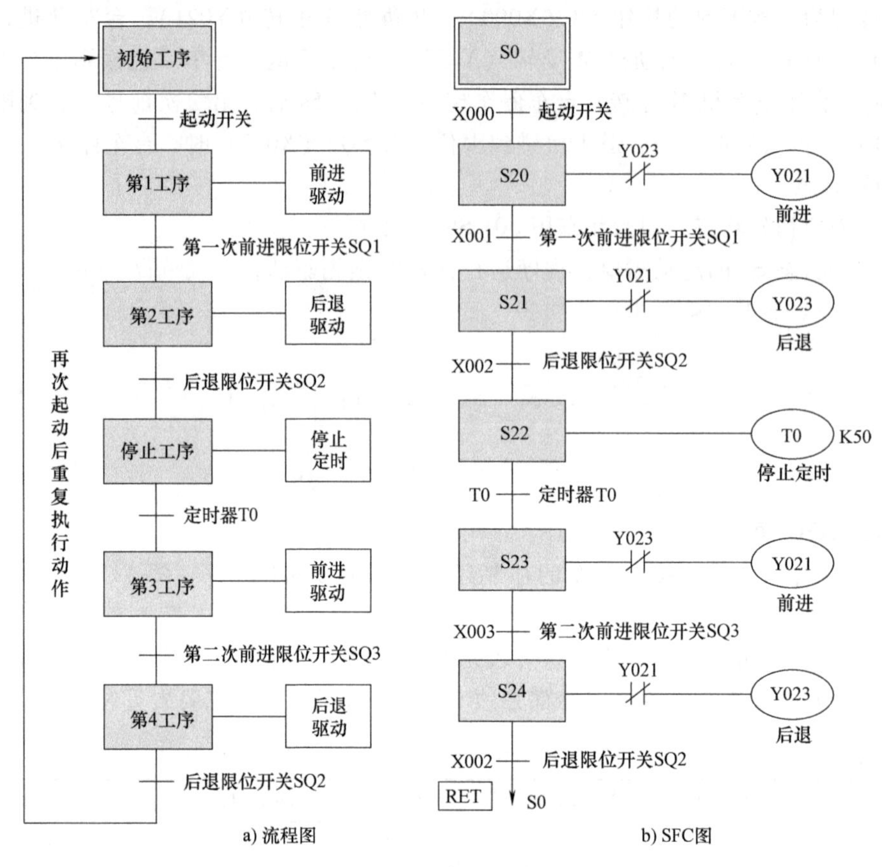

图 5-6 台车往返控制

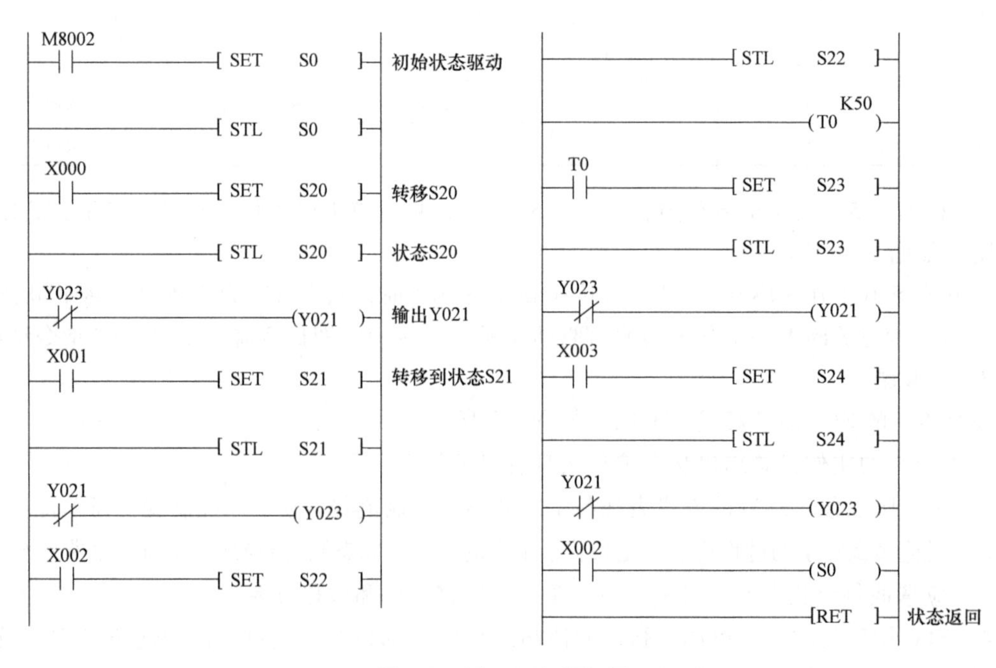

图 5-7 例 5-1 的 STL 图

5.3　多流程结构

多流程结构一般有多个分支，常用的分支有选择分支和并行分支，也可以在分支之间跳步，如果在流程中向上跳步则可以构成循环。

5.3.1　选择分支结构

选择分支是根据条件选择执行某一分支，不满足选择条件的分支不执行，即每次只执行满足条件的一个分支。

【例 5-2】 创建具有三个选择分支的结构，如图 5-8 所示。

当 X000、X010 和 X020 中的任意一个分支条件接通，则进入该选择分支运行，每次只能有一个支路运行，直至运行到 S50。

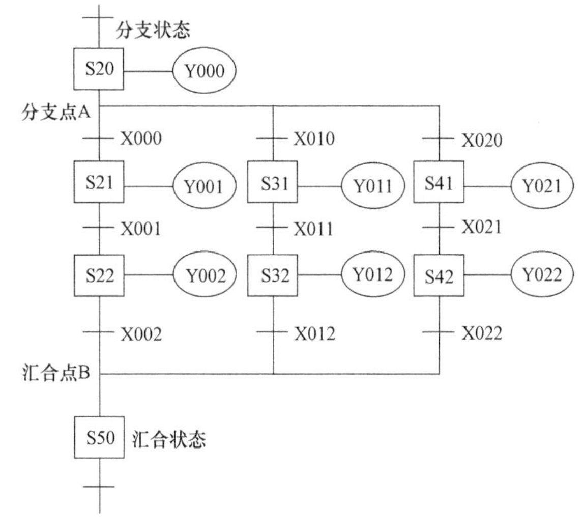

图 5-8　例 5-2 图

选择分支的编程原则是集中处理分支和汇合状态。如图 5-9a 所示为集中处理分支状态的部分，用单横线，在单横线下面画不同分支的转移条件；图 5-9b 所示为 SFC 图中的汇合状态。

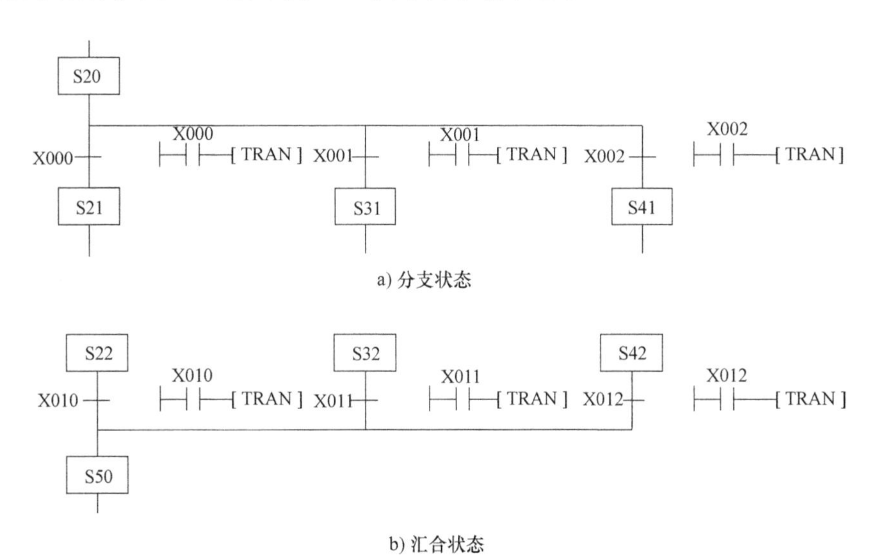

图 5-9　分支状态和汇合状态

将图 5-8 所示的分支结构转换成 STL 图，如图 5-10 所示，选择分支的 STL 图中先集中处理三条分支状态，然后分别写出三个分支支路，最后再集中处理汇合状态。

当满足条件 X000 = ON 时进入第一条分支运行，其他两条分支不运行；满足 X010 = ON 或 X020 = ON 时分别进入不同分支，三条分支任何时刻只有一条分支运行。

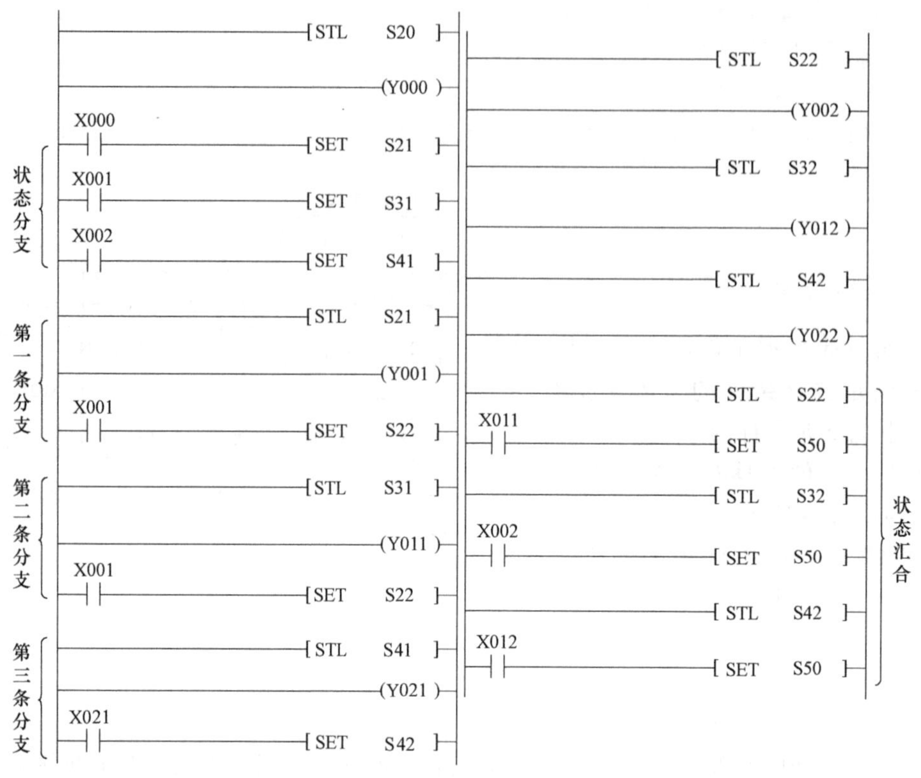

图 5-10　选择分支 STL 图

【例 5-3】　使用状态编程法的选择分支结构实现闪烁灯的功能，要求实现灯 Y000 亮 1s 和灭 1.5s 闪烁三次，灯 Y001 的亮灭情况相反，波形图如图 5-11 所示。

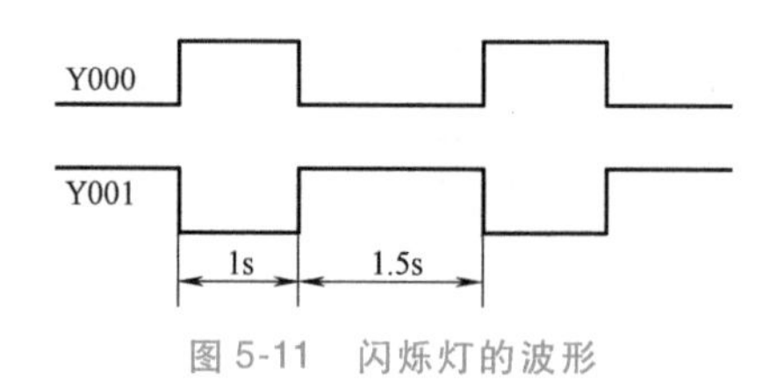

图 5-11　闪烁灯的波形

微课 5-2　闪烁灯状态编程

当按 X000 按钮开始运行，可以将闪烁灯分成两个状态，S20、S21 分别实现灯 Y000 和 Y001 的亮灭；使用两条选择分支，一条是计数器 C0 计数三次未到，则继续闪烁，另一条是计数到三次到则跳回到初始状态 S0。状态的三要素见表 5-4。

表 5-4　闪烁灯状态的三要素

状态	输出驱动	转移条件	转移目标	功能
S0	C0	X000 按下	S20	C0 清零
S20	Y000，T0，C0	T0	S21	Y000 亮 1s
S21	Y001，T1	T1 时间到，C0 三次未到	S20	Y001 亮 1.5s
		T1 时间到，C0 三次到	S0	

根据表 5-4 绘制的 SFC 图如图 5-12a 所示，转换成的 STL 图如图 5-12b 所示。

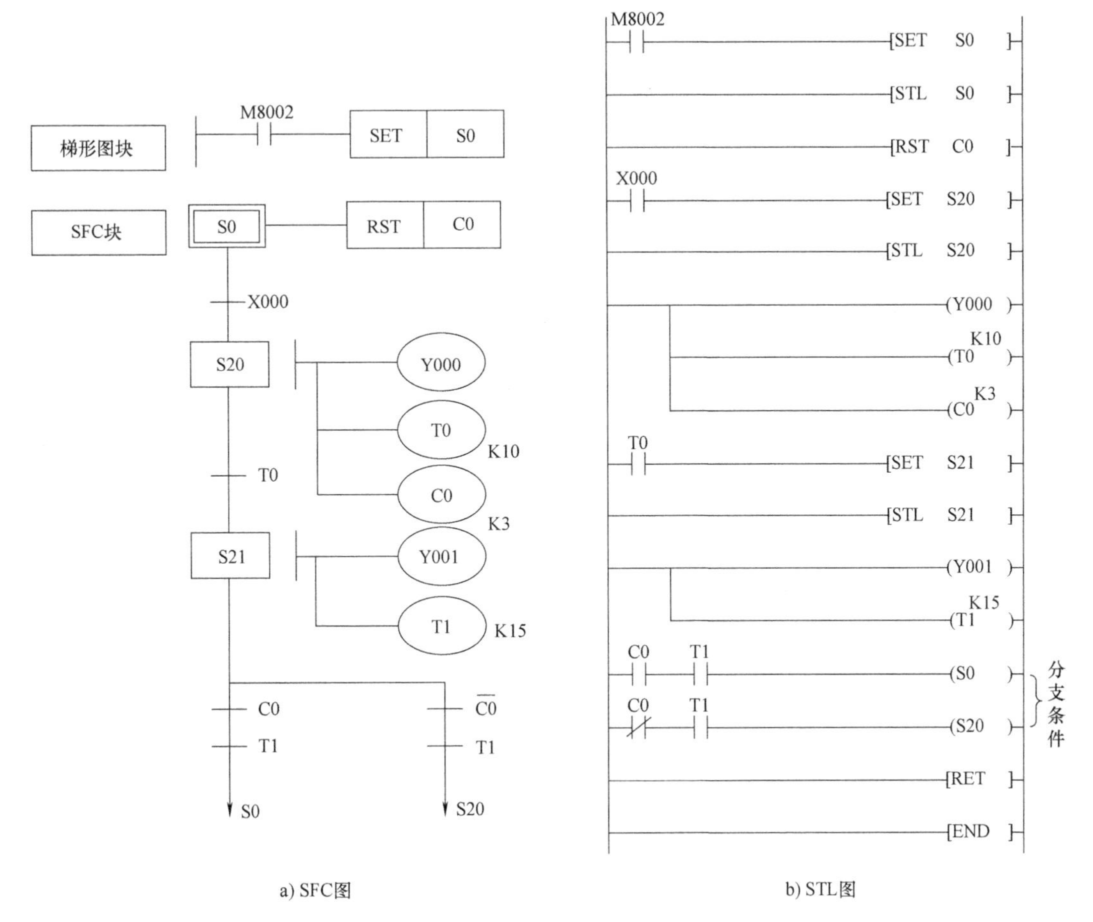

a) SFC图　　b) STL图

图 5-12　例 5-3 图

5.3.2　循环结构

循环结构是选择分支结构的一种特殊形式，当满足某一转移条件，程序发生跳转，如果跳转返回到上面某个状态，即逆向跳转，就构成了循环结构。

循环结构一般需要两条分支，一条是满足循环条件结束循环，一条是未满足循环条件继续循环，因此循环结构必须是选择分支。从图 5-12 所示的程序可以看出，三次闪烁的循环使用计数器 C0 实现。其循环结构分支如图 5-13 所示，用两条选择分支实现循环到三次到和未到三次，条件必须不能同时满足。

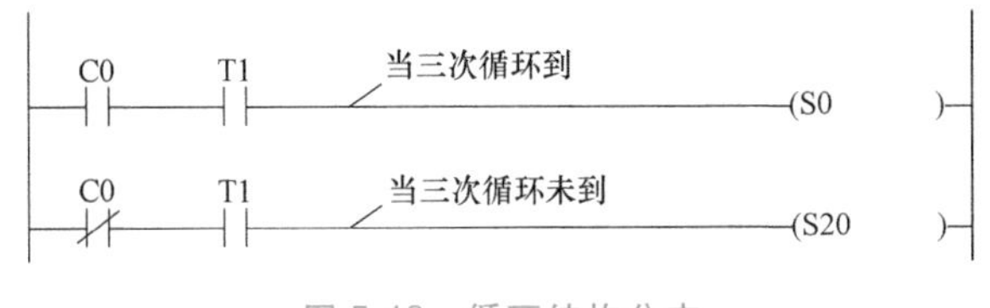

图 5-13　循环结构分支

注意：当转移目标为 S0 和 S20 时，属于向上跳转，即逆向跳转，则使用 OUT S0 和 OUT S20 指令，而不是 SET S0 和 SET S20。

循环结构可以用计数器或数据寄存器等设置循环次数，也可以使用定时器和输入元件（现场的行程开关）等来作为循环结束的条件。

5.3.3 并行分支结构

当多个分支流程同时执行，称为并行分支，在生产过程中经常会有多条生产线同时工作，因此并行分支的每条分支均为同一个条件。

并行分支绘制时采用双横线，因为每条分支是同时进行的，分支进入的条件相同，分支条件在双横线上面。

【例 5-4】 创建具有三条并行分支的结构，如图 5-14 所示。

图 5-14 中，当 X000 接通时，使 S21、S31 和 S41 同时置位，三个分支同时运行，只有在 S22、S32 和 S42 三个状态都运行结束，并且 X002 接通时，才能使 S30 置位。

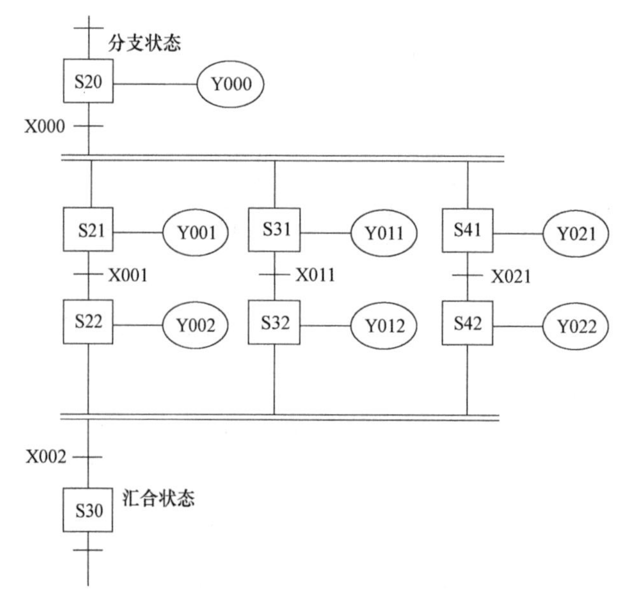

图 5-14 并行分支结构

并行分支的编程原则是集中处理分支和汇合状态。如图 5-15a 所示为 SFC 图中的分支状态，在编写转移条件后再分支，使用双横线表示分支；图 5-15b 所示为 SFC 图中的汇合状

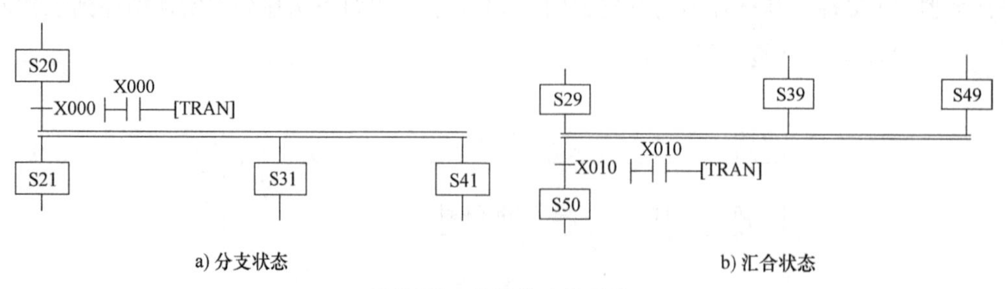

图 5-15 并行分支的状态

态，在汇合后再写转移条件，也是用双横线汇合结束分支。

将图 5-14 所示的分支结构转换成 STL 图，并行分支的 STL 图是先集中处理分支状态，然后分别单独写三个分支支路，最后再集中处理汇合状态，STL 图如图 5-16 所示。

根据 STL 图可以看出，并行分支是当 X000 = ON 时，使 S21、S31 和 S41 状态同时为 ON，而分支的结束则需要 S22、S32 和 S42 都为 ON，因此并行分支是同时开始同时结束的。

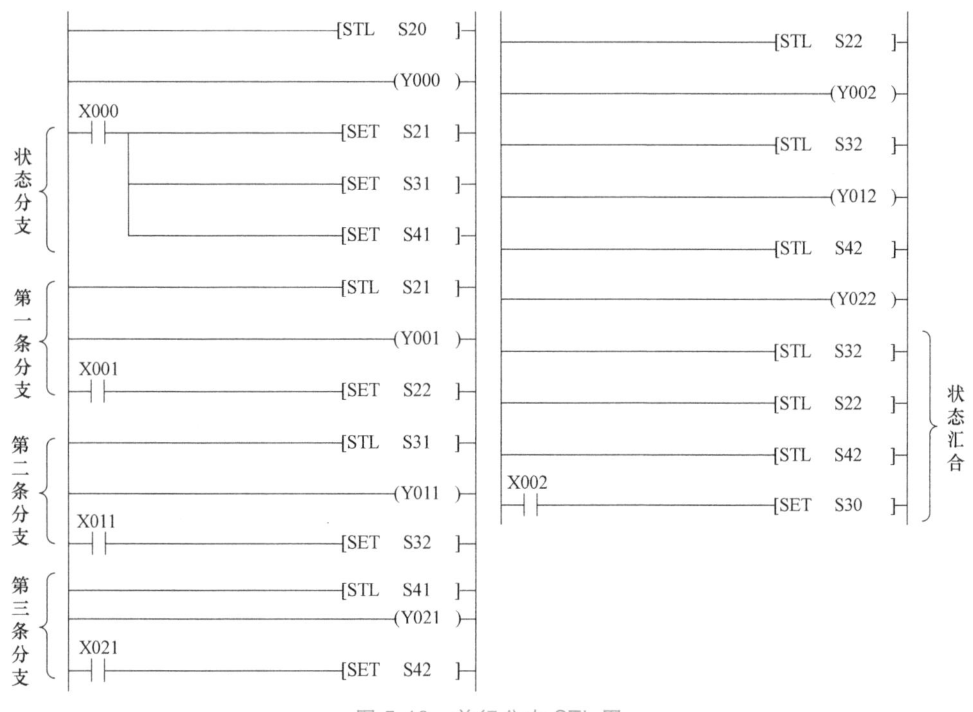

图 5-16　并行分支 STL 图

【例 5-5】　按钮式人行横道交通信号灯的示意图如图 5-17 所示。设车道信号红黄绿灯

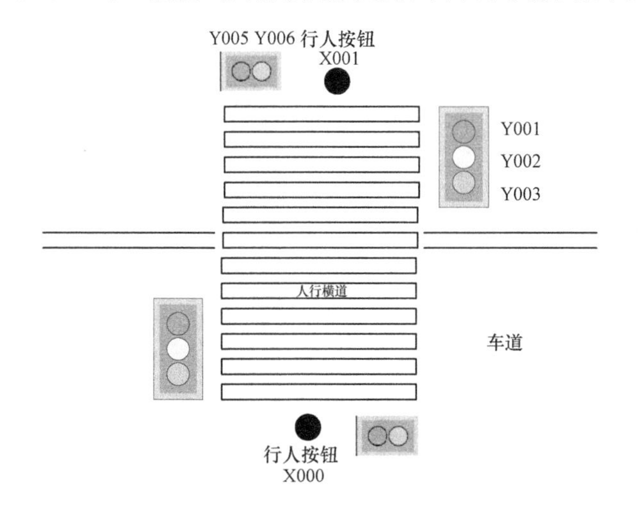

图 5-17　按钮式人行横道交通信号灯示意图

微课 5-3　按钮式人行横道交通信号灯

分别为 Y001、Y002 和 Y003，人行横道的红绿灯分别为 Y005 和 Y006，行人通过在道路两边按按钮 X000 和 X001 开始红绿灯转换。

信号灯控制因为在路口的东西和南北向同时进行，因此是典型的并行分支。

按钮式人行横道交通信号灯的控制要求是：当按下人行横道按钮 X000 或 X001，车道绿灯（Y003）延时亮 30s 后，车道黄灯（Y002）延时亮 10s，车道红灯（Y001）亮。车道红灯亮 5s 人行横道绿灯（Y006）亮，行人可以通过。15s 后，人行横道绿灯交替 0.5s 闪烁 5 次，人行横道红灯亮，行人禁止通过。延时 5s 后车道绿灯（Y003）亮，恢复车辆通行。按钮式人行横道交通信号灯控制流程图如图 5-18 所示，SFC 图如图 5-19 所示，设计时需要注意以下方面：

1）并行分支的条件是按钮在道路两边都可以，因此 X000 和 X001 触点并联。

2）并行分支是同时进入同时跳出，状态 S23 的执行时间并不是 T2 的定时时间，而是当 S34 结束并且 T6=ON 时，S23 状态才结束，因此车道红灯 Y001=ON 的时间是 5+15+5+5=30s。

3）人行横道绿灯 Y006 闪烁 5 次，采用条件分支向上跳转构成循环结构，使用 C0 计数器循环 5 次。程序中在并行分支中嵌套选择分支。

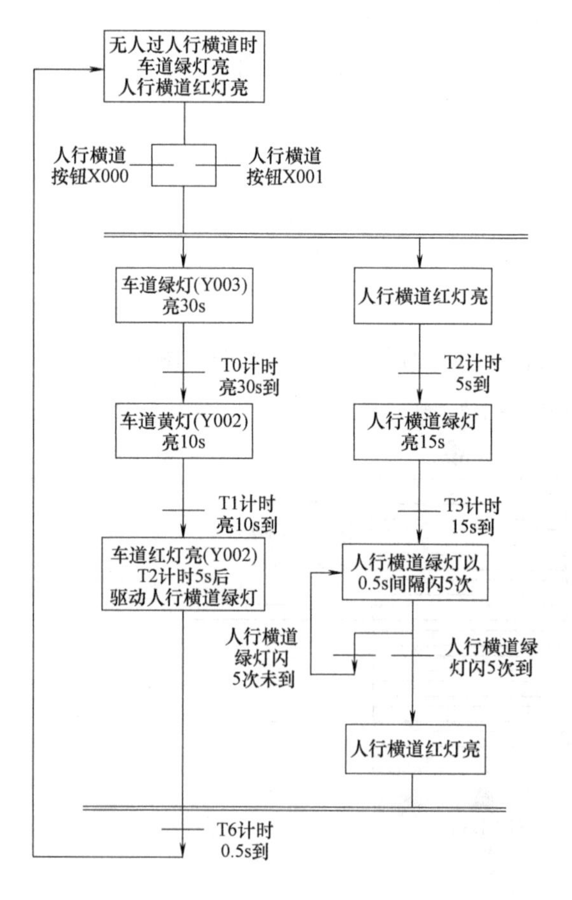

图 5-18　按钮式人行横道交通信号灯控制流程图

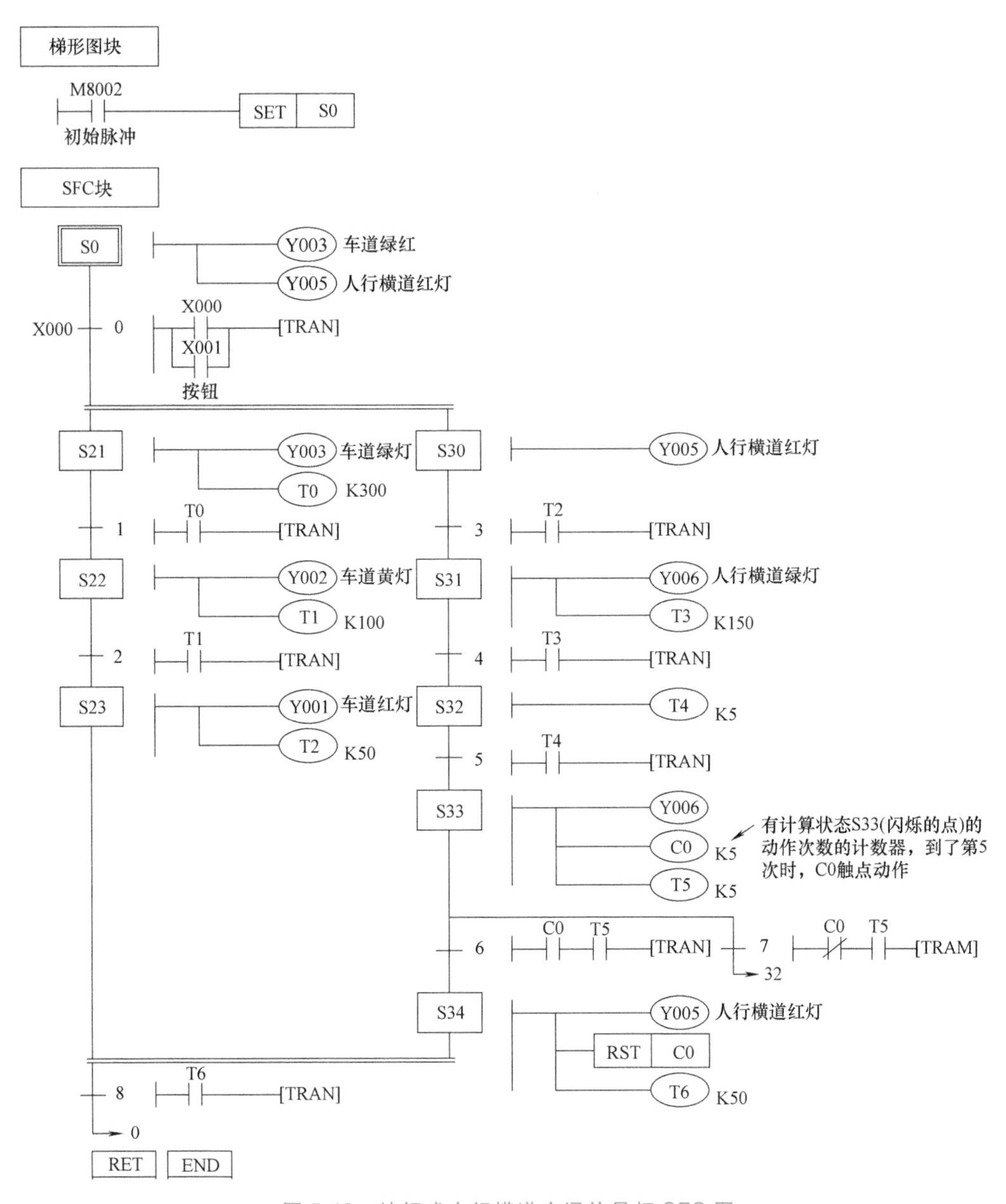

图 5-19　按钮式人行横道交通信号灯 SFC 图

5.4　状态编程的注意事项

状态编程法的 SFC 图和 STL 图的编程规则与前几章指令的编程规则有一些区别，需要有一定的预备知识，多流程结构的编程也有些语法规则需要注意。

5.4.1　软元件和编程指令的注意事项

1. 状态编程中软元件的使用

在 SFC 图中，状态软元件 S 表示状态，状态与状态之间的编号可以不连续，但不能重复使用同一个状态软元件。

在 SFC 图中，状态的输出驱动软元件可以在不同状态中多次使用，不认为是双线圈，因为每个状态不同时工作。

定时器和输出线圈相同，可以在不同状态中多次使用，但是定时器不能出现在相邻的状态中。如果在相邻的状态中使用，在状态转移时，定时器线圈不能断开，当前值不能复位，如图 5-20 所示。

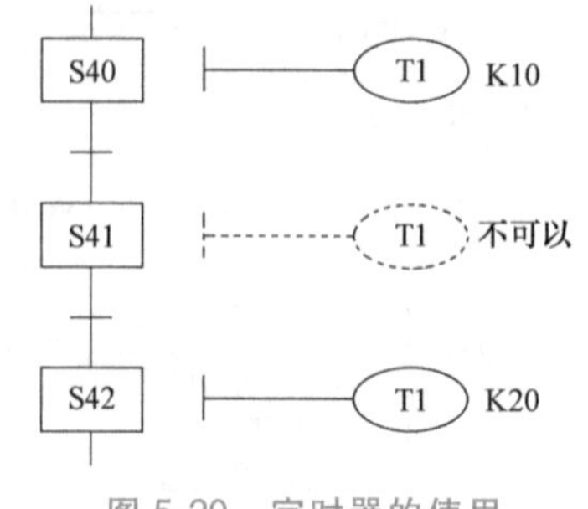

图 5-20　定时器的使用

2. 状态内可以处理的基本指令

状态编程法的 SFC 图中转移和输出可以使用的顺控基本指令见表 5-5。

表 5-5　SFC 图中允许使用的顺控基本指令表

指令		LD/LDI/LDP/LDF，OUT，AND/ANI/ANDP/ANDF，INV，OR/ORI/ORP/ORF，MEP/MEF,SET/RST,PLS/PLF	ANB/ORB MPS/MRD/MPP	MC/MCR
初始状态/一般状态		可以使用	可以使用	不可使用
分支/汇合状态	输出	可以使用	可以使用	不可使用
	转移	可以使用	不可使用	不可使用

此外还有一些注意事项：

1）栈操作指令 MPS/MRD/MPP 在状态的输出驱动中不能直接使用，应接在 LD 或 LDI 指令之后的才能使用，如图 5-21 所示，需要在栈操作指令前加触点 X001。

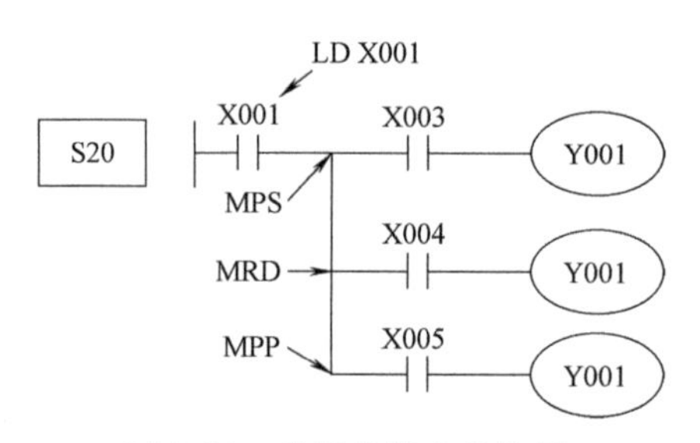

图 5-21　栈操作指令的使用

2）在转移条件的 STL 图中，如果有复杂的转移条件，不能使用 ANB、ORB、MPS、MRD 和 MPP 指令，如图 5-22a 所示，应改成按图 5-22b 所示将条件进行合并处理。

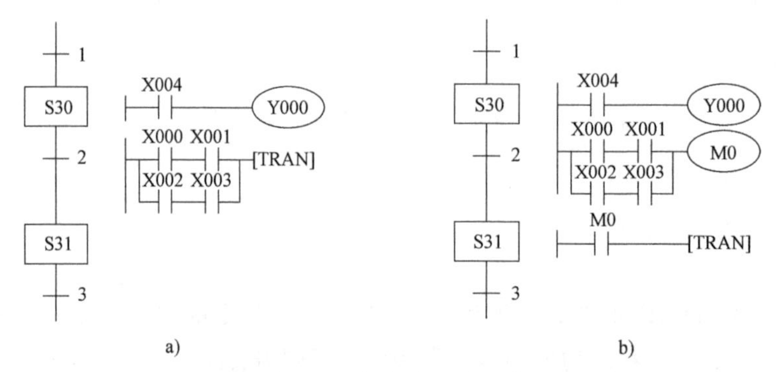

图 5-22　复杂的转移条件

3）主控指令 MC/MCR 在输出和转移条件中都不能使用。

3. 状态指令使用的范围

中断程序和子程序中不可以使用 STL 指令。在中断程序中，使用 SFC 图时不能使用 SET

或 OUT 指令驱动状态 S。

为了防止跳转带来的复杂动作，也尽量不要在状态程序中使用条件跳转指令（CJ 指令）。

4. 输出的驱动方法

在状态动合触点的内母线上用 LD 或 LDI 指令后，就不能再编写不需要触点的指令，如图 5-23a 所示没有触点的线圈 Y003 将不能编程，应改成图 5-23b 所示的两种电路。

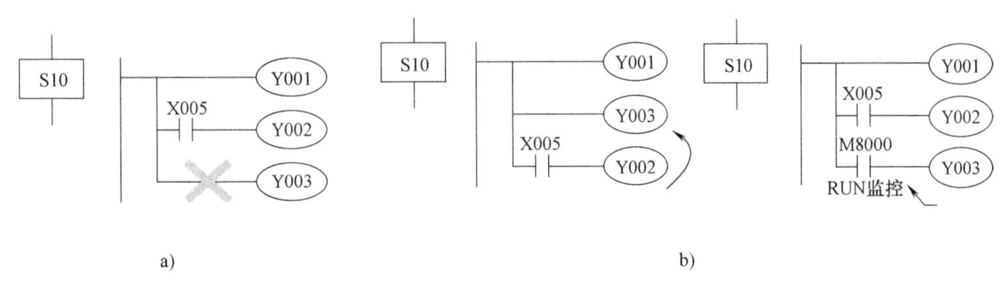

图 5-23　输出的驱动方法

5. 使用上升沿、下降沿检测触点的注意事项

在状态使用了上升沿和下降沿检测触点的指令，包括 LDP、LDF、ANDP、ANDF、ORP 和 ORF 指令时，在状态断开过程中发生变化的触点，当状态再次接通会被检测出来，如图 5-24a 所示，因此应改成图 5-24b 所示的电路。

当通过 X013 的下降沿使 S70 转移后，如果 X014 又为下降沿，则此时因 S20 已经 OFF，则无法检测到 X014 的下降沿，但是当 S20 再次为 ON 时，立即会检测到 X014 的下降沿，而使状态转移到 S70。

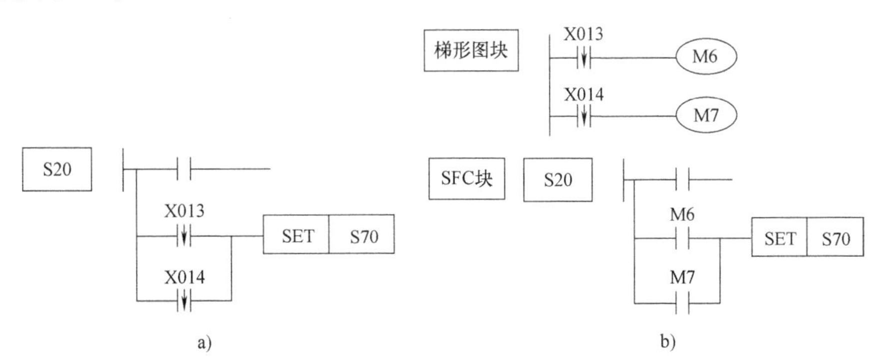

图 5-24　下降沿触点

5.4.2　多流程状态编程的规则

多流程 SFC 图在编程语法上有些特殊的规则，包括空状态和支路数量等。

1. 空状态

空状态是在实际工序中并不存在的状态，所以只能虚设，称为虚设状态，使用虚设状态的目的是使 SFC 图可以正常编程。

当分支线和汇合线连续地直接连接，这样的流程组合不能直接编程，这时需在汇合线到分支线之间插入一个空状态，以改变直接从汇合线到下一个分支线的状态转移，如图 5-25 所示。

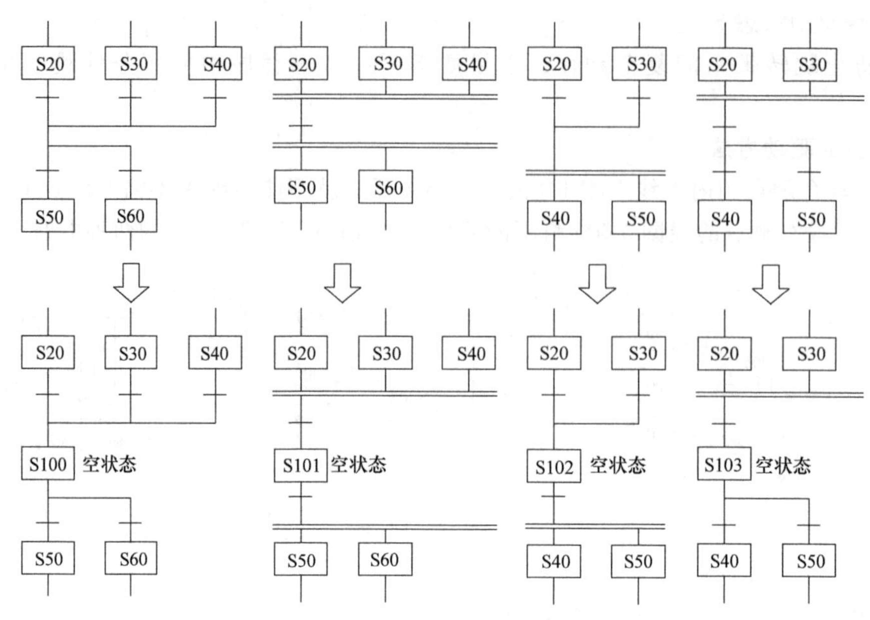

图 5-25　增加空状态

2. 嵌套分支的合并

当多个选择性分支嵌套，使结构变复杂时，可以重新修改成分支次数较少的结构，如图 5-26 所示，对分支的条件进行合并调整。

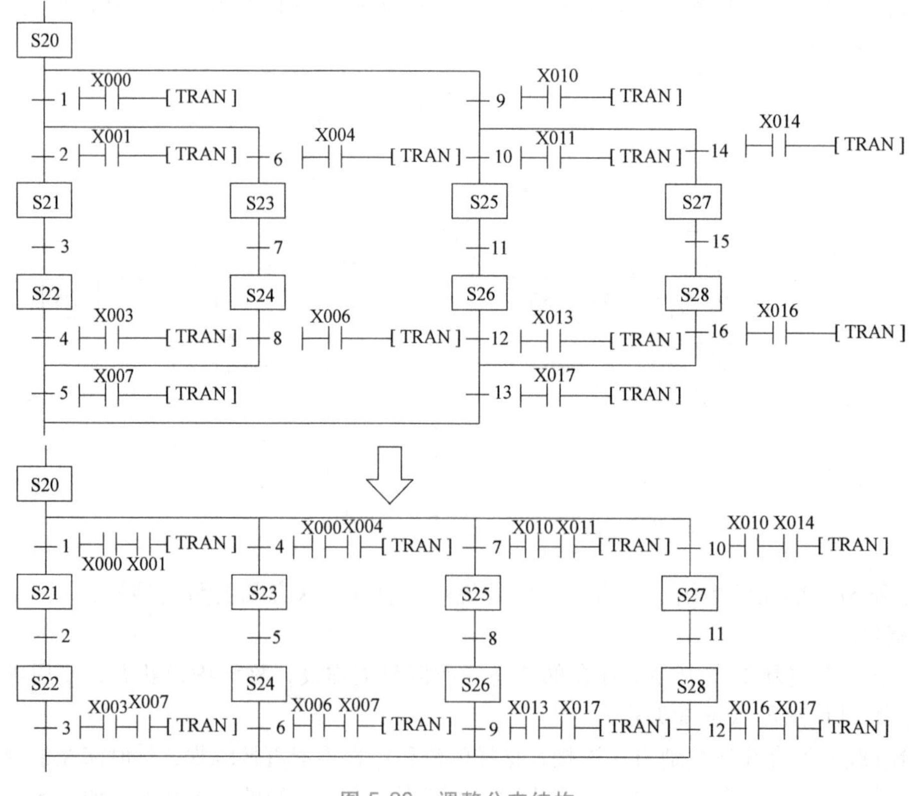

图 5-26　调整分支结构

3. 分支数的限制

一个并行分支或选择性分支的条数限定为 8 条以下；有多个并行分支与选择性分支时，每个初始状态的分支总数应小于或等于 16 条。

4. 不能画出流程交叉的 SFC 图

在 SFC 图中，流程图不能相互交叉，使用"↓"符号修改为跳转。

5. 选择分支条件应互斥

选择分支结构应该每次只运行一条支路，因此分支条件要相互排斥，如图 5-27 上方所示的流程，不能确定是选择还是并行，因此需要修改。

6. 并行分支后有选择分支不能执行

并行分支的双横线后面有选择分支，如图 5-28 所示，这种流程是不能被执行的。

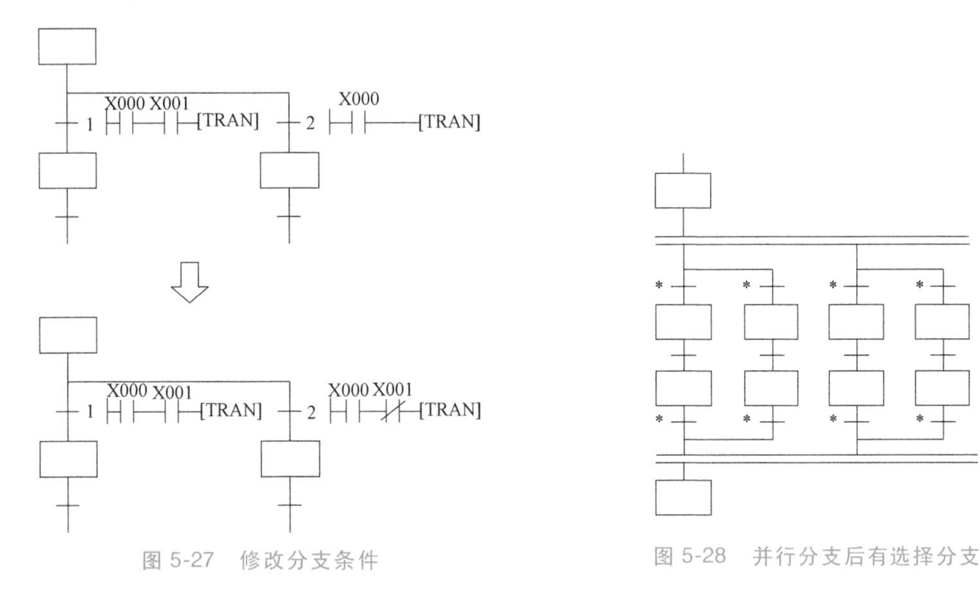

图 5-27　修改分支条件

图 5-28　并行分支后有选择分支

5.4.3　状态监控

使用特殊辅助继电器可以在状态转移运行过程中进行有效的监控，内容见表 5-6。

表 5-6　SFC 图中常用的特殊辅助继电器

地址号	名称	功能与用途
M8002	初始脉冲	在 PLC 接通瞬间，产生 1 个扫描周期的接通信号，用于程序的初始设定与初始状态的置位
M8040	禁止转移	在驱动该继电器时，禁止在所有状态之间转移。在禁止转移状态下，接通的状态内的程序仍然动作，因此输出线圈等不会自动断开
M8046 （执行 END 时）	STL 动作	S0～S899 和 S1000～S4095 中任一状态接通时，M8046 就会自动接通。可用于避免与其他流程同时启动，也可用作工序的动作标志位
M8047 （执行 END 时）	STL 监控有效	在驱动该继电器时，将 S0～S899 和 S1000～S4095 中正在动作（ON）的状态的最新编号保存到 D8040 中，将下一个动作（ON）的状态编号保存到 D8041 中，到 D8047 为止依次保存动作状态（最大 8 点）

【例 5-6】　使用特殊继电器监控凸轮转轴旋转，其工作示意图如图 5-29a 所示。

凸轮转轴的工作流程：按下起动按钮（接于 X000），转轴的凸轮则按小正转（Y021）→

小逆转（Y023）→大正转（Y021）→大逆转（Y023）的顺序动作一个周期然后停止。小正转的限位开关接于X011，大正转的限位开关接于X013，小逆转的限位开关接于X010，大逆转的限位开关接于X012。

微课5-4 状态监控

图5-29b为系统监控梯形图块。图中M8047为监控有效特殊辅助继电器，若M8047动作，则步进状态S0~S899和S1000~S4095中只要有一个动作，在执行结束指令后M8046就动作。因此，PLC一旦运行，在第一个扫描周期就执行系统监控程序，使M8047、M8040和M8034线圈接通，对STL图进行监控，并且使STL图不能执行，禁止全部输出。当第一个扫描周期结束，利用M8002动断触点的复位和M8046动断触点接通初始状态S6，使原点指示灯Y020亮，进入待工作状态。当按下起动按钮X000，则M8040和M8034线圈断电，程序进入正常执行状态。

图5-29c的SFC块为单流程结构，只要处于正常待工作状态，每按一次起动按钮X000，程序控制转轴的凸轮运行一个周期就停止，回到初始状态S6。

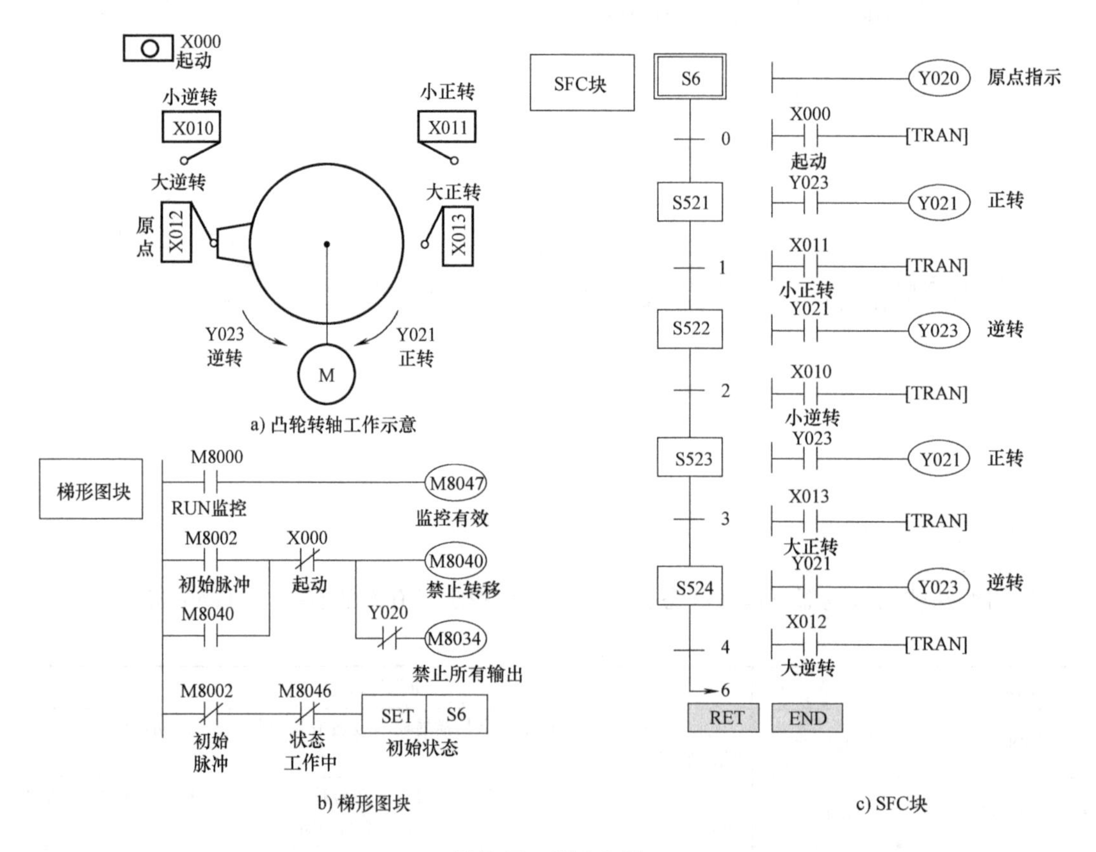

图5-29 例5-6图

在M8047接通时，可以通过查看数据寄存器D8040了解当前运行的状态。例如，当运行到S521状态时，可以看到D8040的存储为521，如图5-30所示，说明当前运行的状态为S521。

SFC图中使用的状态元件S521~S524为停电保持软元件，采用后备电池，在停电时能保持状态，停电恢复后，则会从停电时所处工序开始继续动作。

软元件/标签	当前值	数据类型
X000	1	Bit
M8046	1	Bit
M8047	1	Bit
D8040	521	Word[Signed]

图 5-30　D8040 的存储内容

5.4.4　状态报警器

S900~S999 为 100 个状态报警软元件，在状态报警器置位指令 ANS 的执行下，由指定的定时器定时检测一些触点的工作状态，一旦在规定的时间内不动作，即出现触点故障，就会使指定的状态报警软元件置位。驱动特殊辅助继电器 M8049，监控变为有效，在 D8049 中显示 S900~S999 中动作状态的最小编号；状态报警软元件置位同时使状态报警器 M8048 动作，一旦有状态报警软元件置位，可以使用状态报警器复位指令 ANR（无操作数指令）进行复位。

图 5-31a 是状态报警器置位指令的使用说明。其中，S（·）只能指定 T0~T199，m 为 1~32767（100ms 单位），D（·）为 S900~S999。当 X000=X001=ON 时，指令使 S（·）中指定的定时器 T0 开始定时，在定时 1s 内，若 X000、X001 没有一个断开，则 D（·）指定的 S900 置位，同时 M8048 动作。1s 以后即使 X000 或 X001 变为 OFF，T0 复位，但 S900 置位的状态仍不变。若 X000 与 X001 同时接通后不满 1s 中有一个变为 OFF，则定时器 T0 复位，S900 不置位。

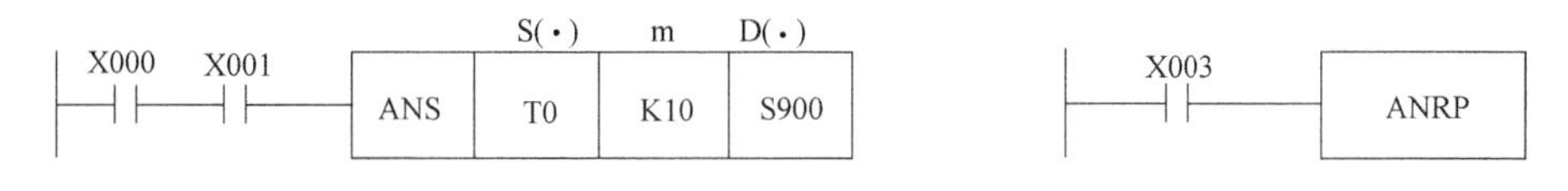

a) 状态报警器置位指令的使用说明　　b) 状态报警器复位指令的使用说明

图 5-31　状态报警器置位和复位指令的使用说明

状态报警器复位指令 ANR 可以使多个被置位的状态报警软元件逐个复位，使用说明如图 5-31b 所示。每当 X003 接通一次，则将当前最小地址号的置位状态报警软元件复位，全部状态报警软元件复位后，M8048 复位。

使用中若采用连续型 ANR 指令时应注意，在 X003=ON 不变下，指令在每个扫描周期的执行中，按顺序对当前最小地址号的置位状态报警软元件复位，直至 M8048=OFF。

【例 5-7】　用状态报警器置位、复位指令检测小车往复运动的开关动作是否存在故障，程序如图 5-32 所示。

若要对多个开关故障发生的情况进行监视，要使状态报警器监视有效，即特殊辅助继电器 M8049=ON，则可将 S900~S999 中的工作状态的最小地址号存放在特殊数据寄存器 D8049 内，在对 S900~S999 中最小地址号状态复位后，可以确定下一个复位状态报警器的地址号。

当 X000=ON，X011 表示小车的位置 1，当定时器 T10 定时时间到，如果 Y021 仍然接通，小车前进，但 X011 触点没有断开，说明出现故障为没有到达 X011 的所在位置，则

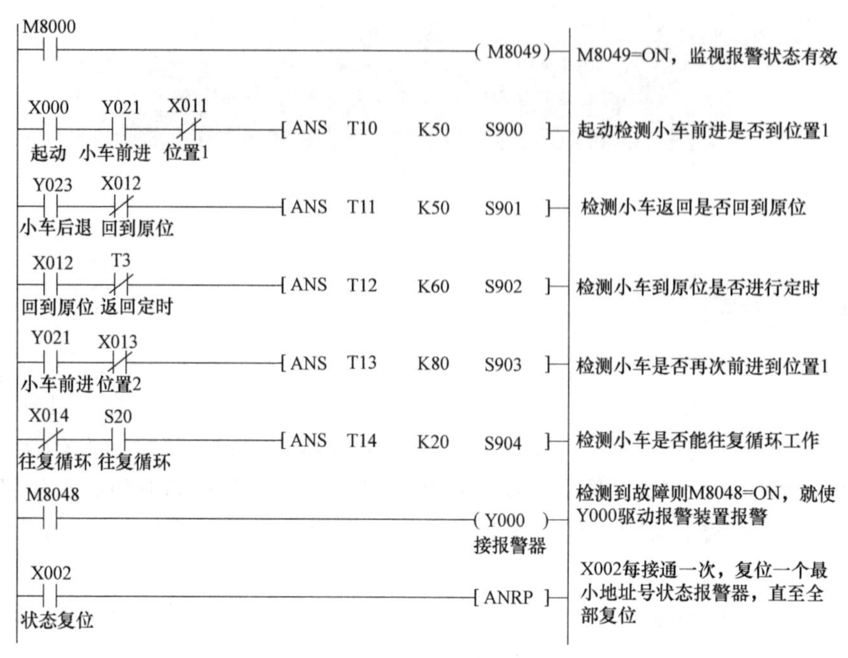

图 5-32 状态报警器置位、复位指令检测小车往复运动的开关动作

M8048＝ON，Y000 报警。其他 T11～T14 的作用相同。

5.4.5 初始化状态指令 IST

初始化状态指令 IST 可以在采用 STL 图的程序中，对初始化状态以及特殊辅助继电器进行自动控制。

【例 5-8】 使用初始化状态指令 IST 实现机械手传送。

图 5-33a 是操作面板，为了防止 X020～X024 同时为 ON，必须采用旋转开关。操作面板模式分为手动和自动，手动包括按各个按钮实现各个操作，按“原点回归”（X025）回到原点；自动包括每次按“开始”（X026）实现步进，开关 X023 为循环运行一次，开关 X024 为连续运行。输入端口及其他软元件分配见表 5-7。图 5-33b 所示是工件传送机构，通过机械手将工件从 A 点传送到 B 点。

表 5-7 输入端口及其他软元件分配表

输入				IST 指令控制		顺控程序	
X020	各个操作	X024	连续运行	M8040	禁止转移	M8043	原点回归结束
X021	原点回归	X025	原点回归	M8041	转移开始	M8044	原点条件
X022	步进	X026	开始	M8042	起始脉冲	M8045	禁止所有输出复位
X023	循环运行一次	X027	停止	M8047	STL 监控有效		

图 5-33c 是机械手传送的流程图。左上为原点，按照①下降→②夹紧→③上升→④右移→⑤下降→⑥松开→⑦上升→⑧左移的顺序从左向右传送。下降/上升、左移/右移使用的是双电磁阀（驱动/非驱动两个输入），夹紧使用的是单电磁阀（只在通电中动作）。

IST 指令可以对 STL 图中的状态和有关的特殊辅助继电器进行初始化，IST 指令的应用

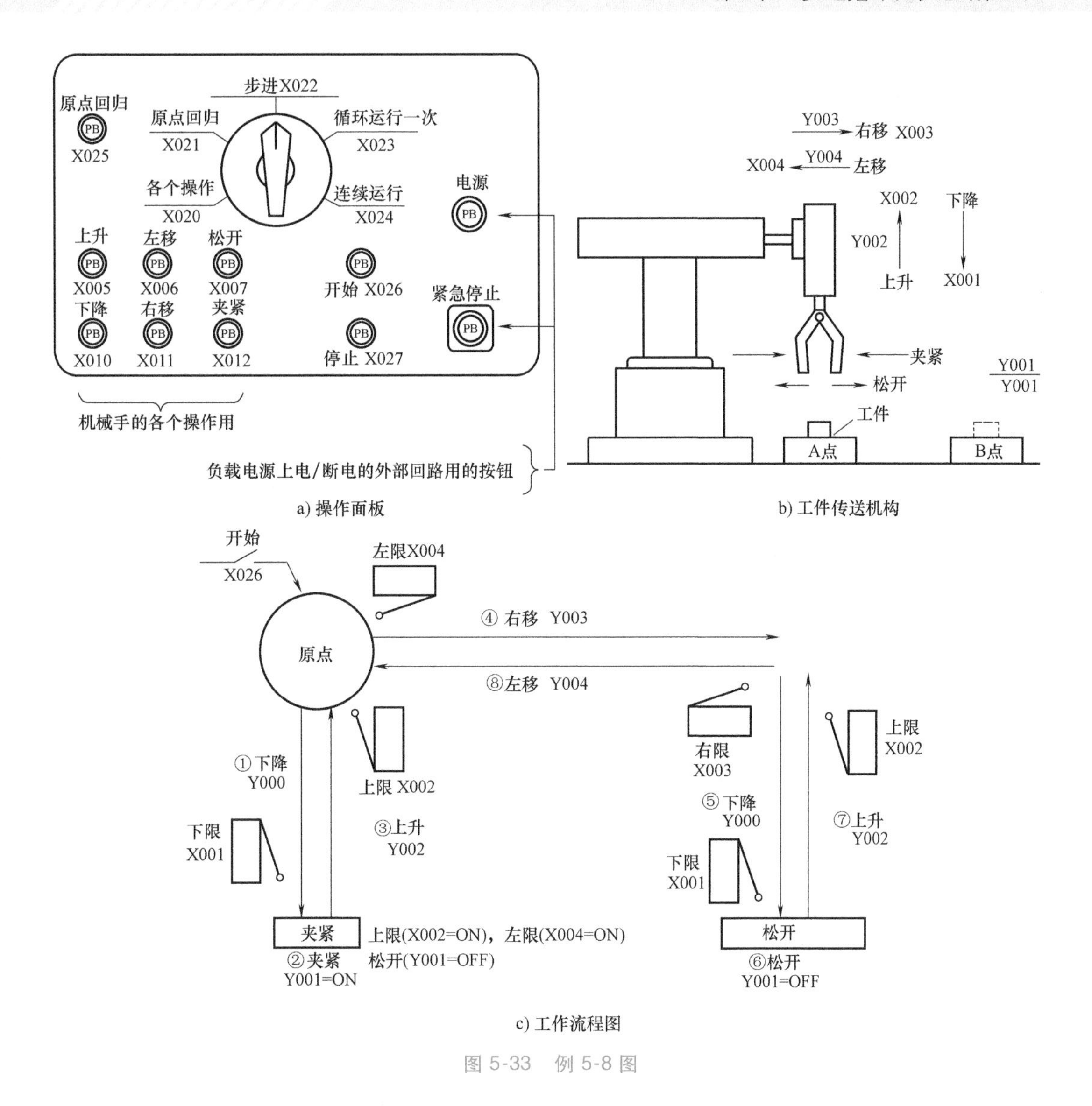

图 5-33 例 5-8 图

如图 5-34 所示，S（·）指定的是运行模式的起始输入，占用从起始软元件开始的 8 点，用于分配开关功能，D1（·）指定的是使用状态的最小编号（自动模式用），D2（·）指定的是使用状态的最大编号（自动模式用）。当 M8000 = ON，对 X020 ~ X027 进行选择，对程序中 S20 ~ S27 初始化。表 5-7 中的特殊辅助继电器 M8040 ~ M8047 会被使用。

图 5-34 IST 指令的应用

执行 IST 指令时，自动将 S10 ~ S19 作为原点回归使用，因此在编程中不能将这些状态作为普通状态使用；另外，指令还将 S0 ~ S9 作为状态初始化处理，其中 S0 ~ S2 作为手动操作、返零、自动操作使用，S3～S9 可以自由使用。

编写手动单个操作、原点回归、自动运行（包括循环一次、连续运行）程序如图 5-35 所示。图 5-35a 使用初始状态 S0，当面板开关为手动操作（X020＝ON）时，通过按面板上的 X005～X012 进行单步运行；图 5-35b 使用初始状态 S1，当面板开关为恢复原点（X021＝ON）时，按原点回归按钮（X025）执行，原点回归操作必须使用状态 S10～S19，到达原点（X002 和 X004＝ON），则驱动 M8043＝ON，在状态 S12 自复位运行；图 5-35c 使用初始状态 S2，当面板上的开始按钮按下（X026＝ON）时，M8041＝ON 和 M8044＝ON 满足，自动运行，当面板开关扳到一次循环（X023＝ON）则跳回到 S2，只循环一次，当面板开关扳到连续运行（X024＝ON）则跳转到 S20 连续运行。

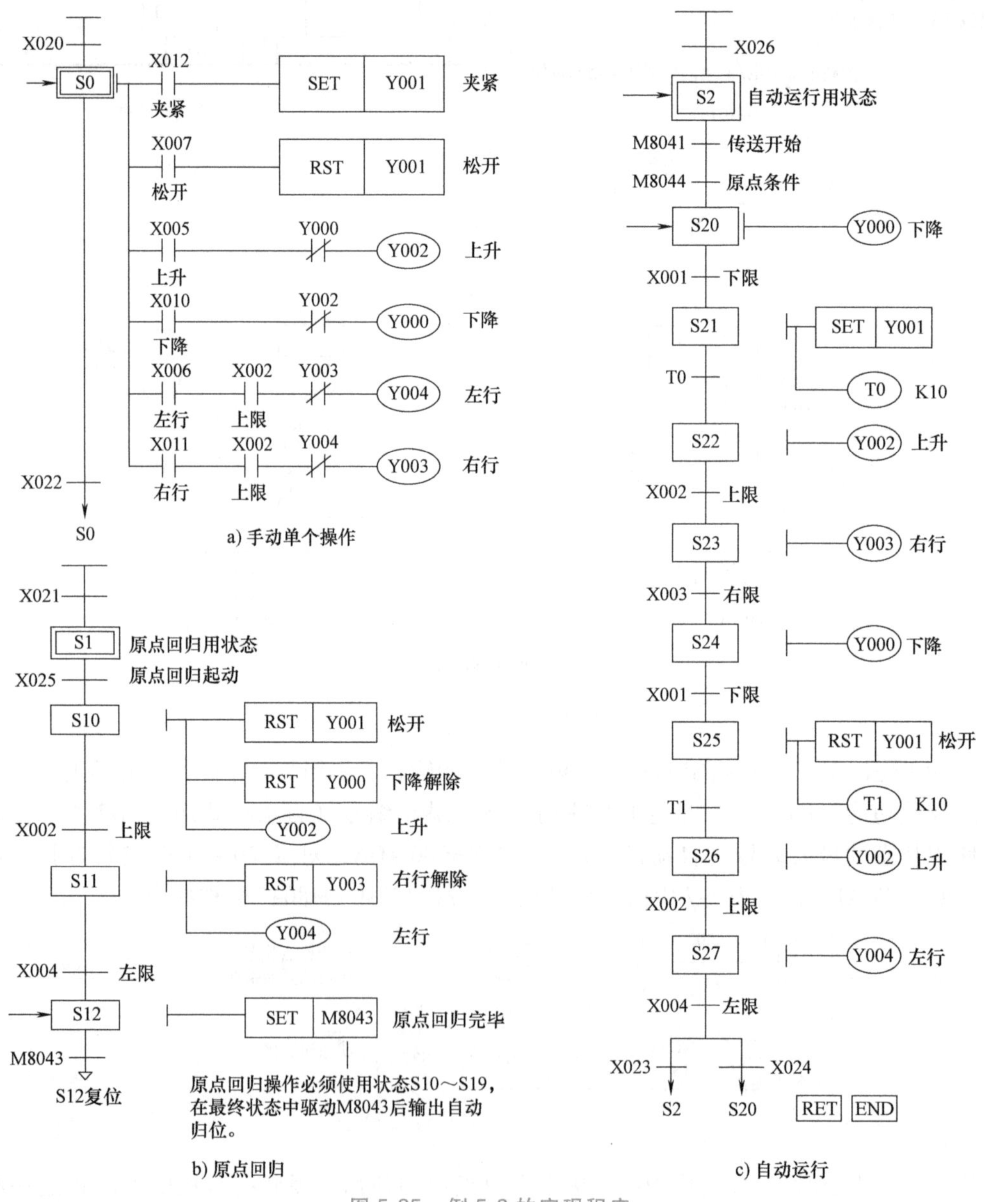

图 5-35　例 5-8 的实现程序

5.4.6　状态编程的编程技巧

1. 状态的成批复位

若要对某个区间状态进行复位，可用区间复位指令 ZRST，图 5-36a 所示为在 STL 图中设置对 S0~S50 复位。

2. 禁止输出

若要使某个状态中的输出禁止，可按图 5-36b 所示在梯形图块中置位 M10，然后在输出驱动前用 M10 常闭触点禁止输出。

禁止输出还可以使用特殊辅助继电器 M8034，使所有输出继电器（Y）为 OFF。

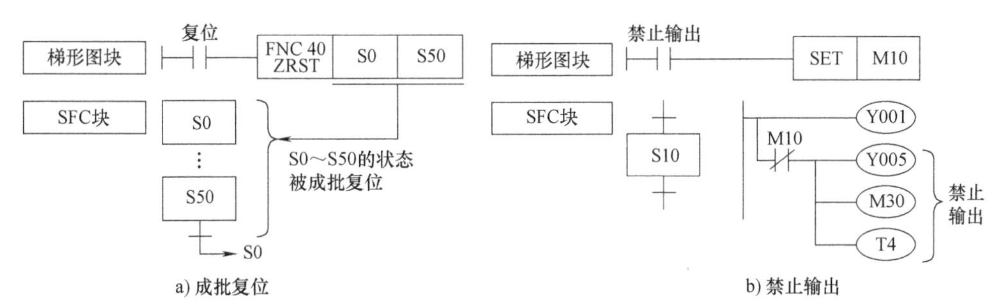

图 5-36　成批复位和禁止输出

3. 使用同一信号实现状态转移

微课 5-5　使用同一信号状态转移

如果想通过同一个信号（按钮/开关）的动作进行状态转移，可使用 M2800~M3017 实现。

M2800~M3071 辅助继电器与其他辅助继电器在上升沿和下降沿动作不同，只有最前面一个才能动作。

使用 M2800 实现状态转移，如图 5-37 所示。当第一次接通 X001，M2800 线圈得电时，SFC 块中第一个 M2800 上升沿接通，转移到 S50 状态，后面的 M2800 则都不接通；第二次 X001 接通，M2800 线圈得电时，SFC 块中第二个 M2800 上升沿触点接通，转移到 S51 状态；这样可以使每次接通 X001 时，依次接通 M2800 上升沿触点来进行状态转移。

4. 流程的分离

在程序中可以使用多个 SFC 图和 STL 图组合编程，即将程序分成具有多个初始状态的 SFC 图后分离编程，每个 SFC 图都以 RET 结束。图 5-38 所示为不同流程的分离，分离的 SFC 图之间也可以跳转，从 SFC 图 1 跳转到 SFC 图 3；而且不同的 SFC 图之间也可以使用状态作为 STL 图和转移条件的触点，图 5-39 为 SFC 图 1 的转移条件使用 SFC 图 3 的状态 S40 和 S41 为触点，SFC 图 3 的转移条件使用 SFC 图 1 的状态 S20 和 S21 为触点。

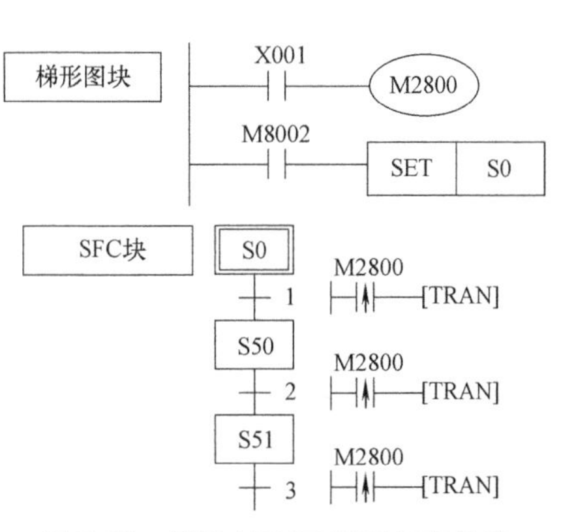

图 5-37　使用 M2800 实现状态转移

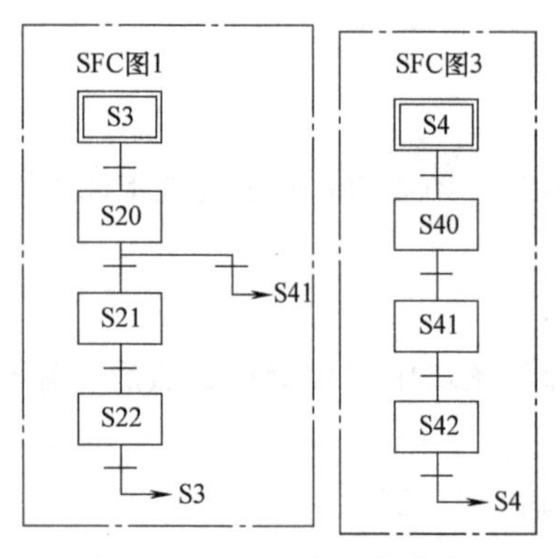

图 5-38　不同流程的分离

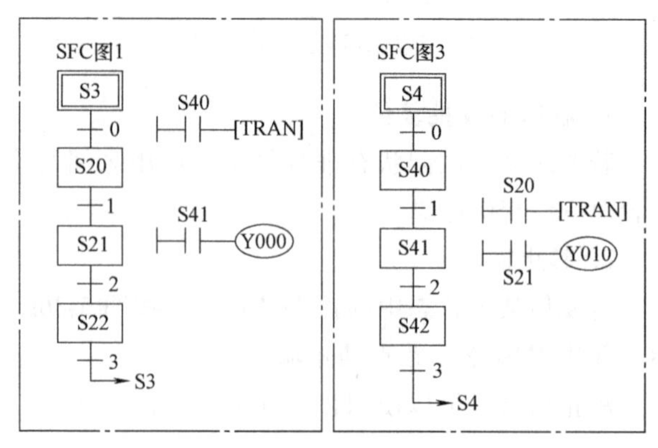

图 5-39　流程的跳转使用流程外的状态触点

5.5　状态编程法设计的典型实例

状态编程法的特点是采用流程结构设计，适合顺序控制和各种分支结构的编程。

5.5.1　电动机顺序起动逆序停止控制

微课 5-6　电动机顺序起动逆序停止

【例 5-9】　4 台电动机 M1～M4，当按下起动按钮（X000）时，按照 M1→M2→M3→M4 顺序每隔 2、3、4s 顺序起动，当按下停止按钮（X001）时按照相反的顺序 M4→M3→M2→M1 每隔 4、3、2s 停止。当电动机在顺序起动过程中随时按停止按钮，都可以逆序停止。电动机顺序起动逆序停止示意图和 SFC 图如图 5-40 所示。

设计的难点：停止按钮随时按下，在不同的状态下停止流程也不同，因此需要在每个状态设置停止条件分支，当按下停止按钮时进入分支。

按照 SFC 图的步骤，先确定流程的状态和每个状态的三要素，见表 5-8。

表 5-8　电动机顺序起动逆序停止的状态三要素

工序	状态	输出驱动	转移条件	转移目标	功能
0	S0	无	X000(起动)	S20	初始状态
1	S20	Y000	T0/X001	S21/S27	M1 运行
2	S21	Y000,Y001	T1/X001	S22/S26	M1,M2 运行
3	S22	Y000,Y001,Y002	T2/X001	S23/S25	M1,M2,M3 运行
4	S23	Y000,Y001,Y002,Y003	X001(停止)	S24	M1,M2,M3,M4 运行
5	S24	Y000,Y001,Y002	T4(4s)	S25	M1,M2,M3 运行
6	S25	Y000,Y001	T3(3s)	S26	M1,M2 运行
7	S26	Y000	T2(2s)	S27	M1 运行
8	S27	无	$\overline{\text{Y000}}$	S0	结束过程

设计时需要注意的问题：

1）电动机 M1 起动后在多个状态都要运行，使用 SET 和 RST 指令可以保持电动机在多

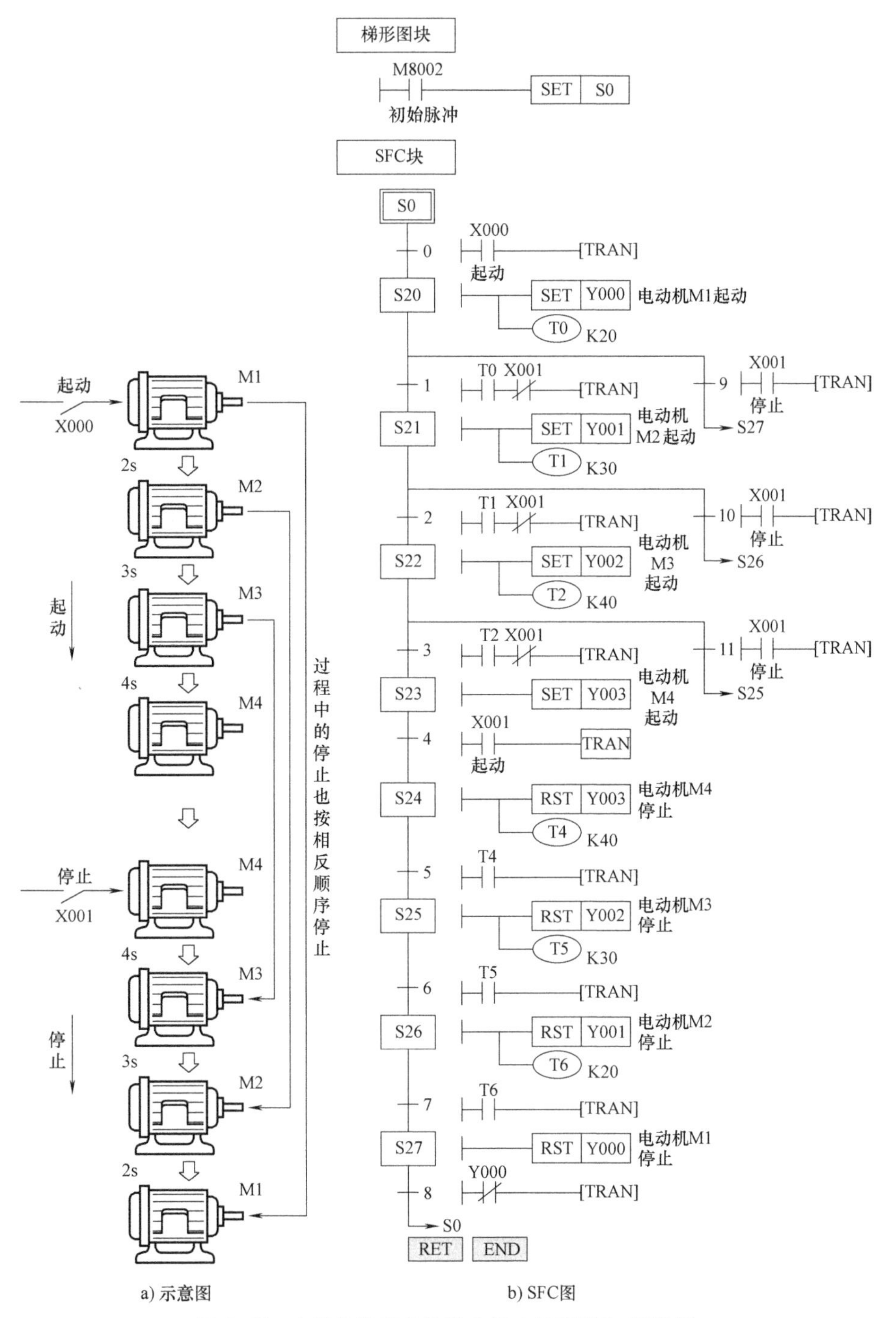

图 5-40　电动机顺序起动逆序停止示意图和 SFC 图

个状态中均为 ON，使用 OUT 指令则在下一个状态会断开。

2）在 SFC 图中设置的条件分支，当按停止按钮（X001）时，分别跳转到不同的状态，例如，当起动 M1 电动机后按停止按钮，则应该跳转到只停止 M1 电动机的 S27 状态；而起动 M4 电动机后按停止按钮，则需要跳转到逆序停止 4 台电动机的 S25 状态。

5.5.2 大小球传送（选择分支结构）

微课 5-7 大小球传送选择分支

【例 5-10】 使用带式输送机将大、小球分类选择传送，工作装置示意图如图 5-41 所示。

工作过程：机械臂开始停止在原点，机械臂的动作顺序为下降、吸球、上升、右行、下降、释放、上升、左行。大小不同的球分别传送到大桶和小桶。

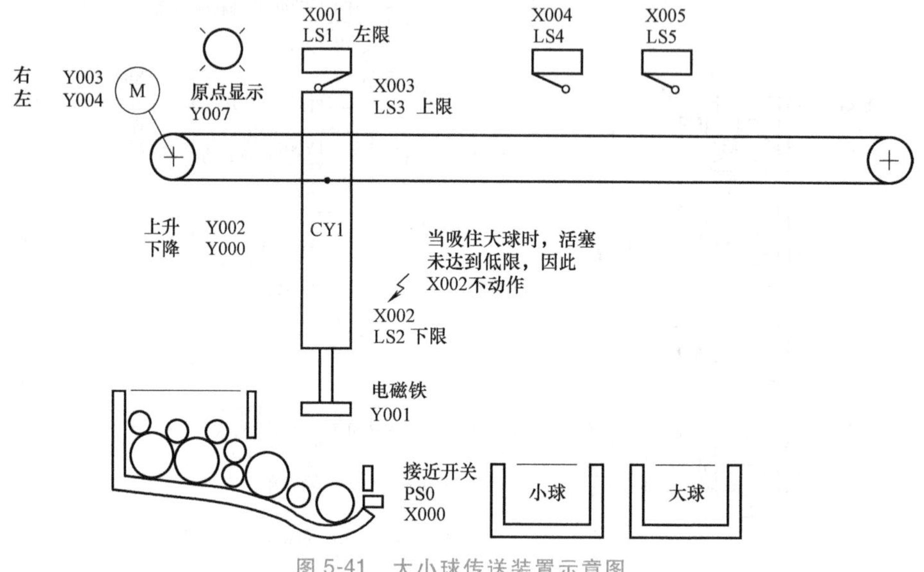

图 5-41 大小球传送装置示意图

根据输入输出写出的分配，见表 5-9。

表 5-9 输入输出分配表

输入	功能	输出	功能
X000	接近开关 PS0	Y000	下降电动机接触器
X001	左限位开关 LS1	Y001	电磁铁
X002	下限位开关 LS2	Y002	上升电动机接触器
X003	上限位开关 LS3	Y003	右行电动机接触器
X004	到达小球桶限位开关	Y004	左行电动机接触器
X005	到达大球桶限位开关	Y007	原点灯

大小球传送的 SFC 图如图 5-42 所示，包含了选择分支。设计时需要注意以下方面：

1）选择分支是由限位开关 X002 确定，当 X002=ON 表示选择小球，X002=OFF 表示选择大球；在设计时将两个流程中的不同工作环节放在两个分支中分别实现，相同的部分则汇合到一个流程中，因此两个分支部分需要完成吸球→上升→右行，右行到不同的行程开关（X004 和 X005），然后进行分支的汇合，汇合后执行相同的过程：下降→释放→上升→左行。

2）由于电磁铁（Y001）需要在多个状态工作，使用 SET 指令在 S22 和 S25 状态设置其

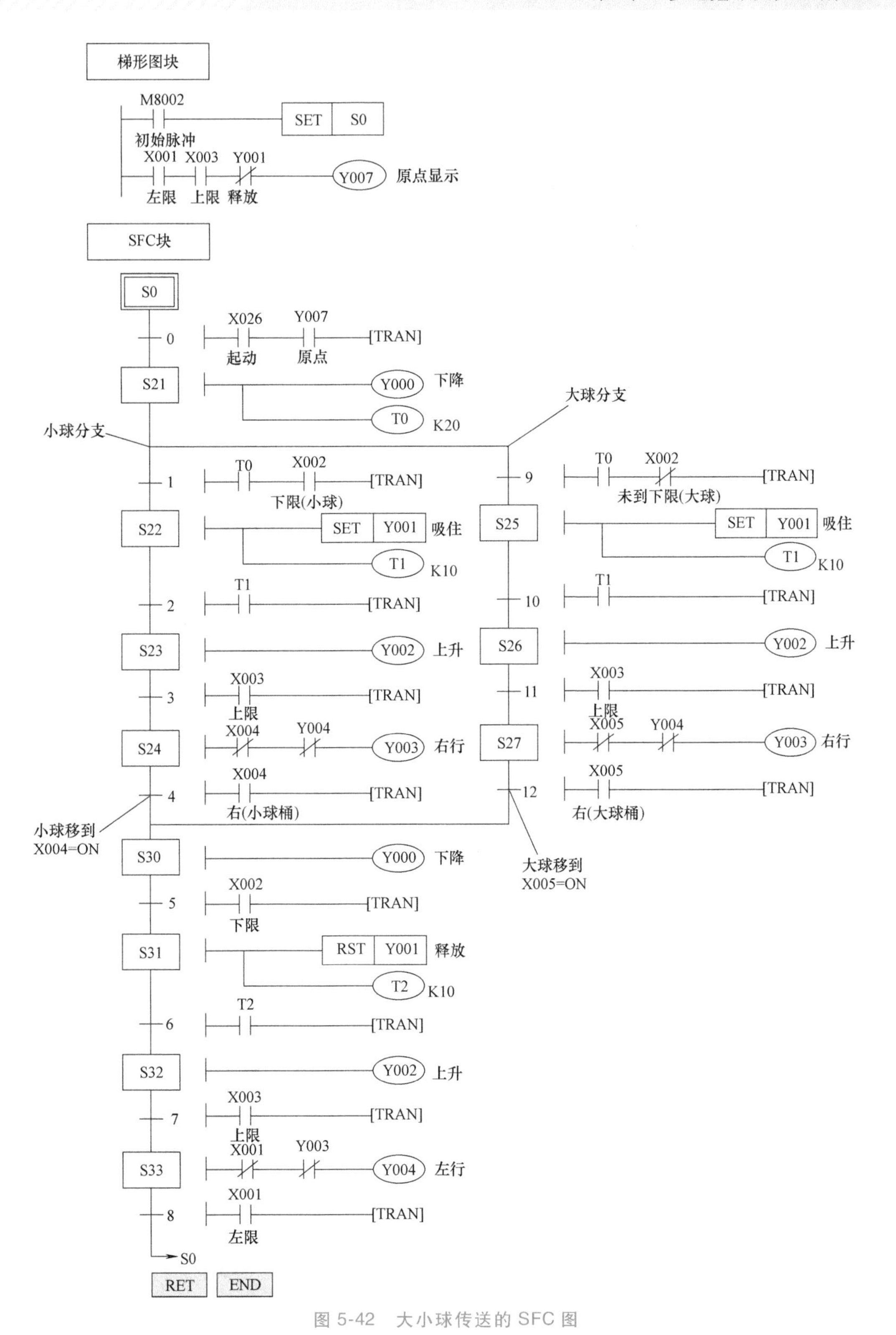

图 5-42　大小球传送的 SFC 图

为 ON，使用 RST 指令在 S31 状态设置其为 OFF，因此可以在多个状态保持 ON。

5.5.3 洗衣机洗涤控制（循环结构）

在状态编程法中，循环结构是选择分支的一种，当流程向上跳转时就构成循环。

【例 5-11】 使用 SFC 图实现洗衣机洗涤控制。

洗衣机的控制要求为按电源按钮起动，当按标准洗涤按钮，执行进水→正反转洗涤→排水→脱水 5s→前 4 步顺次循环 3 次→蜂鸣器响 3s 后停机，其中正反转洗涤是正转 5s→停 2s→反转 5s→停 2s，共循环三次，结束洗涤过程。

根据输入输出写出的分配表见表 5-10，SFC 图如图 5-43 所示。

表 5-10 洗衣机输入输出分配表

输入	功能	输出	功能
X000	电源按钮	Y000	正转洗涤
X001	标准洗涤按钮	Y001	反转洗涤
X002	停止按钮	Y002	脱水离合器
X004	进水水位传感器	Y003	进水电磁阀
X005	排水水位传感器	Y004	排水电磁阀
		Y005	蜂鸣器
		Y006	运行灯

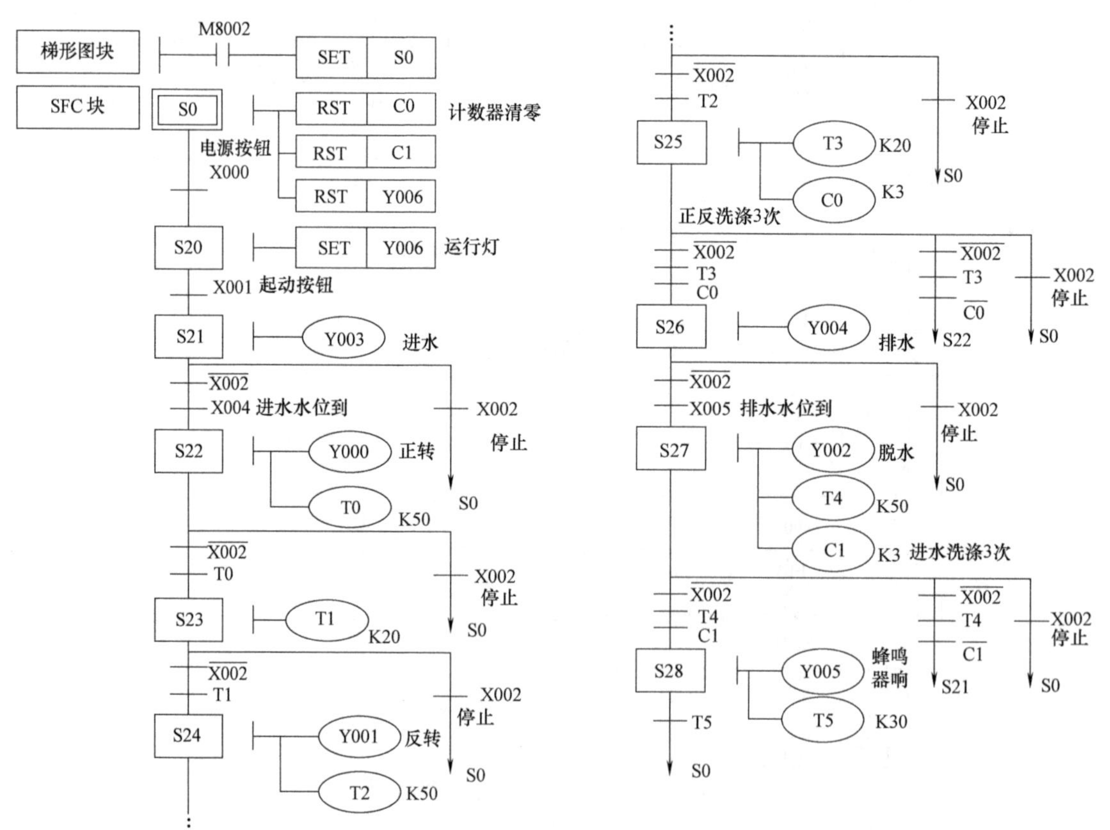

图 5-43 洗衣机洗涤控制 SFC 图

设计时需要注意以下方面：

1）可以看出洗涤过程是循环结构，从进水开始大循环 3 次，嵌套了正反转洗涤小循环 3 次，循环采用向上跳转，因此使用 C0 计数器计数小循环，向上跳转到正转 S22 状态，用 C1 计数器计数大循环，向上跳转到进水 S21 状态。

2）在洗涤的过程中随时按停止按钮 X002 都可以停止，因此在每个状态都要加停止 X002 的条件分支，跳转到 S0 初始状态。

5.5.4　剪板机控制（并行分支）

【例 5-12】　使用并行分支结构实现剪板机的控制，剪板机的状态三要素见表 5-11，工作示意图如图 5-44 所示。

表 5-11　剪板机的状态三要素

工序	状态	输出驱动	转移条件	转移目标	功能
0	S0	Y010	X010(SB)	S20	电源灯亮
1	S20	Y000	X003(SQ1)	S21	板材右行
2	S21	Y001	X004	S22	压钳下行
3	S22	Y002	X002(SQ2)	S23	剪刀下行
4	S23	Y003	X000(SQ3)	S24	压钳上行
	S33	Y004	X001(SQ4)	S34	剪刀上行
5(空)	S24	无	X000&X001	S0	压钳停止
	S34	无		S0	剪刀停止

工作过程为：按下起动按钮 SB（X010），板材右行（Y000），碰到限位开关 SQ1（X003）后停止；压钳下行（Y001），当压力继电器（X004）接通时表示压紧板材，压钳停止；剪刀下行（Y002），剪完板材后碰到限位开关 SQ2（X002）后，剪刀下行停止；压钳和剪刀同时上行（Y003 和 Y004），当分别碰到限位开关 SQ3（X000）和 SQ4（X001）后分别停止，一次剪板过程结束。

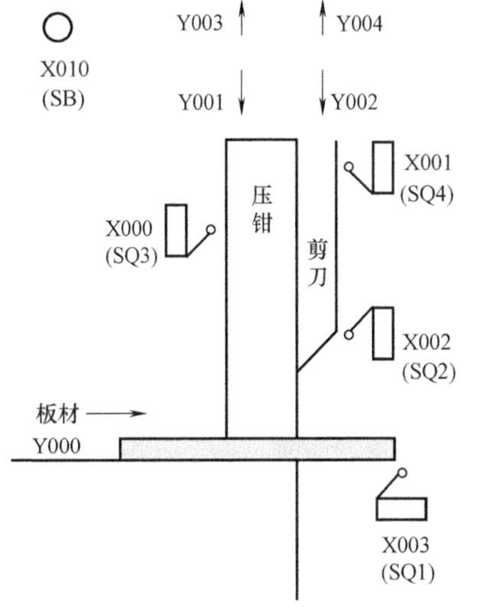

图 5-44　剪板机工作示意

根据表 5-11，创建具有并行分支的 SFC 图，如图 5-45 所示。

当剪刀下行到 X002 接通时，进入并行分支，两条并行分支同时工作，压钳和剪刀上行电动机 Y003 和 Y004 同时工作；当压钳压到行程开关 SQ3（X000）时，转到 S24 状态，Y003 停止，当剪刀上行压到行程开关 SQ4（X001）时转到 S34 状态，Y004 停止，当 S24 和 S34 都为 ON，并且当 X000 和 X001 行程开关都为 ON，则结束整个加工过程，回到初始状态 S0 等待下一个流程。剪板机控制 STL 图如图 5-46 所示。

注意：S24 和 S34 状态都是空状态，没有输出，只是为了完成并行分支结构的语法，否则并行结构无法编程。

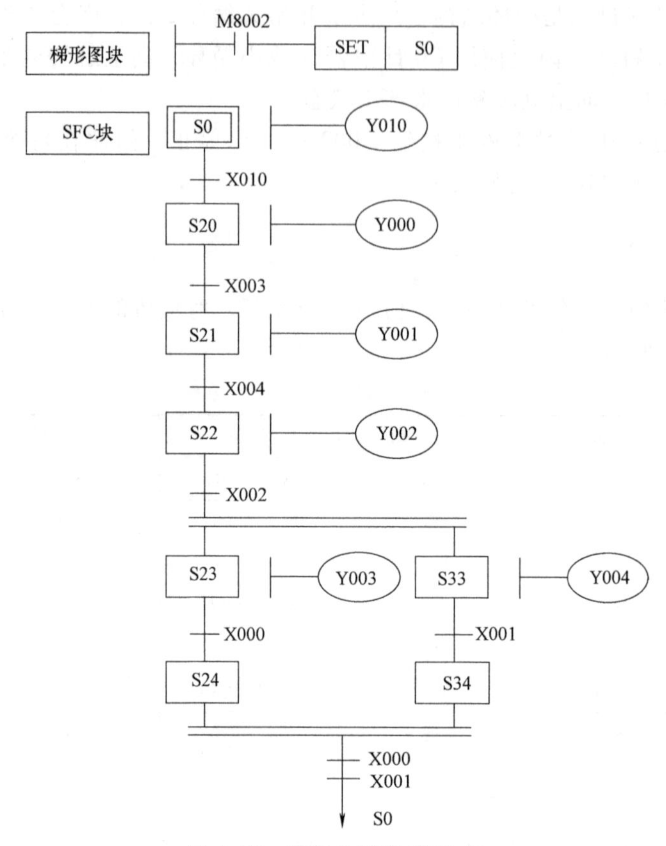

图 5-45　剪板机控制 SFC 图

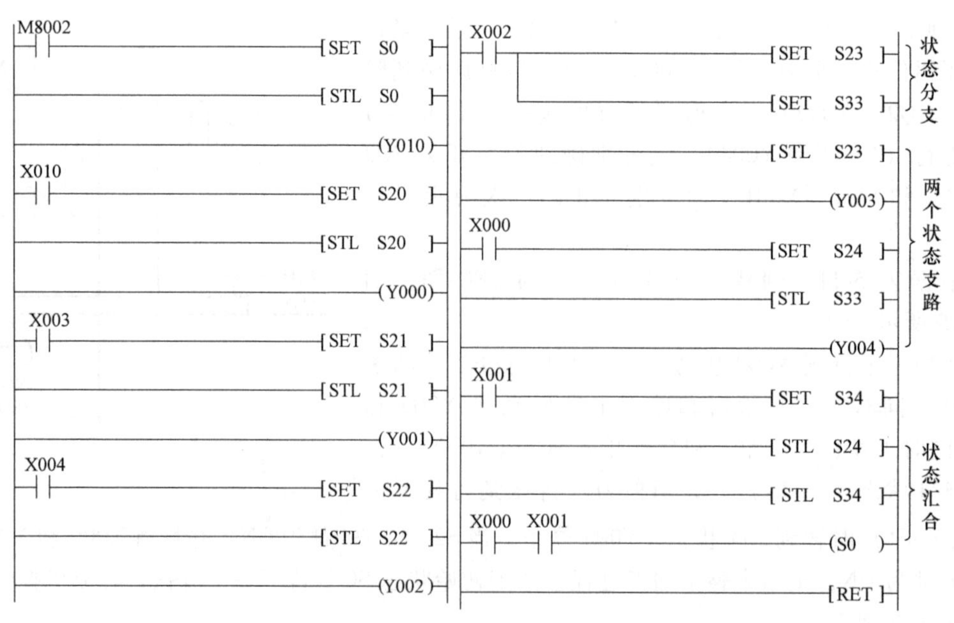

图 5-46　剪板机控制 STL 图

习 题

5-1 选择题（单选题）

（1）FX3U 系列 PLC 的非停电保持普通用途状态软元件范围是（ ）。

A. S0～S9 B. S10～S499 C. S500～S899 D. S900～S999

（2）一般使用特殊辅助继电器（ ）驱动初始状态。

A. M8000 B. M8013 C. M8047 D. M8002

（3）SFC 图的结束采用（ ）指令。

A. RET B. RST C. END D. IRET

（4）在相邻的状态中，输出驱动不能出现相同的（ ）软元件。

A. 中间继电器 B. 计数器 C. 定时器 D. 数据寄存器

（5）在 SFC 图中，不能作为输出也不能作为转移条件的指令是（ ）。

A. ANB B. MPS C. MC D. SET

（6）在 SFC 图中，一条并行分支或选择性分支的电路数不能超过（ ）条。

A. 2 B. 16 C. 10 D. 8

（7）使用特殊辅助继电器 M8047 监控 SFC 图运行状态，在数据寄存器（ ）中可以保存最新运行的状态软元件编号。

A. M8046 B. D8000 C. D8040 D. D8047

（8）在 SFC 图中设计循环结构时需要向上跳转到 S0，转移使用的指令是（ ）。

A. OUT S0 B. SET S0 C. RST S0 D. MOVE S0

5-2 简述使用 SFC 图设计选择分支时，分支结构的设计方法。

5-3 某一冷加工自动线有一个钻孔动力头运行示意图如图 5-47 所示。请用状态编程法画出各状态的三要素，并设计其状态转移图。

（1）动力头在原位，按起动信号（X005）接通电磁阀 YV2（Y002）和 YV3（Y003），动力头快进。

（2）动力头碰到限位开关 SQ1（X001）后，接通电磁阀 YV1（Y001）、YV2（Y002），动力头由快进转为工进 1。

（3）动力头碰到限位开关 SQ2（X002）后，接通电磁阀 YV2（Y002），动力头由工进 1 转为工进 2。

（4）动力头碰到限位开关 SQ3（X003）后，接通电磁阀 YV3（Y003）、YV4（Y004），动力头快退。

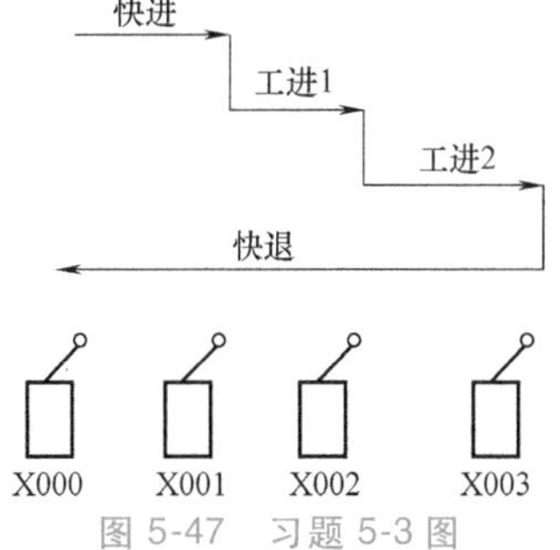

图 5-47 习题 5-3 图

（5）动力头回原位碰到限位开关 SQ0（X000）后停止。

5-4 有一小车运行过程如图 5-48 所示。小车在原点压下后限位开关 SQ1（X001），当按下起动按钮 SB（X000）时，小车前进（Y000）。当运行至料斗下方时，前进限位开关 SQ2（X002）动作，此时打开料斗给小车加料（Y003），延时 8s 后关闭料斗。小车后退（Y001）返回，碰撞后退限位开关 SQ1 后，打开小车底门卸料（Y002），6s 后结束，完成一次动作，如此循环。请设计其状态转移图。

5-5 某注塑机用于热塑料的成型加工，采用八个电磁阀 YV1～YV8 完成注塑各工序。注塑模具停在原点，SQ1 限位开关接通，当按下起动按钮 SB，通过 YV1、YV3 将模具关闭，限位开关 SQ2 动作后表示模具关闭完成；由 YV2、YV8 控制射台前进，限位开关 SQ3 动作后表示射台到位；YV3、YV7 动作开始注塑，延时 10s 后 YV7、YV8 动作进行保压，保压 5s 后，由 YV1、YV7 执行预塑，等加料限位开关 SQ4 动作后由 YV6 执行射台的后退，限位开关 SQ5 动作后停止后退，由 YV2、YV4 执行开模，限位开关 SQ6 动作后开模

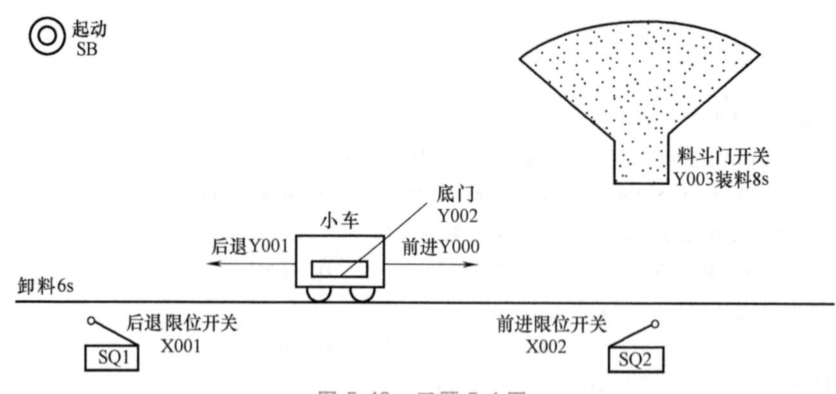

图 5-48　习题 5-4 图

完成，YV3、YV5 动作使顶针前进，将塑料件顶出，限位开关 SQ7 动作后顶针终止，YV4、YV5 使顶针后退，限位开关 SQ8 动作后，顶针后退动作结束，完成一个工作循环，等待下一次起动。请编制控制程序 SFC 图。

5-6　选择分支 SFC 图如图 5-49 所示，请绘出 STL 图。

5-7　并行分支 SFC 图如图 5-50 所示，请绘出 STL 图。

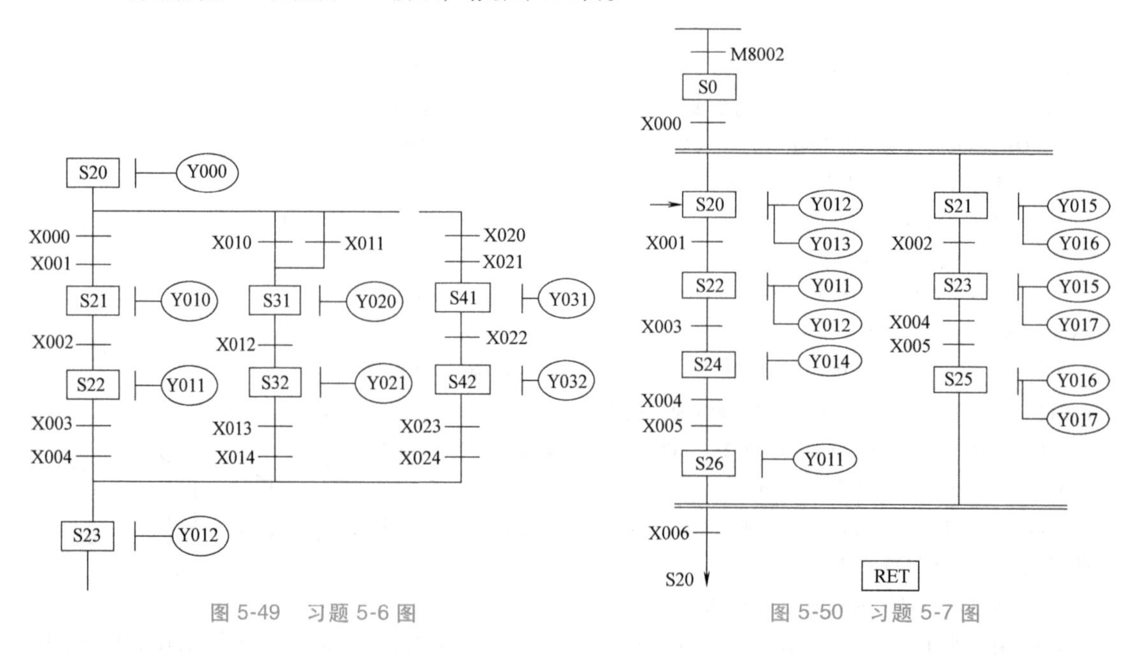

图 5-49　习题 5-6 图　　图 5-50　习题 5-7 图

5-8　根据图 5-43，绘出对应的 STL 图。

5-9　设计 4 个彩灯，当按 X000 时，每隔 0.5s 从左向右循环点亮，当彩灯全亮 1s 后停 2s 重新循环点亮。

5-10　在氯碱生产中，碱液的蒸发、浓缩过程往往伴有盐的结晶，因此要采取措施对盐碱进行分离。分离过程为一个顺序循环工作过程，共分 6 个工序，靠进料阀、洗盐阀、化盐阀、升刀阀、母液阀、熟盐水阀 6 个电磁阀完成上述过程，各阀的动作见表 5-12。当设备起动时，首先进料，5s 后甩料，延时 5s 后洗盐，5s 后升刀，延时 5s 后间歇，间歇时间为 5s，之后重复进料、甩料、洗盐、升刀、间歇工序，重复八次后进行清洗，20s 后再进料，这样为一个周期。请设计其 SFC 图。

表 5-12　习题 5-10 表

电磁阀序号	名称	进料	甩料	洗盐	升刀	间歇	清洗
1	进料阀	+	-	-	-	-	-
2	洗盐阀	-	-	+	-	-	+
3	化盐阀	-	-	-	+	-	-
4	升刀阀	-	-	-	+	-	-
5	母液阀	+	+	+	+	+	-
6	熟盐水阀	-	-	-	-	-	+

注：表中的“+”表示电磁阀得电，“-”表示电磁阀失电。

5-11　设计一个循环结构实现喷泉的起停，当按 X001 时，中央喷泉 Y000 每隔 2s 喷水 5 次，当按 X002 时，周围喷泉 Y001 每隔 3s 喷水 10 次，循环运行。

5-12　4 台电动机动作时序如图 5-51 所示。M1 的循环动作周期为 34s，M1 动作 10s 后 M2、M3 起动，M1 动作 15s 后，M4 动作，M2、M3、M4 的循环动作周期为 34s，设计其 SFC 图，并进行编程。

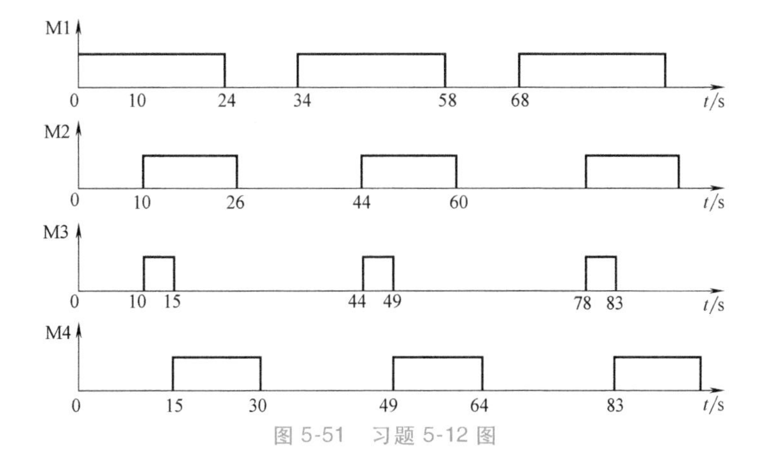

图 5-51　习题 5-12 图

5-13　使用一个按钮实现 4 个彩灯循环点亮，当按下按钮 X000 时，彩灯每隔 0.5s 依次循环点亮，每次点亮 1 个彩灯，再按 1 次停止。

5-14　设计一个循环运行的灯的控制，当按 X001 按钮后黄灯每隔 1s 闪烁，红灯一直亮。

第6章　A/D转换、D/A转换及变频器的应用

FX 系列 PLC 通过外部配套模块的扩展，可以实现数字量和模拟量信号的输入输出。本章主要介绍 PLC 与 A/D 转换、D/A 转换功能模块的连接，以及变频器的使用。

6.1　模拟量输入（A/D 转换）

当输入输出信号为模拟量，比如电压、电流、温度和压力等信号时，可以使用 A/D 转换模块实现模拟量与数字量的转换。

FX3U 系列 PLC 配套可以使用 FX3U 系列的特殊功能模块（A/D 转换或 D/A 转换模块）FX3U-4AD、FX3UC-4AD、FX3U-4DA 和 FX3U-4AD-ADP，各模块的功能在第 2 章的表 2-3 中已经介绍；也可以使用 FX2N 系列的 A/D 转换模块 FX2N-2AD、FX2N-4AD、FX2NC-4AD 和 FX2N-8AD，不过 FX3U-4AD 的分辨率比 FX2N-4AD 高。下面主要以 FX3U-4AD 和 FX3U-4DA 为例进行介绍，如图 6-1 为模拟信号的传送过程。

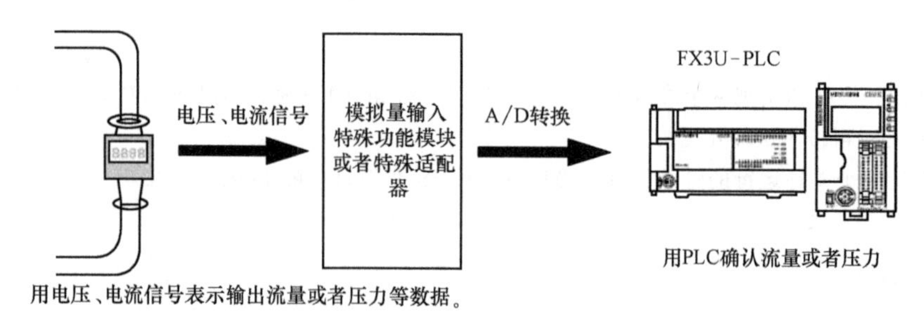

图 6-1　模拟信号的传送过程

在实现 A/D 及 D/A 转换过程中，需要完成以下几个步骤：

1）设备的选择，根据模拟量的个数和量程选择相应模块。

2）输入输出接线，将 A/D 或 D/A 转换模块与 PLC 连接，并将外部信号与 A/D 或 D/A 转换模块连接。

3）在梯形图中对输入输出模式进行设置，主要设置通道数、电流/电压方式和量程等。

4）在梯形图中对输入或输出信号进行缓冲存储器的读写。

5）输入输出特性的调整，根据 A/D 或 D/A 转换模块的测量量程，进行必要的量程

换算。

微课 6-1　FX3U-4AD、DA 模块介绍

1. FX3U-4AD 模块

FX3U-4AD 模块可以实现 4 通道电流/电压信号的模拟量转换，是 PLC 配套的特殊功能模块，FX3U 系列 PLC 最多能连接 8 个该模块，通过数字滤波器获得稳定的 A/D 转换数据，各通道输入电流或电压经 A/D 转换后的数据保存在数据缓冲器（BFM）中。各通道最多可以存储 1700 次 A/D 转换的值，FX3U-4AD 模块如图 6-2 所示，通过扩展电缆与 PLC 连接。

FX3U-4AD 的模拟量输入模式可分为电压（-10～10V）和电流（4～20mA、-20～20mA）模式，可根据需要选择。

各种输入模式的模拟量输入与数字量输出范围见表 6-1。FX3U-4AD 的电压输入模式有 0、1、2 三种，输入模拟电压范围均为-10～10V，但可以转换为三种不同的输出数字量，供用户进行选择。模式 0 的输入输出特性如图 6-3 所示。电流输入在 4～20mA 范围内的模式有 3、4、5 三种，电流输入在-20～20mA 范围内的模式有 6、7、8 三种。

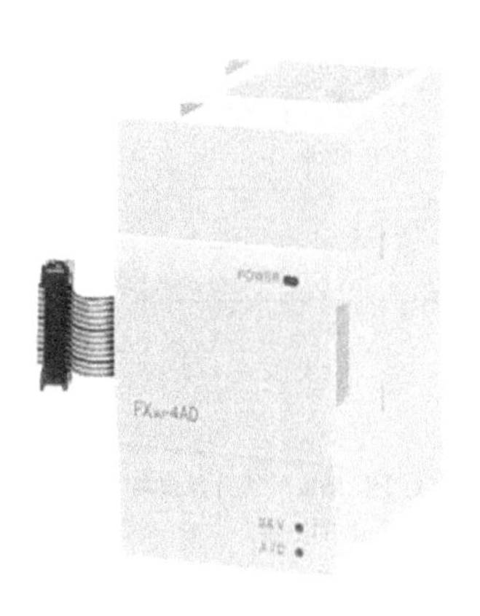

图 6-2　FX3U-4AD 模块

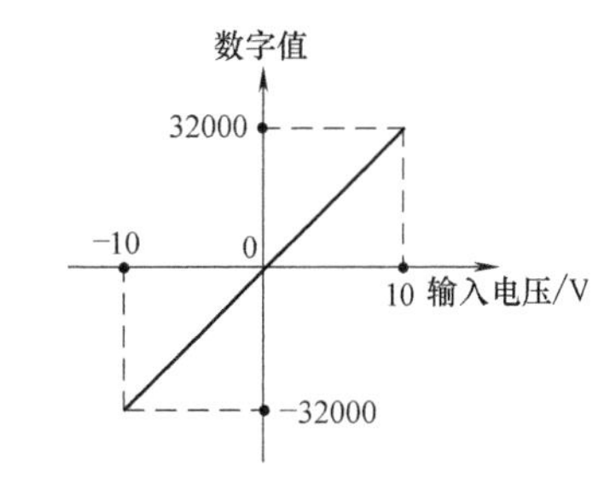

图 6-3　模式 0 的输入输出特性

表 6-1　模拟量输入与数字量输出范围

模式号	模式类型	模拟量输入范围	数字量输出范围
0	电压输入模式	-10～10V	-32000～32000
1	电压输入模式	-10～10V	-4000～4000
2	电压输入 模拟量值直接显示模式	-10～10V	-10000～10000
3	电流输入模式	4～20mA	0～16000
4	电流输入模式	4～20mA	0～4000
5	电流输入 模拟量值直接显示模式	4～20mA	4000～20000
6	电流输入模式	-20～20mA	-16000～16000
7	电流输入模式	-20～20mA	-4000～4000
8	电流输入 模拟量值直接显示模式	-20～20mA	-20000～20000
F	通道不使用		

2. 外部模拟量与 FX3U-4AD 模块的接线

FX3U-4AD 有 4 个模拟量输入通道，每个通道可以根据需要选择使用电压输入或电流输入。模拟信号输入接 V+和 VI-，电流输入还需要将 V+与 I+端子短接，接线图如图 6-4 所示。

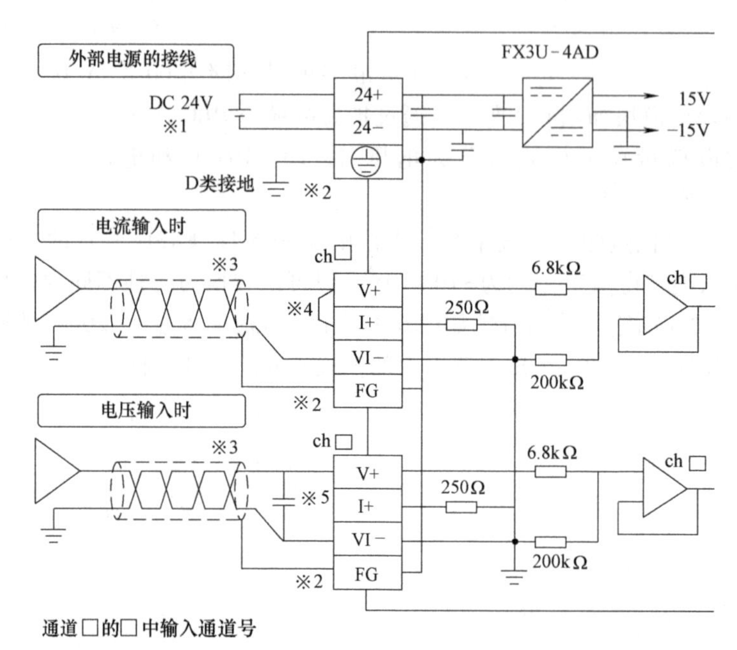

※1: FX3U 系列 PLC (AC电源型)可以使用DC 24V供电。
※2: 在内部连接 FG和接地端子。
※3: 模拟量的输入线使用 2 芯的屏蔽双绞电缆，与其他动力线或易于受感应的线分开布线。
※4: 输入电压有电压波动，或者外部接线上有噪声时，连接 0.1～0.47μF 的电容。

图 6-4　电压、电流模拟量与 FX3U-4AD 模块的接线

3. A／D 转换模块中的输入模式设定与缓冲存储区

（1）输入模式的设定　FX3U-4AD 4 通道的通道号和出厂时的初始值如图 6-5 所示，每个通道可根据三种输入模式选择一种，选择的设定值可参考表 6-1，不用的通道可设为 F。

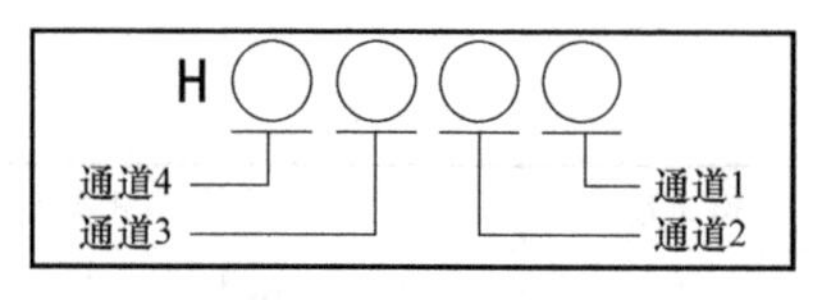

图 6-5　FX3U-4AD 4 通道的通道号和出厂时的初始值

例如，通道 1 为电流输入，模拟量输入范围是-20～20mA，可以选择 6、7、8；通道 2 为电压输入，模拟量输入范围是-10～10V，可以选择 1、2、3；通道 3 和通道 4 不用，用 F 代替，则#0BFM 内可以写入 HFF17。

（2）缓冲存储区编号及功能意义　FX3U-4AD 中的缓冲存储区见表 6-2。#0BFM 单元设定输入模式，#2～#5BFM 设定通道 1～4 的平均转换次数，#10～#13BFM 为通道 1～4 转换后存放的数字数据。

表 6-2　FX3U-4AD 中的缓冲存储区

BFM 编号	内容	设定范围	初始值	数据的处理
#0①	指定通道 1～4 的输入模式	②	出厂时 H0000	十六进制

（续）

BFM 编号	内容	设定范围	初始值	数据的处理
#1	不可以使用	—	—	—
#2	通道 1 平均次数（单位：次）	1~4095	K1	十进制
#3	通道 2 平均次数（单位：次）	1~4095	K1	十进制
#4	通道 3 平均次数（单位：次）	1~4095	K1	十进制
#5	通道 4 平均次数（单位：次）	1~4095	K1	十进制
#6	通道 1 数字滤波器设定	0~1600	K0	十进制
#7	通道 2 数字滤波器设定	0~1600	K0	十进制
#8	通道 3 数字滤波器设定	0~1600	K0	十进制
#9	通道 4 数字滤波器设定	0~1600	K0	十进制
#10	通道 1 数据（即时值数据或者平均值数据）	—	—	十进制
#11	通道 2 数据（即时值数据或者平均值数据）	—	—	十进制
#12	通道 3 数据（即时值数据或者平均值数据）	—	—	十进制
#13	通道 4 数据（即时值数据或者平均值数据）	—	—	十进制
#14~#18	不可以使用	—	—	—
#19①	设定变更禁止 禁止改变下列缓冲存储区的设定： 1）输入模式指定<BFM #0> 2）功能初始化<BFM #20> 3）输入特性写入<BFM #21> 4）便利功能<BFM #22> 5）偏置数据<BFM #41~#44> 6）增益数据<BFM #51~#54> 7）自动传送的目标数据寄存器的指定<BFM #125~#129> 8）数据历史记录的采样时间指字<BFM #198>	变更许可： K2080 变更禁止： K2080 以外	出厂时 K2080	十进制
#20	功能初始化 用 K1 初始化，初始化结束后，自动变为 K0	K0 或者 K1	K0	十进制
#21	输入特性写入 偏置/增益值写入结束后，自动变为 H0000（b0~b3 全部为 OFF 状态）	b0~b3	H0000	十六进制
#22①	便利功能设定。便利功能：自动发送功能、数据加法运算、上限制值检测、突变检测、峰值保持	b0~b7	出厂时 H0000	十六进制
#23~#25	不可以使用	—	—	—
#26	上下限值出错状态（BFM #22 b1 ON 时有效）	—	H0000	十六进制
#27	突变检测状态（BFM #22 b2 ON 时有效）	—	H0000	十六进制
#28	量程溢出状态	—	H0000	十六进制
#29	出错状态	—	H0000	十六进制
#30	机型代码 K2080	—	K2080	十进制
#31~#40	不可以使用	—	—	—

① 通过 EEPROM 进行停电保持。

② 用十六进制数指定各通道的输入模式，十六进制的各位数中指定 0~8 以及 F。

（3）缓冲存储区数据的读出和写入　FX3U-4AD缓冲存储区数据的读出和写入，可以用U□\G□直接指定某个模块中的BFM编号，也可以使用FROM/TO指令分别进行读写。

FX3U系列PLC基本单元右侧从第0个特殊（功能）单元或模块开始，依次赋予的编号为0~7，最多可连接8个单元或模块；而FX3UC系列PLC基本单元编号为0，右侧从第1个特殊（功能）单元或模块开始，依次赋予的编号为1~7。例如，FX3U-4AD模块在PLC的最左边，因此单元号为0号即U0。单元号如图6-6所示。

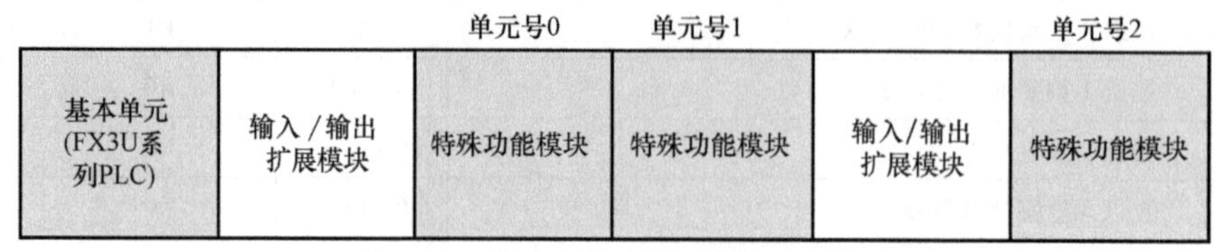

图6-6　特殊功能单元/模块单元号

使用MOV指令传送缓冲存储区数据，如图6-7所示，其中G0表示表6-2中的#0BFM。

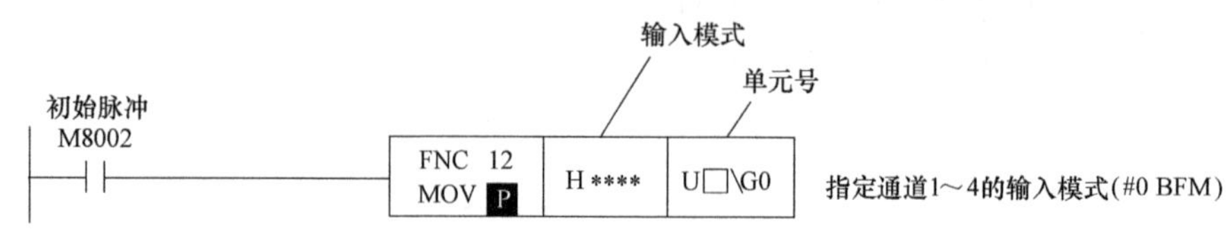

图6-7　使用MOV指令传送缓冲存储区数据

使用FROM/TO指令进行读写，如图6-8所示，FROM指令将特殊模块号中指定的BFM号中的内容读到PLC内指定的软元件，如图6-8a所示。写指令TO将常数或PLC内指定软元件中的数据写入到指定特殊模块号或指定BFM号，如图6-8b所示。32位BFM读写指令可以使用DFROM和DTO。

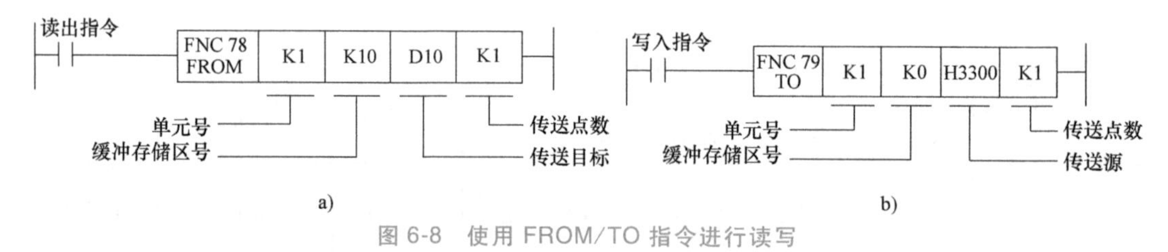

图6-8　使用FROM/TO指令进行读写

【例6-1】　使用FX3U-4AD模块将电流源和电压源的信号经过A/D转换送到PLC，系统接线如图6-9所示。

FX3U-48MR单元使用FX3U-4AD模块进行连接，要求4个通道中通道1为-20~20mA电流输入，通道2为-10~10V电压输入，A/D转换模块位置编号（也称单元号）为0。

通道1为电流输入，外接电流源，1V+和1V-分别接电流源两端，1V+与1I+短接；通道2为电压输入，外接电压源，2V+和2V-分别接电压源两端，通道3、4不用。

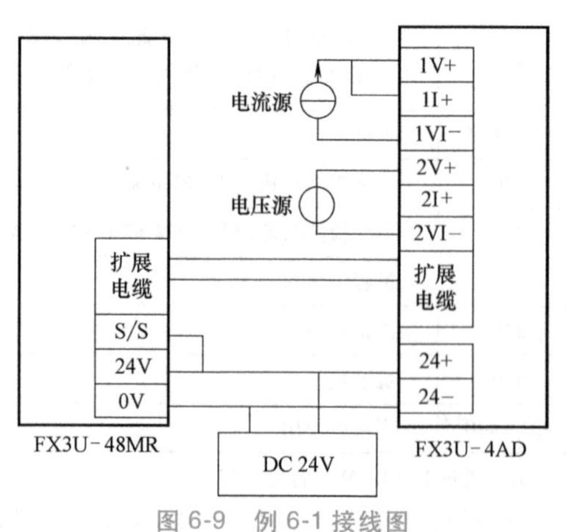

图6-9　例6-1接线图

根据表 6-1，设通道 1 为电流输入，选择模式 7，输入电流范围-20～20mA，输出数字量范围-4000～4000，通道 2 为电压输入，选择模式 1，输入电压范围-10～10V，输出数字量范围-4000～4000，通道 3、4 不使用，用“F”代替，则#0BFM 中应写入 HFF17。

通过梯形图设置输入模式，并将模拟电压和电流值送到 D0～D3 中，G10～G13 内容可以在表 6-2 中查到，即#10BFM～#13BFM 是通道 1～4 的数据，梯形图如图 6-10 所示。

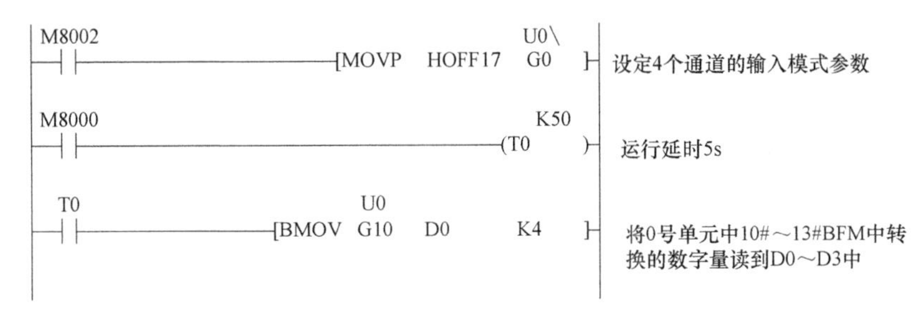

图 6-10　例 6-1 梯形图

6.2　模拟量输出（D/A 转换）

D/A 转换模块可将 PLC 计算后的数字控制信号转换成模拟信号，送到连接的外部设备中。

1. FX3U-4DA 转换模块的输入模式

FX3U-4DA 转换模块是将来自 PLC 的 4 个通道的数值转换为模拟量（电压/电流）信号输出。FX3U 系列 PLC 上最多可以连接 8 台该模块，FX3U-4DA 模块如图 6-11 所示。

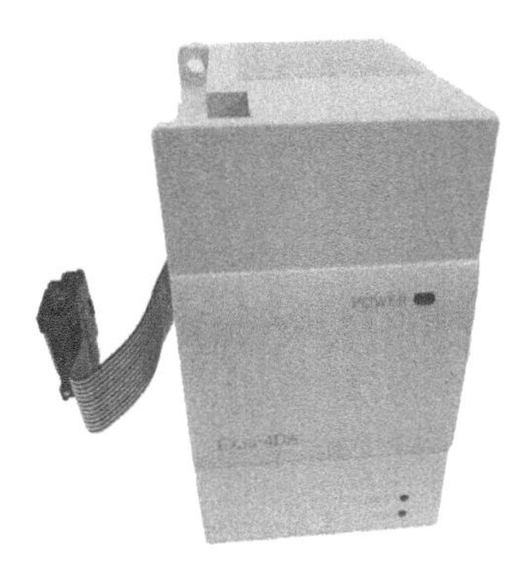

图 6-11　FX3U-4DA 模块

FX3U-4DA 模块输出模拟信号有电压输出（输出范围-10～10V）和电流输出（输出范围 4～20mA、0～20mA 两种）两类，可根据输入的数字量范围，选择输出的 0～4 共五种模式。模拟量和数字量范围对应关系见表 6-3。

表 6-3　FX3U-4DA 模拟量和数字量范围对应关系

设定值[HEX]	输出模式	模拟量输出范围	数字量输入范围
0	电压输出模式	-10～10V	-32000～32000
1①	电压输出模拟量值 mV 指定模式	-10～10V	-10000～10000
2	电流输出模式	0～20mA	0～32000
3	电流输出模式	4～20mA	0～32000
4①	电流输出模拟量值 μA 指定模式	0～20mA	0～20000
5～E	无效（设定值不变化）	—	—

① 不能改变偏置/增益值。

FX3U-4DA 的电压输出范围为-10～10V，可根据数字量输入范围选择输出模式 0 或模式 1，图 6-12 所示为模式 0 的输出电压形式和范围。电流输出范围为 0～20mA 时，可根据数字量输入范围选择模式 2 或 4。电流输出范围为 4～20mA 时，可选择模式 3。

2. FX3U-4DA 外部模拟量输出的接线

FX3U-4DA 有 4 个模拟量输出通道，可以根据需要选择电压输出或电流输出的形式接线。电压输出采用 V+与 VI-连接，电流输出采用 I+与 VI-连接。接线图如图 6-13 所示。

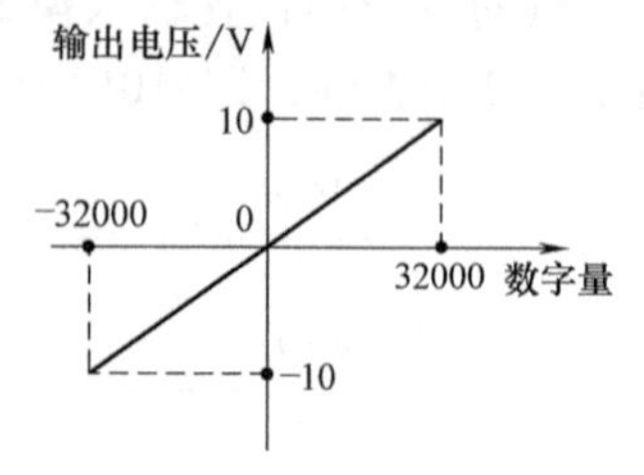

图 6-12 FX3U-4DA 模式 0 的输出电压形式和范围

3. D/A 转换模块中输出模式的设定与缓冲存储区

（1）输出模式的设定 FX3U-4DA 每个通道的输出模式设定参考见表 6-3，输出模式设定如图 6-14 所示。

例如，PLC 对模块的输入数字范围为 0～32000，要求 D/A 转换模块通道 1 输出电流范围为 0～20mA，查表 6-3，选择模式 2，其他通道不用可设为 F，则#0BFM 设置为 HFFF2。

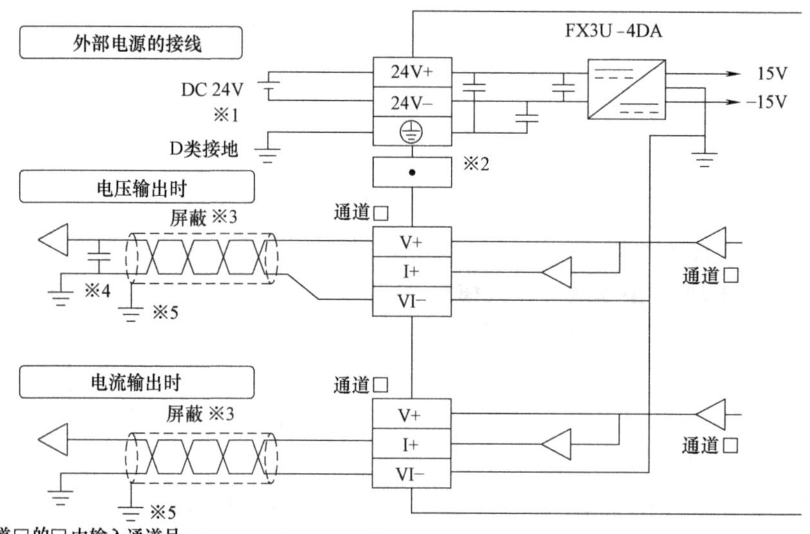

图 6-13 FX3U-4DA 模块的输出接线

（2）缓冲存储区的编号及功能意义 FX3U-4DA 中的缓冲存储区编号及功能意义见表 6-4。#0BMF 用于指定四个通道和输出模式设定值，#1～#4BFM 用于设定通道 1～4 的输出数据。

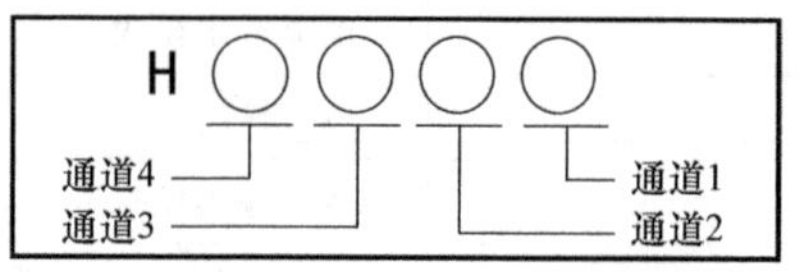

图 6-14 FX3U-4DA 输出模式

表 6-4 FX3U-4DA 中的缓冲存储区编号及功能意义

BFM 编号	内容	设定范围	初始值	数据的处理
#0①	指定通道 1～4 的输出模式	②	出厂时 H0000	十六进制

（续）

BFM 编号	内容	设定范围	初始值	数据的处理
#1	通道 1 的输出数据	根据模式而定	K0	十进制
#2	通道 2 的输出数据		K0	十进制
#3	通道 3 的输出数据		K0	十进制
#4	通道 4 的输出数据		K0	十进制
#5①	PLC 在 STOP 时的输出设定	③	H0000	十六进制
#6	输出状态	—	H0000	十六进制
#7、#8	不可以使用	—	—	—
#9	通道 1~4 的偏置、增益设定值的写入指令	b0~b3	H0000	十六进制
#10①	通道 1 的偏置数据(单位:mV 或者 μA)	根据模式而定	根据模式而定	十进制
#11①	通道 2 的偏置数据(单位:mV 或者 μA)			十进制
#12①	通道 3 的偏置数据(单位:mV 或者 μA)			十进制
#13①	通道 4 的偏置数据(单位:mV 或者 μA)			十进制
#14①	通道 1 的增益数据(单位:mV 或者 μA)	根据模式而定	根据模式而定	十进制
#15①	通道 2 的增益数据(单位:mV 或者 μA)			十进制
#16①	通道 3 的增益数据(单位:mV 或者 μA)			十进制
#17①	通道 4 的增益数据(单位:mV 或者 μA)			十进制
#18	不可以使用	—	—	—
#19①	设定变更禁止	变更许可:K3030 变更禁止:K3030 以外	出厂时 K3030	十进制
#20	功能初始化用 K1 初始化。初始化结束后,自动变为 K0	K0 或者 K1	K0	十进制
#21~#27	不可以使用	—	—	—
#28	断线检测状态(仅在选择电流模式时有效)	—	H0000	十六进制
#29	出错状态	—	H0000	十六进制
#30	机型代码 K3030	—	K3030	十进制
#31	不可以使用	—	—	—
#32①	PLC 在 STOP 时,通道 1 的输出数据(仅在 BFM #5=H○○○2 时有效)	根据模式而定	K0	十进制
#33①	PLC 在 STOP 时,通道 2 的输出数据(仅在 BFM #5=H○○2○时有效)	根据模式而定	K0	十进制
#34①	PLC 在 STOP 时,通道 3 的输出数据(仅在 BFM #5=H○2○○时有效)	根据模式而定	K0	十进制
#35①	PLC 在 STOP 时,通道 4 的输出数据(仅在 BFM #5=H2○○○时有效)	根据模式而定	K0	十进制
#36、#37	不可以使用	—	—	—

① 通过 EEPROM 进行停电保持。

② 用十六进制数指定各通道的输出模式，在十六进制的各位数中，用 0~4 以及 F 进行指定。

③ 用十六进制数对各通道在 PLC 在 STOP 时的输出做设定，在十六进制的各位数中，用 0~2 进行指定。

【例 6-2】 使用 FX3U-4DA 模块实现 D/A 转换，将转换的模拟量电流和电压通过电流表和电压表进行测量显示，系统接线如图 6-15 所示。

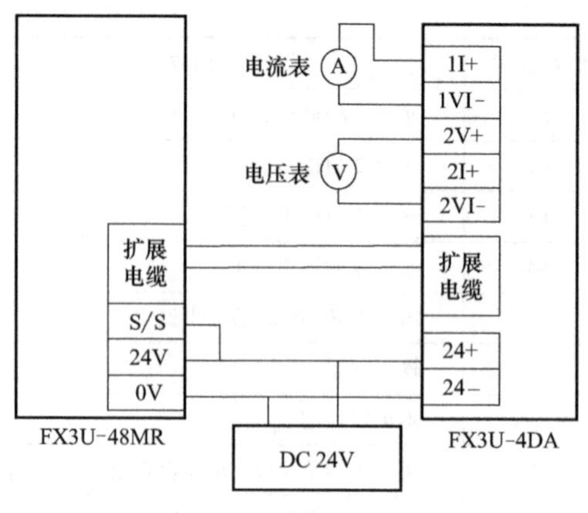

图 6-15 例 6-2 接线图

FX3U-48MR 与 FX3U-4DA 模块连接，FX3U-4DA 模块单元号为 0，PLC 转换为模拟量的数字数据送入 D0～D3 中，经 D/A 转换后的模拟量指定由 4 个通道中的通道 1 为电流输出模式，通道 2 为电压输出模式，其他通道不使用。

模块为 DC 24V 供电，FX3U-4DA 模块的通道 1 为电流输出模式，1I+和 1VI-与电流表连接，将模拟信号用电流表测量；通道 2 为电压输出模式，2V+和 2VI-与电压表连接，将模拟信号用电压表测量。

D/A 转换程序主要为写 FX3U-4DA 通道输出模式字。根据表 6-3，通道 1 为电流输出，输出电流范围为 0～20mA，选择 PLC 输入数字范围为 0～32000，则通道 1 设定模式为 2；通道 2 为电压输出，输出电压范围为-10～10V，选择 PLC 输入数字量为-10000～10000，则通道 2 设定模式为 1。通道 3 和通道 4 不用，用 F 代替，则#0BFM 的模式字为 HFF12。

图 6-16 是 D/A 转换程序的梯形图，设置输出模式为 U1 \ G0，然后将数字量 3000 和 1000 送到 D0 和 D2，转换为模拟量送出，根据表 6-4 可知，U1 \ G1 为通道 1 输出，U1 \ G2 为通道 2 输出。

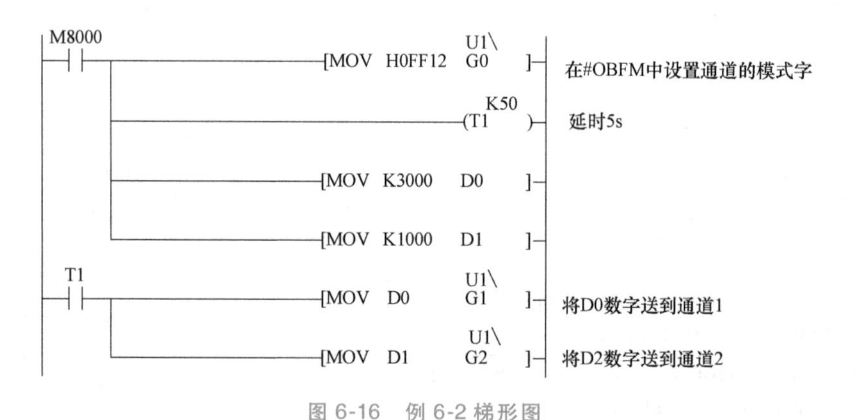

图 6-16 例 6-2 梯形图

6.3 变频器的结构及原理

变频器又称为变频调速器，变频器利用功率型半导体器件的通断作用将固定频率的交流电转换为可变频率的交流电，变频调速是目前交流电动机最理想的调速方案。

在电气传动控制领域，变频器的应用非常广泛。可以方便地控制电动机正反转，进行高频度的起停；调节电动机加减速的时间，使变速运行更加平滑，实现连续调速；通过内部的制动回路可以进行电气制动；低速时可保持恒转矩输出，进行转矩提升，有显著的节能功能；具有完善的故障诊断和保护功能。通过 PLC 控制变频器可以实现高精度、快响应、大范围及远程的调速控制。

三菱生产的变频器主要有经济型高性能的 FR-E700 系列，经济型专业化的 EJ700 系列，多用途节能型的 FR-F800 系列，高性能高功能矢量型的 FR-A800 系列以及小型智能型的 CS80 系列。以前应用广泛的 A700 系列、L700 系列和 F700 系列变频器已经停产。下面主要介绍 FR-E700 系列变频器，如图 6-17 所示为该系列中的 FR-E740 型变频器。

图 6-17　FR-E740 型变频器

6.3.1　变频器的基本构成

变频器主要由主电路和控制电路组成，主电路由整流、滤波和逆变部分组成。控制电路则用于完成运算、检测、保护和隔离等功能。主电路框图如图 6-18 所示，将固定频率的三相电源整流成直流电，再逆变成可变频率的交流电，从而通过改变频率控制三相交流电动机，使其转速能自由地改变。

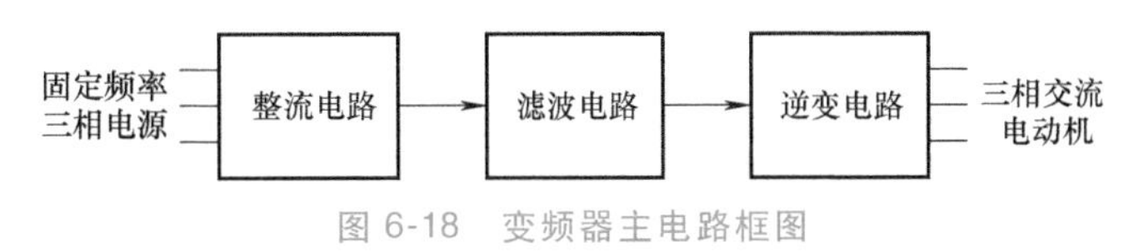

图 6-18　变频器主电路框图

变频器主电路原理图如图 6-19a 所示。

1）整流电路由 $VD_1 \sim VD_6$ 构成，经过整流后的电流如图 6-19b 所示。

2）逆变电路实现变频，由 $VT_1 \sim VT_6$ 构成三相桥式逆变电路，通过改变各晶闸管的导通时间实现频率变化，经过逆变后的电流如图 6-19c 所示。

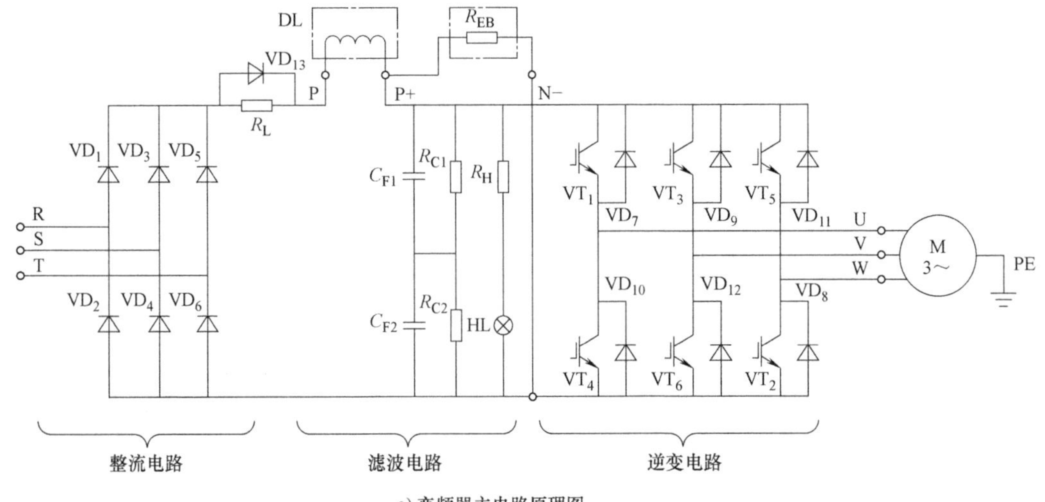

a) 变频器主电路原理图

图 6-19　变频器主电路

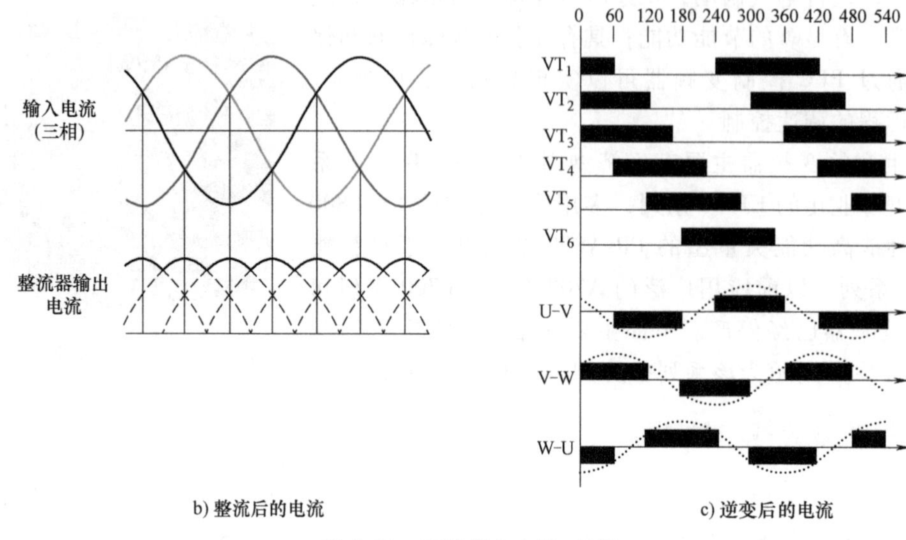

b) 整流后的电流　　c) 逆变后的电流

图 6-19　变频器主电路（续）

6.3.2　变频器的调速原理

1. 变频器的调速原理

三相异步电动机的转速公式为

$$n=n_0(1-s)=\frac{60f}{p}(1-s) \tag{6-1}$$

式中，n_0 为同步转速；f 为电源频率（Hz）；p 为电动机的极对数；s 为电动机转差率。

从三相异步电动机的转速公式可知，改变电源频率即可实现调速。

2. 变频与变压

对三相异步电动机进行调速时，希望主磁通保持不变，因为磁通太弱，铁心利用不充分，同样转子电流下转矩减小，电动机的负载能力下降；磁通太强，铁心发热，波形变坏。根据三相异步电动机定子每相电动势的有效值为

$$U_1 \approx E_1 = 4.44 f_1 N_1 \Phi_m \tag{6-2}$$

式中，f_1 为电动机定子电源频率（Hz）；N_1 为定子每相绕组的有效匝数；Φ_m 为每极磁通量（Wb）。

从式（6-2）可知，对 U_1（E_1）和 f_1 进行适当控制，即可维持磁通量不变。因此，异步电动机的变频调速必须按照一定的规律同时改变其定子电压和频率，即必须获得电压和频率均可调节的电源。

1）在基频（额定频率）以下调速时，需要调节电源电压。因为当频率 f_1 降低时，如果电压 $U_1 \approx E_1$ 不变，则磁通 Φ_m 就会增大，电动机磁路饱和，励磁电流急剧增加，使电动机的性能下降，严重时会因绕组过热烧坏电动机。应使磁通 Φ_m 保持不变，则 $\frac{U_1}{f_1}$ 必须保持常数，即恒压频比。

要实现恒压频比有两种方法，即脉幅调制（PAM）和脉宽调制（PWM），现在较多使

用 PWM，以调节脉冲列的宽度的方式来实现调节输出波形。

2）在基频以上调速时，按比例升高电压比较困难，只能保持电压不变，因此会造成f_1越高磁通Φ_m越低，电动机的铁心无法得到充分利用。

3. 变频器的额定值和频率指标

1）输入侧的额定值主要是电压和相数。在中小容量变频器中，输入电压的额定值有以下几种：380V/50Hz、200~230V/50Hz、200~230V/60Hz。

2）输出侧的额定值包括输出电压、电流、容量、配用电动机容量和过载能力。对于输出电压U_N，由于变频器在变频的同时也要变压，所以输出电压的额定值是指输出电压中的最大值。输出电流I_N是指允许长期输出的最大电流，是用户在选择变频器时的主要依据；输出容量S_N（kV·A）与U_N、I_N关系为$S_N=\sqrt{3}U_N I_N$。额定电动机容量P_N（kW）仅适合于长期连续负载。变频器的过载能力是指其输出电流超过额定电流的允许范围和时间，大多数变频器都规定输出电流为150%I_N的允许时间为60s，输出电流为180%I_N的允许时间为0.5s。

3）频率指标包括频率范围、精度和分辨率。频率范围即变频器能够输出的最高频率f_{max}和最低频率f_{min}，各种变频器规定的频率范围不尽一致，变频器通常的最低工作频率为0.1~1Hz，最高工作频率为120~650Hz。频率精度指变频器输出频率的准确程度，由变频器的实际输出频率与设定频率之间的最大误差与最高工作频率之比的百分数来表示。频率分辨率指输出频率的最小改变量，即每相邻两档频率之间的最小差值。

6.4　变频器的接口

在使用变频器之前必须先对变频器进行正确安装，了解其各接口功能，根据各种运行模式正确接线，并试运行以确保实现各种调速控制。

变频器的外部接口主要由主电路接口和控制电路接口组成。

1. 主电路接口

FR-E700系列变频器的主电路接口一般有6个端子，主电路接口如图6-20所示。其中输入端子R/L1、S/L2、T/L3接三相交流电源；输出端子U、V、W接三相电动机。

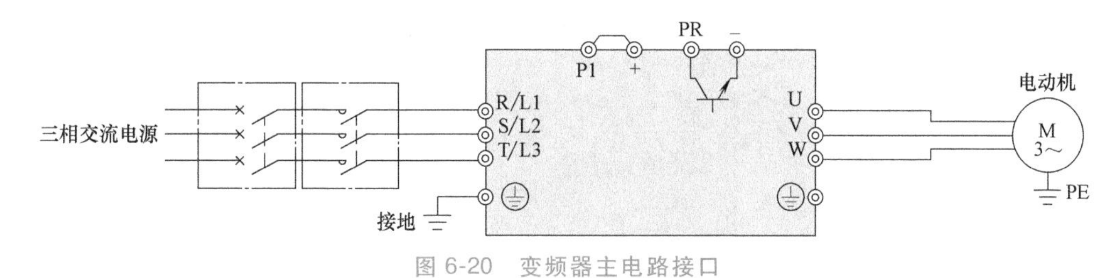

图6-20　变频器主电路接口

主电路接口的连接说明见表6-5。

表6-5　主电路接口的连接说明

端子记号	端子名称	端子功能说明
R/L1 S/L2 T/L3	交流电源输入	连接工频交流电，当使用高功率因数变流器(PR-HC)及共直流变流器(FR-CY)时不连接任何设备

（续）

端子记号	端子名称	端子功能说明
U、V、W	变频器输出	连接三相电动机
+、P1	直流电抗器连接	在+和P1端子之间连接直流电抗器时取下短路片
+、-	制动单元连接	连接制动单元（FR-BU2）、共直流母线变流器（FR-CV）以及高功率因数变流器（FR-HC）
⏚	接地	变频器机架接地用，必须接大地

2. 控制电路接口

控制电路接口包括输入/输出接口、频率设定接口和通信接口，如图6-21所示。

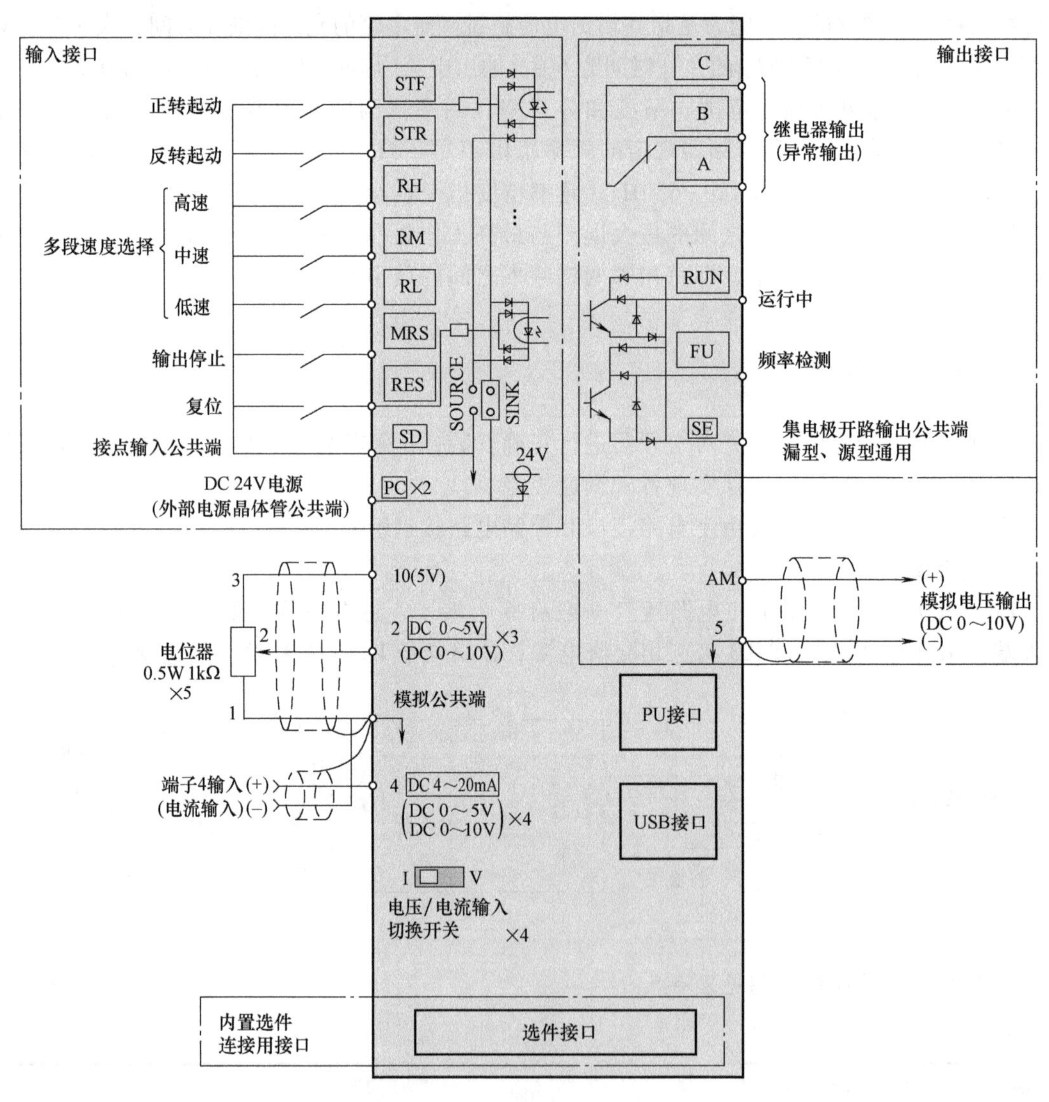

图6-21　变频器控制电路接口

1）变频器的输入接口用来接收输入信号，常用输入接口功能见表6-6。

表 6-6 变频器常用输入接口功能

<table>
<tr><th>端子记号</th><th>端子名称</th><th colspan="2">端子功能说明</th><th>额定规格</th></tr>
<tr><td>STF</td><td>正转起动</td><td>STF 信号 ON 时为正转、OFF 时为停止指令</td><td rowspan="2">STF、STR 信号同时为 ON 时变成停止指令</td><td rowspan="5">输入电阻 4.7kΩ，开路时电压为 DC 21～26V，短路时电流为 DC 4～6mA</td></tr>
<tr><td>STR</td><td>反转起动</td><td>STR 信号 ON 时为反转、OFF 时为停止指令</td></tr>
<tr><td>RH、RM、RL</td><td>多段速度选择</td><td colspan="2">用 RH、RM 和 RL 信号的组合可以选择多段速度</td></tr>
<tr><td>MRS</td><td>输出停止</td><td colspan="2">MRS 信号 ON（20ms 或以上）时，变频器输出停止
用电磁制动器停止电动机时用于断开变频器的输出</td></tr>
<tr><td>RES</td><td>复位</td><td colspan="2">用于解除保护电路动作时的报警输出。请使 RES 信号处于 ON 状态 0.1s 或以上，然后断开
初始设定为始终可进行复位。但进行了 Pr.75 的设定后，仅在变频器报警发生时可进行复位。复位所需时间约为 1s</td></tr>
<tr><td rowspan="3">SD</td><td>接点输入公共端（漏型，初始设定）</td><td colspan="2">接点输入端子（漏型逻辑）的公共端子</td><td rowspan="3">—</td></tr>
<tr><td>外部晶体管公共端（源型）</td><td colspan="2">源型逻辑时，当连接晶体管输出（即集电极开路输出）的设备，例如 PLC 时，将晶体管输出用的外部电源公共端接到该端子，可以防止因漏电引起的误动作</td></tr>
<tr><td>DC 24V 电源公共端</td><td colspan="2">DC 24V，0.1A 电源（端子 PC）的公共输出端子
与端子 5 及端子 SE 绝缘</td></tr>
<tr><td rowspan="3">PC</td><td>外部晶体管公共端（漏型，初始设定）</td><td colspan="2">漏型逻辑时，当连接晶体管输出（即集电极开路输出）的设备，例如 PLC 时，将晶体管输出用的外部电源公共端接到该端子，可以防止因漏电引起的误动作</td><td rowspan="3">电源电压范围为 DC 22～26.5V，容许负载电流 100mA</td></tr>
<tr><td>接点输入公共端（源型）</td><td colspan="2">接点输入端子（源型逻辑）的公共端子</td></tr>
<tr><td>DC 24V 电源</td><td colspan="2">可作为 DC 24V，0.1A 的电源使用</td></tr>
</table>

2）变频器的输出接口用来实现输出检测，常用输出接口功能见表 6-7。

表 6-7 变频器常用输出接口功能

<table>
<tr><th>种类</th><th>端子记号</th><th>端子名称</th><th>端子功能说明</th><th>额定规格</th></tr>
<tr><td>继电器</td><td>A、B、C</td><td>继电器输出（异常输出）</td><td>指示变频器因保护功能动作时输出停止的 1c 接点输出
异常时：B-C 间不导通（A-C 间导通）
正常时：B-C 间导通（A-C 间不导通）</td><td>接点容量 AC 230V，0.3A（功率因数=0.4）
DC 30V，0.3A</td></tr>
<tr><td rowspan="3">集电极开路</td><td>RUN</td><td>变频器正在运行</td><td>变频器输出频率大于或等于起动频率（初始值 0.5Hz）时为低电平，已停止或正在直流制动时为高电平</td><td>容许负载 DC 24V（最大 DC 27V），0.1A（为 ON 时最大电压降 3.4V）</td></tr>
<tr><td>FU</td><td>频率检测</td><td>输出频率大于或等于任意设定的检测频率时为低电平，未达到时为高电平</td><td>低电平表示集电极开路输出用的晶体管处于 ON（导通状态）。高电平表示处于 OFF（不导通状态）</td></tr>
<tr><td>SE</td><td>集电极开路输出公共端</td><td>端子 RUN、FU 的公共端子</td><td>—</td></tr>
</table>

（续）

种类	端子记号	端子名称	端子功能说明		额定规格
模拟	AM	模拟电压输出	可以从多种监视项目中选一种作为输出。变频器复位中不被输出。输出信号与监视项目的大小成比例	输出项目:输出频率（初始设定）	输出信号 DC 0~10V,容许负载电流 1mA（负载阻抗 10kΩ以上）,分辨率为 8 位

3）变频器的频率设定接口实现频率设定，包括频率设定用电源、频率设定公共端及频率设定等。

4）变频器的通信接口，PU 接口通过 RS-485 实现多站点通信，通信速率为 4800~38400bit/s，距离可为 500m；通过 USB 接口与 PC 连接后，可以实现 FR Configurator 的操作。

6.5 变频器的控制模式

根据控制信号来源的不同，变频器的控制模式分为三种，即 PU 控制、外部（EXT）控制和网络（NET）控制。

6.5.1 操作面板

变频器的操作面板如图 6-22 所示，具有实现模式转换、调整参数、起动\停止操作及显示各参数的功能。

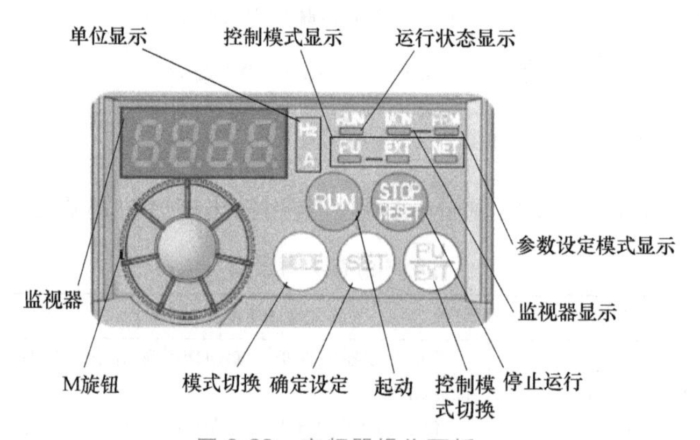

图 6-22 变频器操作面板

变频器默认的控制模式是外部（EXT）控制，当系统接通电源后，变频器会自动进入外部控制模式，EXT 指示灯亮。通过图 6-22 中的控制模式切换按键 PU/EXT，实现切换变频器的控制模式，使变频器的控制模式在外部（EXT）控制、PU 控制、点动（JOG）和网络（NET）之间转换，相应的指示灯会亮。

通过 M 旋钮可以进行修改参数，常用的参数见表 6-8。

表 6-8 变频器常用参数

参数编号	名称	单位	初始值	范围	内容
Pr. 1	上限频率	0.01Hz	120Hz	0~120Hz	输出频率上限

（续）

参数编号	名称	单位	初始值	范围	内容
Pr. 2	下限频率	0.01Hz	0Hz	0~120Hz	输出频率下限
Pr. 3	基准频率	0.01Hz	50Hz	0~400Hz	电动机的额定频率(50Hz/60Hz)
Pr. 4	多段速设定（高速）	0.01Hz	50Hz	0~400Hz	RH 为 ON 时的频率
Pr. 5	多段速设定（中速）	0.01Hz	30Hz	0~400Hz	RM 为 ON 时的频率
Pr. 6	多段速设定（低速）	0.01Hz	10Hz	0~400Hz	RL 为 ON 时的频率
Pr. 7	加速时间	0.1/0.01s	5/10/15s	0~360/3600s	电动机加速时间(根据变频器容量不同)
Pr. 8	减速时间	0.1/0.01s	5/10/15s	0~360/3600s	电动机减速时间(根据变频器容量不同)
Pr. 79	控制模式选择	1	0	0	外部/PU 切换模式
				1	PU 控制模式固定
				2	外部控制模式固定
				3	外部/PU 组合控制模式 1
				4	外部/PU 组合控制模式 2
				6	切换模式
				7	外部控制模式(与 PU 控制模式互锁)
Pr. 161	频率设定/键盘锁定操作选择	1	0	0	M 旋钮频率设定模式
				1	M 旋钮电位器模式
				10	M 旋钮频率设定模式
				11	M 旋钮电位器模式

6.5.2　PU 控制模式

PU 控制模式是直接在变频器的操作面板上操作，可以直接实现对电动机的控制。

1. 操作面板设定频率控制速度

PU 控制模式时，在操作面板上设定频率，变频器的接线如图 6-23a 所示。频率的设定是当使用操作面板中的 PU/EXT 按键切换到 PU 控制模式，需要设置 Pr. 161 = 1（M 旋钮电位器模式），然后通过旋转操作面板上的 M 旋钮调整频率，按 SET 键确定设定频率。

2. 高、中、低速端子控制速度

变频器的输入端子 RH、RM、RL 分别表示高速、中速和低速，接线图如图 6-23b 所示。这种模式必须设置 Pr. 79 = 4（外部/PU 组合控制模式 2），通过操作面板上的“RUN”按键起动，RH 默认为 50Hz，RM 为 30Hz，RL 为 10Hz，通过 Pr. 4、Pr. 5、Pr. 6 进行频率改变。

3. 模拟信号控制速度

变频器的速度也可以由外部模拟电压/电流控制，图 6-24a 为通过端子 10、2、5 连接电位器，进行连续的电压调节，进而改变频率，这种模式需要设置 Pr. 79 = 4（外部/PU 组合控制模式 2），通过操作面板上的 RUN 按键起动，然后通过调节电位器来调节速度。图 6-24b 为端子 4、5 连接调节器，通过调节电流大小来控制电动机速度。

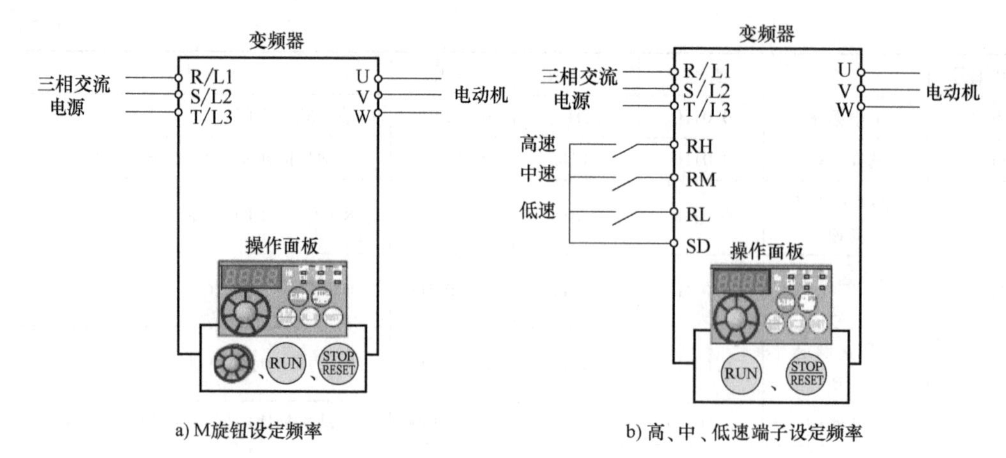

a) M旋钮设定频率　　b) 高、中、低速端子设定频率

图 6-23　PU 控制模式变频器接线图

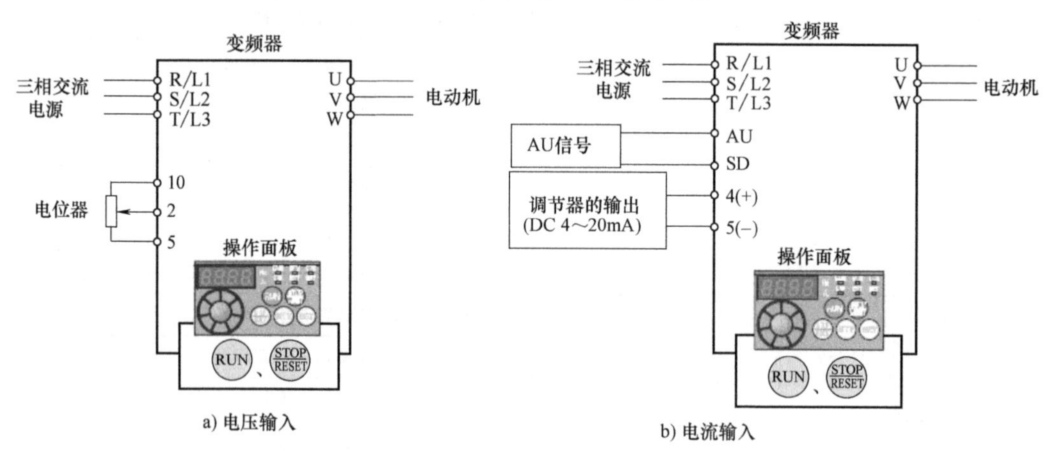

a) 电压输入　　b) 电流输入

图 6-24　变频器模拟信号控制接线图

6.5.3　外部控制模式

外部（EXT）控制模式是指在外部接口上实现对变频器的起停控制，控制信号通过输入接口连接。图 6-25 所示为通过 STF/STR 端子与 SD 连接设置正反转起动，不需要用操作面

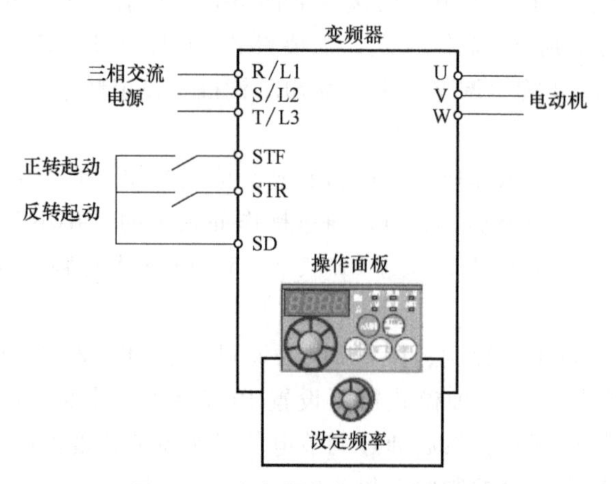

图 6-25　变频器外部控制接线图

微课 6-2　变频器调速接线及运行

板上的 RUN 按钮。这种模式需要设置 Pr. 79=3（外部/PU 组合控制模式 1）。

【例 6-3】 采用 PLC 控制变频器 FR-E740，实现电动机三段速调速运行。

采用外部控制和三端子调速，因此需要由 PLC 控制变频器的 STF、RH、RM 和 RL 端子，则 PLC 的输入输出分配见表 6-9。

表 6-9 例 6-3 的输入输出分配表

输入			输出		
信号功能	按钮	PLC 输入点	信号功能	PLC 输出点	变频器端子
起动	SB0	X000	正转信号	Y002	STF
停止	SB2	X002	低速	Y004	RL
			转速	Y005	RM
			高速	Y006	RH

变频器与 PLC 的接线图如图 6-26 所示。

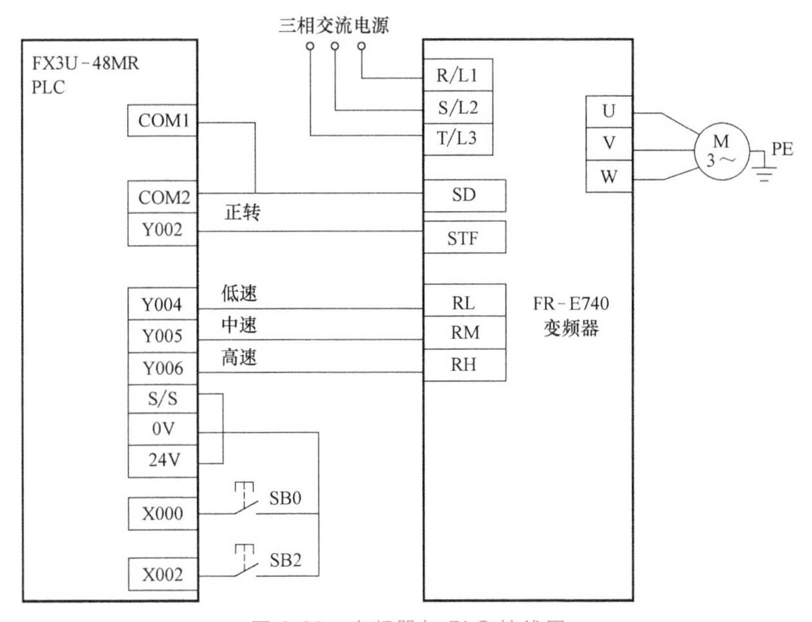

图 6-26 变频器与 PLC 接线图

X000 为正转起动，使用定时器分别通过控制 RL、RM 和 RH，实现电动机的低速→中速→高速运行，梯形图如图 6-27 所示。

由 RH、RM 和 RL 三个端子可以组合成七种不同的给定频率，通过参数 Pr. 4~Pr. 6 设置高、中、低速。

四段速及以上的调速则通过 RH、RM、RL、REX 信号的组合实现，其中 REX 信号指未使用的空端子，可以是 STF、STR、RL、RM、RH、MRS 和 RES 中的任意一个，四个端子可以组合成 15 种不同的频率，通过使用 Pr. 24~Pr. 27 设置 4~7 段的速度，通过使用 Pr. 232~Pr. 239 设置 8~15 段的速度。通过将对应的参数 Pr. 178~Pr. 184（输入端子功能选择）设定为 8 来分配功能；其他不用的段速参数都要设置为 9999，所有段的加/减速时间都由 Pr. 7 和

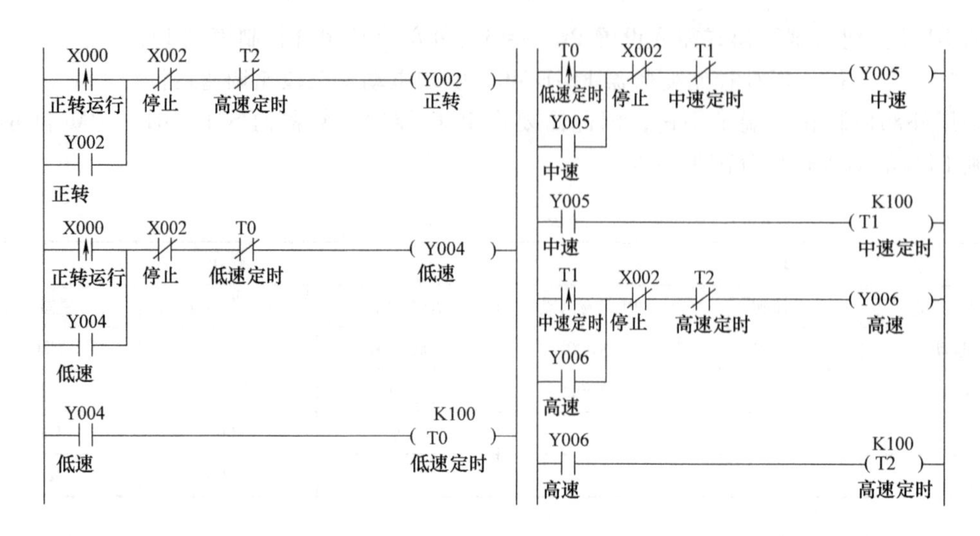

图 6-27　三段速调速梯形图

Pr. 8 设置。

多段速的接线图如图 6-28a 所示，点动运行的接线图如图 6-28b 所示，点动信号 ON 时通过起动信号（STF、STR）来起动、停止，点动运行的端子也是同样使用未使用的空端子，图中是以 RH 作为点动运行的端子，通过将 Pr. 182（RH 端子选择）设定为 5（点动运行选择）来分配功能，点动运行的加/减速时间由 Pr. 15 和 Pr. 16 设置。

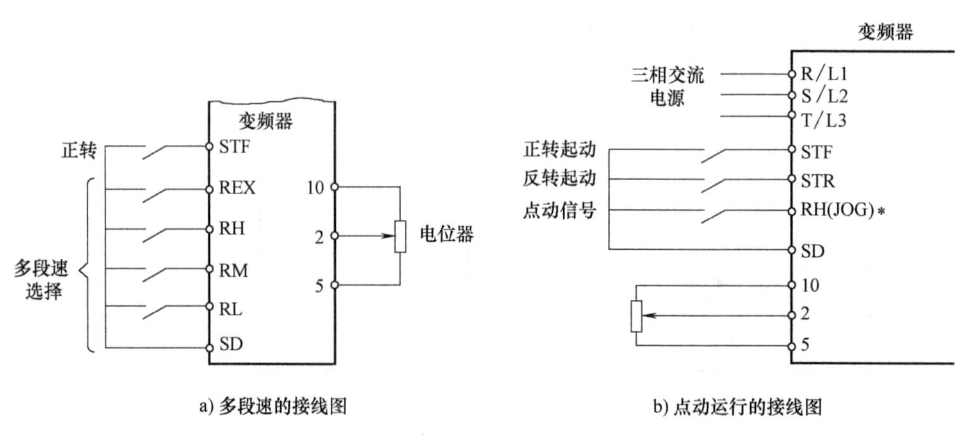

图 6-28　外部控制接线图

6.5.4　网络控制模式

网络控制模式指变频器通过 PU 接口使用 RS-485 通信或通信设备来获取起动指令及频率指令。使用一台 PLC 与多台变频器组成小型工业自动化控制系统如图 6-29 所示，它采用 1∶n 主从通信方式，PLC 是主站，变频器是从站，PLC 通过不同站号访问变频器，最多可以对 8 台变频器进行运行监控。

1. 接口连接

PLC 通过通信模块的接口与多台变频器连接，如图 6-30 所示。

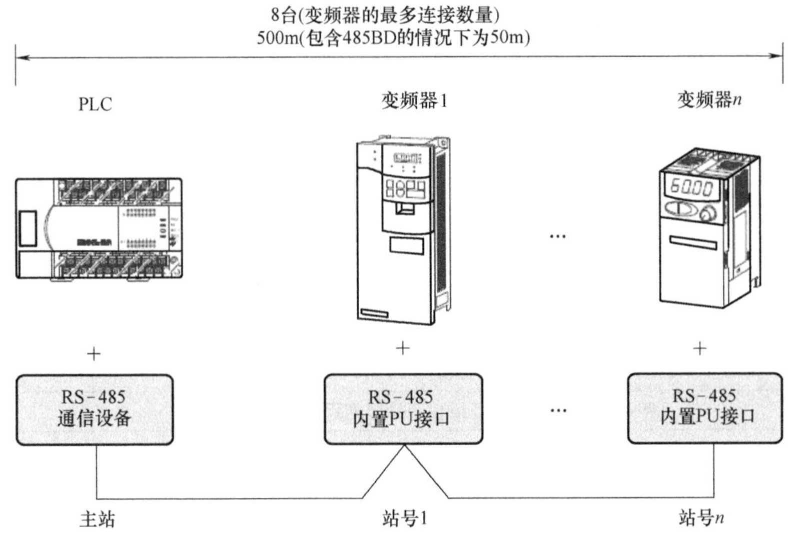

图 6-29　一台 PLC 与多台变频器连接示意图

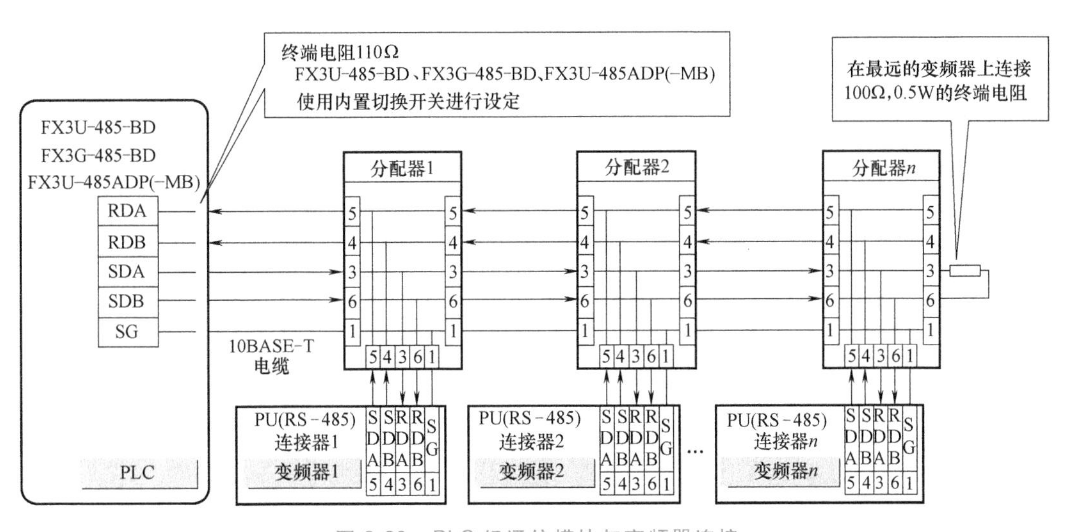

图 6-30　PLC 经通信模块与变频器连接

在图 6-30 中，变频器与通信模块的接口中各端子的接线见表 6-10。

表 6-10　变频器与通信模块端子表

变频器插针编号	变频器端子名称	内容	通信模块端子名称
1	SG	接地	SG
3	RDA	变频器接收+	SDA
4	SDB	变频器发送-	RDB
5	SDA	变频器发送+	RDA
6	RDB	变频器接收-	SDB

2. 变频器和 PLC 参数的设置

变频器与 PLC 进行通信需要双方的数据长度、校验方式、停止位等保持一致，因此需要进行各种参数设置，变频器的参数见表 6-11。

表 6-11 变频器通信参数表

参数编号	设定值	内容
Pr. 79	0	变频器运行模式选择
Pr. 117	1	站号,两台以上需要设站号
Pr. 118	192	通信比特率,比特率为 19200bit/s
Pr. 119	1	停止位,1 表示停止位有 2 位,数据位有 8 位
Pr. 120	2	奇偶检验方式,2 表示偶校验
Pr. 123	9999	PU 通信等待时间设定
Pr. 124	1	PU 通信有无 CR/LF 选择,1 选择有
Pr. 549	0	协议选择
Pr. 340	10	当 Pr. 79=0,Pr. 340=10 时,按操作面板上的 PU/EXT 键会在 PU 模式与 NET 模式之间切换

FX 系列 PLC 的通信参数也需要与变频器的通信参数相对应，在 GX Works2 中选择“参数”→“FX 参数设置”→“PLC 系统设置（2）”，设置值如图 6-31 所示，也可进行通道设置、H/W 类型选择等。

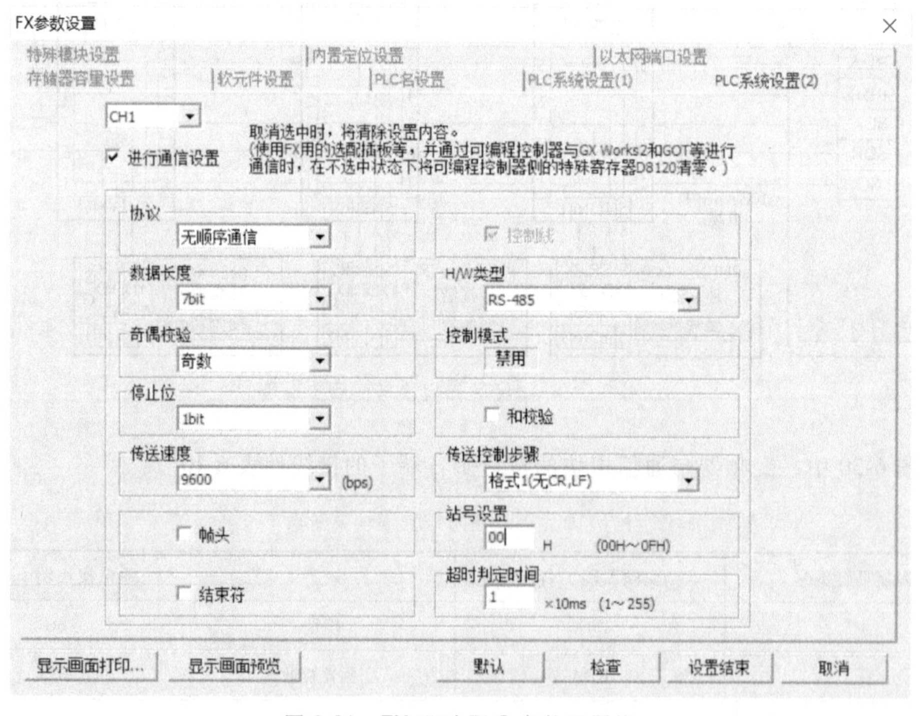

图 6-31 FX 系列 PLC 参数设置值

3. 变频器通信指令

FX3U 系列 PLC 提供了六种指令与变频器通信，这些指令的说明如图 6-32 所示。

PLC 与变频器之间的通信结束后，指令执行结束标志位（M8029）会保持 1 个运算周期为 ON。

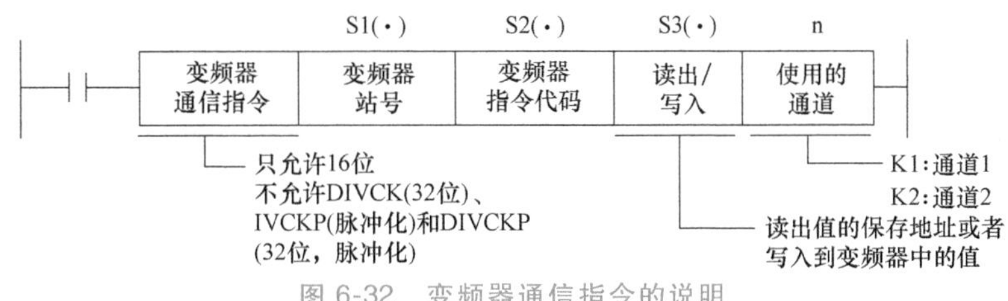

图 6-32　变频器通信指令的说明

FX3U 系列 PLC 的六种通信指令见表 6-12，FX2N 系列 PLC 对应的指令则不同，FX2N 系列 PLC 的变频器通信指令采用 EXTR 指令实现表 6-12 中的前四种功能，分别使用功能编号 K10、K11、K12 和 K13 对应四种功能。

表 6-12　变频器的六种通信指令

指令名称	助记符	操作数范围				
		S1(·)	S2(·)	S3(·)	D(·)	n
变频器运行监控	IVCK	K、H、D、R、U□\G□	K、H、D、R、U□\G□	—	KnY、KnM、KnS、D、R、U□\G□	K、H
变频器运行控制	IVDR	K、H、D、R、U□\G□	K、H、D、R、U□\G□	KnX、KnY、KnM、KnS、D、R、U□\G	—	K、H
读取变频器参数	IVRD	K、H、D、R、U□\G□	K、H、D、R、U□\G□	—	D、R、U□\G	K、H
写入变频器的参数	IVWR	K、H、D、R、U□\G□	K、H、D、R、U□\G□	K、H、D、R、U□\G	—	K、H
成批写入变频器的参数	IVBWR	K、H、D、R、U□\G□	K、H、D、R、U□\G□	D、R、U□\G	—	K、H
写入变频器的参数	IVMC	K、H、D、R、U□\G□	K、H、D、R、U□\G□	D、R、U□\G	D、R、U□\G	K、H

表中 S1（·）取值为 K0~K31；n 是使用的通信通道，如果用通道 1 即 K1。

（1）变频器运行监控指令 IVCK　IVCK 指令用于在 PLC 中读取变频器的运行状态，包括运行状态的电流、电压、频率、正反转等信息。表 6-12 中的 S3（·）为读取值的保存地址，S2（·）指定变频器的指令代码，其对应指令代码见表 6-13。

（2）变频器运行控制指令 IVDR　IVDR 指令使 PLC 能够对变频器进行控制，S3（·）为写入运行设定值的软元件编号，S2（·）指定变频器的参数编号，其对应指令代码同样见表 6-13。

表 6-13　IVCK 指令与 IVDR 指令

IVCK 指令		IVDR 指令	
S2(·)指定的变频器指令代码	读出内容	S2(·)指定的变频器指令代码	写入内容
H7B	操作模式	HFB	操作模式
H6F	输出频率(速度)	HF3	特殊监控选择号

(续)

IVCK 指令		IVDR 指令	
S2(·)指定的变频器指令代码	读出内容	S2(·)指定的变频器指令代码	写入内容
H70	输出电流	HF9	运行指令(扩展)
H71	输出电压	HFA	运行指令
H72	特殊监控	HEE	写入设定频率(EEPROM)
H73	特殊监控选择号	HED	写入设定频率(RAM)
H74	故障内容	HFD	变频器复位
H75	故障内容	HF4	故障内容的成批清除
H76	故障内容	HFC	参数的全部清除和用户清除
H77	故障内容		
H79	变频器状态监控(扩展)		
H7A	变频器状态监控		
H6E	读取设定频率(EEPROM)		
H6D	读取设定频率(RAM)		

【例 6-4】 实现变频器通信功能，对 1 号站的变频器进行复位设置和网络控制模式设置，然后每秒均读出 1 号站变频器的频率一次。

在程序开始时对 1 号站的变频器初始化，使用 IVDR 指令设置复位和网络控制模式，通信结束后标志位 M8029 为 ON；使用 IVCK 指令，用 M8013 每秒均读取 1 号变频器的频率一次，梯形图如图 6-33 所示。

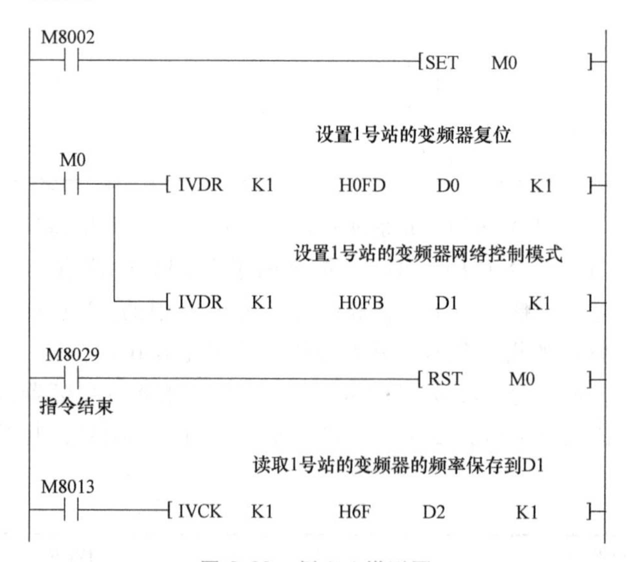

图 6-33 例 6-4 梯形图

(3) 读取变频器参数指令 IVRD IVRD 指令可将变频器运行时的参数值读到 PLC 中，S1（·）是变频器的站号，S2（·）是变频器的参数编号，D（·）为读出值的保存地址。图 6-34 所示为读取变频器参数指令的说明。当 X000=ON 时，从 n=1 通信口上连接的 S1 对应的 2 号变频器，读出 D0 中对应的变频器参数，保存到 D20 中。

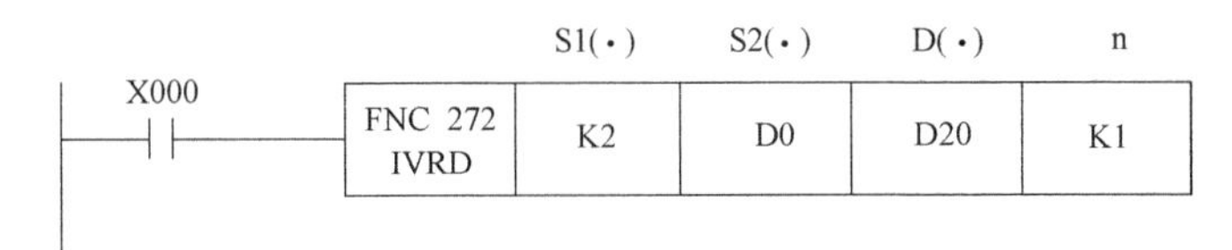

图 6-34　变频器读取参数指令的说明

（4）变频器的写入参数指令 IVWR 和 IVBWR　IVWR 指令可从 PLC 向变频器写入参数，IVBWR 指令可从 PLC 向变频器成批写入参数。

（5）写入变频器的参数指令 IVMC　IVMC 指令为向变频器写入两种设定（运行指令和设定频率）时，同时执行两种数据（变频器状态监控和输出频率）读取的指令。图 6-35 所示为 IVMC 指令的说明。当 M0=ON 时，从通道 1 上连接的站号为 0 号的变频器，将 D10 和 D11 中的数据向变频器写入，变频器参数保存到 D20 和 D21 中。

图 6-35 中各参数的对应数据说明见表 6-14。

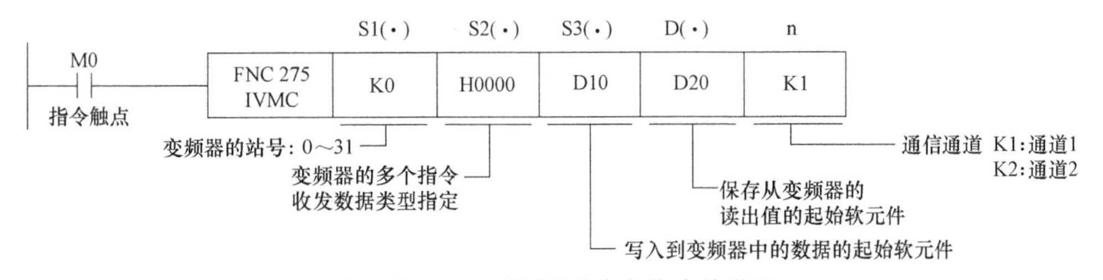

图 6-35　写入变频器的参数指令的说明

表 6-14　变频器的多个命令指令各参数的对应数据说明

<table>
<tr><th rowspan="2">收发数据类型
S2(·)</th><th colspan="2">发送数据(向变频器写入内容)</th><th colspan="2">接收数据(从变频器读出内容)</th></tr>
<tr><th>S3(·)
数据 1</th><th>S3(·)+1
数据 2</th><th>D(·)
数据 1</th><th>D(·)+1
数据 2</th></tr>
<tr><td>H0000</td><td rowspan="4">运行指令
(扩展)</td><td rowspan="2">设定频率(RAM)</td><td rowspan="4">变频器状态监控(扩展)</td><td>输出频率(转速)</td></tr>
<tr><td>H0001</td><td>特殊监控</td></tr>
<tr><td>H0010</td><td rowspan="2">设定频率
(RAM,EEPROM)</td><td>输出频率(转速)</td></tr>
<tr><td>H0011</td><td>特殊监控</td></tr>
</table>

习　　题

6-1　已知 FX3U 系列 PLC 连接 FX3U-4AD，单元号为 0。输入模式设定：通道 1 为模式 0、通道 2 为模式 2，通道 3 为模式 4、通道 4 为模式 8，通道 1~4 的平均次数均设定为 10 次。通道 1~4 的数字滤波器功能均无效（初始值 0），4 个通道的转换结果送到 D0~D3 中，写出输入模式指令，编写 A/D 转换程序。

6-2　已知 FX3U 系列 PLC 连接 FX3U-4DA，单元号为 1。设定通道 1 输入数字范围为±10000，电压输出为-10~10V；通道 2 输入数字范围为±320000，电压输出为-10~10V；通道 3 输入数字范围为 0~32000，电流输出为 4~20mA；通道 4 输入数字范围为 0~32000，电流输出为 0~20mA，写出 4 个通道的模拟量范围和数字量范围，写出输出模式指令。

6-3　使用D/A转换器产生5～10V的锯齿波信号，如图6-36所示，编写D/A转换程序。

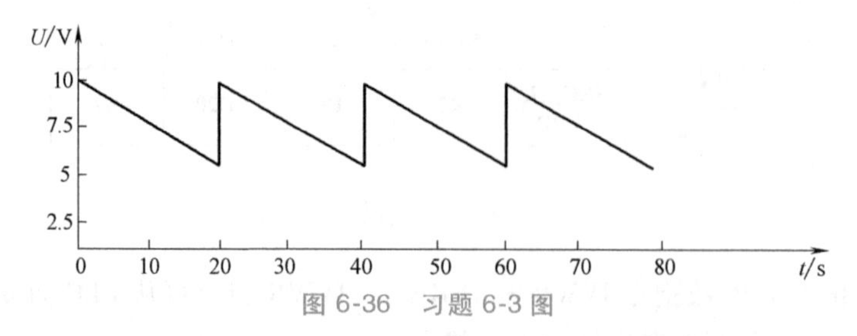

图6-36　习题6-3图

6-4　在实验室中查看变频器的铭牌，记录变频器的型号、容量、基频范围、电压范围、频率调节范围等。

6-5　在实验室中查看变频器的主电路接口和控制电路接口，画出接口图。

6-6　变频器为什么需要接地保护？接地方式有什么要求？

6-7　变频器的操作面板有哪些按键？各按键的作用是什么？

6-8　说明参数Pr.79的各种对应运行模式。

6-9　通过变频器与PLC连接，绘制当变频器需要5段速运行时的接线图。

6-10　通过变频器与PLC连接，实现电动机点动与正反转控制，绘制接线图和梯形图。

6-11　现有两台变频器要实现与PLC连接，绘制接线图。

6-12　编写PLC以网络控制方式控制一台变频器，监控变频器的运行频率，并实现正反转控制的梯形图。

第7章　伺服控制及应用

伺服控制系统是一种能对装置的机械运动按预定要求进行自动控制的系统。PLC 控制的伺服系统在流水线、包装线、立体仓库、机械手等场合得到广泛应用。

本章主要介绍用三菱 MR-J4 系列伺服放大器实现控制的伺服系统。MR-J4 系列伺服放大器如图 7-1 所示，它不但可以用于机床与其他普通工业机械的高精度定位和平滑速度控制，还可以用于线控制和张力控制等，应用范围十分广泛。

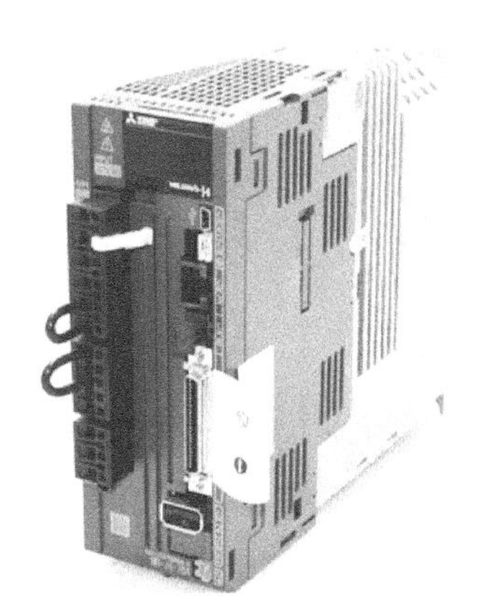

图 7-1　MR-J4 系列伺服放大器

7.1　伺服系统的组成

伺服控制系统从控制理论角度主要包括控制器、被控对象、执行环节、检测环节和比较环节等五部分。

由 PLC 控制的伺服系统的工作方式是通过伺服放大器驱动电动机，通过编码器进行检测反馈，伺服机构的工作示意图如图 7-2 所示。

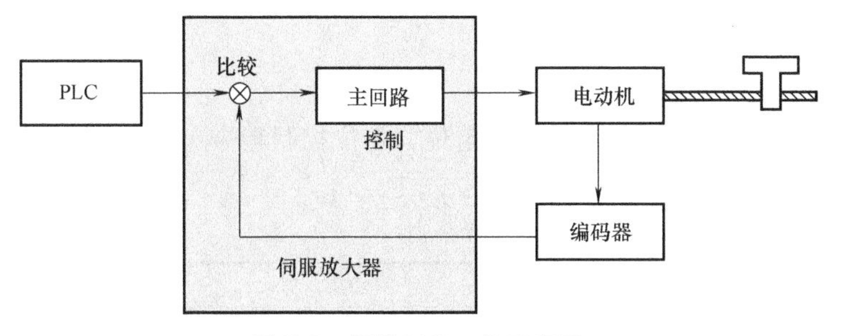

图 7-2　伺服机构工作示意图

微课 7-1　伺服机构介绍

1. 伺服放大器

伺服放大器的作用是将控制信号与编码器反馈的数据进行比较并进行控制计算，将 PLC 输出的小信号放大以驱动并控制电动机的精确运行。

2. 电动机

不同的伺服放大器可以和不同的电动机组合使用，与 MR-J4 系列伺服放大器组合的电动机可以是旋转型伺服电动机（HG-KR 和 HG-MR 系列）、线型伺服电动机和直驱电动机。

3. 编码器

编码器的作用是进行位置、速度、加速度和方向信号的检测，由码盘、发光管、光电接收管和放大整形电路构成。三菱 MR-J4 系列伺服放大器对应的旋转型伺服电动机采用的是 22 位高分辨率绝对位置编码器。

编码器工作示意图如图 7-3 所示，它输出 A、B 和 Z 相三路脉冲，A 相和 B 相为相互有延迟的脉冲，两者的频率相同，只相差了$\frac{1}{4}\pm\frac{1}{8}$的相位，这能使得在正反转时，A、B 相其中有一相处于超前地位。Z 相是单圈脉冲，每圈只有一个脉冲。

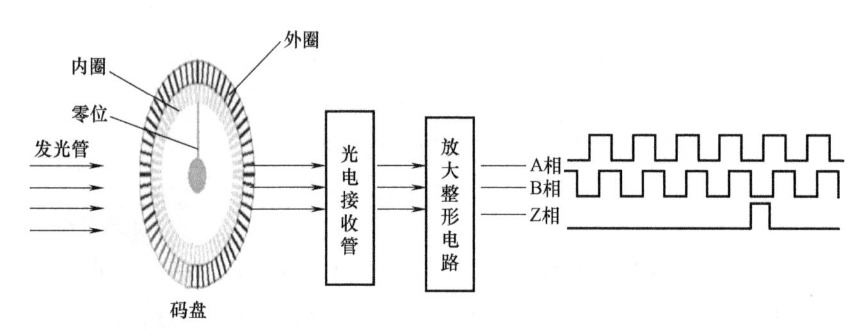

图 7-3　编码器工作示意图

编码器的脉冲个数与运动的路程成正比，因此可以进行位置检测。当需要检测速度时，由于脉冲频率正比于速度，可以通过检测脉冲周期来换算。运动的方向则可以根据检测 A、B 相或 A、Z 相的相位来判别。

7.2　定位控制指令和脉冲指令

在进行伺服系统的编程时，需要使用定位控制指令来实现定位，使用脉冲指令来输出脉冲和测频。

7.2.1　定位控制指令

FX3U 系列 PLC 提供了内置的脉冲输出功能进行定位，定位控制指令包括 8 种，其功能见表 7-1。

表 7-1　定位控制指令功能表

指令符号	指令名称	FNC NO	功能	D 指令
DSZR	带 DOG 搜索的原点回归	150	执行原点回归，使机械位置与当前值寄存器一致	—
DVIT	中断定位	151	执行单速中断长进给	○
TBL	表格设定定位	152	预先将数据表中被设定的指令	○
ABS	读出绝对位置当前值	155	读出绝对位置（ABS）数据	○
ZRN	不带 DOG 搜索的原点回归	156	执行原点回归，使机械位置与当前值寄存器一致	○
PLSV	可变速脉冲输出	157	输出带旋转方向的可变速脉冲	○
DRVI	相对定位	158	以相对驱动方式执行单速定位	○
DRVA	绝对定位	159	以绝对驱动方式执行单速定位	○

1. 带 DOG 搜索的原点回归指令

DSZR（Zero Return with DOG Search）指令可以使机械位置在与 PLC 内的当前值寄存器存储位置一致时，执行原点回归，该指令支持 DOG 搜索功能，允许使用近点 DOG 和零点信号的原点回归，但不可以对零点信号计数后决定原点。

DSZR 指令梯形图如图 7-4 所示。S1（·）的操作数范围是 X、Y、M、T、D□. b，用来指定输入近点 DOG 信号的位软元件编号，使用 D□. b 时不能进行变址；S2（·）的操作数范围只能指定 X000~X007，即指定零点信号的输入编号；D1（·）的操作数是 Y，指定输出脉冲 Y 的编号；D2（·）的操作数范围是 Y、M、T、D□. b，指定旋转方向，若基本单元为晶体管输出则指定输出编号，若为继电器输出则必须使用高速输出特殊适配器。在使用高速输出特殊适配器时，按表 7-2 指定。

表 7-2 高速输出特殊适配器的指定

高速输出特殊适配器的连接位置	脉冲输出	旋转方向的输出
第 1 台	D1(·)= Y000 用	D2(·)= Y004
	D1(·)= Y001 用	D2(·)= Y005
第 2 台	D1(·)= Y002 用	D2(·)= Y006
	D1(·)= Y003 用	D2(·)= Y007

图 7-4 中，当 X002 = ON 时，根据 S1（·）指定 X025 接收近点信号，S2（·）指定 X004 接收零点信号；D1（·）指定 Y000 输出脉冲；D2（·）指定 Y004 输出旋转方向。

2. 不带 DOG 搜索的原点回归指令

ZRN（Zero Return）指令不带 DOG 搜索，它在机械位置与 PLC 内的当前值寄存器存储位置一致时，执行原点回归，并通过指定原点回归的速度来实现。

图 7-5 中，当 X020=ON 时，S1（·）指定开始原点回归时的速度为 60000 个脉冲；S2（·）指定以 D0 中数据为回归时爬行速度的频率，S3（·）指定 X000 接收近点信号（DOG）；D（·）指定 Y000 为输出脉冲口。

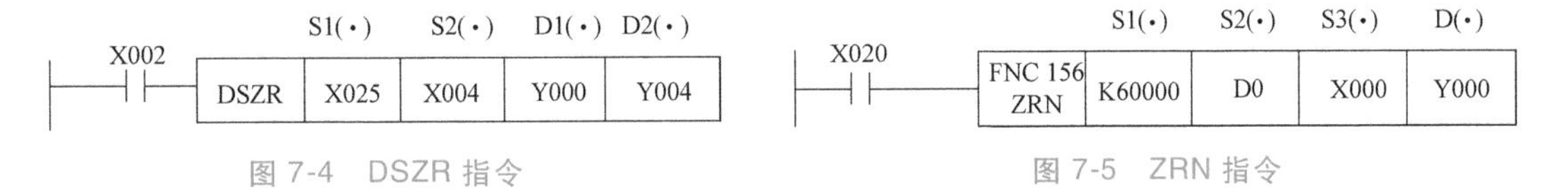

图 7-4 DSZR 指令　　图 7-5 ZRN 指令

3. 可变速脉冲输出指令

PLSV（Pulse V）指令是带旋转方向的指令。

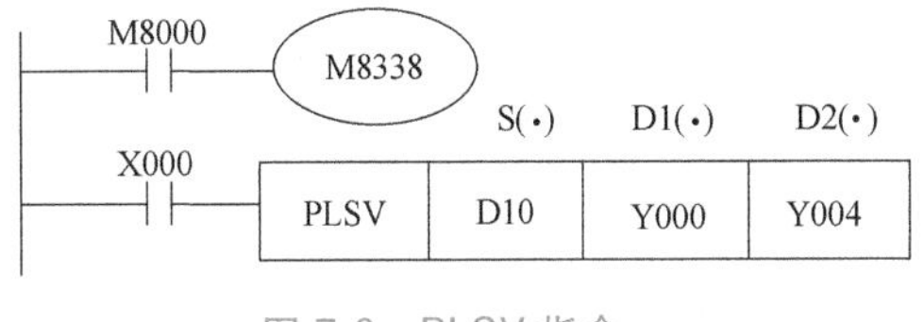

图 7-6 PLSV 指令

PLSV 指令的梯形图如图 7-6 所示，S（·）指定输出脉冲频率，操作数范围是 K、H、KnX、KnY、KnM、KnS、T、C、D、V、Z、U□\G□，若为 16 位指令时可在-32767~32767Hz（0 除外）间选择，32 位指令时可按表 7-3 选取频率；D1（·）指定输出脉冲，操作数 Y；D2（·）指定输出旋转方向，操作数是 Y、M、S、□. b，使用高速输出特殊适配器的方法与 DSZR 指令相同。M8338 控制该指令可以带加减速和无加减速，当 M8338 = ON 时带加减速。

表 7-3 输出脉冲频率范围（PLSV 指令）

脉冲输出对象		设定范围/Hz
FX3U 系列 PLC	高速输出特殊适配器	-200000~200000(0 除外)
FX3U/FX3UC 系列 PLC	基本单元为晶体管输出	-100000~100000(0 除外)

图 7-6 中，当 X000=ON，根据 S（·）指定的 D10 中数据作为输出脉冲频率，D1（·）指定 Y000 为输出脉冲口，D2（·）指定 Y004 为输出旋转方向，M8338=ON 可以带加减速。

4. 相对定位指令

DRVI（Drive to Increment）指令以相对驱动方式执行单速定位，用正/负号指定从当前位置开始的移动距离的方式，也称为相对（增量）驱动方式。

DRVI 指令的梯形图如图 7-7 所示，S1（·）和 S2（·）的操作数是 K、H、KnX、KnY、KnM、KnS、T、C、D、V、Z、U□\G□，S1（·）指定相对地址的输出脉冲数，16 位指令时可在-32767~32767Hz（0 除外）范围内选择，32 位指令时可在-999999~999999（0 除外）范围内选取；S2（·）指定输出频率，16 位指令时可在 10~32767Hz 范围内选取，32 位指令时可按表 7-4 选取。D1（·）的操作数是 Y，指定输出脉冲的编号；D2（·）指定输出旋转方向，操作数范围是 Y、M、S、D□.b。若基本单元为晶体管输出，可指定 Y000~Y002，若为继电器输出则使用高速输出特殊适配器，方法与 DSZR 指令相同，D□.b 不能进行变址。

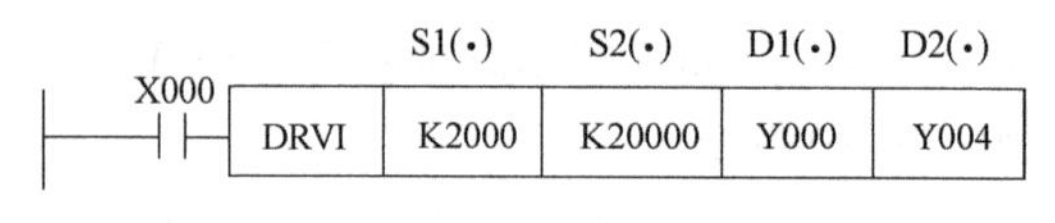

图 7-7 DRVI 指令

表 7-4 输出脉冲频率范围（DRVI 指令）

脉冲输出对象		设定范围/Hz
FX3U 系列 PLC	高速输出特殊适配器	10~200000
FX3U/FX3UC 系列 PLC	基本单元为晶体管输出	10~100000

图 7-7 中，当 X000=ON 时，指令根据 S1（·）指定相对地址的输出脉冲数为 2000，S2（·）指定 20000 为输出频率，D1（·）指定 Y000 为输出脉冲口；D2（·）指定 Y004 为输出旋转方向。

5. 绝对定位指令

DRVA（Drive to Absolute）指令是以绝对驱动方式执行单速定位，即从原点（零点）开始的移动距离。

图 7-8 中，当 X010=ON，S1（·）指定 D10 中为绝对地址的输出脉冲数，S2（·）指定 D20 中为输出频率，D1（·）指定 Y000 为输出脉冲；D2（·）指定 Y003 为输出旋转方向。

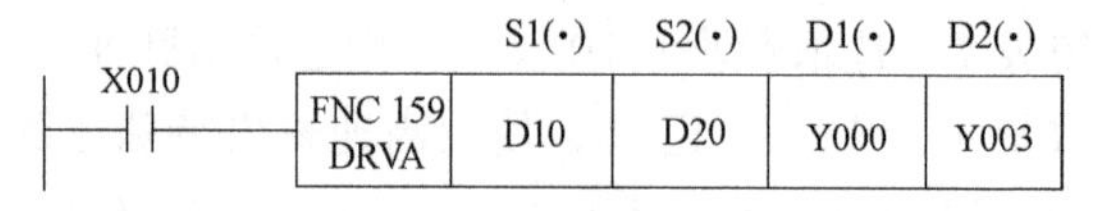

图 7-8 DRVA 指令

6. 中断定位指令

DVIT（Drive Interrupt）指令用于执行单速中断定长进给。图 7-9 是中断定位指令的梯形图（以 32 位操作为例），当中断定位条件满足，X010＝ON，指令指定中断后以每秒 100Hz 的频率从 Y000 输出 60000 个脉冲（相对位置），Y004 的输出决定了旋转方向。

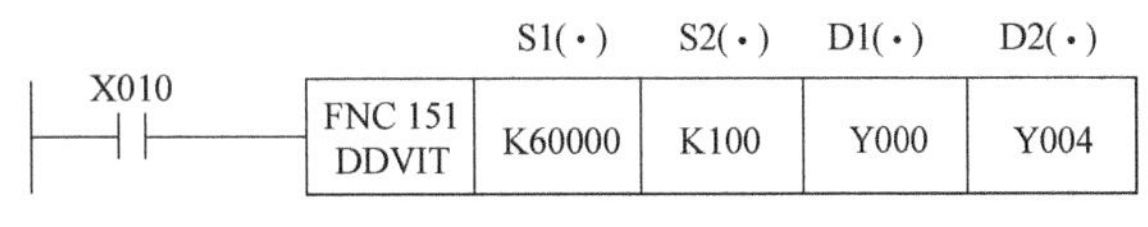

图 7-9　DVIT 指令的 32 位操作

7. 读出绝对位置当前值指令

ABS（Absolute）指令用来读出绝对位置当前值数据，若 FX3U 系列 PLC 与带绝对位置检测的伺服放大器连接，数据将以脉冲换算值形式被读出。

DABS 指令的梯形图如图 7-10 所示，S（·）的操作数是 X、Y、M、S、D□. b（不能变址），D1（·）的操作数是 Y、M、S、D□. b（不能变址），D2（·）的操作数是 KnY、KnM、KnS、T、C、D、V、Z、U□\G□。

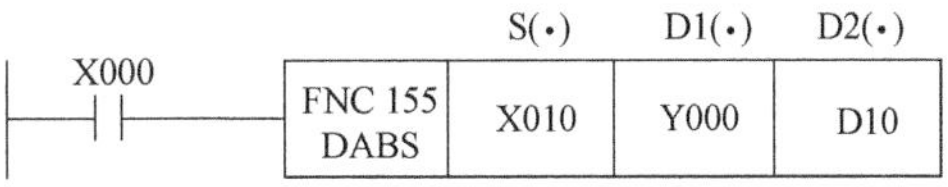

图 7-10　ABS 指令的 32 位操作（即 DABS 指令）

图 7-10 中，当 X000＝ON 时，D1（·）指定以 Y000～Y002 三个连续位元件向带绝对位置检测的伺服放大器发出读取的控制信号；S（·）指定以 X010～X012 三个连续位元件接收来自带绝对位置检测的伺服放大器输出的当前值数据，将读取的 32 位二进制绝对位置数据保存到 D2（·）指定的 D11、D10 软元件中。

8. 定位控制使用的特殊辅助继电器和数据寄存器

1）在进行定位控制时，需要使用一些特殊辅助继电器，见表 7-5，M8029 和 M8338 用于输出脉冲 Y000～Y003 的对应功能，M8340～M8349 则是输出脉冲为 Y000 时对应的特殊辅助继电器。因此，输出脉冲为 Y001 则对应 M8350～M8359，输出脉冲为 Y002 则对应 M8360～M8369，输出脉冲为 Y003 则对应 M8370～M8379，不再赘述。M8464～M8467 是 Y000～Y003 对应指定的清零信号功能有效特殊辅助继电器。

表 7-5　定位控制使用的特殊辅助继电器

编号	功能	编号	功能
M8029	指令执行结束标志位	M8344	Y000 反转限位
M8039	指令执行异常结束标志位	M8345	Y000 近点 DOG 信号逻辑反转
M8338	PLSV 指令的加减速动作	M8346	Y000 零点信号逻辑反转
M8340	Y000 脉冲输出中监控	M8347	Y000 中断信号逻辑反转
M8341	Y000 清零信号输出功能有效	M8348	Y000 定位信号驱动中
M8342	Y000 指定原点回归方向	M8349	Y000 脉冲输出停止指令
M8343	Y000 正转限位	M8464	Y000 清零信号指定功能有效

2）数据寄存器 D8340～D8379 对应于输出脉冲 Y000～Y003，用来存放定位控制数据，表 7-6 是输出脉冲为 Y000 时对应数据寄存器 D8340～D8349 的功能，Y001～Y003 对应的不再赘述。D8464～D8467 对应清零信号，软元件指定。

表 7-6　数据寄存器 D8340～D8349 的功能表

编号		功能	编号		功能
D8340	低位	Y000 的输出脉冲当前值寄存器 初始值:0	D8345		Y000 的爬行速度,初始值:1000
D8341	高位		D8346	低位	Y000 的原点回归速度 初始值:50000
D8342		Y000 的基底速度，初始值:0	D8347	高位	
D8343	低位	Y000 的最高速度 初始值:100000	D8348		Y000 的加速时间,初始值:100
D8344	高位		D8349		Y000 的减速时间,初始值:100

7.2.2　脉冲指令

FX3U 系列 PLC 提供了用于脉冲的高速处理指令，其功能见表 7-7。

表 7-7　脉冲指令功能表

指令符	指令名称	FNC NO	功能	D 指令
SPD	脉冲密度	56	采用中断输入方式对指定时间内的输入脉冲进行计数	○
PLSY	脉冲输出	57	发出脉冲信号用的指令	○
PWM	脉宽调制	58	指定了脉冲周期和 ON 时间的脉冲输出	—
PLSR	加减速脉冲输出	59	带加减速功能的脉冲输出	○

1. 脉冲密度指令

SPD（Speed Detect）指令是采用中断输入方式对指定时间内的输入脉冲进行计数，用来检测规定时间内从编码器输入的脉冲个数，从而计算出速度值。可用于在规定的时间里统计输入脉冲数，例如统计转速脉冲等。

SPD 指令的使用说明如图 7-11 所示，S1（·）的操作数是 X000～X005，S2（·）的操作数范围是 K、H、KnX、KnY、KnM、KnS、T、C、D、V、Z，D（·）的操作数是 T、C、D、V、Z。

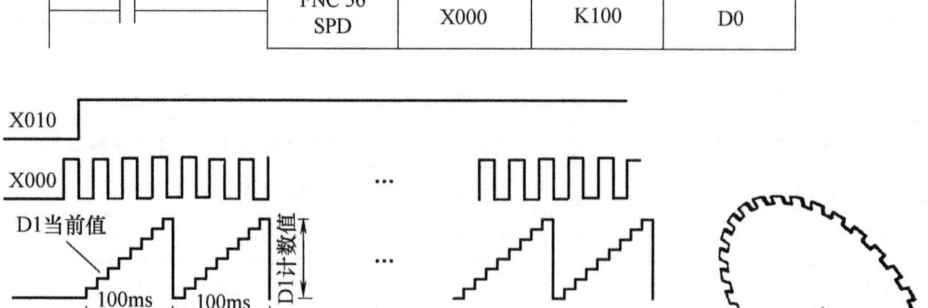

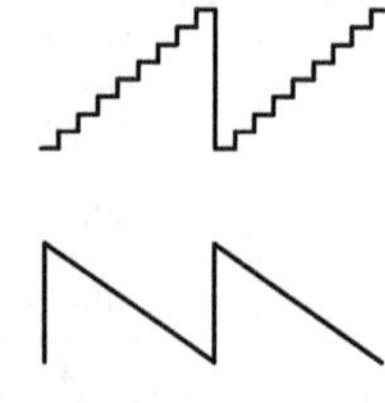
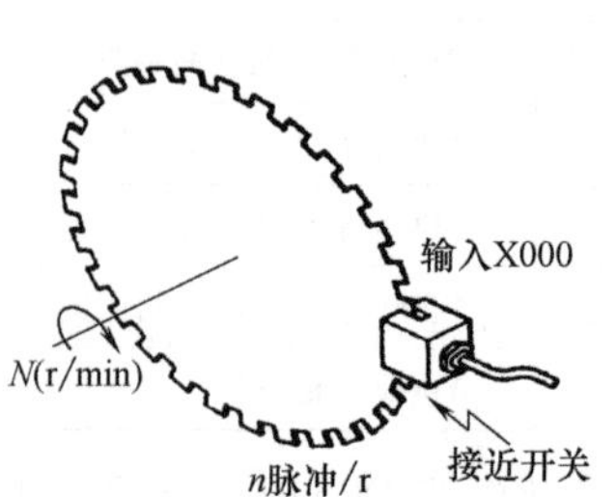

图 7-11　SPD 指令的使用说明

当 X010=ON，在指定的 X000 处输入计数脉冲，在 S2（·）指定的 100ms 时间内，由 D（·）指定的三连号软元件中的 D1 对输入脉冲计数，时间到后将计数结果存入 D（·）指定的 D0 中，随后 D1 复位，再对输入脉冲计数，D2 用于测定剩余时间。D0 中的脉冲值与旋转速度成比例，转速与测定的脉冲关系为

$$N=\frac{60(D0)}{nt}10^3 \tag{7-1}$$

式中，n 为每转的脉冲数；t 为 S2（·）指定的测定时间（ms）。

从 X000~X005 输入的脉冲最高频率与一相高速计数器要求的最高输入频率相同，SPD 指令中用到的输入点不能用于其他高速处理。

2. 脉冲输出指令

PLSY（Pulse Y）指令可用于发出指定频率、定量脉冲输出的场合，该指令在程序中只能使用一次。

PLSY 指令的使用说明如图 7-12 所示。S1（·）和 S2（·）的操作数范围是 K、H、KnX、KnY、KnM、KnS、T、C、D、V、Z，S1（·）用以指定频率，范围为 2~20kHz；S2（·）用以指定产生的脉冲数量，16 位指令指定范围为 1~32767，32 位指令指定范围为 1~2147483647，D（·）的操作数只能是晶体管型输出的 Y000 或 Y001，用以指定脉冲输出，输出的脉冲占空比为 50%。

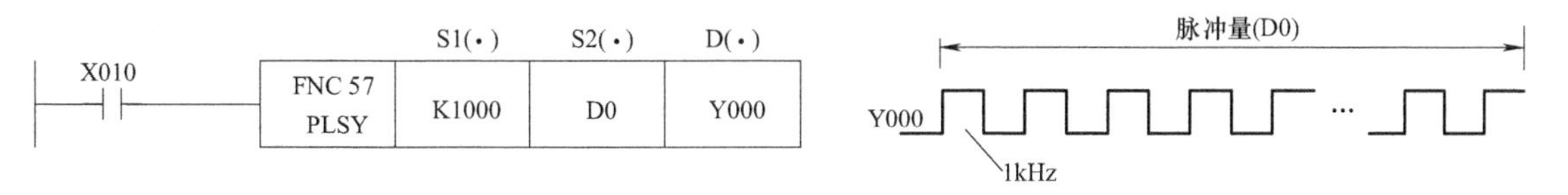

图 7-12　PLSY 指令的使用说明

图 7-12 中，当 X010=ON 时，Y000 以每秒 1000Hz 的频率输出连续的脉冲列，当达到 D0 的指定量时，执行完毕，标志位 M8029 动作。在指令执行中，若 X010 变为 OFF，立即中断脉冲输出，输出脉冲数保存于 D8141 和 D8140 中。

注意：S1（·）中的内容在指令执行中可以变更，但 S2（·）的内容在指令执行中不可更改。

3. 脉宽调制指令

PWM（Pulse Width Modulation）指令用于按指定的脉冲宽度、周期，产生脉宽可调的脉冲输出。可以用于控制变频器实现电动机调速，PLC 与变频器之间应加有平滑电路，该指令在程序中只能使用一次。

图 7-13 中，S1（·）和 S2（·）的操作数范围都是 K、H、KnX、KnY、KnM、KnS、T、C、D、V、Z、R、U□\G□，S1（·）为脉宽 t，t 理论上可在 0~32767ms 范围内选取，但不能大于周期，D10 的内容只能在 S2（·）指定的脉冲周期 T_0=50ms 以内变化，否则会出现错误；S2（·）为周期 T_0，T_0 可在 0~32767ms 范围内选取；D（·）指定的应为基本单元的晶体管型输出，脉冲输出地址号范围为 Y000~Y003。

图 7-13 中，当 X010=ON 时，Y000 输出脉宽调制比为 $q=t/T_0$ 的脉冲，脉宽调制比可采用中断处理控制。

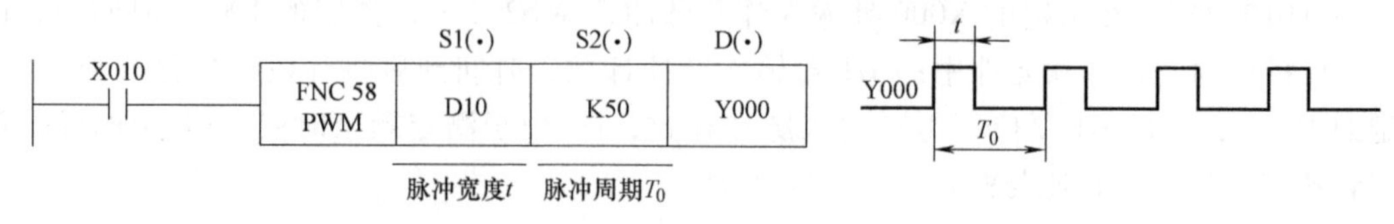

图 7-13　PWM 指令的使用说明

4. 加减速脉冲输出指令

PLSR（Pulse R）指令用于在规定的时间内输出具有加减速的定量脉冲，可以用于控制步进电动机运行，该指令在程序中只能使用一次。

图 7-14a 为指令的使用，S1（·）设定脉冲输出的最高频率，设定范围为 10Hz～20kHz，并以 10 的倍数指定，若指定 1 位数时则结束运行；脉冲输出频率按 S1（·）设定的最高频率的$\frac{1}{10}$作为加减速的逐级变速量。S2（·）设定总输出脉冲数，16 位运算指令设定范围为 110～32767；32 位运算指令设定范围为 110～2147483647；若设定值小于 110 时，脉冲不能正常输出。S3（·）设定加减速调节时间，加减速时间相等，设定范围为 50～5000ms，加减速的变速次数固定为 10 次。

当 X010 置于 OFF 时，Y000 中断输出；再置为 ON 时，则 D（·）指定的 Y000 在规定的时间内输出规定的脉冲，且输出脉冲频率从 0 开始按 S1（·）指定的最高频率的$\frac{1}{10}$逐级加速，直到设定的最高频率后，再按指定的最高频率的$\frac{1}{10}$作逐级减速，其脉冲时序图如图 7-14b 所示。D（·）的操作数是基本单元的晶体管型输出或高速输出特殊适配器的 Y000、Y001。

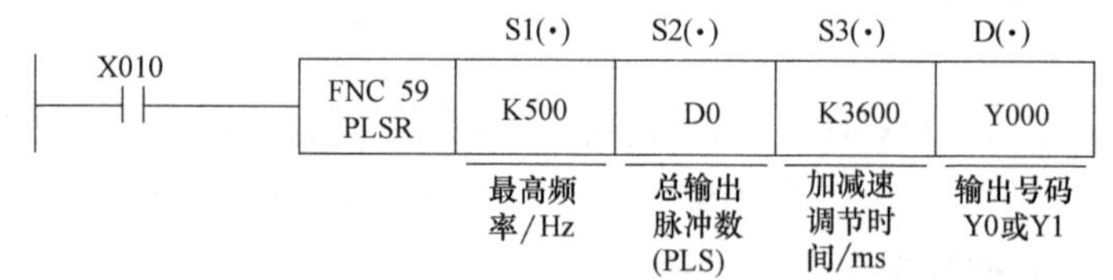

a) PLSR指令的使用

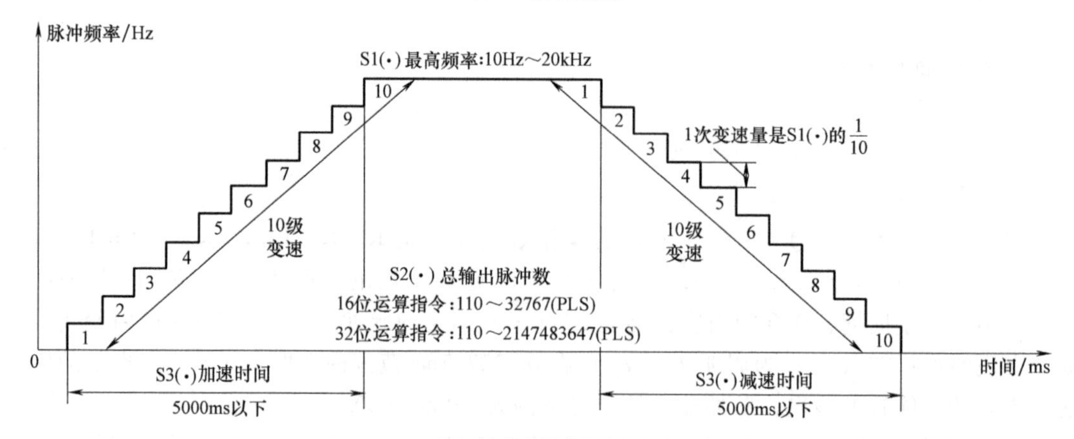

b) PLSR指令的时序图

图 7-14　PLSR 指令的使用说明

5. 脉冲指令中使用的特殊辅助继电器和数据寄存器

在使用脉冲指令时，需要使用的特殊辅助继电器见表 7-8。

表 7-8　脉冲指令中使用的特殊辅助继电器

编号	指令	功能
M8029	PLSY	ON：指定的脉冲数发生结束 OFF：不到指定脉冲量时的中断以及停止发出连续脉冲时
	PLSR	ON：S2(·)中设定的脉冲数输出结束 OFF：指令输入为 OFF 或脉冲输出过程中(在输出脉冲中途中断时)，不置 ON
M8340	PLSY/PWM	Y000 脉冲输出过程监控的标志位
M8350	PLSY/PWM	Y001 脉冲输出过程监控的标志位
M8360	PWM	Y002 脉冲输出过程监控的标志位
M8370	PWM	Y003 脉冲输出过程监控的标志位
M8349	PLSY/PLSR	停止 Y000 脉冲输出(即刻停止)
M8359	PLSY/PLSR	停止 Y001 脉冲输出(即刻停止)

在使用脉冲指令时，需要使用的数据寄存器见表 7-9。

表 7-9　脉冲指令使用的数据寄存器

编号		指令	功能
高位	低位		
D8141	D8140	PLSY/PLSR	从 Y000 输出的脉冲数的累计
D8143	D8142	PLSY/PLSR	从 Y001 输出的脉冲数的累计
D8137	D8136	PLSY/PLSR	从 Y000 和 Y001 输出的脉冲数的合计累计数

7.3　伺服系统的控制方式

伺服放大器一般有三种控制方式：位置控制方式、速度/加速度控制方式和转矩控制方式。MR-J4 系列还可以选择位置/速度切换控制，速度/转矩切换控制和转矩/位置切换控制。

7.3.1　伺服系统的控制回路

根据伺服放大器 MR-J4 系列的构成，伺服系统的控制回路包括了位置环、速度环和转矩环的三环控制。图 7-15 为控制回路示意图。

1）位置环（P）是最外环，通过编码器检测电动机转速反馈的位置脉冲数，位置环用来实现移动位置的精准控制。

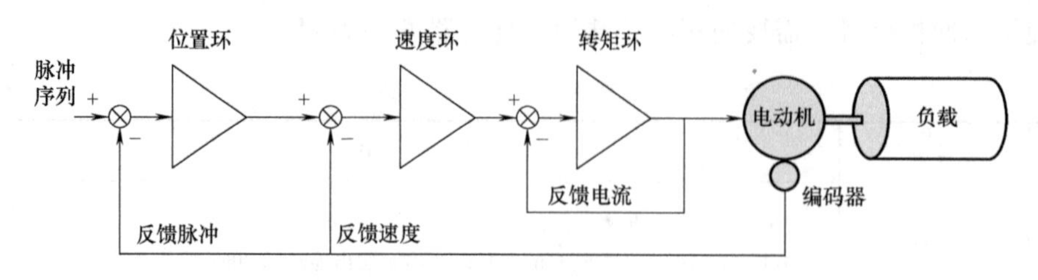

图 7-15 伺服系统的控制回路示意图

2）速度环（S）也是通过编码器反馈的，由转动一周产生的脉冲数除以转动一周的时间得到速度，速度环用来实现速度控制。

3）转矩环（T）通过检测电流信号获得转矩信号，转矩环用来实现转矩控制。

7.3.2 MR-J4 系列伺服放大器的结构

下面以三菱通用 AC 伺服放大器 MR-J4-500A 为例，介绍伺服放大器的结构。其功能图包括主电路、三环控制结构和外围接口部分，如图 7-16 所示。外围接口用于连接电源、计算机、控制器、伺服电动机、编码器和中继端子台等。

7.3.3 主电路接线

主电路是交-直-交流电路，通过整流回路将交流转变为直流，送到再生制动回路，再逆变成适合电动机转速频率的交流。再生制动回路用于电动机转速过高时产生能量回馈，最后的动态制动电路则用于短路消耗，实现快速制动功能。

主电路接线是由电源、伺服放大器和交流伺服电动机连接的部分。图 7-16 中采用漏型输入输出接口，各端子接线见表 7-10。

表 7-10 MR-J4-A 型伺服放大器主电路接线表

伺服放大器端子	连接	功能
L1,L2,L3	主电路电源	输入三相电源
L11,L21	控制电路电源	输入控制电路电源
U,V,W	伺服电动机电源	连接到伺服电动机电源端子输出电源
CN2	编码器	连接编码器
接地	保护接地(PE)	连接到伺服电动机的接地端子以及控制柜的保护接地上

7.3.4 伺服放大器的控制信号

三环控制结构包括位置环、速度环和转矩环控制，采用正弦波 PWM 控制电流控制方式。MR-J4-A 型伺服放大器的信号接口常用的端子说明见表 7-11。

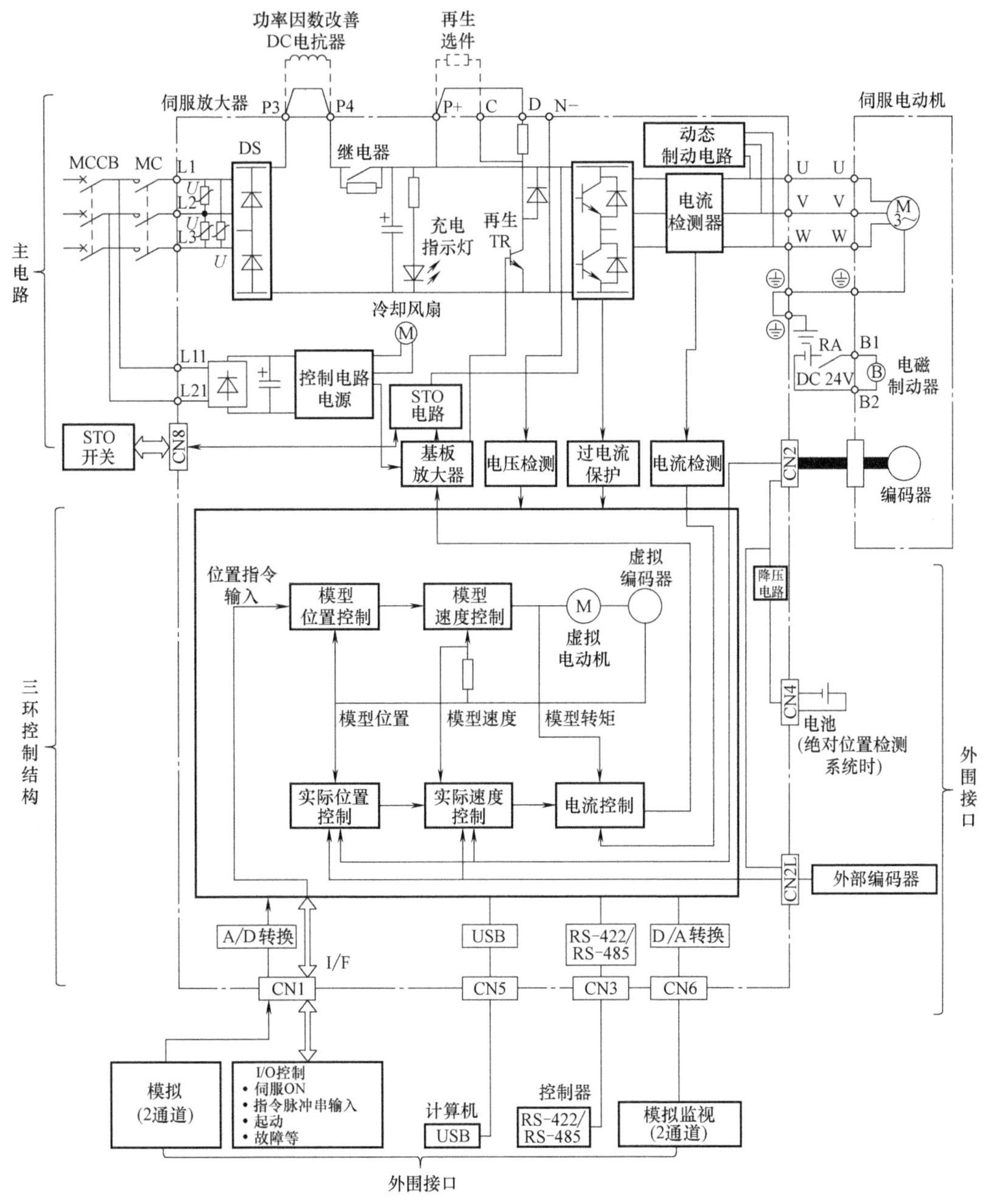

图 7-16　MR-J4-500A 型伺服放大器功能图

表 7-11　MR-J4-A 型伺服放大器常用信号端子说明表

端子简称	名称	功能
SON	伺服 ON	将 SON 设为 ON 时成为可以运行的状态，设为 OFF 时基本电路被切断，伺服电动机呈自由运行状态
RES	复位	将 RES 设为 ON 并保持 50ms 以上时可以让报警复位
LSP	正转行程末端	将 LSP 和 LSN 设为 ON，否则伺服放大器将紧急停止并保持伺服锁定状态
LSN	反转行程末端	

（续）

端子简称	名称	功能
OP	编码器Z相脉冲零点信号	编码器的零点信号以集电极开路方式输出
OPC	集电极开路漏型接口用电源输入	通过漏型接口输入集电极开路方式的脉冲串时，该端子连接 DC 24V 的正极
EM2	强制停止 2	将 EM2 设为 OFF，可以通过指令使伺服电动机减速停止，设为 ON（短接公共端）即可解除强制停止状态
RD	准备完成	伺服 ON 进入可运行状态时，RD 变为 ON
ALM	故障	发生报警时，ALM 变为 OFF，不发生报警时，接通电源 2.5~3.5s 后 ALM 变为 ON
DICOM	数字 I/F 用电源输入	漏型接口连接 DC 24V 外部电源的正极，源型接口连接电源的负极
DOCOM	数字 I/F 用公共端	漏型接口连接 DC 24V 外部电源的负极，源型接口连接电源的正极
P15R	DC 15V 电源输出	在 P15R 和 LG 间输出 DC 15V 电压，可作为 TC/TLA/VC/VLA 用电源
SD	屏蔽	连接屏蔽线的外部导体

三种控制方式使用不同的端子，端子说明见表 7-12。

表 7-12　三种控制方式使用的信号端子说明表

接口简称			名称	功能
位置控制	CR		清除	CR 为 ON 会清除位置控制计数器中的滞留脉冲
	PP、NP、PG、NG、PP2、NP2		正转脉冲列/反转脉冲列	集电极开路方式和差动输入方式输入采用不同的脉冲列组合
	ABSM	PC	ABS 传送模式	ABS 传送模式请求软元件
	ABSR	TL	ABS 要求	ABS 请求软元件
	ABSB0	INP	ABS 数据发送位 0	输出 ABS 数据发送位 0。
	ABSB1	ZSP	ABS 数据发送位 1	输出 ABS 数据发送位 1
	ABST	TLC	ABS 数据发送准备完毕	输出 ABS 数据发送准备完毕
速度/转矩控制	SP1		速度选择 1	速度控制模式时选择运行时的指令速度，转矩控制模式时选择运行时的限制转速
	SP2		速度选择 2	
	SP3		速度选择 3	
	ST1		正转起动	起动伺服电动机，运行中将 ST1 和 ST2 设为 ON 或 OFF 时，设置不同的控制
	ST2		反转起动	
转矩控制	RS1		正转选择	选择伺服电动机的转矩输出方向，将 RS1 和 RS2 设为 ON 或 OFF 时，设置不同的转矩输出方式
	RS2		反转选择	

7.3.5　MR Configurator2 软件参数设置

伺服放大器运行的参数和状态很多，可以使用 MR Configurator2 软件来设置和读取，MR Configurator2 软件具备监视显示、伺服放大器的调整、参数的写入或读取等功能，可以方便地实现对伺服系统的即时控制。

1. MR Configurator2 软件设置的常用参数

需要 MR Configurator2 软件中设置的常用参数见表 7-13。

表 7-13　常用参数表

编号	简称	名称	功能
PA01	STY	运行模式	选择伺服放大器的控制模式和运行模式
PA05	FBP	每转指令输入脉冲数	设置伺服电动机每转的输入脉冲
PA04	AOP1	功能选择 A-1	设置 EM1 和 EM2
PA06	CMX	电子齿轮分子	设置电子齿轮分子，即指令脉冲倍率分子
PA07	CDV	电子齿轮分母	设置电子齿轮分母，即指令脉冲倍率分母
PA10	INP	到位范围	以指令脉冲单位设置到位范围
PA13	PLSS	指令脉冲输入形式	PP、NP、PG、NG、PP2、NP2 脉冲的输入形式
PA21	AOP3	功能选择 A-3	设置电子齿轮选择。
PC01	STA	加速时间常数	设置从 0r/min 到达额定转速或从 0mm/s 到达额定速度的加速时间
PC02	STB	减速时间常数	设置从额定转速到达 0r/min 或从额定速度到达 0mm/s 的减速时间
PC05～PC11	SC1～SC7	内部速度指令 1～7	根据 SP1～SP3 对应设置不同的内部速度

2. 脉冲信号的输入

位置控制方式使用正转脉冲列/反转脉冲列通过信号端子 PP、NP、PG、NG、PP2 和 NP2 输入，连接方式有集电极开路方式和差动输入方式。

1）集电极开路方式有漏型输入和源型输入，漏型输入在 PP 和 DOCOM 之间输入正转脉冲串，在 NP 和 DOCOM 之间输入反转脉冲串，如图 7-17a 所示；源型输入接口则在 PP2 和 PG 之间输入正转脉冲串，在 NP2 和 NG 之间输入反转脉冲串，连接如图 7-17b 所示。

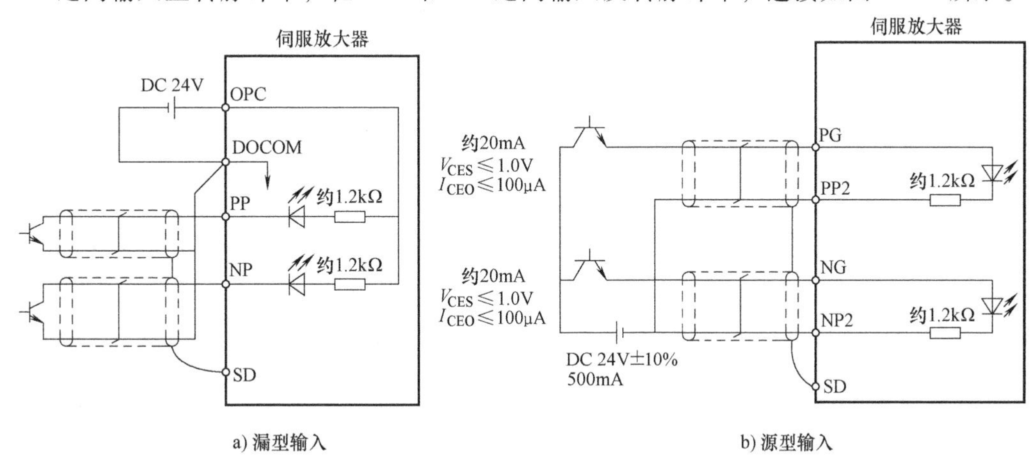

图 7-17　集电极开路方式接线图

NP 和 PP 的波形可以有多种形式，设置可以使用 MR Configurator2 软件设置参数 PA13，根据设定值，对应的 PP 和 NP 的波形见表 7-14。

表 7-14 波形图

PA13	脉冲串形态		正转（正方向）指令时	反转（反方向）指令时
_ _ 10h	负逻辑	正转脉冲串 反转脉冲串	PP NP	
_ _ 11h		脉冲串 符号	PP NP L	H
_ _ 12h		A 相脉冲串 B 相脉冲串	PP NP	
_ _ 00h	正逻辑	正转脉冲串 反转脉冲串	PP NP	
_ _ 01h		脉冲串 符号	PP NP H	L
_ _ 02h		A 相脉冲串 B 相脉冲串	PP NP	

2）差动线驱动器方式在 PG 和 PP 之间输入正转脉冲串，在 NG 和 NP 之间输入反转脉冲串，其接线和波形图如图 7-18 所示。

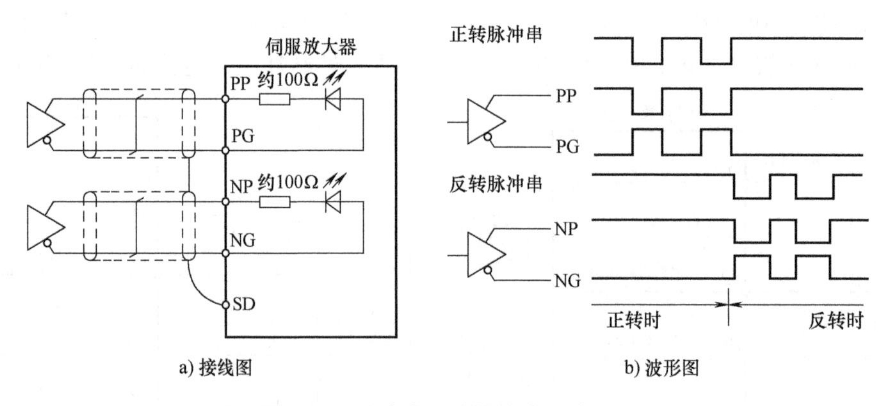

图 7-18 差动线驱动器接线和波形图

3. 电子齿轮比设置

位置控制是将输入的脉冲与编码器的反馈脉冲进行比较，电子齿轮比用来实现机械系统与脉冲之间的调节。电子齿轮比示意图如图 7-19 所示。

CMX/CDV 为电子齿轮比，分子、分母使用 MR Configurator2 软件参数 PA06 和 PA07 进行设置，范围在 0.1～4000 之间，需要使用参数 PA21 进行选择。

如果 PA21 选择“0”，则指令脉冲串数×电子齿轮比=编码器的反馈脉冲数。

例如，一周 5000 个脉冲共 1s，如果电子齿轮比为 10，则每周每秒 50000 个脉冲，频率和脉冲数都增大 10 倍。

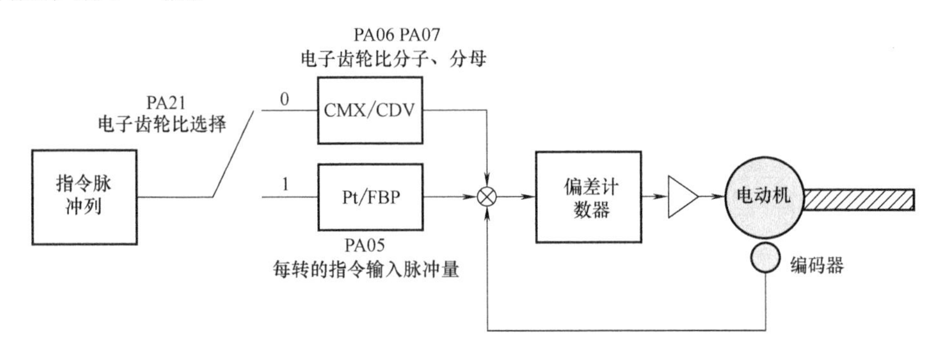

图 7-19 电子齿轮比示意图

7.4 原点回归

FX3U 系列 PLC 具有原点回归功能，原点回归是通过设置机械近点（DOG）信号，使伺服电动机能够根据离原点的距离自动回归到原点，在运行的过程中能够根据距离自动调整速度。原点回归可以使用带 DOG 搜索的原点回归指令 DSZR，也可以使用不带 DOG 搜索的指令 ZRN。

7.4.1 带 DOG 搜索的原点回归

伺服电动机带 DOG 搜索的原点回归示意图如图 7-20 所示，近点信号 DOG 设在正转限位（LSR）和反转限位（LSF）之间。

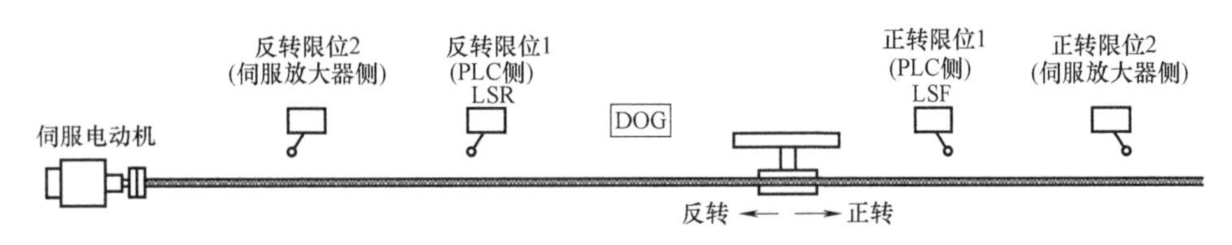

图 7-20 带 DOG 搜索的原点回归示意图

以脉冲输出端指定为 Y000 为例，说明原点回归动作。相应的特殊辅助继电器和数据寄存器在表 7-5 和表 7-6 中已说明。

微课 7-2
带 DOG 搜索的原点回归

【例 7-1】 设计带 DOG 搜索的原点回归伺服控制系统。伺服放大器的接线见表 7-15，接线图如图 7-21 所示。

近点信号接 PLC 的输入端 X025，X002 启动原点回归；使用 X027 和 X026 接左右极限，如图 7-20 中的 LSR 和 LSF。

伺服放大器主电路电源 L1、L2、L3 接外部三相电源，U、V、W 接伺服电动机电源。

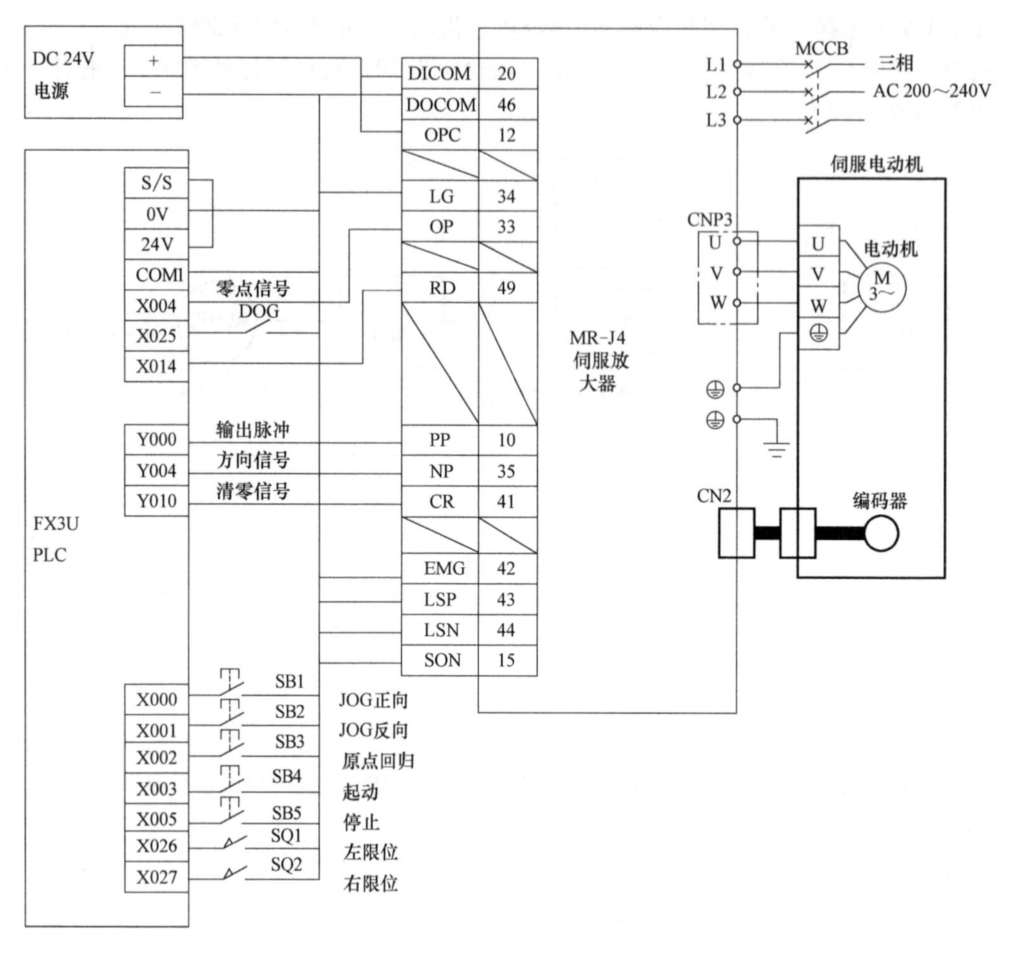

图 7-21　MR-J4 伺服放大器接线图

表 7-15　伺服放大器接线表

编号	简称	名称	连接
CN1-10	PP	脉冲串	PLC-Y000(输出脉冲)
CN1-35	NP	方向信号	PLC-Y004(方向信号)
CN1-41	CR	清零信号	PLC-Y010(清零信号)
CN1-47	DOCOM	数字 I/F 用公共端	DC 24V-
CN1-46	DICOM	数字 I/F 用电源输入	DC 24V+
CN1-33	OP	零点信号	PLC-X004(零点信号)
CN1-49	RD	准备完成伺服进入可运行状态	PLC-X014
CN1-12	OPC	集电极开路漏型接口用电源输入	DICOM
CN1-42	EM2	强制停止 2	DC 24V-
CN1-43	LSP	正转行程末端	DC 24V-
CN1-44	LSN	反转行程末端	DC 24V-
CN1-15	SON	伺服 ON	DC 24V-

根据原点回归动作编写梯形图，如图 7-22 所示，使用 DSZR 指令实现带 DOG 搜索的原点回归。X025 是近点 DOG 信号，X004 是零点信号，Y000 是输出脉冲，Y004 是电动机旋

转方向信号。M0 表示原点回归状态，当 M0=ON 时表示正在回归，当 M8029=ON 时原点回归结束。当正转极限 M8343 或反转 M8344 为 ON，脉冲输出立即停止。

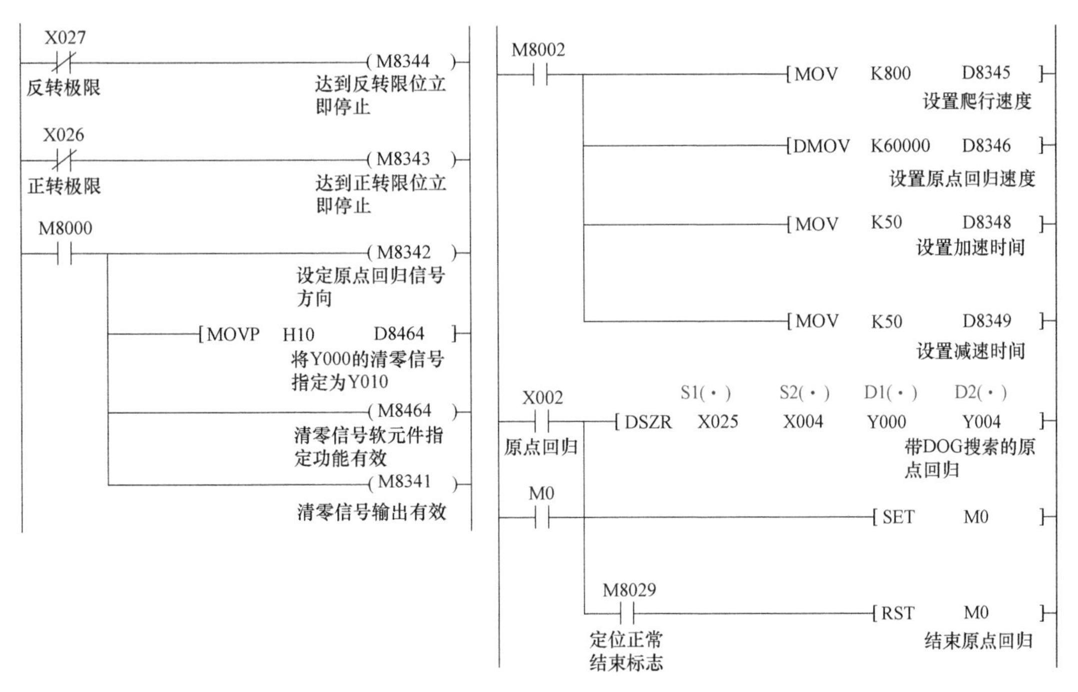

图 7-22 带 DOG 搜索的原点回归梯形图

图 7-23 为带 DOG 搜索的原点回归过程示意图，整个过程动作如下：

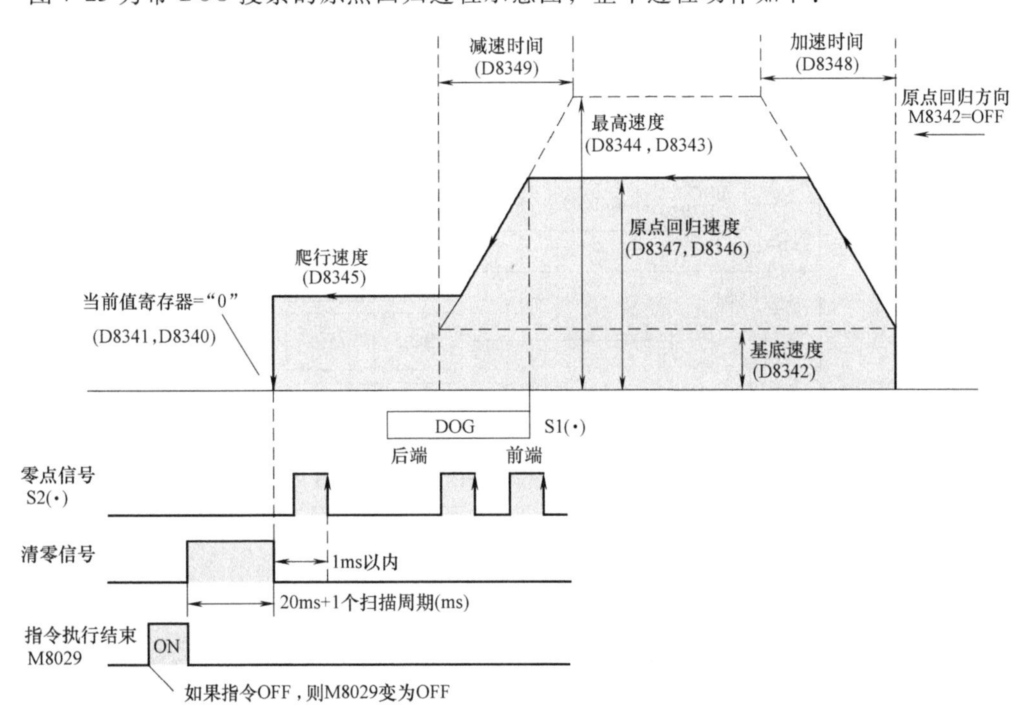

图 7-23 带 DOG 搜索的原点回归过程

1）指定原点回归方向，标志位 M8342 的 ON/OFF 来指定原点回归方向，加速移动。

2）加速时间到（由 D8348 指定），以（D8347，D8346）指定的原点回归速度移动。

3）一旦指定的近点信号 DOG 为 ON（前端）开始减速，直到减速到爬行速度（由 D8345 指定）。

4）指定的近点信号 DOG 从 ON 到 OFF 后（后端），如果检测到第一个零点信号，则立即停止脉冲的输出。

5）清零信号输出功能 M8341=ON 时，在检测出零点信号由 OFF 至 ON 后 1ms 以内，清零信号在 20ms+1 个扫描周期的时间内保持为 ON。

6）当前值寄存器（D8341，D8340）变为 0（清零）。

7）指令执行结束标志位 M8029 为 ON，结束原点回归动作。

7.4.2 不带 DOG 搜索的原点回归

不带 DOG 搜索的原点回归没有零点信号，采用 ZRN 指令实现。

【例 7-2】 设计不带 DOG 搜索的原点回归伺服控制系统，脉冲输出端指定为 Y000，信号方向为 Y004，梯形图如图 7-24 所示。

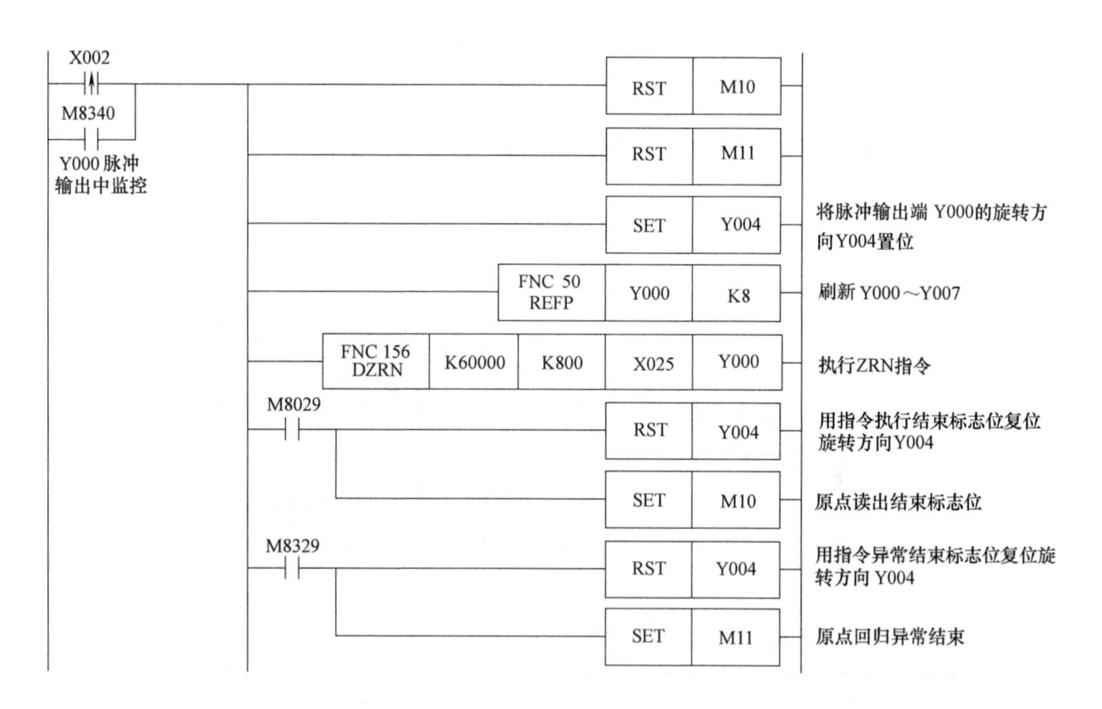

图 7-24 不带 DOG 搜索的原点回归梯形图

不带 DOG 搜索的原点回归程序中，设置原点回归速度为 K60000，爬行速度为 K800，其他速度的设置和带 DOG 搜索的原点回归相同，指令执行结束标志位 M8029=ON 时复位 Y004（旋转方向信号）。M8329 是原点回归异常标志位。

7.5　位置控制方式

位置控制（P）是指将负载从某一确定的空间位置，按一定的轨迹移动到另一确定的空间位置，例如机械手搬运就是典型的位置控制。

MR-J4 伺服放大器的位置控制方式和速度控制方式都可以采用直接由 PLC 发送脉冲信号和使用定位模块发送脉冲信号两种连接方式，采用定位模块连接的方式，配套使用的定位模块可以是 RD75D、LD75D 或 QD75D。

7.5.1　相对定位运动

相对定位是以当前停止的位置为起点，指定移动方向和移动距离进行定位。伺服放大器位置控制方式的相对定位运动接口如图 7-25 所示。

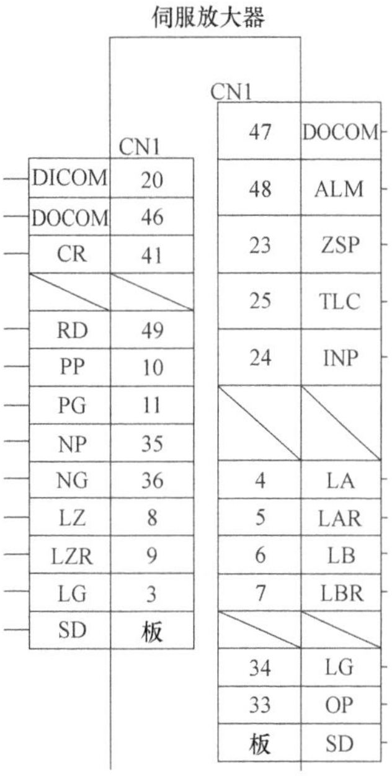

(1) 使用相对定位指令 DRVI 实现

【例 7-3】 设计相对定位伺服系统，具有点动（JOG）功能，并支持带 DOG 搜索的原点回归。

通过 PLC 直接与 MR-J4 伺服放大器连接，伺服放大器的接线图如图 7-21 所示，接线见表 7-15。其中，Y000 为脉冲输出，接 PP，方向信号 Y004 接 NP。点动按钮接 X000 和 X001，进行正反点动，X003 接通实现起动变速运行，X005 实现停止。

图 7-25　位置控制方式的相对定位运动接口

在 MR Configurator2 软件中进行参数设置，见表 7-16。

表 7-16　伺服放大器参数设置表

编号		简称	名称	设置值
PA01		STY	运行模式	1000 位置控制
PA04		EM2	强制停止	2000
PA13		PLSS	脉冲模式	0111 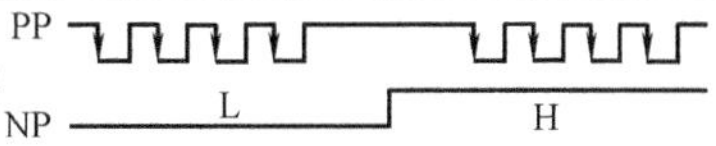
PA05	不使用电子齿轮比	FBP	每转指令输入脉冲数	1000
PA21		AOP3	功能选择 3	1001
PA21	使用电子齿轮比	AOP3	功能选择 3	0001
PA06		CMX	电子齿轮比分子	10
PA07		CDV	电子齿轮比分母	1

在图 7-22 中，增加 DRVI 指令进行相对定位，使用 Y000 输出脉冲，Y004 为旋转方向，正向点动的输出脉冲为正数，输出脉冲频率为 20000Hz，反向点动输出脉冲为负数，由 X000 和 X001 实现点动，增加点动后的梯形图如图 7-26 所示。

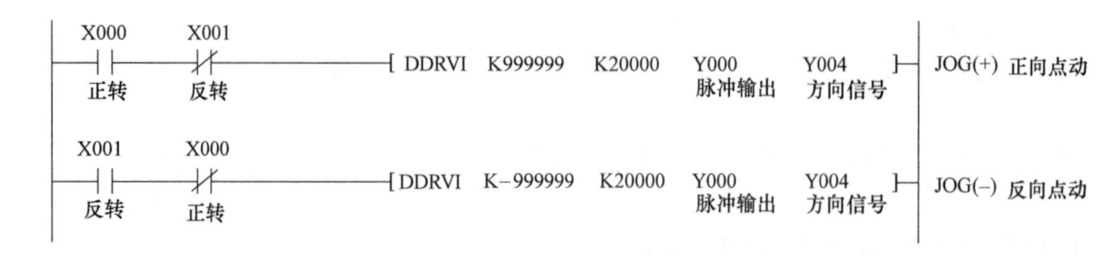

图 7-26 正向和反向点动梯形图

（2）使用 PLC 发送脉冲实现相对定位运动

【例 7-4】 通过 PLC 直接使用脉冲指令发送脉冲的方式实现相对定位。

通过 PLC 产生信号送到 PP 和 NP，由 Y000 产生脉冲信号接到 PP，见表 7-16 中 PA13=0111 时的脉冲序列，由 Y001 产生方向信号接到 NP，Y001 为 ON 或 OFF 可控制正反转。另外，DOCOM、OPC、EM2、LSP、LSN 和 SON 接 DC 24V-，DICOM 接 DC 24V+。PLC 与伺服放大器的接线图在此省略。

使用 MR Configurator2 软件进行参数设置，与表 7-16 相同。

梯形图如图 7-27 所示，当 X001=ON 电动机起动，X003=ON 为正转，X004=ON 为反转。使用 PLSY 指令发脉冲，Y000 为输出脉冲，Y001 为方向信号。

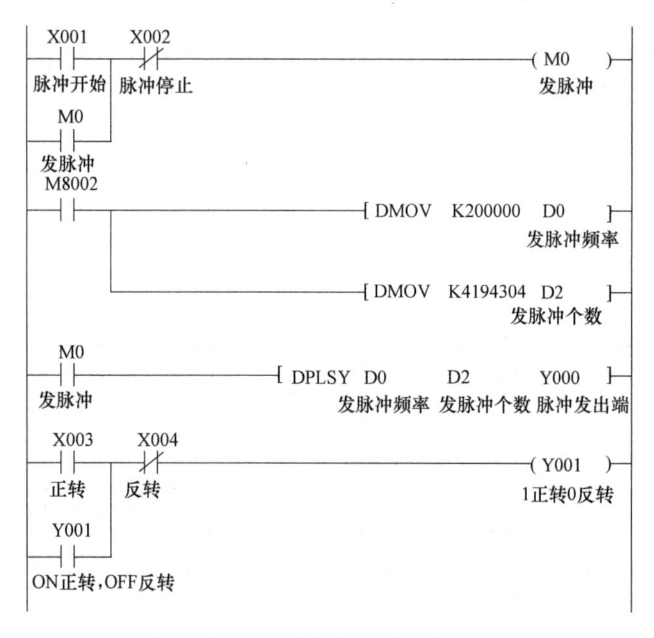

图 7-27 使用 PLC 发送脉冲实现相对定位运动梯形图

7.5.2 绝对定位运动

绝对定位是以原点为基准指定位置进行定位并指定移动的距离，与起点的位置没关系。

绝对位置检测系统仅需在安装机械时设定原点，接通电源后无需进行原点复位。即使在停电和发生故障时，也能很容易进行复位。

通过 PLC 直接与 MR-J4 伺服放大器连接也可以实现绝对定位，但只有位置控制方式，伺服放大器的端子定义与相对定位的端子定义不同，有专为绝对定位设置的端子 ABSM、ABSR、ABSB0、ABSB1 和 ABSB2。

【例 7-5】　设计绝对定位伺服控制系统，通过输入接口读出位置数据，绝对定位伺服放大器接线如图 7-28 所示。

使用绝对定位伺服控制，伺服放大器 MR-J4 和 FX3U 系列 PLC 的接线见表 7-17。另外，DOCOM、OPC、EM2、LSP 和 LSN 接 DC 24V－端，DICOM 接 DV 24V+端。

绝对定位使用 DRVA 指令实现，梯形图如图 7-29 所示。当 X003＝ON，绝对定位控制输出，输出绝对定位脉冲数 9999，频率为 2000Hz，以原点为基准位置，移动指定距离。

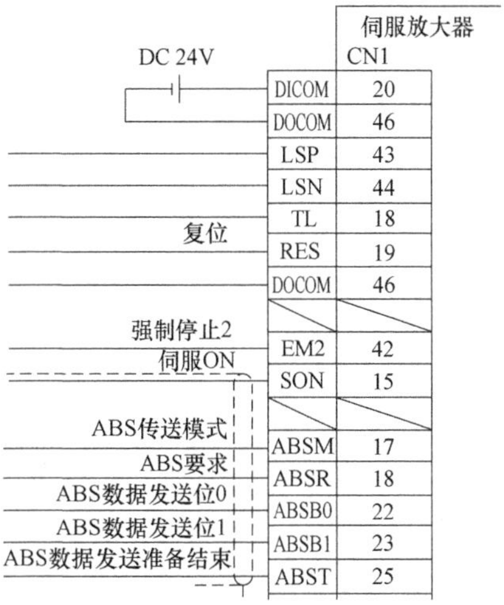

图 7-28　绝对定位伺服放大器接线图

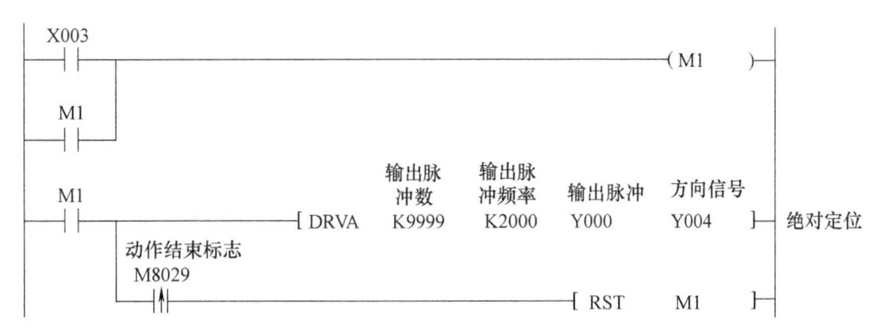

图 7-29　绝对定位梯形图

表 7-17　伺服放大器接线表

编号	简称	名称	连接
CN1-22	ABSB0	ABS 数据发送 0	X010
CN1-23	ABSB1	ABS 数据发送 1	X011
CN1-25	ABST	ABS 数据发送准备结束	X012
CN1-17	ABSM	ABS 传送模式	Y006
CN1-18	ABSR	ABS 要求	Y007
CN1-15	SON	伺服系统 ON	Y005
CN1-10	PP	脉冲串	Y000
CN1-35	NP	方向信号	Y001
CN1-41	CR	清零信号	X010
CN1-49	RD	准备完成	X014

使用 DABS 指令可以读出当前位置数据，每次数据传送开始时 SON＝ON，ABSM＝ON，伺服开始 ABS 传送模式。ABSR＝ON 时请求 ABS 绝对位置数据。梯形图如图 7-30 所示，X010～X012 接收伺服放大器当前值数据，Y005～Y007 向伺服放大器发出读取信号，将数据读入 D8340。

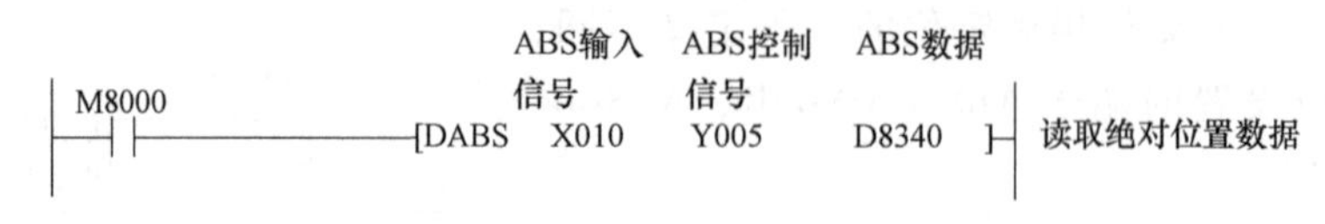

图 7-30　绝对位置读取梯形图

7.6　速度控制方式

速度控制是使负载按某一确定的速度曲线进行运动，例如电梯实现平稳升降就是使用速度控制来实现的。

位置控制（P）、速度控制（S）和转矩控制（T）三种方式的信号端子如图 7-31 所示，每列对应不同的控制方式端子设置。可以看到不同控制方式的端子功能设置不同，速度控制端子没有脉冲输入端子 NP、PP 等，使用 SP1、SP2 等实现速度控制。

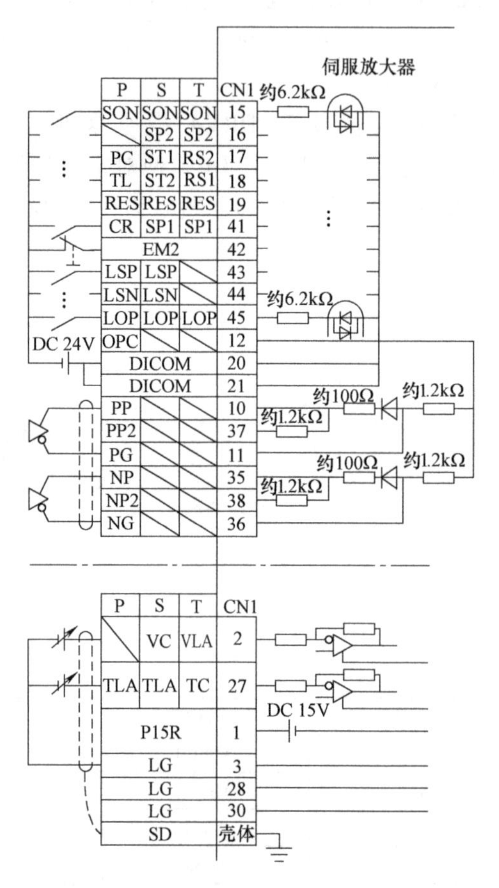

图 7-31　MR-J4 的三种控制方式端子图

7.6.1　分段速度控制

微课 7-3　伺服电动机的三段速控制

【例 7-6】　采用速度控制方式实现伺服电动机控制小车运行，采用三段速控制。

控制要求：小车停在起点 X005＝ON，当 X000＝ON 时起动，以 100r/min 转速正转运行，当 X001＝ON 时以 200r/min 运行，当 X002＝ON 时以 150r/min 运行，当 X003＝ON 时以 150r/min 反转运行，X005＝ON 停止。

伺服放大器的接线端子见表 7-18，DOCOM、EM2、LSP、LSN 和 SON 接 DC 24V－端，DICOM 接 DV 24V+端。

表 7-18　伺服放大器接线端子表

编号	伺服放大器端子	功能	PLC 输出端	PLC 输入端	功能
CN1-17	ST1	正转起动	Y000	X000	起动
CN1-18	ST2	反转起动	Y001	X001	位置 1
CN1-41	SP1	速度选择 1	Y002	X002	位置 2
CN1-16	SP2	速度选择 2	Y003	X003	位置 3
				X005	原点位置

使用 MR Configurator2 软件进行参数设置，使用 SP1 和 SP2 可以设置出 3 种速度，参数设置见表 7-19。

表 7-19　伺服放大器参数设置表

编号	简称	名称	设置值	
PA01	STY	运行模式	1002 速度控制	
PC02	STA	速度加速时间常数	500ms	
PC01	STB	速度减速时间常数	500ms	
PC05	SC1	内部速度指令 1	100r/min	SP1 和 SP2 为 01
PC06	SC2	内部速度指令 2	150 r/min	SP1 和 SP2 为 10
PC07	SC3	内部速度指令 3	200 r/min	SP1 和 SP2 为 11

编写梯形图，使用 SP1 和 SP2 选择 3 段速，采用状态编程法构成的 SFC 图如图 7-32 所示。

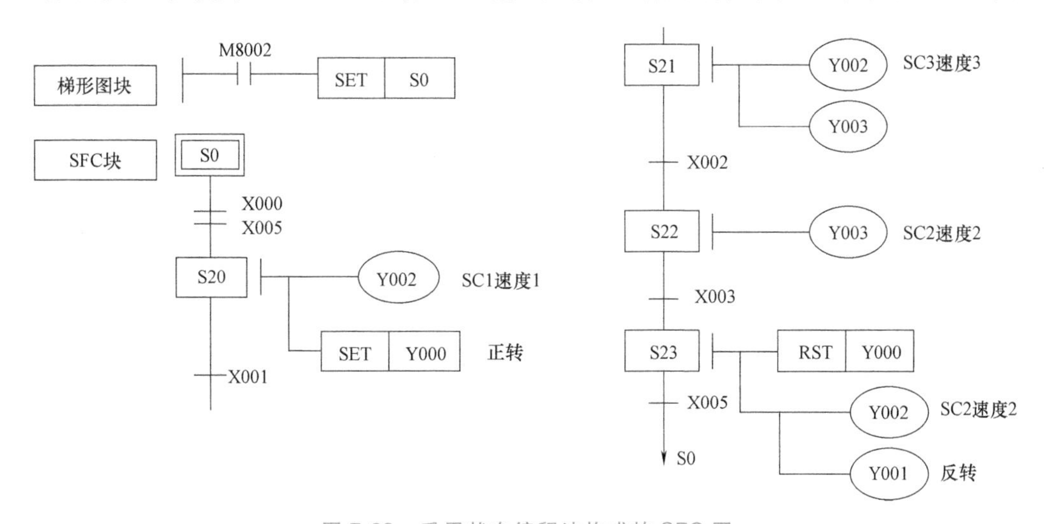

图 7-32　采用状态编程法构成的 SFC 图

分段调速也可以使用 SP1~SP3 进行组合，从而实现最多 7 段的调速。

7.6.2　模拟量速度控制

除了分段控制速度之外，还可以使用电压输入连续调节速度。

使用变阻器实现速度控制的接线图如图 7-33 所示，P15R、VC 和 LG 用于输入模拟电压，因此通过调整图 7-33 中的两个变阻器可以实现连续调整速度。伺服放大器的接线见表 7-20。

表 7-20　伺服放大器的接线表

编号	简称	名称	连接
CN1-17	ST1	正转起动	Y000
CN1-18	ST2	反转起动	Y001
CN1-1	P15R	DC 15V 电源输出	变阻器
CN1-28	LG	控制电源公共端	公共端
CN1-2	VC	模拟速度指令	变阻器

伺服放大器
ST1
ST2
DC 24V
DICOM
P15R
2kΩ
2kΩ
VC
LG
SD

图 7-33　使用变阻器实现速度控制的接线图

另外，DOCOM、OPC、EM2、LSP、LSN 和 SON 接 DC 24V-端，DICOM 接 DC 24V+端。

使用 MR Configurator2 软件进行参数设置，设置运行模式 STY=1002。如果需要在速度模式下限制转矩，可以用 PA11 和 PA12 参数设置正转和反转转矩限制。

7.7 转矩控制方式

转矩控制用于维持转矩恒定或遵循某一规律变化，例如造纸和带式输送机的张力控制就是转矩控制。转矩控制可以确保加工尺寸精度，防止变形。图 7-34 是转矩控制的典型实例。

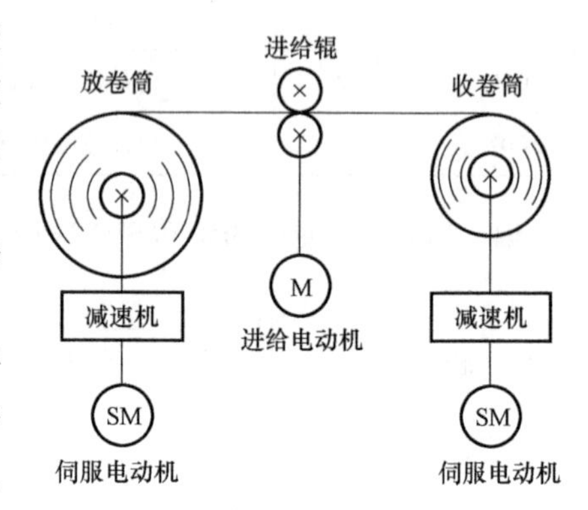

图 7-34　转矩控制的典型实例

转矩控制时的速度由负载决定，伺服系统中的转矩控制主要由电流控制环完成。

转矩控制的接线图如图 7-31 所示，主要控制端子的接线见表 7-21。可以使用 SP1 和 SP2 分段控制转速，也可以使用外部模拟电压来调整转速。另外，DOCOM、EM2 和 SON 接 DC 24V-端，DICOM 接 DC 24V+端。

表 7-21　伺服放大器接线表

编号	简称	名称
CN1-17	RS1	正转起动
CN1-18	RS2	反转起动
CN1-41	SP1	速度选择 1
CN1-16	SP2	速度选择 2
CN1-1	P15R	DC 15V 电源输出
CN1-27	TC	±8V 模拟输入
CN1-28	LG	控制电源公共端
CN1-2	VLA	±10V 模拟输入

在 MR Configurator2 软件中进行参数设置，设置运行模式 STY=1004，并使用 PC13 设置 ±8V 所对应的最大转矩，PC38 设置偏置电压。

习　　题

7-1　举例说明伺服控制系统的应用场合。

7-2　伺服放大器的速度控制、位置控制和转矩控制分别控制检测哪些反馈信号？

7-3　说明 MR-J4 伺服放大器的三环控制之间是什么关系。

7-4　如果丝杠的螺距是 5mm，伺服电动机旋转一周为 4000 个脉冲，那么移动 10mm 需要多少个脉冲？

7-5　伺服电动机旋转一周编码器反馈 131072 个脉冲，如果 PLC 旋转一周发出 5000 个脉冲，电子齿轮比是多少？

7-6　说明原点回归的过程和作用。

7-7　使用绝对定位指令 DRVA 起动伺服电动机，编写梯形图并测速。

7-8　使用相对定位指令 DRVI 让伺服电动机先正转，停 2s 后反转，编写梯形图实现。

第8章　PLC控制系统设计及应用实例

前面的章节详细介绍了三菱 FX3U 系列 PLC 的硬件基本结构与工作原理，以及指令系统与编程方法。本章综合 PLC 控制系统的设计方法和步骤，介绍几个典型的 PLC 控制系统设计应用实例。在进行系统设计时，不仅要进行专业设计，还要综合考虑多方面因素，从经济角度考查值不值得做，从社会角度考虑该不该做。

8.1　PLC 控制系统设计的基本内容

PLC 控制系统的设计以 PLC 为中心，组成电气控制系统，实现对生产设备或过程的控制。

8.1.1　设计步骤

PLC 控制系统的设计一般要采取以下步骤进行，如图 8-1 所示。

1. 熟悉被控对象，明确控制要求

PLC 控制系统应最大限度地满足工艺要求。在设计时首先应深入现场进行调查研究，收集资料，分析系统的工艺要求，对被控对象的工艺流程、工作特点、环境条件、用户要求进行全面的分析，并与机械部分的设计人员和实际操作人员密切配合，确定优选控制方案。

我国老一辈工程技术人员有很多感人的事例，在 1960 年冬天，自动控制及系统工程专家郑维敏就带领着学生为首钢 300 小型连轧厂提供技术支援，他们与厂里的技术工人紧密合作，连续几个月深入在现场，使这座自动化的连轧厂顺利投产。

2. 确定系统结构

根据生产工艺和机械运动的控制要求，确定所需要的输入输出设备。确定电气控制系统是手动、半自动还是自动的，是单机控制还是多机控制的。确定系统的功能，包括显示、故障报警、通信和联网等。

此外，还要选择 PLC 的机型和容量，选择 I/O 模块、电源模块等，并确定输入设备（按钮、操作开关、限位开关、传感器等），输出设备（继电器、接触器、信号灯等执行元件）以及由输出设备驱动的控制对象（电动机、电磁阀等），准备好设备的电气元件清单。

3. 硬件和软件设计

（1）硬件设计　硬件设计包括 PLC 选型、输入输出配置以及电气线路的设计与安装，包括外部电路、电气控制柜和控制台的设计、安装、接线。需要绘制电路原理图，输入输出接线图以及位置安装图等。

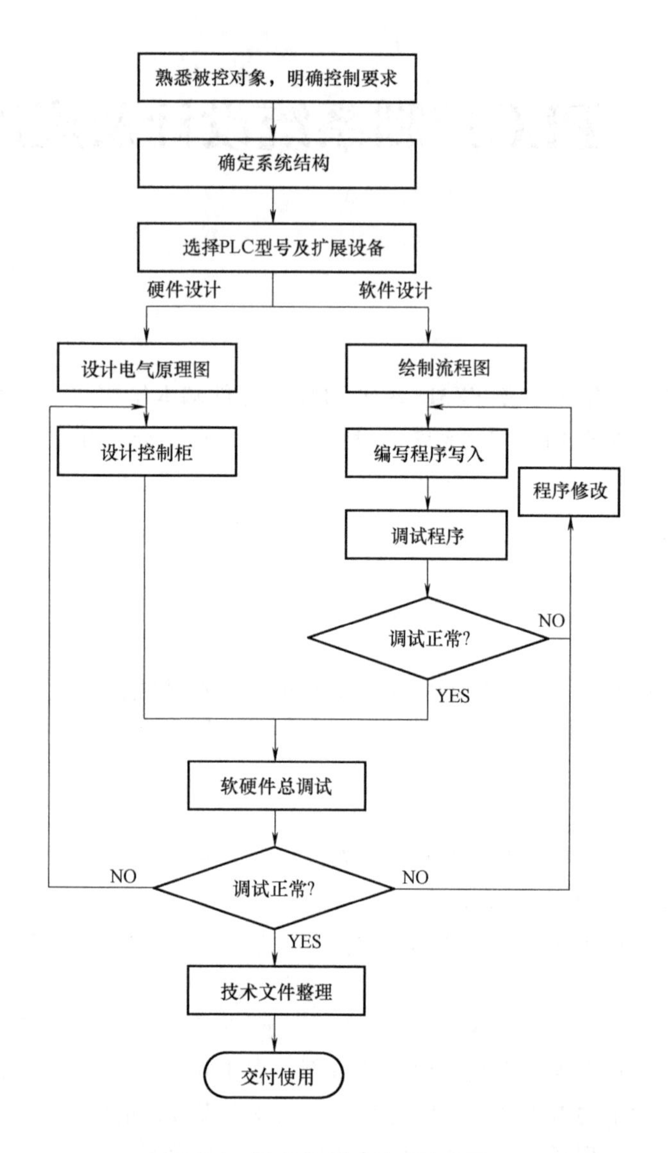

图 8-1　PLC 控制系统设计步骤

（2）软件设计　对于较复杂的控制系统，需要按功能绘制系统软件流程图，设计出梯形图，编制程序清单，将程序输入 PLC。

设计完成后，应对程序进行模拟调试，并修改程序。对复杂的程序应先进行分段调试，然后进行总调试。

4. 软硬件总调试

PLC 控制系统设计和安装好以后，进行软硬件总调试。先对各单元环节和各电气控制柜分别调试，然后按照系统动作顺序，逐步进行联合调试；如果有问题应先修改软件，必要时调整硬件，直到满足要求为止。最后将程序固化到可擦除的只读存储器（EEPROM）长期保存。

随着计算机技术的发展、智能制造概念的推进，使用仿真技术在虚拟环境中进行PLC软硬件总调试的方案也在推广中，该方案可以运用数字孪生技术通过仿真模型进行调试。

5. 技术文件整理

软硬件总调试和运行成功以后，应整理技术资料，编写技术文件。技术文件包括电气原理图、接线图、位置安装图、程序清单、调试运行情况和使用维修说明书等。

8.1.2　PLC选型

PLC的选型是设计控制系统当中的一个重要环节，主要从以下几个方面来考虑。

1. 规模与控制要求相适应

首先要确保有足够的输入输出点数，并留有一定的余量，一般要有10%~20%的备用量以便将来调整或扩充。输入输出点数少，可选用小型PLC，如果控制系统较大，输入输出点数较多，被控设备较分散，可以选用中型或大型PLC。

2. 功能结构与控制要求相适应

对于以开关量进行控制的系统，一般的低档机就能满足要求。对于带少量模拟量控制的系统，应选用带A/D和D/A转换，具有数据处理功能的机型。对于控制需求比较复杂，控制性能要求较高的系统，例如要求实现复杂PID运算、大规模过程控制、全PLC的分布式控制系统、通信联网等，可选用中档或高档机。对于工艺过程比较固定、环境条件较好（维修量较小）的场合，可选用整体式结构PLC。其他情况可选用模块式结构PLC。

3. 存储器容量

根据控制要求不同，选择不同容量的存储器，可以用以下方法粗略估算用户程序内存。

1）内存容量指令条数是I/O总点数的10~15倍。

2）也可以综合考虑内存指令条数等于6×IO总点数+2×(T+C)，其中T为定时器个数，C为计数器个数。

3）对于复杂的系统，需要考虑增加内存容量，即模拟量通道数×100（字）和通信接口数×300（字）。

4. 输入、输出功能及负载能力的选择

输入模块应考虑现场输入信号与PLC输入模块的距离远近来选择工作电压，对于高密度的输入模块，应根据输入电压和周围环境温度考虑允许同时接通的点数。

输出形式有继电器型输出、晶体管型输出和晶闸管型输出，晶体管型输出和晶闸管型输出是无触点输出，其优点是可靠性高、响应速度快、寿命长，缺点是价格高、过载能力差，对感性负载断开瞬间的反向电压必须采取抑制措施。继电器型输出的优点是适用电压范围宽、导通压降损失小、价格便宜，缺点是寿命短、响应速度慢。此外，还要看输出模块的驱动能力和整个模块的满负载能力，即输出模块同时接通点数的总电流值不能超过该模块规定的最大允许电流值。

为了提高抗干扰能力，输入、输出均应选用具有光电隔离的模块。

5. 扩展模块配置

多数小型PLC是整体结构，需要多种扩展单元和扩展模块进行组合，而模块式结构的

PLC 是采用主机模块与 I/O 模块、特殊功能模块组合使用的方法。

各 PLC 生产厂家都提供了多种特殊功能模块，除了 A/D 转换和 D/A 转换的模拟量 I/O 模块外，还有温度模块、定位模块、高速计数模块、脉冲计数模块以及网络通信模块等。

8.1.3 程序设计的方法

程序设计的方法很多，常用的设计方法包括经验法、模块法、逻辑代数法、图解法、状态转移法和翻译法等。

1. 经验法

经验法是根据典型电路的设计经验，比如起保停电路、互锁电路、顺序控制电路、方波电路、分频电路等进行组合，实现系统的设计。这种方法的缺点是可能会使用较多软元件，程序不够简洁。

若梯形图的基本模式为起保停电路，其根本点是找出起动和停止的工作条件。对于较复杂的控制要求，应正确分析控制要求，并确定控制的各关键点，关键点应考虑并安排好用机内中间存储软元件来代表。

2. 模块法

在编写较复杂程序时，可将程序分成几个控制模块，比如初始化模块、手动程序模块、自动程序模块、系统演示模块和故障处理模块等。各模块单独编程，通过主程序和子程序的调用实现整个系统的运行。

3. 逻辑代数法

根据组合逻辑或时序逻辑，使用与、或、非等逻辑运算列出输出变量的逻辑关系表达式，利用逻辑代数的基本定律和运算法则，使用并项、扩项、提取公因子等方法进行化简，根据表达式写出梯形图。这种编程方法，逻辑关系清楚，程序简洁。

典型的起保停电路，其中 X000 为起动信号，X001 为停止信号，Y000 触点表示自锁。梯形图可以将输出线圈 Y000 的逻辑表达式写成

$$Y000=(X000+Y000)\cdot\overline{X001} \tag{8-1}$$

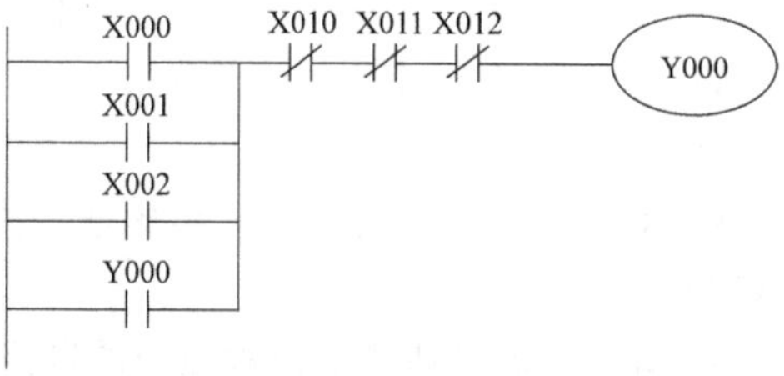

图 8-2 多地点起动和停止梯形图

在使用逻辑代数法时，输出线圈表达式可以采用起保停的形式，找出起动信号和停止信号，当多个信号都可以起动则采用并联，当多个信号都可以停止则采用串联。

例如，为在三个地方都可以实现起动和停止控制，没有自锁，则逻辑表达式为

$$Y000=(X000+X001+X002+Y000)\cdot\overline{X010}\cdot\overline{X011}\cdot\overline{X012} \tag{8-2}$$

根据表达式设计的梯形图如图 8-2 所示。

4. 图解法

图解法是通过绘制时序图、波形图等实现设计，例如设计交通信号灯控制电路应先绘制出时序图，然后编写梯形图。

5. 状态转移法

对于较为复杂的加工程序，可将控制过程分成若干个状态，并可以使用分支结构，绘制程序流程图和状态转移图。

6. 翻译法

翻译法是将继电器的控制电路原理图直接翻译成梯形图的方法，对于熟悉机电控制的人员来说，通常在技术改造中使用这种方法。

8.1.4　程序设计的原则

在进行程序设计时，不仅要完成功能，使系统运行准确，还应该精益求精，力求完美，围绕以用户为中心的原则，注重方便用户长期使用，避免安全隐患，便于系统更新维护等方面。

1. 可读性

设计的程序可读性在程序设计开始时就要注意，不要等程序设计完再修补。随着系统变化和功能更新，可读性既方便自己调试和修改，又便于其他人的日常维护和技术推广。

1）增加程序注释，程序块注释。包括每块程序的注释，关键段代码的用途注释，I/O变量和中间变量的注释。

2）设计的程序流程要清晰，注意模块化设计。

3）I/O 接口的设计有规律，便于记忆与理解。

4）程序在设计时就对调试留有一定的余地，在调试完再进行删减整理。例如，在程序中增设手动开关，方便在自动运行时中断维修。

2. 简单性

程序设计可使用标准化的程序框架，优化程序结构，用流程控制指令简化程序。经常使用的功能，可以做成子程序，多次调用。

3. 可靠性

在设计时要考虑到急停、过载、超限、超时等情况，另外也要对非正常工作条件（如临时停电）或非法操作（如一些按钮不按顺序按，或同时按若干按钮）有防备。对非正常工作条件的出现，可以通过增加互锁等方式，使程序不会因为误操作出错，也可以增加一段程序用于处理误操作情况，使其回到正常的程序。

4. 方便性

在输入输出的用户交互设计中，以用户为中心，输入操作考虑方便用户，使用按钮、旋钮等方式，避免复杂容易误操作的设计。输出采用指示灯、数码管、触摸屏等方式，让用户能够了解运行的中间过程。

5. 扩展性

在使用时可能会需要扩展功能，因此设计时在硬件和软件上应考虑到扩展性。硬件上留出足够的余量，包括 I/O 接口以及通道口，软件上在编写时将手动、自动和半自动调试方式预留好。

6. 报警和故障处理

对工业现场中可能出现的情况，在设计时要设置声光等方式进行报警。

故障处理时设置手动处理和自动处理，程序设置总复位功能，便于在设备出现故障情况下尽快恢复设备正常工作。

8.2 全自动洗衣机程序设计

在第 5 章中介绍了采用状态编程方法对全自动洗衣机进行设计，在本节将采用模块法、逻辑代数法和主控指令实现程序的设计。

全自动洗衣机的控制要求：按电源按钮，起动全自动洗衣机电源，当按标准洗涤按钮，执行进水→正反转洗涤→排水→脱水 2s，整个过程循环洗涤 3 次，蜂鸣器响 3s 后停机，其中正反转洗涤是正转 2s→停 1s→反转 2s→停 1s，共循环 3 次。在洗涤过程的任何时刻均可按停止按钮使其停机，若要再洗涤则按标准洗涤按钮进行操作。

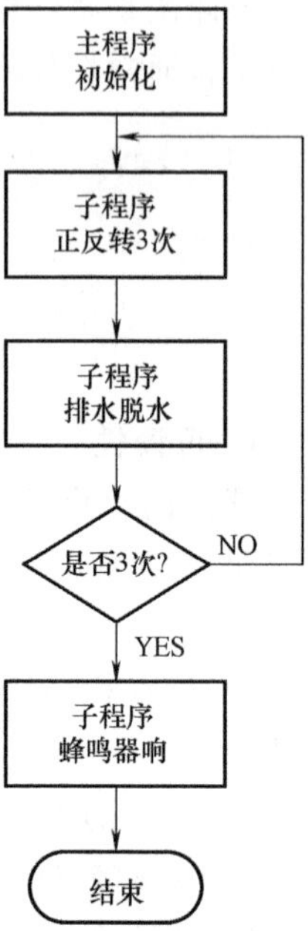

8.2.1 采用多个子程序模块法设计

【例 8-1】 使用模块法设计全自动洗衣机的控制过程。

1. 设计思路

采用模块法设计，洗衣机的运行过程可以单独分成几个模块，因此使用 3 个子程序分别实现正反转 3 次洗涤、排水脱水和蜂鸣器报警，程序流程图如图 8-3 所示。

图 8-3 程序流程图

2. 输入输出分配表

输入输出分配见表 8-1，定时器、计数器和中间继电器的功能见表 8-2。

表 8-1 输入输出分配表

输入		输出	
X000	起动按钮	Y010	电源灯
X001	标准洗涤按钮	Y000	进水
X002	进水设定水位	Y002	正转洗涤
X003	排水设定水位	Y003	反转洗涤
X010	停止按钮	Y004	排水
		Y005	脱水
		Y006	蜂鸣器响

表 8-2 定时器、计数器和中间继电器分配表

计数器		定时器		中间继电器	
C0	正反转洗涤计数 3 次	T1	正转洗涤计时 2s	M1	进水
		T2	暂停计时 1s	M4	排水
C1	从进水开始到脱水循环洗涤 3 次	T3	反转洗涤计时 2s	M100	正反转 3 次循环
		T4	暂停计时 1s		
		T5	脱水计时 2s	M101	正反转 1 次
		T6	报警计时 3s		

3. 编写程序

1）主程序主要完成初始化和调用子程序的工作，如图 8-4 所示。

2）子程序包括 3 个：P10 为正反转 3 次洗涤，P11 为排水脱水子程序，P12 为蜂鸣器报警子程序。在正反转 3 次洗涤子程序中采用 FOR 和 NEXT 循环指令实现 3 次循环，梯形图如图 8-5 所示。

3）排水脱水子程序如图 8-6a 所示。

4）蜂鸣器报警子程序如图 8-6b 所示。

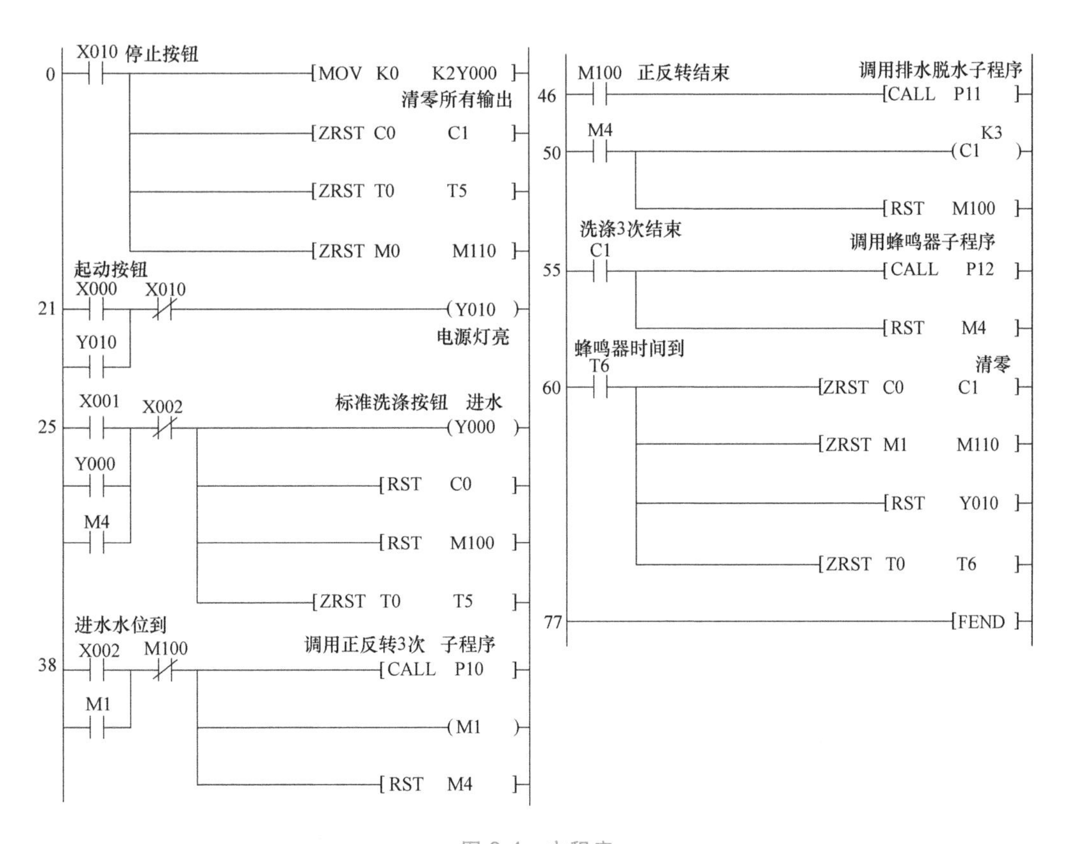

图 8-4　主程序

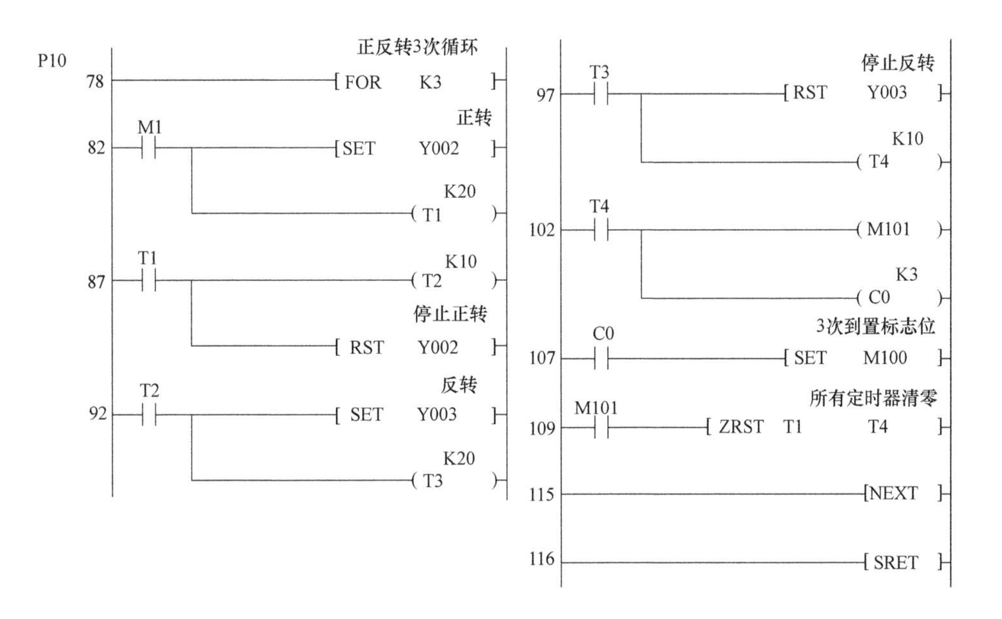

图 8-5　正反转 3 次洗涤子程序

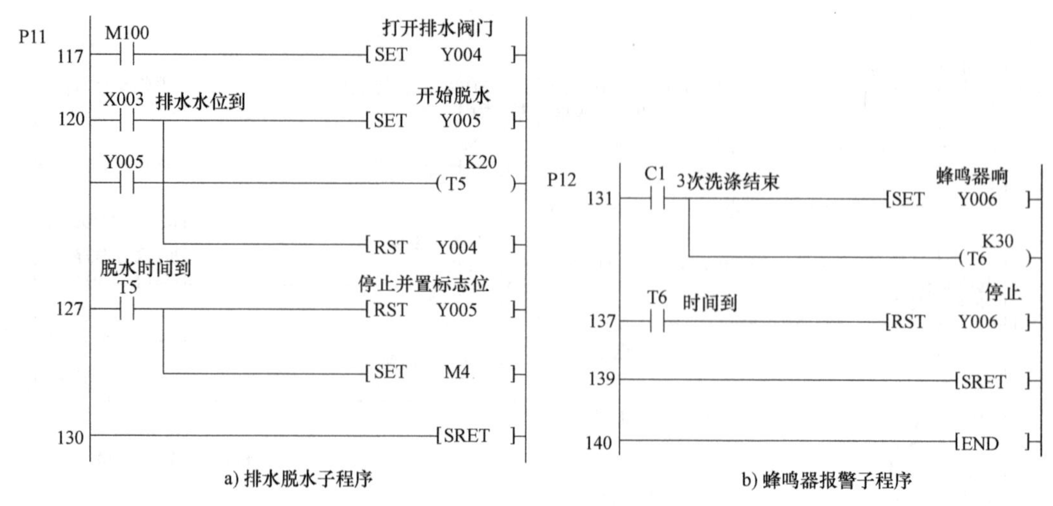

图 8-6 排水脱水和蜂鸣器报警子程序

使用主程序和子程序调用，可以将功能模块化，使结构清晰。在编程时为了避免因指令顺序的问题造成运行错误，本程序中对输出软元件多使用 SET 和 RST 指令。

8.2.2 采用逻辑代数法设计

【例 8-2】 使用逻辑代数法设计洗衣机的控制程序。

洗衣机的输入输出分配表与表 8-1 相同，定时器/计数器/中间继电器分配见表 8-3。

表 8-3 定时器/计数器/中间继电器分配表（例 8-2）

计数器		定时器		中间继电器	
C0	正反转洗涤计数 3 次	T1	正转洗涤计时 2s	M1	正反转一次
C1	从进水开始到脱水循环洗涤 3 次	T2	暂停计时 1s	M2	完整洗涤过程结束
		T3	反转洗涤计时 2s	M3	正转结束
		T4	暂停计时 1s	M4	反转结束
		T5	脱水计时 2s	M5	排水结束
		T6	报警计时 3s		

1. 电源灯 Y010 逻辑表达式

当按下 X000 按钮，电源灯亮，按下 X010 按钮时停止，梯形图如图 8-7 所示，逻辑表达式为

$$Y010=(X000+Y010)\cdot\overline{X010} \tag{8-3}$$

2. 进水电磁阀 Y000 逻辑表达式

当按下 X001 按钮时起动，当洗完一次及脱水定时器 T5 时间到，起动第二次进水，停止条件是进水水位 X002 达到以及按下停止按钮 X010，梯形图如图 8-8 所示，得出逻辑表达式为

$$Y000=(X001+T5+Y010)\cdot\overline{X010}\cdot\overline{X002} \tag{8-4}$$

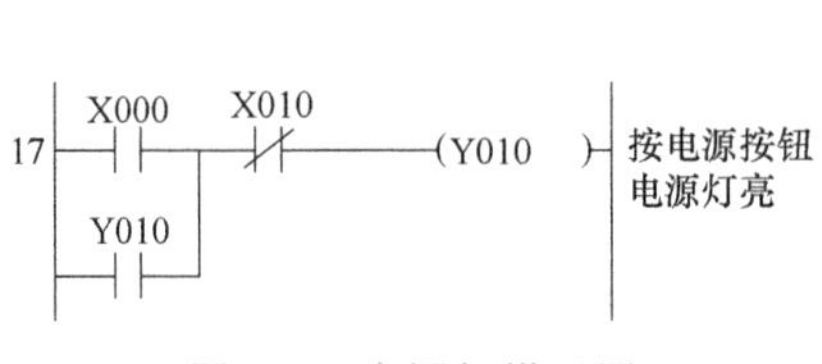

图 8-7 电源灯梯形图

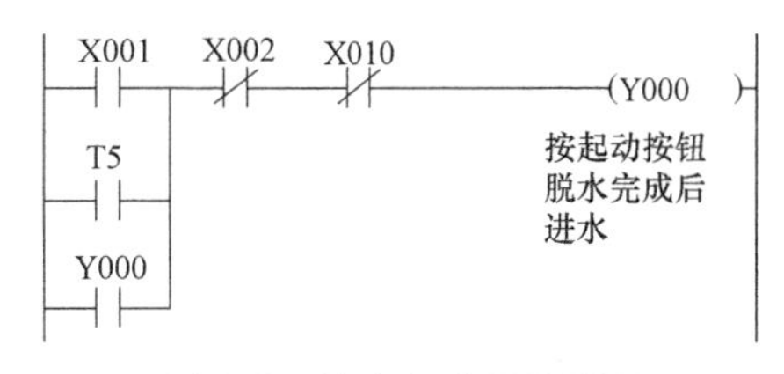

图 8-8 进水电磁阀梯形图

3. 正转电动机 Y002 逻辑表达式

进水水位达到 X002 时起动，或当正反转一次后 M1 标志位接通时起动，停止条件是定时器 T1 接通，或正反转 3 次后 C0 接通，得出的梯形图如图 8-9 所示，逻辑表达式为

$$Y002=(X002+M1+Y002)\cdot\overline{X010}\cdot\overline{T1}\cdot\overline{C0} \tag{8-5}$$

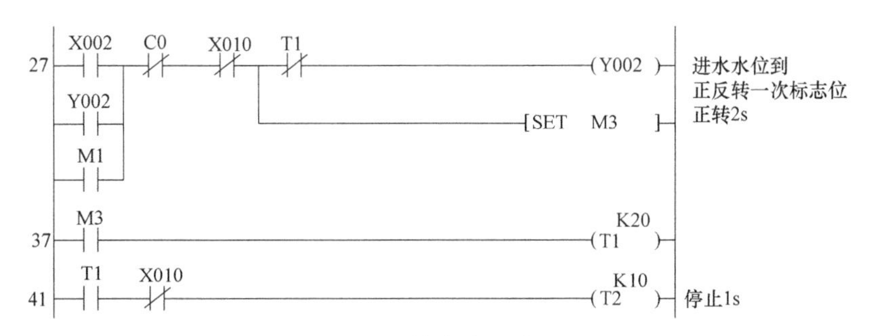

图 8-9 正转电动机梯形图

4. 反转电动机 Y003 逻辑表达式

当正转停止时间 T2 到时起动，停止条件是定时器 T3 接通和停止按钮 X010 按下，得出的梯形图如图 8-10 所示，逻辑表达式为

$$Y003=(T2+Y003)\cdot\overline{X010}\cdot\overline{T3} \tag{8-6}$$

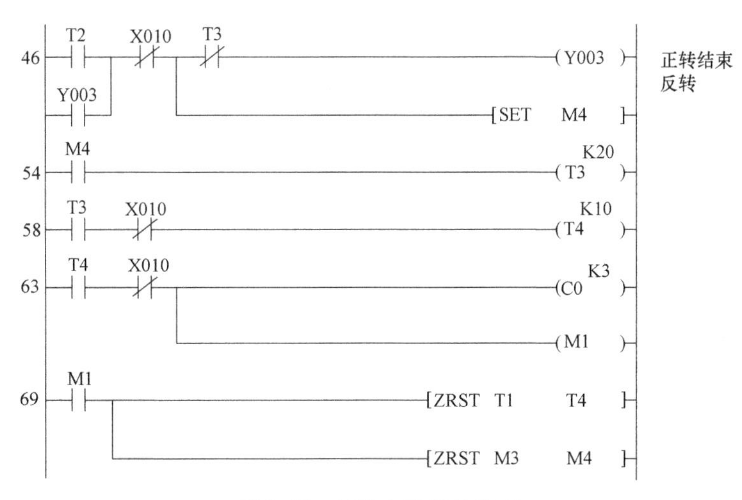

图 8-10 反转电动机梯形图

5. 脱水 Y004 和排水 Y005 逻辑表达式

梯形图如图 8-11 所示，逻辑表达式为

$$Y004=(C0+Y004)\cdot\overline{X010}\cdot\overline{X003} \tag{8-7}$$

$$Y005=(X003+Y005)\cdot\overline{X010}\cdot\overline{T5} \tag{8-8}$$

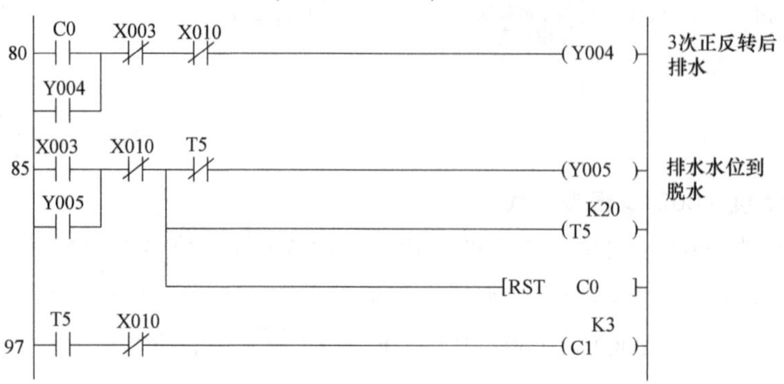

图 8-11　脱水和排水梯形图

6. 蜂鸣器 Y006 逻辑表达式

梯形图如图 8-12 所示，逻辑表达式为

$$Y006=C1\cdot\overline{X010}\cdot\overline{T6} \tag{8-9}$$

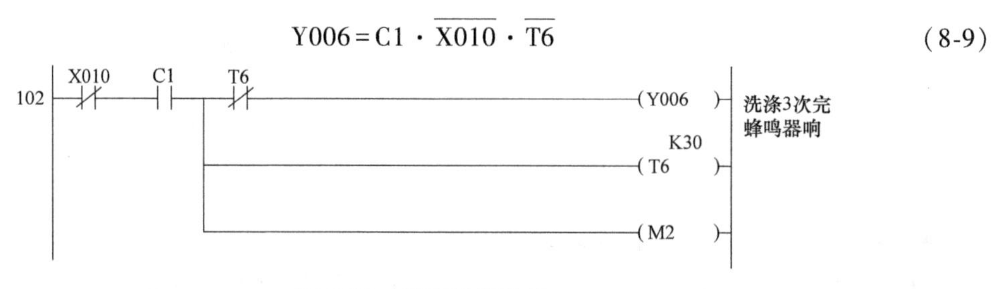

图 8-12　蜂鸣器梯形图

7. 在程序开始时初始化和在最后清零计数器

计数器需要初始化和清零，梯形图如图 8-13 所示。

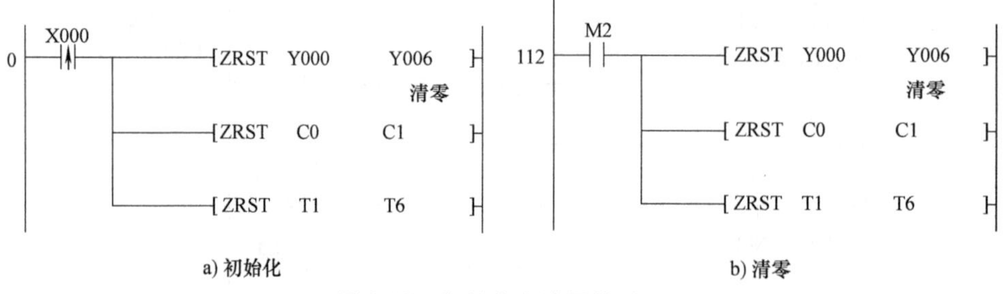

图 8-13　初始化和清零梯形图

可以看出采用逻辑代数法的梯形图比较简洁，减少了很多冗余的软元件和指令。

8.2.3　采用主控嵌套结构设计

主控指令 MC 可以用来实现程序的分段，即使用一个或一组触点控制多个线圈。

【例 8-3】　采用三层主控嵌套结构实现洗衣机的控制程序。

采用主控指令 MC 和 MCR 形成三层嵌套，将从进水开始的洗涤大循环作为第一层主控结构，当按停止按钮 X010 跳出主控；正反转 3 次作为第二层主控结构，正反转 1 次为第三层主控结构。

洗衣机的输入输出分配表与表 8-1 相同，定时器/计数器/中间继电器的分配见表 8-4，梯形图如图 8-14 所示。

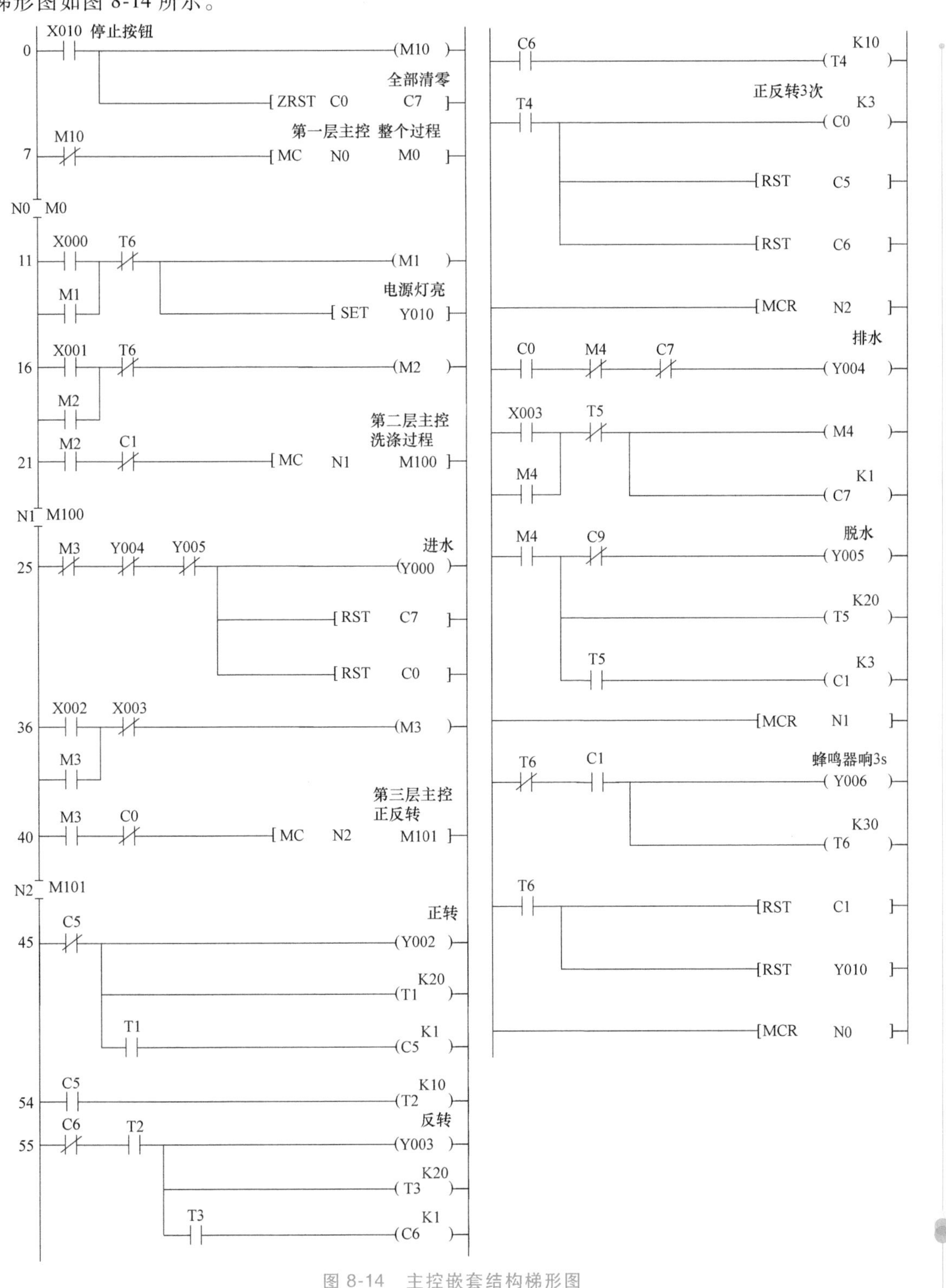

图 8-14　主控嵌套结构梯形图

使用主控指令结构的好处是可以按条件进行功能分块，将满足相同条件的功能放在同一个主控结构中。

表 8-4　定时器/计数器/中间继电器分配表（例 8-3）

计数器		定时器		中间继电器	
C0	正反转洗涤计数 3 次	T1	正转洗涤计时 2s	M0	洗涤大循环
C1	从进水开始到脱水循环洗涤 3 次	T2	暂停计时 1s	M1	进水
C5	正转洗涤 1 次	T3	反转洗涤计时 2s	M2	标准洗涤
C6	反转洗涤 1 次	T4	暂停计时 1s	M3	进水结束
C7	排水 1 次	T5	脱水计时 2s	M4	排水
		T6	报警计时 3s	M100	正反转 3 次循环
				M101	正反转 1 次

8.3　水箱水位控制程序设计

8.3.1　PID 控制

PID 控制是应用最广泛的闭环控制算法，具有较强的实用性和灵活性，能够对系统的稳定性、快速性和准确性进行控制。

1. PID 控制器

典型的 PLC 闭环控制系统采用 PID 控制器，其框图如图 8-15 所示，需要进行 A/D 转换，将模拟量变成数字量送到 PID 控制器进行控制运算，运算结果则通过 D/A 转换送到执行机构，用来控制被控对象，PLC 在其中用于实现控制算法。

PID 控制器的运算公式为

$$mv(t) = K_{\mathrm{p}}\left[ev(t) + \frac{1}{T_{\mathrm{i}}}\int_0^t ev(t)\,\mathrm{d}t + T_{\mathrm{d}}\frac{\mathrm{d}ev(t)}{\mathrm{d}t}\right] \tag{8-10}$$

式中，K_{p} 为比例增益；T_{d} 为微分时间常数；T_{i} 为积分时间常数；$ev(t)$ 为误差信号，是 $sv(t)$ 设定值与 $pv(t)$ 测量值的差，$ev(t)=sv(t)-pv(t)$。

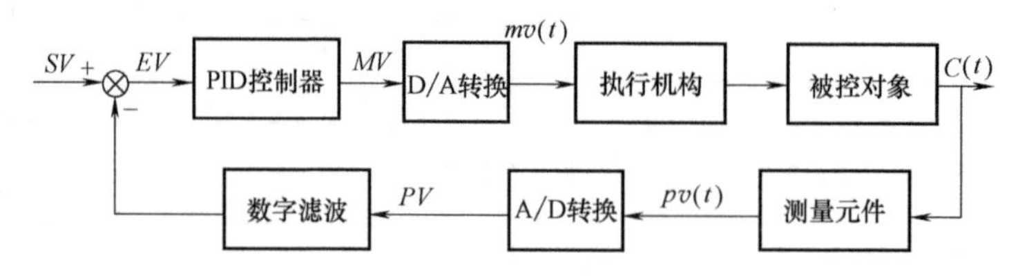

图 8-15　PLC 闭环控制系统框图

2. 正动作和反动作

正动作与反动作是指 PID 的输出值与测量值之间的关系，输出值增加则测量值也增加是正动作，反之是反动作。例如加热时温度升高是正动作，而制冷时压缩机功率增加温度降低，则是典型的反动作。

3. PID 指令

FX3U 系列 PLC 可提供 PID 指令，PID 指令的功能说明见表 8-5。

表 8-5　PID 运算指令的功能说明

指令代码位数	助记符	操作数				程序步
		S1,目标值(*SV*)	S2,测定值(*PV*)	S3,参数	D,输出值(*MV*)	
FNC 88 (16)	PID	D,R, U□\G□	D,R, U□\G□	D,R	D,R, U□\G□	9 步

D 指定输出值的数据寄存器，对应图 8-15 中的 *MV*，S1 对应 *SV*，指定目标值的数据寄存器，S2 对应 *PV*，指定测量值的数据寄存器，S3 指定参数的数据寄存器，参数占有 S3 指定的数据寄存器开始的 28 个数据寄存器，参数的功能表见表 8-6。

表 8-6　参数的功能表

设定项目			设定内容	说明
S3	采样周期(T_s)		1~32767ms	比运算周期短的值无法执行
S3+1	动作设定(ACT)	bit0	0:正动作 1:反动作	动作方向
		bit1	0:无输入变化量报警 1:输入变化量报警有效	
		bit2	0:无输入变化量报警 1:输入变化量报警有效	bit2 和 bit5 请勿同时置 ON
		bit3	不可以使用	
		bit4	0:自整定不动作 1:执行自整定	
		bit5	0:无输出值上下限设定 1:有输出值上下限设定	bit2 和 bit5 请勿同时置 ON
		bit6	0:阶跃响应法 1:极限循环法	选择自整定的模式
		bit7~bit15	不可以使用	
S3+2	输入滤波常数(α)		0%~99%	0 时表示无输入滤波
S3+3	比例增益(K_p)		1%~32767%	
S3+4	积分时间(T_i)		(0~32767)×100ms	0 时作为∞处理(无积分)
S3+5	微分增益(K_d)		0%~100%	0 时无微分增益
S3+6	微分时间(T_d)		(0~32767)×10ms	0 时无积分
S3+7~S3+19	被 PID 运算的内部处理占用,不可更改数据			
S3+20	输入变化量(增加侧)报警设定值		0~32767	动作方向(ACT):bit1=1 有效

（续）

设定项目		设定内容	说明
S3+21	输入变化量(减少侧)报警设定值	0~32767	动作方向(ACT):bit1=1有效
S3+22	输出变化量(增加侧)报警设定值	0~32767	动作方向(ACT):S3+1,bit2=1,bit5=0时有效
	输出上限的设定值	-32768~32767	动作方向(ACT):S3+1,bit2=0,bit5=1时有效
S3+23	输出变化量(减少侧)报警设定值	0~32767	动作方向(ACT):S3+1,bit2=1,bit5=0时有效
	输出上限的设定值	-32768~32767	动作方向(ACT):S3+1,bit2=0,bit5=1时有效
S3+24	报警输出 bit0	0:输入变化量(增加侧)未溢出 1:输入变化量(增加侧)溢出	动作方向(ACT):S3+1,bit1=1或是bit2=1时有效
	bit1	0:输入变化量(减少侧)未溢出 1:输入变化量(减少侧)溢出	
	bit2	0:输出变化量(增加侧)未溢出 1:输出变化量(增加侧)溢出	
	bit3	0:输出变化量(减少侧)未溢出 1:输出变化量(减少侧)溢出	
S3+25	*PV*值临界值(滞后)宽度	根据测量值的波动而设定	使用极限循环法需要的设定如下 动作设定(ACT)bit6:选择极限循环法(ON)时占用
S3+26	输出值上限	输出值的最大输出值设定	
S3+27	输出值下限	输出值的最小输出值设定	
S3+28	从自整定循环结束到PID控制开始为止的等待设定参数	-50%~32717%	

4. 自整定PID控制器的参数

使用自整定功能可以得到最佳的PID控制，自整定方法如下：

1）传送自整定用的输出值到PID指令的D指定的数据寄存器，自整定用的输出值应根据输出设备在输出可能最大值的50%~100%范围内选用。

2）设定自整定的采样时间、输入滤波、微分增益以及目标值等。

为了正确执行自整定，目标值的设定应保证自整定开始时的测定值与目标值之差要大于150以上。若不能满足大于150以上，可以先设定自整定目标值一次，待自整定完成后，再次设定目标值。

自整定时的采样时间应大于1s以上，并且要远大于输出变化的周期时间。

3）S3+1动作反向（ACT）的bit4设定为ON后，则自整定开始。自整定开始时的测定值达到目标值的变化量在$\frac{1}{3}$以上，则自整定结束，bit4设定为OFF。

注意：自整定应在系统处于稳态时进行，否则不能正确进行自整定。

5. PID 控制器的参数整定

PID 控制器的参数主要有 T_s、K_p、T_i 和 T_d 需要确定。

1）确定采样周期，采样周期越小，采样数据越密集。实际的采样周期应该去现场调试后确定，经验数据见表 8-7。

表 8-7　采样周期经验数据表

被控量	流量	压力	温度	液位	成分
采样周期/s	1~5	3~10	15~20	6~8	15~20

2）确定 K_p、T_i 和 T_d 可以调节输出的性能，其中 K_p 增大可以提高误差信号的比例部分提高快速性，当误差大时可能会调整过大；T_i 是积分时间常数，积分可以消除稳态误差，但如果积分太大会调整过头产生振荡；T_d 是微分系数，微分表示误差的变化率，具有提前的调整作用，可以提高快速性，当 PI 控制不理想时，可以加微分的超前作用来抵消滞后因素。

参数整定的方法可以采用先确定比例系数 K_p，去掉积分和微分项，输入为允许值最大值的 60%~70%，从零开始逐渐增大比例系数，直到系统出现振荡，再反过来减小比例系数，直到系统振荡消失，取此时比例系数 K_p 的 60%~70%；再将 T_i 按经验参数的范围，从大到小设置，直到系统出现振荡，再反过来直到系统振荡消失，记录 T_i 为此时的 150%~180%；在 PI 控制的基础上增加微分部分，提高快速性能，取不振荡的 30%左右。然后将系统加不同负载进行调试，微调各值，最后确定参数。

8.3.2　水箱的水位控制系统

【例 8-4】　设计水箱的水位控制系统，采用变频器控制水泵进水，出水为扰动量，使用 PLC 实现水箱水位的控制。

水箱水位控制的工作示意图如图 8-16 所示。使用 FX3U 系列 PLC 通过 FX3U-4AD 将液位计采集的液位信号输入，由 PLC 进行 PID 控制运算后，将信号通过 FX3U-4DA 转换成模拟量送到变频器 FR-A800，控制水泵实现进水控制，出水阀门可以通过开关直接控制，将液位数据显示在触摸屏上。

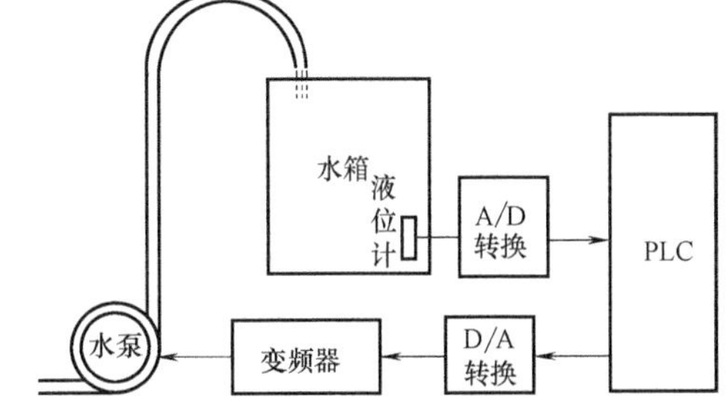

图 8-16　水箱水位控制的工作示意图

分别采用 X000 起动，X001 停止，Y001 接变频器正转，Y002 接出水电磁阀，系统的接线图如图 8-17 所示。

1. A/D 转换

使用 FX3U-4AD 模块实现 A/D 转换，模块单元号为 0。采用通道 1 电压输入，通道 2、3、4 不用，则 A/D 转换输入模式为 HFFF1，即通道 1 电压输入模式，模拟量输入范围是 -10~10V，数字量输出范围是-4000~4000，送到#0BFM 单元地址为 U0\G0，A/D 转换结果送到 D0，则 A/D 转换指令如图 8-18 所示。

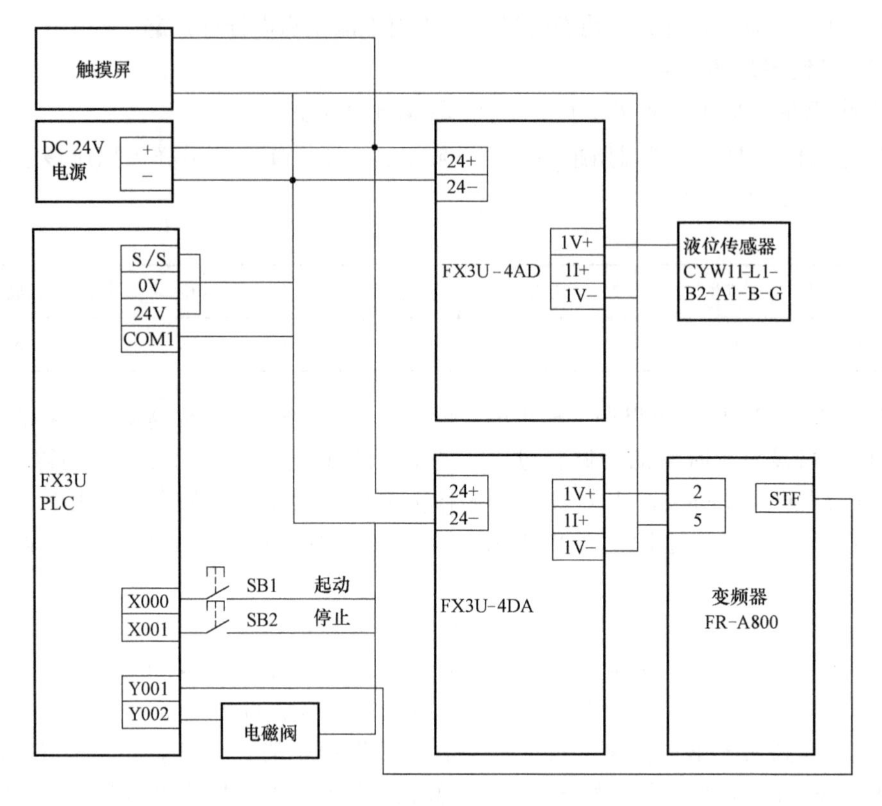

图 8-17　系统接线图

2. PID 控制

PLC 将 A/D 转换数据读入 D0 后，进行 PID 运算，通过经验法进行 PID 整定，PID 参数见表 8-8，存放在 D500 开始的数据寄存器中，PID 控制的输出存放在 D2 中，放大 8 倍后，送到 D30，梯形图如图 8-19 所示。

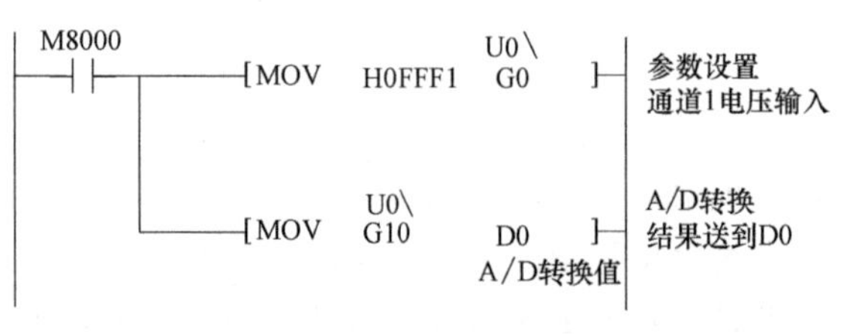

图 8-18　A/D 转换指令

表 8-8　例 8-4PID 参数设置表

软元件号	数据项目	设置值
S3	采样时间(T_s)	2s(K20)
S3+1	动作方向(ACT)	正方向(K33)
S3+2	输入滤波常数(α)	0(不过滤)
S3+3	比例增益(K_p)	200
S3+4	积分时间(T_i)	100
S3+5	微分增益(K_d)	0
S3+22	MV 上限	2000
S3+23	MV 下限	0

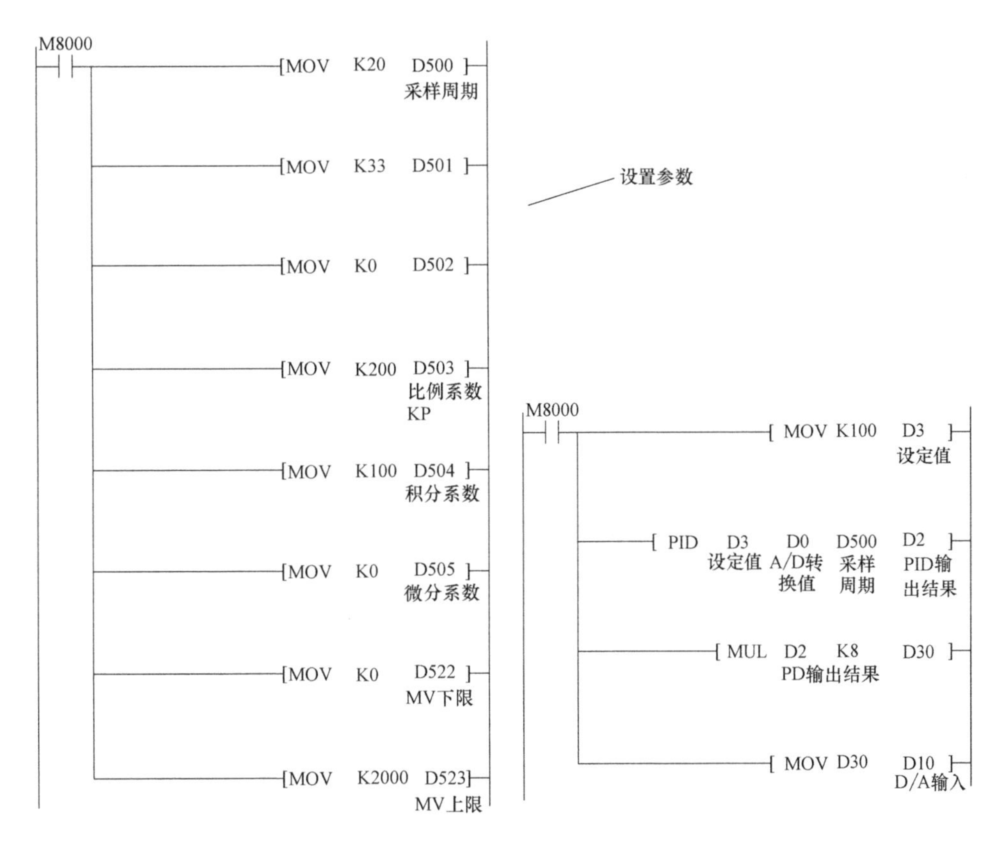

图 8-19　例 8-4 梯形图

3. D/A 转换

使用 FX3U-4DA 模块实现 D/A 转换，模块单元号为 1。采用通道 1 电压输入，通道 2、3、4 不用，则 D/A 转换输出模式为 HFFF0，即电压输出模式，模拟量输出范围是-10～10V，数字量输入范围是－32000～32000，送到#0BFM 单元地址为 U1 \ G0，将 D10 数据进行 D/A 转换送到变频器，则 D/A 转换指令如图 8-20 所示。

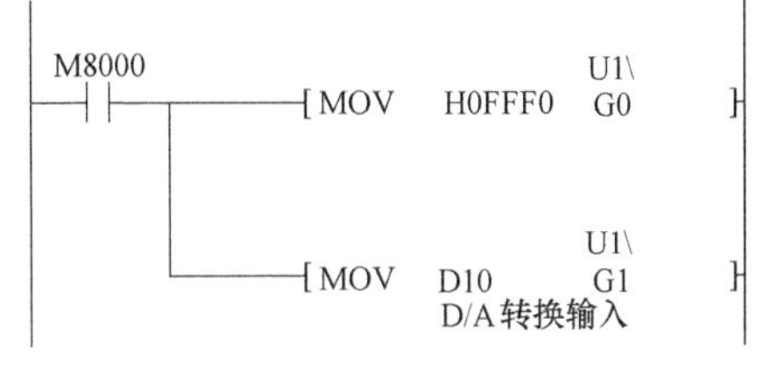

图 8-20　D/A 转换指令

4. 变频器控制

变频器的输入是由 D/A 转换的电压值进行控制的，因此在图 8-17 中用 D/A 的 V+端子与变频器的端子 2 连接。变频器的参数设置见表 8-9。

表 8-9　变频器的参数设置表

参数编号	设定值	功能说明
Pr. 1	100	上限频率
Pr. 7	0. 1	加速时间
Pr. 8	0. 1	减速时间
Pr. 73	10	模拟量输入选择电压输入
Pr. 79	2(外部模式)	操作模式选择
Pr. 267	2	端子 2 的频率增益

变频器输入由图 8-20 所示的 D/A 转换指令转换的信号，变频器采用外部（EXT）模式，用 Y001 起动正转，梯形图如图 8-21 所示，当 A/D 转换值比设定值小时打开出水阀门，Y002 用来起动出水电磁阀。变频器的参数设置见表 8-9。

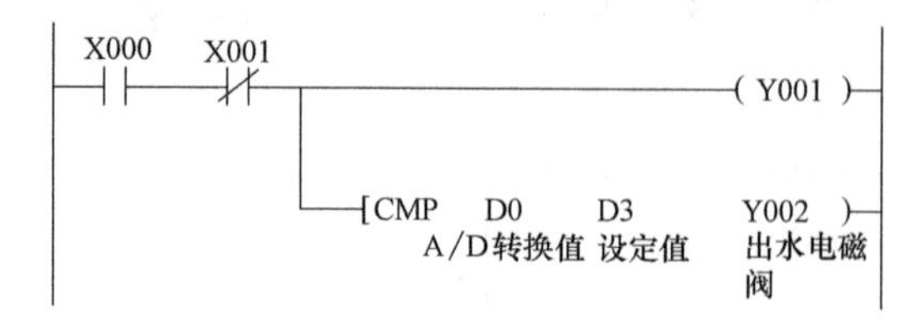

图 8-21　变频器控制梯形图

5. 触摸屏

触摸屏用于输入 PID 参数 K_p、T_i、T_d 以及水位设定值，并显示水位实际值，通过触摸屏可修改不同的 PID 参数并查看液位运行的曲线，如图 8-22 所示，显示不同的 T_i 时的波形图。

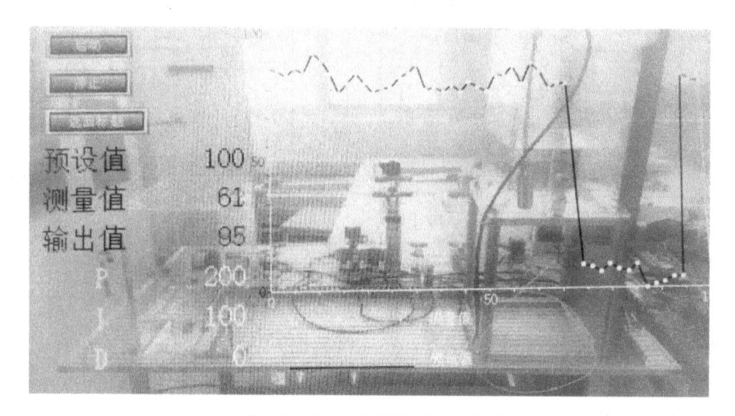

图 8-22　触摸屏显示图

实训篇

知识目标

对三菱 FX 系列 PLC 的元件设备、编程软件和实验装置进行设计、操作、编程和调试。

1）了解 PLC、变频器和伺服控制系统等设备的新技术，掌握各设备特性，能够根据实际需求实现设备选型。

2）熟练掌握仿真软件，能够实现编程和仿真模拟。

3）按照电气控制操作/设计规范和技术标准，掌握元件选型、规范设计步骤，实现 PLC 控制系统的硬件连接，并学会独立排除调试中的故障，掌握设备的各项运行、维护、设计任务。

4）培养创新意识和为用户服务的意识，设计上力求功能完善、使用方便和界面美观，培养精益求精的工匠精神。

5）培养团队合作精神，合作完成设计、运行和演示。

工程素质培养要求

从实验和实训的工程应用角度，对三菱 FX 系列 PLC、变频器和伺服控制系统能够操作、编程、设计和调试。

1）使用设备前了解各设备的型号和参数范围，如低压电器开关、熔断器、接触器的使用范围，对变频器、电动机等设备的铭牌认真识别，热继电器的整定电流必须按电动机的额定电流进行整定。

2）设备搬运放置应轻拿轻放，避免碰撞螺钉和接口，在不带电时才能进行设备的拆装，设备要水平放置，周围清理干净。

3）PLC 与配套模块的安装应紧密牢固，必须先确定 24V 电源的正负极性标识，然后进行接线。

4）接线时遵循“先主后控、从上到下、从左到右”的原则，电气设备必须可靠接地。

5）通电操作前，必须检查输入、输出端子和接地端子连接状态，检测接地电阻。

6）需要改线和维修，必须关断电源，变频器必须在电源指示灯熄灭后才能进行操作。

第9章　GX Works2软件编程及仿真

9.1　GX Works2 的编程环境介绍

GX Works2 编程软件可在 Windows 2000/ Windows XP/ Windows 7/ Windows 10 等操作系统中运行，具有丰富的工具箱和直观形象的视窗界面，而且软件自带 GX Simulator2 仿真，不需要另外安装。

在 GX Works2 环境中，编写梯形图按以下步骤进行：

创建工程→参数设置→梯形图编写→转换/编译→保存文件。

本章介绍在 GX Works2 环境中如何仿真运行并调试程序。

微课 9-1
GX Works2 创建工程

1. 创建工程

启动 GX Works2 软件，选择“工程”菜单→“新建工程”，则出现如图 9-1 所示界面。

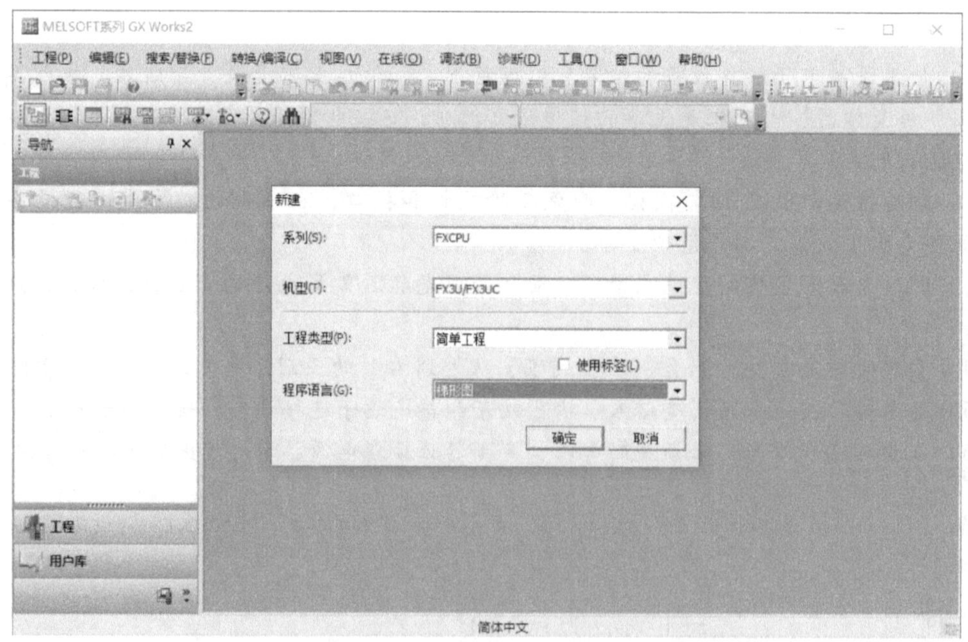

图 9-1　“新建工程”界面

创建简单工程的方法是在图 9-1 所示界面中选择“FXCPU”→“FX3U/FX3UC”→“简单工程”→“梯形图”。

2. 编程环境

当创建简单工程的梯形图时，出现如图 9-2 所示界面。在左侧的导航窗口中选择“程序设置”→“程序部件”→“程序”→“MAIN”可以编写和查看梯形图。在导航窗口还可以查看“参数”“程序设置”和“软元件存储器”。

如果创建的工程需要修改 PLC 类型或者工程类型，在菜单栏中选择“工程”→“PLC 类型更改”或者“工程类型更改”，在出现的对话框中选择要改变的类型。

图 9-2　用于创建简单工程的梯形图的界面

9.2　编写起保停电路梯形图

编写梯形图应使用图 9-2 中的工作窗口区域，对梯形图进行编辑和修改必须在 PLC 的写入模式，可通过在工具栏中选择“写入模式（F2）”即按钮实现。

微课 9-2
GX Works2
编写程序

1. 梯形图的编写

梯形图编写可以采用直接输入指令和使用工具栏按钮两种方法，创建如图 9-3 所示的起保停电路的梯形图，操作如下。

1）输入触点。输入指令的方法如图 9-4a 所示，输入软元件名称，在前面单击下拉箭头选择触点类型，若输入不正确按<ESC>键，若输入正确按<Enter>键，或者使用工具栏输入的方法，如图 9-4b 所示，在工具栏中单击动合按钮 F5 或动断按钮 F6，程序输入对话框被打开再输入软元件名称，如 X2 或 X3，也

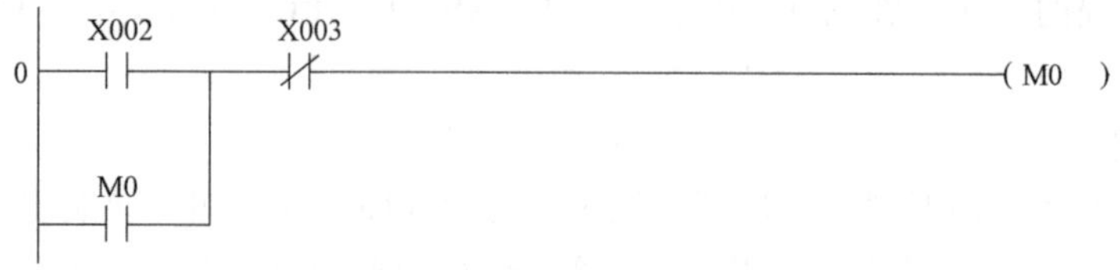

X002　X003
0　(M0)
M0

图 9-3　起保停电路的梯形图

可以直接输入指令，“LD X002”。

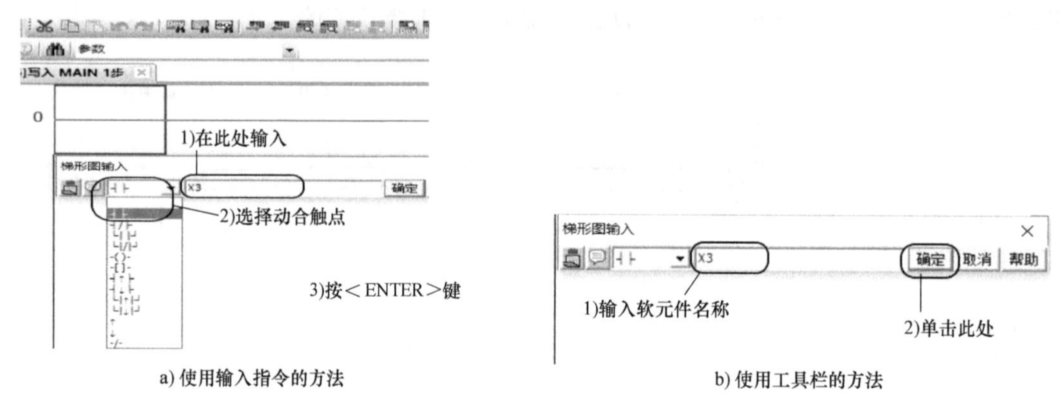

a) 使用输入指令的方法　　b) 使用工具栏的方法

图 9-4　创建触点

2）并联元件。对于图 9-3 中第二行并联的动合触点 M0，可输入“OR M0”，或者单击 F5 按钮，然后将指针移到上一行使用连线 sF9 完成软元件并联。

3）输出元件。当需要创建输出软元件 M0 时，可以直接输入“OUT M0”，或者单击工具栏的 F7 按钮，在输入对话框输入“M0”。

如果输出 T0 为定时器，则输入“t0”后加空格输入“k10”，如图 9-5a 所示；如果输出为“set m0”，则使用工具栏中的方括号按钮 F8，如图 9-5b 所示。

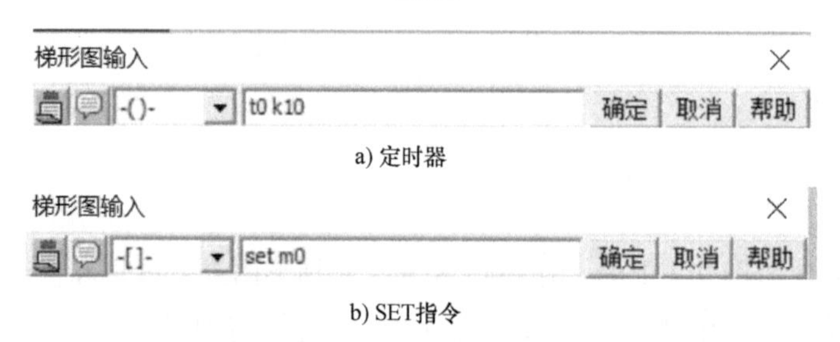

a) 定时器

b) SET指令

图 9-5　输出不同指令

2. 转换已创建的梯形图程序

编写好的梯形图显示为灰色背景，还需要通过转换进行编译，然后才能写入 PLC，转换后的梯形图不再是灰色背景。工具栏中有转换按钮和转换（所有程序）按钮，当有多个程序时可以使用转换（所有程序）按钮，也可以直接按<F4>键完成转换。

3. 修改梯形图程序

修改梯形图必须单击工具栏的写入状态按钮，在写入状态时双击要修改的软元件，就会出现梯形图输入对话框，然后进行修改。

1）剪切和复制梯形图块，可利用工具栏中的按钮对梯形图进行剪切、复制和粘贴。

2）插入或删除一行，将指针移到需插入或删除的行的位置，利用菜单栏中的“编辑”→“行插入”或者“行删除”来进行，也可以单击鼠标右键，在出现的编辑菜单中选择行插入或行删除。

3）创建一条并行线，单击工具栏中的按钮，从开始位置向结束位置拖动鼠标，如图9-6所示；删除并行线则通过单击工具栏中的按钮进行。

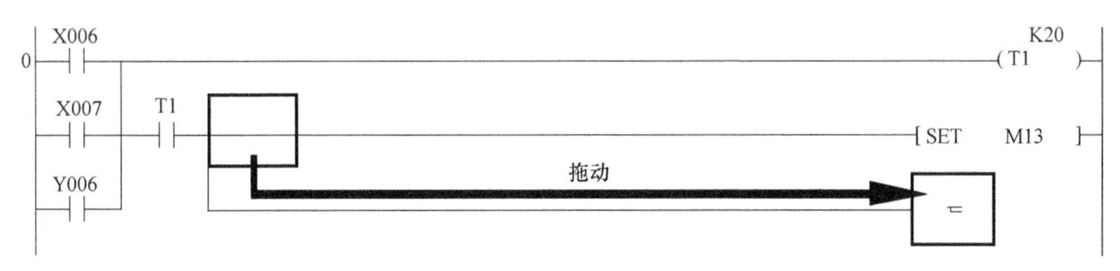

图9-6　创建一条并行线

每次修改完程序后都应重新单击转换按钮进行编译转换。

4. 添加注释

为了增加程序的可读性，需要添加注释。梯形图的注释包括软元件注释、线圈/行注释和应用程序指令注释。添加注释后的梯形图如图9-7所示。

图9-7　添加注释的梯形图

1）软元件注释用来描述每个软元件的意义和应用。单击工具栏中的按钮，将指针移到要注释的软元件上双击鼠标，出现注释输入对话框，在对话框中输入相应的注释，如图9-8所示。

2）行注释用来描述梯形图块的功能，可单击工具栏的按钮来创建，将指针移到要注释行的前端双击鼠标，在对话框中输入该指令行的注释，如图9-9所示。

3）添加线圈/应用程序指令注释时应单击工具栏的按钮，在要注释的线圈和应用程序指令上双击鼠标，出现相应对话框时可输入注释。

4）以列表的形式批量注释软元件，当软元件比较多时会比较方便。在图9-2中选择导航窗口中的“局部软元件注释”，单击鼠标右键选择“新建数据”，在列表中批量输入软元

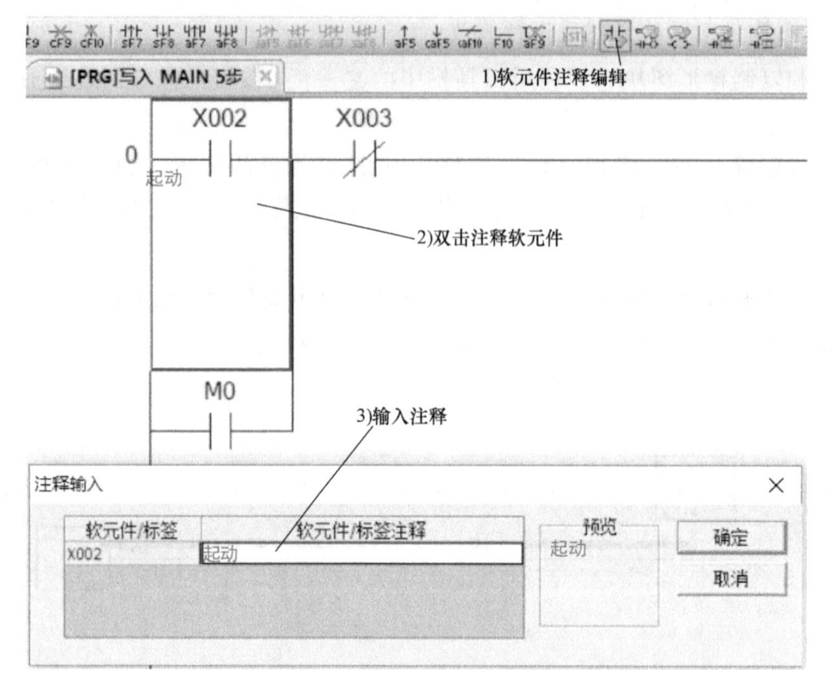

图 9-8 创建软元件注释

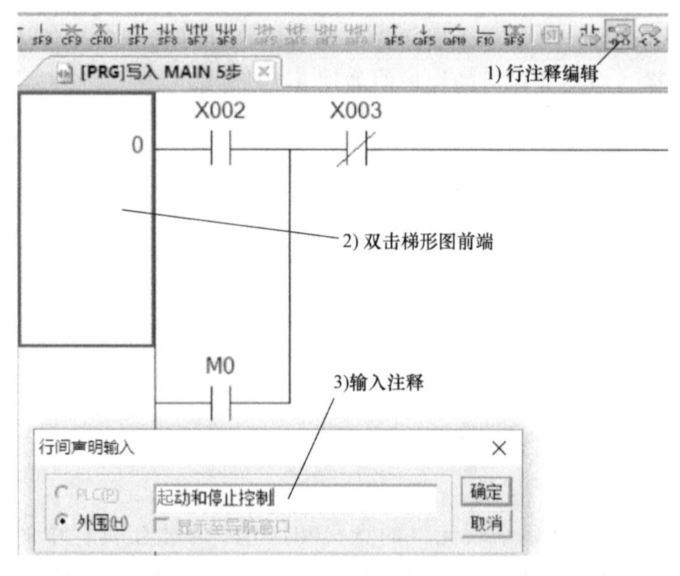

图 9-9 创建行注释

件的注释，如图 9-10 所示，在软元件名处输入软元件 X0，出现所有 X 开头的输入类软元件，可以输入 X002 和 X003 的注释，如果在软元件名处输入 M0，则出现所有 M 开头的辅助继电器类软元件。

5）显示/隐藏注释。如果要显示或者隐藏注释，则可以选择菜单栏中的“视图”→“注释显示”来显示注释或者“声明显示”来实现。

5. 保存工程

直接单击工具栏的保存文件按钮，可以将工程保存为“ * . gxw” 文件。

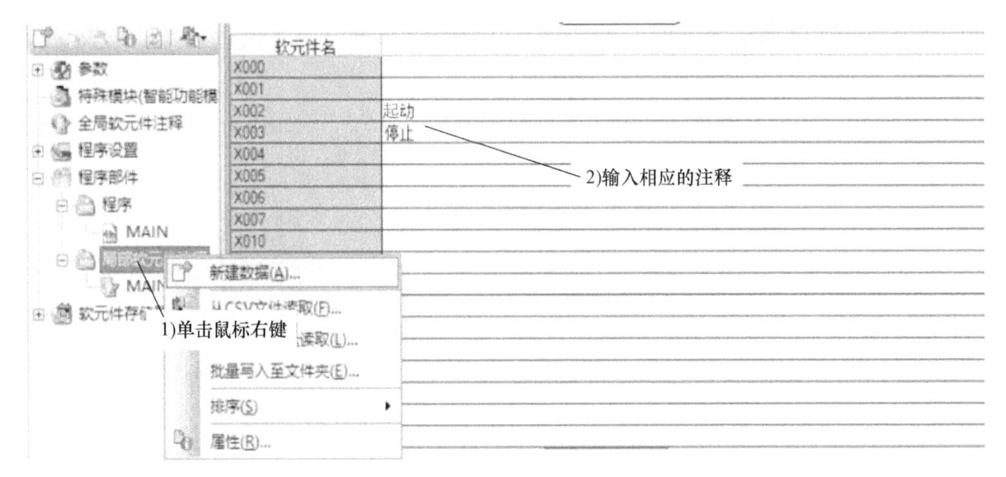

图 9-10 创建软元件的批量注释

6. 搜索/替换

当选择菜单“搜索/替换”→“软元件搜索”，可以打开如图 9-11 所示的对话框，进行软元件、指令、字符串、A/B 触点、软元件批量等搜索，图中将“M0”替换为“Y0”出现的对话框。

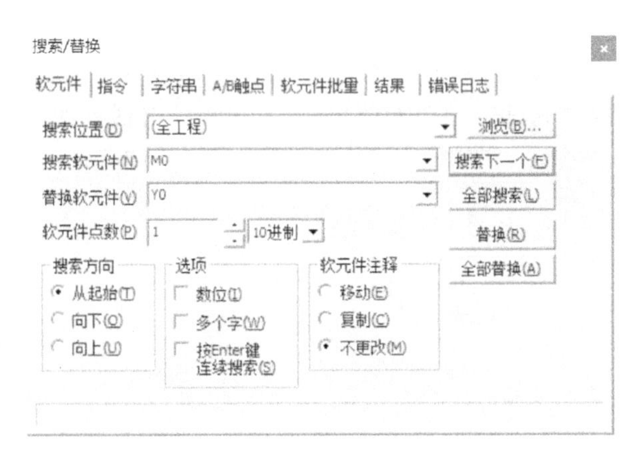

图 9-11 搜索/替换应用实例

9.3 仿真运行

在不连接 PLC 的时候，可以使用 GX Simulator2 对梯形图和软元件进行仿真运行。仿真运行梯形图的步骤为：编写梯形图程序→转换→模拟开始→修改软元件当前值以调试运行。

微课 9-3
GX Works2
仿真运行

1）单击菜单栏中的“调试”→“模拟开始/停止”，或者单击工具栏中的按钮，将出现“PLC 写入”画面，然后显示模拟运行画面，如图 9-12 所示，开始模拟运行程序。在图 9-12 中可以看到动断触点 X003 是接通的。

监控运行时，触点和线圈的 ON、OFF 状态如图 9-13 所示。

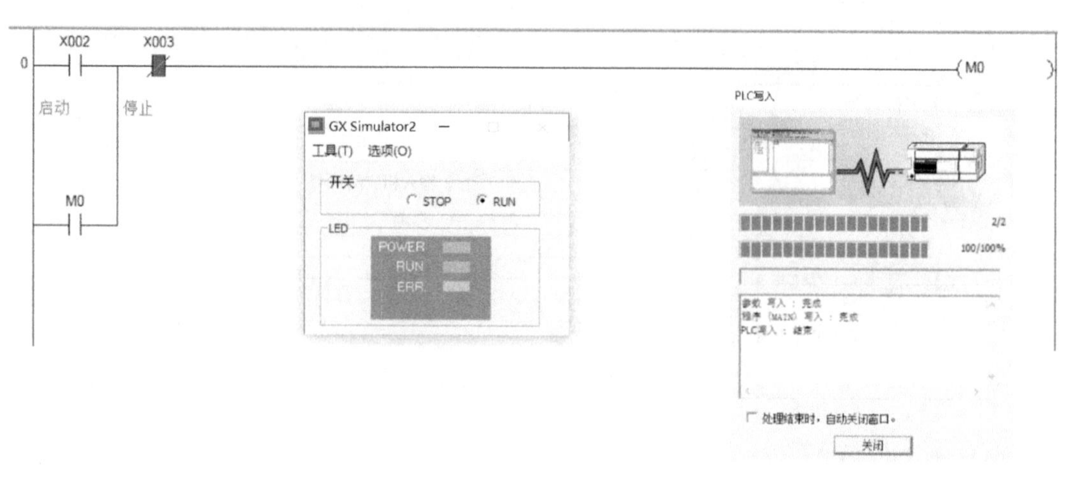

图 9-12　开始仿真运行

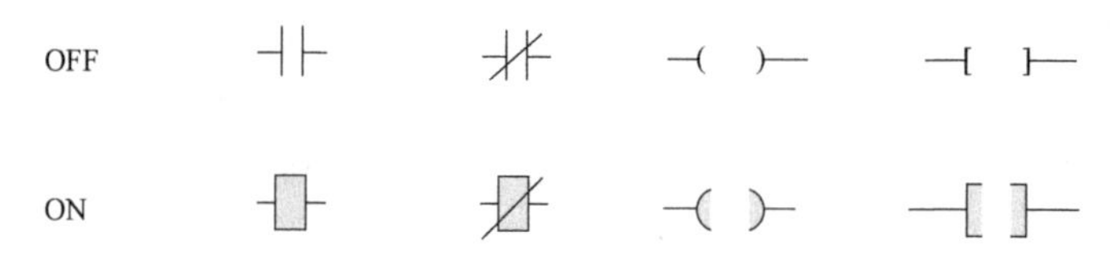

图 9-13　触点和线圈的 ON、OFF 状态

2）通过菜单栏中的“调试”→“当前值更改”，出现的对话框如图 9-14 所示，在图中输入软元件“X002”，单击按钮“ON”，则 X002 接通，M0 线圈得电。

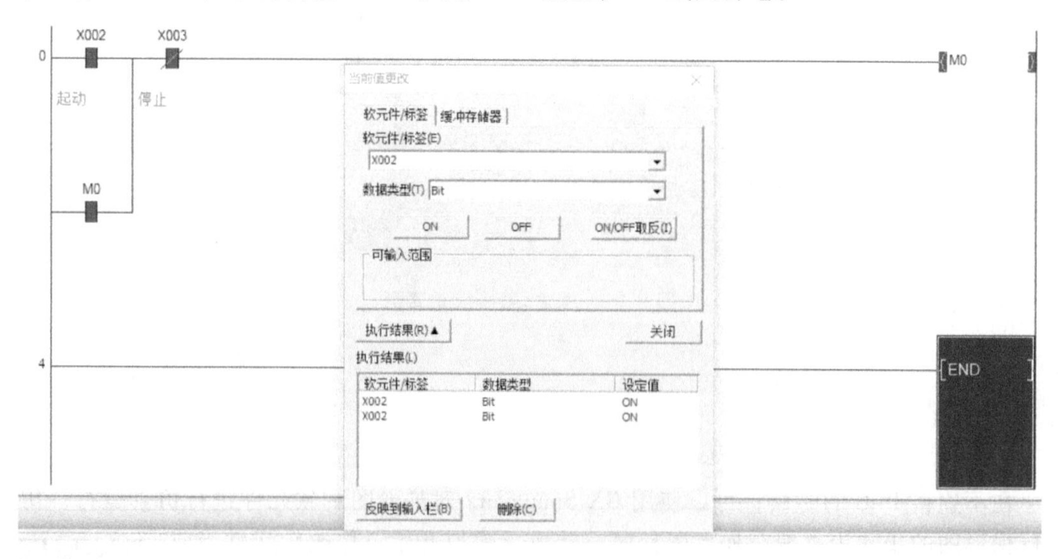

图 9-14　仿真运行

如果在图中输入“X003”，然后单击按钮“ON”，则 M0 线圈断电。

3）在运行过程中可以对软元件进行批量显示，选择菜单栏中的“在线”→“监视”→“软元件/缓冲存储器批量监视”，则出现如图 9-15 所示的监视窗口，在软元件名中输入监视的软元件“M0”，则可以查看所有的 M 软元件，可以看到 M0 接通时会有相应提示。

图 9-15　监视窗口

4）软元件监视。软元件监视是用一个画面同时监视不同类型的软元件。选择菜单栏中的“在线”→“监看”→“登录至监看窗口”，或者在梯形图窗口中单击鼠标右键，选择“登录至监看窗口”。图 9-16 为软元件登录监视界面。双击空栏可设置登录的软元件名，软元件登录后再单击“模拟运行”或“监视开始”按钮。

监看1(监视执行中)

软元件/标签	当前值	数据类型	类	软元件	注释
X2	1	Bit		X002	起动
X3	0	Bit		X003	停止
M0	1	Bit		M0	

图 9-16　软元件登录监视界面

5）模拟结束时，再次单击工具栏中的按钮即可结束。

9.4　使用 GX Works2 帮助

在 GX Works2 界面中选择“帮助”→“GX Works2 帮助”，可以打开帮助界面，如图 9-17 所示。可在左侧的导航栏中选择各种帮助信息。

为查看特殊辅助继电器的功能说明，可在左侧选择“FXManual”→“1. Simple Project”→“1-1. FX3”，打开 FX3U 系列的手册，选择“37. 特殊软元件的动作”，查看所有特殊继电器的使用。

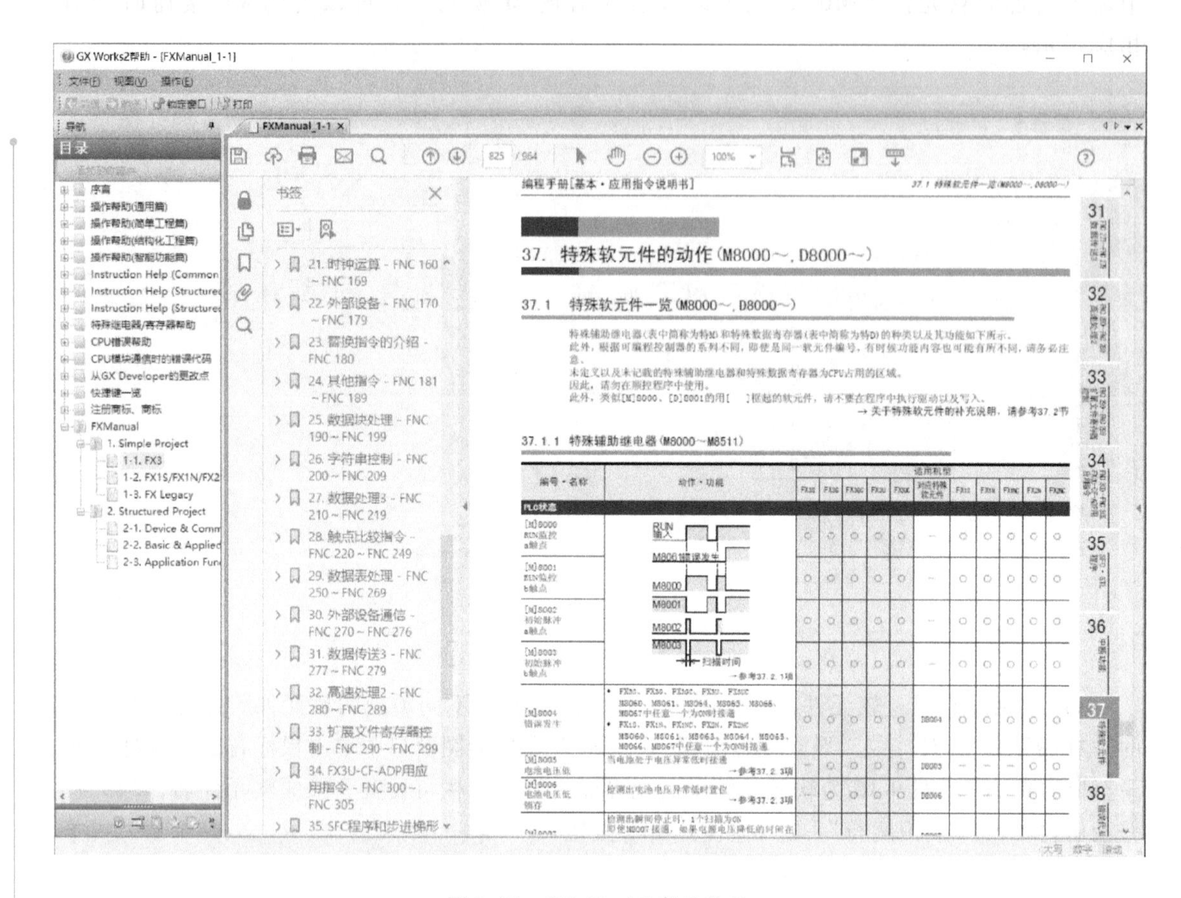

图 9-17　GX Work2 帮助信息

9.5　使用 SEE Electrical 设计电气原理图

SEE Electrical 是一款专业电气设计软件，可以设计原理图和机柜图，易学易用。SEE Electrical 包含了全面的项目设计功能和数据环境，可以方便地绘制电气原理图、PLC 原理图和机柜图。

打开 SEE Electrical 软件，选择“文件”→“新建”，输入文件名“起停电路”，并选择工作区模板为“Standard”，在出现的“页面信息”中的“页面说明行 1”中输入“主电路”，则出现如图 9-18 所示界面窗口。

在图 9-18 中的导航栏选择选项卡“工作区”→“电路图”，创建“主电路”和“控制电路”，通过选择“Electrical”，可以添加三相电源线和电气元件连线；在导航栏中，选择选项卡“工作区”→“符号”，可以在“电气”目录下面找到断路器、热继电器、接触器和电动机等。

微视频 9-4
SEE Electrical
软件介绍

通过将各电气元件连接，按照第 1 章的图 1-4 分别绘制控制电动机的主电路和起保停控制电路，如图 9-19 所示。

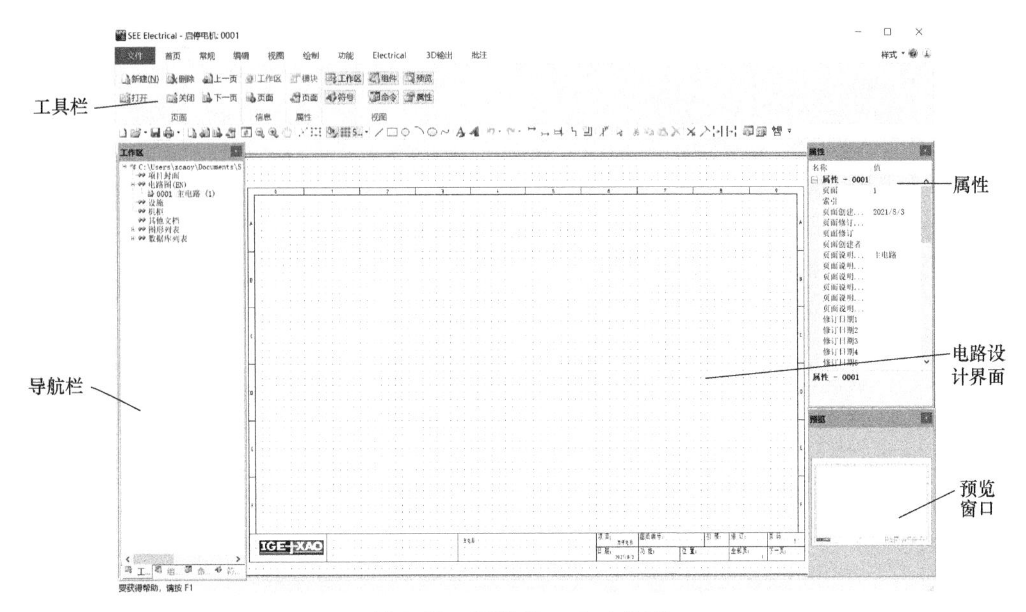

图 9-18　SEE Electrical 界面

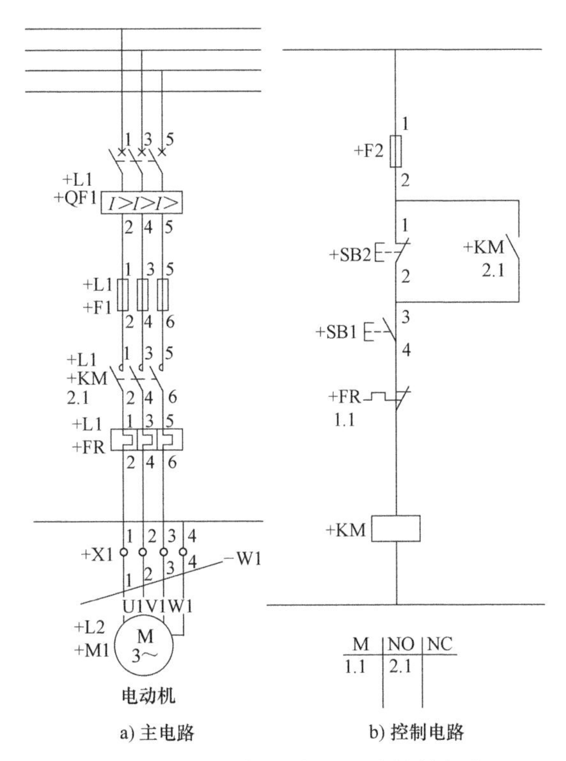

a) 主电路　　b) 控制电路

图 9-19　使用 SEE Electrical 绘制电路

9.6　练习

1）创建如图 9-20 所示的梯形图，并模拟运行查看特殊辅助继电器的运行过程。

2）创建如图 9-21 所示的梯形图，并模拟运行查看输入 X011 接通断开三次的运行过程。

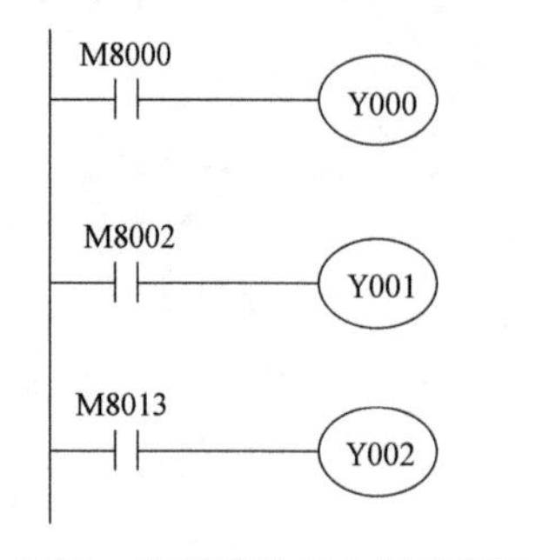

图 9-20　特殊辅助继电器梯形图

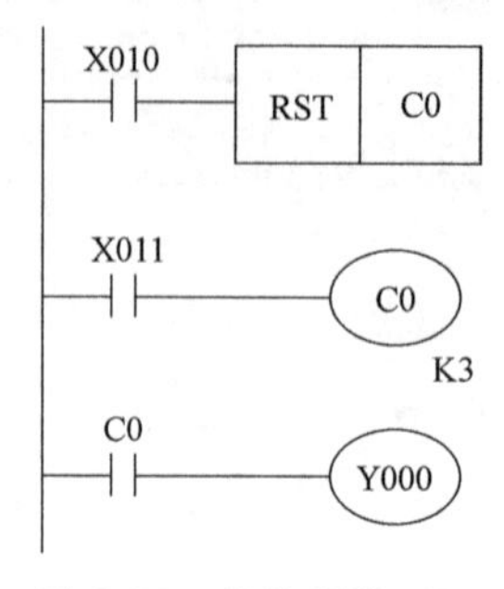

图 9-21　计数器梯形图

第10章　基本指令的编程实训

10.1　PLC 硬件连接和 GX Works2 在线调试

1. PLC 的电源和输入输出外部接线

FX3U 系列 PLC 不论漏型输入还是源型输入都可以支持。漏型输入接线是 S/S 与 24V 相连，如图 10-1a 所示；源型输入接线是 S/S 与 0V 相连，如图 10-1b 所示。

微课 10-1
输入输出接线

而根据继电器、晶体管和晶闸管型输出接线的不同，继电器型输出可以接直流电源，也可以接交流电源；晶体管型输出同样分为源型输出和漏型输出两种，但晶闸管型输出外接交流电源。

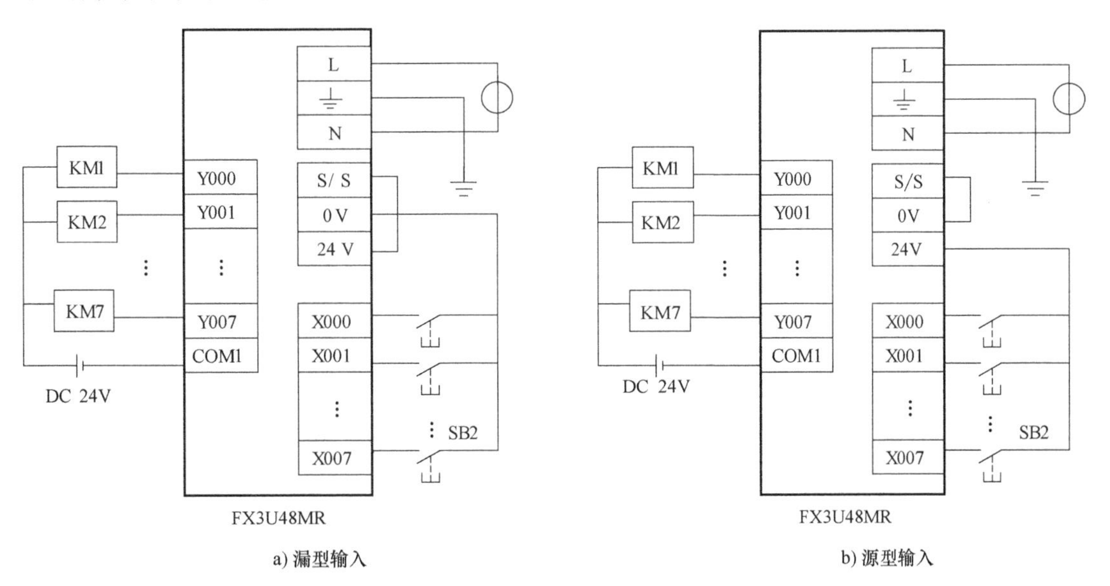

图 10-1　FX3U 系列 PLC 输入接线图

这里使用漏型输入的连接方式，将各输入按钮两端分别与各 X 端口和 0V 连接，输出 KM1、KM2 等软继电器两端分别与 Y 端口和直流 24V 连接。

2. 计算机与 PLC 的连接

计算机与 PLC 的接口用于程序的下载，有几种常用的方式：串行接口连接，USB 口连接，也可以通过触摸屏间接连接，触摸屏为透明传输。

3. GX Works2 传输设置

打开 GX Works2 软件，创建一个 FX3U 机型的简单工程，出现如图 10-2a 所示的窗口。在左侧导航栏中选择“连接目标”，双击出现如图 10-2b 所示的“连接目标设置”窗口。

微课 10-2
GX Works2
传输设置

1）设置计算机侧的通信接口，双击出现 I/F 串口详细设置。

如果计算机侧的连接器是 RS-232C 连接器，则应该选择“RS-232C”，并选择 COM 端；如果计算机侧的连接器是 USB 连接器，则应该选择“USB”。

2）设置 PLC 侧的 I/F，如果直接与 PLC 连接，则选择“PLC Module”如果使用触摸屏则选择“GOT”，并设置“使用 GOT（直接连接）透明传输功能”。

3）设置后单击“通信测试”按钮，当通信成功则出现图 10-2 中的对话框。

a) 连接目标　　　　b) 连接目标设置

图 10-2　传输设置

4. 程序编写

对梯形图的编辑和修改必须在 PLC 的写入模式中实现，可通过在工具栏中单击按钮，绘制梯形图具体的步骤在第 9 章中已经详细介绍。

5. 程序写入

选择菜单“在线”→“PLC 写入”，或者工具栏中单击按钮。出现如图 10-3 所示的窗口，单击“参数+程序”按钮后再单击“执行”按钮，显示写入进程的对话框。结束后单击“确定”按钮。

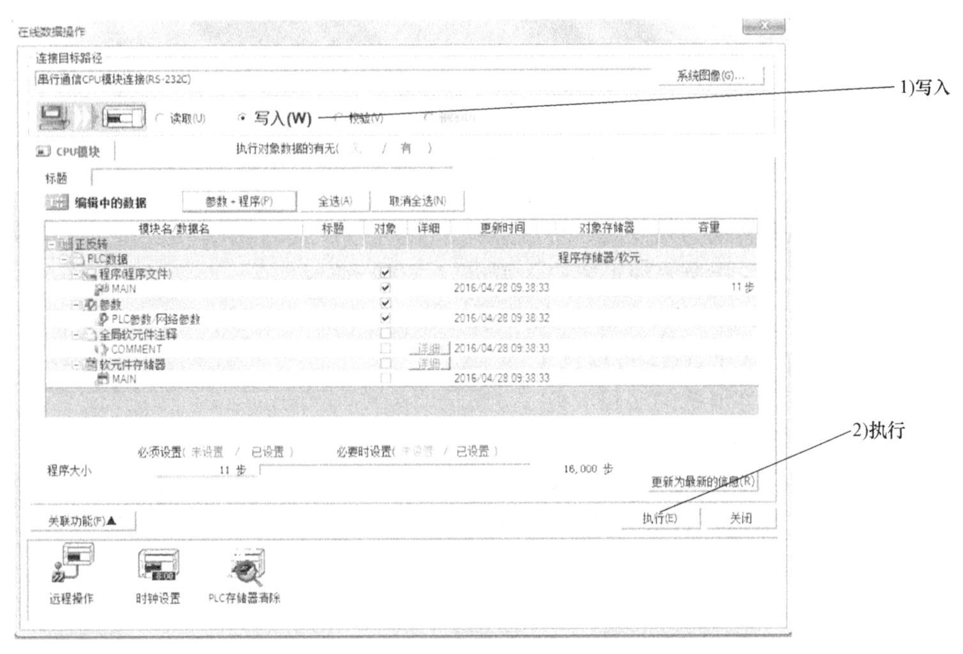

图 10-3　程序写入

6. 程序动作的监视

在程序运行的过程中，可使用监视模式监视 PLC 的运行状态。

（1）程序监视　选择菜单“在线”→“监视”→“监视模式”，或者单击工具栏的按钮。在“监视”下拉菜单中可以选择“监视开始”和“监视停止”进行监视的开始和停止设置，或者用工具栏的和按钮开始和停止监视。

（2）更改软元件并监视　通过强制执行位软元件的 ON/OFF 操作，或变更字软元件的当前值，可运行程序并监视各软元件，即在工具栏中用按钮实现当前值修改，用按钮实现软元件/缓冲存储器批量监视，或者使用“登录至监看窗口”监视软元件，具体操作方法与第 9 章 9.3 节相同。

7. 在线程序修改

在 PLC 运行时，可以在 PLC 监视状态下修改程序。单击工具栏中的按钮，在“监视（写入模式）”对话框的复选框上进行设置，如图 10-4 所示，并修改程序，可用工具栏中的转换按钮进行转换。

微课 10-3
GX Works2
文件转换

8. 梯形图转换保存

（1）保存为指令表　选择“编辑”→“写入至 CSV 文件”，在保存文件对话框中将工程保存为“＊.csv”文件，可以在 Excel 软件中打开 .csv 文件查看和修改。

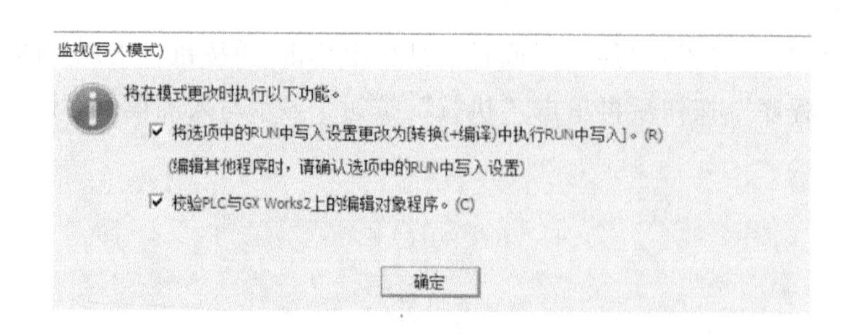

图 10-4　在线程序修改

如果需要将梯形图转换为指令表，可以选择“编辑”→“简易编辑”→“梯形图块列表编辑”，出现图 10-5 所示的指令表编辑窗口，可以双击进行修改。

（2）保存工程为 GX Developer 的“＊.gpj”工程文件　GX Works2 可以读取和保存 GX Developer 软件格式的工程文件，通过选择“工程”→“保存 GX Developer 格式工程”实现；如果要打开 GX Developer 的工程，可选择“工程”→“打开其他格式数据”→“打开其他格式工程”，选择“＊.gpj”文件来打开。

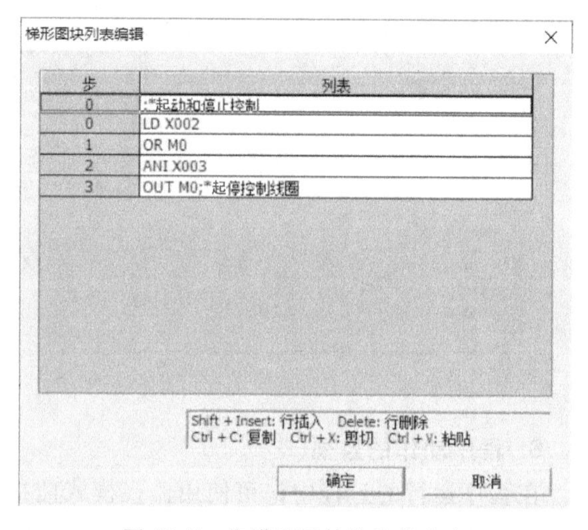

图 10-5　将梯形图转换为指令表

9. 软元件的停电保持区域的变更方法

M、S、C、T 和 D 软元件停电保持区域的范围，可以利用参数设定。在 GX Works2 界面左侧的导航栏中选择“参数”→“PLC 参数”，双击打开 FX 参数设置窗口，如图 10-6a 所示，选择“软元件设置”选项卡，出现如图 10-6b 所示的界面，可以设置各软元件的范围。

a) FX参数设置窗口

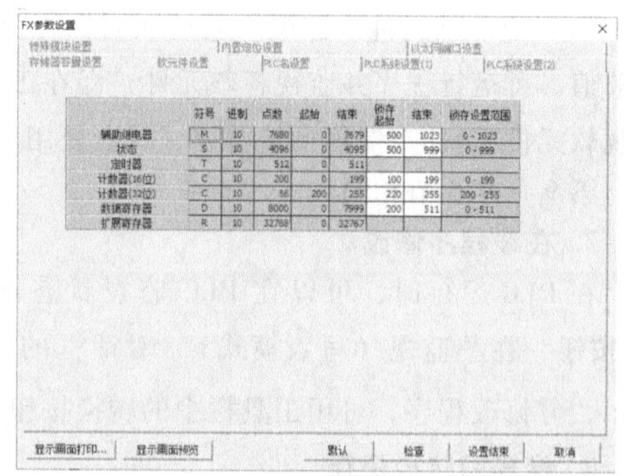

b) 软元件设置选项卡

图 10-6　设置软元件停电保持范围

10.2　程序设计——天塔之光

天塔之光程序可实现不同灯显示的功能，各灯的布局如图10-7所示。

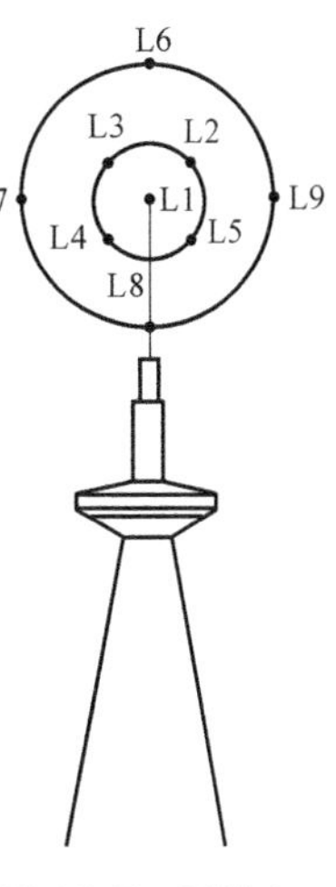

图10-7　天塔之光各灯布局

控制要求：隔灯闪烁，L1、L3、L5、L7、L9亮，1s后灭，接着L2、L4、L6、L8亮，1s后灭，接着L1、L3、L5、L7、L9亮，1s后灭……如此循环。

1. 输入输出分配表

根据系统控制要求写出输入输出分配，见表10-1。

表10-1　天塔之光输入输出分配表

输入		输出					
启动	X000	L1	Y000	L4	Y003	L7	Y006
停止	X001	L2	Y001	L5	Y004	L8	Y007
		L3	Y002	L6	Y005	L9	Y010

2. 输入输出的接线

按照表10-1，将输入按钮和输出灯与PLC连接。

微课10-4
天塔之光
程序运行

3. 创建工程

打开GX Works2软件，选择“FXCPU”→“FX3U/FX3UC”→“简单工程”→“梯形图”。

4. 设计梯形图

根据控制要求编写梯形图，如图10-8所示，并进行调试运行。

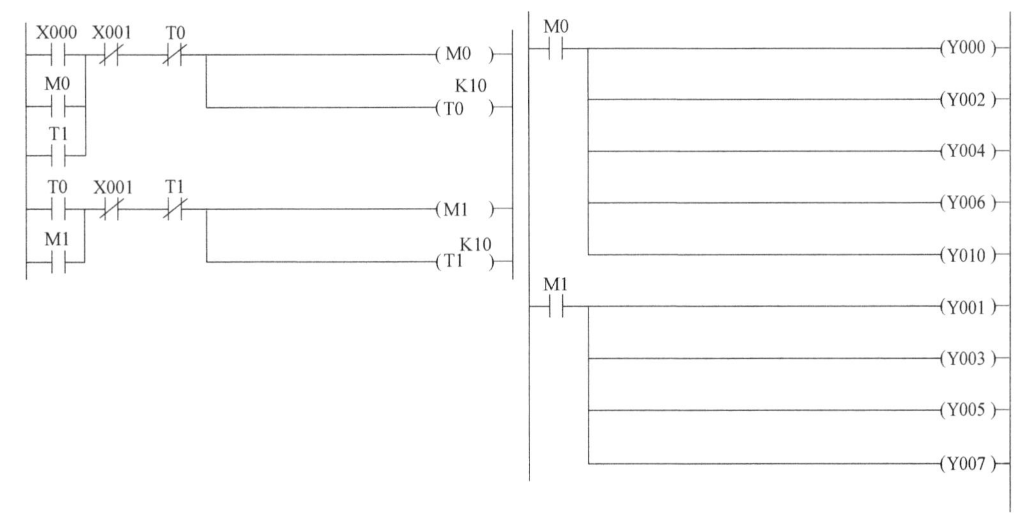

图10-8　天塔之光梯形图

5. 自我练习

1）使用软元件批量监视查看所有输出。

2）修改程序功能为隔两灯闪烁：L1、L4、L7亮，1s后灭，接着L2、L5、L8亮，1s后灭，接着L3、L6、L9亮，1s后灭，接着L1、L4、L7亮，1s后灭……如此循环。

3）修改程序功能为发射型闪烁：L1亮2s后灭，接着L2、L3、L4、L5亮2s后灭，接着L6、L7、L8、L9亮2s后灭，接着L1亮2s后灭……如此循环。

10.3 程序设计——自动门

自动门广泛应用于宾馆、饭店、银行、企事业单位等的大厅，人靠近自动门时，门自动快速打开，人离开后，门自动关闭。自动门采用PLC进行控制，成本低，可靠性高，安装较为方便。

控制要求：

1）人在一定范围内接近自动门时，人体传感器SQ1动作，电动机驱动自动门快速开门，碰到开门减速开关SQ2时，自动门减速开门，碰到开门极限开关SQ3时，电动机停止，门全开。

2）自动门开启后，若在1s内人体传感器检测到无人，电动机驱动自动门高速关门，碰到关门减速开关SQ4时，自动门减速关门，碰到关门极限开关SQ5时，电动机停止。

1. 输入输出分配表

根据系统控制要求可知，PLC需要接收人体传感器、开/关门减速开关、开/关门极限开关5个输入开关信号，而输出需要4个信号，驱动自动门电动机高速正反转和减速正反转。由此写出输入输出分配，见表10-2。

表10-2 自动门输入输出分配表

输入		输出	
人体传感器SQ1	X000	驱动电动机高速开门	Y000
开门减速开关SQ2	X001	驱动电动机减速开门	Y001
开门极限开关SQ3	X002	驱动电动机高速关门	Y002
关门减速开关SQ4	X003	驱动电动机减速关门	Y003
关门极限开关SQ5	X004		

2. 设计梯形图

创建工程，然后根据控制要求编写基本指令梯形图程序如图10-9所示，并进行调试运行。

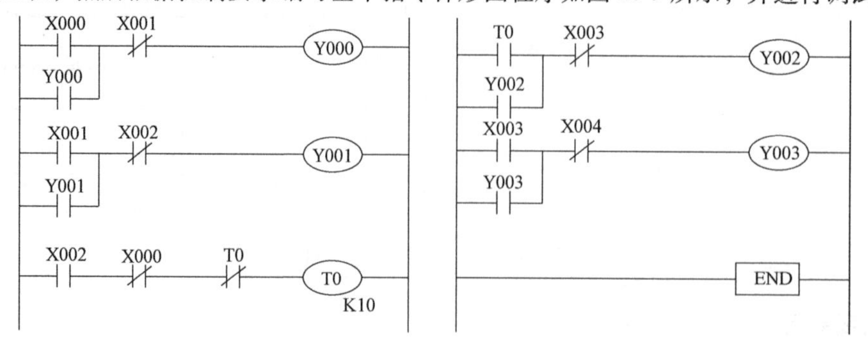

图10-9 自动门梯形图

3. 自我练习

1）在梯形图程序中添加软元件注释，将输出软元件 Y000～Y003 的名称注释加上。

2）增加功能：自动门在关门期间若人体传感器检测到有人，则停止关门，延时 1s 后自动转换为高速关门。

3）将梯形图转换为指令表。

10.4　程序补充完整——三台电动机控制

控制要求：三台电动机相隔 5s 起动，各运行 10s 停止，并按这种运行规律循环工作，驱动三台电动机的接触器接于 Y001、Y002、Y003，起动输入信号接 X001。

使用三个计数器 C0、C1 和 C2 分别实现起动和停止的控制，控制时序图如图 10-10 所示。

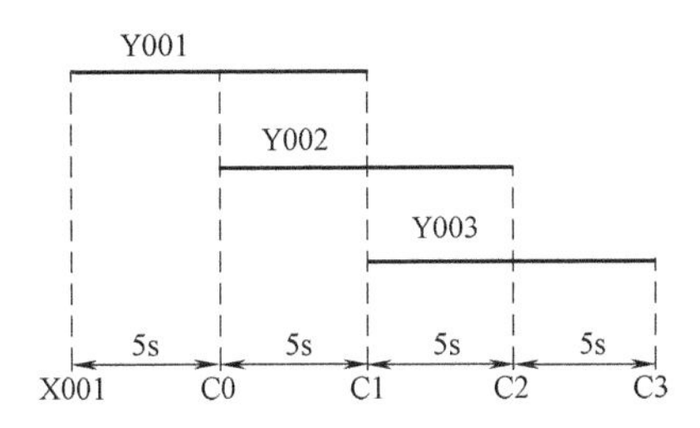

图 10-10　三台电动机控制时序图

1. 补充完整梯形图

在如图 10-11 所示的梯形图中，补充完整 Y001、Y002、Y003 的线圈控制部分。

2. 自我练习

1）写出输入输出分配表。

2）修改程序，只使用定时器，编写三台电动机控制的梯形图。

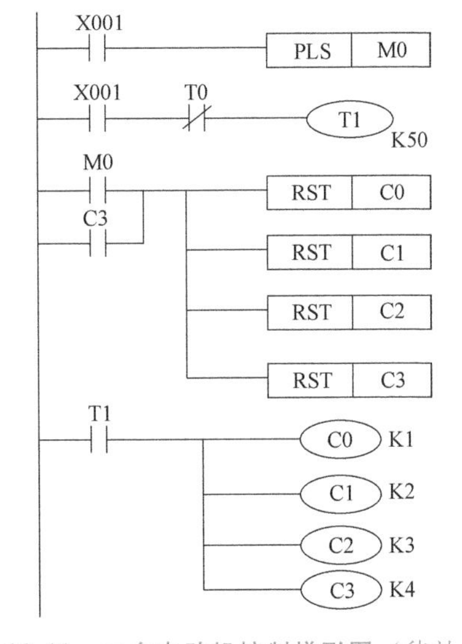

图 10-11　三台电动机控制梯形图（待补充）

微课 10-5
MELSOFT FX TRAINER
实例练习

10.5　MELSOFT FX TRAINER 软件练习——按钮切换交通信号灯

MELSOFT FX TRAINER 学习软件是三菱公司提供的学习 FX 系列 PLC 的

仿真练习软件，打开软件，选择“E：中级挑战”→“E-1. 按钮信号”，编写控制程序实现使用按钮切换交通信号灯。打开界面如图 10-12 所示，编写并运行程序。

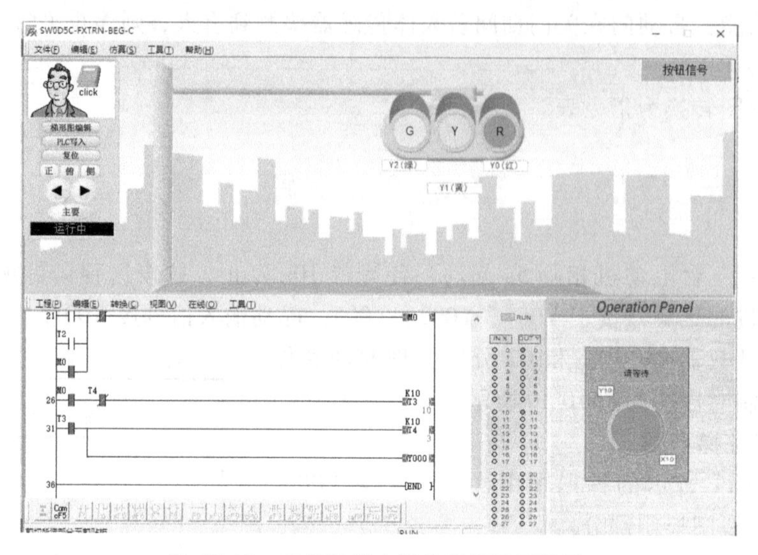

图 10-12　按钮切换交通信号灯练习界面

控制要求：

1）红灯（Y000）以 1s 间隔闪烁（ON 1s 后 OFF 1s）。

2）当控制面板上的按钮（X010）被按下后控制面板上的指示灯（Y010）点亮。如果按钮 X010 松开，指示灯 Y010 依然点亮。

3）在指示灯 Y010 点亮 5s 后，信号灯的显示将会像 4)~7）一样。

4）信号灯 Y010 点亮后，红灯 Y000 闪烁 5s，5s 后信号灯 Y010 熄灭。

5）红灯 Y000 熄灭，黄灯 Y001 点亮 5s。

6）黄灯 Y001 熄灭，绿灯 Y002 点亮 10s。

7）绿灯 Y002 熄灭，红灯以 1s 间隔闪烁，重复从 1）开始的操作。

1. 编写梯形图程序

Y010、Y001、Y002 可由起保停电路实现，其停止条件为各自并行输出的定时器。该控制梯形图由所学过的起保停电路环节和振荡电路环节构成。梯形图如图 10-13 所示。

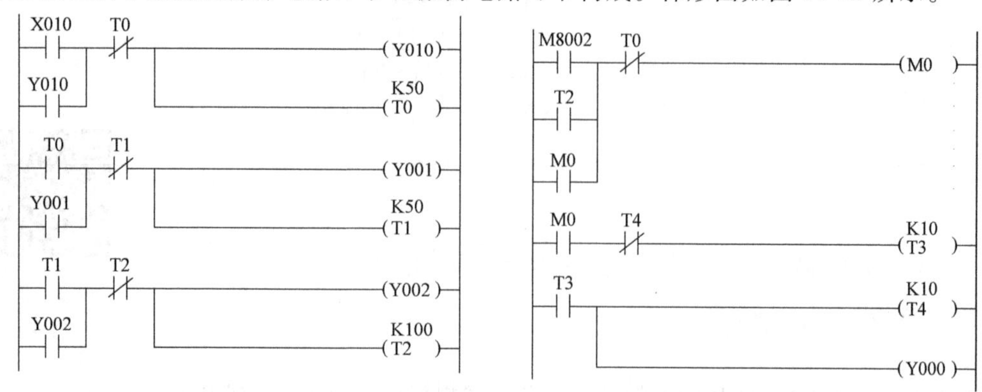

图 10-13　按钮切换交通信号灯梯形图

单击“梯形图编辑”按钮，在编程环境中编写程序，然后由“转换”→“PLC 写入”进行模拟写入 PLC。最后，按照控制要求进行操作，查看红、黄、绿灯和信号灯的亮灭。

2. 自我练习

1）写出输入和输出分配表。

2）在软件 MELSOFT FX TRAINER 中，练习“E：中级挑战”中的其他实例。

第11章　触摸屏及应用指令的编程及仿真

11.1　触摸屏 GT Designer3 软件的使用

三菱触摸屏的型号有很多，但使用方法基本相同，本章以 GS21 系列为例进行介绍，系统的连接如图 11-1 所示。触摸屏与计算机的连接有三种接口，分别是 RS-232 接口、USB 接口和以太网接口，连接时可以任选其一。触摸屏与 PLC 的连接一般采用 RS-422/485 接口。

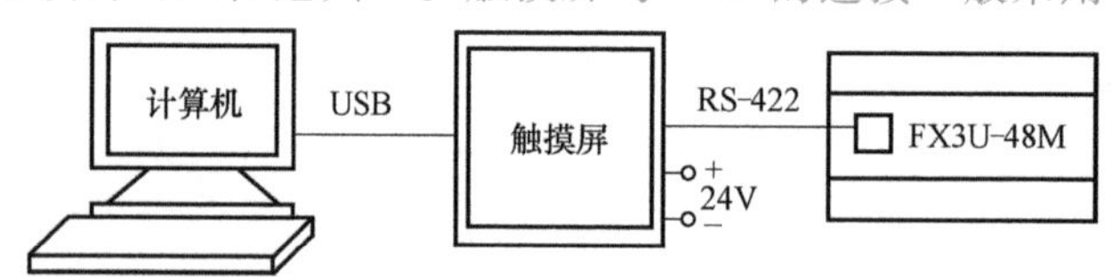

图 11-1　触摸屏与计算机、PLC 系统的连接

微课 11-1
触摸屏创建工程

1. 创建工程

1）打开 GT Designer3 软件，出现新建窗口，单击“新建”按钮，过程如图 11-2 所示，需要选择 GS 系列触摸屏。

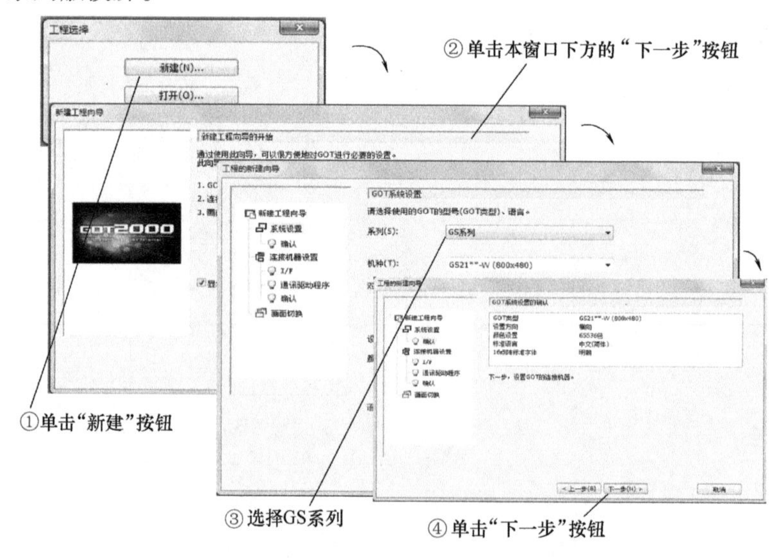

图 11-2　创建工程

2）在“连接机器设置”中确认“三菱电机”；在“机种”栏中选择 MELSEC-FX，在“I/F”栏中选择“标准 I/F（RS422/485）”，如图 11-3 所示。

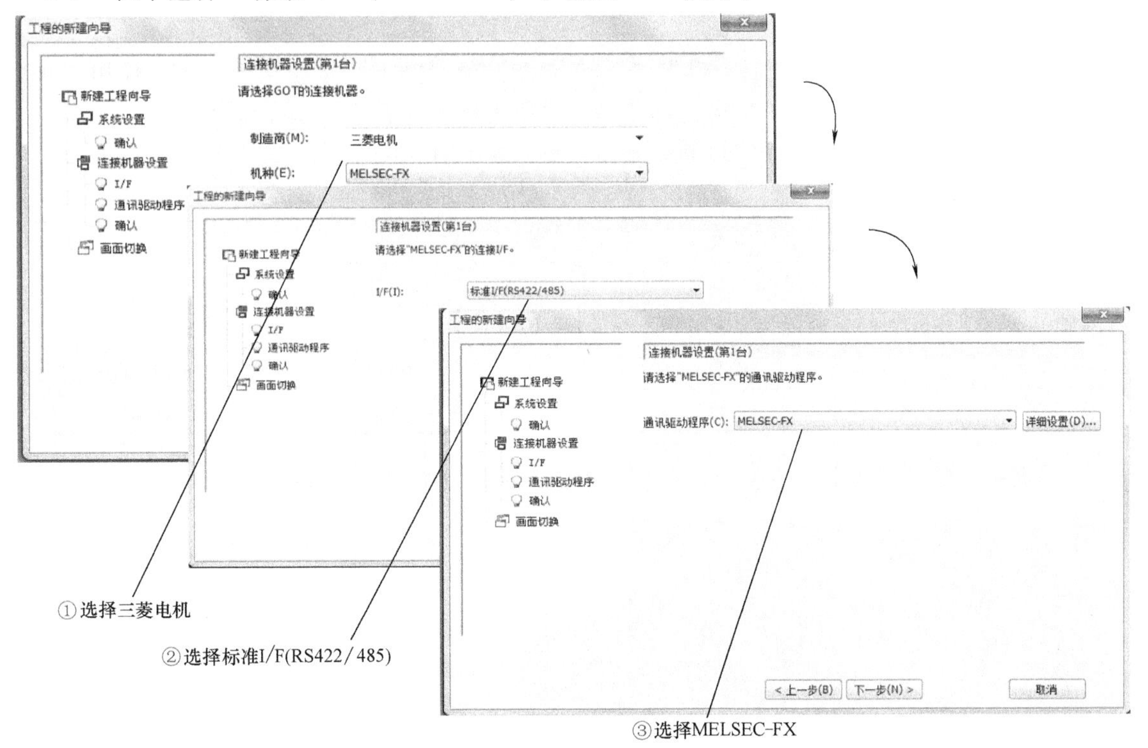

图 11-3　连接机器设置

3）后面均可单击“下一步”按钮来设置画面切换，直到结束。

2. 界面结构

出现创建的界面后，界面结构如图 11-4 所示。

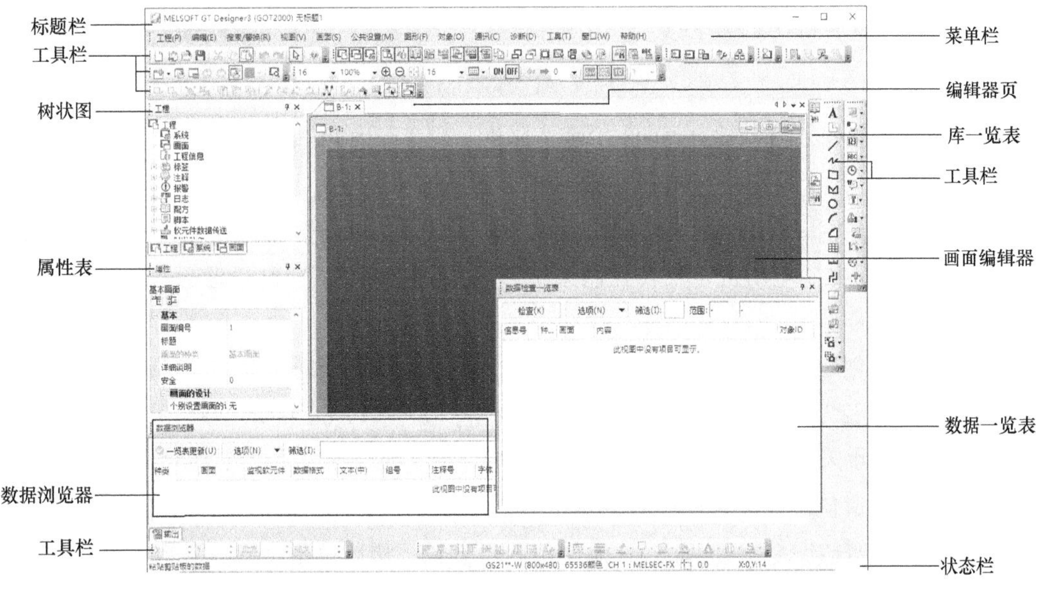

图 11-4　界面结构

界面中包括菜单栏、工具栏、编辑器页和画面编辑器，在画面编辑器中可设计触摸屏界面，通过将右边工具栏中的各种控件添加到触摸屏界面中来实现。

3. 电动机正反转触摸屏设计

在触摸屏画面上使用“正转起动”“反转起动”和“停止”按钮实现输入，使用“正转”和“反转”指示灯显示正反转运行状态，并使用数据显示/输入运行时间和显示已运行时间。触摸屏的软元件分配和PLC的软元件分配见表11-1。

表11-1　电动机正反转触摸屏和PLC的软元件分配表

软元件名	对象	功能	软元件名	对象	功能
M100	按钮	正转起动	Y001	指示灯	反转
M101		反转起动	D100	文本对象	输入T0的定时设定值
M102		停车	D101		存放定时器的设定值
Y000	指标灯	正转	D102		显示运行时间

根据系统的控制要求及表11-1，触摸屏的画面设计方案如图11-5a所示。

a) 触摸屏的画面设计方案

b) 文本对象的创建

图11-5　触摸屏设计界面

（1）文本对象的创建　单击图11-4所示触摸屏界面工具栏中的A按钮，单击画面编辑器，弹出如图11-5b所示的文本窗口，然后在“字符串”栏中输入显示的文字，在下面选择颜色和尺寸，设置完毕，单击“确定”按钮，然后再将文本对象拖到画面编辑器的合适位置即可。图11-5a中“电动机正反转控制系统”“运行时间设置”和“已运行时间显示”的操作方法与此相同。

（2）按钮的创建　以“正转起动”按钮为例，先单击触摸屏界面的工具栏中的按钮，选择“位开关”，在画面编辑器上画出按钮，如图11-6a所示，双击按钮，弹出如图11-6b所示的开关界面，在基本设置菜单中单击“动作设置”，在动作追加栏中单击“位”，弹出动作窗口，在软元件栏右侧单击 ... 按钮，弹出软元件窗口，选定软元件“M”和“100”为正转起动触发软元件，其他使用默认设置，然后单击“确定”按钮。

在图11-6b的基本设置菜单下单击“样式”标签，则弹出样式属性画面。单击“图形…”，弹出图像一览表，选择触摸按钮的形状和颜色。选择 OFF 时设置，则是在设置触摸按钮在“关”时的形状和颜色。

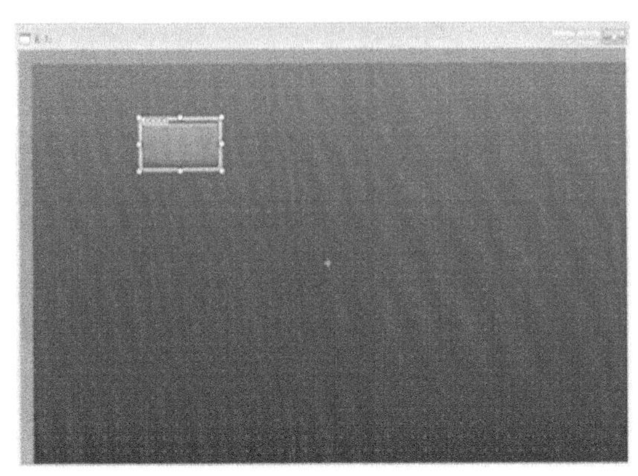

a) 画出按钮

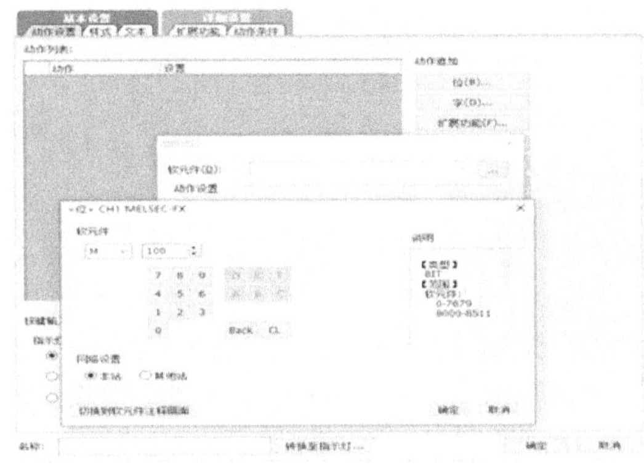

b) 按钮样式属性界面

图 11-6　触摸屏按钮样式属性设置

在图 11-7a 的基本设置菜单下单击“文本”标签，跳转到如图 11-7b 所示的触摸按钮文本设置画面。在文本界面上方选择字体、文本尺寸和文本颜色，在下面界面的字符串栏中输入文字“正转起动”，然后选择位置，设置完毕单击“确定”按钮。

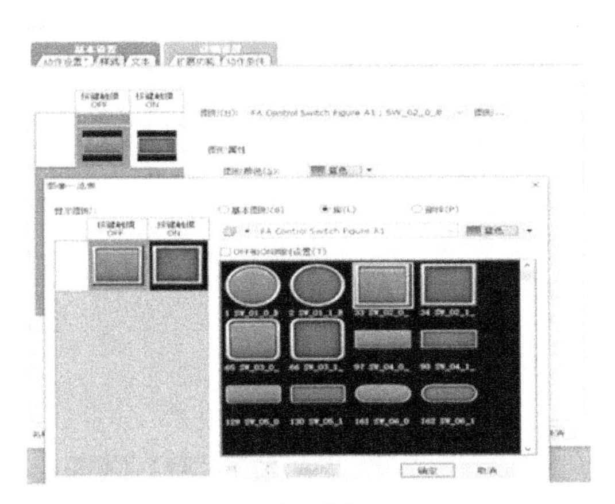

a) 基本设置

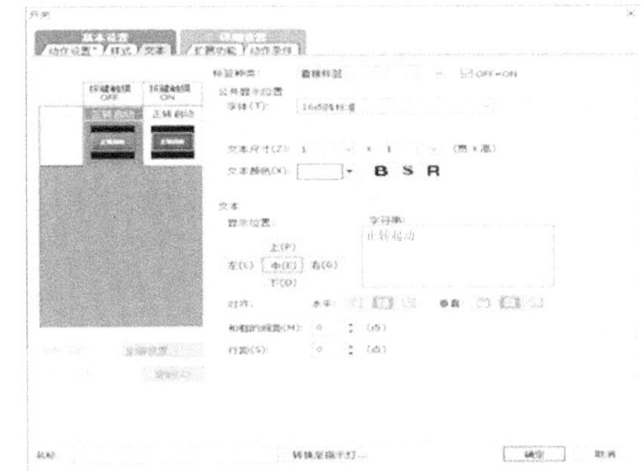

b) 按钮文本设置

图 11-7　触摸按钮设置

图 11-5a 中“反转起动”按钮对应 M101，“停止”按钮对应 M102，操作方法与此相同。

（3）指示灯创建　指示灯显示以电动机“正转”为例，单击图 11-4 所示触摸屏界面工具栏的按钮，选择“位指示灯”，在画面编辑器上画出指示灯，如图 11-8a 所示，双击指示灯，弹出图 11-8b 所示指示灯设置窗口，在指示灯种类处单击“位”，在软元件栏右侧单击 ... 按钮，弹出软元件设置窗口，选择“Y000”，单击“确定”。分别在“OFF”和“ON”时单击 图形... 按钮，在图 11-8c 所示指示灯样式设置窗口中选择形状和颜色，并设置文本为“正转”。

图 11-5a 中，显示“反转”的指示灯设置方法与此相同，对应 Y001 软元件。

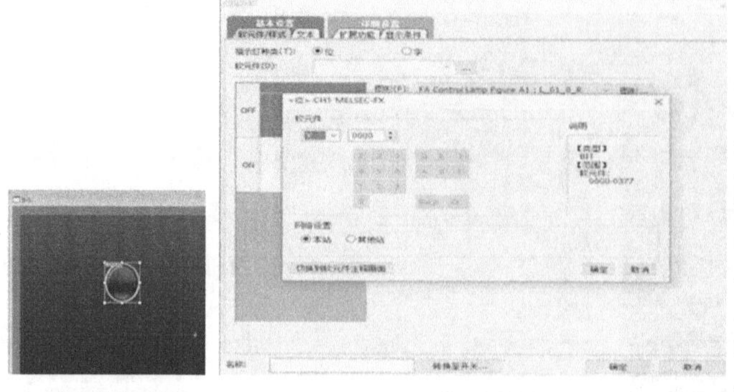
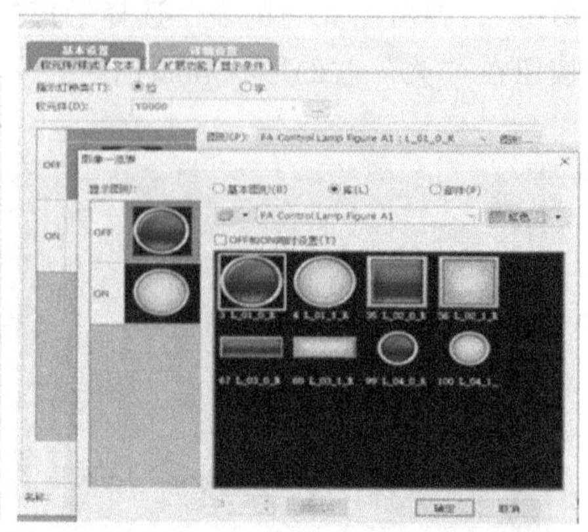

a) 创建指示灯　　b) 指示灯设置　　c) 指示灯样式设置

图 11-8　指示灯设置

（4）数值输入和数值显示的创建　“运行时间设置”需要用数值输入对象来实现，单击触摸屏界面工具栏中的 123 按钮，选择“数值输入”，画出数值输入，如图 11-9a 所示，双击弹出如图 11-9b 所示的数值显示设置窗口。单击软元件栏右侧的 ... 按钮，弹出软元件窗口，选择 D100，单击确定。再单击基本设置中的“样式”标签，跳转出图 11-9c 所示的数值样式设置画面。单击“图形…”，可根据自己喜好选择数值边框的形状、颜色和背景色。

图 11-5a 中，“已运行时间显示”操作方法与此相同，并对应 D102 软元件。

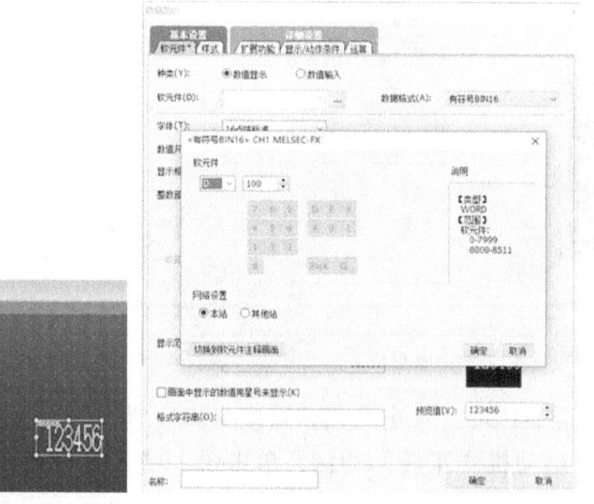
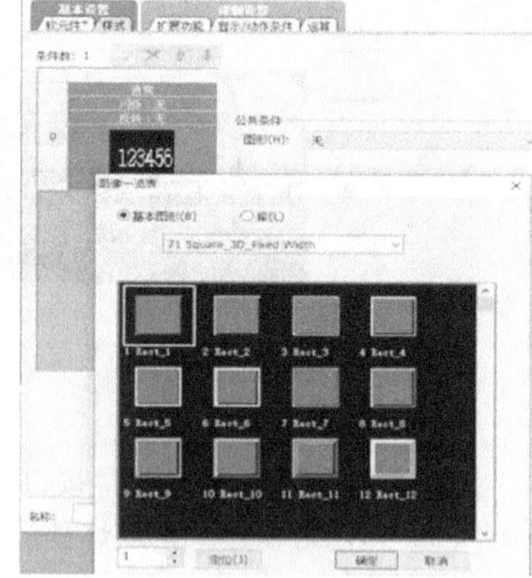

a) 创建数据　　b) 数值显示设置　　c) 数值样式设置

图 11-9　数值设置

（5）创建梯形图　电动机正反转梯形图如图 11-10 所示，由触摸屏输入定时时间 D100，乘以 10 送到 D101 作为定时器 T0 的设定值，再除以 100 在屏幕显示定时器 T0 的当前值。

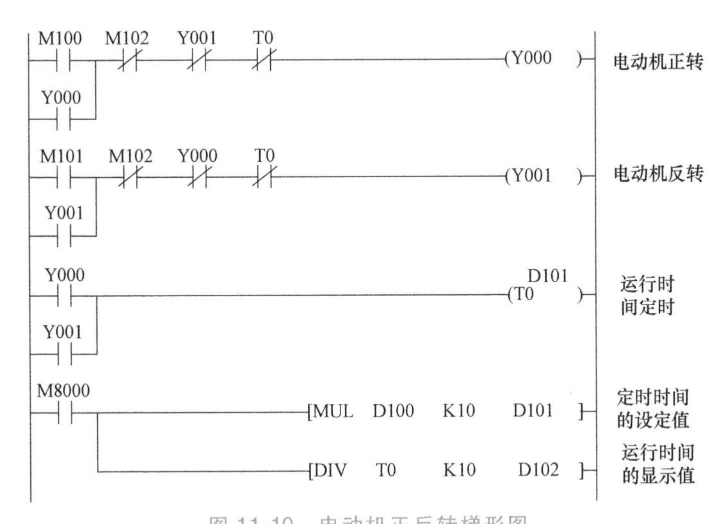

图 11-10　电动机正反转梯形图

11.2　触摸屏的运行

GT Designer3 软件创建的界面，可以传送到触摸屏上运行，也可以直接在计算机上仿真运行，在设计时一般先在计算机上仿真，然后再进行硬件的连接。

1. 触摸屏的仿真运行

微课 11-2
触摸屏仿真运行

使用软件 GX Works2 和触摸屏软件 GT Designer3 实现仿真运行之前，要安装仿真软件，GX Works2 自带 GX Simulator2，而 GT Designer3 在安装时也要选择安装 GT Simulator3。

触摸屏仿真运行的步骤如下：

1）打开 GX Works2，创建工程，完成图 11-10 中的电动机正反转梯形图的编写并保存。然后，单击工具栏的“模拟开始/停止”按钮 开始仿真运行。

2）打开 GT Designer3，创建如图 11-5a 所示的触摸屏界面并保存。然后，选择“工具”→“模拟器”→“设置”打开选项窗口进行通信设置，如图 11-11a 所示。在窗口中选择连接方式为“GX Simulator2”，与 GX Works2 的仿真器类型一致。

3）选择“工具”→“模拟器”→“启动”，或者单击工具栏的“模拟器启动”按钮 ，启动触摸屏的仿真运行。仿真运行界面如图 11-11b 所示，界面中设置 D100 运行时间为 20，已运行时间 D102 显示为 5。

2. 触摸屏与 PLC 的连接设置

微课 11-3
触摸屏在线运行

当 FX3U 系列 PLC 需要使用触摸屏时，创建工程后要进行连接设置，设置与计算机侧使用 USB 连接时，可使用“GOT（直接连接）透明传输功能”，如图 11-12 所示。

选择图 11-12 中的“可编程控制器直接连接设置”按钮，选择 USB 连接，并单击“通信测试”进行触摸屏与 PLC 的通信，如图 11-13 所示，当通信测试成功则连接设置完成。

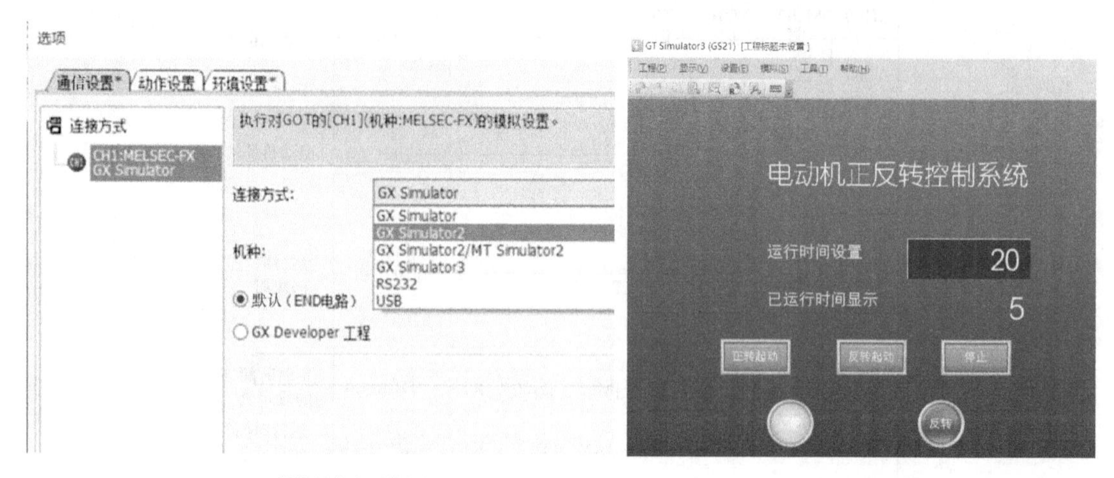

a) 触摸屏仿真通信设置　　　　b) 仿真运行界面

图 11-11　触摸屏的仿真运动

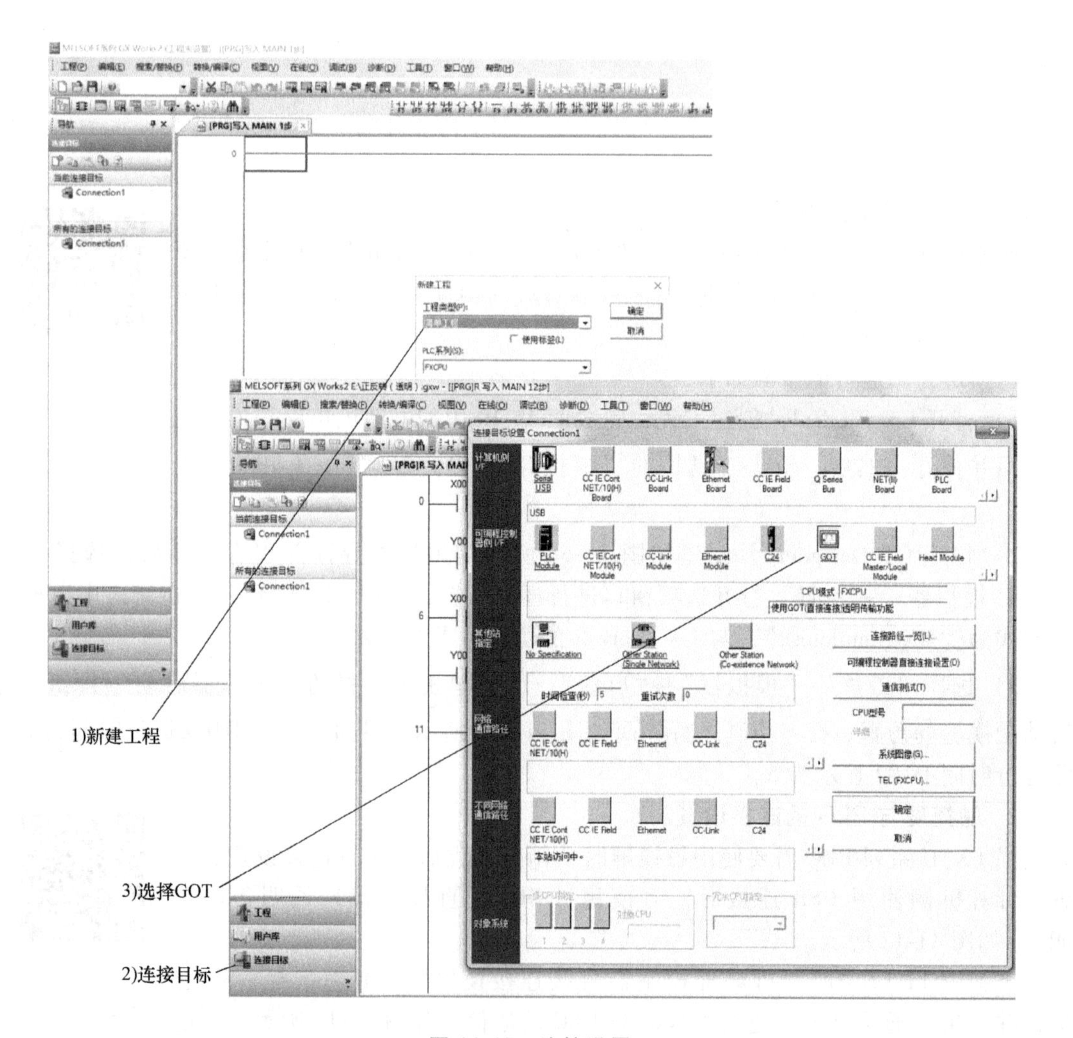

图 11-12　连接设置

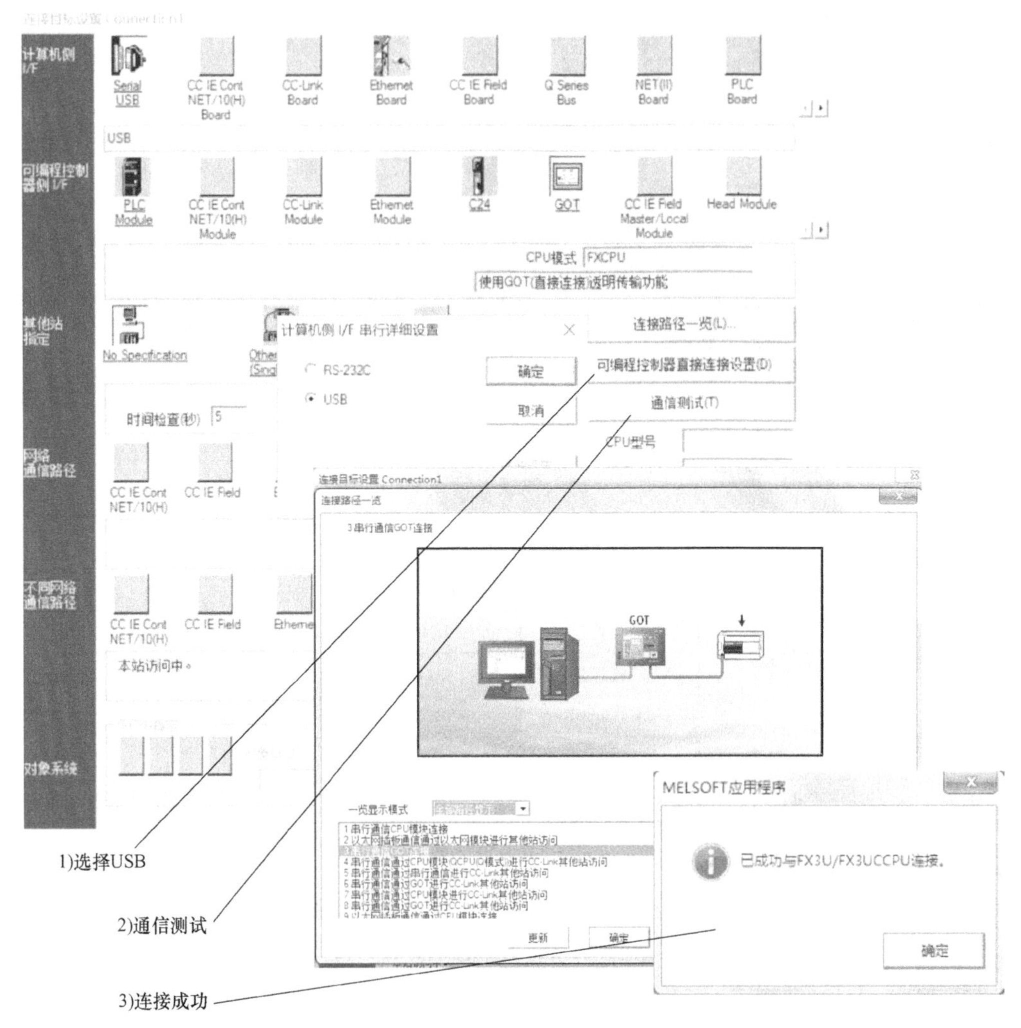

图 11-13　通信测试

11.3　设计触摸屏动画界面

设计触摸屏动画界面时，设计界面如图 11-14a 所示，在界面上可设计多种动画演示，包括水泵抽水和水箱液位变化动画、风机运转动画、小车移动动画，动画运行界面如图 11-14b 所示。

微课 11-4　触摸屏动画设计

1. 触摸屏界面设计

界面设计：两个水池用管道连接，水泵起动和停止时以不同颜色反映不同的工作状态，当水泵起动后，由下水池往上水池抽水，两个水箱液位动画变化，当上水池水满后，水再往下流，如此反复；风机运转时用两幅扇叶不同位置的图交替显现，实现转动的动画效果；小车使用部件设计，运行时左右移动。

界面各部件对应的软元件分配，见表 11-2。

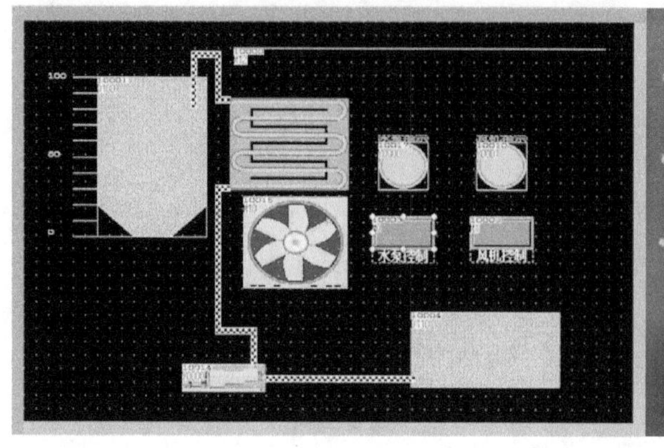

a) 设计界面

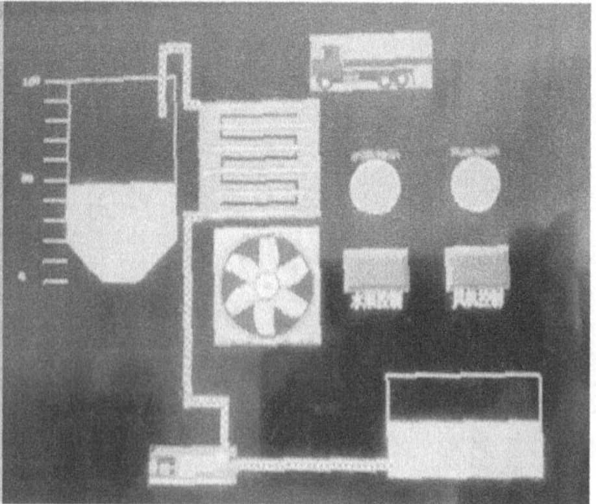

b) 运行界面

图 11-14　触摸屏动画界面

表 11-2　触摸屏动画软元件分配表

软元件名	对象	功能	软元件名	对象	功能
M0	按钮	水泵控制	D100	液位	水池 1 液位变化值
M1		风机控制	D110		水池 2 液位变化值
Y000	指示灯	水泵指示	T1、T2	风机	风机旋转速度控制
Y001		风机指示	M12	小车	小车移动方向
M10	风机	风机旋转控制	D1000		小车移动距离

2. 部件设计

（1）水池、刻度、配管的绘制　创建新界面，并单击右侧工具栏中的相应按钮，如单击图 11-15a 所示按钮选择“液位”，绘制水池 1 和水池 2。同样刻度和管道的绘制和设置如图 11-15b 和图 11-15c 所示。

双击水池 1 和水池 2，水池 1 对应软元件 D100，上下限范围为 0～100，如图 11-16 所

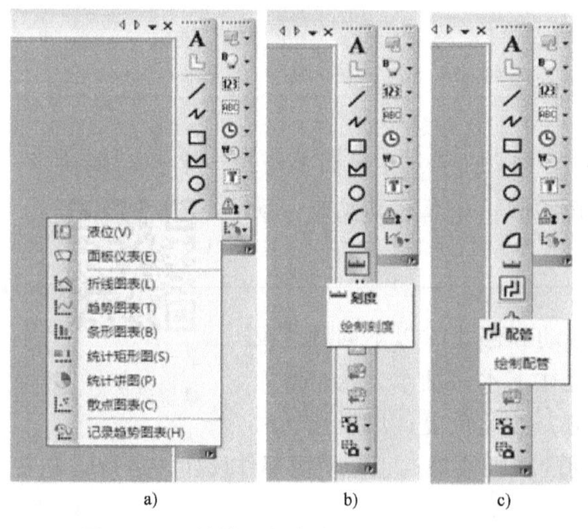

图 11-15　触摸屏创建液位、刻度和管道

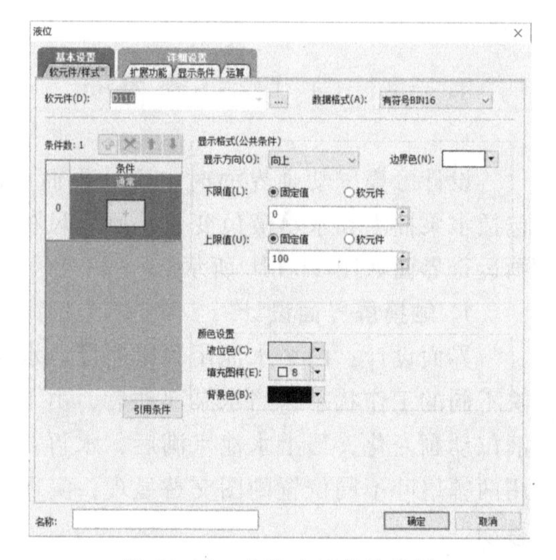

图 11-16　水池 1 液位的设置

示，水池 2 对应软元件 D110，上下限范围为 0～100。配管的设置如图 11-17a 所示，刻度的设置如图 11-17b 所示。

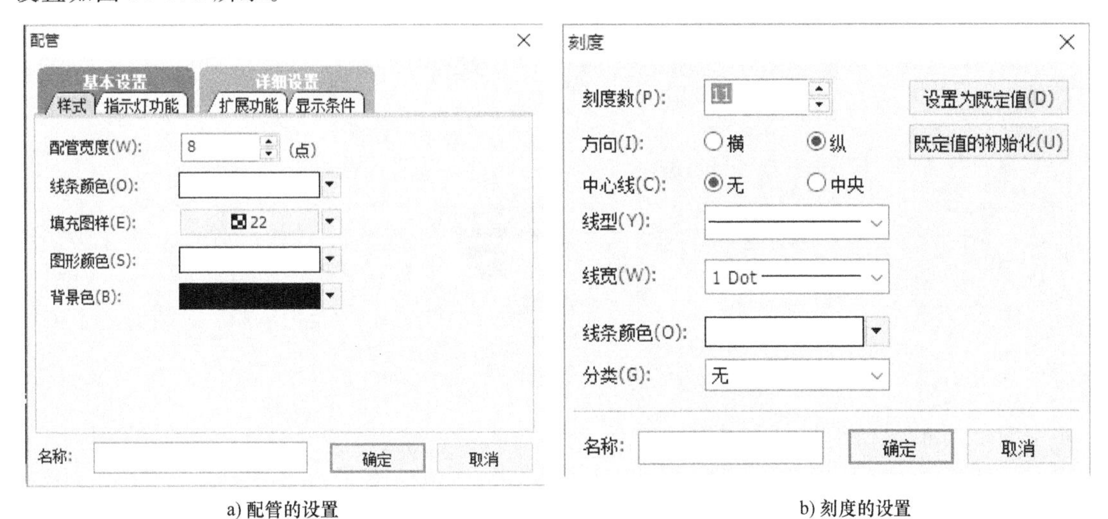

a) 配管的设置　　b) 刻度的设置

图 11-17　配管和刻度的设置

（2）水泵、风机、小车的绘制　水泵、风机、小车在工具栏中没有，因此可以由其他绘图软件绘制后导入进来，也可以查找现成的图片后导入图像，在将导入的图像放在部件中。

在界面中添加水泵、风机和小车，单击“公共设置”中的部件图像一览表，如图 11-18 所示，选择风机和水泵放在画面相应的位置，分别双击水泵、风机和小车图像，进行相应的设置。

图 11-19 所示为水泵部件，为了实现动画演示，使用两个扇叶不同的部件，分别对应 M10 在 OFF 和 ON 时刻的显示。

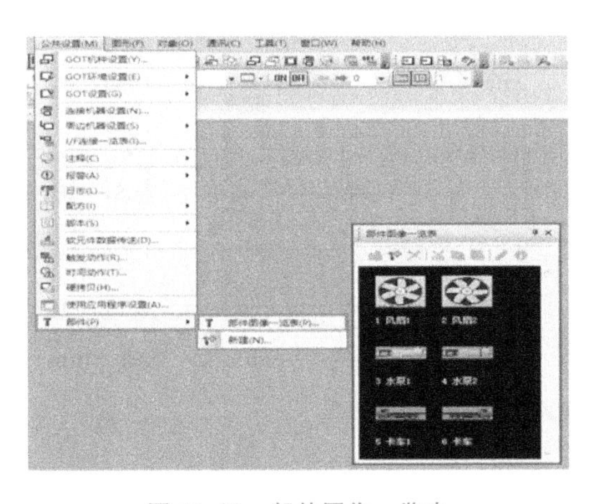

图 11-18　部件图像一览表

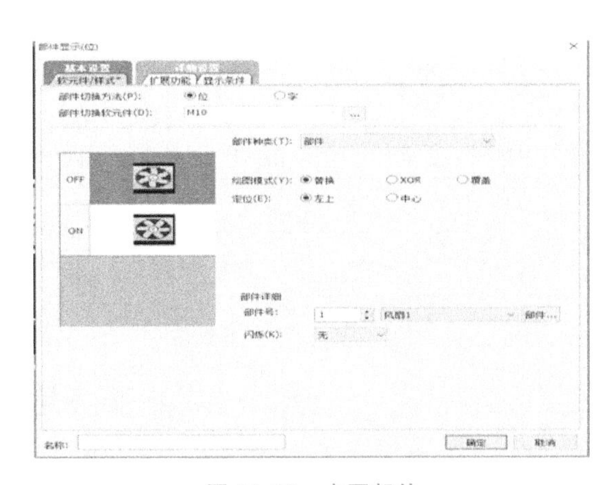

图 11-19　水泵部件

（3）小车部件移动的实现　在菜单栏的“对象”中单击“部件移动”下的“位部件”，出现部件移动设置界面，如图 11-20a 所示，进行相应的设置，如图 11-20b 所示。接着在触摸屏设计界面绘制部件移动路径，移动方式设置为直线，使用 D1000 作为位置软元件，移动范围为 0~800，然后在界面中使用鼠标拖动移动轨迹，在触摸屏界面中就显示出绿色的小车移动轨迹，此时触摸屏设计完成。

a) 创建部件移动

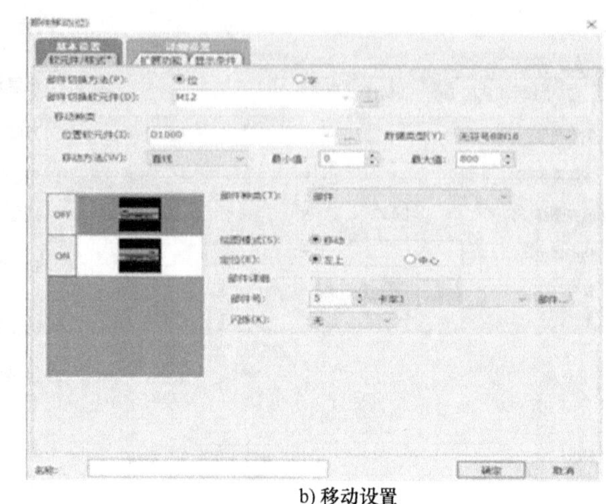

b) 移动设置

图 11-20　小车部件

3. PLC 梯形图设计

梯形图如图 11-21 所示，为实现水池 1 和水池 2 的动画，使用 D100 和 D110 存放液位数据，通过变化 D100 和 D110 的数据实现液位动画；使用定时器 T1 和 T2 实现风机动画，使用 D1000 实现小车移动动画。

```
M8002 ──┬────────────── [MOV K0 D100]
        └────────────── [ZRST M0 M10]
M0 ──────────────────── (Y000)
M1 ──────────────────── (Y001)
Y001 ─┬─ M10(/) ─ T2(/) ─┬──────── (T1 K3)
      │                  └─ T1(↑) ─ [SET M10]
      └─ M10 ─┬─────────────────── (T2 K3)
              └─ T2(↑) ─────────── [RST M10]

Y000 ─┬─ M12 ─ M8012 ───────────── [INCP D100]
      ├─ M11 ─ M8012 ───────────── [DECP D100]
      └──────────────────────────── [SUB K100 D100 D110]
M8003 ─┬─────────────────────────── [CMP K100 D100 M3]
       ├─────────────────────────── [CMP K0 D100 M6]
       ├─ M4 ─┬──────────────────── [SET M11]
       │      └──────────────────── [RST M12]
       ├─ M7 ─┬──────────────────── [SET M12]
       │      └──────────────────── [RST M11]
       └─────────────────────────── [MUL K5 D100 D1000]
```

图 11-21　触摸屏动画界面梯形图

11.4　使用学习软件 FX TRN-DATA

学习软件 FX TRN-DATA 是三菱电机公司配套的应用指令仿真学习软件，可以练习应用指令。打开软件的界面，如图 11-22a 所示，包括 A、B、C、D 和 E 多个选项卡，根据每个实例下面的星号个数循序渐进的选择不同的实例。

微课 11-5　FX TRN-DATA 软件运行

如图 11-22b 所示，选择“D-5 车的通过时间测定”，单击菜单栏的“编辑”→“梯形图编辑”，可以在左下侧的梯形图编辑窗口中输入梯形图；使用输入触点 X030～X033 作为到达地点信号，使用输出触点 Y020～Y023 作为四个地点指示灯。

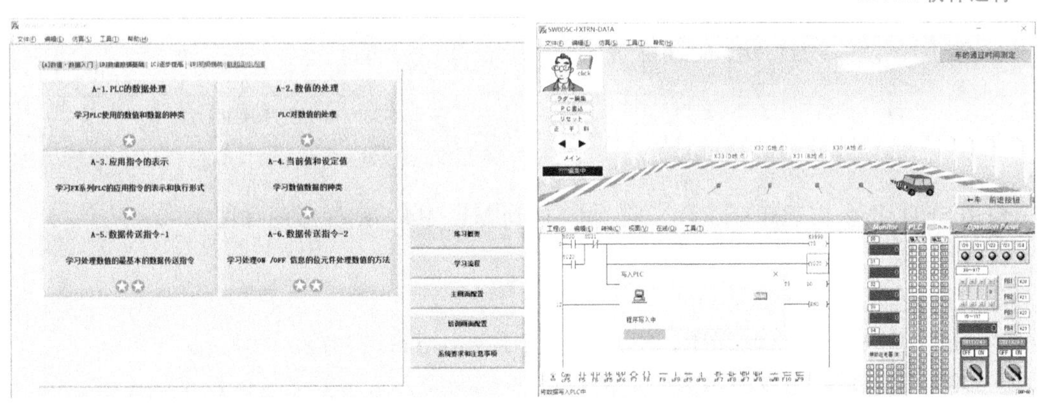

a) 开始界面　　b) D-5车的通过时间测定

图 11-22　FX TRN-DATA 软件界面

单击菜单栏的“转换”，再单击菜单栏的“在线”→“写入 PLC”进行模拟写入 PLC。当单击画面中的“车前进按钮”时开始运行，在“Monitor”面板查看数据寄存器的变化，如果需要修改程序可以则选择菜单栏的“编辑”→“梯形图编辑”进行修改。

自我练习：

1）写出输入输出分配表，并完成该程序并调试运行。

2）使用 FX TRN-DATA 软件，练习 D 选项卡中的其他实例。

11.5　使用应用指令实现步进控制

控制要求：某液压动力滑台在初始状态时停在最左边，行程开关 X000 接通，当按下起动按钮 X005，液压动力滑台的进给动力如图 11-23 所示。工作一个循环后，返回初始位置。

设计的方法有很多种，在此使用 SFTL 指令来实现顺序步进控制。

控制各电磁阀的 Y001～Y004 在各工步的状态见表 11-3。使用 SFTL 指令实现顺序工序，SFTL 指令的数据传送如图 11-24 所示。

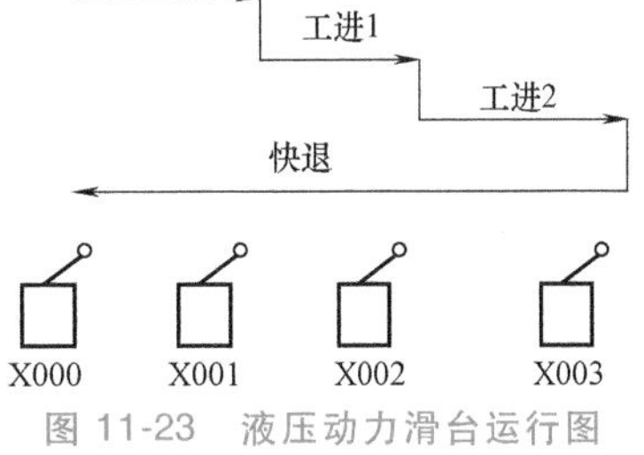

图 11-23　液压动力滑台运行图

表 11-3　各工步的电磁阀工作表

电磁阀	Y001	Y002	Y003	Y004	电磁阀	Y001	Y002	Y003	Y004
快进		+	+		工进 2		+		
工进 1	+	+			快退			+	+

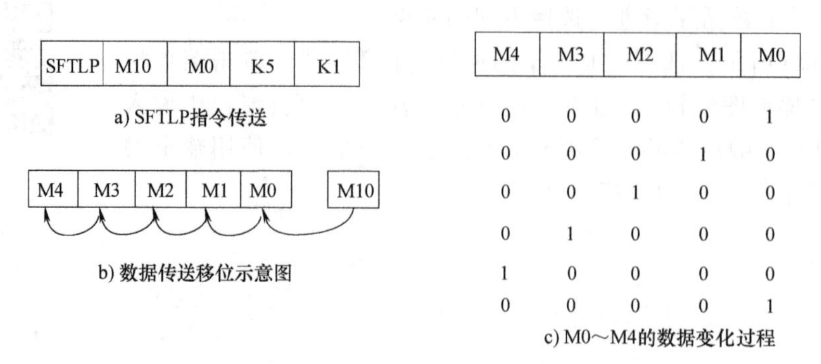

图 11-24　SFTL 指令的数据传送

使用 SFTL 指令实现顺序工序，将 M10 送到 M1～M4，则梯形图如图 11-25 所示。

自我练习：

1）写出输入输出分配表。

2）使用 MOV 指令修改程序，使其实现液压动力滑台的功能。

3）增加数码管，用以显示各工序的数字。

```
M8002
─┤├─┬──────────────────[ZRST  M0   M4 ]
M4  │
─┤├─┘
X000
─┤├──────────────────────( M10 )
                           原点位置
X005   M0
─┤├───┤/├─┬──[SFTLP  M10  M0  K5  K1 ]
          │        X005起动，M10送到M0
X001   M0 │
─┤├───┤├──┤  X001=ON，再移位一
          │  次，M1=ON
X002   M1 │
─┤├───┤├──┤
X003   M2 │
─┤├───┤├──┤
X000   M3 │
─┤├───┤├──┘  当X000=ON，回到原点，
             再移位M4=ON，重新开始

M1
─┤├────────────────────(Y001 )
M0
─┤├─┬──────────────────(Y002 )
M1  │
─┤├─┤
M2  │
─┤├─┘
M0
─┤├─┬──────────────────(Y003 )
M3  │
─┤├─┘
M3
─┤├────────────────────(Y004 )
```

图 11-25　液压动力滑台梯形图

11.6　拓展练习

1）根据学校的课程表，在触摸屏上显示时间和第几节课，课程见表 11-4。

在触摸屏上显示课程表，预备铃是用闪烁灯表示。

2）第一个界面显示 4×4 个地鼠，当按“开始”按钮时，开始随机出现地鼠并计时，每次打中地鼠显示数据加 1，在 20s 内按下 5 个地鼠则出现“通过”，否则出现“失败”，结束出现胜利和失败画面，可以重新开始。

表 11-4　课程表

上午		下午		晚上	
节次	时间	节次	时间	节次	时间
预备铃	7：55	预备铃	13：25	预备铃	18：25
第一节	8：00~8：40	第五节	13：30~14：10	第九节	18：30~19：10
第二节	8：50~9：30	第六节	14：20~15：00	第十节	19：20~20：00
第三节	9：40~10：20	第七节	15：10~15：50	第十一节	20：10~20：50
第四节	10：30~11：10	第八节	16：00~16：40		
第五节	11：20~12：00				

第12章　状态编程法的编程及仿真

12.1　创建 SFC 图

在 GX Works2 软件创建 SFC 新工程，创建 SFC 图和创建梯形图的步骤有些不同。

微课 12-1　创建 SFC 工程

1. 创建工程

在打开的 GX Works2 界面中，单击“工程”→“新建”，则会出现图 12-1a 所示的对话框，选择“FXCPU”→“FX3U/FX3UC”→“简单工程”→“SFC”。

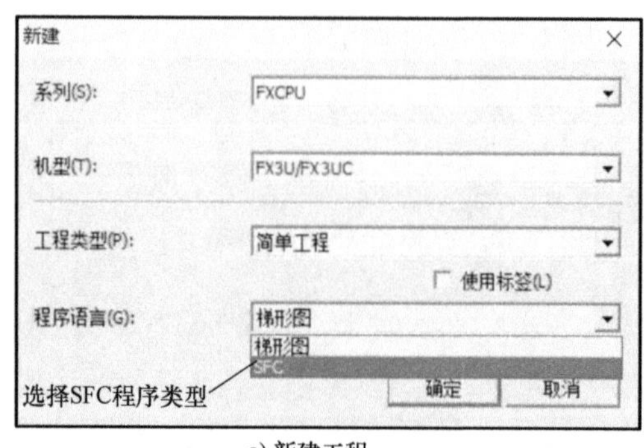

a) 新建工程

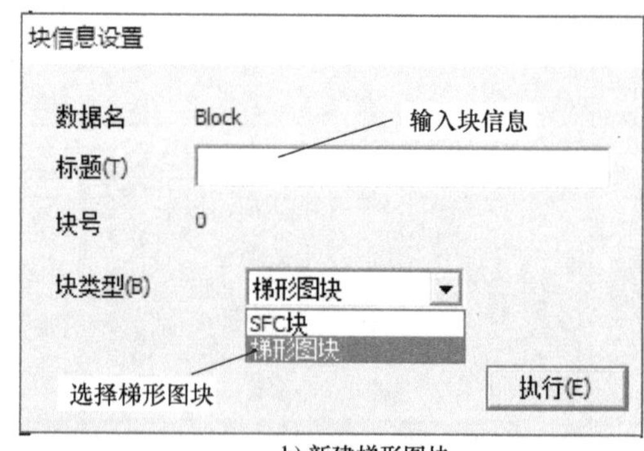

b) 新建梯形图块

图 12-1　创建工程

2. 创建梯形图块

创建工程后会马上出现创建“块信息设置”对话框，如图 12-1b 所示。在 SFC 块之前一般需要使用 M8002 驱动初始状态，因此先创建梯形图块，例如在图中输入标题“启动”，选择块类型为“梯形图块”，单击“执行”按钮后就出现创建的梯形图块“000：Block 启动”。

微课 12-2　SFC 程序编写

创建启动初始状态的指令，在 GX Works2 界面中单击左边窗口的“LD”方框，再在右边窗口使用工具栏的 F5 和 F8 按钮，创建梯形图，如图 12-2 所示是使用 M8002 启动初始状态 S0，使用 SET S0 指令，然后单击工具栏的按钮转换梯形图。

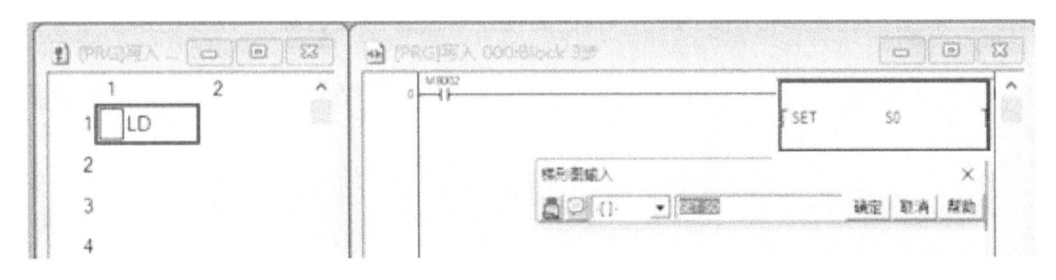

图 12-2　创建梯形图块

3. 创建 SFC 块

在导航窗口中选择“程序”→“MAIN”，如图 12-3 所示，单击鼠标右键，在出现的菜单中选择“新建数据...”，则出现“新建数据”对话框，单击“确定”按钮后在出现的“块信息设置”中输入标题为“主程序”，程序语言为“SFC”，创建 SFC 块。

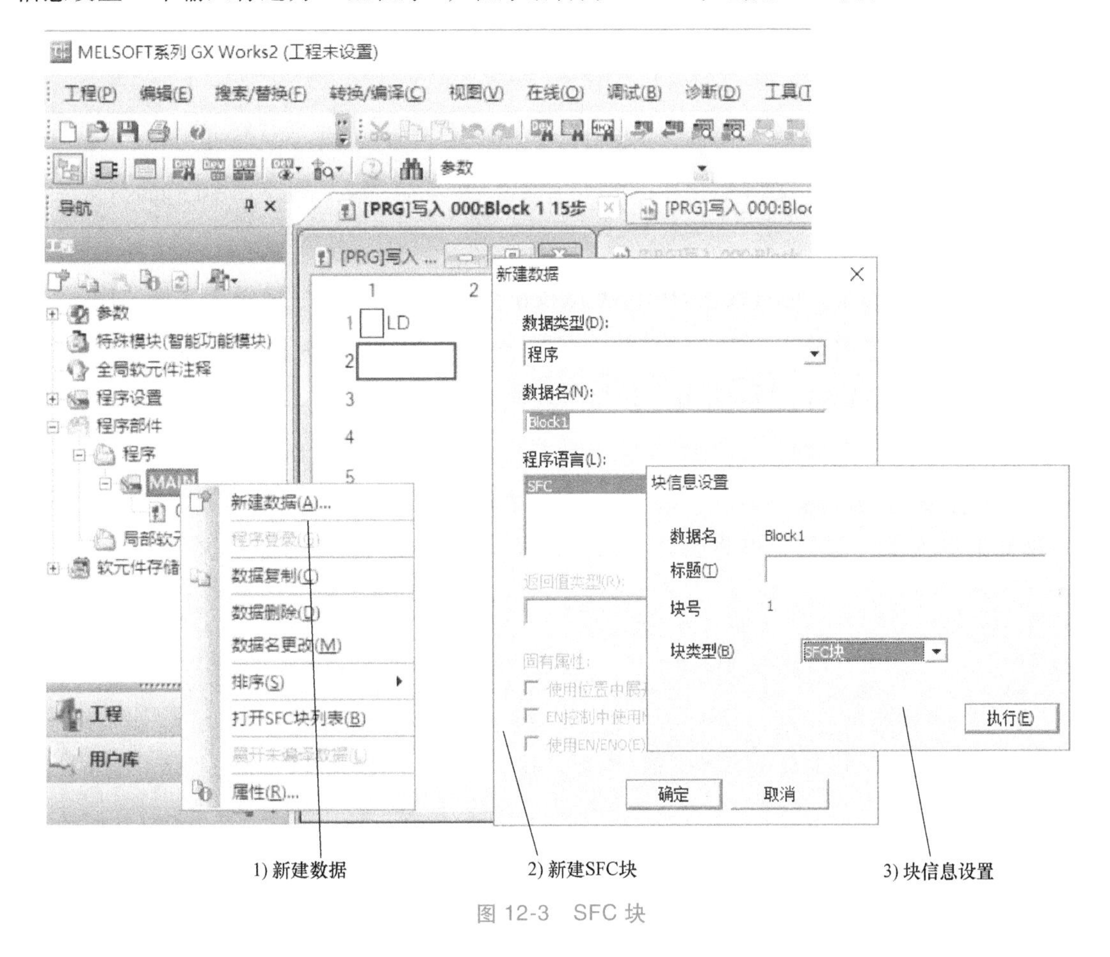

图 12-3　SFC 块

4. 编写 SFC 图的各状态

在出现的 SFC 创建界面中有两个窗口，左边是状态步窗口，右边是梯形图窗口。

(1) 状态的绘制　在左边添加状态步，状态步使用方框表示，初始状态为双框，普通状态为单框。将指针移到需要添加的位置，单击工具栏中的按钮，在对话框中输入步号（状态号）。在右边创建梯形图，使用工具栏的按钮绘制梯形图，如图 12-4 所示。

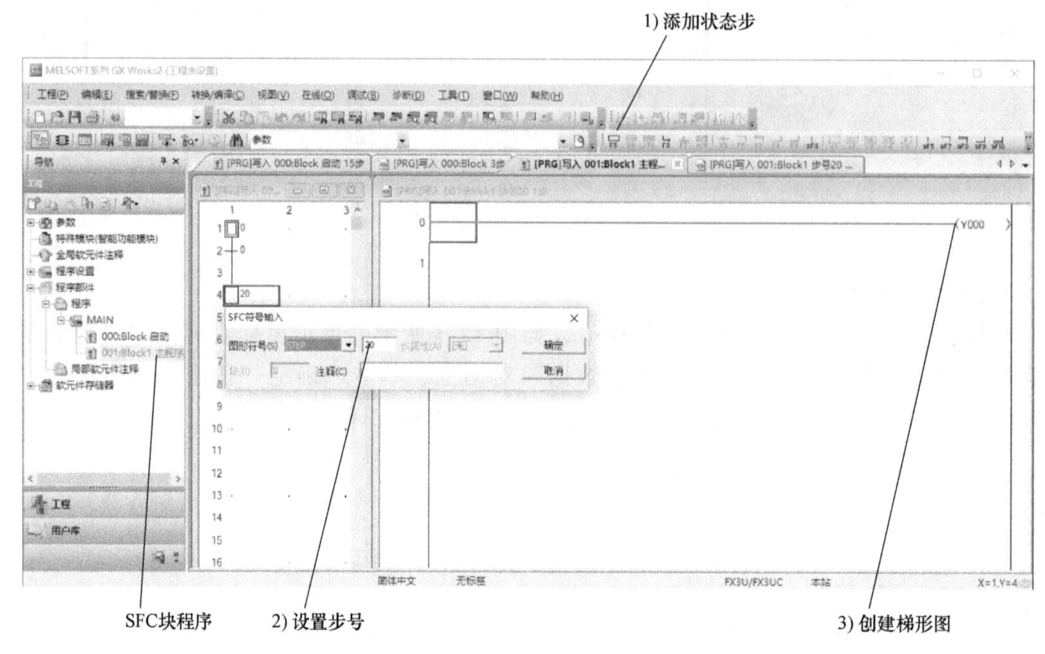

图 12-4　绘制状态

如果要删除状态步，可直接按<DEL>删除按钮，或者在“编辑”菜单中选择“删除”。

每步修改完梯形图都需要单击工具栏的按钮，进行梯形图转换编译。

如果某一步没有输出，可以不输入梯形图，则该状态会显示“?”，如状态 S0 没有输出会显示“?0”。

（2）转移条件的绘制　将指针移到需要添加的位置，单击工具栏中的按钮，在出现的对话框中输入条件序号，再将指针移到梯形图窗口，输入该条件的梯形图，如图 12-5 所示。

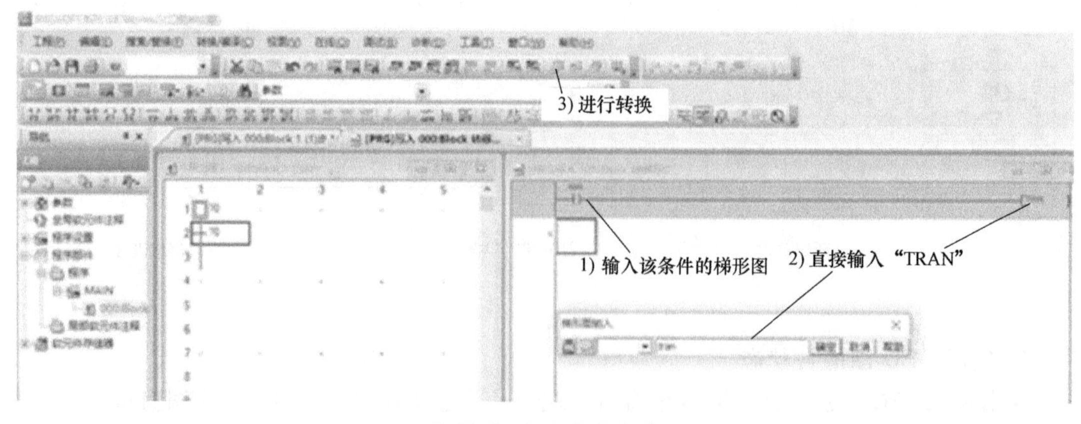

图 12-5　绘制转移条件

注意，转移条件的梯形图最后直接输入“TRAN”，作为转移条件的结束，或者直接单击工具栏的 F8 按钮。然后，单击工具栏的 按钮进行梯形图转换。

（3）跳转 SFC 图中的跳转可以向上跳转或者向下跳转，在工具栏中单击 F8 按钮，并在对话框中输入需跳到的步号，如果向上跳转则是上面的步号，如果向下跳转则是下面的步号，如图 12-6 所示，向上跳转到 S0 状态，则输入步号为“0”。

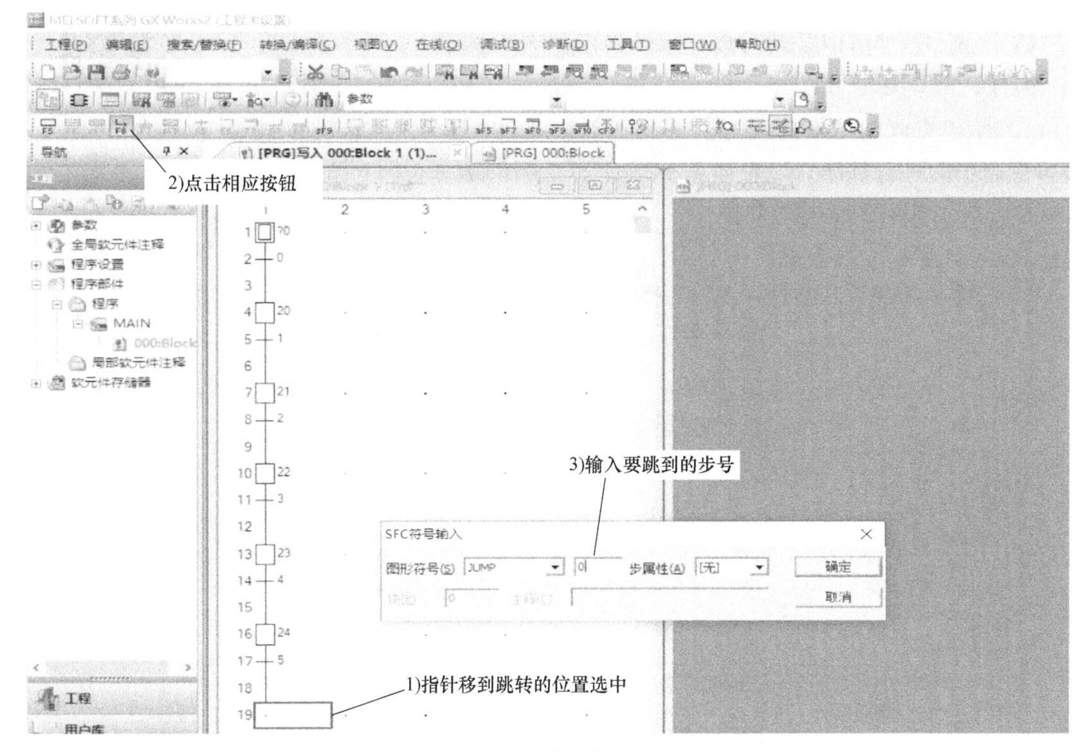

图 12-6 绘制跳转

当设置了跳转，转移目标自动显示加点，如 S0 显示为“”。

注意，整个 SFC 图创建完成后，并不是所有的步、条件及每一步的梯形图都在一个窗口中完整的显示出来，而是分成两个窗口，当将指针移到左边相应的步或条件上单击时出现右边相应的梯形图。

（4）分支的绘制 在 SFC 图中，分别使用工具栏中的 F6 和 F7 按钮绘制选择分支和并行分支。图 12-7 所示有三条选择分支，在图中如果需要增加第三条分支，则应将前面两条的分支条件绘制完再使用工具栏按钮增加第三条分支。

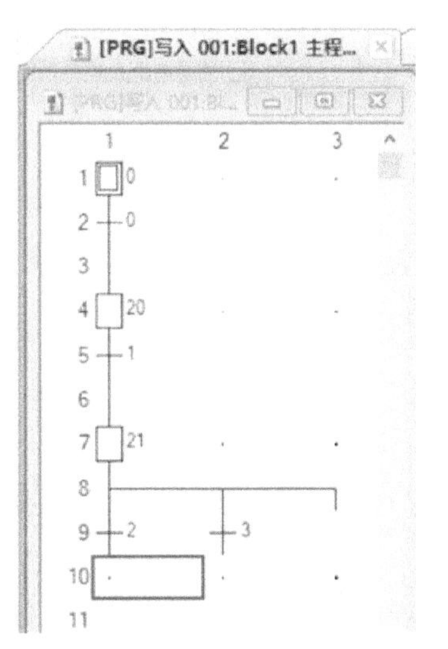

图 12-7 有三条选择分支的 SFC 图

微课 12-3 分支结构的绘制

使用工具栏的 aF9 和 aF10 按钮实现选择分支和并行分支的汇合，通过拖动的方法实现多个分支的汇合。

5. SFC 图和 STL 图转换

SFC 图和 STL 图是可以相互转换的。单击“工程”→“工程类型更改”，如图 12-8 所示，出现“工程类型更改”对话框，单击“确定”按钮后再次单击“确定”按钮则转换完成。转换成 STL 图后，在导航窗口选择“程序”→“MAIN”，单击“MAIN”就可以显示转换后的 STL 图。

微课 12-4　SFC 图和 STL 图转换

同样，STL 图也可以转换成 SFC 图，单击“工程”→“工程类型更改”，选择“更改程序语言类型”实现转换。通过 STL 图可以方便地修改 SFC 图中的一些程序，但是如果不符合 SFC 图的语法，STL 图虽然可以运行，但不能转换成 SFC 图。

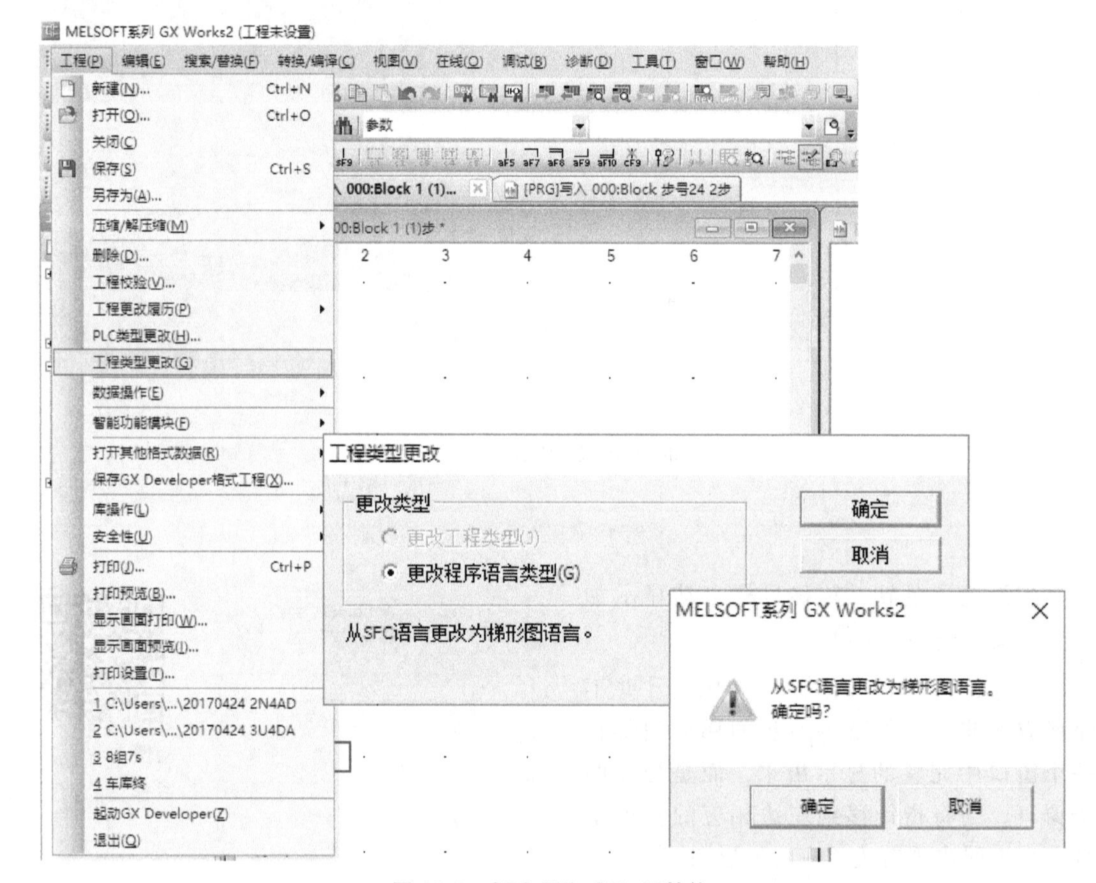

图 12-8　SFC 图和 STL 图转换

12.2　程序设计——带式输送机控制

带式输送机控制是单流程的工作过程，使用状态编程法很方便。带式输送机工作示意图如图 12-9 所示。

控制要求：红灯 L1（Y005）灭，绿灯 L2（Y000）亮，表示允许汽车开进装料，料斗 K2（Y004），电动机 M1（Y001）、M2（Y002）、M3（Y003）皆为 OFF。当汽车到来时 S2 接通（X000），L1 亮，L2 灭，M3 运行开始装料；电动机 M2 在 M3 运行 2s 后运行，M1 在 M2 运行 2s 后运行，K2 在 M1 通 2s 后打开出料。当料满后 S2 断开，料斗 K2 关闭，电动机 M1 延时 2s 后关断，M2 在 M1 停 2s 后停止，M3 在 M2 停 2s 后停止，L2 亮，L1 灭，表示汽车可以开走。

1. 输入输出分配表

根据控制要求写出输入输出分配，见表 12-1。

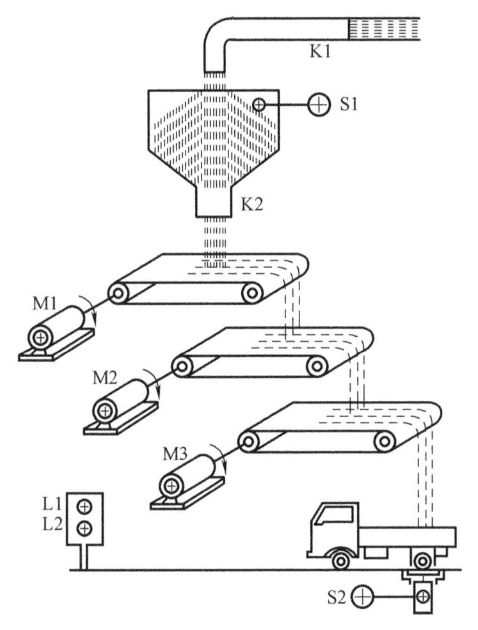

图 12-9　带式输送机工作示意图

表 12-1　输入输出分配表

输入	功能
X000	接近开关 S2
输出	**功能**
Y000	绿灯 L2
Y001	电动机 M1
Y002	电动机 M2
Y003	电动机 M3
Y004	料斗 K2
Y005	红灯 L1

2. 设计各状态

根据工作过程写出状态的输出、转移条件和转移目标，见表 12-2。

表 12-2　带式输送机的状态三要素

工序	状态	输出	转移条件	转移目标	功能
0	S0	Y000	X000	S20	L2 亮
1	S20	Y005,Y003,T0	T0	S21	L1 亮,M3 运行
2	S21	Y005,Y002,Y003,T1	T1	S22	L1 亮,M2,M3 运行
3	S22	Y005,Y001,Y002,Y003,T2	T2	S23	L1 亮,M1,M2,M3 运行
4	S23	Y005,Y001,Y002,Y003,Y004	X000	S24	L1 亮,M1,M2,M3,K2 运行
5	S24	Y005,Y001,Y002,Y003,T3	T3	S25	L1 亮,M1,M2,M3 运行
6	S25	Y005,Y002,Y003,T4	T4	S26	L1 亮,M2,M3 运行
7	S26	Y005,Y003,T5	T5	S27	L1 亮, M3 运行
8	S0	Y000	X000	S20	L2 亮

3. 绘制 SFC 图

创建工程，根据表 12-2 绘制单流程的 SFC 图，创建梯形图块和 SFC 块，需要注意 Y005 在 S20~S26 状态都接通，因此可以使用 SET 和 RST 指令，也可以在每个状态使用 OUT 指令。

4. 自我练习

增加进料功能，当料不满时，S1 为 OFF（X001），料斗 K2 关闭，出料灯（Y006）灭，不出料，进料开关 K1 打开（Y007）进料，其余功能与上面相同。

12.3　状态监控程序设计——喷泉控制

带有灯光的喷泉使用状态编程可以方便地实现不同灯和喷泉的控制，控制要求如下。

（1）单周期运行　Y000 灯用于待机显示，按下启动按钮（X000）后，中央指示灯（Y001）亮 2s（T0）；中央喷水（Y002）运行 2s（T1）；环状线指示灯（Y003）亮 2s（T2）；环状线喷水（Y007）运行 2s（T2）；整个周期结束，返回待机状态。

（2）连续运行　当按下连续运行按钮（X001）时，喷泉循环运行。

1. 设计各状态

根据控制要求写出每个状态的输出、转移条件和转移目标（三要素），见表 12-3。

表 12-3　传送带的状态三要素

工序	状态	输出	转移条件	转移目标	功能
0	S0	Y000	X000	S20	L2 亮
1	S20	Y001,T1	T1	S21	中央指示灯亮
2	S21	Y002,T2	T2	S22	中央喷水
3	S22	Y003,T3	T3	S27	环状线指示灯
4	S27	Y007,T7	T7 时间到,X001 接通	S20	环状线喷水
			T7 时间到,X001 断开	S3	

2. 设计 SFC 图

创建如图 12-10 所示的梯形图块和 SFC 块，使用选择分支来选择连续和单周期。

3. 增加步进按钮

增加步进按钮，每次只执行一步，当每按一次步进按钮（X002）时执行一步。步进功能可以采用在每个转移条件中增加 X002 触点的方法，也可以采用特殊辅助继电器 M8040 禁止转移。

在梯形图块中增加程序，如图 12-11 所示，当 M8040=ON 时禁止状态转移，可以使用 M8047 监控状态运行情况。当 X002 断开，M8040=OFF 则状态可以跳转；因此使用 X002 点动按钮，X002 每通断一次，状态转移一次，实现单步运行。

4. 程序监控

运行程序，如图 12-12a 所示，X002=ON，状态运行停止在 S3 初始状态；然后按下按钮时 X000=ON，松开时 X000=OFF，梯形图中 M8040=ON，禁止状态转移，此时状态从 S3 跳转到 S20 状态并停留在 S20 状态。选择“在线”→“监视”→“软元件/缓冲寄存器批量监视”，如图 12-12b 所示，可以看到 D8040 保存当前运行的状态为 20，表示当前运行的状态是 S20。

5. 自我练习

1）在梯形图中增加 M8046，监视状态运行过程。

2）增加停止按钮，使喷泉可以随时停止待机。

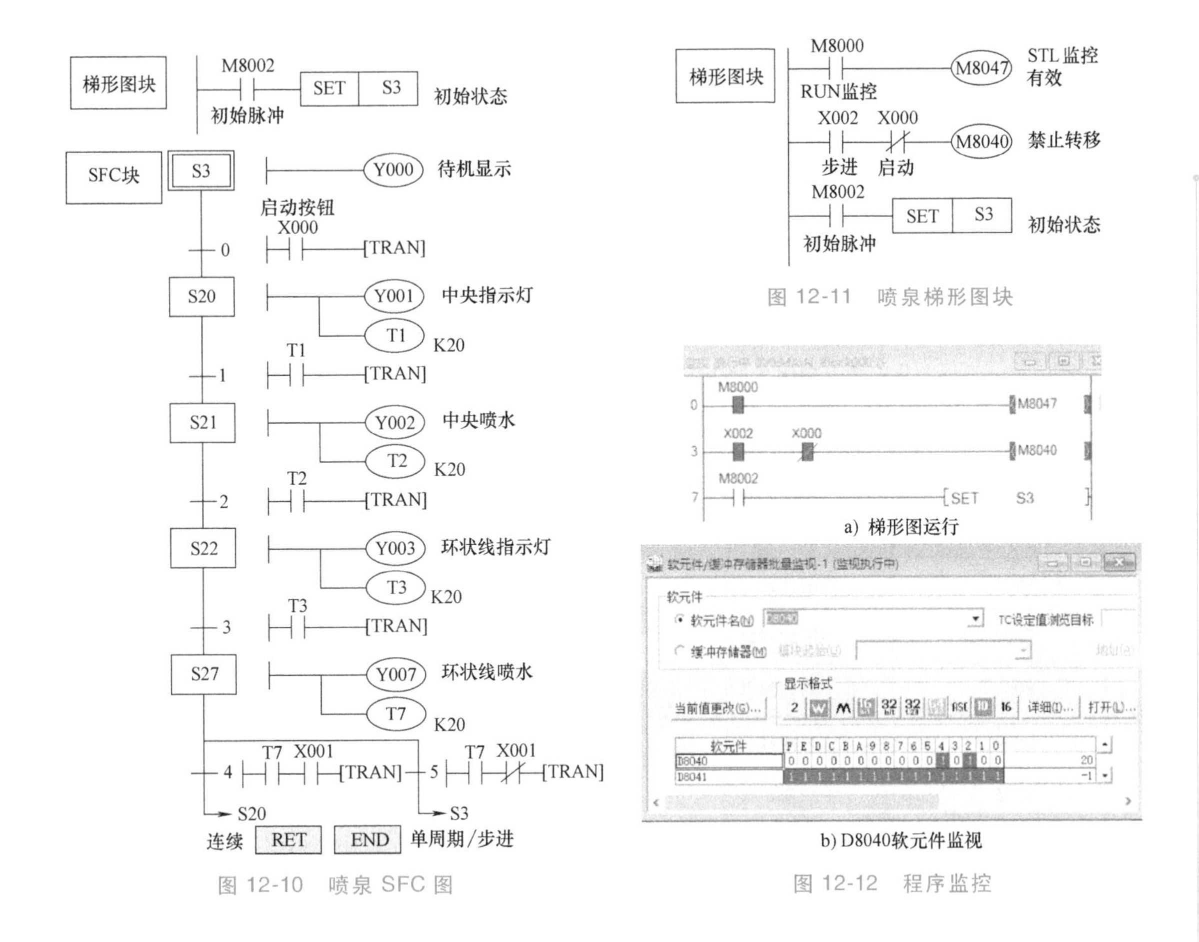

图 12-10　喷泉 SFC 图

图 12-11　喷泉梯形图块

图 12-12　程序监控

12.4　并行分支——十字路口交通信号灯控制

设计一个十字路口交通信号灯控制程序，南北向及东西向均设有红、黄、绿三个信号灯，六个灯按照一定的时序循环往复工作，工作时序如图 12-13 所示。

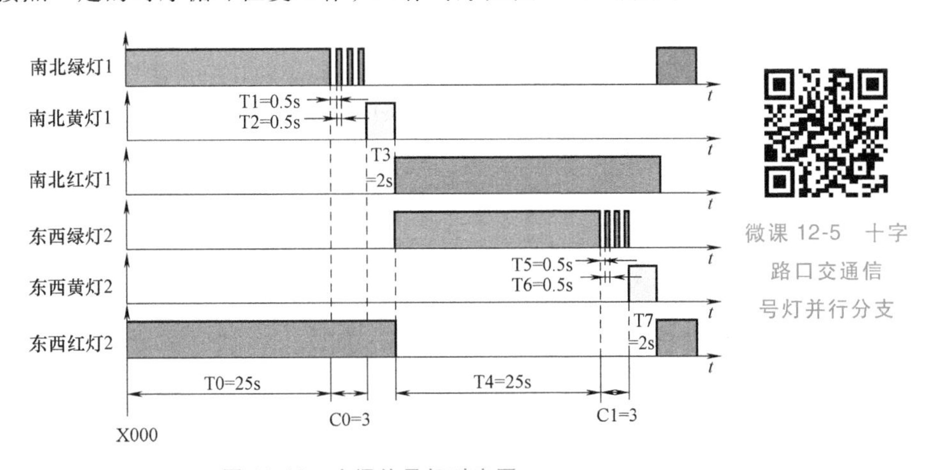

图 12-13　交通信号灯时序图

微课 12-5　十字路口交通信号灯并行分支

1. 输入输出分配表

根据控制要求写出输入输出分配表，见表 12-4。

2. 设计 SFC 图

创建梯形图块和 SFC 图块，SFC 图块采用并行分支结构并行分支如图 12-14 所示。图中并行分支中左边流程是南北向，右边流程是东西向。

表 12-4 交通信号灯输入输出分配表

输入	功能
X000	启动按钮
输出	**功能**
Y001	南北红灯 1
Y002	南北黄灯 1
Y003	南北绿灯 1
Y004	东西红灯 2
Y005	东西黄灯 2
Y006	东西绿灯 2

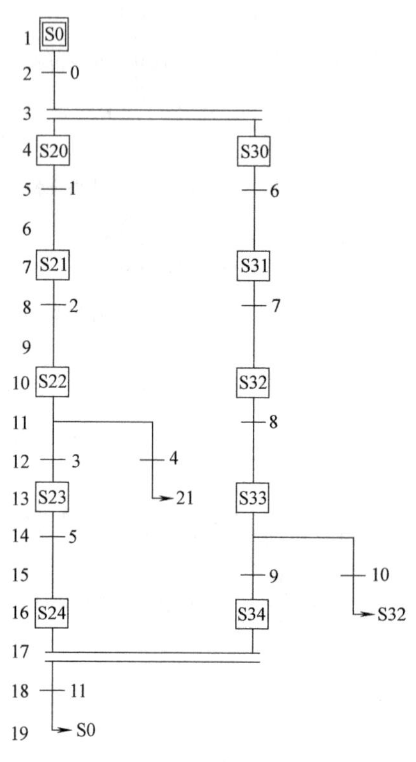

图 12-14 并行分支

其中，绿灯闪烁则采用选择分支实现三次循环，南北向 S22 向上跳转到 S21 实现循环，东西向 S33 向上跳转到 S32 实现循环。

3. 转换成 STL 图

单击“工程”→“工程类型更改”，将 SFC 图转换成 STL 图，在导航窗口选择“程序部件”→“程序”→“MAIN”，双击“MAIN”打开 STL 图。

4. 自我练习

1）在 STL 图中添加软元件注释，添加软元件 Y001～Y006 的名称注释。

2）将 STL 图写入到 CSV 文件中，查看程序的指令表。

12.5 拓展练习

1. 霓虹灯广告屏控制

某广告屏共有 4 个霓虹灯字，12 个流水灯，如图 12-15 所示。通过一个启/停开关控制其运行。

控制要求：中间4个霓虹灯字亮灭的时序为从第1字亮到第4字亮，时间间隔均为1s，且应依次亮，4个霓虹灯字全亮后，显示10s，再反过来从第4字到第1字顺序熄灭。全灭后，停2s，再从头开始运行；广告屏四周的流水灯共12个，每个灯间隔0.5s向前轮流移动亮，每次只有一个灯亮，如此循环往复。

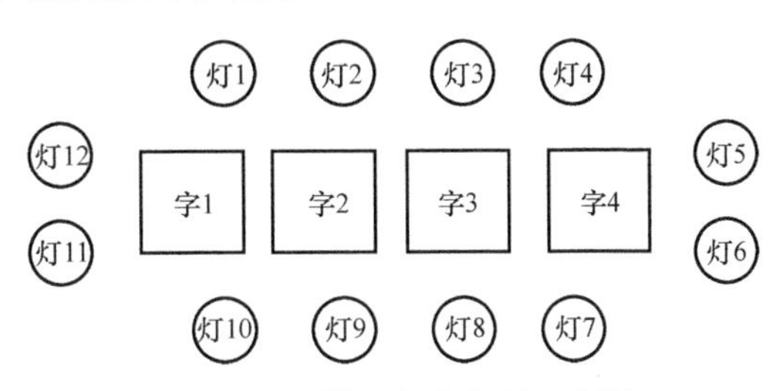

图12-15　霓虹灯广告屏示意图

2. 拔河比赛

拔河绳用指示灯排成一条直线来模拟，裁判按“开始”按钮，双方各按一个拔河按钮。甲乙双方不断按动各自的拔河按钮，则每按动一次，亮灯向本方移动一位，当亮灯移动到本方端点时，本方获胜得1分，指示灯熄灭。裁判再按“开始”按钮重新开始，显示比分。拔河比赛示意图如图12-16所示，采用状态编程的分支结构实现。

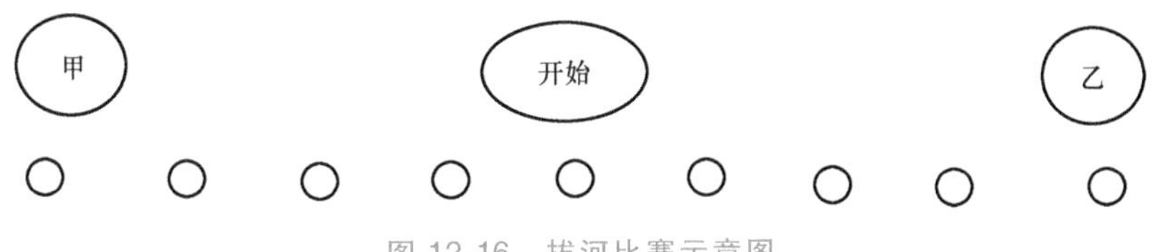

图12-16　拔河比赛示意图

第13章 A/D转换、D/A转换、变频器和伺服控制的实训

13.1 A/D 转换、D/A 转换

PLC 通过与配套的 A/D 转换和 D/A 转换模块连接，可以方便地进行模拟量信号的输入和输出。

使用电流源和电压源输入模拟电流和电压信号，并通过 FX3U-4AD 送到 FX3U-48MR 中，由 PLC 通过 FX3U-4DA 模块将数字信号通过电流表和电压表输出显示。需要完成以下步骤。

1）硬件接线，包括电源接线、输入输出信号的接线。

2）输入输出模式的指定，根据通道和输入输出量程设定。

3）缓冲存储器（BFM）的内容确认，确定缓冲存储区的详细内容。

4）输入输出特性的调整，根据量程进行运算后输入或输出。

1. 电源接线

将 FX3U 系列 PLC 与 FX3U-4AD 电源接线，图 13-1a 为 FX3U 系列 PLC 的电源漏型输入，PLC 的 S/S 端子与 24V 端子连接；图 13-1b 为 FX3U 系列 PLC 与 FX3U-4DA 的电源漏型输入。

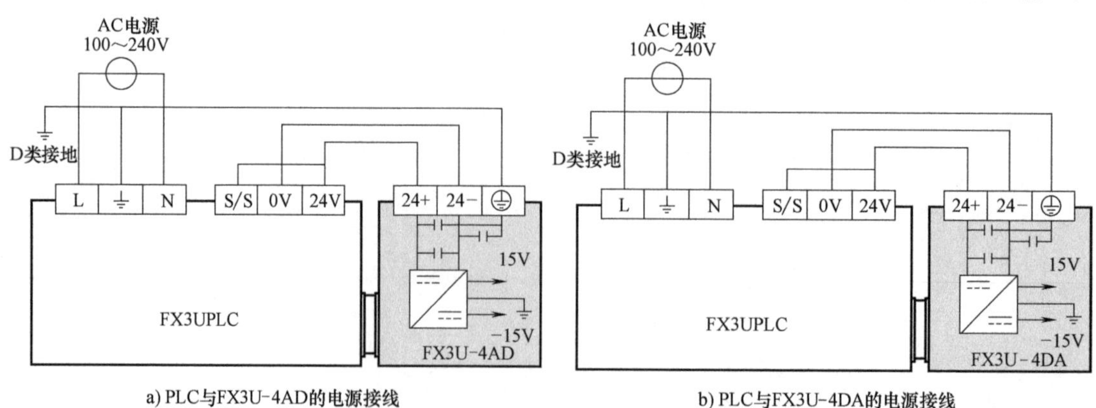

图 13-1 FX3U 系列 PLC 与 FX3U-4AD、FX3U-4DA 的电源接线

2. 信号接线

FX3U-4AD 模块使用两个通道分别输入模拟电流和模拟电压，即采用通道 1 输入电流，

通道 2 输入电压，其他通道不用，采用电流源和电压源作为输入信号。FX3U-4DA 模块也使用两个通道分别输出模拟电流和模拟电压，即采用通道 1 输出电压，通道 2 输出电流，采用电流表和电压表测量输出信号，各信号端子连接见表 13-1。

表 13-1　FX3U-4AD 模块和 FX3U-4DA 模块各信号端子连接表

模拟量输入	FX3U-4AD 信号线	模拟量输出	FX3U-4DA 信号线
电流源	1V+	电流表	1I+
	1VI-		1VI-
	1V+与 1I+短接	电压表	2V+
电压源	2V+		2VI-
	2VI-		

3. 系统接线

由 FX3U-48MR 及 FX3U-4AD 模块、FX3U-4DA 模块、触摸屏构成系统，输入的模拟量先转换成数字量实现控制运算后再转换为模拟量通过触摸屏显示数字信号，系统接线图如图 13-2 所示。

微课 13-1　PLC 与 A/D 转换模块、D/A 转换模块连接

4. 程序设计

（1）输入输出模式设置　FX3U-4AD 模块的通道 1 为电压输入，选择模式 1，输入范围为-10～10V，输出范围为-4000～4000；通道 2 为电流输入，选择模式 7，输入范围为-20～20mA，输出范围为-4000～4000；通道 3，通道 4 不用，用 F 代替，则以 0#BFM 内写入 HFF71。

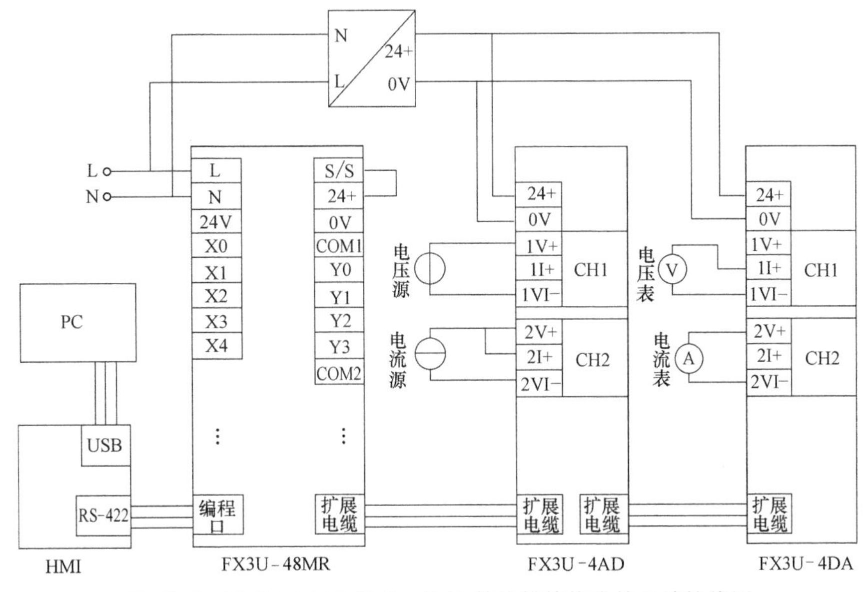

图 13-2　PLC 与 A/D 转换、D/A 转换模块构成的系统接线图

FX3U-4DA 模块的通道 1 为电流输出，设定模式 0，输出范围为-10～10V，输入范围为-32000～32000。通道 2 为电压输出，设定模式 2，输出范围为 0～20mA，输入范围为 0～32000；通道 3，通道 4 不用，用 F 代替，则#0BFM 内写入 HFF20。

（2）缓冲存储区（BFM）设置　FX3U-4AD模块和FX3U-4DA模块与PLC的连接如图13-3所示，FX3U-4DA模块在左边，为单元0对应U0，FX3U-4DA模块为单元1，对应U1。FX3U-4AD模块和FX3U-4DA模块使用的BFM缓冲存储区见表13-2。

	单元0	单元1
基本单元（FX3U系列PLC）	FX3U-4AD	FX3U-4DA

图13-3　特殊模块与PLC的连接方式

（3）量程转换　根据资料可知，FX3U-4AD模块的输入范围是-4000~4000，FX3U-4DA模块的输出范围是-32000~32000，因此要扩大8倍，应在程序中进行计算，梯形图如图13-4所示。

表13-2　FX3U-4AD模块和FX3U-4DA模块的BFM缓冲存储区表

模块	BFM编号	内容	设定范围
FX3U-4AD	#0	指定通道1~4的输入模式	
	#2	通道1平均次数	1~4095
	#3	通道2平均次数	1~4095
	#10	通道1数据	
	#11	通道2数据	
FX3U-4DA	#0	指定通道1~4的输出模式	
	#1	通道1的输出数据	
	#2	通道2的输出数据	

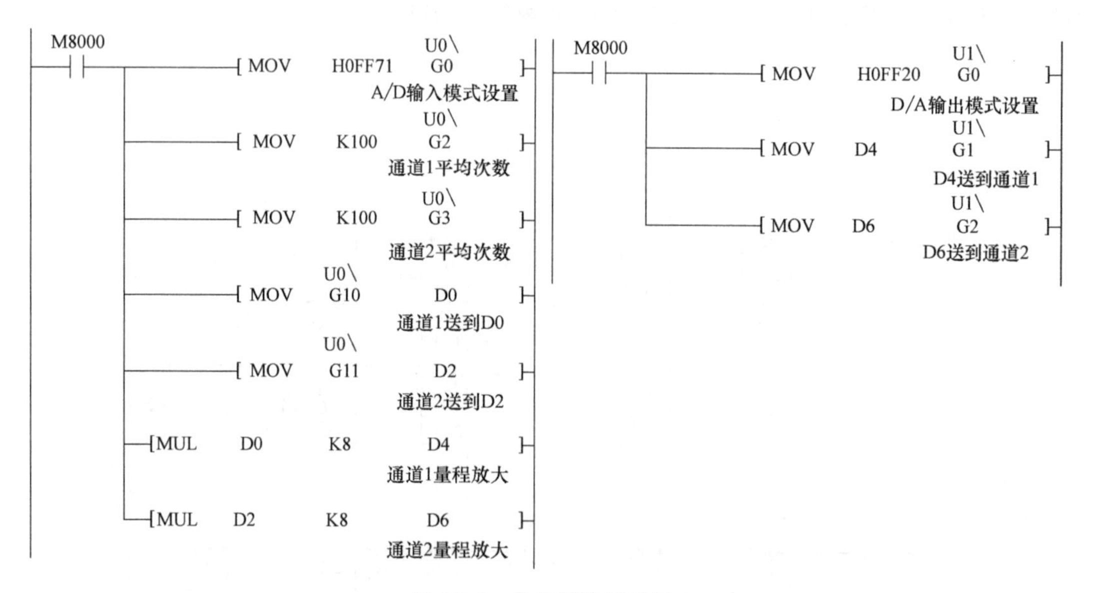

图13-4　量程转换梯形图

5. 触摸屏界面设计

触摸屏要求使用数字输入可调电流源和可调电压源的电流及电压值，并可以显示电流表及电压表测量的D/A转换的输出值。则触摸屏的软元件表见表13-3。程序运行的触摸屏显示界面如图13-5所示。

表 13-3　触摸屏软元件表

对象	内容	输入软元件	对象	内容	输出软元件
文本对象	电流源电流	D2	数字输入/输出	D/A 转换输出电流	D6
	电压源电压	D0		D/A 转换输出电压	D4

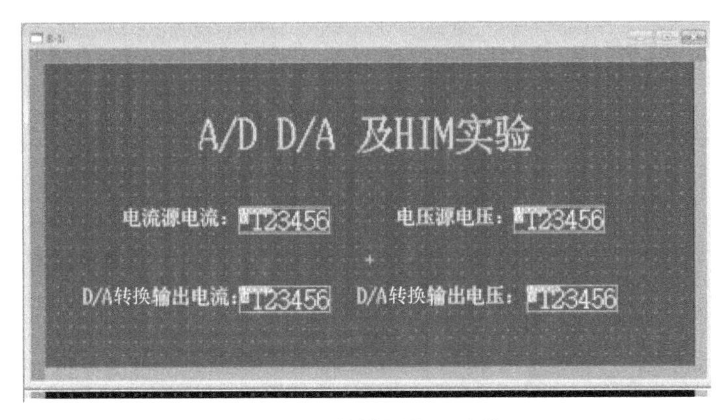

图 13-5　触摸屏界面设计

13.2　变频器的应用

变频器常用于控制电动机的运行和实现调速，对变频器的正确使用需要了解变频器的工作原理，以及外部端子和面板的操作。

微课 13-2　变频器端子及铭牌介绍

1. 识别变频器的铭牌和型号

变频器的结构基本相似，可通过铭牌掌握变频器的型号，如图 13-6 所示为 FR-E740 变频器的铭牌，可以看到变频器的型号，出厂编号、出厂日期、输入电流、输入电压、额定频率、输出电压、输出电流等。

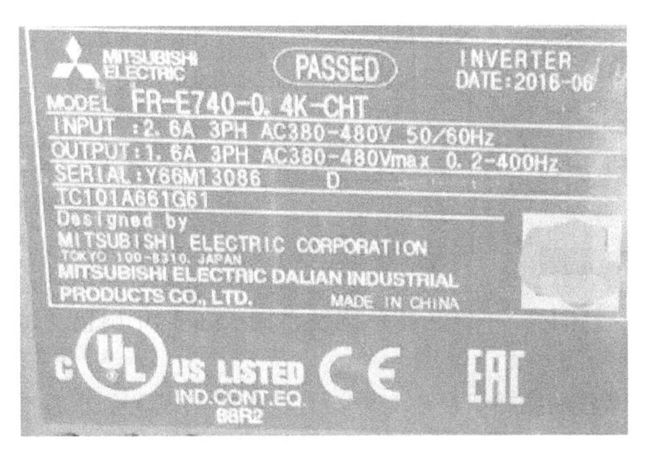

图 13-6　FR-E740 变频器铭牌

2. 变频器与 PLC 的接线

变频器的接线包括主电路和控制电路的接线。

（1）主电路端子　变频器的主电路端子为连接三相交流电源的端子 R/L1、S/L2 和 T/L3，连接电动机的端子为 U、V 和 W，如图 13-7a 所示为变频器通过断路器连接三相电源，变频器的主电路端子接线图如图 13-7b 所示。

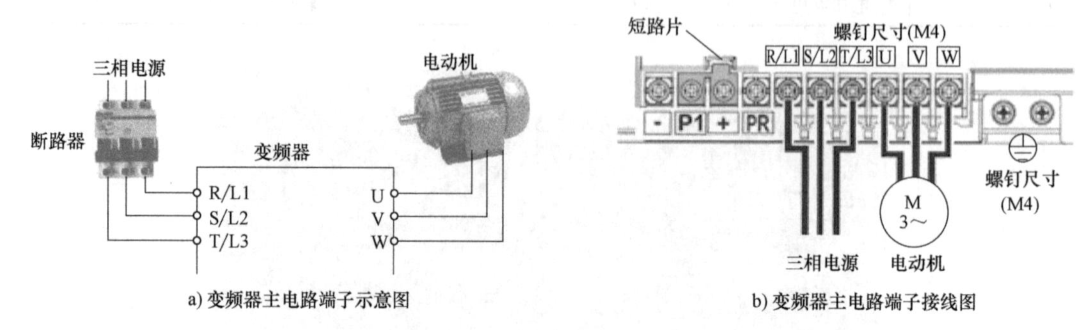

图 13-7　变频器主电路端子

（2）控制电路端子　变频器的控制电路端子主要包括正反转起动端子 STF/STR，高、中、低速端子 RH/RM/RL，以及输出停止端子 MRS、复位端子 RES 以及公共端子 SD，这些端子也可以通过设置改变为其他功能，还有模拟输入的端子 10、2、4 和 5，如图 13-8 所示。

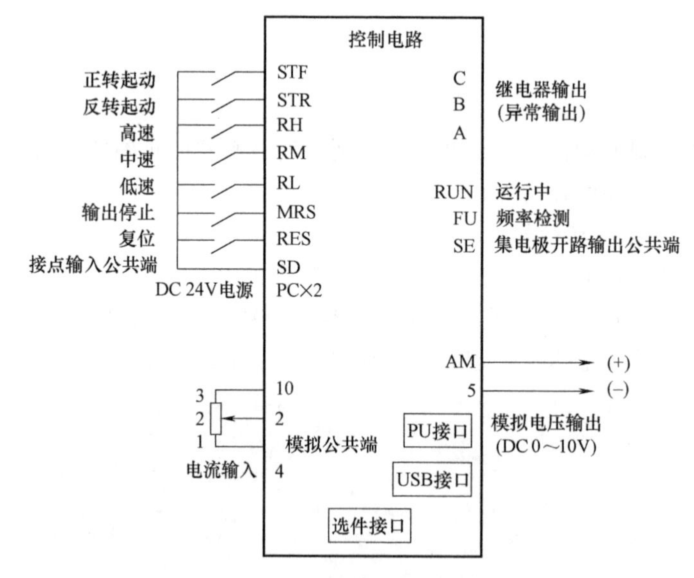

图 13-8　变频器控制电路端子图

3. 变频器的操作面板

变频器的操作面板包括显示屏、各种按键、指示灯和 M 旋钮，如图 13-9 所示。

微课 13-3　变频器操作面板

（1）变频器的 PU 控制模式切换　变频器默认的控制模式是外部控制，EXT 指示灯亮。通过 PU/EXT 按键在外部控制、PU 控制、点动控制三者之间转换。变频器的监视模式为了使用户了解变频器的实时工作状态，变频器的监视模式有三种选择，即频率监视、电流监视、电压监视，按 SET 键可在三种监视之间循环显示，如图 13-10 所示。

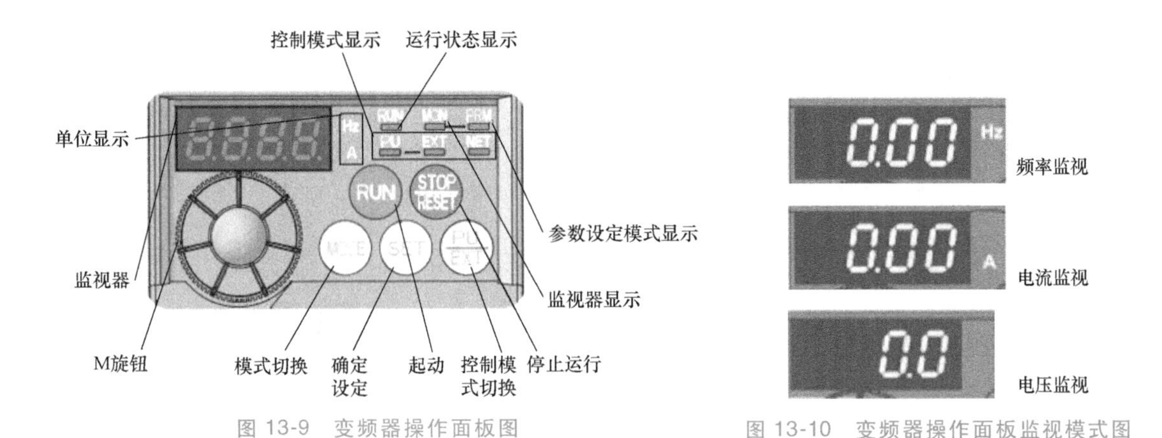

图 13-9　变频器操作面板图

图 13-10　变频器操作面板监视模式图

（2）变频器的点动运行操作　将变频器的控制模式由外部控制切换为点动运行模式，PU 灯亮，显示器上的字符显示为“JOG”，如图 13-11 所示。当按下 RUN 按键时，显示器上的字符显示为“5.00”（默认值 5Hz），电动机以该频率做点动运行；当松开 RUN 键时，电动机停止，点动操作步骤如图 13-12a 所示。

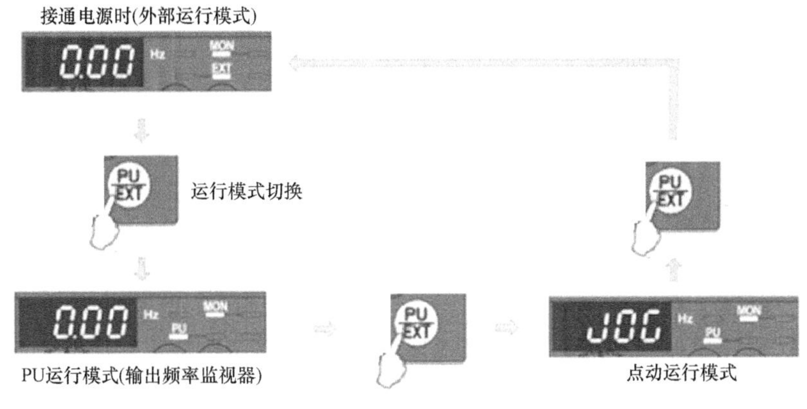

图 13-11　运行模式转换步骤

（3）变频器连续运行操作　将变频器的控制模式由外部控制切换为 PU 控制，PU 灯亮，显示器上的字符显示为“0.00”；当按下 RUN 键时，RUN 灯亮，显示器上的字符显示为“50.00”（默认值 50Hz），电动机以该频率做连续运行；当按下 STOP 键时电动机停止，连续运行操作步骤如图 13-12b 所示。

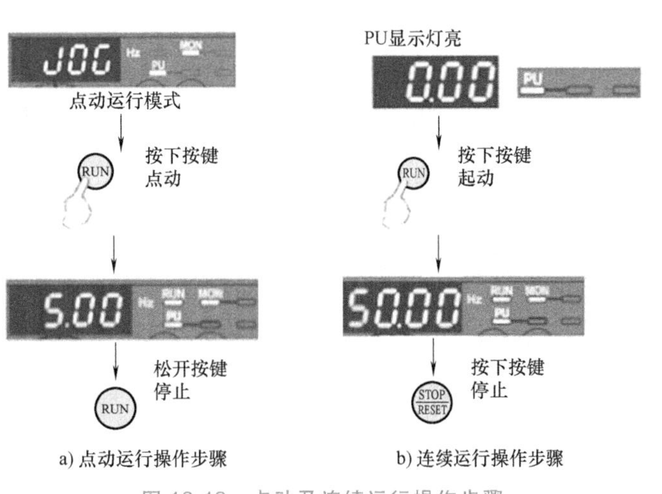

图 13-12　点动及连续运行操作步骤

（4）调整参数的操作　变频器调整参数需要先调整参数名称，再调整参数值。图 13-13 所示为将 Pr. 1 设置为 50 的步骤，变频器输出频率调节范围为 0.02~400Hz，通过操作面板上的 M 旋钮调节频率。

（5）在运行中调节频率的操作　在运行中调速，需要提前设置频率设定/键盘锁定操作，即 Pr. 161=1（M 旋钮电位器模式）。当运行模式为 PU 控制，按下 RUN 键时，RUN 灯亮，电动机以某个频率运行时，可旋转 M 旋钮调速，步骤如图 13-14 所示。

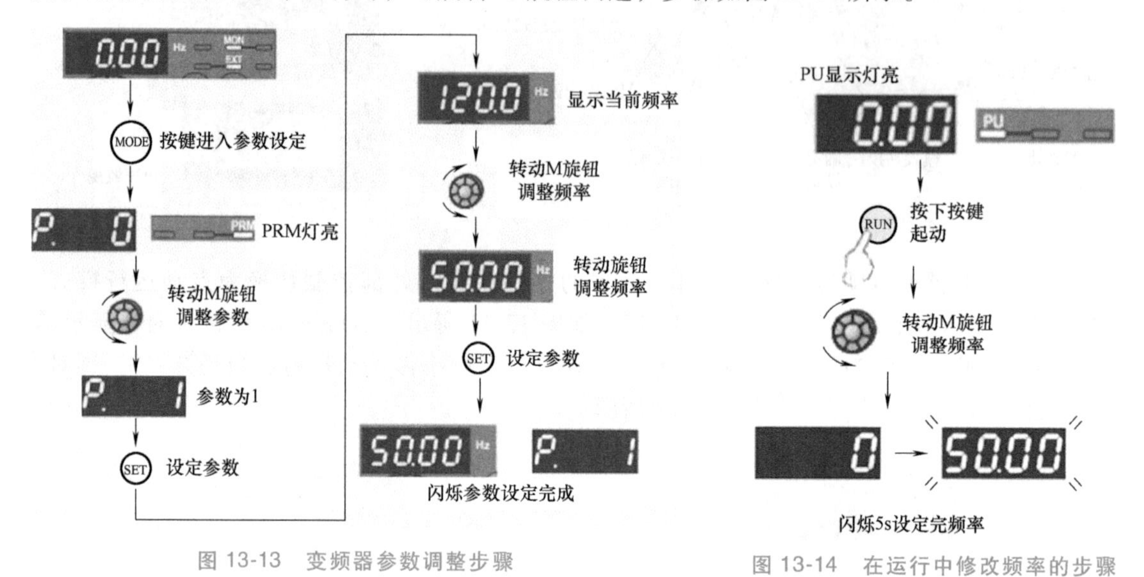

图 13-13　变频器参数调整步骤

图 13-14　在运行中修改频率的步骤

（6）自我练习　调整加减速频率参数 Pr. 6 和 Pr. 7。

4. PLC 实现变频器调速

通过 PLC 实现变频器调速，需要完成的有：硬件接线、变频器参数设置和 PLC 程序编写，最后进行运行调试。

下面使用触摸屏输入电压和调速频率，通过 D/A 转换将输入的模拟电压转换后送到变频器进行模拟量调速，由 PLC 实现正反转和起停控制。

（1）变频器与 PLC 接线　使用 FX3U-48MR、变频器 FR-E700、FX3U-4DA 和触摸屏构成系统，端子与软元件分配见表 13-4。

表 13-4　端子与软元件分配表

PLC		变频器		D/A 转换模块	
信号功能	软元件	信号功能	端子	信号功能	端子
正转	Y001	正转	STF		
反转	Y002	反转	STR		
公共端	COM	接地	SD		
正转按钮（触摸屏输入）	M0	电位器	2	电压输入+	2V+（通道 2）
反转按钮（触摸屏输入）	M1	公共端	5	电压输入-	2V-（通道 2）
停止按钮（触摸屏输入）	M2				
调速频率（触摸屏输入数字）	D0				

PLC 与变频器、触摸屏和 D/A 转换模块的系统接线图如图 13-15 所示。

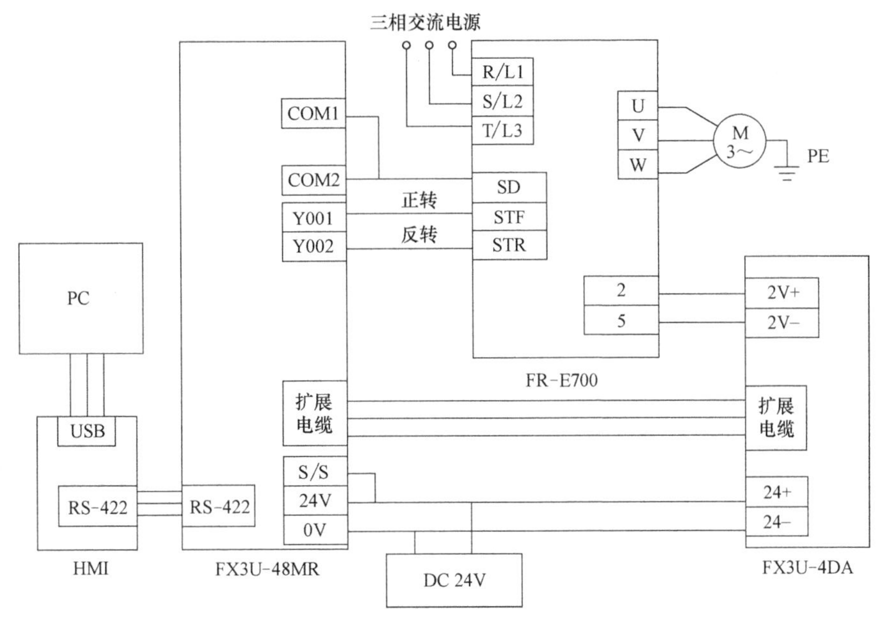

图 13-15 PLC 与变频器接线图

(2) 变频器参数设置　在运行程序之前需要对变频器进行参数设置，通过面板上的 M 旋钮实现参数设置，需要设置的参数见表 13-5。由于 FX3U-4DA 的通道 2 输出电压范围为 -10~10V，因此 Pr. 73 需要设置为 0~10V。

表 13-5　变频器参数设置表

参数编号	名称	设置值	说明
Pr. 1	上限频率	100Hz	设定上限频率
Pr. 73	模拟量输入选择	10	端子 2 输入电压 0~10V
Pr. 79	运行模式选择	3	外部/PU 组合运行模式 1
Pr. 125	端子 2 频率设定增益	60Hz	改变电位器最大值(5V 初始值)的频率

(3) 梯形图编程　FX3U-4DA 的地址为 U0，输出模式设置为 HFF02，其中 0 表示电压输出模式。程序梯形图如图 13-16 所示。

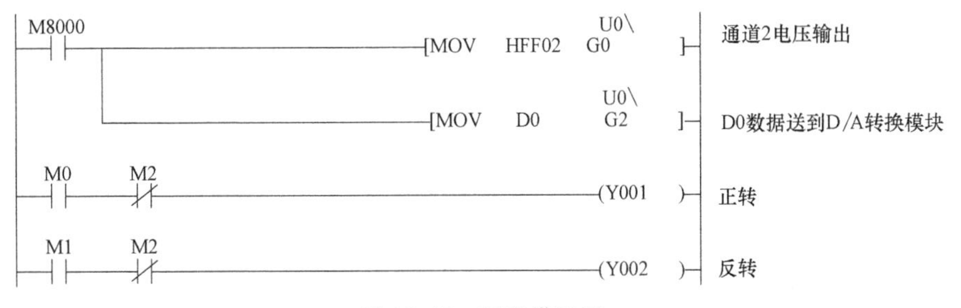

图 13-16　程序梯形图

(4) 触摸屏设计　触摸屏上设计三个按钮，分别控制变频器正转、反转和停止。当 M0

按下，Y001 接通，控制正转；当 M1 按下，Y002 接通，控制反转。在触摸屏中使用数字输入用来输入变频器频率，存放在 D0。

（5）调试运行　先把变频器与电动机的主电路接线连好，按照图 13-11 步骤设置为点动，再按照图 13-12a 所示按 RUN 键进行运行测试；然后设置 Pr. CL=1，将变频器的参数全部清除，并按表 13-5 中设置变频器的参数设置。再连接 PLC、变频器、D/A 转换模块和触摸屏接线，最后完成运行调试。

13.3　MR Configurator2 软件的应用

MR Configurator2 软件用来对伺服机构进行监控和测试运行，可以用于多种型号的伺服系列。

MR Configurator2 的功能主要有：①显示和编辑伺服放大器的参数，以及设置参数块。②对多种方式测试运行。③诊断确认轴的系统配置，发生报警时显示详细内容。④批量显示监视数据，显示伺服放大器输入输出软元件的状态，使用图表显示伺服放大器的监视数据。⑤调整增益参数，自动进行伺服调整。⑥显示故障报警详细内容，伺服电动机不旋转的原因等。

微课 13-4　MR Configurator2 软件使用

1. 新建工程

打开 MR Configurator2 软件，单击“工程”→“新建”，机种选择“MR-J4-A(-RJ)”，如图 13-17a 所示，单击“确定”按钮，则出现工程界面。双击左侧工程栏的“参数”，如图 13-17b 所示，显示参数设置窗口。

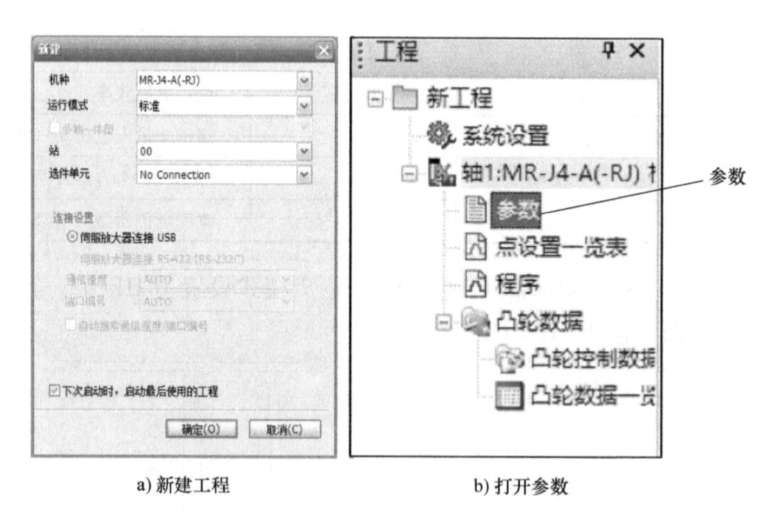

a) 新建工程　　b) 打开参数

图 13-17　工程界面的建立

2. 界面介绍

主界面如图 13-18 所示，其中包括的主要功能有参数设置、定位数据、监视、诊断、测试运行、调整等。参数设置窗口是按功能分类显示参数，可以在窗口中修改参数。

图 13-18 中显示的是“轴 1”的参数，可以通过下拉箭头选择不同轴。

3. 设置参数

设置参数可以按图 13-18 分类，也可以选择“列表显示”，将需要设置的参数按列表显示，如图 13-19 所示，可以选择多个参数编辑。

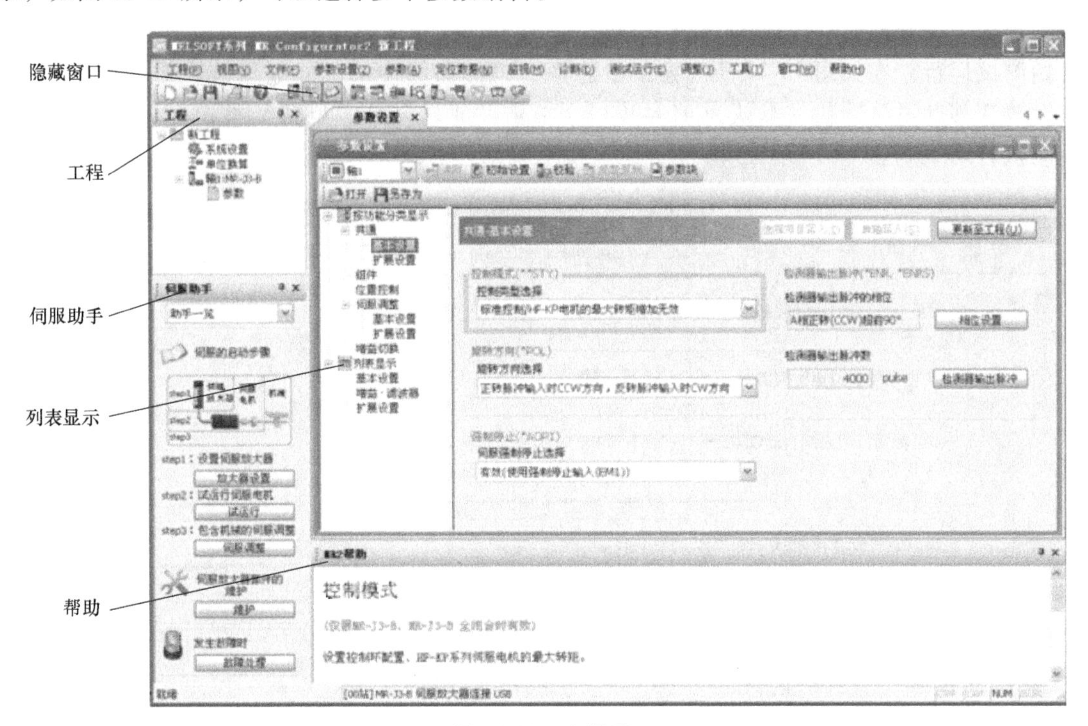

图 13-18 主界面

基本设置 选择项目写入(I) 单轴写入(S) 更新至工程(U)

No.	简称	名称	单位	设置范围	轴1
PA01	**STY	控制模式		0000-1F60	0000
PA02	**REG	再生选件		0000-73FF	0000
PA03	*ABS	绝对位置检测系统		0000-0001	0000
PA04	*AOP1	功能选择A-1		0000-F230	0000
PA05	*FBP	制造商设置用		0-65535	0
PA06	*CMX	制造商设置用		1-32767	1
PA07	*CDV	制造商设置用		1-32767	1
PA08	ATU	自动调谐模式		0000-0003	0001
PA09	RSP	自动调谐响应性		1-32	12
PA10	INP	到位范围	pulse	0-65535	100
PA11	TLP	制造商设置用	%	0.0-1000.0	1000.0
PA12	TLN	制造商设置用	%	0.0-1000.0	1000.0
PA13		制造商设置用		0000-0000	0000
PA14	*POL	旋转方向选择		0-1	0
PA15	*ENR	检测器输出脉冲	pulse/rev	1-65535	4000
PA16	*ENR2	制造商设置用		0-65535	0
PA17	**MSR	制造商设置用		0000-FFFF	0000
PA18	**MTY	制造商设置用		0000-FFFF	0000
PA19	*BLK	参数写入禁止		0000-FFFF	000B

选择多个参数

图 13-19 按列表显示

4. 测试运行

在主界面窗口中可以对多种方式进行测试运行，包括：点动运行，定位运行（以指定的电机转速、加减速时间常数运行），与外部输入无关的 DO 强制输出，按照用户设置的程序定位运行，在未连接伺服放大器时模拟无电动机运行。

选择“测试运行”→“JOG运行”，设置电动机转速与加减速时间常数，并开始测试运行。如图13-20所示，在“JOG运行”窗口设置电动机转速、加减速时间常数，默认电动机转速为200r/min，加减速时间常数1000ms，然后单击“正转”或“反转”按钮进行测试运行。

选择“测试运行”→“定位运行”，可以设置电动机转速与加减速时间常数、移动量，并开始测试运行。在如图13-21所示窗口中选择“检测器脉冲单位（电子齿轮无效）”单选按钮，改变移动量脉冲数（默认为4194304），单击“正转”或“反转”按钮，可以观察伺服电动机转动一周。

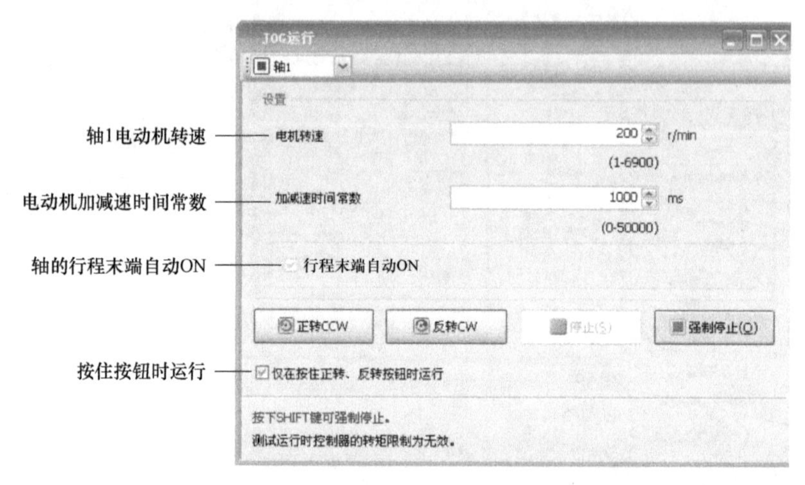

图13-20　点动（JOG）运行

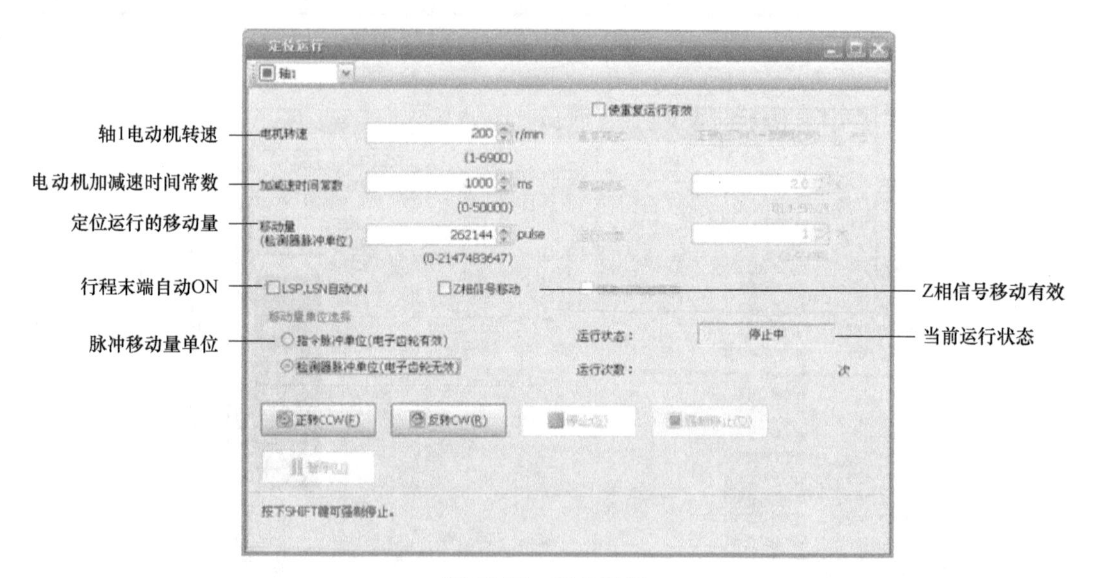

图13-21　定位运行

5. 监视伺服状态

在MR Configurator2软件中，可以批量显示多个轴的数据，即选择“监视”→“批量显示”，来批量显示监视的项目、单位和轴编号。

选择“监视”→“输入输出监视显示”，则显示出伺服放大器的端口信号中设置的软元件状态，如图13-22所示，为ON的状态的信号会有颜色标注（黄色）。

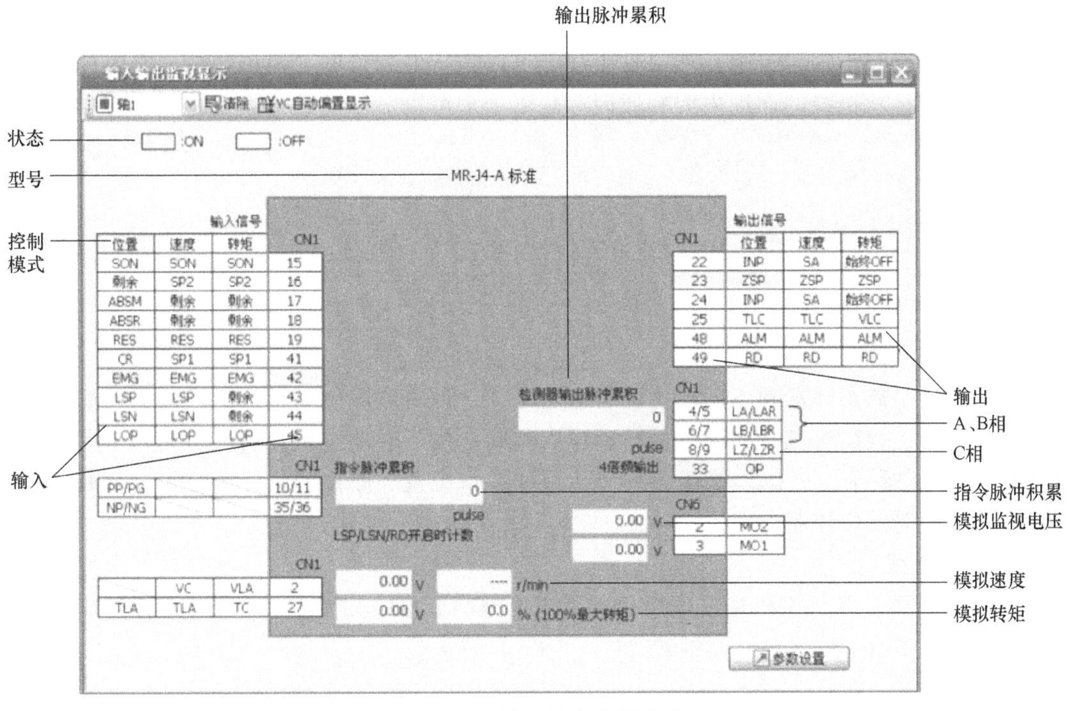

图 13-22　输入输出监视显示

6. 图表

在 MR Configurator2 软件中，可以对选择的监视数据使用图表显示，并进行分析，这样做具有直观方便的优点。图 13-23 所示为显示转矩特性图，将电动机的转矩和转速的关系进行图表显示。

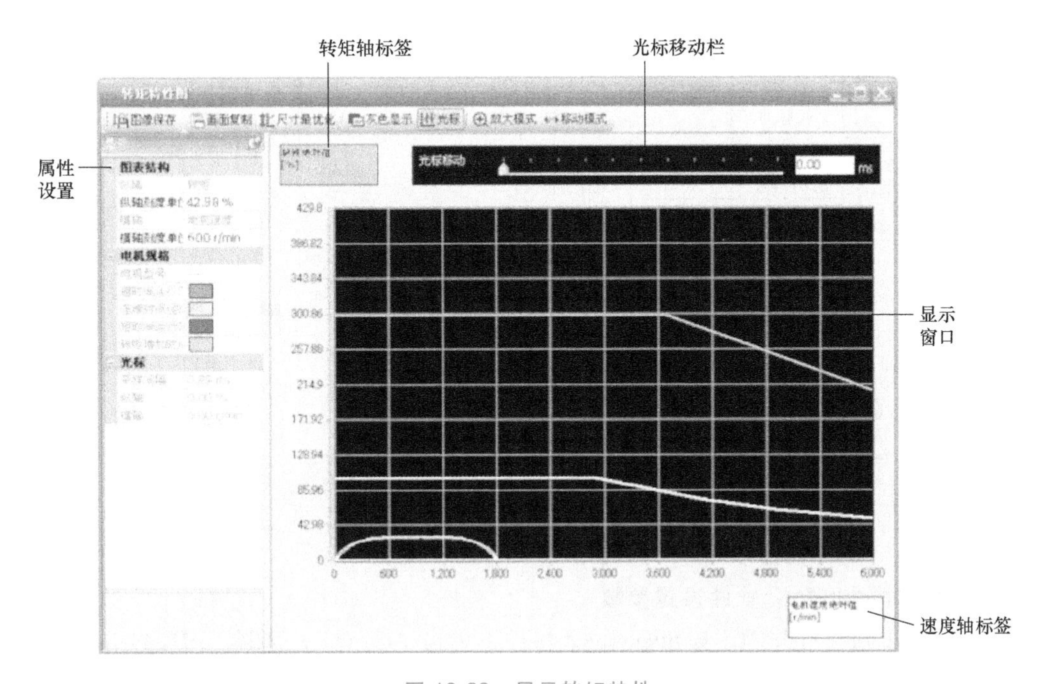

图 13-23　显示转矩特性

7. 诊断报警和故障处理

在测试运行和正常运行中，如果发生故障可以进行寿命诊断、机械诊断、全闭环诊断和线性诊断，并显示报警的详细内容和原因。故障处理可以显示通信错误或功能操作中发生的主要错误。

13.4 伺服控制实训

13.4.1 搬运机械手位置控制

搬运机械手需要移动到不同库位进行搬运工作，可由伺服电动机控制机械手的移动。

控制要求：搬运机械手在通电后自动原点回归，按下起动按钮开始运动到第一库位，停留 10s 后，运动到第二库位，等待 5s，然后返回原点位置。库位的位置相对固定，因此采用位置控制的相对定位控制方式。

1. 硬件接线

硬件包括 PLC 和伺服机构，伺服放大器主电路部分接线如图 13-24 所示，各环节的输入输出分配见表 13-6。

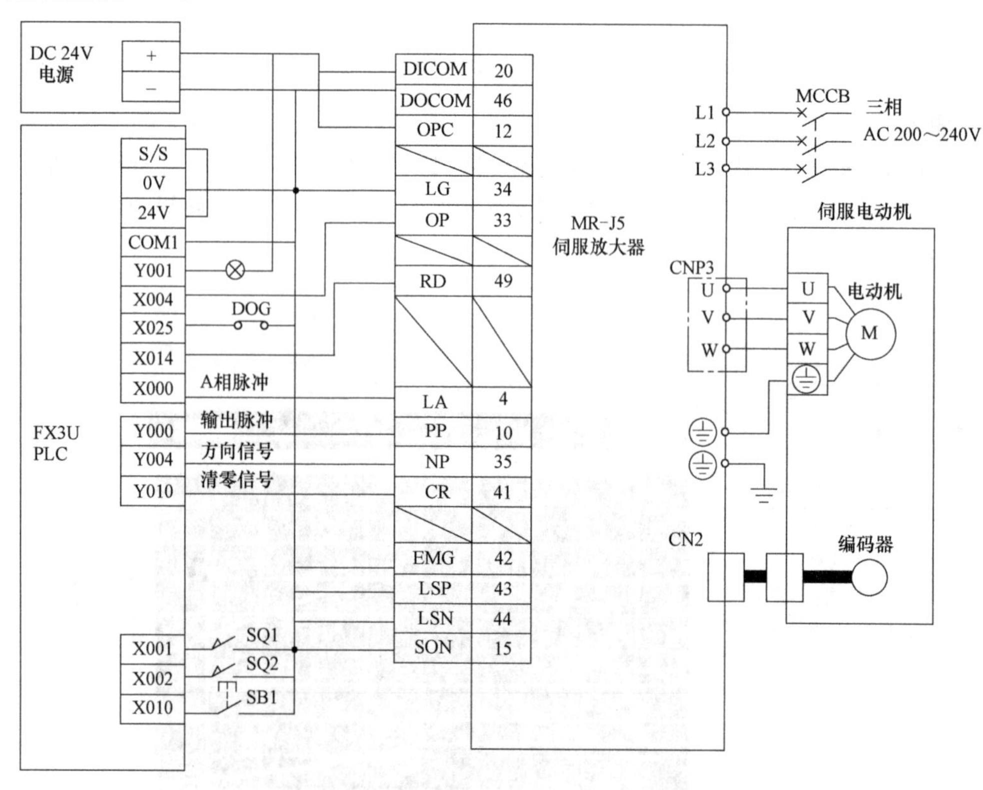

图 13-24 搬运机械手位置控制接线图

2. MR Configurator2 软件设置参数

（1）新建工程 打开 MR Configurator2 软件，单击“新建”，选择“MR-J4-R”机种新建工程，工具栏的“在线/离线”按钮显示为在线。

表 13-6　PLC 和伺服放大器的输入输出分配表

输入	连接	输出	连接
X000	编码器 A 相脉冲 LA	Y000	输出脉冲 PP
X001	第一库位行程开关 SQ1	Y004	旋转方向 NP
X002	第二库位行程开关 SQ2	Y010	清零 CR
X004	零点信号 OP	Y001	原点灯
X010	起动按钮 SB1		
X025	近点		
X014	准备完成 RD		

（2）设置参数　在“控制模式选择”下拉列表框中选择“位置控制模式”，需要修改的参数见表 13-7。

表 13-7　伺服放大器参数设置表

编号		简称	名称	设置值
PA01		STY	运行模式	1000（位置控制）
PA04		EM2	强制停止	2000
PA13		PLSS	脉冲模式	0111
PA21	使用电子齿轮比	AOP3	功能选择 3	0001
PA06		CMX	电子齿轮比分子	10
PA07		CDV	电子齿轮比分母	1

双击左侧的“参数”，则出现如图 13-25 所示窗口，在“控制模式选择”下拉菜单中选择“位置控制模式”；单击左侧“通用”→“扩展设置 2”，选择“强制停止减速功能有效（使用 EM2）”。

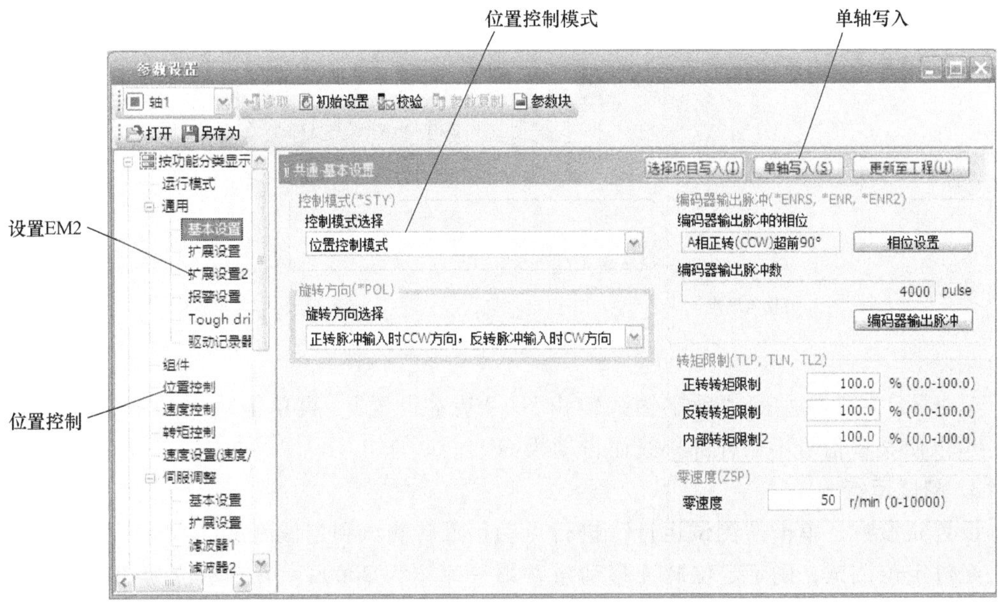

图 13-25　参数设置窗口

注意：每次设置参数或修改参数后，需要单击“单轴写入”以重启伺服放大器。

单击左侧“位置控制”，出现如图 13-26a 所示窗口，单击“输入形式”出现图 13-26b 所示窗口，选择脉冲输入形式为第二行“脉冲列+符号”；单击“电子齿轮”按钮，出现图 13-26c 所示窗口，设置电子齿轮分子为 10，电子齿轮比为 10。

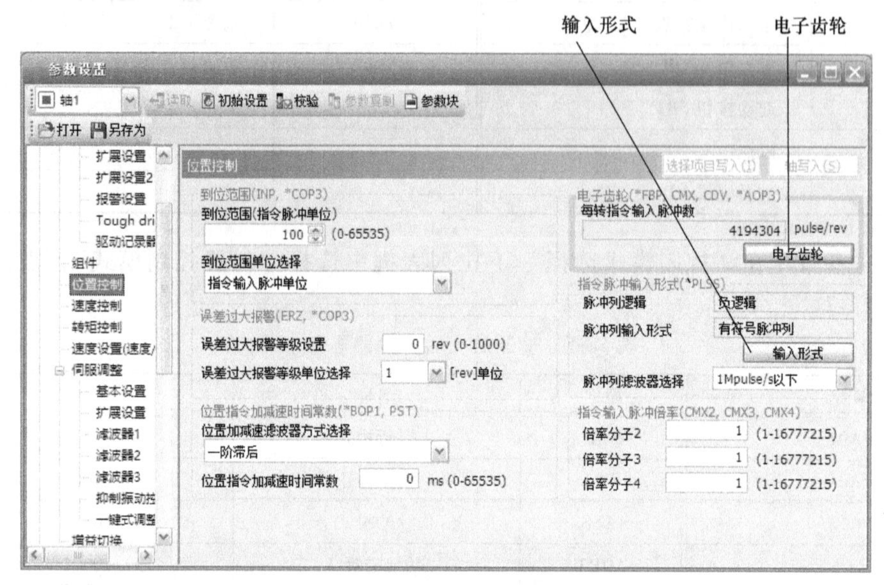

a) 位置控制参数窗口

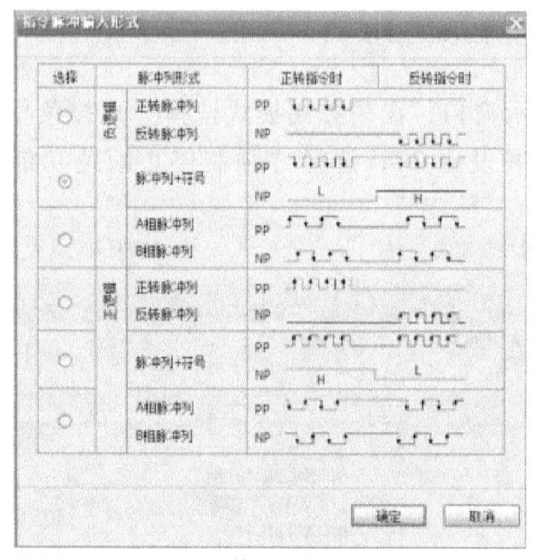

b) 输入形式

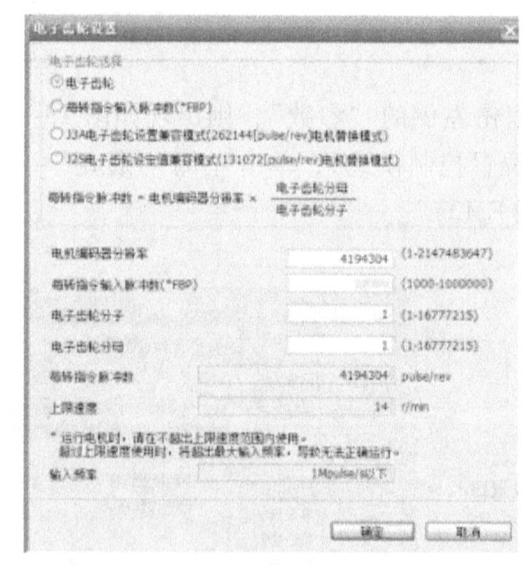

c) 电子齿轮

图 13-26 位置控制参数设置

单击图 13-27 中左侧“数字输入输出”→“基本设置”，再单击输入信号“自动 ON 分配”可以使某些信号不用外部接线而自动为 ON。

3. 测试运行

设置完参数，单击“测试运行”进行点动正反转测试和定位测试。

经过定位测试，确定定位脉冲移动量，第一库位为 20000，第二库位为 30000。加减速时间为 100ms，速度为 200r/min。具体脉冲量和速度可以根据现行设备在测试中调整。

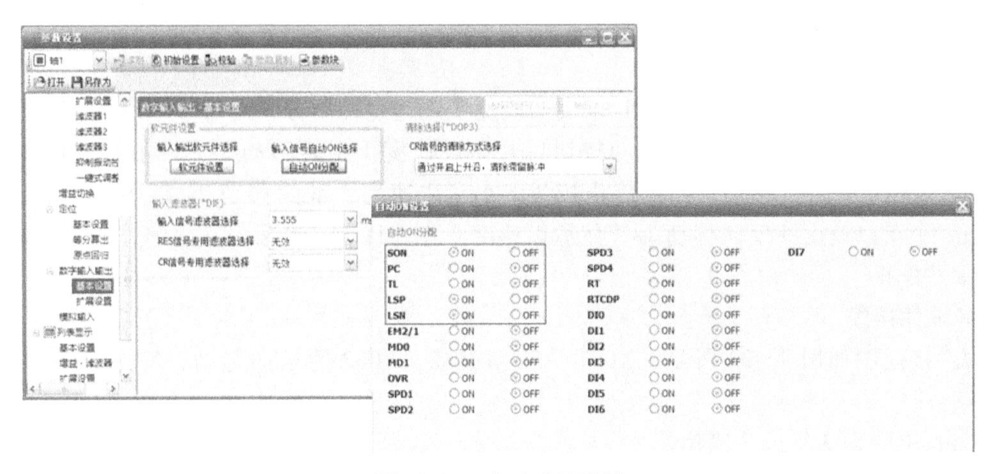

图 13-27　自动 ON 设置

4. 编写程序

使用状态编程实现，工作过程为：初始状态→原点回归→正转到第一库位→正转到第二库位→反转回原点。使用状态编程梯形图部分如图 13-28a 所示，在梯形图中进行测速和原点回归参数设置，SFC 图部分如图 13-28b 所示，正反转都采用相对定位，定位脉冲数不同。

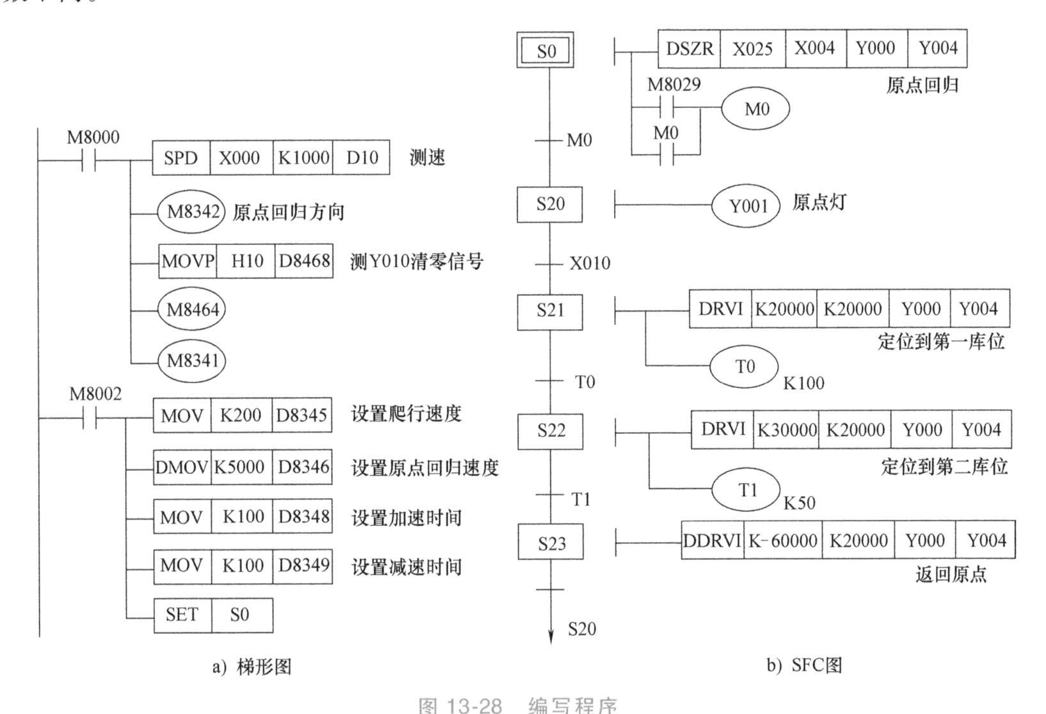

图 13-28　编写程序

5. 批量监视

在运行调试过程中，选择“监视”→“输入输出监视显示”，显示出各端口信号的状态。

6. 自我练习

修改程序，在机械手返回原点的过程中使用变速控制方式。

13.4.2 伺服控制七段速调速

用伺服电动机控制小车运行，且采用七段速实现速度控制方式运行。

控制要求：小车在按下正向起动按钮后开始以速度 1 正转移动 2s，然后以速度 2 移动 3s，然后以速度 3 连续移动；当按停止按钮，小车以速度 4 继续移动 2s 并停止；按反向起动按钮，小车以速度 5 反向移动 1s，然后以速度 6 连续移动，当按停止按钮，小车以速度 7 移动 1s 并停止。

1. 硬件接线

硬件接线图如图 13-29 所示，X001 为正向起动，X002 为反向起动，X004 为停止。在 MR-J4 的信号端子中没有 SP3，因此指定为未使用的端子，在此选用 CN1-19 作为 SP3 信号端子。由 SP1～SP3 组成 7 段速。

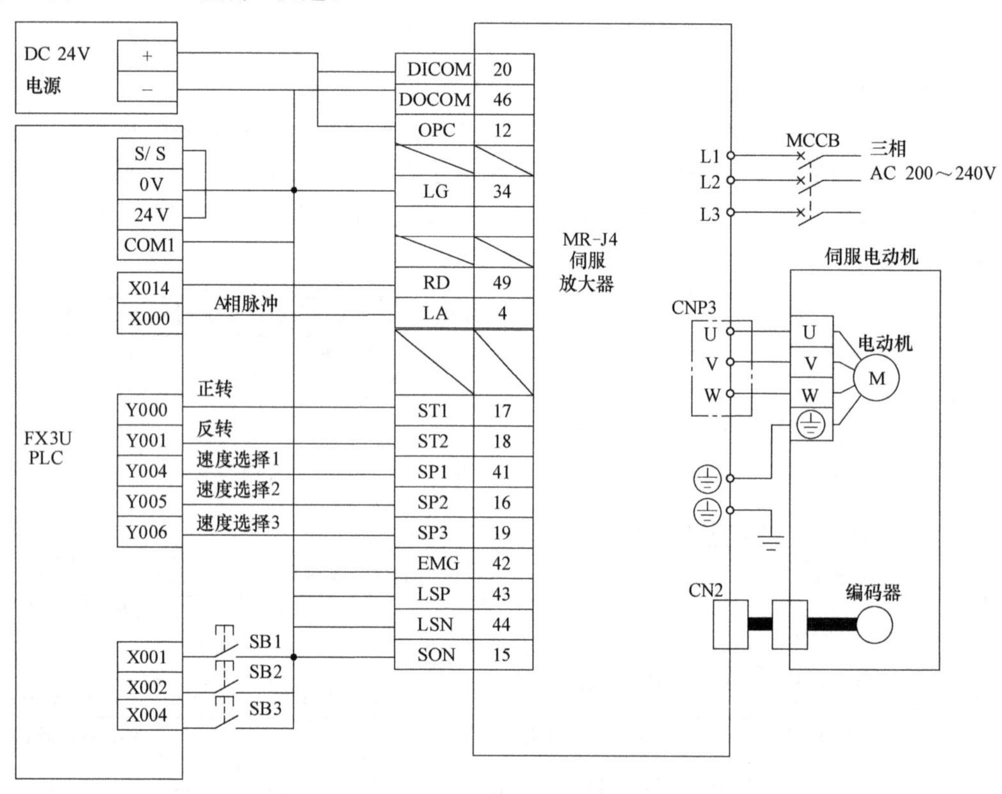

图 13-29 七段速调速硬件接线图

2. 用 MR Configurator2 软件设置参数

（1）新建工程

（2）设置参数 需要设置的参数见表 13-8。

表 13-8 中的 PD11 和 PD12 用于指定 CN1-19 端子为 SP3，SP3 设定值为 22，PD11 在速度控制模式时设定位为“xx--”因此设定为 2203，PD12 设定位为“--xx”，因此设定为 0022。

对于这么多参数，可以采用在参数列表中进行设置，在打开的窗口中双击左侧的“参数”，选择“列表显示”→“扩展设置”设置扩展参数，如图 13-30 所示。

表 13-8 伺服放大器参数设置表（七段速调速）

<table>
<tr><th colspan="2">编号</th><th>简称</th><th>名称</th><th>设置值</th></tr>
<tr><td colspan="2">PA01</td><td>STY</td><td>运行模式</td><td>1002 速度控制</td></tr>
<tr><td colspan="2">PC01</td><td>STA</td><td>速度加速时间常数</td><td>500ms</td></tr>
<tr><td colspan="2">PC02</td><td>STB</td><td>速度减速时间常数</td><td>500ms</td></tr>
<tr><td colspan="2">PC05</td><td>SC1</td><td>内部速度指令 1</td><td>50r/min</td></tr>
<tr><td colspan="2">PC06</td><td>SC2</td><td>内部速度指令 2</td><td>150r/min</td></tr>
<tr><td colspan="2">PC07</td><td>SC3</td><td>内部速度指令 3</td><td>200r/min</td></tr>
<tr><td colspan="2">PC08</td><td>SC4</td><td>内部速度指令 4</td><td>120r/min</td></tr>
<tr><td colspan="2">PC09</td><td>SC5</td><td>内部速度指令 5</td><td>80r/min</td></tr>
<tr><td colspan="2">PC010</td><td>SC6</td><td>内部速度指令 6</td><td>180r/min</td></tr>
<tr><td colspan="2">PC011</td><td>SC7</td><td>内部速度指令 7</td><td>100r/min</td></tr>
<tr><td>PD11</td><td rowspan="2">扩展 SP3 端口</td><td>D15L</td><td>输入软元件选择 5L</td><td>2203</td></tr>
<tr><td>PD12</td><td>D15H</td><td>输入软元件选择 5H</td><td>0022</td></tr>
</table>

图 13-30 扩展参数设置

选择“列表显示”→“输入输出设置”设置输入输出参数，如图 13-31 所示。

图 13-31 输入输出参数设置

3. 测试运行

选择“测试运行”→JOG 测试，根据表 13-8 中的速度进行测试并调整速度。

4. 编写梯形图

编写梯形图实现七段速的调速过程，梯形图如图 13-32 所示。

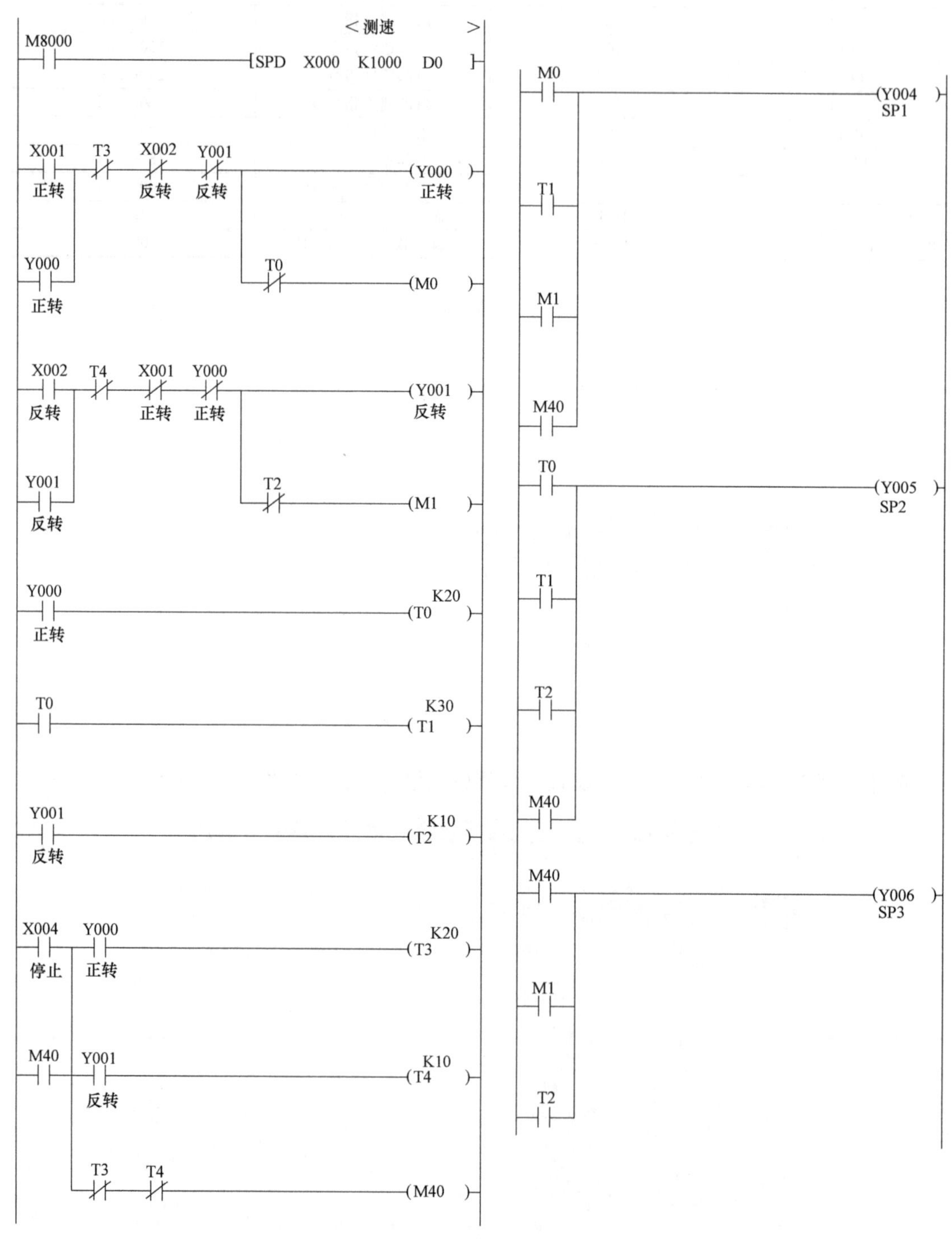

图 13-32 七段速调速梯形图

5. 自我练习

采用模拟电压调节的方法进行速度调节，应该如何接线和设置参数?

13.5　拓展练习

1）在变频器与PLC控制的调速系统中，在梯形图中编写加速、定速和减速的程序，查看电动机的速度变化。

2）在上述程序中增加触摸屏，将测速结果在触摸屏上显示，并使用触摸屏显示速度波形曲线。

第14章 课 程 设 计

14.1 课程设计目标及要求

1. 课程设计目标

1）能运用文献与专业课程知识，提出正确的设计方案，实现正确的硬件选型和软件设计。

2）能够利用专业知识和编程软件，通过分析对比与综合，优选电气工程问题的解决方案。

3）能够针对课程设计要求的具体对象，实现硬件接线和软件编程，并调试开发出合理的解决方案，能够通过测试和调试理解其局限性。

4）掌握和了解自动化专业的相关新产品、新技术，能分析和评价专业工程实践和复杂工程问题的解决方案对社会、健康、安全、法律以及文化的影响。

5）能够在设计小组团队中承担个体、团队成员以及负责人的角色。

2. 课程设计要求

1）查阅参考文献，了解与课题相关的技术现状，完成文献综述。

2）了解与课题相关的市场新产品、新技术，完成硬件选型。

3）通过分析、对比与综合，完成设计方案，绘制硬件接线图和软件流程图。

4）针对课程设计要求的具体对象，实现硬件接线和软件编程并调试。

5）小组团队分工合作，完成设计报告，完成答辩。

14.2 课程设计选题

14.2.1 五相十拍步进电动机

1. 小组完成的基本控制要求

五相十拍步进电动机有五个绕组：A、B、C、D、E，通过一个起停总开关控制其运行，用正转和反转按钮实现正反转，电源接通时电源灯一直亮，五个绕组分别用五个灯显示。步进电动机的运行正转顺序为：ABC→BC→BCD→CD→CDE→DE→DEA→EA→EAB→AB，反转顺序为：ABC←BC←BCD←CD←CDE←DE←DEA←EA←EAB←AB。

使用触摸屏显示五个绕组状态和正反转状态，使用触摸屏按钮实现输入。

2. 小组成员完成的不同控制功能

1）用一个按钮按不同次数分别控制低速、中速和高速运行，低速运行转过一个步距角需 0.3s，中速运行转过一个步距角需 0.1s，高速运行转过一个步距角需 0.03s，用三个灯显示三种转速；正转和反转切换时必须先减速到低速才能转换方向。

编程使用基本指令完成。

2）用一个按钮按不同次数分别控制低速、中速和高速运行，低速运行转过一个步距角需 0.3s，中速运行转过一个步距角需 0.1s，高速运行转过一个步距角需 0.03s，用三个灯显示三种转速，用触摸屏显示当前步距角。

编程使用状态编程法实现。

3）初始步距为 0.01，使用一个按钮每按一次将步距加 0.01，另一按钮每按一次将步距减 0.01，最大步距为 0.5 且不能增加，最小步距为 0.03 且不能减小，触摸屏显示当前步距角。

编程使用两个子程序分别实现加减步距完成。

14.2.2　医院病床呼叫系统

1. 小组完成的基本控制要求

医院每层楼有若干病房，每个病房有若干病床，每一病床有两个按钮：紧急呼叫按钮和重置按钮；并有一个紧急呼叫指示灯，当病人按下紧急呼叫按钮时，紧急呼叫指示灯亮，该病房门口也有一个紧急呼叫指示灯会亮。每一层楼有一个护士站，护士站也有指示灯，其中紧急呼叫指示灯显示病房有呼叫，正在处理指示灯表示护士正在处理；有两个按钮：正在处理按钮和处理完毕的重置按钮；一旦护士看见护士站紧急呼叫指示灯亮后，须先按下正在处理按钮来熄灭护士站的紧急呼叫指示灯，再处理解决问题。护士进入病房解决问题，解决妥当后按下病床处的重置按钮，病床上的紧急呼叫指示灯方可被重置，病房内所有病床问题处理完，则门口的紧急呼叫指示灯灭；护士回护士站按下处理完毕的重置按钮熄灭护士站中的正在处理指示灯。

使用触摸屏显示病房和护士站的所有指示灯，输入使用触摸屏按钮实现。基本功能要求所需要的输入输出见表 14-1。

表 14-1　病床呼叫系统控制信号说明

<table>
<tr><th colspan="2">输入</th><th colspan="2">输出</th></tr>
<tr><th>说明</th><th>房间</th><th>说明</th><th>房间</th></tr>
<tr><td>1 号床病床紧急呼叫按钮</td><td rowspan="6">第一病房</td><td>1 号床病床紧急呼叫指示灯</td><td rowspan="4">第一病房</td></tr>
<tr><td>1 号床病床重置按钮</td><td>2 号床病床紧急呼叫指示灯</td></tr>
<tr><td>2 号床病床紧急呼叫按钮</td><td>3 号床病床紧急呼叫指示灯</td></tr>
<tr><td>2 号床病床重置按钮</td><td>第一病房紧急呼叫指示指示灯</td></tr>
<tr><td>3 号床病床紧急呼叫按钮</td><td>护士站紧急呼叫指示指示灯</td><td rowspan="2">护士站</td></tr>
<tr><td>3 号床病床重置按钮</td><td>正在处理指示灯</td></tr>
<tr><td>护士站正在处理按钮</td><td rowspan="2">护士站</td><td></td><td rowspan="2"></td></tr>
<tr><td>护士站重置按钮</td><td></td></tr>
</table>

2. 小组成员完成的不同控制功能

1）设置3个病房，每个病房有3张病床。在护士站使用多个指示灯，显示每个病房每个病床的紧急呼叫，当呼叫5s后护士站紧急呼叫指示灯开始闪烁，当护士在病房处理完按下重置按钮时，熄灭病房和病床灯，同时护士站对应病床指示灯灭。

2）设置4个病房，每个病房有2张病床。当多个病床按紧急呼叫时，按照呼叫的时间顺序，第一个病床和相应病房的指示灯闪烁，当处理完前一个病床重置后，紧跟后面的病床和相应病房指示灯闪烁。

3）设置4个病房，每个病房有3张病床。在护士站使用数字显示每个病房累计呼叫次数，当多个病床按紧急呼叫时，按照呼叫的时间顺序，在护士站显示第一个呼叫的病床号，当处理完前一个病床重置后，在护士站显示紧跟其后呼叫的病床号。

14.2.3 三层电梯控制

1. 小组完成的基本控制要求

楼层有上下呼叫按钮，电梯轿厢内有三个楼层按钮，各楼层到有行程开关，每层楼到后有指示灯，在轿厢中按下按钮也有指示灯。电梯在上升中只响应向上的呼叫，电梯在下降中只响应向下的呼叫，向上或向下呼叫执行完成后再执行反向呼叫。要求轿厢内和外都可以呼叫。电梯在停止时，同时有不同呼叫，谁先呼叫就响应谁。电梯工作示意图如图14-1所示。

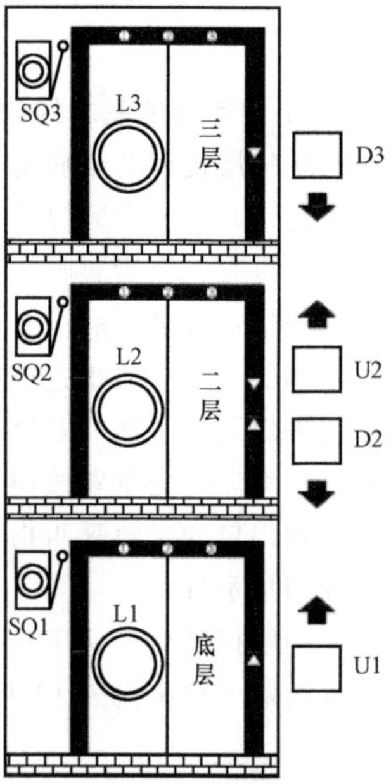

图14-1 电梯工作示意图

2. 小组成员完成的不同控制功能

1）在轿厢外增加显示电梯所在的楼层，轿厢内增加开关门按钮，当电梯到达楼层时可以按开关门。

使用基本指令编程。使用数码管和指示灯实现显示，使用按钮实现输入。

2）在每层楼增加0.5s闪烁灯，当电梯从相邻楼层驶向该楼层时闪烁，表示电梯即将到达该楼层。

使用状态编程，使用数码管和指示灯实现显示，使用按钮实现输入。

3）增加人满指示灯，当人满时显示并不能关门。

使用基本指令编程，使用触摸屏实现输入输出。

4）轿厢开门0.5s关门，增加开门按钮，当门关闭过程中按开门将停止关闭重新开门。

使用状态编程，使用触摸屏实现输入输出。

14.2.4 运料车控制

1. 小组完成的基本控制要求

在生产线上有五个停靠站，每个停靠站有行程开关和呼叫按钮，当某个停靠站的呼叫按钮按下则对应呼叫指示灯亮。运料车工作示意图如图14-2所示。

使用触摸屏实现呼叫，以及用小车动画演示运动过程。

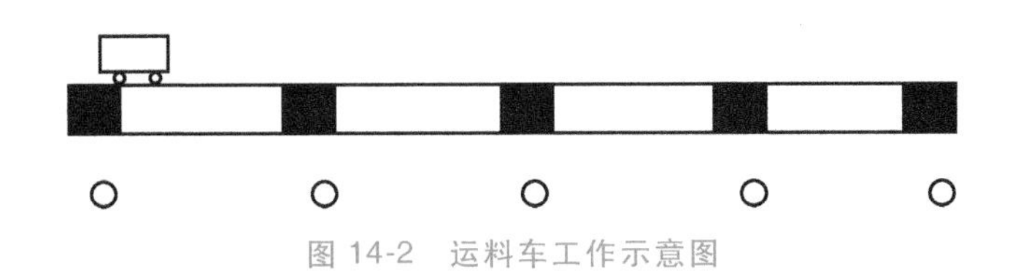
图 14-2　运料车工作示意图

2. 小组成员完成的不同控制功能

1）显示左右方向灯，每站到达后停留 0.2s 装卸货物，运行中多个呼叫按钮按下时，先响应最远的，如果左右一样远则先响应右边的，有呼叫时灯闪烁 0.1s；每站到达后停留 0.2s 装卸货物，响应完三个呼叫后或 0.5s 没有呼叫信号则小车回原位装料。

2）呼叫按钮可以同时按下，按照按钮按下顺序响应各呼叫，完成三个呼叫后就需要回到原点装料，每站到达后停留 0.2s 装卸货物，当没有呼叫时停留在该站点。

3）开始时小车停靠在原位，运行中多个呼叫按钮按下时，先响应距离最近的，如果左右一样远则先响应右边的。每次到达呼叫站后停留 0.2s 装卸货物就返回原点，再到下一个呼叫站点；显示呼叫个数，小车运行到某呼叫站后，呼叫个数减 1。

4）显示左右方向灯，当有多个呼叫时，先响应最远的，如果左右一样远则先响应右边的。每站到达后停留 0.2s 装卸货物，响应三个呼叫就需要回到原点装料，显示每次将到站的站号，当到达后就显示下一站站号。

14.2.5　立体车库

1. 小组完成的基本控制要求

立体车库采用地面和地上两层构成，在地面的车位可以直接进出，地上的车位需要移动到地面才能进出。上层车位只能上下不能平移，下层车位可以平移；当上层取车时下层如果不空，则需要平移下层的车位。存车先从地面开始存放，地面没有空位再存放到上层。立体车库示意图如图 14-3 所示。

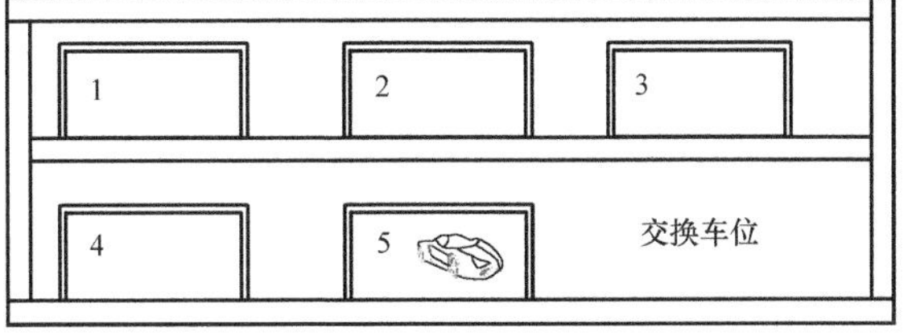

图 14-3　立体车库示意图

使用触摸屏显示车库的布局并使用触摸屏输入需要取车的车位号。

2. 小组成员完成的不同控制功能

1）使用数码管显示剩余空车位数，当车库存满时使用灯闪烁提示。

2）使用状态编程法实现手动取车和自动取车程序。

3）使用子程序分别实现取车和存车。

4）记录存放车辆的时间，并计算停车费用。

14.2.6　车辆出入库管理

1. 小组完成的基本控制要求

车库出入库要求是入库车辆前进时，经过 1# → 2#传感器后计数器加 1；出库车辆前进时经过 2# → 1#传感器后计数器减 1。电源接通时照明灯一直亮，显示“P”。

使用按钮表示传感器、数码管和灯作为输出显示。

2. 小组成员完成的不同控制功能

1）增加计费功能，每辆车进入并输入7位车牌后开始计时，出库时显示费用，每小时6元，显示车库内剩余车位数量。

2）0：00到6：00的时间段中，传感器不工作，其余时间正常工作。

调试时需要调整PLC机器时间，设置调整时间程序。

3）增加车辆查找功能，车辆进入时输入7位车牌，进入车库停车后存储位置；当输入车牌时，显示该位置，位置用数字表示。

14.2.7 自动打饭机

1. 小组完成的基本控制要求

自动打饭机在按“打饭”按钮后，开始自动打饭过程。将饭盘放上机台并推入机台里，在触摸屏上输入份量，显示价格，完成付费，机器打饭，推出饭盘；未完成付费，会有灯闪烁5s，并推回饭盘。

2. 小组成员完成的不同控制功能

1）增加空饭桶报警闪烁，使用A/D转换模块，当到达某个值表示饭桶空，并将饭桶上升推出，显示停止售卖指示灯，饭桶回位重新开始。

2）增加快速加热功能，完成付费后，按加热按钮，使用A/D转换模块检测温度达到某个值后表示加热结束，推出饭盘。

14.2.8 使用变频器对4台水泵进行恒压供水控制

1. 小组完成的基本控制要求

使用变频器实现对4台水泵的恒压供水。水泵起停控制：通过A/D转换模块检测主管道的压力信号决定水泵的起停，当压力值低于正常压力下限时起动一台水泵，若10s后仍低，则起动下一台；当压力值高于正常压力上限时，切断一台水泵，若10s后仍高，则切断下一台。

使用触摸屏显示每台变频器的工作状态。

2. 小组成员完成的不同控制功能

1）按照变频器1、2、3、4的顺序进行起动和停止，使用触摸屏设定变频器的频率，并显示各变频器的输出电压。

2）4台水泵轮流运行，需要接通时，首先起动停止时间最长的那台水泵，而需要切断时则先停止运行时间最长的那台水泵，在触摸屏显示各水泵的运行时间。

3）4台水泵轮流运行，需要接通时，首先起动停止时间最长的那台水泵，而需要切断时则先停止运行时间最长的那台水泵，在触摸屏显示主管道的压力波形。

14.2.9 自动售货机

1. 小组完成的基本控制要求

自动售货机可投入5角硬币、1元硬币或纸币、5元纸币，所售饮料标价为：可乐2.50元，橙汁3.00元、红茶5.50元，咖啡10.00元。当饮料按钮指示灯亮时，可按下需要购买饮料的按钮，当投入的硬币和纸币总价值超过所购饮料的标价时，对应饮料指示灯闪烁，5s后饮料推出，购买饮料后，系统自动计算剩余金额找零。按退币按钮，则退币口指示灯亮。退币时系统根据剩余金额首先退出5元纸币，然后是1元硬币或纸币，最后是5角硬币。

使用按钮作为输入，使用灯和数码管作为输出。

2. 小组成员完成的不同控制功能

1）当购买完，先根据剩余金额继续提示可购买饮料（指示灯亮），可按下购买饮料按钮继续购买。

2）系统退币箱中记录不同币种个数，当某种货币不足时，采用其他退币方式。

14.2.10　使用D/A转换模块设置不同输出电压波形

使用PLC与D/A转换模块，在触摸屏中显示输出波形，小组成员各自实现不同的控制要求。

1. 锯齿波发生器

利用PLC的模拟量通道输出10个锯齿波电压，波形如图14-4a所示。

2. 三角波

利用PLC的模拟量通道输出3个三角波电压，波形如图14-4b所示。

3. 产生正弦波形

利用PLC的模拟量通道输出两个正弦波和二分频的正弦信号。

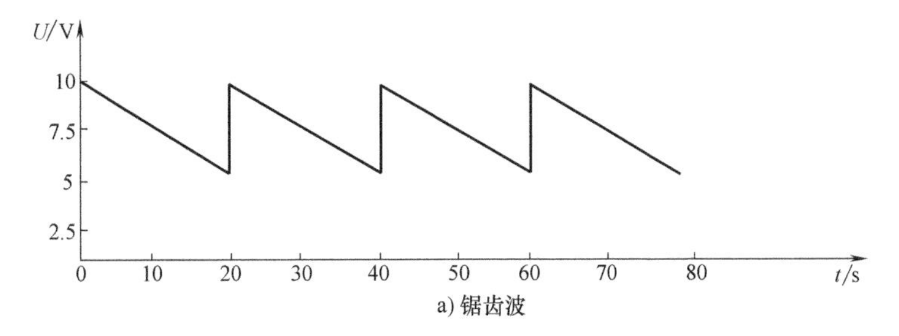

a) 锯齿波

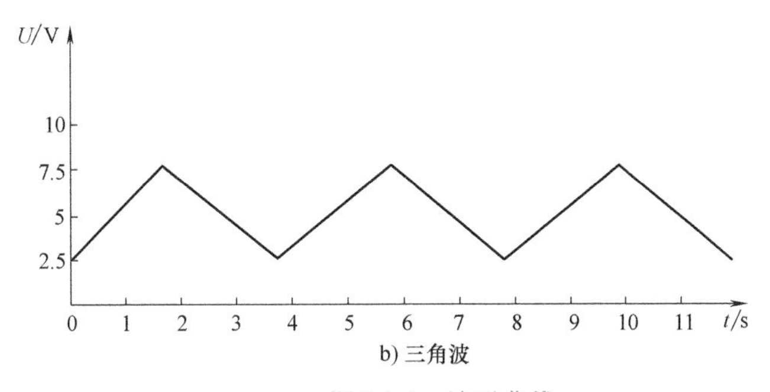

b) 三角波

图14-4　波形曲线

附　录

附录 A　FX3U 系列 PLC 应用指令

分类	FNC NO	指令符号	功能	D指令	P指令	章节
程序流程	00	CJ	有程序跳转	—	○	4.7.1
	01	CALL	子程序调用	—	○	4.7.2
	02	SRET	子程序返回	—	—	4.7.2
	03	IRET	中断返回	—	—	4.7.3
	04	EI	开中断	—	—	4.7.3
	05	DI	关中断	—	—	4.7.3
	06	FEND	主程序结束	—	—	4.7.2
	07	WDT	监视定时器刷新	—	○	2.5.4
	08	FOR	循环区起点	—	—	4.7.4
	09	NEXT	循环区终点	—	—	4.7.4
传送比较	10	CMP	比较	○	○	4.2.1
	11	ZCP	区间比较	○	○	4.2.1
	12	MOV	传送	○	○	4.3.1
	13	SMOV	移位传送	—	○	4.3.1
	14	CML	反向传送	○	○	4.3.1
	15	BMOV	块传送	—	○	4.3.1
	16	FMOV	多点传送	○	○	4.3.1
	17	XCH	交换	○	○	4.3.2
	18	BCD	BCD 转换	○	○	4.3.2
	19	BIN	BIN 转换	○	○	4.3.2
四则逻辑运算	20	ADD	加	○	○	4.6.1
	21	SUB	减	○	○	4.6.1
	22	MUL	乘	○	○	4.6.1
	23	DIV	除	○	○	4.6.1
	24	INC	增 1	○	○	4.6.1
	25	DEC	减 1	○	○	4.6.1
	26	WAND	逻辑字“与”	○	○	4.6.1
	27	WOR	逻辑字“或”	○	○	4.6.1
	28	WXOR	逻辑字“异或”	○	○	4.6.1
	29	NEG	求补码	○	○	4.6.1

分类	FNC NO	指令符号	功能	D指令	P指令	章节
循环与移位	30	ROR	循环右移	○	○	4.4.1
	31	ROL	循环左移	○	○	4.4.1
	32	RCR	带进位右移	○	○	4.4.1
	33	RCL	带进位左移	○	○	4.4.1
	34	SFTR	位右移	—	○	4.4.2
	35	SFTL	位左移	—	○	4.4.2
	36	WSFR	字右移	—	○	4.4.2
	37	WSFL	字左移	—	○	4.4.2
	38	SFWR	“先进先出”写入	—	○	4.4.3
	39	SFRD	“先进先出”读出	—	○	4.4.3
数据处理	40	ZRST	区间复位	—	○	4.5.2
	41	DECO	解码	—	○	4.5.1
	42	ENCO	编码	—	○	4.5.1
	43	SUM	ON 位总数	○	○	4.5.1
	44	BON	ON 位判别	○	○	4.5.1
	45	MEAN	平均值	○	○	4.5.1
	46	ANS	报警器置位	—	—	4.5
	47	ANR	报警器复位	—	○	4.5
	48	SQR	BIN 二次方根	○	○	4.5.2
	49	FLT	二进制整数→二进制浮点数	○	○	4.6.2
高速处理	50	REF	刷新	—	○	4.7.3
	51	REFE	刷新和滤波调整	—	○	—
	52	MTR	矩阵输入	—	—	—
	53	HSCS	比较置位（高速计数器）	○	—	4.8.1
	54	HSCR	比较复位（高速计数器）	○	—	4.8.1
	55	HSZ	区间比较（高速计数器）	○	—	4.8.1

（续）

分类	FNC NO	指令符号	功能	D指令	P指令	章节
高速处理	56	SPD	速度检测	—	—	7.2.2
	57	PLSY	脉冲输出	○	—	7.2.2
	58	PWM	脉冲宽度调制	—	—	7.2.2
	59	PLSR	加减速的脉冲输出	○	—	7.2.2
方便指令	60	IST	初始化状态	—	—	5.4.5
	61	SER	数据搜索	○	○	4.8.2
	62	ABSD	绝对值式凸轮顺控	○	—	4.8.2
	63	INCD	增量式凸轮顺控	—	—	4.8.2
	64	TTMR	示教定时器	—	—	4.8.2
	65	STMR	特殊定时器	—	—	4.8.2
	66	ALT	交替输出	—	—	4.8.2
	67	RAMP	斜坡信号	—	—	4.8.2
	68	ROTC	旋转工作台控制	—	—	4.8.2
	69	SORT	数据排序	—	—	4.8.2
外部设备I/O	70	TKY	0~9 数字键输入	○	—	—
	71	HKY	16 键输入	○	—	—
	72	DSW	数字开关	—	—	—
	73	SEGD	7 段译码	—	○	4.9
	74	SEGL	带锁存的 7 段译码	—	—	4.9
	75	ARWS	方向开关	—	—	4.9
	76	ASC	ASCII 转换	—	—	4.9
	77	PR	ASCII 码打印输出	—	—	4.9
	78	FROM	特殊功能模块读出	○	○	4.9
	79	TO	特殊功能模块写入	○	○	4.9
外部设备SER（选项设备）	80	RS	串行数据传送	—	—	—
	81	PRUN	八进制位并行传送	○	○	—
	82	ASCI	HEX→ASCII 转换	—	○	—
	83	HEX	ASCII→HEX 转换	—	○	—
	84	CCD	校正代码	—	○	—
	85	VRRD	电位器模拟量读取	—	○	—
	86	VRSC	电位器模拟量刻度读取	—	○	—
	87	RS2	串行数据传送 2	—	—	—
	88	PID	PID 运算	—	—	8.3.1
	89	—				
数据传送2	102	ZPUSH	变址寄存器的成批保存	—	○	—
	103	ZPOP	变址寄存器的恢复	—	○	—
浮点数运算	110	ECMP	二进制浮点数比较	○	○	4.2.3
	111	EZCP	二进制浮点数区间比较	○	○	4.2.3
	112	EMOV	二进制浮点数传送	○	○	4.6.2
	116	ESTR	二进制浮点数→字符串的转换	○	○	4.6.2
	117	EVAL	字符串→二进制浮点数的转换	○	○	4.6.2
	118	EBCD	二进制浮点数→十进制浮点数	○	○	4.6.2
浮点数运算	119	EBIN	十进制浮点数→二进制浮点数	○	○	4.6.2
	120	EADD	二进制浮点数加法	○	○	4.6.2
	121	ESUB	二进制浮点数减法	○	○	4.6.2
	122	EMUL	二进制浮点数乘法	○	○	4.6.2
	123	EDIV	二进制浮点数除法	○	○	4.6.2
	124	EXP	二进制浮点数指数运算	○	○	4.6.2
	125	LOGE	二进制浮点数自然对数运算	○	○	4.6.2
	126	LOG10	二进制浮点数常用对数运算	○	○	4.6.2
	127	ESQR	二进制浮点数开二次方	○	○	4.6.2
	128	ENEG	二进制浮点数符号翻转	○	○	4.6.2
	129	INT	二进制浮点数→BIN 整数	○	○	4.6.2
	130	SIN	二进制浮点数 sin 运算	○	○	4.6.2
	131	COS	二进制浮点数 cos 运算	○	○	4.6.2
	132	TAN	二进制浮点数 tan 运算	○	○	4.6.2
	133	ASIN	二进制浮点数 arc sin 运算	○	○	4.6.2
	134	ACOS	二进制浮点数 arc cos 运算	○	○	4.6.2
	135	ATAN	二进制浮点数 arc tan 运算	○	○	4.6.2
	136	RAD	二进制浮点数角度→弧度的转换	○	○	4.6.2
	137	DEG	二进制浮点数弧度→角度的转换	○	○	4.6.2
数据处理2	140	WSUM	算出数据合计值	○	○	4.5.2
	141	WTOB	字节单位的数据分离	—	○	—
	142	WTOW	字节单位的数据组合	—	○	—
	143	UNI	16 位数据的 4 位组合	—	○	—
	144	DIS	16 位数据的 4 位分离	—	○	—
	145	—				
	146	—				
	147	SWAP	高低八位字节交换	○	○	4.3.2
	149	SORT2	数据排序 2	○	—	—
定位控制	150	DSZR	带 DOG 搜索的原点返回	—	—	7.2.1
	151	DVIT	中断定位	○	—	7.2.1
	152	TBL	表格设定定位	○	—	7.2.1

（续）

分类	FNC NO	指令符号	功能	D指令	P指令	章节
定位控制	155	ABS	读出 ABS 当前值	○	—	7.2.1
	156	ZRN	原点回归	○	—	7.2.1
	157	PLSV	可变速脉冲输出	○	—	7.2.1
	158	DRVI	相对定位	○	—	7.2.1
	159	DRVA	绝对定位	○	—	7.2.1
时钟处理	160	TCMP	时钟数据比较	—	○	4.8.3
	161	TZCP	时钟数据区间比较	—	○	4.8.3
	162	TADD	时钟数据加法	—	○	4.8.3
	163	TSUB	时钟数据减法	—	○	4.8.3
	164	HTOS	时、分、秒数据的秒转换	○	○	4.8.3
	165	HTOH	秒数据的时、分、秒转换	○	○	4.8.3
	166	TRD	时钟数据读出	—	○	4.8.3
	167	TWR	时钟数据写入	—	○	4.8.3
	169	HOUR	计时表	○	—	4.8.3
外部设备	170	GRY	二进制码转换成格雷码转	○	○	—
	171	GBIN	格雷码转换成二进制码	○	○	—
	176	RD3A	模拟量模块的读出	—	○	—
	177	WRD3A	模拟量模块的写入	—	○	—
其他指令	182	COMRD	读出软元件的注释数据	—	○	—
	184	RND	产生随机数	—	○	—
	186	DUTY	产生定时脉冲	—	—	—
	188	CRC	CRC 运算	—	○	—
	189	HCMOV	高速计数器传送	○	—	—
数据块处理	192	BK+	数据块加法运算	○	○	—
	193	BK-	数据块减法运算	○	○	—
	194	BKCMP=	数据块相等	○	○	—
	195	BKCMP>	数据块大于	○	○	—
	196	BKCMP<	数据块小于	○	○	—
	197	BKCMP<>	数据块不等	○	○	—
	198	BKCMP<=	数据块小于等于	○	○	—
	199	BKCMP>=	数据块大于等于	○	○	—
字符串控制	200	STR	二进制数转换成字符串	○	○	—
	201	VAL	字符串转换成二进制数	○	○	4.6.3
	202	$+	字符串的结合	—	○	4.6.3
	203	LEN	检测字符串的长度	—	○	4.6.3
	204	RIGHT	从字符串的右侧开始取出	—	○	4.6.3
	205	LEFT	从字符串的左侧开始取出	—	○	4.6.3
	206	MIDR	从字符串中的任意取出	—	○	4.6.3
字符串控制	207	MIDW	从字符串中的任意替换	—	○	4.6.3
	208	INSTR	字符串的检索	—	○	4.6.3
	209	$ MOV	字符串的传送	—	○	4.6.3
数据处理3	210	FDEL	数据表的数据删除	—	○	4.5.3
	211	FINS	数据表的数据插入	—	○	—
	212	POP	读取后入的数据	—	○	—
	213	SFR	16位数据带进位的n右移	—	○	—
	214	SFL	16位数据带进位的n右移	—	○	—
触点型比较	224	LD=	(S1)=(S2)	○	—	4.2
	225	LD>	(S1)>(S2)	○	—	4.2
	226	LD<	(S1)<(S2)	○	—	4.2
	228	LD<>	(S1)≠(S2)	○	—	4.2
	229	LD<=	(S1)≤(S2)	○	—	4.2
	230	LD>=	(S1)≥(S2)	○	—	4.2
	232	AND=	(S1)=(S2)	○	—	4.2
	233	AND>	(S1)>(S2)	○	—	4.2
	234	AND<	(S1)<(S2)	○	—	4.2
	236	AND<>	(S1)≠(S2)	○	—	4.2
	237	AND<=	(S1)≤(S2)	○	—	4.2
	238	AND>=	(S1)≥(S2)	○	—	4.2
	240	OR=	(S1)=(S2)	○	—	4.2
	241	OR>	(S1)>(S2)	○	—	4.2
	242	OR<	(S1)<(S2)	○	—	4.2
	244	OR<>	(S1)≠(S2)	○	—	4.2
	245	OR<=	(S1)≤(S2)	○	—	4.2
	246	OR>=	(S1)≥(S2)	○	—	4.2
数据表处理	256	LIMT	上下限限位控制	○	○	—
	257	BAND	死区控制	○	○	—
	258	ZONE	区间控制	○	○	—
	259	SCL	定坐标(不同点坐标数据)	○	○	—
	260	DABIN	十进制 ASCII 转换成二进制码	○	○	—
	261	BINDA	二进制码转换成十进制 ASCII	○	○	—
	269	SCL2	定坐标2(X/Y 坐标数据)	○	○	—
变频器通信	270	IVCK	变频器的运行监控	—	—	6.3.4
	271	IVDR	变频器的运行控制	—	—	6.3.4
	272	IVRD	读取变频器的参数	—	—	6.3.4
	273	IVWR	写入变频器的参数	—	—	6.3.4
	274	IVBWR	成批写入变频器的参数	—	—	6.3.4
数据传送3	278	RBFM	RBFM 分割读出	—	—	—
	279	WBFM	RBFM 分割写入	—	—	—

（续）

分类	FNC NO	指令符号	功能	D指令	P指令	章节
高速处理2	280	HSCT	高速计数器表比较	○	—	—
扩展文件寄存器的控制	290	LOADR	读出扩展文件寄存器	—	—	—
	291	SAVER	成批写入扩展文件寄存器	—	—	—
	292	INITR	扩展寄存器的初始化	—	○	—
	293	LOGR	登录到扩展寄存器	—	○	—
	294	RWER	扩展文件寄存器的删除、写入	—	○	—
	295	INITER	扩展文件寄存器的初始化	—	○	—

注：1. 表中“D 指令”栏中带圈的，表示可以为 32 位指令，不带圈的只能为 16 位指令。

2. 表中“P 指令”栏中带圈的。表示可以为脉冲型指令，不带圈的只能为连续型指令。

附录 B　FX 系列 PLC 特殊软元件 M、D 的编号、名称及功能

PLC 状态

编号	名称·功能	3U	3UC	2N	2NC
[M]①8000	RUN 监控，RUN 时在扫描时间内一直为 ON	○	○	○	○
[M]8001	RUN 监控，RUN 时在扫描时间内为 OFF	○	○	○	○
[M]8002	初始脉冲，RUN 后接通 1 个扫描周期	○	○	○	○
[M]8003	初始脉冲，RUN 后断开 1 个扫描周期	○	○	○	○
[M]8004②	检测 M8060 ~ M8067 任一个出错时为 ON	○	○	○	○
[M]8005	电池电压过低，出现异常低为 ON	○	○	○	○
[M]8006	检测电池过低位置，低于最低位置为 ON	○	○	○	○
[M]8007	检测瞬停，超过 1 个扫描时间为 ON	○	○	○	○
[M]8008	停电检测，瞬停时间超出 D8008 时为 ON	○	○	○	○
[M]8009③	DC 24V 掉电，检测 24V 电源掉电时为 ON	○	○	○	○

PLC 状态

编号	名称·功能	备注
D8000	监视定时器，初始值为 200ms	
[D]8001	PLC 型号和版本	
[D]8002	存储器容量	
[D]8003	存储器种类	
[D]8004	存放出错特 M 地址	M8060~M8067
[D]8005	电池电压	0.1V 单位
[D]8006	电池电压降低检测	3.0V(0.1V 单位)
[D]8007	存放瞬停次数	电源关闭清除
D8008	允许的瞬停时间	
[D]8009	下降单元编号	降低的起始输出编号

时钟

编号	名称·功能	3U	3UC	2N	2NC
[M]8010	不可使用	—	—	—	—
[M]8011	10ms 时钟脉冲	○	○	○	○
[M]8012	100ms 时钟脉冲	○	○	○	○
[M]8013	1s 时钟脉冲	○	○	○	○
[M]8014	1min 时钟脉冲	○	○	○	○

时钟

编号	名称·功能	备注
[D]8010	扫描当前值	0.1ms 单位包括常数扫描等待时间
[D]8011	最小扫描时间	
[D]8012	最大扫描时间	
D8013	秒，0~59 预置值或当前值	
D8014	分，0~59 预置值或当前值	

时钟

编号	名称·功能	3U	3UC	2N	2NC
M8015	计时停止或预置，实时时钟用	○	○	○	○
M8016	时间显示停止，实时时钟用	○	○	○	○
M8017	±30s修正，实时时钟用	○	○	○	○
[M]8018	实时时钟（RTC）检测，一直为ON	○	○	○	○
[M]8019	实时时钟（RTC）出错	○	○	○	○

时钟

编号	名称·功能	备注
D8015	时，0～23预置值或当前值	
D8016	日，1～31预置值或当前值	
D8017	月，1～12预置值或当前值	
D8018	公历4位预置值或当前值	
D8019	星期0（一）～6（日）预置值或当前值	

标志位

编号	名称·功能	3U	3UC	2N	2NC
[M]8020	零标志位，运算为0时为ON	○	○	○	○
[M]8021	借位标志位，运算有借位为ON	○	○	○	○
M8022	进位标志位，运算有进位为ON	○	○	○	○
[M]8023	不可使用	—	—	—	—
M8024[④]	BMOV方向指定，ON时，D（·）→S（·）	○	○	○	○
M8025[④]	HSC模式（FNC53-55），外复位时为ON	○	○	○	○
M8026[④]	RAMP方式（FNC67）	○	○	○	○
M8027[④]	PR方式（FNC77）	○	○	○	○
M8028	执行FROM/TO指令时允许中断	○	○	○	○
[M]8029	执行指令结束标志，	○	○	○	○

输入滤波

编号	名称·功能	备注
[D]8020[⑤]	输入滤波器调整	
[D]8021	不可使用	
[D]8022	不可使用	
[D]8023	不可使用	
[D]8024	不可使用	
[D]8025	不可使用	
[D]8026	不可使用	
[D]8027	不可使用	
[D]8028	Z0（Z）寄存器内容	
[D]8029	V0（Z）寄存器内容	

PLC方式

编号	名称·功能	3U	3UC	2N	2NC
M8030[⑥]	电池LED灭灯指示	○	○	○	○
M8031[⑦]	非保持内存全部清除	○	○	○	○
M8032[⑦]	保持内存全部清除	○	○	○	○
M8033	内存保存停止，映像区数据区内容原样保持	○	○	○	○
M8034	禁止所有外部输出触点输出	○	○	○	○
M8035	强制RUN模式	○	○	○	○
M8036	强制RUN指令	○	○	○	○
M8037	强制STOP指令	○	○	○	○
[M]8038	通信参数设定标志位	○	○	○	○
M8039	恒定扫描模式，以D8039中时间恒定扫描	○	○	○	○

模拟电位器

编号	名称·功能	备注
[D]8030	模拟电位器VR1的值（0～255的整数值）	
[D]8031	模拟电位器VR2的值（0～255的整数值）	
[D]8032	不可使用	
[D]8033	不可使用	
[D]8034	不可使用	
[D]8035	不可使用	
[D]8036	不可使用	
[D]8037	不可使用	
[D]8038	不可使用	
[D]8039	常数扫描时间，初始值0ms（1ms单位）	

STL 图（一）

编号	名称·功能	3U	3UC	2N	2NC
M8040	禁止转移，为 ON 时禁止状态间转移	○	○	○	○
M8041⑧	转移开始，自动运行时可从初始状态开始	○	○	○	○
M8042	启动脉冲，对应启动输入的脉冲输出	○	○	○	○
M8043⑧	原点回归结束，在原点回归模式结束中置位	○	○	○	○
M8044⑧	原点条件，在检测出机械原点时驱动	○	○	○	○
M8045	禁止所有输出复位	○	○	○	○
[M]8046⑥	STL 状态动作⑨	○	○	○	○
M8047⑥	STL 监视有效，为 ON 时 D8040～D8047 有效	○	○	○	○
[M]8048⑥	信号报警器动作，任 1 个报警状态为 ON 接通	○	○	○	○
M8049⑧	信号报警器有效，为 ON 时，D8049 有效	○	○	○	○

STL 图（二）

编号	名称·功能	备注
[D]8040⑩	ON 状态编号 1	
[D]8041⑩	ON 状态编号 2	
[D]8042⑩	ON 状态编号 3	
[D]8043⑩	ON 状态编号 4	
[D]8044⑩	ON 状态编号 5	
[D]8045⑩	ON 状态编号 6	
[D]8046⑩	ON 状态编号 7	
[D]8047⑩	ON 状态编号 8	
[D]8048	不可使用	
[D]8049⑪	ON 状态最小编号	

中断禁止

编号	名称·功能	3U	3UC	2N	2NC
M8050	输入中断，为 ON 时，I00□禁止	○	○	○	○
M8051	输入中断，为 ON 时，I10□禁止	○	○	○	○
M8052	输入中断，为 ON 时，I20□禁止	○	○	○	○
M8053	输入中断，为 ON 时，I30□禁止	○	○	○	○
M8054	输入中断，为 ON 时，I40□禁止	○	○	○	○
M8055	输入中断，为 ON 时，I50□禁止	○	○	○	○
M8056	定时器中断，为 ON 时，I60□禁止	○	○	○	○
M8057	定时器中断，为 ON 时，I70□禁止	○	○	○	○
M8058	定时器中断，为 ON 时，I80□禁止	○	○	○	○
M8059	计数器中断，为 ON 时，I010～I060 全禁止	○	○	○	○

不可以使用的特殊 D

编号	名称·功能	备注
[D]8050	不可使用	
⋮		
[D]8059		
[D]8100		
[D]8110		
⋮		
[D]8119		
[D]8160		
⋮		
[D]8163		

出错检测

编号	名称·功能	3U	3UC	2N	2NC
[M]8060	I/O 构成出错	○	○	○	○
[M]8061	PLC 硬件出错	○	○	○	○
[M]8062	PLC/PP 通信出错	○	○	○	○
[M]8063⑫	串行通信出错(通道 1)	○	○	○	○
[M]8064	参数出错	○	○	○	○
[M]8065	语法出错	○	○	○	○
[M]8066	梯形图出错	○	○	○	○
[M]8067⑬	运算出错	○	○	○	○
M8068	运算出错锁存	○	○	○	○
M8069⑭	I/O 总线检查	○	○	○	○

出错检测

编号	名称·功能	备注
[D]8060	I/O 构成出错的未安装的 I/O 起始号	M8060
[D]8061	PLC 硬件出错的错误代码编号	M8061
[D]8062	PLC/PP 通信出错的错误代码编号	M8062
[D]8063	串行通信出错(通道 1)的错误代码编号	M8063
[D]8064	参数出错的错误代码编号	M8064
[D]8065	语法出错的错误代码编号	M8065
[D]8066	梯形图出错的错误代码编号	M8066
[D]8067	运算出错的错误代码编号错误代码编号	M8067
D8068⑮	运算出错产生的步编号的锁存⑯	M8068
[D]8069⑮	M8065～8067 出错产生的步号⑰	

并行连接

编号	名称·功能	3U	3UC	2N	2NC
M8070⑮	并联,请在主站时驱动为 ON	○	○	○	○
M8071⑮	并联,请在子站时驱动为 ON	○	○	○	○
[M]8072	并联,运转过程中为 ON	○	○	○	○
[M]8073	并联, M8070/M8071 设置不良为 ON	○	○	○	○

并行连接

编号	名称·功能	备注
[D]8070	判断并联出错(时间初始值 500ms)	
[D]8071	不可使用	
[D]8072	不可使用	
[D]8073	不可使用	

采样跟踪

编号	名称·功能	3U	3UC	2N	2NC
[M]8074	不可使用	○	○	○	○
[M]8075	采样跟踪准备开始指令	○	○	○	○
[M]8076	采样跟踪准备完成	○	○	○	○
[M]8077	采样跟踪,执行中监视	○	○	○	○
[M]8078	采样跟踪,执行结束监测	○	○	○	○
[M]8079	跟踪系统区域	○	○	○	○

采样跟踪

编号	名称·功能	备注
[D]8074	在 A6GPP, A6PHP, A7PHP, 计算机中使用了采样跟踪功能时,这些软元件就是被可编程控制器系统占用的区域。(采样跟踪是外围使用的软元件)	[M]8075 ⋮ [M]8079
[D]8075		
⋮		
[D]8096		
[D]8097		
[D]8098		

标志位、高速环形计数器

编号	名称·功能	3U	3UC	2N	2NC
[M]8080	不可使用			—	—
⋮	不可使用			—	—
[M]8089	不可使用	—	—	—	—
[M]8090	BKCMP(FNC194~199)指令的块比较信号	○	○	—	—
[M]8091	COMRD,BINDA 指令的输出字符数切换信号	○	○	—	—
[M]8092	不可使用	—	—	—	—
[M]8093	不可使用	—	—	—	—
⋮	不可使用	—	—	—	—
[M]8098	不可使用	—	—	—	—
[M]8099[3]	高速环形计数器(0.1ms单位,16位)动作	○	○	○	○

内存信息

编号	名称·功能	3U	3UC	2N	2NC
[M]8100	不可使用	—	—	—	—
[M]8101	不可使用	—	—	—	—
[M]8102	不可使用	—	—	—	—
[M]8103	不可使用	—	—	—	—
[M]8104	安装有功能扩展存储器时接通[19]	—	—	○	○
[M]8105	在闪存写入时接通	○	○	—	—
[M]8016	不可使用	—	—	—	—
[M]8107	软元件注释登录的确认	○	○	—	—
[M]8108	不可使用	—	—	—	—
[M]8109	输出刷新出错	○	○	—	—

内存信息

编号	名称·功能	备注
D8099	0~32767 的递增动作的环形计数器	M8099
[D]8101	PC 类型以及系统版本	
[D]8102	FX3U/3UC 为 16~64K 步[18],FX2N/2NC 为 4~16K 步	存储容量
[D]8103	不可使用	
[D]8104	FX2N/2NC 的功能扩展内存固有的机型代码[19]	M8104
[D]8105	FX2N/2NC 的功能扩展内存的版本[19](Ver.1.00)	
[D]8106	不可使用	
[D]8107	FX3U/3UC 的软元件注释登录数	[M]8107
[D]8108	FX3U/3UC 的特殊模块的连接台数	
[D]8109	FX3U/3UC 发生输出刷新错误的 Y 编号	[M]8109

RS. 计算机连接(通道 1)

编号	名称·功能	备注
[D]8120	RS 计算机连接(通道 1)设定通信格式	
[D]8121	计算机连接(通道 1)设定站号	
[D]8122	RS 指令,发送数据的剩余点数	M8122
[D]8123	RS 指令,接收点数的监控	M8123
D8124	RS 指令,报头<初始值:STX>	
D8125	RS 指令,报尾<初始值:ETX>	
[D]8126	不可使用	
D8127	计算机连接(通道 1)的下位通信请求起始编号	M8126~M8129
D8128	计算机连接(通道 1)的下位通信请求的数据数	
D8129	RS. 计算机连接(通道 1)设定超时时间	

RS. 计算机连接（通道 1）

编号	名称・功能	3U	3UC	2N	2NC
[M]8110	不可使用	—	—	—	—
⋮	不可使用	—	—	—	—
[M]8120	不可使用	—	—	—	—
[M]8121[8]	RS 指令，发送待机标志位	○	○	○	○
M8122[8]	RS 指令，发送请求	○	○	○	○
M8123[8]	RS 指令，接收结束标志位	○	○	○	○
M8124	RS 指令，检测出进位的标志位	○	○	○	○
M8125	不可使用	○	○	○	○
[M]8126	计算机连接(通道 1)全局 ON	○	○	○	○
[M]8127	计算机连接(通道 1)的下位通信请求发送中	○	○	○	○
M8128	计算机连接(通道 1)下位通信请求出错标志位	○	○	○	○
M8129	计算机连接(通道 1)下位通信请求字/字节切换	○	○	○	○

高速计数器比较、高速表格、定位

编号	名称・功能	3U	3UC	2N	2NC
M8130	HSZ(FNC 55)指令，表格比较模式	○	○	○	○
M8131	同上的执行结束标志位	○	○	○	○
M8132	HSZ,PLSY 指令，速度模型模式	○	○	○	○
[M]8133	同上的执行结束标志位	○	○	○	○
[M]8134～[M]8137 不可使用		—	—	—	—
[M]8138	HSCT(FNC280)指令，指令执行结束标志位	○	○	○	○
[M]8139	高速计数器比较指令执行中	○	○	○	○
[M]8140～[M]8144 不可使用		—	—	—	—
[M]8145	[Y000]停止脉冲输出的指令	○	○	○	○
[M]8146～[M]8149 不可使用		—	—	—	—

高速计数器比较、高速表格、定位

编号	名称・功能		备注
[D]8130	HSZ(FNC 55)指令，高速比较表格计数器		M8130
[D]8131	HSZ,PLSY 指令，速度型式表格计数器		M8130
[D]8132	低位	HSZ,PLSY 指令，速度型式频率	M8132
[D]8133	高位		
[D]8134	低位	HSZ(FNC 55)，PLSY(FNC57)指令，速度型式目标脉冲数	M8132
[D]8135	高位		
D8136	低位	PLSY，PLSR 指令，输出到 Y000 和 Y001 的脉冲合计数的累计	
D8137	高位		
[D]8138	HSCT(FNC280)指令，表格计数器		M8138
[D]8139	高速计数器比较指令执行中的指令数		M8139
D8140	低位	PLSY、PLSR 指令，Y000 输出脉冲的累计或定位指令时的当前值的地址	
D8141	高位		
D8142	低位	PLSY、PLSR 指令，Y001 输出脉冲的累计或定位指令时的当前值的地址	
D8143	高位		
[D]8144	不可使用		
[D]8145	不可使用		
[D]8146	不可使用		
[D]8147	不可使用		
[D]8148	不可使用		
[D]8149	不可使用		

变频器通信功能

编号	名称·功能	3U	3UC	2N	2NC
[M]8150	不可使用	—	—	—	—
[M]8151[15]	变频器通信中(通道 1)	○	○	—	—
[M]8152[15]	变频器通信出错(通道 1)	○	○	—	—
[M]8153[15]	变频器通信出错的锁定(通道 1)	○	○	—	—
[M]8154	FX3U/3UC 在每个 IVBWR 指令出错[15](通道 1) FX2N/2NC 在每个 EXTR(FNC 180)指令中被定义	○	○	○	○
[M]8155	通过 EXTR(FNC 180)指令使用通信端口	—	—	○	○
[M]8156	FX3U/3UC 变频器通信中[15](通道 2) FX2N/2NCEXTR(FNC 180)指令中发生通信或参数出错	○	○	○	○
[M]8157[15]	变频器通信出错(通道 2) 在 EXTR(FNC 180)指令中发生的通信错误被锁定	○	○	○	○
[M]8158[15]	变频器通信出错的锁定(通道 2)	○	○	—	—
[M]8159[15]	IVBWR(FNC 274)指令错误(通道 2)	○	○	—	—

变频器通信功能

编号	名称·功能	备注
D8150	FX3U/3UC 的变频器通信的响应等待时间(通道 1)	
[D]8151	变频器通信中的步编号(通道 1),初始值:-1	[M]8151
[D]8152	变频器通信的错误代码[15](通道 1)	[M]8152
[D]8153	变频器通信出错步锁存(通道 1),初始值:-1	[M]8153
[D]8154	FX3U/3UC 的 IVBWR 指令中发生出错的参数编号(通道 1) FX2N/2NC 的 EXTR(FNC 180)指令的响应等待时间	[M]8154
D8155	FX3U/3UC 的变频器通信的响应等待时间(通道 2)	[M]8155
[D]8156	变频器通信中的步编号(通道 2),初始值:-1 FX2N/2NC 的 EXTR(FNC 180)指令的错误代码	[M]8156
[D]8157	变频器通信的错误代码[15](通道 2) EXTR(FNC 180)指令的出错步锁定,初始值:-1	[M]8157
D8158	变频器通信出错步锁存(通道 2),初始值:-1	[M]8158
[D]8159	IVBWR 指令发生出错的参数编号(通道 2),初始值-1	[M]8159

扩展功能

编号	名称·功能	3U	3UC	2N	2NC
M8160	XCH(FNC17)的 SWAP 功能	○	○	○	○
M8161	8 位处理模式	○	○	○	○
M8162	高速并联链接模式	○	○	○	○
[M]8163	不可使用	—	—	—	—
M8164	FROM,TO 指令,传送点数可改变模式	—	—	○	○
M8165	SORT2(FNC149)指令,降序排列	○	○	—	—
M8166	不可使用	—	—	—	—
M8167	HKY(FNC71)处理 HEX 数据的功能	○	○	○	○
M8168	SMOV(FNC13)处理 HEX 数据的功能	○	○	○	○
[M]8169	不可使用	—	—	—	—

扩展功能

编号	名称·功能	备注
D8164	指定 FROM,TO 指令的传送点数	M8164
[D]8015~[D]8018 不可使用		
D8169	使用第 2 密码限制存取的状态	

D8169:

当前值	存取的限制状态	程序 读出	程序 写入	监控	更改当前值	3U	3UC	2N	2NC
H0000	没设定第 2 密码	○	○	○	○	○	○	—	—
H0010	禁止写入	○	×	○	○	○	○	—	—
H0011	禁止读出/写入	×	×	○	○	○	○	—	—
H0012	禁止全部在线操作	×	×	×	×	○	○	—	—
H0020	解除密码	○	○	○	○	○	○	—	—

脉冲捕捉/通信口的通道设定

编号	名称·功能	3U	3UC	2N	2NC
M8170	输入 X000 脉冲捕捉[15]	○	○	○	○
M8171	输入 X001 脉冲捕捉[15]	○	○	○	○
M8172	输入 X002 脉冲捕捉[15]	○	○	○	○
M8173	输入 X003 脉冲捕捉[15]	○	○	○	○
M8174	输入 X004 脉冲捕捉[15]	○	○	○	○
M8175	输入 X005 脉冲捕捉[15]	○	○	○	○
M8176	输入 X006 脉冲捕捉[15]	○	○	—	—
M8177	输入 X007 脉冲捕捉[15]	○	○	—	—
M8178	并联链接通道切换（OFF:通道 1;ON:通道 2）	○	○	—	—
[M]8179	简易 PC 间链接通道切换[20]	○	○	—	—

简易 PC 间链接（设定）

编号	名称·功能	备注
[D]8170~[D]8172	不可使用	
[D]8173	相应的站号的设定状态	
[D]8174	通信子站的设定状态	
[D]8175	刷新范围的设定状态	
D8176	设定相应站号	M8038
D8177	设定通信的子站数	
D8178	设定刷新范围	
D8179	重试的次数	
D8180	监视时间	
D8181	不可使用	

简易 PC 间连接

编号	名称·功能	3U	3UC	2N	2NC
[M]8180~[M]8182	不可使用	—	—	—	—
M8183	数据传送顺控出错(主站)	○	○	○	○
M8184	数据传送顺控出错(1 号站)	○	○	○	○
M8185	数据传送顺控出错(2 号站)	○	○	○	○
M8186	数据传送顺控出错(3 号站)	○	○	○	○
M8187	数据传送顺控出错(4 号站)	○	○	○	○
M8188	数据传送顺控出错(5 号站)	○	○	○	○
M8189	数据传送顺控出错(6 号站)	○	○	○	○
M8190	数据传送顺控出错(7 号站)	○	○	○	○
[M]8191	数据传送顺控执行中	○	○	○	○
[M]8192~[M]8197	不可使用	—	—	—	—

变址寄存器

编号	名称·功能	备注
[D]8182	Z1 寄存器的内容	
[D]8183	V1 寄存器的内容	
[D]8184	Z2 寄存器的内容	
[D]8185	V2 寄存器的内容	
⋮	⋮	M8038
[D]8194	Z7 寄存器的内容	
[D]8195	V7 寄存器的内容	
[D]8196	不可使用	
[D]8197	不可使用	
⋮	不可使用	
[D]8200	不可使用	

高速计数器倍增的指定/增、减计数方向

编号	名称·功能	3U	3UC	2N	2NC
M8198	C251，C252，C254 用 1 倍/4 倍切换[21]	○	○	—	—
M8199	C253，C255，C253（OP）用 1 倍/4 倍切换[21]	○	○	—	—
M8200	M8□□□动作后，与其对应的 C□□□变为递减模式，ON 为减计数，OFF 为增计数	○	○	○	○
M8201		○	○	○	○
⋮		○	○	○	○
M8234		○	○	○	○
[M]8246	单相双输入、双相双输入计数器的 C□□□为递减模式时，与其对应的 M□□□为 ON，即:ON 为减计数，OFF 为增计数	○	○	○	○
⋮		○	○	○	○
[M]8255		○	○	○	○
[M]8256~[M]8259	不可使用	—	—	—	—

简易 PC 间连接（监控）

编号	名称·功能	备注
[D]8201	当前的连接扫描时间	
[D]8202	最大的连接扫描时间	
[D]8203	数据传送顺控出错计数器(主站)	M8183 ⋮ M8191
[D]8204	数据传送顺控出错计数器(站 1)	
⋮	⋮	
[D]8210	数据传送顺控出错计数器(站 7)	
[D]8211	数据传送错误代码(主站)	
[D]8212	数据传送错误代码(站 1)	
⋮	⋮	
[D]8218	数据传送错误代码(站 7)	
[D]8219~[D]8259	不可使用	

模拟量特殊适配器/标志位

编号	名称·功能	3U	3UC	2N	2NC
M8260~M8269	第1台的特殊适配器	○	○	—	—
M8270~M8279	第2台的特殊适配器	○	○	—	—
M8280~M8289	第3台的特殊适配器	○	○	—	—
M8290~M8299	第4台的特殊适配器	○	○	—	—
[M]8300~[M]8303	不可使用	—	—	—	—
[M]8304	零位,乘除运算结果为0时,置ON	○	○	—	—
[M]8305	不可使用	—	—	—	—
[M]8306	进位,除法运算结果溢出时,置ON	○	○	—	—
[M]8307~[M]8315	不可使用	—	—	—	—
[M]8317	不可使用	—	—	—	—

I/O未安装指定出错

编号	名称·功能	3U	3UC	2N	2NC
[M]8316	I/O未安装指定出错	○	○	—	—
[M]8318	BFM的初始化失败。从STOP→RUN时,对于用BFM初始化功能指定的特殊扩展模块/单元,发生针对其的FROM/TO错误时接通,发生出错的单元号被保存在D8318中,BFM号被保存在D8319中	○	○	—	—
[M]8319~[M]8327	不可使用	—	—	—	—
[M]8328	指令不执行	○	○	—	—
[M]8329	指令执行异常结束	○	○	—	—

定时时钟、定位（一）

编号	名称·功能	3U	3UC	2N	2NC
[M]8330	DUTY(FNC186)定时时钟输出1	○	○	—	—
[M]8331	DUTY(FNC186)定时时钟输出2	○	○	—	—
[M]8332	DUTY(FNC186)定时时钟输出3	○	○	—	—
[M]8333	DUTY(FNC186)定时时钟输出4	○	○	—	—
[M]8334	DUTY(FNC186)定时时钟输出5	○	○	—	—
[M]8335	不可使用	—	—	—	—
M8336⑧	DVIT(FNC151)指令,中断输入指定功能有效	○	○	—	—

显示模块功能

编号	名称·功能	备注
D8260~D8269	FX3U/3UC第1台的特殊适配器	
D8270~D8279	FX3U/3UC第2台的特殊适配器	
D8280~D8289	FX3U/3UC第3台的特殊适配器	
D8290~D8299	FX3U/3UC第4台的特殊适配器	
D8300	显示模块用控制元件(D),初始值:-1	
D8301	显示模块用控制元件(M),初始值:-1	
D8302	设定显示语言,日语K0,英语K0以外	
D8303	LCD对比度设定值,初始值:K0	
D8304~D8309	不可使用	

RND（FNC184)/语法、回路、运算

编号		名称·功能	备注
[D]8310	低位	RND(FNC184)生成随机数,初值:K1	
[D]8311	高位		
D8312	低位	发生运算出错的步编号的锁存(32bit)	M8068
D8313	高位		
[D]8314	低位	M8065~7的出错步编号(32bit)	M8065~M8067
[D]8315	高位		
[D]8316	低位	指定(直接/通过变址的间接指定)了未安装的I/O编号的指令的步编号	M8316
[D]8317	高位		
[D]8318		BFM的初始化功能发生出错的单元号	M8318
[D]8319		BFM的初始化功能发生出错的BFM号	M8318
[D]8319~[D]8329		不可使用	

定时时钟、定位（一）

编号	名称·功能	备注
[D]8330	DUTY定时时钟输出1的扫描数的计数器	{M}8330
[D]8331	DUTY定时时钟输出21的扫描数的计数器	{M}8331
[D]8332	DUTY定时时钟输出3的扫描数的计数器	{M}8332
[D]8333	DUTY定时时钟输出4的扫描数的计数器	{M}8333
[D]8334	DUTY定时时钟输出5的扫描数的计数器	{M}8334

定时时钟、定位（二）

编号	名称·功能	3U	3UC	2N	2NC
[M]8337	不可使用	—	—	—	—
[M]8338	PLSV（FNC1157）指令，加减速动作	○	○	—	—
[M]8339	不可以使用	○	○	—	—
[M]8340	[Y000]脉冲输出监控(ONL:BUSY;OFF:READY)	○	○	—	—
M8341⑧	[Y000]清除信号输出功能有效	○	○	—	—
M8342⑧	[Y000]指定原点；回归方向	○	○	—	—
M8343	[Y000]正转限位	○	○	—	—
M8344	[Y000]反转限位	○	○	—	—
M8345⑧	[Y000]近点DOG信号逻辑反转	○	○	—	—
M8346⑧	[Y000]零点信号逻辑反转	○	○	—	—
M8347⑧	[Y000]中断信号逻辑反转	○	○	—	—
[M]8348	[Y000]定位指令驱动中	○	○	—	—
M8349⑧	[Y000]脉冲输出停止指令	○	○	—	—
[M]8350	[Y001]脉冲输出监控(ONL:BUSY;OFF:READY)	○	○	—	—
M8351⑧	[Y001]清除信号输出功能有效	○	○	—	—
M8352⑧	[Y001]指定原点；回归方向	○	○	—	—
M8353	[Y001]正转限位	○	○	—	—
M8354	[Y001]反转限位	○	○	—	—
M8355⑧	[Y001]近点DOG信号逻辑反转	○	○	—	—
M8356⑧	[Y001]零点信号逻辑反转	○	○	—	—
M8357⑧	[Y001]中断信号逻辑反转	○	○	—	—
[M]8358	[Y001]定位指令驱动中	○	○	—	—
M8359⑧	[Y001]脉冲输出停止指令	○	○	—	—
[M]8360	[Y002]脉冲输出监控(ONL:BUSY;OFF:READY)	○	○	—	—
M8361⑧	[Y002]清除信号输出功能有效	○	○	—	—
M8362⑧	[Y002]指定原点；回归方向	○	○	—	—
M8363	[Y002]正转限位	○	○	—	—
M8364	[Y002]反转限位	○	○	—	—
M8365⑧	[Y002]近点DOG信号逻辑反转	○	○	—	—

定时时钟、定位（二）

编号	名称·功能		备注
[D]8335	不可使用		
D8336	DVIT指令用，中断输入指定初始值：-1		｛M｝8336
[D]8337~[D]8339 不可以使用			
D8340	低位	[Y000]当前值寄存器，初始值：0	
D8341	高位		
D8342	[Y000]偏差速度，初始值：0		
D8343	低位	[Y000]最高速度，初始值：100000	
D8344	高位		
D8345	[Y000]爬行速度，初始值：1000		
D8346	低位	[Y000]原点回归速度，初始值：50000	
D8347	高位		
D8348	[Y000]加速时间，初始值：100		
D8349	[Y000]减速时间，初始值：100		
D8350	低位	[Y001]当前值寄存器，初始值：0	
D8351	高位		
D8352	[Y001]偏差速度，初始值：0		
D8353	低位	[Y001]最高速度，初始值：100000	
D8354	高位		
D8355	[Y001]爬行速度，初始值：1000		
D8356	低位	[Y001]原点回归速度，初始值：50000	
D8357	高位		
D8358	[Y001]加速时间，初始值：100		
D8359	[Y001]减速时间，初始值：100		
D8360	低位	[Y002]当前值寄存器，初始值：0	
D8361	高位		
D8362	[Y002]偏差速度，初始值：0		
D8363	低位	[Y002]最高速度，初始值：100000	
D8364	高位		
D8365	[Y002]爬行速度，初始值：1000		
D8366	低位	[Y002]原点回归速度，初始值：50000	
D8367	高位		
D8368	[Y002]加速时间，初始值：100		
D8369	[Y002]减速时间，初始值：100		
D8370	低位	[Y003]当前值寄存器，初始值：0	
D8371	高位		

定时时钟、定位（三）

编号	名称·功能	3U	3UC	2N	2NC
M8366[⑧]	[Y002]零点信号逻辑反转	○	○	—	—
M8367[⑧]	[Y002]中断信号逻辑反转	○	○	—	—
[M]8368	[Y002]定位指令驱动中	○	○	—	—
M8369[⑧]	[Y002]脉冲输出停止指令	○	○	—	—
[M]8370	[Y003]脉冲输出监控(ONL:BUSY;OFF:READY)	○	—	—	—
M8371[⑧]	[Y003]清除信号输出功能有效	○	—	—	—
M8372[⑧]	[Y003]指定原点;回归方向	○	—	—	—
M8373	[Y003]正转限位	○	—	—	—
M8374	[Y003]反转限位	○	—	—	—
M8375[⑧]	[Y003]近点DOG信号逻辑反转	○	—	—	—
M8376[⑧]	[Y003]零点信号逻辑反转	○	—	—	—
M8377[⑧]	[Y003]中断信号逻辑反转	○	—	—	—
[M]8378	[Y003]定位指令驱动中	○	—	—	—
M8379[⑧]	[Y003]脉冲输出停止指令	○	—	—	—

高速计数器功能

编号	名称·功能	3U	3UC	2N	2NC
[M]8380	C235,41,44,46,47,49,51,52,54的动作状态	○	○	—	—
[M]8381	C236的动作状态	○	○	—	—
[M]8382	C237,42,45的动作状态	○	○	—	—
[M]8383	C238,48,48(OP),50,53,55的动作状态	○	○	—	—
[M]8384	C239,43的动作状态	○	○	—	—
[M]8385	C240的动作状态	○	○	—	—
[M]8386	C244(OP)的动作状态	○	○	—	—
[M]8387	C245(OP)的动作状态	○	○	—	—
[M]8388	高速计数器的功能变更用触点	○	○	—	—
M8389	外部复位输入的逻辑切换	○	○	—	—
M8390	C244用功能切换软元件	○	○		
M8391	C245用功能切换软元件	○	○		
M8392	C248,C253用功能切换软元件	○	○		

定时时钟、定位（三）

编号	名称·功能		备注
D8372	[Y003]偏差速度,初始值:0		
D8373	低位	[Y003]最高速度,初始值:100000	
D8374	高位		
D8375	[Y003]爬行速度,初始值:1000		
D8376	低位	[Y003]原点回归速度,初始值:50000	
D8377	高位		
D8378	[Y003]加速时间,初始值:100		
D8379	[Y003]减速时间,初始值:100		
[D]8380~[D]8392 不可使用			

中断程序/环形计数器

编号	名称·功能		备注
D8394	延迟时间		M8393
[D]8394	不可使用		
[D]8395	不可使用		
[D]8396	不可使用		
[D]8397	不可使用		
D8398	低位	0~2147483647(1ms单位)的递增动作的环形计数[㉒]	M8398
D8399	高位		

RS2（FNC87）通道1、通道2

编号	名称·功能	备注
D8400	RS2通道1设定通信格式	
[D]8401	不可使用	
[D]8402	RS2通道1发送数据的剩余点数	M8402
[D]8403	RS2通道1接收点数的监控	M8403
[D]8404	不可使用	
[D]8405	显示通信参数(通道1)	
[D]8406~[D]8408 不可使用		
D8409	RS2通道1,设定超时时间	
D8410	RS2通道1,报头1,2<初始值:STX>	
D8411	RS2通道1,报头3,4	
D8412	RS2通道1,报尾1,2<初始值:ETX>	
D8413	RS2通道1,报尾3,4	
[D]8414	RS2通道1,接收数据求和(接收数据)	

中断程序/环形计数器

编号	名称・功能	3U	3UC	2N	2NC
[M]8393	设定延迟时间用的触点	○	○	—	—
[M]8394	HCMOV（FNC189）中断程序用驱动触点	○	○	—	—
[M]8395	不可使用	○	○	—	—
[M]8396	不可使用	○	○	—	—
[M]8397	不可使用	○	○	—	—
[M]8398	1ms 的环形计数（32 位）动作	○	○	—	—
[M]8399	不可使用	—	—	—	—

RS2 (FNC87) 通道 1、通道 2

编号	名称・功能	3U	3UC	2N	2NC
[M]8400	不可以使用	○	○	—	—
[M]8401	RS2 通道 1 发送待机标志位	○	○	—	—
M8402	RS2 通道 1 发送请求	○	○	—	—
M8403	RS2 通道 1 发送结束标志位	○	○	—	—
[M]8404	RS2 通道 1 检测出进位的标志位	○	○	—	—
[M]8405	RS2 通道 1 数据设定准备就绪（DRS）标志位	○	○	—	—
[M]8406～[M]8408 不可使用		—	—	—	—
M8409	RS2 通道 1 判断超出时的标志位	○	○		
[M]8410～[M]8420 不可使用		—	—	—	—
[M]8421	RS2 通道 2 发送待机标志位	○	○	—	—
M8422	RS2 通道 2 发送请求	○	○	—	—
M8423	RS2 通道 2 发送结束标志位	○	○	—	—
[M]8424	RS2 通道 2 检测出进位的标志位	○	○	—	—
[M]8425	RS2 通道 2 数据设定准备就绪（DRS）标志位	○	○	—	—
[M]8426	PC 连接通道 2 全局 ON	○	○	—	—
[M]8427	PC 连接通道 2 下位通信请求发送中	○	○	—	—
M8428	PC 连接通道 2 下位通信请求出错标志位	○	○	—	—
M8429	PC 连接通道 2 下位通信请求字/字节切换	○	○	—	—

RS2 (FNC87) 通道 1、通道 2

编号	名称・功能	备注
[D]8415	RS2 通道 1，接收数据求和（计算结果）	
[D]8416	RS2 通道 1，发送数据求和	
[D]8417～[D]8418 不可使用		
[D]8419	显示动作模式（通道 1）	
D8420	RS2 通道 2，设定通信格式	
D8421	RS2 通道 2，发送数据的剩余点数	
[D]8422	RS2 通道 2，接收点数的监控	M8422
[D]8423	RS2 通道 2，接收点数的监控	M8423
[D]8424	不可使用	
[D]8425	显示通道参数（通道 2）	
[D]8426	不可使用	
D8427	PC 连接通道 2 指定下位通信请求起始编号	M8426 ⋮ M8429
D8428	PC 连接通道 2 指定下位通信请求的数据数	
D8429	PC 连接通道 2，设定超时时间	
D8430	RS2 通道 2，报头 1，2<初始值：STX>	
D8431	RS2 通道 2，报头 3，4	
D8432	RS2 通道 2，报尾 1，2<初始值：ETX>	
D8433	RS2 通道 2，报尾 3，4	
[D]8434	RS2 通道 2，接收数据求和（接收数据）	
[D]8435	RS2 通道 2，接收数据求和（计算结果）	
[D]8436	RS2 通道 2，发送数据求和	
[D]8437	不可使用	
[D]8438	串行通信出错 2（通道 2）的错误代码编号	M8438
[D]8439	显示动作模式（通道 2）	
[D]8440～[D]8448 不可使用		
[D]8449	特殊模块错误代码	M8449
[D]8450～[D]8459 不可使用		

检测出错

编号	名称・功能	3U	3UC	2N	2NC
[M]8430~[M]8437	不可使用	—	—	—	—
[M]8438	串行通信出错2(通道2)	○	○	—	—
[M]8439~[M]8448	不可使用	—	—	—	—
[M]8449	特殊模块出错标志位	○	○	—	—
[M]8450~[M]8459	不可使用	—	—	—	—

定位

编号	名称・功能	3U	3UC	2N	2NC
M8460	DVIT（FNC151）指令[Y000]用户中断输入指令	○	○	—	—
M8461	DVIT（FNC151）指令[Y001]用户中断输入指令	○	○	—	—
M8462	DVIT（FNC151）指令[Y002]用户中断输入指令	○	○	—	—
M8463	DVIT（FNC151）指令[Y003]用户中断输入指令	○	—	—	—
M8464	DSZR,ZRN 指令[Y000]清除信号元件功能有效	○	○	—	—
M8465	DSZR,ZRN 指令[Y001]清除信号元件功能有效	○	○	—	—
M8466	DSZR,ZRN 指令[Y002]清除信号元件功能有效	○	○	—	—
M8467	DSZR,ZRN 指令[Y003]清除信号元件功能有效	○	—	—	—
[M]8468~[M]8511	不可使用	—	—		—

定位

编号	名称・功能	备注
D8460~[D]8463	不可使用	M8393
D8464	RSZR、ZRN 指令 Y000 指定,清除信号软元件	M8464
D8465	RSZR、ZRN 指令 Y001 指定,清除信号软元件	M8465
D8466	RSZR、ZRN 指令 Y002 指定,清除信号软元件	M8466
D8467	RSZR、ZRN 指令 Y003 指定,清除信号软元件	M8467
[D]8468~[D]8511	不可使用	

① 用 [ ] 框起的软元件，在程序中只能当触点使用，不能执行驱动或写入。
② FX3U/3UC PLC 为 M8060，M8061，M8064，M8065，M8066，M8067 中任意一个为 ON 时接通；FX2N/2NC PLC 为 M8060，M8061，M8063，M8064，M8065，M8066，M8067 中任意一个为 ON 时接通。
③ 只有 FX3U/3UC PLC 可以使用扩展电源单元；只有 FX2N/2NC PLC 可以使用扩展单元。
④ 对于 FX2N/2NC PLC 中数据不被清除；对于 FX3U/3UC PLC，从 RUN→STOP 时被清除。
⑤ FX2N/2NC PLC 中为 X000~X007 的滤波器；FX3U/3UC PLC 中为 X000~X017 的滤波器。
⑥ 在执行 END 指令时处理。
⑦ 在驱动 M8031 或 M8032 后，在执行 END 指令时，FX3U/3UC PLC 对 Y/M/S/T/C 的映像区及 T/C/D/特 D/ R 的当前值被清除，但对文件寄存器（D）、扩展文件寄存器（ER）不被清除；FX2N/2NC PLC 中对 Y/M/S/T/C 的映像区及 T/C/D 的当前值被清除，但对特殊 D 不被清除。
⑧ 从 RUN→STOP 时清除，或是 RS 指令 OFF 时清除。
⑨ 当 M8047 为 ON 时，S0~S899 及 FX3U/3UC PLC 中 S1000~S4095 中任意一个为 ON 时，M8046 接通。
⑩ 状态 S0~S899 及 FX3U/3UC PLC 的 S1000~S4095 中为 ON 的状态的最小编号保存到 D8040 中，其次为 ON 的状态编号保存到 D8041，以下依次将运行的状态（最大 8 点）保存到 D8047 为止。
⑪ M8049 为 ON 时，保存信号报警继电器 S900~S999 中为 ON 的状态的最小编号。
⑫ 对于 FX3U/3UC PLC，在 RUN→STOP 时，对 M8063 出错信息清除，但对于 FX3U/3UC PLC 的 M8063 不被清除。
⑬ 在 RUN→STOP 时，清除 M8067 中运算出错信息。
⑭ 驱动 M8069 为 ON 后，执行 I/O 总路线检测。
⑮ 从 STOP→RUN 时清除。
⑯ 32K 步以上时，在（D8313，D8312）中保存步编号。
⑰ 32K 步以上时，在（D8315，D8314）中保存步编号。
⑱ 安装有 FX3U 的-FLROM-16 时。
⑲ Ver. 3. 00 以上版本对应。
⑳ 通过判断是否需要在设定用程序中编程，来指定要使用的通道。
㉑ M8198/M8199 为 OFF 时 1 倍，为 ON 时 4 倍，并且从 RUN→STOP 时清除。
㉒ M8398 驱动后，随着 END 指令的执行，1ms 的环形计数器（D8399，D8398）动作。

附录 C FX 系列 PLC 的内部软元件

内部软元件		范围功能	
输入输出继电器	输入继电器	X000~X367 248 点	软元件编号为八进制，输入输出合计 256 点
		X000~X007 高数计数器输入	
	输出继电器	Y000~Y367 248 点	
辅助继电器	普通型(可变)	M0~M499 500 点	通过参数可以改变保持/不保持的设定
	停电保持(可变)	M500~M1023 524 点	
	停电保持(固定)	M1024~M7679 6656 点	—
	特殊型	M8000~M8511 512 点	—
状态继电器	初始状态(可变)	S0~S9 10 点	通过参数可以改变保持/不保持的设定
	普通状态(可变)	S10~S499 490 点	
	停电保持(可变)	S500~S899 400 点	
	停电保持(固定)	S1000~S4095 3496 点	—
	信号报警器用	S900~S999，共 100 个	—
定时器	100ms	普通型:T0~T191 192 点	0.1~3276.7s
		子程序、中断子程序:T192~T199 8 点	
		积算型:T250~T255 6 点	
	10ms	普通型:T200~T245 46 点	0.01~327.67s
	1ms	积算型:T246~T249 4 点	0.001~32.767s
计数器	16 位普通型(可变)	C0~C99 100 点	0~32,767
	16 位停电保持(可变)	C100~C199 100 点	
	32 位普通型(可变)	C200~C219 20 点增/减	-2147483648~2147483647
	32 位停电保持型(可变)	C220~C234 15 点增/减	
	32 位高速计数器(可变)	C235~C255 21 点增/减	-2147483648~2147483647
数据寄存器	16 位普通型(可变)	D0~D199 200 点	参数设定可改变区域
	16 位停电保持型(可变)	D200~D511 312 点	
	16 位停电保持型(固定)	D512~D7999 7488 点	参数设定，设定 D1000 以后最大
	16 位特殊用途	D8000~D8511 512 点	—
	16 位变址型	V0~V7，Z0~Z7 16 点	—
扩展寄存器	16 位停电保持型	R0~R32767 32768 点	内置 RAM 中电池保持
扩展文件寄存器	16 位普通型	ER0~ER32767 32768 点	存储器盒(闪存)
指针	分支指针	P0~P4095 4096 点	CJ，CALL 指令用
	输入中断指针	I00□~I50□ 6 点	—
	定时中断指针	I6□□~I8□□ 3 点	
	计数中断指针	I010~I060 6 点	HSCS 指令用
嵌套	主控用	N0~N7 8 点	MC 指令用

（续）

内部软元件			范围功能
常数	十进制 K	16 位	-32768～32767
		32 位	-2147483648～2147483647
	十六进制 H	16 位	0～FFFF
		32 位	0～FFFFFFFF
	实数 E	32 位	小数或指数表示-1.0×2128～-1.0×2-126,0,1.0×2-126～1.0×2128
字符串“”			最多可使用 32 个半角字符

例题索引

微视频索引

参考文献

[1] 郁汉琪，钱厚亮，张卫平，等．电气控制与 PLC 实训教程［M］．南京：东南大学出版社，2017.

[2] 史国生，曹弋．电气控制与可编程控制器技术［M］．4 版．北京：化学工业出版社，2019.

[3] 李冬冬，许连阁，马宏骞．变频器应用与实训教、学、做一体化教程［M］．北京：电子工业出版社，2017.

[4] 廖常初．FX 系列 PLC 编程及应用［M］．2 版．北京：机械工业出版社，2015.

[5] 史国生，鞠勇，居茜．电气控制与可编程控制器技术实训教程［M］．2 版．北京：化学工业出版社，2020.

[6] 许连阁，石敬波，马宏骞．三菱 FX3U PLC 应用实例教程［M］．北京：电子工业出版社，2018.

[7] 钱厚亮，田会峰．电气控制与 PLC 原理、应用实践［M］．北京：电子工业出版社，2018.

[8] 向晓汉，刘摇摇．PLC 编程从入门到精通［M］．北京：化学工业出版社，2019.

[9] 常斗南，翟津．三菱 PLC 控制系统综合应用技术［M］．北京：机械工业出版社，2017.

[10] 三菱电机公司．FX3U 可编程控制器编程手册［Z］．2011.

[11] 李方园，周庆红．PLC 控制技术：三菱机型［M］．北京：中国电力出版社，2016.

[12] 向晓汉，王保银．三菱 FX 系列 PLC 完全精通教程［M］．北京：化学工业出版社，2015.